装备科技译著出版基金

航天制导、导航与控制的进展

Advances in Aerospace Guidance, Navigation and Control

[德] 弗洛里安·奥利菲尔(Florian Holzapfel)
斯蒂芬·泰尔(Stephan Theil) 著

张涛 陈学东 韩斌 译

国防工业出版社
·北京·

著作权合同登记　图字：军-2014-220号

图书在版编目(CIP)数据

航天制导、导航与控制的进展／(德)奥利菲尔(Holzapfel，F.)，(德)泰尔(Theil，S.)著；张涛，陈学东，韩斌译．—北京：国防工业出版社，2016.1
书名原文：Advances in Aerospace Guidance，Navigation and Control
ISBN 978-7-118-10464-6

Ⅰ.①航…　Ⅱ.①奥…　②泰…　③张…　④陈…　⑤韩…
Ⅲ.①航天器—制导—文集②航天导航—文集③航天器—飞行控制—文集　Ⅳ.V448.2-53

中国版本图书馆CIP数据核字(2015)第310356号

※

国防工业出版社出版发行
(北京市海淀区紫竹院南路23号　邮政编码100048)
北京嘉恒彩色印刷有限责任公司
新华书店经售
*
开本710×1000　1/16　印张26　字数515千字
2016年1月第1版第1次印刷　印数1—2000册　定价98.00元

(本书如有印装错误，我社负责调换)

国防书店：(010)88540777　　发行邮购：(010)88540776
发行传真：(010)88540755　　发行业务：(010)88540717

TRANSLATOR PREFACE 译者序

近几年来,随着国内在航天航空领域的快速发展,随着载人航天、"嫦娥"卫星、大型客机、先进战机等研制与实现,制导、导航与控制领域有了飞速发展。同时,也吸引大量的科学工作者加入到该领域的研究与开发中。许多高校也相继将制导、导航与控制方向的知识学习纳入更重要的地位,开展更多相关理论与技术的研究,如关于新型无人机自适应控制、空间飞行器复杂传感器耦合信息处理问题等。

本书内容代表了国际上制导、导航与控制领域学术研究的最高水平,其提出的研究成果在航天航空领域具有重要的应用价值,对我国在该领域的发展具有巨大的推动作用。本书学术思想新颖,理论研究超前,是对国防科技和武器装备发展具有较大推动作用的专著。同时,本书的原著是密切结合国防现代化和武器装备现代化需要的高新技术内容的专著,对我国国防建设具有重要意义。

国内关于此领域的书籍十分匮乏,使用的相关教材大多是10年前出版的,针对该领域的专著更是很少。该领域的研究人员迫切希望了解国外在该领域的最新研究成果。因此,翻译这本书具有重要的价值,必将对推动国内在该领域的研究发挥巨大的作用。相信该书的出版,必将有大量的需求,为国内研究人员发挥巨大的作用。

在华中科技大学陈学东教授和韩斌博士的大力帮助下,我们共同完成了本书的翻译和校对工作,在此对他们表示衷心感谢。同时,还要感谢参与该书翻译与校对的清华大学自动化系导航与控制研究中心的各位研究生,他们是陈章、邹瑜、朱海龙、周昊胤、李潇涵、闫传博、芦维宁、宋海涛、徐利民、王雷刚、杨伟峰、高翔、石岱曦、花隽芃、任伟、栾梦凯、陶斯琴、周雍杰等。

本书可以作为从事制导、制导与控制领域理论与技术研究人员学习的参考书,也可作为普通高等院校与其他大专院校控制专业及航空航天专业本科生和研究生专业基础课学习的参考书。

张 涛

2015年9月于清华园

PREFACE 前言

在过去的几十年里，航空航天学在极大地推动了控制系统理论和应用的进步的同时，也促进了传感器、数据融合和导航等领域的发展。许多应用在制导、导航、控制领域的新方法，使航空航天中的这些成就赢得了很大的荣誉，并成为了高科技和科技进步的代名词。

目前，源于该领域的特点和需求，对于航空航天的探索仍然是驱动这些研究领域进步的应用之一。在一个容纳数百人的飞机里，你不能用实验的方法来验证最新的控制算法是否正常工作。在为新海岸航行的深空探测过程中，你只有一次机会把事情做对；(不像汽车或一台微波炉烤箱)在实际操作之前，你无法在一个真实的操作环境下测试一个集成系统。你不能简单地把正常工作在“客厅”环境条件下的敏捷导弹的标准配件在一个笨重的机加工箱中测试。你不能简单地把正常工作在“客厅”环境条件下的装满标准配件的大的机加工箱放在一个狭小的敏捷导弹中。

算法方面也存在相同的差异。航空航天系统具有高度非线性和强耦合动力性。高度、马赫数、重心和质量的变化范围是巨大的，并随之改变动力学特性。尽管建模工作投入很大，巨大的不确定性仍然存在。时间尺度的范围对于系统动力学影响很大，相比其他领域，在航空航天学中，速度更快，环境更严峻而且变化更快，行驶的距离更远，操作时间更长。总而言之，我们在航天航空领域的挑战是独一无二的，具有比其他领域更高的要求。

如果这些挑战还不足够，适当的解决方案还必须是可靠的、高精度的、高度可用的、安全的，并且必须保证一个完美的执行水平，即使在系统发生故障等各种复杂情况下也是如此。如果出现了某个错误，那么，一架飞机就不能右转并停在下一片云上。所有这些挑战必须在一定的质量、功耗和成本下完成。

这听起来可能像是对航空航天及其科学家和工程师的赞许，但无论你怎么看待这个问题，它可以很好地解释为什么相对于其他领域，“飞行控制”“空间导航”和“导弹制导”作为大会的专题会议是不够的。美国的 AIAA GNC 会议作为一个杰出的例子，聚集了该领域的顶尖科学家，集中地讨论这些具体的问题。

过去几十年，欧洲已经见证了一个强大的航空航天领域跨国合作的过程。大多数成形的产品，如商用飞机、战斗机、直升机、卫星、发射装置或导弹，都不是由某一个国家独自完成的，而是多个国家合作的结果。没有一个欧洲国家可以独立地支撑起一个专业的 GNC 组织，并且足够覆盖到整个学科。然而，在欧洲范围内，相互交流思想、理念和解决方案等是非常频繁的。因此，举办一个真正的欧洲 GNC 会议，收集欧洲大陆科学界的想法，并邀请全世界加入，成为了一个频繁探讨的问题。第一届欧洲航空航天 GNC 领域 CEAS 专家会议是一次尝试并且把这个想法变成了现实。这是所有 CEAS 的组织者和技术委员会成员的希望，本次会议确立了它作为一个高档的半年期不定地点召开的重要会议，汇集了那些将毕生的心血奉献给 GNC 领域的研究人员、科学家、开发人员和工程师。

我们非常感谢 AIAA 肯定了我们的努力是对他们的 GNC 会议的很好的补充，并给予我们的支持。

也许，我们期待亚洲航空航天 GNC 会议可以加入欧洲的活动，持续地和欧洲轮流举办下去。这将促使全球合作，并优于 AIAA GNC 会议的年度固定举办方式。为了将二者融合在一起，必须加强信息交流与合作，使之成为一个真正的全球的科学领域。

在这一点上，应该感谢所有的促进和组织 EuroGNC 会议的人们。首先是所有的 DGLR、CEAS 的德国成员，敢于承担首次组织的奉献，并且所有的组织成员和技术委员会紧接着勇敢地接受了系统修改和审阅文章的挑战，即便是它们仍然处于原型阶段，使得它们更加易于理解。如果没有他们的无私付出、耐心工作、奉献精神和意愿，这本书将永远不会成为现实。

但是现在你可以享受这本总结了第一届 CEAS EuroGNC 会议上的科学贡献的书，它展示了欧洲和来自世界各地的朋友们为制导、导航、控制领域的发展做出的宝贵的贡献。

Florian Holzapfel
Stephan Theil

2011 年 2 月
于慕尼黑和不莱梅

CONTENTS 目录

第一篇 大气应用

第二篇 制导与控制

第三篇　传感器、数据融合与导航

第四篇　空间应用

第一篇 大气应用

Atmospheric Applications

一种无人飞行器轨迹规划的解耦方法

A Decoupled Approach for Trajectory Generation for an Unmanned Rotorcraft

Sven Lorenz and Florian M. Adolf

摘要:本文提出了一种基于三次样条插值几何公式的解耦方法。通过设立不同的边界条件,可规划出连续可微的路径轨迹,使得飞行器在轨迹跟踪时跟踪误差达到最小。与此同时,基于曲率、无量纲的空间填充曲线可使旋翼飞行器在轨迹追踪时保持合理的跟随速度。利用样条曲线的参数和样条曲线弧长的转换可以保证对规划轨迹的跟踪。近年来,通过结合有效的轨迹追踪控制,这种方法已经被成功地应用于无人直升机轨迹跟踪试验。

1 引言

自主飞行器在人口稠密的地区飞行时需要极其优良的机动性。在这种情况下,旋翼无人机(UAV)平台是一种较好的选择,尤其是在高速飞行的时候,躲避突如其来的动态障碍物或是执行更新的飞行目标都可以通过搭载在飞行器上的运动规划系统来实现。

Goerzen 在调查[1]中指出,仅仅考虑对预先计算出的轨迹的追踪精度并不是一个全面可行的解决方法。动力学约束、大气状况、飞行器状态的不确定性以及对环境信息的有限了解都使得精确追踪一条预先计算好的轨迹变得难以实现。路径平滑算法①[2]会实时规划出连续可微的行驶路径,而且,对于一个特定的飞行控制系统,即使是商用的黑盒自动驾驶仪[3]也存在不同的轨迹追踪方法[4,5]。

完成一个运动规划任务的最优选择是同时考虑路径规划、避障、飞行器控制等

Sven Lorenz · Florian M. Adolf

Research engineers at the German Aerospace Center (DLR), Institute of Flight Systems, Department of Unmanned Vehicles, Braunschweig, Germany

e-mail: sven. lorenz@ dlr. de, florian. adolf@ dlr. de

① 将具有所有阶导数的函数转换成点的集合,从而匹配一个平滑曲线。

各方面的约束,而这对处理器的实时计算能力要求很高,不容易满足。因此,本文中提出了一种解耦式的运动规划方法。Andert、Adolf 在之前的工作中[6]就曾提出将复杂问题分解并逐一解决的理念是处理在飞行过程中同时考虑传感器信息融合、障碍物建模和 3D 路径规划对计算能力要求过高的重要方法之一。受这种思想的启发,本文将轨迹规划问题分解为几个模块。本文中对“路径”和“轨迹”这两个概念分别进行了定义,“路径”是指路径点的位置坐标信息,而“轨迹”是指实时的“路径”注解信息,如飞行器在离散路径点之间行驶时的速度变化图。

在快速飞行过程中,即使是可悬浮的旋翼飞行器也无法任意改变偏航角,而是需要一个持续输入的偏航角指令才能完成相关动作。一个有效的指令计算方法是不断获取路径的即时切线方向。“轨迹”对于不同的飞行器是不同的,其相关的构形空间(Configuration Space)将会随着飞行器性质的不同以及环境特征的不同而发生变化。

在路径的规划过程中,行驶的安全性是首先需要考虑的因素,其次,一些已经简化的动力学约束也会是一部分参考依据。根据这些原则,会规划出由不同几何形状组成的行驶路径,如线形、圆形、样条曲线状。将时间维度添加到规划出的路径上,并定义路径的速度变化图,即可得到一个轨迹。为了提供可行的轨迹追踪控制器输入,通常会将飞行器的即时状态分析和路径斜率综合起来考虑。非线性设备将由一个基准控制单元来控制,从而实现期望的速度。更多有关控制系统的细节描述可以参见参考文献[7,8]中的概述。

本文的章节将首先从“路径”的定义开始,“轨迹”的定义将在第三节做介绍,其中包括了对速度变化图的测定以及对加速度限制的说明。第四节介绍了轨迹跟踪控制系统。在最后一节中,对本文的研究工作和今后的研究方向做了总结。

2 “路径”的定义

一般来说,平滑的路径应该是连续可微的。大多数路径规划方法在实现障碍物避碰时采用的方法都是将行使路径分割成多个连续的片段,这些路径片段采用三阶连续可微的三次样条曲线函数。这样可以避免在路径追踪误差中出现过大安全阈值设计,而且,利用这种方法可以按照需要改变避碰所需的安全范围的值。需要注意的是,在不同的环境情形下需要加入其他一些几何形式的路径到三次样条曲线中。

将一个单变量、多项式的样条函数定义为分段多项式函数。在多数多项式样条曲线的表达式 $S:[a,b]\rightarrow\mathscr{R}$ 中包含了多项式部分,$P_i:[\tau_i,\tau_{i+1}]\rightarrow\mathscr{R}$,其在边界 a、b 中严格单调递增,即

$$a=\tau_0<\tau_1<\cdots<\tau_{k-2}<\tau_{k-1}=b \tag{1}$$

其相关表达式可以写成

$$S(\tau) = P_0(\tau), \tau_0 \leqslant \tau < \tau_1 \tag{2}$$

$$S(\tau) = P_1(\tau), \tau_1 \leqslant \tau < \tau_2 \tag{3}$$

$$\vdots$$

$$S(\tau) = P_{k-2}(\tau), \tau_{k-2} \leqslant \tau < \tau_{k-1} \tag{4}$$

τ_i 称为节点,矢量 $\boldsymbol{\tau}=[\tau_0, \cdots, \tau_{k-1}]$ 定义为样条曲线的节矢量。节点不是等距分布在间隔 $[a,b]$ 中的,因此样条曲线函数也称为非均匀的。

如果要将上述插值法应用到大量路径点中,则必须选择相对高阶的样条曲线来实现可行的插值,而且由此可能会导致支撑点之间发生振荡。因此,三次仿样函数将分段应用到各路径片段。通过这种方式,每个路径段的边界处的转换条件可以保证至少二阶导数的平滑性。对每个路径片段和每个自由度 $i = [x,y,z]$,选取的三阶样条函数为

$$S_{i,k}(\tau) = a_{i,k} + b_{i,k} \cdot (\tau - \tau_k) + c_{i,k} \cdot (\tau - \tau_k)^2 + d_{i,k} \cdot (\tau - \tau_k)^3 \tag{5}$$

$S_{i,k}(\tau)$ 表示样条函数中对特定的 τ,在第 k 个片段中的第 i 维度。其关于 τ 的微分可以写成如下形式,即

$$S'_{i,k}(\tau) = b_{i,k} + 2 \cdot c_{i,k} \cdot (\tau - \tau_k) + 3 \cdot d_{i,k} \cdot (\tau - \tau_k)^2 \tag{6}$$

$$S''_{i,k}(\tau) = 2 \cdot c_{i,k} + 6 \cdot d_{i,k} \cdot (\tau - \tau_k) \tag{7}$$

$$S'''_{i,k}(\tau) = 6 \cdot d_{i,k} \tag{8}$$

n 个路径点 $p_j(x,y,z)$, $j = 1, \cdots, n$ 是仿样内插法的支撑点。n 个点可以形成 $k=n-1$ 个片段。每个片段包含三个有四个仿样参数的样条函数。为了确定四个参数需要四个等式,下面定义一些片段边界点需要满足的条件:①连续的样条函数片段必须互相连接;②一阶和二阶导数必须和前一个片段的导数匹配。

注意:路径片段在边界点 a、b 处可能出现不可避免的斜坡,在边界处的二阶导数被设为 0。图 1 中的路径在边界点处是没有斜坡的,路径被三个路径点分割为两段,端点坐标为(0,0),(0,4)。除了路径的整体形状,飞行器的构形也是需要确定的,接下来的章节主要是集中阐述相关问题。

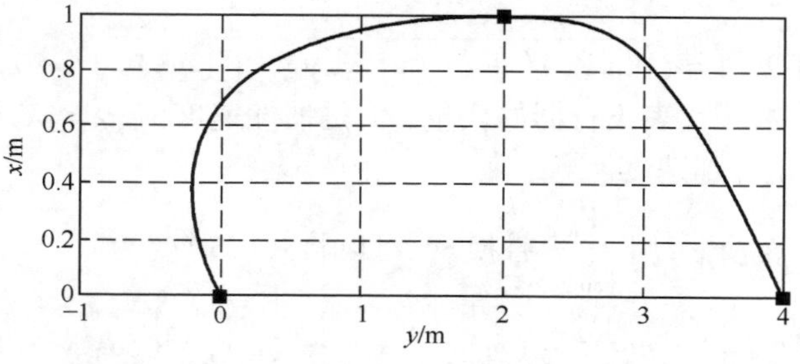

图 1　举例:由三个航点支持的基于样条的路径,具有两段,在坐标(0,0)和(0,4)处有未指定边界

3 “轨迹”的定义

在本节之前定义的三维路径规划可以实现障碍物的避碰和到达一系列任务目标点的要求。如果可以保持足够缓慢的速度，直升机可以飞过任意形状的拐角。因此，只选取了速度作为路径唯一的实时注解。

一般来说，我们采用路径的曲率来决定速度的变换，但有时曲率的变化太大以至于其需要的速度变化太剧烈，甚至超过了飞行器有能力完成的动作的上限。因此，在飞行器开始轨迹飞行之前需要判断飞行器跟随路径的速度极小值。通过这种方法可以进行预判，在计算出减速要开始的时候，飞行器的速度就已经可以开始降低，而此时的飞行器仍然追踪着路径飞行。

在本节中，仍将会根据路径曲率的变化来决定飞行器的速度。同时，为了能够应用有限加速度的速度变化图，将介绍一种搜索速度极小值的方法。

3.1 速度的量化

基于曲率 κ 的速度可在特定点 $\tau_{k+1}=\tau_k+\Delta\tau$ 进行计算，空间曲线 $S(\tau)$ 在 τ 点处的曲率为

$$\kappa(\tau)=\frac{1}{r_{\text{circle}}(\tau)}=\frac{\| S'(\tau)\times S''(\tau)\|}{\| S'(\tau)\|^3} \tag{9}$$

根据 Tietze 的工作[9]，由下面这些公式可以通过直升机的可用推理计算出飞机的最大速度指令。作用于中心上的合力可用来补偿重力、向心力以及改变速度所需要的外力。用 $\boldsymbol{F}_G$ 来表示重力矢量，$\boldsymbol{F}_A$ 表示气动力学矢量，$\boldsymbol{F}_S$ 表示推力矢量，$\boldsymbol{F}_K$ 表示惯性矢量，各种矢量的关系可以表示为

$$0=\boldsymbol{F}_G+\boldsymbol{F}_A+\boldsymbol{F}_S+\boldsymbol{F}_K \tag{10}$$

直升机主要的推力来自于主旋翼，考虑到气动力的量级较小，可以认为主旋翼的推力等于重力和惯性力之和，即

$$|\boldsymbol{F}_S|=|\boldsymbol{F}_K|+|\boldsymbol{F}_G| \tag{11}$$

$$|\boldsymbol{F}_S|=\sqrt{(m\dot{V}_K)^2+(m\dot{\chi}V_K\cos\gamma)^2+(m\dot{\gamma}V_K)^2}+mg \tag{12}$$

在式(12)中，m 代表飞行器的质量，V_K 是惯性速度值，γ 和 χ 是关于测地学的路径方向，g 是重力加速度。

用 $\dfrac{V_K\cos\gamma}{r_{\text{circle}}}$ 替换 $\dot{\chi}$，用 $\dfrac{V_K}{r_{\text{circle}}}$ 替换 $\dot{\gamma}$，可以将式(12)变为

$$(|\boldsymbol{F}_S|-mg)^2=(m\dot{V}_K)^2+\frac{1}{r_{\text{circle}}^2}(mV_K^2)^2(\cos^4\gamma+1) \tag{13}$$

根据式(9)，$\dfrac{1}{r^2}$项可以替代为 κ^2。最大加速度可定义为 $a_{\max}=\dfrac{|\boldsymbol{F}_S|_{\max}}{m_{\min}}$。速度

曲线的关系式为

$$V_{K,\max} = \sqrt{\frac{(a_{\max} - g)^2 - V_K^2}{\kappa^2 \cdot (\cos^4\gamma + 1)}} \tag{14}$$

因此,式(14)将最大速度表示成与当前加速度和仿样函数相关的表达式。

图2是一个典型的与 τ 相关的速度变化图。实线表示最大速度不超过20m/s。在后面几节的详细介绍中,虚线定义了有减速限制的减速指令。

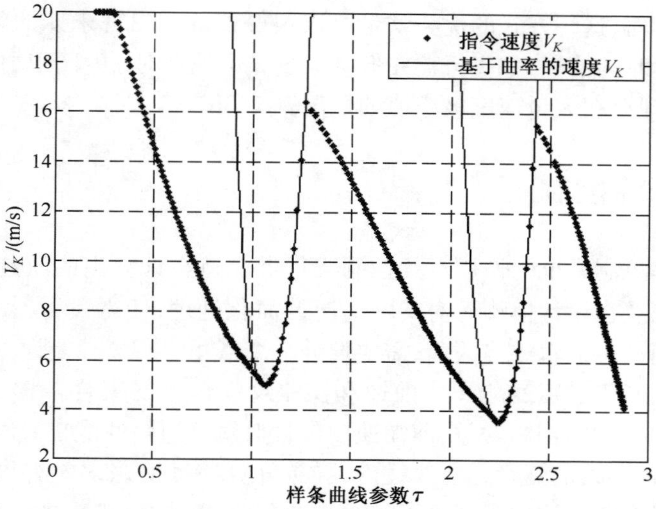

图2　一个样条曲线的速度变化图(基于曲率确定最大速度(实线),由于减速限制,点线速度变化图被指定降低速度,直至速度最小值或最终停止)

由于忽视了气动力,并且考虑到飞行器不能任意快速改变航向,因此引入一个比例因子。一个用来导航飞行器跟随路径的轨迹跟随控制系统也将在随后的章节进行介绍。

3.2 速度极小值搜索算法

一般来说,飞行器都有加速和减速限制。仅有的路径几何形状不能视为这样的限制。其原因就在于式(14)中所示的速度公式以及图2中所示的速度极小值的存在。搜索速度极小值首先需要面临的难题就是曲率也只能是在离散点处获得。而且,速度变化图可能会有多个极小值存在,从而使得简单的全局梯度下降法在这种情况下无法发挥作用。

因此,本文将局部梯度搜索法应用到样条曲线中,通过速度的变化来寻找速度极小值。每当探测到速度的变化,就用梯度搜索法寻找一次。类似于参考文献[10]中的方法,通过定义足够的采样距离和每段路径上足够的采样数可以保证解的完备性,即可确保找到速度极小值。

通过对仿样曲线的搜索,可以得到一系列包含位置信息的速度极小值点。根据适当的减速模型,可以计算出实施减速操作的具体时机,其相关速度指令与到速度最小值的差值大小有关。在本文中,采用一个固定的减速度,$0.3s^{-1}$。

本文的工作之一就是将一个全局搜索转变为类似于增量搜索的方式。与参考文献[4]中的方法类似,我们将距离直升机当前位置最近的速度极小量定义为 τ 的搜索基准线。这种方法可以有效地缩短搜索时间。飞行器可以在飞行的过程中继续搜索较远的极小值。当然,这种节省了初始时间的方法是以额外的计算负担为代价的。然而,这种方式的优势就是可以很好地处理出现未知的障碍物从而需要路径重规划时的情况,如飞行器在低空穿过城市地形时,由于面对的环境比较复杂,往往会出现存在大量速度极小值的情况。

4 轨迹追踪控制

轨迹追踪控制系统的作用就是控制飞行器保持在计算出的轨迹上,由于存在未知的扰动以及在设计模型时对实际情况的简化处理,使得飞行器不可能没有任何误差地跟随产生的轨迹。因而,需要设计一个减小飞行器控制误差的控制系统。

文中采用基于速度变化图的前馈和误差反馈信号的组合来构成期望速度矢量。除了误差补偿的控制增益,前馈速度矢量对轨迹追踪性能也有着重大的影响。而且,基于仿样曲线的路径是非线性的,导致计算路径追踪误差有很大的计算量。我们可以通过在路径固定参考系下表示出路径追踪误差,然后将计算出来的速度矢量代入测地学参考系中的方式来简化控制问题。而路径追踪误差可以通过比例反馈来做相应的补偿。

4.1 参考系和变换方式的定义

当应用于无人机演示该方法时会对其采取一定的简化。局部城市地形下的操作允许假设为平坦地表。因此,可以利用初始位置为 $\boldsymbol{p}_0 = [x_0, y_0, z_0]^T$ 的笛卡儿坐标系描述其位置。在测地学参考系中(用下标 g 来表示),可以用矢量 $\boldsymbol{p}$ 表示无人机当前的位置和原点位置之间的关系,即

$$\boldsymbol{p} = \begin{bmatrix} x - x_0 \\ y - y_0 \\ z - z_0 \end{bmatrix}_g \tag{15}$$

将 x_k 的轴指向飞行器飞行方向里面的坐标系系统定义为路径固定参考系(用下标 k 表示),如图 3 所示。角 γ 和 χ 分别表示 y_k 和 z_k 相对于测地学参考系的轴的指向。

将在笛卡儿坐标系的速度矢量转换到极坐标中的转换公式定义为

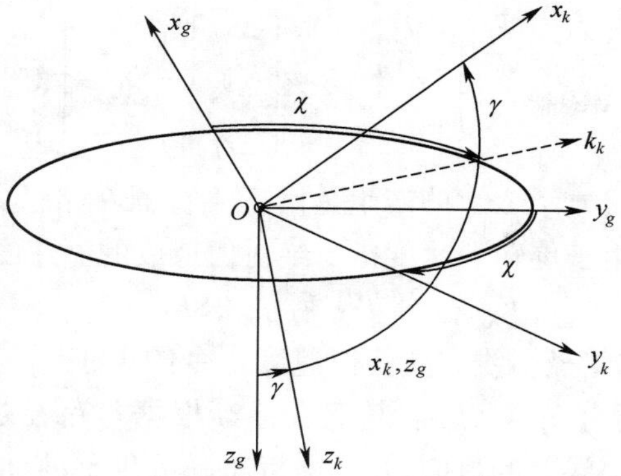

图 3　定义相对于测地学坐标系的路径固定参考系[11]

$$\begin{bmatrix} V_K \\ \chi \\ \gamma \end{bmatrix} = \begin{bmatrix} \| V \| \\ a\tan2(v_{Kg}, u_{Kg}) \\ -a\tan\left(\dfrac{w_{Kg}}{\| v_{Kg} + u_{Kg} \|}\right) \end{bmatrix}, \| v_{Kg} + u_{Kg} \| \neq 0 \tag{16}$$

如果在追踪路径过程中突然出现了偏差,如因为风向的改变等原因,则该误差将会被路径追踪误差反馈弥补。当飞行器的实际位置在预期位置的左边时,路径固定参考系中的误差 Δx_k 为正,处于预期位置后方时,则 Δy_k 为正,位于预期位置上方时,Δz_k 为正。定义当前位置(下标 s 表示)与指令位置(下标 c 表示)的误差矢量定义为

$$\Delta \boldsymbol{p}_g = \begin{bmatrix} x_c - x_s \\ y_c - y_s \\ z_c - z_s \end{bmatrix}_g \tag{17}$$

将误差矢量 $\Delta \boldsymbol{p}_g$ 变换到路径固定参考系的变换公式记为

$$\begin{bmatrix} \Delta x \\ \Delta y \\ \Delta z \end{bmatrix}_k = \boldsymbol{T}_{gk}^{\mathrm{T}} \cdot \Delta \boldsymbol{p}_g, \boldsymbol{T}_{gk} = \begin{bmatrix} \cos\gamma\cos\chi & -\sin\chi & \sin\gamma\cos\chi \\ \cos\gamma\sin\chi & \cos\chi & \sin\gamma\sin\chi \\ -\sin\gamma & 0 & \cos\gamma \end{bmatrix} \tag{18}$$

4.2　速度指令的计算方式

对仿样曲线做一阶导数(详情见式(6))可得到一个带给定参数 τ 的矢量,其几何意义是路径的切线方向。这个矢量的方向可用来表示速度矢量,其方向可以用角 γ 和 χ 表示(式(16))。速度 V_c 的绝对值由图 2 中的速度变化来计算。

计算出的速度矢量恰好是飞行器飞行期望路径所需要的速度指令。然而,为了补偿路径追踪误差,这个矢量做一些调整,可以使得飞行器即使出现误差也能返回路径。写出路径追踪误差在路径固定参考系中的表达式(式(18)),调整后的在

测地学参考系的速度指令可写成

$$\begin{bmatrix} u \\ v \\ w \end{bmatrix}_g = \boldsymbol{T}_{gk}(\chi_c, \gamma_c)\left(\begin{bmatrix} V_c \\ 0 \\ 0 \end{bmatrix}_k + \boldsymbol{K}\begin{bmatrix} \Delta x_k \\ \Delta y_k \\ \Delta z_k \end{bmatrix}\right), \boldsymbol{K} = \begin{bmatrix} k_x & 0 & 0 \\ 0 & k_y & 0 \\ 0 & 0 & k_z \end{bmatrix} \tag{19}$$

可见,路径追踪误差中 Δx_k 的产生是由于飞行器在路径方向有过大速度造成的,而 Δy_k 和 Δz_k 是由于旋转和速度指令绝对值造成的。速度的限制条件定义为

$$V_{K,\lim} = SF \cdot V_{K,\max}, SF \leqslant 1 \tag{20}$$

从速度变化图和路径切线方向获得速度指令约束于 $V_{K,\lim}$。定义对路径追踪误差响应的增益分别为 k_x、k_y、k_z。其值会逐渐根据与路径之间的误差来进行调整,从而达到逐渐减小误差的目的,并且保持超调量在3%以内。

4.3 仿样曲线上期望位置的计算

在实际应用中,飞行器的位置可以通过传感器来获得。然而,为了计算追踪轨迹误差,我们同时需要知道相应的指令期望位置的具体信息①。仿样曲线是一个分段参数化的空间曲线,其位置信息是由之前定义的参数 τ 来表达的。在3D空间中,参数 τ 的变化与两点之间距离的关系是非线性的。为了计算期望位置的信息,则必须找到3D空间中距离变化与参数 τ 变化之间的关系。

空间曲线的长度可以由它的弧长计算得到。将区间 $[a,b]$ 进行有限次划分,变换成以下形式: $a=\tau_0<\tau_1<\cdots<\tau_{k-2}<\tau_{k-1}=b$,从而可以获得有限的、在曲线 S 上的一系列点, $p(\tau_0)$, $p(\tau_1)$, $\cdots$, $p(\tau_{n-1})$, $p(\tau_n)$。将两点 $p(\tau_i)$、$p(\tau_{i+1})$ 之间的距离表示为 $\mathrm{d}(p(\tau_i), p(\tau_{i+1}))$。可以得到曲线 S 长度的近似表达式为

$$l(S) = \sup_{a=\tau_0<\tau_1<\cdots<\tau_{k-2}<\tau_{k-1}=b} \sum_{i=0}^{n-1} \mathrm{d}(p(\tau_i), p(\tau_{i+1})) \tag{21}$$

取仿样曲线上有关于 τ_a、τ_b 之间长度的两点,然后利用常微分方程求解程序来控制步长进而逐步逼近。求解时,要用到一阶导数,同时也需要定义准确度 ε。在本文中,采用 Runge - Kutta 求解方法,初始步长设为 10^{-3},同时设置准确度为 $\varepsilon = 10^{-6}$。

与此同时,同时运用二分法和 Newton - Raphson 搜索算法最终找到了距离和参数 τ 之间的关系。利用之前所提到的长度逼近方法,搜索算法最终可以回归仿样曲线函数的参数到 $\tau=\tau_0+\Delta s$。然而,Newton - Raphson 全局收敛性是很弱的,现有的解决方法是将 Newton - Raphson 方法和二分方法结合起来[12]。当 Newton - Raphson 方法采用的解越界或是收敛速度低于预定值的时候,复合算法都会采用二分步长。

---

① 通常,GPS 辅助传感器融合算法可以实现亚米级精度:位置估计。

根据指令速度 V_c，时间间隔 Δt，可以得出自从上次更新之后，经过的距离为

$$\Delta s = V_c \cdot \Delta t \tag{22}$$

上述表达式一旦出现近似误差，则会影响到路径上的期望位置。因而，我们将更新的时间间隔设置得足够短，这样这种近似误差带来的影响就会足够小。

图 2 中的速度变化图并没有展示出加速的限制，因此在路径方向 Δx_k 上的路径追踪误差将会适当增长。为了解决这个问题，文中采用式(22)的拓展公式来对路径上的参考位置做一些调整。通过一个额外的参数 K_r，参考位置点的行进过程可以写为

$$\Delta s = V_c \cdot \Delta t - K_r \cdot \Delta x_k \tag{23}$$

在完成 Δs 到 τ 的变化之前，首先限制 Δs 不超过 10m。调整参数 K_r 控制超调量在 3%以内。最后，利用含有 τ 的式(5)，可以得到期望的位置指令 p_c。

路径控制系统的有效性在实时的仿真试验和飞行器测试中都得到了验证。文中所提到的算法被证明是可行解。然而，当曲率特别大的时候，根据式(14)计算出的速度将会比较小。当速度指令近似于速度状态的噪声时，速度指令将变得不可用，并且这种影响会被式(20)中所提到的限制增强。因此，在飞行器到达路径终点前其速度需要大于极小速度。

本文的方法在应用到 UAV 的过程中表现出了较好的性能，然而，系统的路径追踪误差仍然是可以观测到的(图 4)，因此还需要进一步的探究来解决这些问题。出现这种现象的一个可能的原因是飞行器需要一定的时间来调整执行新的速度指令。路径追踪误差补偿的速度还不够快，因此下面的研究主要就从这几个方面继续开展。

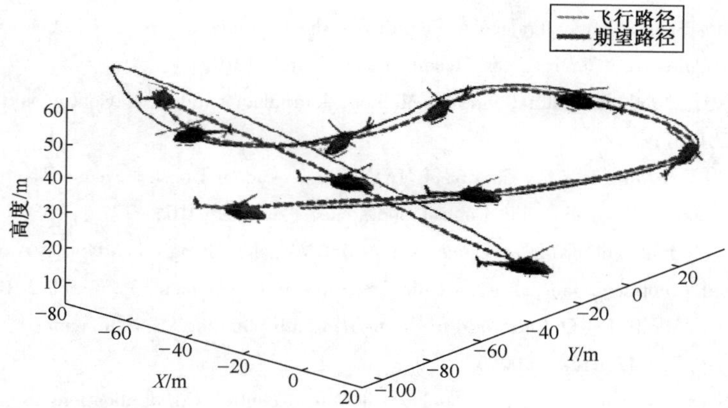

图 4　飞行测试

5 总结

本文提出了一种用于路径规划的轨迹生成方法。利用三次样条曲线来生成通过狭窄走廊的安全路径。文中定义了以路径曲率为基础的速度变化图。通过这种方式,可将直升机的复杂非线性动力学与几何路径规划及轨迹生成分开处理。该系统的有效性已经在无人机的飞行测试中得到了验证。

启发于飞行器的物理模型,轨迹曲率和飞行器的加速限制用来计算轨迹的最大速度。为了保证在飞行途中遇到突发事件时路径重规划的性能,采用了递增的速度计算方法。

另外,文中也提出一套轨迹追踪系统,其原理是利用实时轨迹切线生成可行的速度指令用来控制飞行器,并且能对潜在的路径追踪误差进行补偿,如风的扰动等。由于需要用到参数化的空间曲线,所以计算路径上的期望位置是一个很复杂的任务,因此,文中推导了曲线弧长与仿样曲线函数参数之间的关系,而且,一个线性的控制方法被用于路径追踪误差补偿。为了防止速度过大,引入了一个比例因子来控制速度指令。

更进一步的研究将主要集中在如何降低路径追踪的偏差。

参 考 文 献

[1] Goerzen, C., Kong, Z., Mettler, B.: A Survey of Motion Planning Algorithms from the Perspective of Autonomous UAV Guidance. Intell. Robot Syst. (2009)

[2] Mattei, M.: Smooth Flight Trajectory Planning in the Presence of No - Fly Zones and Obstacles. Journal of Guidance, Control, and Dynamics 33 (March 2010)

[3] Gates, D.J.: Nonlinear Path Following Method. Journal of Guidance, Control and Dynamics33 (March 2010)

[4] Ogren, P.: Receding Horizon Control of UAVs using Gradual Dense - Sparse Discretizations. In: AIAA Guidance, Navigation and Control Conference (August 2010)

[5] Kaminer, I.: Path Following for Unmanned Aerial Vehicles Using L1 Adaptive Augmentation of Commercial Autopilots. Journal of Guidance, Control and Dynamics 33 (March 2010)

[6] Andert, F., Adolf, F.: Online world modeling and path planning for an unmanned helicopter. Auton. Robots 27, 147 - 164 (2009)

[7] Lorenz, S.: Open - loop reference models for nonlinear control with applications to unmanned helicopter flight. In: AIAA Guidance, Navigation and Control Conference and Exhibit, No. AIAA - 2010 - 7860, Toronto, Canada (2010)

[8] Lorenz, S.: Adaptive Regelung zur Flugbereichserweiterung des Technologiedemonstrators ARTIS. Ph.D. thesis, TU - Braunschweig (2010)

[9] Tietze, S.: Autonome Bahnführung eines Hubschrauber UAV's. Master's thesis, TUBerlin, Institut für Luft- und Raumfahrttechnik (2005)

[10] Bhatia, A., Frazzoli, E.: Resolution-complete safety falsification of continuous time systems. In: Proceedings of the 45th IEEE Conference on Decision and Control, December 2006, pp. 3297-3302 (2006)

[11] Brockhaus, R.: Flugregelung, 2nd edn. Springer, Berlin (2001)

[12] Press, W.H., Flannery, B.P., Teukolsky, S.A., Vetterling, W.T.: Numerical Recipes in C: The Art of Scientific Computing. Cambridge University Press, Cambridge (1992)

一种再入飞行器基准的线性变参数控制器

A Linear Parameter Varying Controller for a Re－entry Vehicle Benchmark

Andrés Marcos and Samir Bennani①

摘要：本文设计了一种针对大气再入飞行器基准的线性变参数控制器，该控制器采用基于单二次李雅普诺夫函数的方法进行设计。再入飞行器采用一套高保真基准，这套基准包括完整的非线性运动、详细的气动数据库、非线性执行器、彩色传感器模型现实的不确定性和操纵面组合逻辑。后者的逻辑完全关联了纵向和横向/定向运动，加入噪声和不确定性后形成了有挑战性和代表性的大气返回基准。结果表明，LPV 控制器满足了所有性能和鲁棒性的指标，同时应用自动增益调度特性方法也减轻了设计者的任务。

1 引言

增益调度[1,16,17]可能是航天工业中设计需要大规模动态变化和实现复杂模式切换的系统时应用最普遍的方法。它可以视为一种利用线性时不变（LTI）设计点以及标准增益调度概念（如插值）获取基于局部设计的全局控制器。尽管它已经广泛应用，但是还是有一些因为它特别的校验特征而产生的缺陷，主要与设计点选取和调度规则（基于参数和复杂性）对全局增益调度控制器性能的影响有关。

线性变参数（LPV）合成技术已确立为一种可供选择的或者更加高级的增益调度步骤，可以作为一种自动的增益调度方法[1,18]。这些技术是在欧洲航天局（ESA）研究中心制定，以解决太空中对先进增益调度技术的设想需求。LPV 建模、分析与设计的联合项目由西班牙 Deimos Space 负责，包括了匈牙利计算机与自动化

---

① 关于 LPVMAD 研究项目由欧空局资助，ESA-ESTEC 合同为 20565/07/NL/GLC。

Andrés Marcos

Deimos Space S. L. U.，Madrid，28760，Spain

Samir Bennani

ESA ESTEC，Noordwijk，2200，The Netherlands

研究所(SZATKI)、荷兰代尔夫特理工大学和英国莱斯特大学的研究团队,为的是解决可靠的LPV软件工具支持下的工业LPV控制设计框架的发展问题。具体来说,这些研究的目的包括:

(1)评估空间系统控制设计过程中的LPV技术可行性、需求和影响;

(2)提出LPV控制设计框架;

(3)开发可靠的LPV工具,用于支持该框架下的建模、分析和设计;

(4)在一个相关的空间系统中演示开发的框架和工具。

第一阶段的研究成果[10-15]详细地完成了上面所述的前三点。第二阶段的任务是应用一个更具挑战性的基准,包括饱和、运动耦合、控制器调度和时变形为等实际问题来解决上述第四点。被选定的基准是著名的NASA HL-20大气再入飞行器的增强版。

本文呈现了项目第四个目标的一些结果。具体来说,文章详述了选定的再入飞行器低超声速到亚声速阶段的LPV控制器的设计。文章的布局如下:第二部分论述了LPVMAD再入基准;第三部分详述了纵向和横向/定向LPV解耦控制器的设计;第四部分介绍了基于应用在参数(重心、惯性矩、质量和空气动力系数)和时变(马赫数)变化下的耦合、非线性飞行器的蒙特卡洛仿真时,在设计过程和最终验证阶段的分析;第五部分从结果总结出结论。

2 LPMAD 再入基准

NASA的HL-20提升飞行器是航天飞机轨道器的替代品,尽管已经退役,但是人们还是尽力开发出了一个适用于飞行器完整速度范围的详细基线空气动力数据库[2-5]。

对于目前的研究,考虑一个出自参考文献[7]的三自由度优化导航轨道。研究集中在近似从低超声速到亚声速,如马赫数$\in[3,0.8]$,纯气动表面阶段。选择的阶段的特点在于存储逆转的末尾和一个相似的攻角的机动,如图1所示。注意这些在强耦合纵向与横向/定向运动(因为包含于基准的控制表面混合逻辑而尤其严重)下几乎同时的机动。

完整的非线性运动方程(见参考文献[2])与有代表性的气动数据库[2-5]一起使用。HL-20的实施比NASA报告[3]中公开可用的进行多项式简化的Matlab模型[6]更加先进和有代表性。完整的气动数据库是由依靠马赫数、攻角、侧滑和控制表面变形的非线性查找表(LUT)形成的。

可用的物理控制舵面包括左右两侧的上副翼(DUL和DUR)、左右两侧的下副翼(DLL和DLR)、左右两侧襟翼(DEL和DER)以及方向舵(DR)。规定上下副翼向下方向、襟翼远离机身方向以及方向舵向左方向为正方向。系统实现了一个非线性控制表面混合逻辑把控制指令升降δ_{ele}、副翼δ_{ail}、速度—制动δ_{sbk}、方向舵δ_{rud}

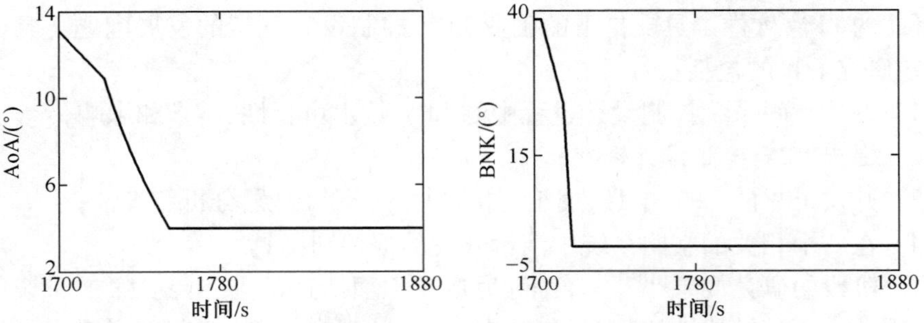

图 1　参考轨道：攻角和倾斜角随时间的变化

变形转换到基于马赫数和复杂非线性关系的之前的物理表面。控制混合器的输出被传递到驱动系统。每个驱动系统是由一系列互连的二阶滤波器、一个级限幅器、一个速率限制器和一个时间延迟组成。这些传感器被实现为带有测量偏差的一阶着色滤波器。

一个乘性不确定性模型被认为是围绕着基于给定的百分比不确定性范围 $\Delta_{\%}$ 和归一化的随机有界增益 δ_U（如 $u_\Delta = u(1+\delta_U\Delta_{\%})$）的参数 u 的标称值。对于那些标称值等级为 0 的情况，会采用一种加法模型（乘法模型不会引入这些情况的参数不确定性）。参考文献[19]具体阐述了应用于再入飞行器基准标称值和百分比不确定性，它们用于主要的飞行器几何和气动参数：重心（如 $\Delta_{\%}$ 的 ±0.5% x_{CG}）、惯性矩（±5%）、质量（±5%）和空气动力系数，包括一个 $C_{L/D}$ 不确定性面，它有助于物理上联系 C_L 和 C_D 的不确定性。进一步，气动数据库是相当非线性的，并且在不稳定区域交替稳定。注意图 2 中 CMO 斜率的正负。

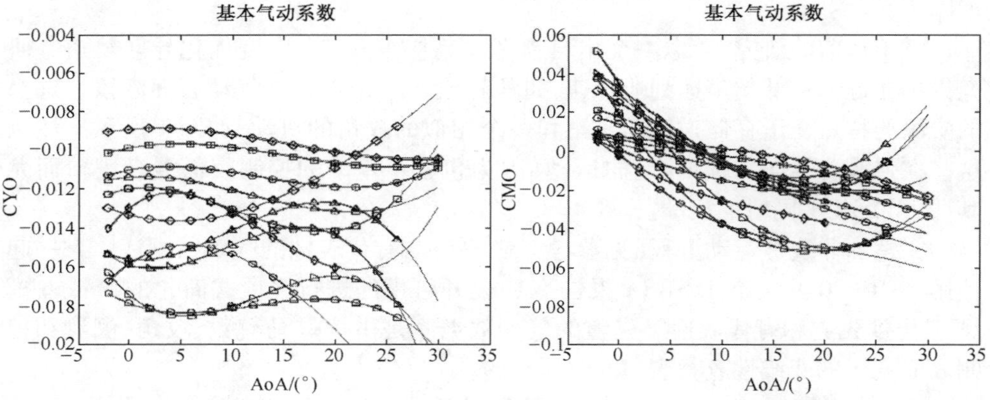

图 2　关于攻角和马赫数的基本气动系数

参考文献[9,19]中给出了详细的动态特性分析，表明飞行器在横向/纵向运动稳定性转换，以及轨道改变带来自然频率及阻尼的强烈变化等情况下是非常具有挑战性的，如图 3 所示。

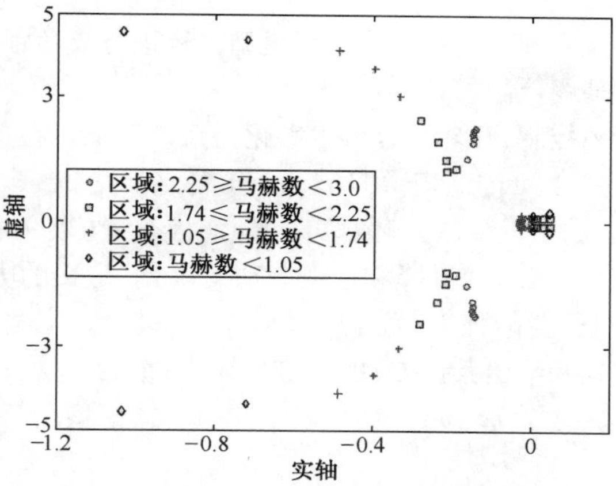

图 3　横向/定向运动：基于马赫数的零极点分布图

3　LPV 控制设计

本节介绍了针对提出的高保真基准的先进增益调度控制设计方法的应用。使用的 LPV 技术是单二次李雅普诺夫函数（SQLF）方法[18]。从本质上说，这种技术通过找到一个二次李雅普诺夫函数合成了一个 LPV 控制器，而不是根据满足一个著名的有界实引理的 LPV 版本的变参数矢量。实际上，它将搜索一个对一组线性矩阵不等式（LMIs）有效的李雅普诺夫函数，与在一个网格的定义了 LPV 的变参数矢量值的 BRL 满足相一致。

该方法的主要优点是，它可以从 LTI H_∞ 合成。实际上，目前用于合成 LPV 控制器的软件工具直接将权重和互连用于标准的 LTI H_∞ 设计安装并促进其调谐到全局预期性能。事实上，合成设计点 LTI H_∞ 控制器可以被看作是一个 LPV 技术应用中的第一步。LTI H_∞ 优化是一种设计技术，其中性能规格和鲁棒性目标是正确解决数学优化问题的主要驱动——与其他控制合成技术不同的是，后者的目标满足性是在设计后进行评估的。LTI H_∞ 控制合成是现代控制的基础并在整个行业被广泛使用[16,17,18]。因此，为了评估 LPV 先进控制方案的优点和缺点，基于 LTI H_∞ 设计点控制器的标准 LPV 增益调度控制设计可以被使用。这样一个基线控制器已经被研制并在参考文献[19]中被提出。因为这个基线控制器遵循运动解耦设计方法，LPV 设计过程在合成中还使用一个运动解耦方法，但两者在应用非线性飞行器时都被充分验证，如耦合。

控制设计目标是在既定的噪声和不确定水平级别的情况下保证跟踪参考攻角，侧滑和转弯与预期的偏差小于 2°，可接受的短期偏差小于 4°。

3.1 纵向运动控制器的设计

纵向运动的设计原理是通过一个理想模型方程进行攻角跟踪。相同的设计原理和装置设置也在基线控制设计使用[19]。

因为只考虑闭环控制,开环部分可以简化为短期运动。在这种方式下,控制器的状态维度被大大减少(回想基于 LTI H_∞ 的合成,获得控制器与设计的互连有相同数量的状态数)。用于设计的开环部分有 2 个状态量(攻角和俯仰率)、两个输出(与状态相同)和两个输入(升降和速度制动变量)。定义的 H_∞ 设计互连在图 4 中给出。W_{act} 给出执行器的强度;W_{rob} 用来增加设备输入不确定性;W_{perf} 和 W_{id} 用来捕获攻角跟踪方程并给出其误差;W_{cmd} 描述输入;最后,W_{noise} 用于表示系统在噪声影响下的鲁棒性。这个 I－block 用来表示无执行器模型用于纵向运动。

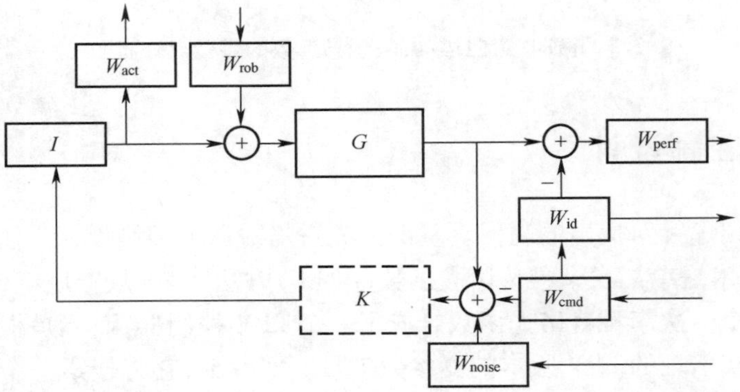

图 4　LPV 控制器设计框图

关于基线控制设计[19]的唯一修正是围绕合成 LPV 控制器和设计权重的轻微变化使用更加精细的 LTI 设备网格。这里有一个明显的复杂性的增加,四组不同的权重应用于 LPV 控制器,三组应用于基线,但是产生的 LPV 控制器实质上是一个单独动态系统,不需要特别的手动增益调度,这毕竟是 LPV 合成技术的最大优势。表 1 显示了按照一般的权重传递函数权重 $=K(as+1)/(bs+1)$ 的四个纵向设计点控制器的权重。

表 1　纵向 LPV 控制器:每个马赫数区域的 H_∞ 权重

[－:与左侧马赫数区域的权重相同;$d^2r=180/\pi$]

类型	权重	M=[3.959,2.913]			M=[1.457]			M=[1.052,0.922]			M=[0.821]		
		K	a	b	K	a	b	K	a	b	K	a	b
噪声	$W_{\alpha\text{-noise}}$	$0.01*d^2r$	0	0	—	—	—	—	—	—	—	—	—
	$W_{q\text{-noise}}$	$0.001*d^2r$	1000	100	$0.01*d^2r$	100	10	—	—	—	—	—	—

(续)

类型	权重	$M=[3.959,2.913]$			$M=[1.457]$			$M=[1.052,0.922]$			$M=[0.821]$		
		K	a	b	K	a	b	K	a	b	K	a	b
理想值/指令	W_{ideal}	$1.5^2/(s^2+2*0.9*1.5*s+1.5^2)$			—	—	—	—	—	—	—	—	—
	W_{cmd}	$3*d^2r$	0	0	$5*d^2r$	0	0	$4*d^2r$	0	0			
性能	W_{perf}	150	0	20	—	—	—	150	0	10	150	0	20
鲁棒性	$W_{rob\text{-}ele}$	$0.05*d^2r$	0	100	—	—	—	—	—	—	—	—	—
	$W_{rob\text{-}sbk}$	$0.05*d^2r$	0	20	—	—	—	—	—	—	—	—	—
驱动	$W_{act\text{-}ele}$	$1/40/d^2r$	0	0	—	—	—	—	—	—	—	—	—
	$W_{act\text{-}sbk}$	$1/20/d^2r$	0	0	—	—	—	—	—	—	—	—	—

3.2 横向/定向运动控制器设计

横向/定向 LPV 控制器比之前的 LPV 纵向控制器更加复杂,后者是包含四组权重的单一控制器。然而,LPV 合成方法的应用简化了全局横向/定向控制器的复杂性,至于 LPV 情况由两个不同的 LPV 控制器直接混合而成(如线性内插),与三种不同控制器在基线控制设计中应用形成对照[19]。

滚转横向/定向开环设置包括四个状态(偏航角速度 r、滚转角速度 p、侧滑角 β 和倾斜角 σ)、两个输入通道(副翼 δ_{ail} 和方向舵 δ_{rud})、四个输出(偏航角速度、滚转角速度、横向加速度和倾斜角)。如图 4 所示,内在联系由基于倾斜角命令模型匹配方法的权重(W_{cmd} 和 W_{id})和包括两个附加目标性能(横向加速度最小化和转弯协调)的权重 W_{perf} 表示[8]。此外,尤其在这种情况下,它包括大小和速率的一阶模型执行机构权重(I - block 的位置),如表 2 所列。

表 2 横向/定向 LPV 控制器:每个马赫数区域的 H_∞ 权重

[-:与左侧马赫数区域的权重相同;$d^2r=180/\pi$]

类型	权重	Klat-LPV-1			Klat-LPV-2					
		$M=[2.91\to2.09]$ (每 5s)			$M=[2.25,2.09,2.03,1.93,1.74]$			$M=[1.05,0.92,0.80]$		
		K	a	b	K	a	b	K	a	b
噪声	$W_p=W_r$	$0.01*d^2r$	0	0	—	—	—	—	—	—
	W_σ	$0.01*d^2r$	0	0	—	—	—	—	—	—
	W_{ny}	0.01/9.8	0	0	0.5/9.8	0	0	—	—	—

（续）

类型	权重	Klat-LPV-1			Klat-LPV-2					
		$M=[2.91 \rightarrow 2.09]$（每 5s）			$M=[2.25, 2.09, 2.03, 1.93, 1.74]$			$M=[1.05, 0.92, 0.80]$		
		K	a	b	K	a	b	K	a	b
理想值/指令	W_{ideal}	1.03	0	0.5886	1.16	0	0.166	1.03	0	0.588
	W_{cmd}	$15 * d^2 r$	1	10	$25 * d^2 r$	0.05	0.5	$25 * d^2 r$	1	1.6667
性能	W_{ny}	0.1	0	0	3.5	0	0	1.5	0	0
	W_{ϕ}	103	0.5	10.3	120	0.5	24	50	0	20
	W_{TC}	2	0	0	—	—	—	—	—	—
鲁棒性	W_{ail}	$0.5 * d^2 r$	0	2	$0.01 * d^2 r$	0	0.1	—	—	—
	W_{rud}	$0.5 * d^2 r$	0	2	$0.02 * d^2 r$	0	0.2	—	—	—
驱动	W_{ail}	$0.05/d^2 r$	0	0.1	—	—	—	—	—	—
	W_{rud}	$0.05/d^2 r$	0	0.1	—	—	—	—	—	—
	$W_{ail\text{-}dot}$	$0.025/d^2 r$	0	0	$0.06/d^2 r$	0	0	—	—	—
	$W_{rud\text{-}dot}$	$0.025/d^2 r$	0	0	$0.06/d^2 r$	0	0	—	—	—

从定性方面，基于设计基线控制器的经验[19]比较，可以说，权重的协调相比基线可以通过 LPV 控制器变得更快，这是由于该方法全局自动化调度的性质。也就是说，LPV 合成通过一般的李雅普诺夫函数优化搜索网格点添加了一个额外的设计自由度。这个优化搜索可以在局部弥补任何“粗糙”的权重定义；或者，这可以被视为允许工程师在定义局部点权重时专注于性能，而鲁棒性是由 LPV 方法自动进行调度的。值得一提的是，对特别的增益调度应用最终的 LPV 权重在重设计上不会导致类似的性能和鲁棒性属性。这是特别的增益调度的非全局性和插值方案的手动选择的结果。总之，相比于传统的特定增益优化来说，LPV 合成技术的系统特性可以在定义权重和实现所需的控制设计目标方面节省大量时间。

4 控制分析

4.1 设计阶段的线性分析

在设计阶段，执行了一组线性分析和伪线性的时间模拟（线性但包含一些选定的非线性），来收敛得到一个能实现目标的控制器，这些分析包括：

（1）加权性能与逆加权性能的对比；

(2) 加权驱动与噪音和反向加权驱动对比；

(3) 针对每个实验装置的控制器 GK 传递函数；

(4) 灵敏度传递函数和飞行质量。

使用 LTI 设备的时域仿真和从中获得带有非线性执行器的 LTI 控制器(动力学、速率和等级饱和度)与传感器(噪声和动力学)这一节给出结果的总结。例如，图 5 显示了纵向加权控制器传递函数(TFs)。可以看出，它们在逆权重之下，说明控制器不受相应噪声信道影响并且有适当的形状。图 6 在另一方面显示了用来评估其飞行质量(测试一组 LTI 装置包括用于设计和其他点的飞行包线)的纵向控制器线性阶跃响应仿真。

然后通过伪线性(即带有选择非线性的线性装置)时域仿真模块进行验证，如图 7 所示。攻角参考指令的双重正斜率的轮廓用于确定控制器跟踪阶数和斜率轮廓。这在基准中十分重要，应该注意到良好的稳态跟踪命令(如阶跃反馈)在完整非线性仿真当中非常容易实现，但是无动力飞行器在接近结构下具有非常明显特征的斜坡样的轮廓在满足驱动限制时更加难以实现。图 7 的结果显示，对于线性加非线性驱动/传感器来说，控制器依然有效，注意斜坡跟踪下上升驱动的增加。

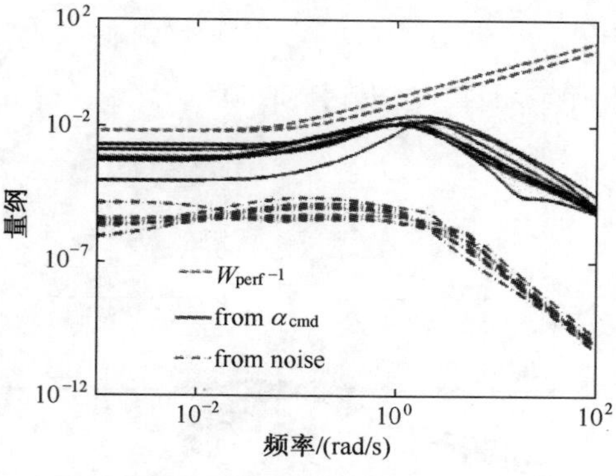

图 5　纵向 LPV 控制器：加权 TF 到 α_{error}

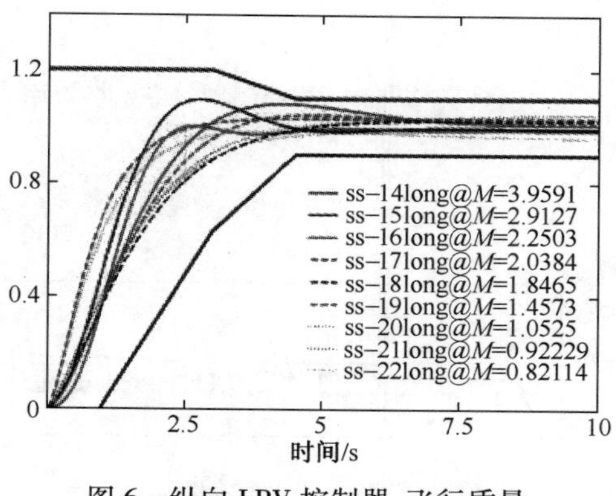

图 6　纵向 LPV 控制器：飞行质量

对于横向/定向控制器来说，设计过程中的分析也显示了目标的满足程度。然而，在本例当中，观察到在高频段的一些噪声影响，如图 8 中以加权的驱动线性分析为例。虽然这种耦合不是十分重要，但是它在灵敏度分析(S 和 T)以及时域仿真当中体现出来，如图 9 和图 10 所示。因此，分析的结论是，横向/定向 LPV 控制器具有适用频率和飞行质量特征，也应该在保证线性分析的情况下尽量满足非线性仿真的目标。

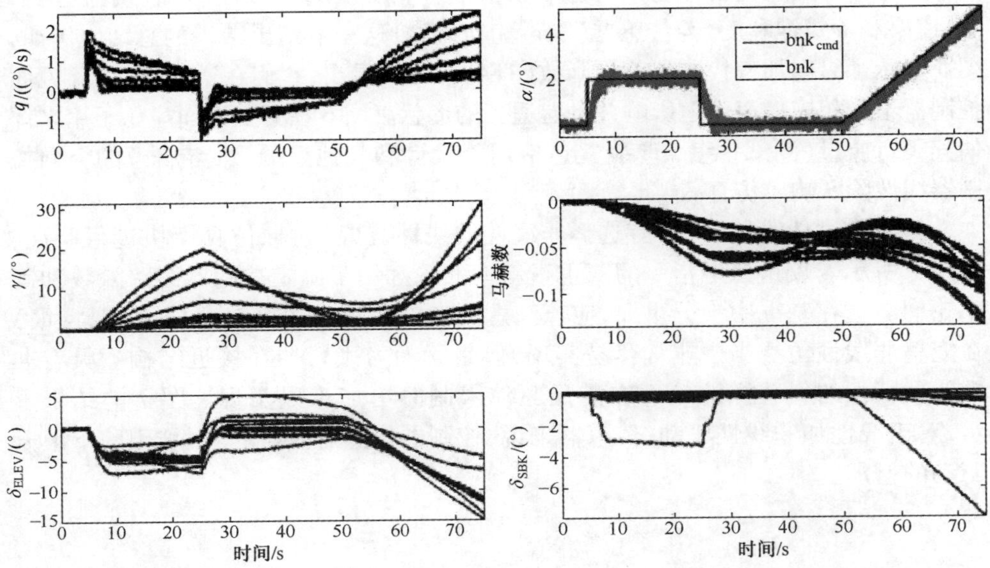

图 7　纵向 LPV 控制器：伪线性响应（带有所有执行机构和传感器的 LTI 设备）

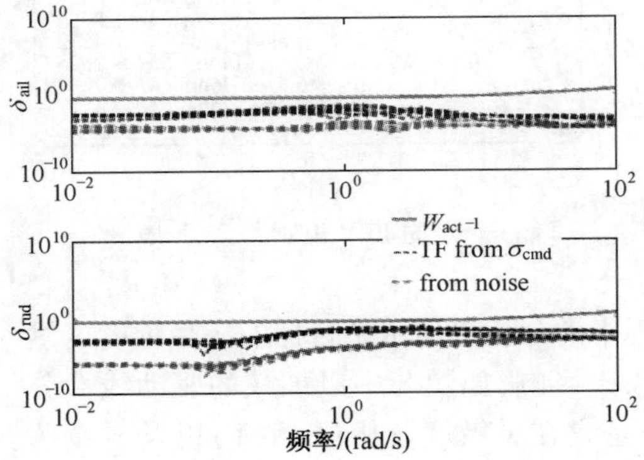

图 8　横向/定向 LPV 控制器：加权执行机构

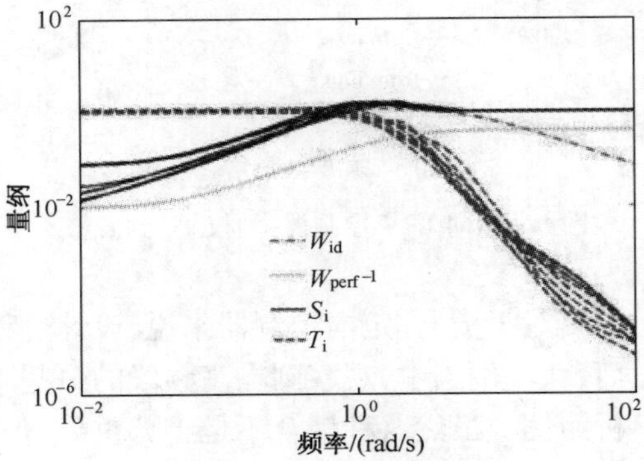

图 9　横向/定向 LPV 控制器：S 和 T

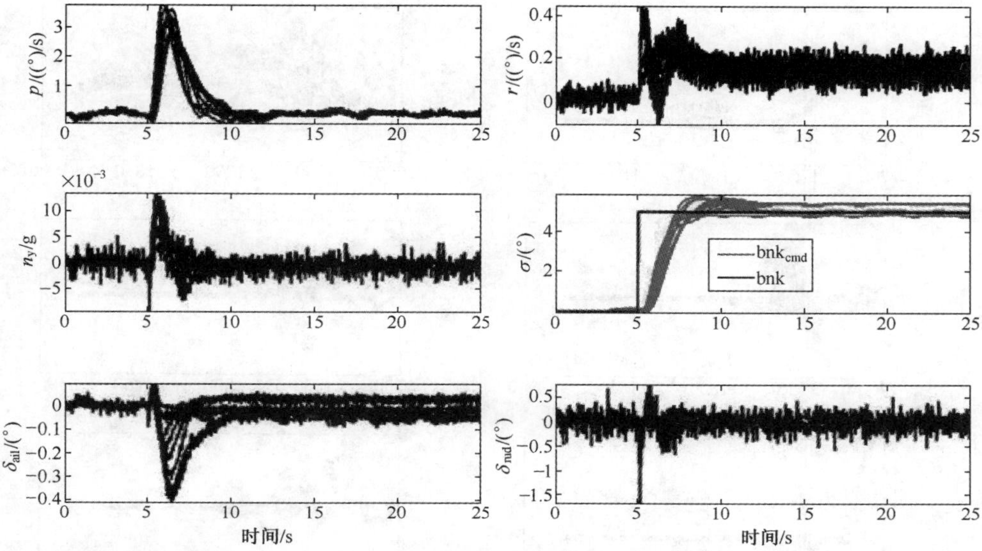

图 10　横向/定向 LPV 控制器:伪线性响应(带有所有执行机构和传感器的 LTI 设备)

4.2　非线性全动态蒙特卡洛仿真

蒙特卡洛仿真使用高保真基线全动态非线性仿真模拟器和第 2 节参考文献[9,19]中定义的不确定参数和区间。在大于 1400 次的仿真当中,没有失败的情况出现,LPV 控制器达到预期的鲁棒目标,所有的误差都在允许范围内(图 11),所以性能目标也可以达到。与基线控制器的结果相比(因为篇幅限制没有显示,见参考文献[19]),LPV 控制器更加理想,在性能和鲁棒性方面都有提高。

5　结论

本文基于高保真再入式基线设计和分析了纵向以及横向/定向 LPV 控制器。LPV 设计应用了所谓的单二次李雅普诺夫函数(SQLF)方法,这种方法建立在 LTIH_∞ 点设计的基础上。全动态 LPV 控制器评估已经用宽组合线性分析技术(从灵敏度传递函数到飞行质量响应)和完全非线性时域蒙特卡洛仿真执行。结果表明,LPV 控制器设计满足所有性能和鲁棒性目标。此外,相比传统的增益调度控制器[19],LPV 合成技术的系统特性可以在定义权重和实现所需的控制设计目标方面节省大量的时间。

致谢

作者要感谢 GNC/AOCSS Deimos Space 分部主管 Luis F. Penin 博士的帮助和

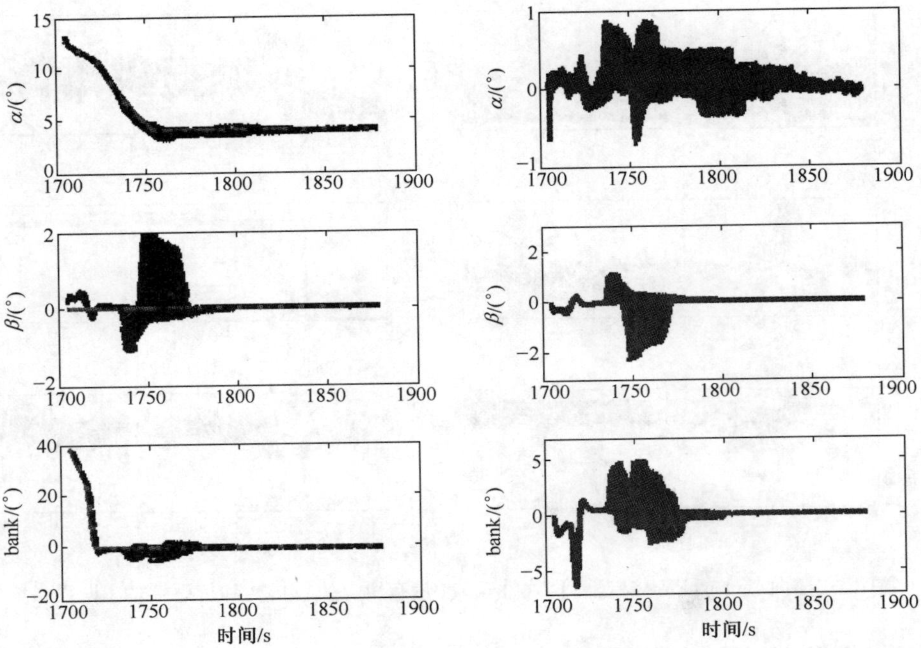

图 11　蒙特卡洛仿真:跟踪信号和误差

意见,以及明尼苏达大学的 Gary Balas 教授提供 LPV SQLF 软件工具用于 LPV 控制器设计。

参 考 文 献

[1] Balas, G. J. : Flight control law design: An industry perspective. In: European Control Conference, Cambridge, UK (September 2003)

[2] Jackson, E. B. , Cruz, C. I. , Ragsdale, W. A. : Real - Time Simulation Model of the HL - 20 Lifting Body. NASA Technical Memorandum 107580 (July 1992)

[3] Jackson, E. B. , Cruz, C. I. : Preliminary Subsonic Aerodynamic Model for Simulation Studies of the HL - 20 Lifting Body. NASA Technical Memorandum 4302 (1992)

[4] Cruz, C. I. , Ware, G. M. : Control Effectiveness and Tip - Fin Dihedral Effects for the HL - 20 Lifting - Body Configuration at Mach Numbers from 1. 6 to 4. 5. NASA Technical Memorandum 4697 (1995)

[5] Scallion, W. I. : Aerodynamic Characteristics and Control Effectiveness of the HL - 20 Lifting Body Configuration at Mach 10 in Air. NASA Technical Memorandum 209357 (September 1999)

[6] Gage, S. : HL20 aeroblockset MATLAB. The Mathworks

[7] Powell, R. W. : Six - Degree - of - Freedom Guidance and Control - Entry Analysis of the HL - 20. Journal of Spacecraft and Rockets 30(5) (1993)

[8] Doyle, J. C., Lenz, K., Packard, A.: Design examples using mu – synthesis: Space shuttle lateral axis FCS during re – entry. In: IEEE Control Decision Conference, vol. 25, pp. 2218 – 2223 (1986)

[9] Marcos, A., Veenman, J., Scherer, C., De Zaiacomo, G., Mostaza, D., Kerr, M., Bennani, S.: Application of LPV modeling, design and analysis methods to a re – entry vehicle. In: AIAA GNC 2010 (2010)

[10] Szabó, Z., Marcos, A., Mostaza, D., Kerr, M., Rödöny, G., Bokor, J., Bennani, S.: Development of an Integrated LPV/LFT Framework: Modeling and Data – based Validation Tool. In: IEEE Control System Technologies (2011) (to be published)

[11] Marcos, A., Bennani, S.: LPV Modelling, Analysis and Design in Space Systems: Rationale, Objectives and Limitations. In: AIAA GNC 2009 (2009)

[12] Menon, P. P., Prempain, E., Postlethwaite, I., Bates, D., Bennani, S.: An LPV loop shaping controller design for the NASA HL – 20 re – entry vehicle. In: AIAA GNC 2009 (2009)

[13] Menon, P. P., Prempain, E., Postlethwaite, I., Bates, D., Bennani, S.: Nonlinear Worst – Case Analysis of an LPV Controller for Approach – Phase of a Re – entry Vehicle. In: AIAA GNC 2009 (2009)

[14] Veenman, J., Körolu, H., Scherer, C. W.: Analysis of the Controlled NASA HL20 Atmospheric Re – entry Vehicle based on Dynamic IQCs. In: AIAA GNC 2009 (2009)

[15] Veenman, J., Scherer, C. W., Körolu, H.: IQC – Based LPV Controller Synthesis for the NASA HL20 Atmospheric Re – entry Vehicle. In: AIAA GNC 2009 (2009) A Linear Parameter Varying Controller for a Re – entry Vehicle Benchmark 27

[16] Rugh, W. J., Shamma, F.: Research on Gain Scheduling. Automatica 36, 1401 – 1425 (2000)

[17] Leith, D. J., Leithead, W. E.: Survey of Gain – Scheduling Analysis and Design. International Journal of Control 73(11), 1001 – 1025 (2000)

[18] Balas, G. J.: Linear, parameter – varying control and its application to a turbofan engine. International Journal of Robust and Nonlinear Control 12, 763 – 796 (2002)

[19] Marcos, A.: A gain scheduled H – infinity controller for a re – entry benchmark. In: AIAA GNC Conference 2010 (2010)

一个低成本小型无人机飞行研究设施

A Low Cost Small UAV Flight Research Facility

Austin M. Murch, Yew Chai Paw, RohitPandita, Zhefeng Li, Gary J. Balas

摘要：本文概述了 Minnesota 大学的低成本开发的小型无人机(UAV)研究设施。对该设施的构成、功能以及其在科研、教学和协作方面的应用做了详细的描述。同时，文中还展示了相关飞行结果，最后对现阶段的研究情况和今后的研究方向做了总结。

1 引言

无人机(UAVs)目前已广泛应用于军用、民用、科学研究等多个领域。对于可靠且低成本的 UAV 系统的需求也在持续增加，尤其是当前小型的无人机系统(翼展不大于 2m)仍处于原型机部署阶段且缺乏可靠性。在模型设计、测试、飞行控制方面的进展都将提高无人机系统的可靠性和飞行过程中的性能。无人机的传统开发周期需要耗费大量的时间和资源[1,2]。把同样的技术应用到小型无人机是不现实的。

Minnesota 大学航空工程与机械系(AEM)的无人机研究小组专注于研究和实现低成本、开源的小型无人机飞行研究设施。设计这套设施的目的是为了无人机的科学研究，其中包括无人机的控制、导航和制导算法，嵌入式的故障检测方法以及系统识别工具。为了节约材料和减少开发成本，系统是基于 COTS(Commercial - off - the - shelf)部件开发的。除此之外，全套的设计结构是开源的，任何研究者或是机构都可以从网上获取相关资料。网址为 http://www. aem. umn. edu/~uav/。在系统开发过程中，除了来自 AEM 的研究人员，还有来自 Budapest 大学的研究者也参与该工程项目的研究。

Austin M. Murch. Yew Chai Paw. Rohit Pandita · Zhefeng Li · Gary J. Balas

University of Minnesota, Minneapolis, MN 55455

e-maill: {murch, paw, pandita, zhefeng, balas} @ aem. umn. edu

2 无人机测试台

无人机研究小组对 COTS R/C 固定翼飞行器做了改装，用来搭载必需的电子设备。在开发过程中，研究过程中使用了若干个不同型号的飞行器，其中作为主要实验设备的是 Ultra Stick 25e[3]，如图 1(a)所示。另外两个飞行器分别是 Stick 120，其有效负载大于 Ultra Stick 25e，还有 Mini Ultra Stick，Ultra Stick 系列中的最小版本。

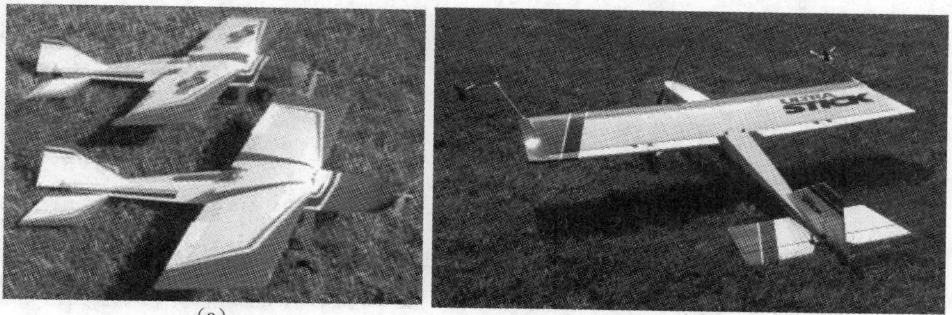

(a)　　(b)

图 1　Ultra Stick UAV 测试台

(a)Ultra Stick 25e；(b)Ultra Stick 120(FASER)。

Ultra Stick 120 配备了带有方向舵和控制面的传统水平和垂直尾翼。飞行器有对称的副翼、襟翼。六个控制面都是由 Hitec HS5625MG 伺服系统驱动。飞行器是由一个 1900W 的 Actro 40－4 无刷电动机驱动，同时配备了 Graupner 14×9.5 折叠螺旋桨。其动力是由两个串联的 5000mAh 5－cell 锂聚合物电池提供的。伺服系统单独由一个 1350mAh 3－cell 锂聚合物电池提供电力。主要的内部负载位于机身和机翼下方，尺寸为 35cm(L)×10cm(H)×10cm(W)；额外的负载可以调整到机身上或是外部。120 系列可以载重将近 2.5kg。

Ultra Stick 25e 大约只有 Ultra Stick 120 的 65%大小，但其内部配置都是相同的。无人机研究小组共有三架 Ultra Stick 25e 飞行器，分别为其命名为“Odin”“Loki”和“Thor”。六个控制面都由 Hitec HS－225BB 伺服系统驱动。飞行器是由一个配备了 APC 12×6 螺旋桨的 600W E－Flite 25 无刷电动机驱动的。电机和伺服系统的电力供应是由一个 4200 mAh 3－cell 锂聚合物电池完成的。主要的内部负载位于机身和机翼下方，尺寸为 22cm(L)×6cm(H)×7cm(W)；额外的负载可以调整到机身上或是外部。25e 系列可以载重将近 0.55kg。

Mini Ultra Stick 大约有 Ultra Stick120 的 50%大小，内部配置基本相同。无人机研究小组现在用该飞行器做风洞试验，其小尺寸使得其能符合 AEM 部门低速风动试验要求。

三种 Ultra Stick 飞行器的详细参数详见表 1。

表 1　飞行器参数汇总

参数	Mini Uhra Stick	Ultra Stick 25e	FASER
翼展	0.985m	1.27m	1.92m
翼弦	0.21m	0.3m	0.43m
长度	0.865m	1.05m	1.32m
翼参考面积	$0.21m^2$	$0.32m^2$	$0.769m^2$
MTOW(测试)	*N/A*	2.04kg	9.07kg
空重	0.62kg	1.50kg	6.35kg
耐力	10~15min	15~20min	15~20min
巡航速度	10~15m/s	15~20m/s	20~30m/s

3　机载航空电子设备

目前,机载航空电子设备的基本架构如图 2 所示,表 2 单独列出了系统中的各个元素。飞行器计算机使用实时操作系统,相关飞行软件是由 C 语言编写。飞行计算机处理从各个传感器收集到的数据信息,完成姿态和位置估计,执行飞行控制算法,存储相关数据,输出 PWM 伺服系统指令,通过数据调制解调器向地面站发布信息。一个安全转换板用来切换飞行器在飞行计算机和人之间的操作控制权。连接到飞行计算机的硬件接口是专门设计的。

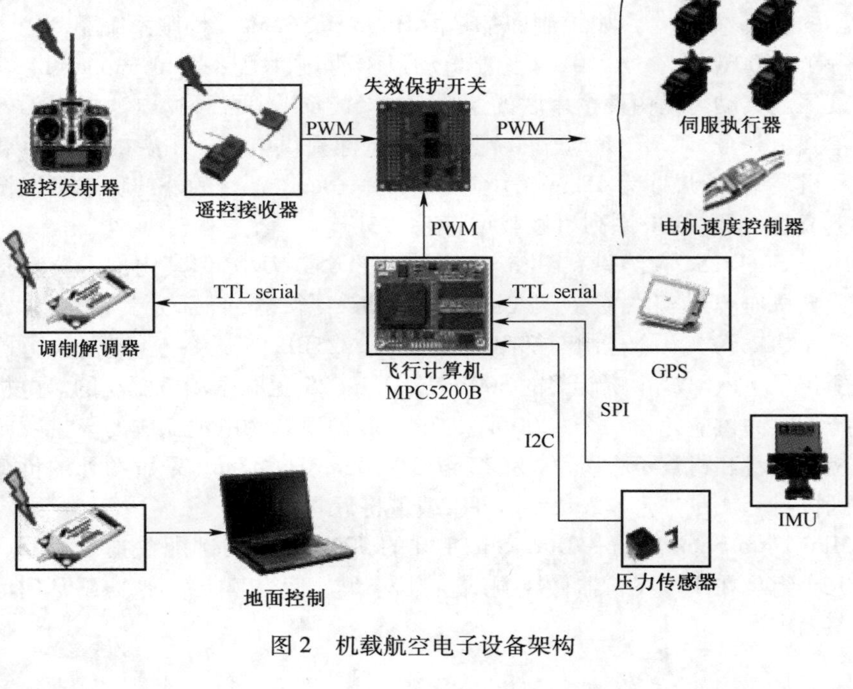

图 2　机载航空电子设备架构

表 2　机载航空电子设备

部　　件	模　　块	价　　格
飞行计算机	Phytec MPC5200B 微控制器	$300
接口板	AEM 定制设计	$250
IMU	Analog Devicesi Sensor ADIS16405	$800
GPS	USGlobalSat EM-406A	$50
压力	Honeywell ASDX	$60
遥测数据	Free Wave MM2 900 MHz modem	$375
故障保护开关	AcroName RxMux	$300
手动控制	Spektrum DX-7 2.4 GHz R/C system	$300

3.1　传感器

用于 UAVs 上的传感器套件要完成对飞行器状态数据的收集任务，这些数据将用于飞行器的飞行导航、制导与控制算法。飞行器坐标系和导航坐标系下的位置、速度以及加速度是首先要关注的信息。一般来说，要通过小型的传感器套件在一定精度条件限制下获取这些数据往往要结合 IMU、GPS 系统。先前的工作使用传感器套件（Crossbow Micronav）将这些功能进行了整合，但对目前这个产品不再支持。为 Micronav 寻找替代产品是非常困难的，最后解决方法是单独选择传感器然后将其整合入系统。这种做法带来的好处就是可以容许研究者们为给定的应用选择最优的传感器，同时也提供了一种更新传感器性能的便利方式。替换的传感器组成如下所示。

IMU 传感器：美国模拟器件公司的 iSensor ADIS16405，体积小，造价低，有温度补偿，三轴加速度计，速率陀螺仪和磁力计。数据是由 SPI 以 50Hz 的频率发送给飞行计算机。

GPS 模块：USGlobalSat EM－406A，GPS 电路在天线下方。EM－406A 利用 SiRF StarⅢ GPS 引擎，其数据是通过 TTL 串口以 1Hz 的频率发送给飞行计算机。

压力传感器：Honeywell ASDX 是小型的 IC－based，带有数字输出和温度补偿的传感器。这些单元模块用来测量整体和静态压力，以此来解算空速和飞行器高度。压力数据由 I2C 以 50Hz 的频率发送给飞行计算机。

3.2　飞行计算机

目前的飞行计算机是 phyCore MPC5200B－tiny 32－bit PowerPc 微控制器。先前的工作使用的是 phyCore MPC55，但是处理能力方面的限制使得我们不得不做出升级的改进。MPC5200B 有一个时钟频率为 400MHz，处理能力为 760MIPS 的处理器，可以做浮点运算。现在的飞行软件仅利用了大约 2%的 CPU 性能，除了很强的 I/O 读写性能外,该处理器还有着很强的数据存储能力。更多关于 MPC5200B 的详细信息可以查询参考文献[4],数据首先存储在 MPC5200B 的 64MB SRAM 中,飞行之后通过以太网连接将数据传输到地面站上。

3.2.1 飞行软件

机载飞行计算机采用一个实时的操作系统(eCos),相关飞行软件用 C 语言编写。除了是开源的可以随意下载外,eCos 操作系统提供了一个实时的内核,可以为操作系统配置最小化的计算开销,同时支持多线程,兼容 POSIX C[5]。

飞行软件采用多优先级线程,这样就可以按照实际需要来协调处理飞行任务了。多个线程优先级有助于确保最重要的关键任务优先执行(如数据采集)。到目前为止,共有六个线程,详情见表 3,详细描述了它们的功能、优先级和更新速率。

数据获取、数据存数和遥测线程是相对比较稳定的,对于不同的飞行,其软件功能的改变也少。大多数研究活动集中在 AHRS、飞行控制算法和 INS/GPS 的软件功能开发上。

表 3 飞行软件线程详述

优先级	线程	描 述	频率/Hz
1	DAQ	每行传感器部件的数据获取	50
2	AHRS	利用 EKF 的姿态确定	50
3	CLAW	飞行控制律和驱动指令	25
4	INS-GPS	INS/GPS 导航滤波算法	10
5	DATA	板载数据存储	50
6	TELE	遥测数据打包和发送	20

4 地面控制站

地面控制站(Ground Control Station,GCS)在飞行测试阶段负责监测飞行器的状态以及健康状况。它包括一台运行着 GCS 软件的便携式计算机,该计算机通过串口连接到一个数据解调器。GCS 软件是基于 Java 语言开发的。其设计目的是要给观察者们提供实时的飞行器信息,以便观察者能够清楚地了解飞行器当前的飞行状态。GCS 软件包括一个显示功能、一个用来标识飞行器位置的移动地图以及一个展示飞行控制模式信息的装置。图 3 所示为 GCS 软件的截图。

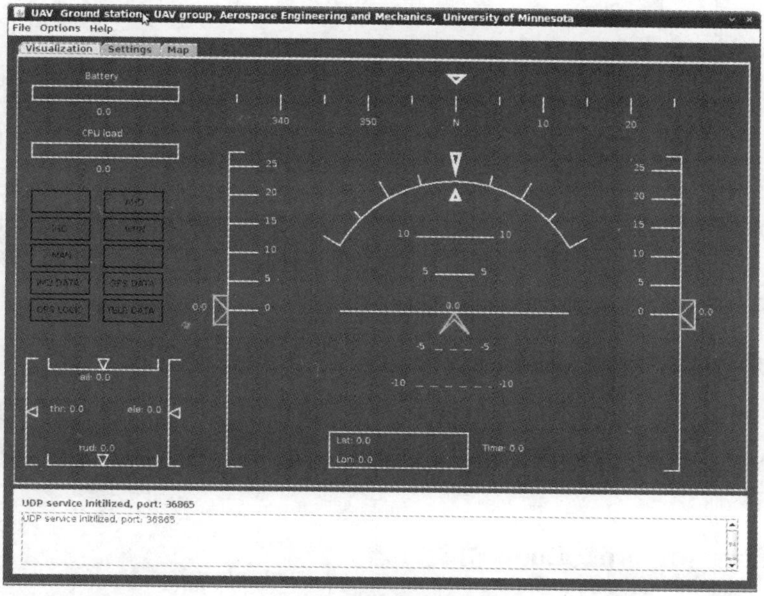

图 3　地面控制站

5　仿真测试

使用基于仿真的开发和测试模式而不是真实飞行测试的方法，可以有效地缩短整个开发的时间，确保开发算法的有效性，同时还能缩短实战中的调试时间，减少 UAV 平台的风险。无人机研究小组提出了一种集合了三种仿真环境的框架系统，如图 4 所示。在仿真试验中，利用航空学模块集在 Matlab/Simulink 建立无人机仿真模型[6]。三种仿真模式用的是同一种非线性动态模型。

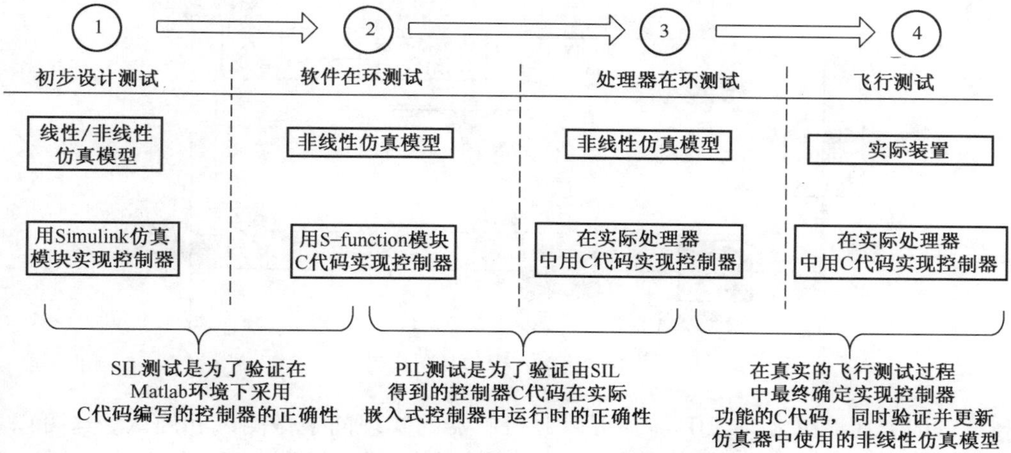

图 4　用于飞行控制开发仿真测试环境的应用

5.1 非线性仿真

六自由度机械臂非线性仿真模型使用了全部的非线性运动方程、线性微分空气动力学、查表推进模型。它还涵盖了相关的飞行器子系统模型,如制动器、电机、螺旋桨、传感器动态特性等。环境模型是一个复杂的模型,包含地球大气、重力、磁力、风和扰动等模型。空气动力学导数由第一原理以及经验公式推导,并由飞行测试数据进行了更新[7]。双线摇摆测试用来解算惯性力矩,风洞测试用来调试电机、螺旋桨推力、转矩及动力等。

5.2 Software - in - Loop 仿真

软件在线(SIL)仿真包含对控制方法的非线性测试。在这个阶段只使用飞行控制方法。这步的主要测试目在于调试和证实 C 语言实现的算法能达到设计者的要求。

5.3 Processor - in - Loop 仿真

PIL 仿真是 SIL 仿真的拓展,其将 MPC5200B 飞行计算机包含到了仿真设置中。图 5 中展示了 SIL 仿真和 PIL 仿真之间的不同。Mathwork 的实时 Windows 目标工具箱可保证仿真在装有 Windows 的计算机上实时运行,这点在仿真时具有重要的意义。PIL 仿真同时拥有一个为 R/C 驾驶设计的接口。飞行器的状态数据可以在 GCS 软件或 FlightGear,一种开源的飞行器仿真工具上显示[9]。PIL 仿真和 SIL 仿真相比,具有以下几点优势。

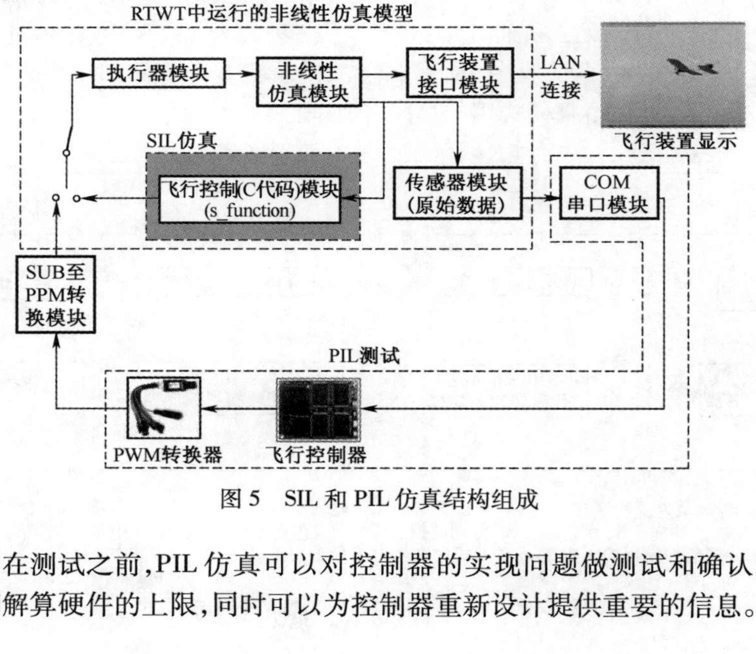

图 5　SIL 和 PIL 仿真结构组成

(1) 在测试之前,PIL 仿真可以对控制器的实现问题做测试和确认。这可以帮助我们解算硬件的上限,同时可以为控制器重新设计提供重要的信息。

（2）PIL 仿真为综合控制器提供了一个实时的测试环境。

（3）PIL 仿真提供了一个综合的测试台，可以在系统层面对系统的软件和硬件的子部件进行测试。

（4）PIL 仿真为飞行员和飞行测试工程师提供了一个学习飞行测试和提高对整个系统信心的环境。

除了测试、调试和验证控制设计与实现的正确性，PIL 仿真器也可用作飞行结束之后的仿真模型分析，通过收集到的仿真数据来更新仿真模型。一旦一个仿真模型经过了充分的验证，它就可用作大多数飞行测试的补充和替代，这样可以降低系统的开发成本。

6 飞行测试

飞行测试是开发周期测试的最后一个步骤。在目前的操作理念中，一个 R/C 飞行员可以发出命令，并有权控制飞行器。R/C 飞行员可以完成飞行器的起飞着落动作，同时，当飞行条件适宜的时候，将飞行器的控制权移交给飞行计算机。在 R/C 发射器上的拨动开关就是用来改变飞行器的控制权。在测试的任何时间，R/C 飞行员都可以通过波动开关获取飞行器的控制权。虽然未来的设计计划中包括了开发自主起飞和降落的项目，但 R/C 飞行员仍将会作为一个安全措施保留下来。

飞行器的操作需要在 R/C 飞行员的视线范围内，且不高于 400 英尺 AGL 高。常见的飞行周期是 15~20min，具体时间取决于飞行目的。正常部署一次需要花费 3~4h，完成 6~9 次飞行。

到目前为止，飞行测试主要是集中在控制策略的鲁棒性和故障检测滤波器的研究上。图 6 中对 SIL 的仿真数据和 H_∞ 控制器[7]下的飞行数据做了对比。这项研究计划成功运用了整个 UAV 框架来开发、测试和进行飞行器控制策略真实测验。这项计划验证了整合的框架设计方法和用低成本 UAV 平台进行飞行控制研究的想法。尽管采用的是低保真度的仿真模型和质量相对较差的传感器，但仿真数据和真实试验结果之间的匹配误差符合要求。

使用 UMN 飞行实验设备评估基于模型的故障检测和隔离（FDI）算法是在 H_∞ 滤波器的基础上设计的。已有一些研究工作对不同闭环控制器对 FDI 滤波器性能的影响做了评估。参与评估的是三个横向轴控制器：一个经典的 PID 设计、一个 LQ 多变量优化设计以及一个直接参照模型的自适应控制器（MRAC）。试验的目的是要对比三种控制器的鲁棒性及其使用 FDI 滤波器侦测故障的性能。图 7（a）和图 7（b）中是三种控制器在飞行测试中的追踪性能。考虑到被研究的控制器都是与飞行器横向轴有关系的，一个倾斜控制器被设计用在所有的试验中来追踪 5°的倾斜控制指令。参数“AP mode”表示 FCC 的状态，例如，飞行员或机载飞行系统

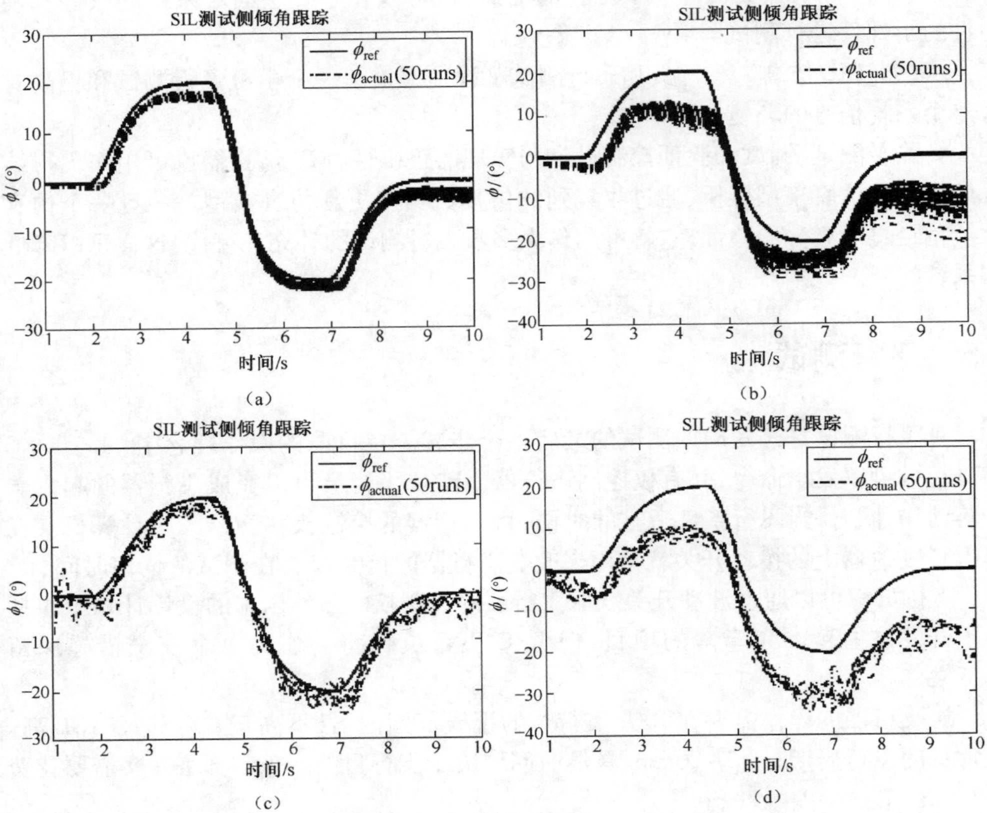

图 6　SIL 和 H_∞ 控制器的飞行测试结果

(a) SIL 测试($\gamma=1.0$);(b) SIL 测试($\gamma=1.6$);(c) Flight 测试($\gamma=1.0$);(d) Flight 测试($\gamma=1.6$)。

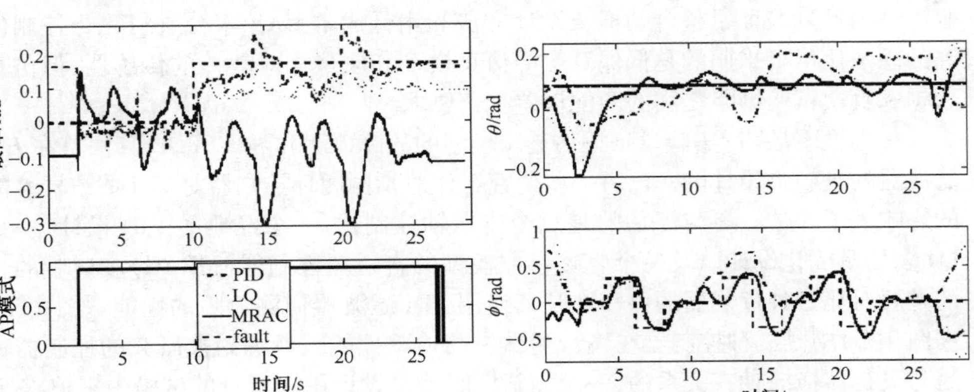

(a)

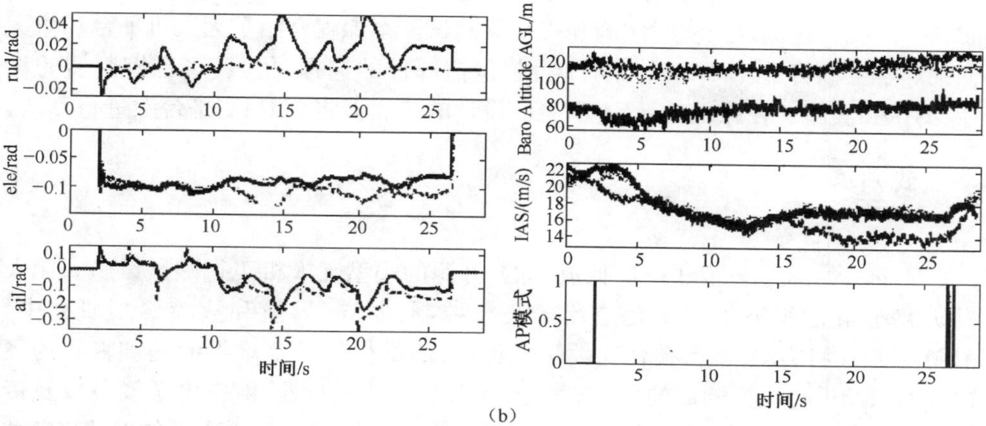

(b)

图 7　试验中的飞行数据分析

(a) FDI 滤波输出和飞行器状态；(b) 培制面指令，飞行器高度和飞行速度。

(OFP)是否在控制之中。试验结果表明，不同控制器配备鲁棒的滤波器会获取不同的结果。飞行测试平台的好处在于可以验证理论和仿真在飞行器上的有效性。在 2010 年，共实施了 69 项飞行研究。

7　目前的研究项目及未来的研究方向

目前，UAV 研究小组致力于几个 UAV 平台和发展框架的研究应用工作。

(1) 美国国家科学基金会(NSF)最近开展了一个 Cyper – Physical 系统研究项目[10]。作为这项研究工作的一部分，UAV 平台在测试嵌入式故障检测算法时发挥了重要的作用，测试项目包括了基于模型的方法、软件方法以及数据驱动的异常检测方法。这些故障检测方法将应用到实际的工业问题中，主要包括与地方工业合作的无人机平台的制造以及航空数据传感器的设计。

(2) 在给定较低质量的传感器的条件下，小型无人机的精确降落是一个重大挑战。许多无人机的操作损失都是由于无人机飞回可靠安全区域的能力不够导致的。无人机仿真和无人机平台将会协助开发高精度降落算法，提出必需的传感器要求。

(3) 收集大量的风洞数据代价相当昂贵，而且很少有公开可用的。在 NASA Langley 研究中心的研究人员将 Ultra Stick 120 的风洞测试数据作为 FASER 开发结果的一部分公布了出来[11,12]。这些数据正被用于无人机仿真中，其将对研究、教育和合作开放。这个数据集包括控制面和推力对攻角的影响。正如前面所提到的，无人机研究小组操作一架由 NASA LaRC 捐赠的 Ultra Stick 120。

(4) AEM 系开了一门“如何设计、实现、仿真、测试和飞行一架无人机”的课程，这门课程的主要关注点是如何使用快速原型软件工具对飞行器进行建模、导航、制导、飞行控制以及实时实施和飞行器测试。本课程介绍了无人机平台和仿真框架。学生们将重复 UAV 的设计流程，包括部件的选择、仿真，飞行控制器的设计、测试和实施。在课程的最后，学生们设计的控制器将在 UAV 平台上进行测试。

8 总结

Minnesota 大学开发了一套低成本的、开源的小型无人机飞行测试设施。无人机研究小组正积极将该平台应用于飞行控制、制导、导航和故障诊断研究中。AEM 系正在将 UAV 平台整合到教学课程中，给学生们一个难得的处理真实的飞行数据以及进行飞行测试的机会。购齐文中描述的飞行器、航空电子设备以及传感器的花费不超过 3000 美元，这个花费低于大多数用于小型无人机的 COTS 自动驾驶仪系统的价格。

参 考 文 献

[1] Brian, S., Lewis, F.L.: Aircraft Control and Simulation. Wiley Interscience, Hoboken (2003)

[2] Pratt, R.W.: Flight Control Systems: Practical Issues in Design and Implementation. Institute of Engineering and Technology (2000)

[3] E - Flite, Ultra stick 25e arf, http://www.e - fliterc.com/Products/Default.aspx? ProdID = EF - L4025

[4] Phytec. MPC5200B microcontroller datasheet, http://www.phytec.com/products/sbc/PowerPC/phyCORE - MPC5200B - tiny.html

[5] eCos, Homepage, http://ecos.sourceware.org/

[6] I. The MathWorks, Matlab and simulink, http://www.mathworks.com

[7] Paw, Y.C.: Synthesis and validation of flight control for UAV. Ph.D. thesis, University of Minnesota (2009)

[8] Matlab, Simulink, Real - Time Windows Target 3 User's Guide. The MathWorks Inc. (2008)

[9] FlightGear, Homepage, http://www.flightgear.org/

[10] National Science Foundation, Cyber - physical systems (CPS) program, http://www.nsf.gov/pubs/2010/nsf10515/nsf10515.htm

[11] Owens, D.B., Cox, D.E., Morelli, E.A.: Development of a low - cost sub - scale aircraft for flight research: The FASER project. In: 25th AIAA Aerodynamic Measurement Technology and Ground Testing Conference (2006 - 3306)

[12] Morelli, E.A., De Loach, R.: Wind tunnel database development using modern experiment design and multivariate orthogonal functions. In: 41st AIAA Aerospace Sciences Meeting and Exhibit (2003 - 0653)

面向故障恢复的自适应非线性飞行控制与控制分配

Adaptive Nonlinear Flight Control and Control Allocation for Failure Resilience

Thomas Lombaerts, Michiel van Schravendijk, Ping Chu, and Jan Albert Mulder

摘要:本文通过使用自动导航控制的自适应非线性动态反演(ANDI)实现了可重构控制,控制设计的自适应性通过使用故障飞行器的实时辨识物理模型来实现。在故障情况下,故障飞行器模型由两步法实时辨识估计得到,之后,此模型将用于支持飞行控制在线可重构的基于模型的自适应非线性动态逆模块化结构中。本文讨论了控制设计中三个重要的模块,即空气动力学模型辨识、自适应非线性控制和控制分配,当动态分布的控制指令需要指向不同的输入通道时控制分配是尤其重要的。在讨论了模块化的自适应控制设计后,本文献给出了表明故障飞行器模型令人满意的故障处理与容错控制能力的重构测试结果。

1 引言

根据最新统计表明[1],飞行中由于技术故障、驾驶失误或外部扰动导致的飞行器失去控制而引起的客机航班事故占重要的一部分达到了 17%,这个观察促进了容错飞行控制(FTFC)领域的研究,容错飞行控制旨在通过重构控制律而非目前采用的硬件冗余的方法来提高故障飞行器的可靠性。在多种实现容错飞行控制方法中,很重要的一点就是这些控制法则不仅要满足鲁棒性要求,而且要有足够的自

Thomas Lombaerts
German Aerospace Center DLR, Institute of Robotics and Mechatronics,
Münchner Straße 20, 82234 Weßling, Germany
e-mail: thomas.lombaerts@dlr.de

Thomas Lombaerts · Michiel van Schravendijk · Ping Chu · Jan Albert Mulder
Delft University of Technology, Faculty of Aerospace Engineering,
Kluyverweg 1, 2629 HS Delft, The Netherlands
e-mail: {t.j.j.lombaerts, q · p · chu, j.a.mulder}@tudelft.nl

适应性以应对故障情况[7,15]。自适应控制理论分为直接自适应控制和间接自适应控制,其中间接自适应控制包含两个步骤,第一步是在线模型参数估计,模型确定之后用来生成控制器参数。与间接自适应控制不同的是,直接自适应控制不进行模型参数估计而直接估计出控制器参数。输出误差和输入误差为实现这种方法的两个主要途径,对于这两个领域的主要方法,间接自适应控制由于其灵活性及基于模型的特性显得更为优异。在两个领域中,都有两个子版本:模型参考自适应控制(MRAC)和自校正控制(STC),前者基于参考模型,通过最小化实际输出跟参考模型输出之间的跟踪误差实现(如滑模控制的思想)。模型参考间接自适应控制能够实现三个重要的目标,即对输入数值的削减调整、输入/输出解耦和飞行员指令的闭环跟踪[7],自校正控制更灵活,它主要通过使用估计的参数来调整 PID 控制器增益[39]。当前,许多研究致力于适用范围更比仅仅调整 PID 控制增益更广的间接自适应控制。其中之一就是模型预测自适应控制(AMPC),其处理(输入)不等式约束的能力是其成为令人关注的算法。这些约束是对执行机构故障的很好描述,值得注意的是,已经有一些 MPC 在容错飞行控制成功的应用[2,23,34]。本文提出了一种可替代的间接自适应非线性控制方法,这使得可重构控制程序把重点放在使用物理模型来进行开发,其产生的内部参数在任意时刻都是物理上可解释的。这种技术解决了操纵面故障及由于空气动力学变化引起的结构损坏。

本文讨论了以过程识别和非线性动态逆的两步法作为控制方法的基于模型的容错飞行控制。这种控制方式的另一个重要模块是控制分配,当对不同输入通道动态分配控制指令时控制分配模块是尤其重要的。本文的结构如下:第二节提供高保真的信息 RECOVER 仿真模型在这个研究项目中已经使用;第三节描述了过程辨识;第四节讨论了非线性自适应控制方法;第五节进一步讨论了关于控制分配的问题;4.1 节给出了无人机仿真结果和分析;最后,第六节列出了结论和下阶段研究展望。

2 RECOVER 仿真模型

本文所提出的工作是欧洲航空研究技术团队(GARTEUR)研究报告的一部分,这一团队已经成立了飞行力学行动小组 FM-AG(16),该小组的特定目标是调研飞行容错控制的可行性以及对比适用于参考基准飞行轨迹的不同重构控制策略结果。这个基准轨迹受到了称为 EL AL 1862 航班的 Bijlmermeer 空难的启发,飞机为以色列国家航线 EL AL 的一架波音 747-200 货运飞机,它在离开荷兰阿姆斯特丹 Schiphol 机场后不久便失去了两个发动机的动力,在试图回到机场的过程中撞上了周边的建筑而坠毁。该损毁飞机的详细仿真模型可以查阅国家航空航天实验室 NLR。此 RECOVER(用于紧急救援的重构控制)基准模型在参考文献[40,41]中有详细论述且其早期版本已经被许多研究者和组织所使用[34,35,42]。更多参考基准轨迹的信息可见参考文献[27,29],其他应用于相同基准模型的 FM-AG(16)架构的控制策略和结果可见参考文献[3,10,16,21,22],关于故障检测与隔离(FDI)的信息可以在参考文献[44]中找到。

用于评价容错飞行控制器的模型基准在参考文献[41]中进行了讨论,其包含了六种不同危险程度的故障基准。图 1 所示为 1862 事故飞机的故障模式及结构被破坏构造,同时也是在仿真基准中最重要的故障情况。本文主要致力于以上讨论的 1862 航班精确仿真的 EL AL 发动机分离情况,这也是从数字飞行记录仪 DFDR 的数据和考虑液压损失因素中验证的。另一种情况是由于垂直尾翼和方向舵分离而导致垂直尾翼失效引起的横向稳定性下降。

EI Al 1862 航班故障模型构造
飞行器系统
液压系统 3 和 4 关闭
发动机 1 和 2 推力不对称
下舵滞后
质量特性
发动机 3 号和 4 号质量缺失,每个 4014kg
塔架 3 号和 4 号质量缺失,每个±10000kg
重心横向位移
总计质量下降:10028kg
空气动力学
机翼损坏导致升力下降(ΔL_{wing})
机翼损坏引起横滚力矩(ΔL_{wing})
机翼损坏引起拖拽(ΔD_{wing})
机翼损坏引起偏航力矩(ΔN_{wing})
机翼损坏引起俯仰力矩(ΔM_{wing})
右侧副翼和扰流板 10 和 11 空气动力学效率下降

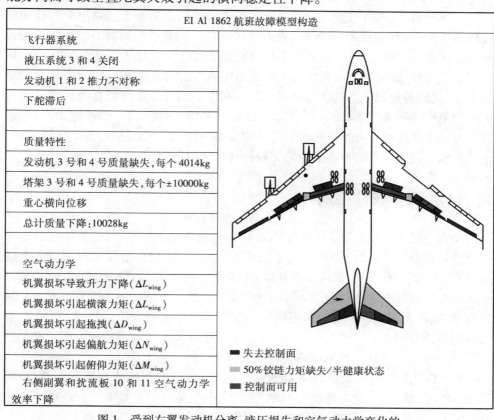

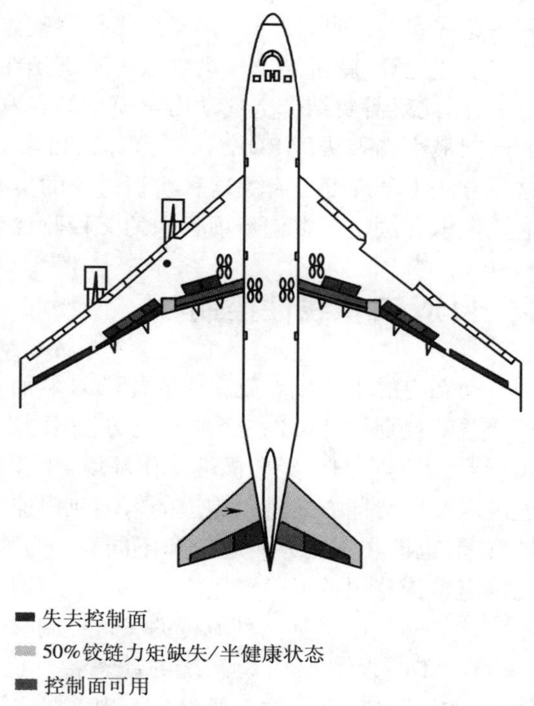

图 1 受到右翼发动机分离、液压损失和空气动力学变化的 1862 事故飞机的故障模式及结构被破坏构造(来源:参考文献[40])

3 空气动力学模型辨识

这项研究中的系统辨识方法即所谓的两步法,在过去的 20 年中,Delft 理工大学一直针对其进行研究,可参见参考文献[8,24,36]。论述中还提到了很多其他的辨识算法，如最大似然辨识法(MLI)以及其他单步辨识法，但这些方法并不是都可以在线实施。为数不多可在线实施的方法之一便是在 DLR 开发的所谓的过滤法，可参见参考文献[20]。这是一种连接状态和参数估计算法，但是十分复杂。两步法的好处便是易于实施。两步法的关键理念是辨识过程被分为两个连续的步骤，这在参考文献[9]中得到了证实。更确切地说，整体的非线性一步辨识方法被分解为两个独立的步骤，非线性部分在飞行器状态估计步骤中被独立出来。因此，在第二步的空气动力学模型参数辨识过程就可简化为线性过程，但引入了非线性反馈量。其目的则是利用在线飞行数据更新上述气动模型(由风洞实验和 CFD 计算得到)。第一步被称为飞行器状态估计(ASE)阶段，而第二步则是空气动力学模型辨识(AMI)阶段。

在飞行器状态估计过程中，使用迭代扩展卡曼滤波器基于冗余但受到扰动的传感器信息(大气数据、惯性导航、磁力计以及 GPS 测量值等)得到飞行器的状态。利用这些状态信息，便可以构建出飞行器整体受到的气动力、推力及转矩。利用最小二乘法运算，就可导出气动导数。特别是在结构损伤的情况下，气动性能会彻底改变，因此就需要结合空气动力学模型结构和参数估计。这可以在线利用自适应的递归最小二乘法(AROLS)进行求解，可参见参考文献[31]。验证性试验显示，这些方法十分准确。有关这种辨识过程的更多具体情况可以参见参考文献[13]。这一辨识方法是由本创新项目中的一种监视算法引申的。

4 自适应非线性控制

动态逆的主要优点就在于它能够自然而然地适应工作条件的变化，这就避开了增益的规划设计(如在经典控制方法中)。这一方法特别适用于空间再入类的飞行器，因为它们会经历极端工作环境、工作条件跨度大，如在重新进入时的超声速区以及以滑翔方式进入跑道的末端亚声速区。这一方法的另一个特点是对控制轴解耦，也即在不同方向通道和不同自由度之间不存在耦合因素影响。NDI 已经在洛克希德公司的 F-35“闪电”Ⅱ战机上得以应用[5,45]。动态逆和可重构控制技术[14,37]一样，已经是一种流行的飞行控制和飞行器导引方法[4,11,43]。

在 NDI 技术中，假设系统的动态特性已知，所以它们能够被精确地补偿掉。然而，在实际应用中，这一假设是不现实的，这不仅是由于系统本身存在的不确定性，还因为存在着难以预料的故障形式(而这恰是容错飞行控制基础)。针对这些问题，一种方法是外环控制采用健壮的控制策略，或者利用神经网络技术来增强控制信号；另一种解决方法是采用一种实时的辨识算法来为动态逆控制器提供更新的模型信息。这些增强型结构被称为自适应非线性动态逆(ANDI)。本文采用后一种方法。

图 2 给出了一个高层次的逻辑结构控制策略的概述，包括两步法和自适应非线性动态逆。

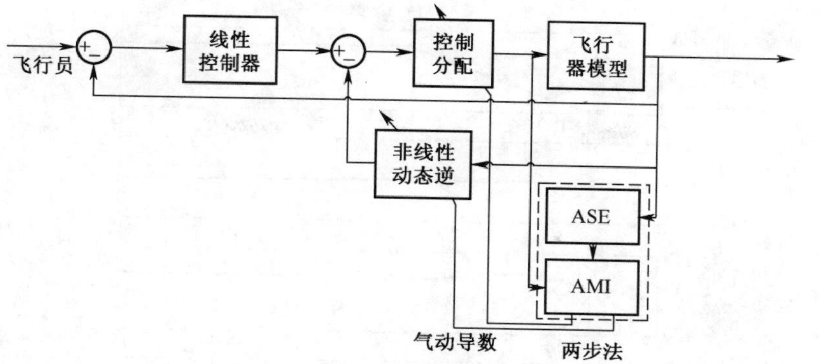

图 2　自适应非线性动态逆 FTFC 框图

三个连续反馈回路的实现,即机体角速率回路,空气动力学角度回路和导航回路,并且可以基于时标分离原则放级联排序放置。机体角速率回路中通过控制表面副翼 δ_a、升翼 δ_e、方向舵 δ_r 来跟踪横滚角速率 p、俯仰角速率 q 和偏航角速率 r。控制律基于飞机的空气动力学方程:,其中 $\boldsymbol{\omega}$ 为角速率矢量;$\boldsymbol{I}$ 为惯性矩阵;$\boldsymbol{M}_a$ 为空气动力学力矩,取决于辨识稳定性和三轴力矩的导数控制。第二个回路为空气动力学角度回路,它通过内部环路控制机体角速率实现跟踪横滚角、攻击角和侧滑角 β。导航回路通过控制横滚角、迎角 α 和调定节流阀 T_c 跟踪了航线χ、飞行航道倾角 γ 和速度。控制率由逆运动学和逆动力学两部分组成,参见参考文献[18,19]。线性控制器作用于每个单独的 NDI 回路,它们涉及到比例和比例积分控制,增益的选择依据阻尼比率 ζ、固有频率 ω_n 保证良好的飞行性能,同时遵守时标分离原则,依靠多目标参数综合(MOPS)实现了增益值的优化,参见参考文献[26,32,33]。关于本项目控制率的介绍详见参考文献[30]。

4.1　RECOVER 试验性能评估:发动机分离故障情形

发动机分离是一种非常危险的情形,此时很难保证航向、高度与速度的同步,关键是避免发动机油门饱和。如图 3(a)所示,本试验只考虑了航向变化。由于飞行包线安全的限制,滚动角最大为 20°。有资料表明,高度或速度单独变化也是可行的,但此书将不进行讨论。

图 3(b)状态的时间历程(还是译为历史记载)表明:尽管飞机侧滑角很小,但仍可能因单侧发动机损坏而造成飞机在一个小的非零滚动角和侧滑角情形下的失效。图 4 中舵面偏转表明舵面停止工作,而舵面是由与 3 号及 4 号发动机相连的液压回路驱动的。其余操纵机构可以有限地保证飞机的平衡与受控。

另外两个有趣的研究是节流阀的设置以及新的均方根 $\overline{\Delta} = \dfrac{1}{m}\sum_{i=1}^{n}\Delta(i)$,其中用 $\Delta = b - Ax$ 表示新方案的拟合误差,触发重新辨识的程序详见参考文献[25,28]。图 5(a)表示油门的设置是不饱和的,但是为了保证飞行不超出安全边

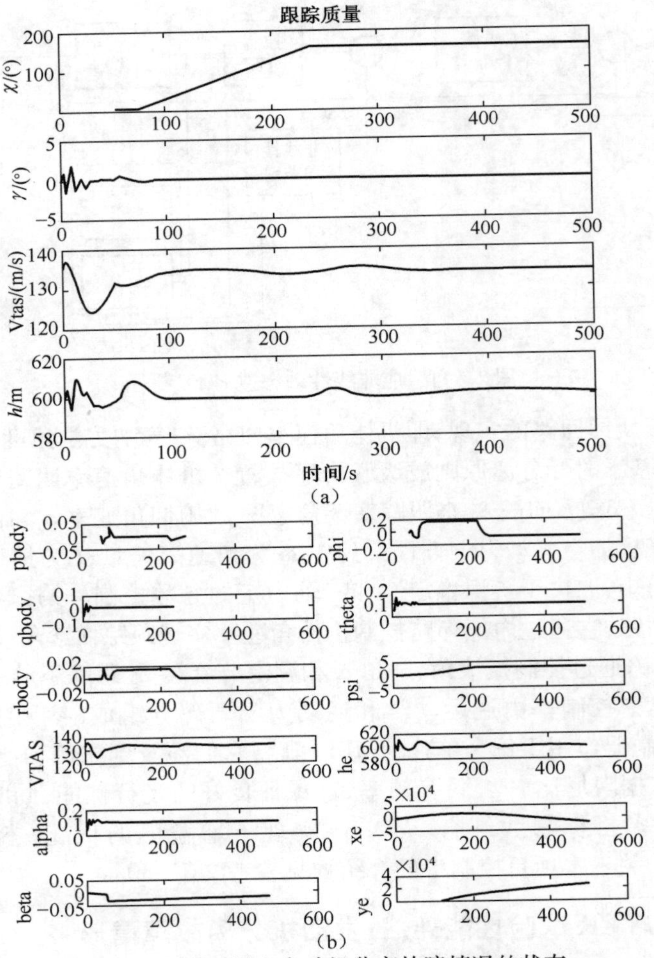

图 3　跟踪质量和发动机分离故障情况的状态

(a)跟踪质量;(b)状态(角速率 rad/s,速度 m/s,角度 rad,距离 m)。

界,其余的控制余量是严格控制的。这是由于受到不对称推力的影响,控制面需要一定的补偿。在 $t=50\text{s}$ 时出现的峰值是由于控制器的前馈回路导致的,为了补偿在两个发动机缺失时产生的较低的瞬时速度。图 5(b)表示新方案下每一个独立通道力矩所对应均方差的数值,在 $t=50\text{s}$ 时,可以看出$\bar{\Delta}_x$ 临界值$\Delta_{\text{th}}=10$ 已经超过了范围。此时,重新识别程序会被 C_X 触发,有一点要特别注意,由侧滑飞行所产生的显著的侧滑角 β,在重新鉴定程序中要加入一定的回归量,这种处理就促使新的重新识别程序的成功运行,从图中可以看到,这一过程非常迅速,从这个结果能看出容错飞行控制装置中重新识别程序做出的有益贡献。对于控制分配策略应用,在所有的有关控制面的控制命令呈静态和平均的分布,更先进的技术在第五节讨论。

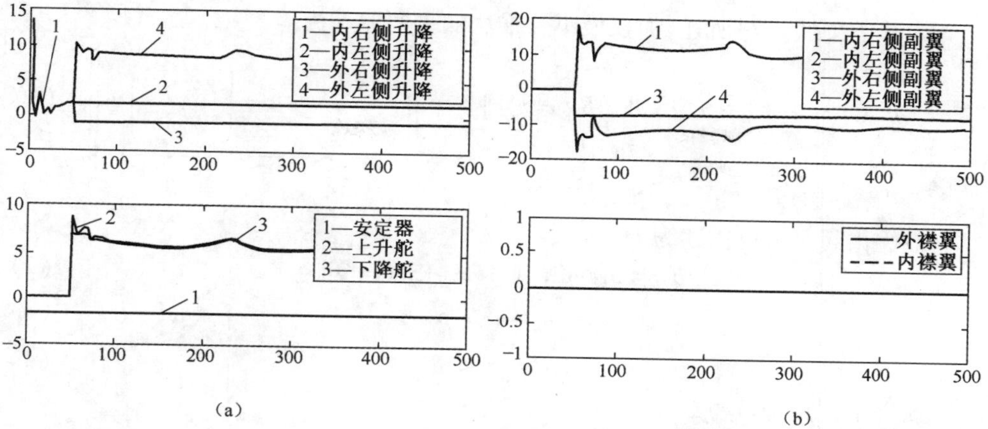

图4　发动机分离情况下升降舵、安定翼、方向舵、副翼和襟翼偏角

(a)升降舵、安定翼和方向舵偏角/(°)；(b)副翼和襟翼的偏转/(°)。

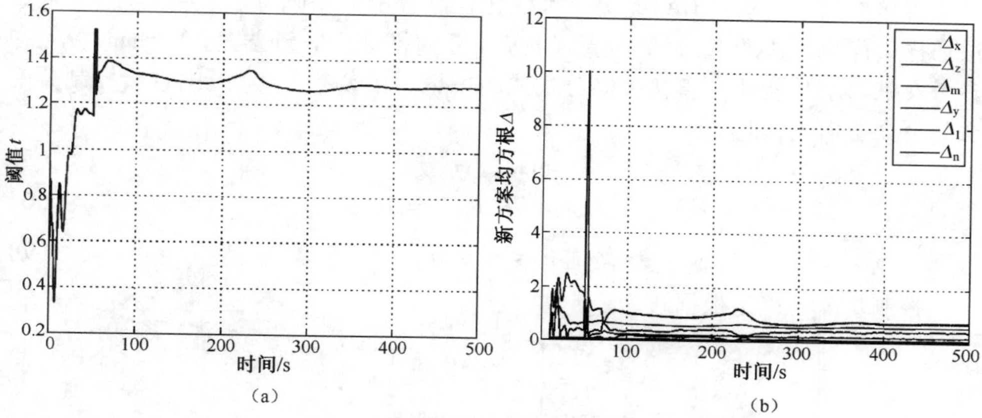

图5　发动机分离情况下扰流板及其具体受力

(a)油门动作；(b)触发重新识别后新方案的均方根。

5　控制分配

本部分主要讲述提高容错飞行控制(FTFC)性能的方法。基于参考文献[38]中的研究，系统可以增加不同的控制分配方法，这些方法针对不同的可用控制效果器去分配所需的控制力量和时间。例如，用于控制面和推力器，可以使控制系统在处理飞行错误时更加灵活。首先，我们采用简化飞机模型对一些不同的控制分配方法进行比较，这样可以选择出两种较好的方法：加权最小二乘法(WLS)和直接控制分配法(DCA)。

如参考文献[17]所述,加权最小二乘法的主要原理为

$$\| W_u(u - u_d) \|^2 + \gamma \| W_v(Bu - v) \|^2 = \left\| \underbrace{\begin{pmatrix} \gamma^{\frac{1}{2}} W_v B \\ W_u \end{pmatrix}}_{A} u - \underbrace{\begin{pmatrix} \gamma^{\frac{1}{2}} W_v v \\ W_u u_d \end{pmatrix}}_{b} u \right\|^2 \tag{1}$$

最优化问题可以描述为

$$u_\Omega = \mathrm{argmin}_u \| A(u^i + p) - b \| \tag{2}$$

$$u = u^i + p \tag{3}$$

$$\underline{u} \leqslant u \leqslant \overline{u} \tag{4}$$

残差可以根据 $d=b-Au^i$ 计算。

该方法在理论上对所有可能的虚拟控制 v 都可以寻找到适用的解决方法 u。主要是由于它能够释放先前饱和的执行器,这使得该方法与其他方法相比更加灵活。

直接控制分配法(DCA)是另一种优化控制分配的基础方法。它不像 L2 范数法那样去优化一些准则,而是构造一个基于几何推理法的新方案。Durham 首先在参考文献[12]中提出了直接控制分配法的思想。在参考文献[6]中直接控制分配法如下文所描述,即

$$\max_{a,u^*} a \tag{5}$$

$$\text{subject to}: Bu^* = av \tag{6}$$

$$\underline{u} \leqslant u \leqslant \overline{u} \tag{7}$$

控制量 u 的确定根据式为

$$u = \begin{cases} \dfrac{1}{a} u^*, a > 1 \\ u^*, a < 1 \end{cases} \tag{8}$$

直接控制分配法会在所需虚拟控制 v 的处理过程中寻找出最大的虚拟控制 av。当最大虚拟控制超过所需虚拟控制,即 $a>1$ 时,它会按比例缩减真实的控制输入。当最大虚拟控制小于所需虚拟控制,即 $a<1$ 时,真实的控制输入将不会缩小。直接控制分配法的优点在于它总能根据所需控制在同一方向上产生相应的控制效果。

这两种方法随后实施应用于第四节讨论的非线性自适应动态逆控制器(ANDI)中。使用第二节描述的 RECOVER 模型,两种方法都会遭遇发动机分离以及一些其他故障。这两种方法都取得了多项标准,并与一些其他的方法进行比较。对于每种方法,执行器的健康监测系统(AHMS)的贡献获得了评估。该系统更新了对于数学模型的控制效率。试验结果(详见图 6)表明,直接控制分配法(DCA)是实现基于非线性动态逆(NDI) 容错飞行控制(FTFC)最好的方法。在机动性方

面，直接控制分配法（DCA）相对其他方法表现更好，图 6（a）表示在发动机分离情况下的转弯半径，图 6（a）表示垂直尾翼缺失情况下横摇阻尼曲线。

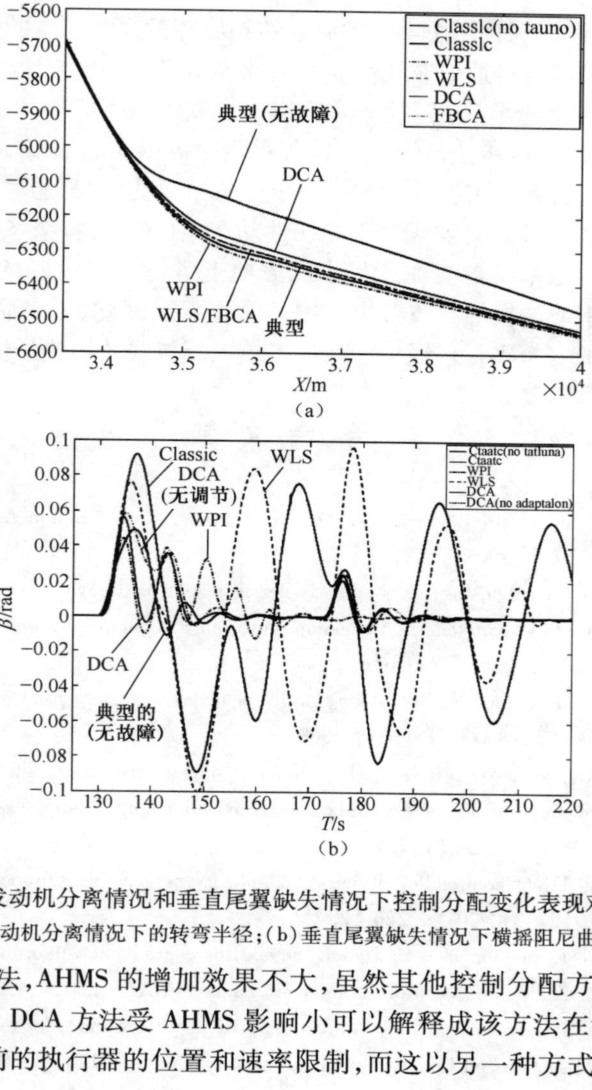

图 6　发动机分离情况和垂直尾翼缺失情况下控制分配变化表现对照

（a）在发动机分离情况下的转弯半径；（b）垂直尾翼缺失情况下横摇阻尼曲线。

对于 DCA 方法，AHMS 的增加效果不大，虽然其他控制分配方法采用 AHMS 时有明显的效果。DCA 方法受 AHMS 影响小可以解释成该方法在计算控制分配问题时考虑了当前的执行器的位置和速率限制，而这以另一种方式承担与 AHMS 相同的目的。

研究表明，显著改善 FTFC 系统的性能可以通过控制分配方法来实现，尤其是直接控制分配法，它具有很大的发展潜力。最大化地使用动力执行机构的能力将有助于在飞行器某一方向上大部分控制动力丢失的情况下保持飞机控制，参考文献[38]叙述了关于本研究更多的细节。

6 结论与展望

总之,可以说在源自历史事件的有效结构故障的高度逼真的仿真模型下,基于实时物理模型辨识与自适应非线性动态逆的容错飞行控制方法被成功地应用于恢复损坏飞行器。此设计方法适用于本项目中研究的损坏情形。另一个重要的结果是,模型辨识使用的两步法已被证明是在实践中可以实时实现。自适应控制分配控制器是成功进行容错飞行控制的另一个至关重要的模块,通过广泛的比较表明,直接控制分配法(DCA)是实现基于非线性动态逆(NDI) 容错飞行控制(FTFC)最好的方法。该方法基于寻找在所需求的方向上进行虚拟控制的最大化的虚拟控制。飞行限制引起的损坏在飞机事故中非常重要。因此,未来研究方向重点在于故障后飞行器的安全飞行包线估计和参考新飞行包线的轨迹最优化估计。

参考文献

[1] Civil aviation safety data 1993—2007. Technical report, Civil Aviation Authority of the Netherlands (CAA - NL) (2008)

[2] de Almeida, F. A., Leiβliig, D.: Fault - tolerant model predictive control with flight testresults on ATTAS. In: AIAA Guidance, Navigation and Control Conference, numberAIAA 2009 - 5621 (2009)

[3] Alwi, H.: Fault Tolerant Sliding Mode Control Schemes with Aerospace Applications. PhD the - sis, University of Leicester (February 2008)

[4] Balas, G., Garrard, W., Reiner, J.: Robust dynamic inversion control laws for aircraftcontrol. In: Proceedings of the AIAA Guidance, Navigation and Control Conference, Washington, DC, pp. 192 - 205. AIAA (1992)

[5] Balas, G. J.: Flight control law design: An industry perspective. European Journal of Control, special issue 9(2 - 3), 207 - 226 (2003)

[6] Bodson, M.: Evaluation of optimization method for control allocation. In: Proceedingsof AIAA Guidance, Navigation and Control Conference, number AIAA - 2001 - 4223 (August2001)

[7] Bodson, M., Groszkiewicz, J. E.: Multivariable adaptive algorithms for reconfigurable flight control. IEEE Transactions on Control Systems Technology 5(2), 217 - 229 (1997) Adaptive Nonlinear Flight Control and Control Allocation for Failure Resilience

[8] Chu, Q. P.: Lecture Notes AE4 - 394, Modern Flight Test Technologies and System Identification. Delft University of Technology, Faculty of Aerospace Engineering (2007)

[9] Chu, Q. P., Mulder, J. A., Sridhar, J. K.: Decomposition of aircraft state and parameter estimation problems. In: Proceedings of the 10th IFAC Sympium on System Identifiation, vol. 3, pp. 61 - 66 (1994)

[10] Cieslak, J., Henry, D., Zolghadri, A., Goupil, P.: Development of an active fault - tolerant-

flight control strategy. AIAA Journal of Guidance, Control and Dynamics 31, 135 – 147(2008)
[11] da Costa, R. R. , Chu, Q. P. , Mulder, J. A. : Re – entry flight controller design using nonlineardynamic inversion. Journal of Spacecraft and Rockets 40(1), 64 – 71 (2003)
[12] Durham, W. C. : Computationally efficient control allocation. Journal of Guidance, Control and Dynamics 24(3), 519 – 524 (2001)
[13] Edwards, C. , Lombaerts, T. J. J. , Smaili, M. H. : Fault tolerant control – a Benchmark Challenge. Lecture Notes in Control and Information Sciences, vol. 399. Springer, Heidelberg(2010)
[14] Ganguli, S. , Papageorgiou, G. , Glavaski, S. , Elgersma M. : Aircraft fault detection, isolation and reconfiguration in the presence of measurement errors. In: AIAA Guidance, Navigation and Control Conference and Exhibit, number AIAA – 2006 – 6551, Keystone, Co. (August 2006)
[15] Groszkiewicz, J. E. , Bodson, M. : Flight control reconfiguration using adaptive methods. In: Proceedings of the 34th Conference on Decision and Control, pp. 1159 – 1164 (1995)
[16] Hallouzi, R. , Verhaegen, M. : Fault – tolerant subspace predictive control applied to a boeing 747 model. AIAA Journal of Guidance, Control and Dynamics 31, 873 – 883 (2008)
[17] Harkegard, O. : Backstepping and Control Allocation with Applications to Flight Control. PhD thesis, Linkoping University, Sweden (2003)
[18] Holzapfel, F. : Dynamic inversion based control concept with application to an unmanned aerial vehicle. In: AIAA Guidance, Navigation and Control Conference and Exhibit, number AIAA – 2004 – 4907 (2004)
[19] Holzapfel, F. : Nichtlineare adaptive Regelung eines unbemannten Fluggerütes. PhD thesis, Lehrstuhl für Flugmechanik und Flugregelung, Technische Universitüt München(2004)
[20] Jategaonkar, R. : Flight Vehicle System Identification: A Time Domain Methodology, 1stedn. Progress in Astronautics and Aeronautics Series, vol. 216. AIAA (2006)
[21] Joosten, D. A. , van den Boom, T. J. J. , Lombaerts, T. J. J. : Effective control allocation in fault – tolerant flight control with MPC and feedback linearization. In: Proceedings of the European Conference on Systems and Control, Kos, Greece, pp. 3552 – 3559 (July 2007)
[22] Joosten, D. A. , van den Boom, T. J. J. , Lombaerts, T. J. J. : Fault – tolerant control using dynamic inversion and model – predictive control applied to an aerospace benchmark. In: The Proceedings of the 17th IFAC World Congress, vol. 17, pp. 12030 – 12035 (2008)
[23] Kale, M. M. , Chipperfield, A. J. : Stabilized MPC formulations for robust reconfigurable flight control. Control Engineering Practice 13(6), 771 – 788 (2005)
[24] Laban, M. : Online aircraft aerodynamic model identification. PhD thesis, Delft University of Technology (1994)
[25] Lombaerts, T. , Chu, Q. – P. , Mulder, J. A. , Joosten, D. : Flight control reconfiguration basedon a modular approach. In: Proceedings of the 7th IFAC SAFEPROCESS Symposiumon Fault Detection, Supervision and Safety of Technical Processes, pp. 259 – 264 (July2009)
[26] Lombaerts, T. J. J. : Fault Tolerant Flight Control. A Physical Model Approach. PhD thesis, Delft University of Technology (2010)
[27] Lombaerts, T. J. J. , Breeman, J. , Joosten, D. A. , van den Boom, T. J. J. , Chu, Q. P. , Mul-

der, J. A. , Verhaegen, M. : Specifications modelling document for Garteur AG16 fault tolerant-control. Technical report, Delft University of Technology (2005)

[28] Lombaerts, T. J. J. , Chu, Q. P. , Mulder, J. A. , Joosten, D. A. : Modular flight control reconfigurationdesign and simulation. Control Engineering Practice (2011); invited for a special-SAFEPROCESS 2009 section, (accepted for publication since December 18, 2010)

[29] Lombaerts, T. J. J. , Joosten, D. A. , Breemand, J. H. , Smaili, H. M. , Chu, Q. P. , van den-Boom, T. J. J. , Mulder, J. A. , Verhaegen, M. : Assessment criteria as specifications for reconfiguring control. In: Proceedings of the AIAA Guidance, Navigation, and Control Conference and Exhibit. Keystone, CO (August 2006)

[30] Lombaerts, T. J. J. , Looye, G. H. N. , Chu, Q. P. , Mulder, J. A. : Fault tolerant flight controlusing a physical modular approach. Aerospace Science and Technology (2010) (underreview)

[31] Lombaerts, T. J. J. , Van Oort, E. R. , Chu, Q. P. , Mulder, J. A. , Joosten, D. A. : Online aerodynamic model structure selection and parameter estimation for fault - tolerant control. Journal of Guidance, Control and Dynamics 33(3), 707 - 723 (2010)

[32] Looye, G. , Joos, H. - D. : Design of autoland controller functions with multiobjective optimization. AIAA Journal of Guidance, Control and Dynamics 29(2), 475 - 484 (2006)

[33] Looye, G. H. N. : An Integrated Approach to Aircraft Modelling and Flight Control Law Design. PhD thesis, Delft University of Technology (2007)

[34] Maciejowski, J. M. , Jones, C. N. : MPC fault - tolerant flight control case study: Flight 1862. In: Proceedings of the 5th IFAC Symposium on Fault Detection, Supervision and Safety of Technical Processes SAFEPROCESS, Washington DC, USA, pp. 121 - 126(June 2003)

[35] Marcos, A. , Balas, G. : A Boeing 747 - 100/200 aircraft fault tolerant and diagnostic benchmark. Technical Report AEM - UoM - 2003 - 1, Department of Aerospace and Engineering Mechanics, University of Minnesota (2003)

[36] Mulder, J. A. : Design and evaluation of dynamic flight test manoeuvers. PhD thesis, TU Delft, Faculty of Aerospace Engineering (1986)

[37] Oppenheimer, M. W. , Doman, D. B. : Efficient reconfiguration and recovery from damage for air vehicles. In: Proceedings of the AIAA Guidance, Navigation and Control Conference and Exhibit, number AIAA - 2006 - 6552 (2006)

[38] Van Schravendijk, M. : Fault - tolerant flight control with control allocation. Master's thesis, Delft University of Technology (April 2010)

[39] Slotine, J. - J. E. , Li, W. : Applied Nonlinear Control. Prentice Hall, Englewood Cliffs(1991)

[40] Smaili, H. M. , Breeman, J. , Lombaerts, T. J. J. : A simulation benchmark for aircraft survivability assessment. In: Proceedings of the International Congress of Aeronautical Sciences, number 2008 - 9. 3. 2 (2008)

[41] Smaili, M. H. , Breeman, J. , Lombaerts, T. J. J. , Joosten, D. A. : A simulation benchmark for integrated fault tolerant flight control evaluation. In: Proceedings of the AIAA Modelling and Simulation Technologies Conference and Exhibit, number AIAA - 2006 - 6471 (2006)

[42] Szaszi, I. , Ganguli, S. , Marcos, A. , Balas, G. J. , Bokor, J. : Application of FDI to a nonlin-

ear Boeing 747 aircraft. In: 10th Mediterranean Conference on Control and Automation, Lisbon, Portugal (July 2002)

[43] van Soest, W. R., Chu, Q. P., Mulder, J. A.: Combined feedback linearization and model predictive control for re-entry flight. AIAA Journal of Guidance, Control and Dynamics29(2), 427 - 434 (2006)

[44] Varga, A.: Detection and Isolation of Actuator/Surface Faults for a Large Transport Aircraft. In: Edwards, C., Lombaerts, T., Smaili, H. (eds.) Fault Tolerant Flight Control - a Benchmark Challenge. LNCIS, vol. 399, pp. 423 - 448. Springer, Heidelberg (2010)

[45] Walker, G. P., Allen, D. A.: X-35B STOVL flight control law design and flying qualities. In: Proceedings of the Biennial International Powered Lift Conference and Exhibit, number AIAA-2002-6018 (2002)

基于 Dubins 路径的多无人机协同道路网络搜索

Coordinated Road Network Search for Multiple UAVs Using Dubins Path

Hyondong Oh, H. S. Shin, A. Tsourdos, B. A. White, and P. Silson

摘要:本文提出了一种多异构无人机协同道路网络搜索算法。道路网络搜索问题可以理解为在一个道路网络的表示图上寻找一个路径最短的邮差路径。因此,首先提出了经典的中国邮差问题(Chinese Postman Problem,CPP)。然后,我们在搜索问题中考虑无人机的物理约束,因为它们不能作为典型的 CPP 问题解决。修改后的搜索问题转化为多选多维背包问题(Multi-choice Multi-dimensional Knapsack Problem,MMKP),目标即找到一个最大限度减少飞行时间的最佳解决方案。Dubins 路径规划在考虑了物理约束情况下可得到最短的可飞行路径,因此采用 Dubins 路径来计算修改后搜索问题的损失函数。通过在给定地图上进行数值模拟,验证了本文提出的多无人机道路网络搜索算法的性能。

1 引言

最近,在多无人机协作系统的发展及其效能研究方面已投入了很大的努力。

Hyondong Oh
Autonomous Systems Group, Department of Informatics and Systems Engineering, Cranfield University, Swindon SN6 8LA, United Kingdom
e-mail: h. oh@ cranfield. ac. uk
A. Tsourdos
e-mail: a. tsourdos@ cranfield. ac. uk
H. S. Shin
e-mail: h. shin@ cranfield. ac. uk
P. Silson
e-mail: p. m. g. silson@ cranfield. ac. uk
B. A. White
e-mail: b. a. white@ cranfield. ac. uk

例如，在军事行动中，协作系统（Cooperative System）不仅能够提高生存能力，同时也增加完成任务的机会。在实用价值方面，协作系统最大的好处之一在于它能够为用户提供更好的信息优势（Information Superiority）。然而，由于决策制定和信息融合等有待解决的技术与操作问题，发展这样一种自主的协作系统是相当具有挑战性的。

为完成侦查、监测和情报收集任务，无人机需要在一定区域内巡逻并收集信息。这些任务往往约束无人机的路径和轨迹。例如，如果无人机被用来获取在确定的道路和军事基地中敌人的活动信息，或观测港口、道路的交通状况，它们应该只飞过这些道路或区域，而不是巡逻整个区域。这个问题被定义为道路搜索问题（Road Search Problem），也被称为车辆路径问题（Vehicle Routing Problem）。多无人机协作系统可以极大地提高在这个问题上的信息优势。

道路搜索问题主要在运筹学领域内处理[1-4]，一般可分为两类：一类是旅行商问题（Traveling Salesman Problem，TSP），找出通过给定城市的最短的遍历路径；另一类是 CPP，也是要找出最短路径，但在整个道路网络上存在路径约束。使用多个无人机的 TSP 可以被视为任务分配问题，以最小化损失函数（时间或能量）为目标将每个任务分配给无人机。目前已有多种方法出现，如基于二元线性规划的优化方法[5,6]、包括迭代网络流[7]和禁忌搜索算法[8]的启发式方法。另一方面，CPP 通常用于地面车辆应用，如道路维护、积雪处理[9]和边界覆盖[10]。

车辆路径算法通常将路径近似为直线以减小计算负荷，因此在车辆上的物理约束并没有考虑。虽然一些 TSP 算法考虑了物理约束，但它们大多是单个车辆的算法[11]。对于多个车辆，由于问题的复杂性，只实现了启发式方法[12]。此外，这些约束在 CPP 中也很少被考虑。本文提出了一种道路网络搜索的综合方法，既考虑了物理约束，也提供了最短时间的次优解。我们首先使用图形表示定义道路网络问题，实现旨在寻找道路网络中邮差携带重量最小化路径的常规 CPP 算法，然后在考虑多无人机约束的情况下修改搜索问题。这种修改的搜索问题可以表述为多选多维背包问题（Multi - choice Multi - dimensional Knapsack Problem，MMKP）[5,13]，这是最小化旅行时间的最佳方案。MMKP 形式允许考虑每个无人机的燃料或能量容量和不同类型的道路、车辆。Dubins 路径能够使用简单的几何学生成路口之间最短的可通行路径，因此用来评估 MMKP 的性能指标[14]。

第二节概述了道路网络搜索问题。第三节提出用于解决多个车辆的常规道路搜索问题的两种启发式算法。在第四节中，本文使用多无人机约束，提出一种使用协作多无人机的道路搜索综合方法。在最后一节中，通过数值例子验证提出的综合方法的性能。

2 道路网络搜索问题

要搜索地图上的道路，应该建立由一系列连接导航点的直线组成的道路网络。

这些导航点位于路口或沿着道路以合适的间隔分布，从而使得用一组直线可以精确地表示弯曲的道路。本研究选择的道路网络如图 1(a)所示。它显示了英国的一些村庄的谷歌地图[15]。其中的道路网络可以转换为图 1(b)所示的图。为寻找地图中的所有道路，有两种典型的路径问题[2]。

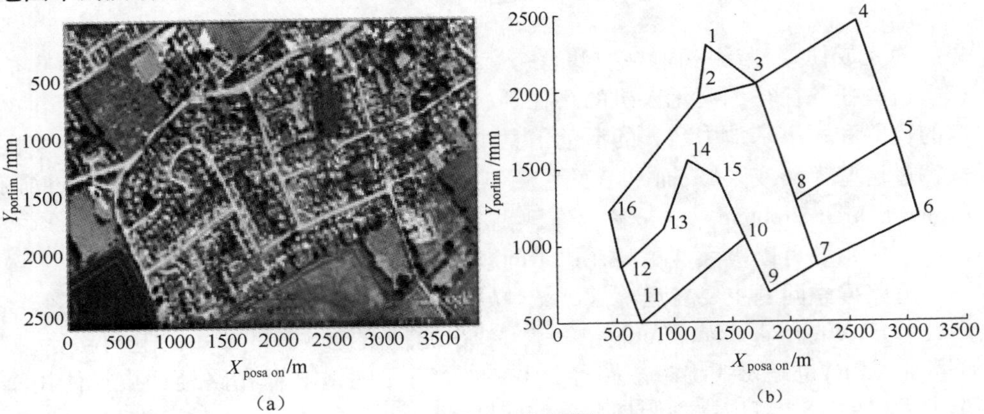

图 1　道路网络问题

(a)英国一些村庄的谷歌地图；(b)坐标图表示。

旅行商问题：一位售货员需要访问几个城市(或交叉路口)。从某一城市出发，他要找到一条遍历每一个城市后回到出发点的最短路径。

中国邮差问题：一个邮差需要在街道网络中投递邮件。从一个给定的点出发，如邮局，他试图找到一条路径，以最小的路径长度，遍历每个街道至少一次后回到邮局。

本文重点介绍 CPP 及其变种，其中涉及在道路网络中找出一条路径，以最短的路径长度遍历每一条道路。通常，道路网络被映射为一个无向图 $G=(V,E)$，边的权重为 $w: E \rightarrow \mathbf{R}_0^+$，其中道路用边集合 $\boldsymbol{E}$ 表示，交叉路口用顶点集合 $\boldsymbol{V}$ 表示。每条边的权重是道路的长度或穿过道路所需的时间。CPP 算法首先根据道路网络构造一个偶图(Even Graph)。偶图的顶点被偶数条边所连接，这是必须的，因为任何一次穿过交叉点都是从一条道路接近，从另一条道路离开，这意味着只有偶数条边才能为旅行提供一对入口出口。由于道路网络中可能存在与奇数条边连接的交叉点，一些道路在图中被重复选择。该技术选择合并长度最短的一组道路，以减少重复。偶图的路径通过图的欧拉回路来确定，访问每条边一次或重复边两次。

3　多智能体道路网络搜索的启发式算法

CPP 算法有很多变种，如 Capacitated CPP 能够使用所能承受的总的边际成本，Rural CPP 只访问某些道路而无需访问所有，Windy CPP 对于同一条边根据方向有不同的权重，k-CPP 处理多个邮差的调度[3]。在本节中，将根据第二节中的地图介绍实现多智能体道路网络搜索的 Min-Max k-CPP(MM k-CPP)算法。MM k-CPP 算法是考虑了长度相似路径的 k-CPP 算法的一个变种。如果无人机需要以最少的时间完成道路搜索任务,这个目标可以被要求。MM k-CPP 最早由参考文献[16]提出,随后出现了几种解决算法[2]。本研究用类似于文献中的方法实现了两种启发式 MM k-CPP 算法,并比较了计算结果。

3.1 聚类算法

该算法是基于先聚类再确定路径的方法。换言之,在第一步骤中,边集合 $\boldsymbol{E}$ 被分为 k 类,然后对每一类计算一条路径。该算法可以被表示为一种构造性的启发式算法,描述如下[2]。

算法描述

1. 确定代表边的集合 $\boldsymbol{F}$

首先,确定类别 F_i 的 k 个代表边 $f_1,\cdots,f_k$ 。令 f_1 是到车站距离最大的边,f_2 是到 f_1 距离最大的边。其余的代表边通过最大化到前一个代表边的最小距离确定。然后,剩余的边根据 e 和 f_i 间的加权距离分配给各类。

2. 为连通性而增加边

添加每个顶点和仓库之间的边,并确定包括每类中原有边的最小生成树[1]。

3. 乡村中国邮差问题

使用参考文献[17]中的常规中国邮差问题算法,在所有边中计算 CPP 路径所需的边的子集。

图 2 给出了在第二节描述的场景中使用 4 辆地面车辆应用聚类算法的结果。在图中,实线表示只访问一次的道路,虚线表示 CPP 算法为构成偶图添加的重复路径。所有车辆的总里程是 24340.7m,里程最大的车辆是智能体 1——7318.3m。

(a)

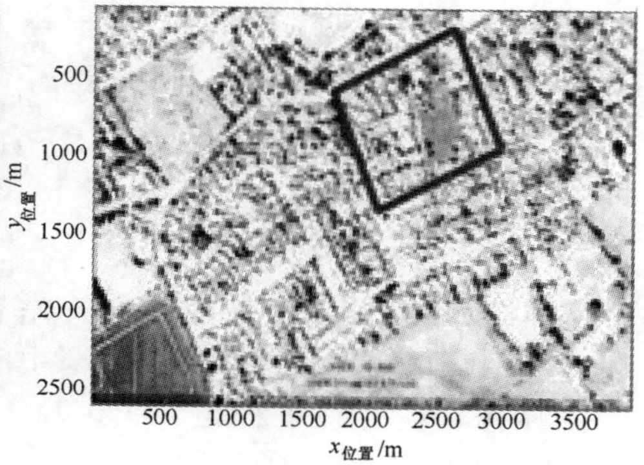

(b)

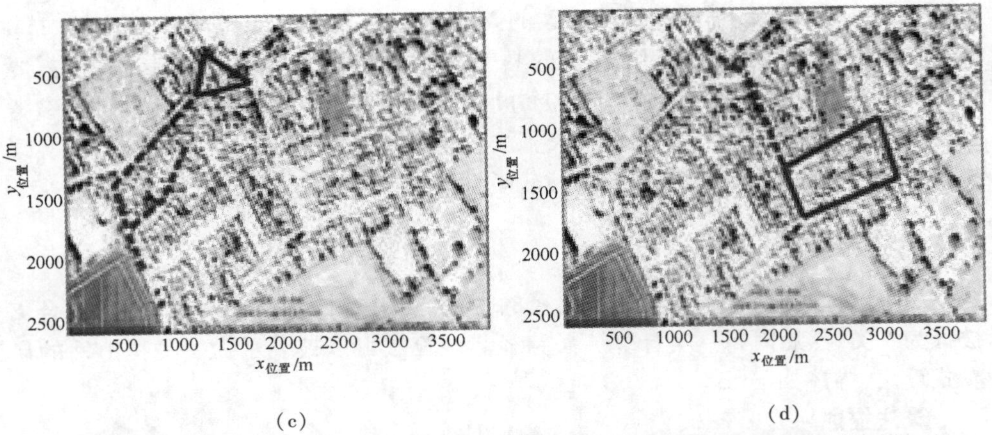

图 2　聚类算法的路径搜索结果(实线表示车辆只通过一次,虚线表示重复的车辆路径)
(a)智能体 1;(b)智能体 2;(c)智能体 3;(d)智能体 4。

3.2　第一路径算法

与聚类算法不同,第一路径算法(First Route Algorithm)遵循先确定路径再聚类的方法。第一步计算邮差经过所有边的路径,然后将该路径划分为 k 段长度相似的路径。算法描述如下。

算法描述

(1) 使用常规的中国邮差算法计算只有一个邮差情况下的最优路径 C^*。

(2) 计算分割节点。

在路径 C^* 上确定 $k-1$ 个分割节点 $(v_{p_1},\cdots,v_{p_{k-1}})$,将 C^* 近似分割为长度近似相同的 k 段。使用最短路径下界 $s_{\max}$ 估计每段路径的长度 L_j,即

$$s_{\max}=\frac{1}{2}\max_{e=\{u,v\}\in E}\{w(SP(v_1,u))+w(e)+w(SP(v,v_1))\} \tag{1}$$

$$L_j=\left(\frac{j}{k}\right)(w(C^*-2s_{\max}))+s_{\max},\quad 1\leqslant j\leqslant k-1 \tag{2}$$

式中:k 为车辆的数目;SP 为路径网络中节点间的最短路径。于是,分割点为使得 $w(C^*_{v_{p_j}})\leqslant L_j$ 成立的最后一个节点。$C^*_{v_n}$ 为 C^* 中的以车站为起点、以 v_n 为终点的子路径。详细描述参见参考文献[16]。

(3) k-邮差路径。

构建以最短路程连接路径段与车站节点的 k 条路径 $C=\{C_1,\cdots,C_k\}$。

图 3 给出了在第二节描述的场景中使用 4 辆地面车辆应用第一路径算法的结果。所有车辆的总里程是 24340.7m,单个车辆里程最大的是智能体 4——7818.5m,略长于聚类算法给出的结果。尽管两种启发式算法都很直观易于实现,且在处理多个车辆问题时表现合理,无需沉重的计算负担,但它们远非最优的解决方案,并且难以考虑车辆的特征。

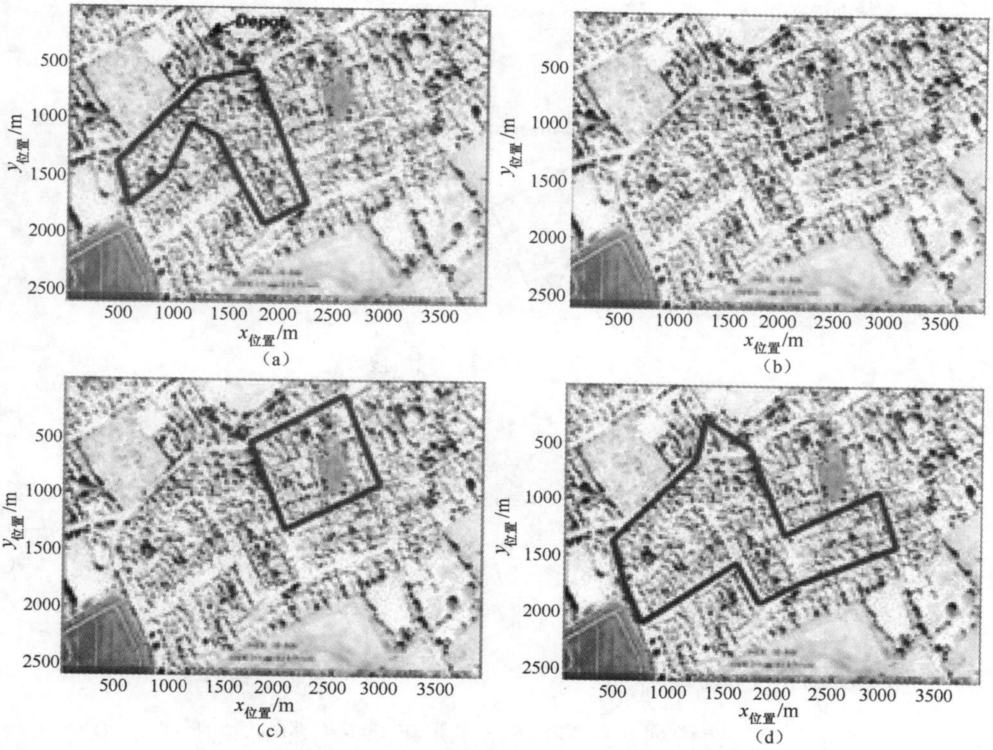

图 3　第一路径算法的路径搜索结果(实线表示车辆只通过一次,虚线表示重复的车辆路径)
(a)智能体 1;(b)智能体 2;(c)智能体 3;(d)智能体 4。

4　多无人机协作道路网络搜索

对于使用多无人机的道路网络搜索,典型的 CPP 算法需要适当的改变以便其能在搜索问题中考虑无人机的操作特征和物理特征。如图 4 所示,无人机由于物理约束而不能瞬间改变它的航向角,因此设计的运动轨迹需要考虑无人机的速度和转弯限制。此外,不同于地面车辆,无人机不需要只是为了覆盖某条未连接的边而沿公路飞行。修改后的搜索问题可以表示为多选多维背包问题(MMKP),其需要寻找一个最佳方案以最小化飞行时间。经典的 MMKP 问题要求在不超过背包约束的条件下捡起的物品的总价值最大[13]。为了将 MMKP 算法应用到道路网络搜索,无人机被假定为背包,道路被假设为资源,每个无人机有限的飞行时间或能量被假定为背包的能力限制。MMKP 形式允许考虑每个无人机飞行时间、不同的道路及交通工具类型、最小转弯半径的限制,同时也能获得协作道路搜索分配的次优解。此外,Dubins 路径规划生成考虑了动态约束的最短适航路径,因此 Dubins 路径被用来计算修改后的搜索问题的代价函数。提出的多无人机道路网络搜索算法详细描述如下。

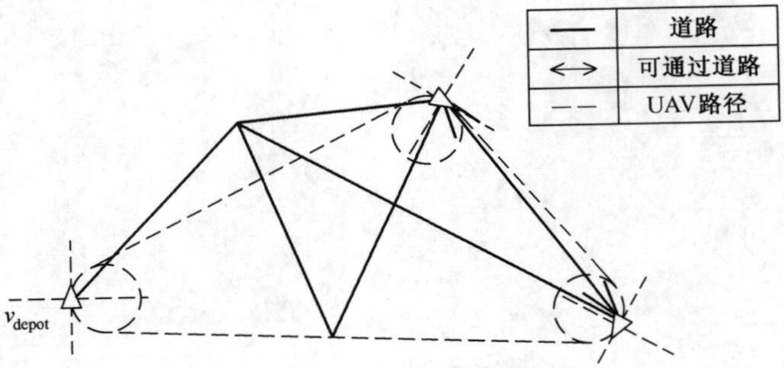

图 4　无人机的道路网络搜索

4.1　最短边排列的生成

首先,生成给定花瓣大小(Petal Size)的无序可行边排列。花瓣大小指的是能被一个无人机访问的边的最大数目,它由每个无人机的可用资源决定。在一条边的终点与任何其他边的顶点未连接的情况下,将它们以更短的距离连接起来。然后,在路径是直线的假设下,计算所有排列中,按此顺序访问路程最短的排列。

4.2　Dubins 路径规划

一旦确定了最短边排列,下一步是计算并存储它们的成本(路径长度或飞行时间)。在无人机完成各自的任务后,由于它们应该回到出发点,从边排列的终点到出发点的直线路径跟着被连接。在此步骤中,本研究使用考虑无人机的方向和路径约束的 Dubins 路径,而不是使用每条边的欧式距离。Dubins 路径是在曲率范围限定的约束下连接两个构型的最短路径。它由两个圆弧及其共同的切线或三个连续相切的圆弧组成。使用微分几何的原理,Dubins 路径可以在两个维度上确定曲率[18]。对于二维移动,最初和最后的切矢量是共面的,且在这种情况下直线移动并不能够被唯一定义,而需要计算得到。Dubins 圆弧如图 5(a)所示。位置矢量 $\boldsymbol{p}$ 是在起始坐标轴中最终矢量 $\boldsymbol{p}_f$ 相对于起始矢量 $\boldsymbol{p}_s$ 的位置,即

$$\boldsymbol{p}=\boldsymbol{p}_f-\boldsymbol{p}_s=\boldsymbol{r}_s-\boldsymbol{a}_s+\boldsymbol{a}_c+\boldsymbol{a}_f-\boldsymbol{r}_f \tag{3}$$

这个等式可以整理得到连接转向圆中心的矢量 $\boldsymbol{c}$,即

$$\boldsymbol{c}=c\boldsymbol{t}_c=\boldsymbol{p}-\boldsymbol{r}_s+\boldsymbol{r}_f=-\boldsymbol{a}_s+\boldsymbol{a}_c+\boldsymbol{a}_f \tag{4}$$

式中:$\boldsymbol{t}_c$ 和 c 分别是中心矢量及其长度。连接矢量 $\boldsymbol{a}_s$、$\boldsymbol{a}_f$ 和 $\boldsymbol{a}_c$ 可以写成基底矢量的形式。然后,中心矢量方程——式(4)可以变为

$$\boldsymbol{c}=c\boldsymbol{t}_c=\boldsymbol{R}(\theta_s)'\begin{pmatrix} a \\ \dfrac{\pm 1}{\kappa_f}-\dfrac{\pm 1}{\kappa_s} \end{pmatrix} \tag{5}$$

式中:a 是矢量 $\boldsymbol{a}_c$ 的距离;θ_s 为第一次转向的旋转角度;$\boldsymbol{R}(\theta_s)$ 表示方向余弦矩

阵；κ_s 和 κ_f 分别是初始和最后转向的最大曲率。如果初始角度和最终角度都给定，将产生一组四个路径，选择其中最短的路径。在本文中，Dubins 路径的通角(Pass Angle)由简单的几何学确定。首先，考虑三个顶点定义的边矢量 $\boldsymbol{v}_{i-1}$、$\boldsymbol{v}$ 和 $\boldsymbol{v}_{i+1}$，使路径单位矢量 $\boldsymbol{w}_i$、$\boldsymbol{w}_{i+1}$ 和沿角平分线的单位矢量 $\bar{\boldsymbol{w}}$ 用三个顶点表示，如图 5(b)所示。然后，通过式(6) 计算得到使得路径靠近道路的中间通角 β。排列的起始角度和结束角度假设为零，即

$$\beta = \arctan\left(\frac{\bar{w}_y}{\bar{w}_x}\right) \pm \frac{\pi}{2} \tag{6}$$

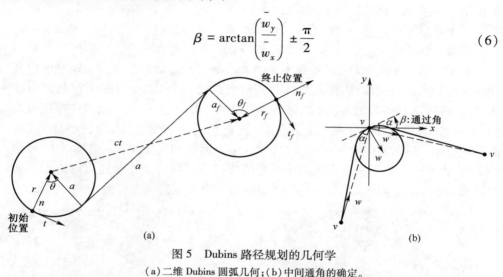

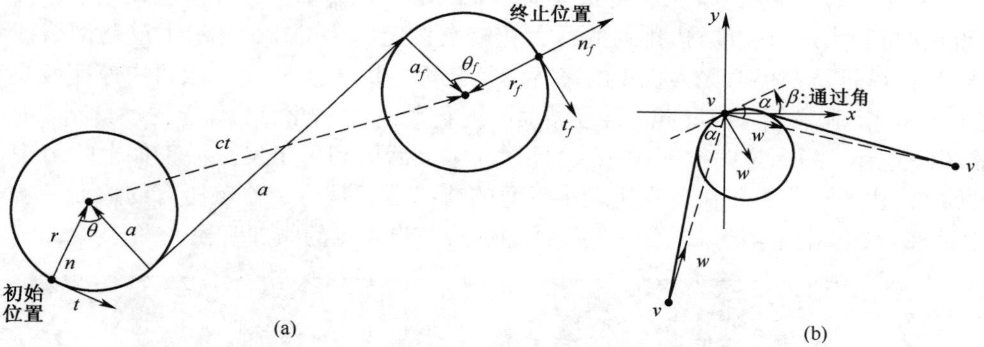

图 5　Dubins 路径规划的几何学

(a)二维 Dubins 圆弧几何；(b)中间通角的确定。

4.3　MMKP 表示和 MILP 最优化

本文提出算法的最后一步是为每个无人机分配边排列，使得以最短的时间覆盖每一条边。这可以用 MMKP 形式表示如下，即

$$\begin{aligned}
&\min \quad J = \sum_{i=1}^{N_{\text{UAV}}} \sum_{j=1}^{N_{Pi}} T_j x_{ij} \\
&\text{约束条件} \sum_{i=1}^{N_{\text{UAV}}} \sum_{j=1}^{N_{Pi}} \boldsymbol{E}_{kj} x_{ij} \geqslant 1 \ , \ k \in \{1,2,\cdots,N_{\text{edge}}\} \\
&\sum_{j=1}^{N_{Pi}} x_{ij} = 1 \ , \ i \in \{1,2,\cdots,N_{\text{UAV}}\} \\
&x_{ij} \in \{0,1\} \ , \ i \in \{1,2,\cdots,N_{\text{UAV}}\} \ , \ j \in \{1,2,\cdots,N_{Pi}\}
\end{aligned} \tag{7}$$

式中：N_{UAV}、N_{edge} 和 N_{Pi} 分别表示无人机的数目、待访问的边的数目和第 i 个无人机生成的排列；T_j 表示第 j 个排列的损失函数(飞行时间)；$\boldsymbol{E}_{kj}$ 为矩阵，如果第 k 条边已访问，则第 j 个排列的第 k 个元素为 1，否者为 0；x_{ij} 为 0 表示第 j 个排列的第 i 个无人机未被选择，为 1 表示第 j 个排列的第 i 个无人机已被选择。第一个约束条

件表示无人机应该访问每一条边一次或多次,第二个约束条件表示每个无人机都应分配一个边的排列。这个 MMKP 问题由混合整数线性规划求解器[19]求解。

5 数值仿真

为评估本文提出算法的性能,使用四个无人机在第二节描述的地图中进行数值模拟。四个无人机具有以下特点。

最小转弯半径 $\rho_{\min}$:[50 40 30 30] m

最大巡航速度 $V_{c,\max}$:[40 35 25 25] m/s

对于 Dubins 路径,无人机的最大曲率 $\kappa_{\max} = 1/\rho_{\min}$ 。假设无人机在整个仿真期间保持最大巡航速度,边排列的最大花瓣数设定为 4。图 6 显示了道路网络搜索结果。可以观察到,无人机 1 的飞行路径最长,同时也是四个无人机中速度最快的,并且由于采用了 Dubins 路径规划,飞行轨迹是光滑可飞行的。此外,如图 6(e)所示,每条道路被探索一次,且无人机最后回到了出发点。正如上一节中的解释,由于无人机不需要在用最小时间的情况下只是为了覆盖所有的边而沿着道路飞行,道路搜索结果包含一些连接边或边与出发点的额外路径。

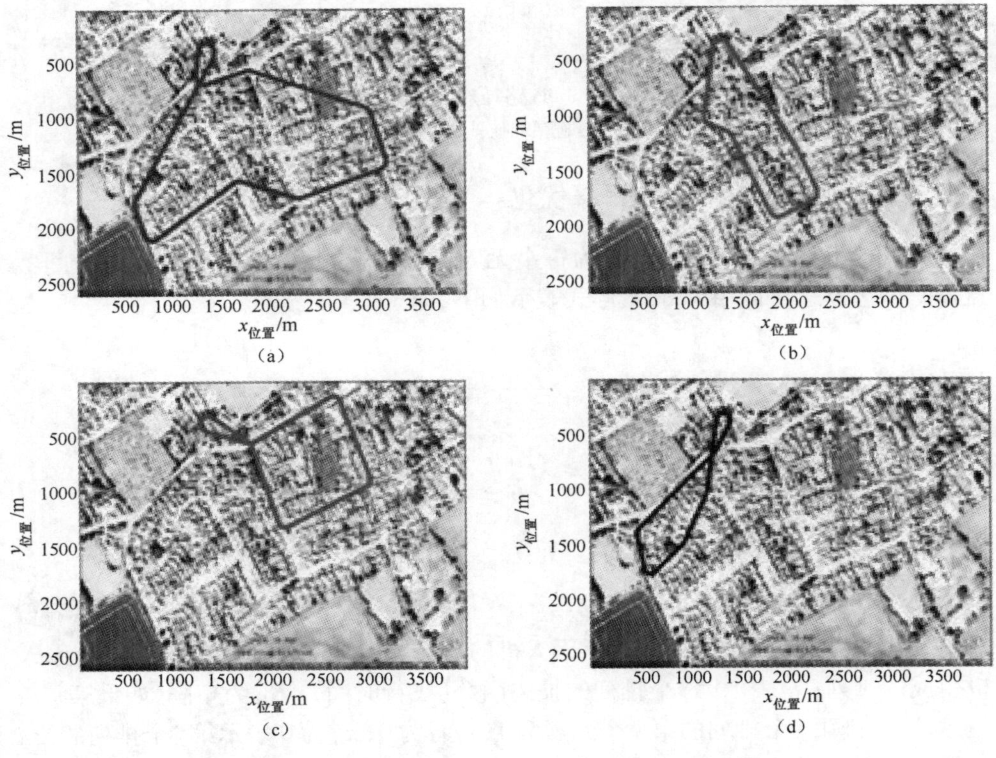

(a) (b)

(c) (d)

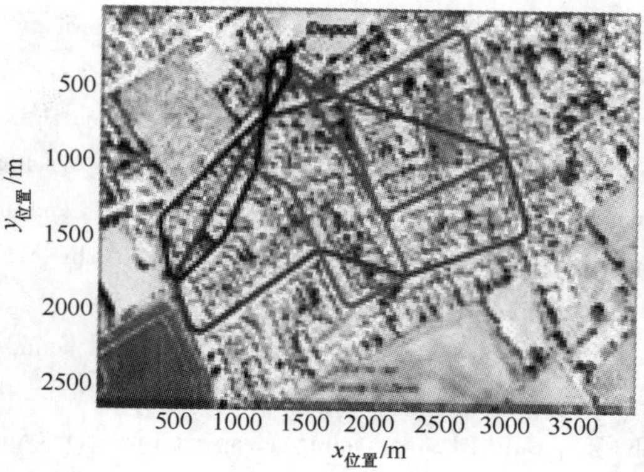

(e)

图 6　多无人机道路搜索结果

(a)无人机 1;(b)无人机 2;(c)无人机 3;(d)无人机 4;(e)所有无人机路径。

6　结论

本文描述了一种多无人机协作道路网络搜索综合算法。首先,将道路网络搜索问题定义为一个图,并用经典的 CPP 算法处理。为了将其应用于多无人机,搜索算法在考虑无人机的物理约束条件下进行了修改。使用综合算法解决了修改后的问题。该算法主要包括 Dubins 路径规划和用于求解在最少时间条件下的最短可航路径问题的 MMKP 实现。最后通过在给定的地图上进行了数值模拟验证了本文提出算法的性能。

参 考 文 献

[1] Gibbons, A.: Algorithmic Graph Theory. Cambridge University Press, Cambridge (1999)

[2] Ahr, D.: Contributions to Multiple Postmen Problems. PhD thesis, Heidelberg University (2004)

[3] Gross, J. L., Yellen, J.: Handbook of Graph Theory. CRC Press, Boca Raton (2003)

[4] Bektas, T.: The multiple traveling salesman problem: An overview of formulations and solution procedures. The International Journal of Management Science 34(3), 209 - 219(2006)

[5] Bellingham, J., Tillerson, M., Richards, A., How, J.: Multi - Task Allocation and Path Planning for Cooperating UAVs, Cooperative Control: Models, Applications and Algorithms. Kluwer Academic Publishers, Dordrecht (2003)

[6] Jin, Y., Liao, Y., Minai, A., Polycarpou, M.: Balancing search and target response in cooperative unmanned aerial vehicle(uav) teams. IEEE Transactions on Systems, Man, and Cybernetics - Part B: Cybernetics 36(3), 571 - 587 (2006)

[7] Chandler, P. R. , Pachter, M. , Swaroop, D. , hwlett, J. M. , Rasmussen, S. , Schumacher, C. ,Nygard, K. : Compexity in uav cooperation control. In: American Control Conference, Anchorage, AK (2002)
[8] Ryan, J. , Bailey, T. , Moore, J. , Carlton, W. : Reactive tabu search in unmanned aerial reconnaissance simulations. In: 30th Conference on Winter Simulation, Washington, DC(1998)
[9] Perrier, N. , Langevin, A. , Campbell, J. F. : A survey of models and algorithms for winter road maintenance. Computers and Operational Research, Part Ⅳ: Vehicle Routing and Fleet Sizing for Plowing and Snow Disposal 34, 258 – 294 (2007)
[10] Easton, K. , Burdick, J. : A coverage algorithm for multi – robot boundary inspection. In:IEEE International Conference on Robotics and Automation (2005)
[11] Salva, K. , Frazzoli, E. , Bullo, F. : Traveling salesperson problems for the dubins vehicle. IE – EE Trans. on Automatic Control 53(6), 1378 – 1391 (2008)
[12] Rathinam, S. , Sengupta, R. ,Darbha, S. :A resource allocation algorithm for multi – vehicle systems with non holonomic constraints. IEEE Transactions on Automation Sciences and Engineering 4(1), 98 – 104 (2007)
[13] Hifi, M. , Michrafy, M. , Sbihi, A. : A reactive local search – based algorithm for the multi – plechoice multi – dimensional knapsack problem. Computational Optimization and Applications 33, 271 – 285 (2006)
[14] Dubins, L. E. : On curves of minimal length with a constraint on average curvature, and with prescribed initial and terminal positions and tangents. American Journal of Mathematics79(3), 497 – 516 (1957)
[15] http://maps. google. co. uk/maps
[16] Frederickson, G. N. , Hecht, M. S. , Kim, C. E. : Approximation algorithms for some routing problems. SIAM Journal on Computing 7, 178 – 193 (1978)
[17] Edmonds, J. , Johnson, E. L. : Matching, euler tours, and the chinese postman. Mathematical Programming 5, 88 – 124 (1973)
[18] Shanmugavel,M. , Tsourdos, A. , White, B. A. , Zbikowski, R. : Differential geometric path planning of multiple uavs. Journal of Dynamic Systems, Measurement and Control 129,620 – 632 (2007)
[19] http://www. coin – or. org/SYMPHONY

基于梯度方法的特征结构配置和鲁棒性增强

Eigenstructure Assignment and Robustness Improvement Using a Gradient-Based Method

Erik Karlsson, Stephan Myschik, Florian Holzapfel

摘要:本文介绍了一种基于梯度的多变量系统鲁棒性增强方法,该系统通过残缺单输入单输出回路的稳定裕度测量得到。本文提出的方法利用闭环回路特征根的扰动进行迭代来最小化包含权重增益、相位裕度和特征根变化率在内的代价函数。初值和闭环动力学系统扰动由特征结构配置方法给定。本文提出的算法应用在通用运输飞机控制系统外回路的增益设计过程,本创新方法的结果用来分析单输入单输出系统和多输入多输出系统的稳定裕度。

1 引言

利用特征结构配置的方法来配置多变量系统的动力学系统已被广泛应用于航空航天领域,特别是在飞机的飞控系统设计中[7,11,12]。这种方法通过状态反馈或输出反馈实现了特征值配置的大自由度。通过独立控制输入得到的额外的自由度可以用来设定部分对应的特征矢量。但是,在精确的特征值和特征矢量配置情况下,与 H_∞ 回路等多变量设计方法相比[10],该方法并没有凸显出闭环回路系统鲁棒性方面的最优性。闭环回路的特征值很少要求是定值,少量的变化是允许的。

Erik Karlsson
Research Assistant, Institute of Flight System Dynamics, Technische Universität München
e-mail: erik.karlsson@tum.de

Stephan Myschik
Senior Researcher, Industrieanlagen-Betriebsgesellschaft mbH
e-mail: myschik@iabg.de

Florian Holzapfel
Director of the Institute of Flight System Dynamics, Technische Universität München
e-mail: florian.holzapfel@tum.de

这也为利用数值算法提高鲁棒性提供了空间。

许多用来提高特征结构配置鲁棒性的方法被提出，如基于遗传算法的多目标优化算法[5,6]和特征矢量映射方法等[9]。

众所周知，增益和相位裕度是长久以来用于衡量单输入单输出系统鲁棒性的方法。一般来说，这种方法不能直接用于多输入多输出系统，这是因为单输入单输出系统的裕度只考虑存在于单一回路的不确定性因素。在多回路系统中也有不确定性因素，并且这些不确定性因素可能存在单输入单输出系统中没有考虑到的交互耦合效应。但是，单输入单输出系统的裕度已经通过返回差的最小化奇异值[2,3]和结构化奇异值分析方法扩展到多输入多输出系统中[10,13]。在飞控应用中，稳定裕度要求通过单输入单输出系统的增益和相位裕度给出。

本文提出了一阶梯度算法来优化单输入单输出系统的稳定裕度。该方法通过特定方向闭环特征值的摄动迭代来实现，该特定方向通过最小化包含单输入单输出系统裕度和特征值扰动的代价函数得到。多输入多输出系统的裕度也同样需要验证以保证整个系统的鲁棒稳定性。

本文由以下部分组成。首先，给出了一般的多变量系统特征结构配置方法，通过基于伪逆的投影来寻找最佳可实现的特征矢量[4]。多输入多输出系统的稳定裕度使用灵敏度函数矩阵的结构奇异值来呈现。然后，提出了一种通过特征值扰动改善闭环稳定裕度的基于梯度的算法。最后，所提出的基于梯度的算法被用于通用运输机飞控系统横航向部分的增益设计中。对单输入单输出系统和多输入多输出系统稳定裕度进行了结果分析。在最后一部分中，从分析结果中得出结论。

2 特征结构配置

本节讲述的特征结构配置过程依据参考文献[4]而来，其余的方法见参考文献[6,9,11,12]。

假设线性时不变的多变量系统的状态空间形式为

$$\dot{\boldsymbol{x}}(t) = \boldsymbol{A}\boldsymbol{x}(t) + \boldsymbol{B}\boldsymbol{u}(t) \tag{1}$$

式中：系统举证 $\boldsymbol{A} \in R^{n\times n}$；输入矩阵 $\boldsymbol{B} \in R^{n\times m}$；状态矢量 $\boldsymbol{x} \in R^n$ 和输入矢量 $\boldsymbol{u} \in R^m$。该系统有 m 个独立控制输入。假设不是所有的状态反馈是可用的，输出反馈可用。输出方程为

$$\boldsymbol{y}(t) = \boldsymbol{C}\boldsymbol{x}(t) \tag{2}$$

式中：输出矩阵 $\boldsymbol{C} \in R^{r\times n}$ 和输出矢量 $\boldsymbol{y} \in R^r$。控制律可以表达为

$$\boldsymbol{u}(t) = -\boldsymbol{K}\boldsymbol{y}(t) + \boldsymbol{u}_C(t) \tag{3}$$

式中：常数反馈矩阵为 $\boldsymbol{K} \in R^{m\times r}$，目标输入 $\boldsymbol{u}_C(t)$ 引出的闭环系统动力学方程为

$$\dot{\boldsymbol{x}}(t) = (\boldsymbol{A} - \boldsymbol{BKC})\,\boldsymbol{x}(t) + \boldsymbol{B}\boldsymbol{u}_C(t) = \tilde{\boldsymbol{A}}\boldsymbol{x}(t) + \boldsymbol{B}\boldsymbol{u}_C(t) \tag{4}$$

因此,控制器设计的目的是在给定目标动力学闭环系统矩阵 $\widetilde{A}=(A-BKC)$ 的条件下确定反馈增益矩阵 $\boldsymbol{K}$。闭环系统的特征值 λ_i 和对应的特征矢量 $\boldsymbol{v}_i$ 由下式确定,即

$$(\boldsymbol{A}-\boldsymbol{BKC})\cdot\boldsymbol{v}_i=\boldsymbol{v}_i\cdot\lambda_i,i=1,2,\cdots,n \tag{5}$$

为了包含输入方向 $z_i=\boldsymbol{KCv}_i$,式(5)可以重新表示为矩阵形式,得到下式,即

$$[\lambda_i\boldsymbol{I}-\boldsymbol{A}\quad\boldsymbol{B}]\cdot\begin{bmatrix}\boldsymbol{v}_i\\\boldsymbol{KC}\boldsymbol{v}_i\end{bmatrix}=[\lambda_i\boldsymbol{I}-\boldsymbol{A}\quad\boldsymbol{B}]\cdot\begin{bmatrix}\boldsymbol{v}_i\\\boldsymbol{z}_i\end{bmatrix}=0 \tag{6}$$

闭环系统和开环系统的期望特征值必然是不相同的,如矩阵 $[\lambda_i\boldsymbol{I}-\boldsymbol{A}\quad\boldsymbol{B}]$ 一定是满秩的(可逆的)。式(6)的所有非平凡解 $\boldsymbol{v}_i$、$\boldsymbol{z}_i$ 一定在矩阵 $[\lambda_i\boldsymbol{I}-\boldsymbol{A}\quad\boldsymbol{B}]$ 的零空间(内核)内。这就意味着可能解可以描述为零空间基础矢量 $\bar{\boldsymbol{n}}_i$ 的线性组合。零空间的基础矢量可以划分为与特征矢量相关的上部分矢量 $\boldsymbol{n}_i$ 和与输入矢量相关的下部分矢量 $\hat{\boldsymbol{n}}_i$,即

$$\bar{\boldsymbol{N}}_{\lambda_i}=[\bar{n}_{1,\lambda_i}\quad\cdots\quad\bar{n}_{m,\lambda_i}]=\begin{bmatrix}n_{1,\lambda_i}&\cdots&n_{m,\lambda_i}\\\hat{n}_{1,\lambda_i}&\cdots&\hat{n}_{m,\lambda_i}\end{bmatrix}=\begin{bmatrix}\boldsymbol{N}_{\lambda_i}\\\hat{\boldsymbol{N}}_{\lambda_i}\end{bmatrix} \tag{7}$$

因此,可得到的特征矢量为

$$\begin{bmatrix}\boldsymbol{v}_i\\\boldsymbol{z}_i\end{bmatrix}=[\bar{n}_{1,\lambda_i}\quad\cdots\quad\bar{n}_{m,\lambda_i}]\cdot\begin{bmatrix}l_{1,\lambda_i}\\\vdots\\l_{m,\lambda_i}\end{bmatrix}=\bar{\boldsymbol{N}}_{\lambda_i}\cdot\boldsymbol{I}_{\lambda_i}=\begin{bmatrix}\boldsymbol{N}_{\lambda_i}\\\hat{\boldsymbol{N}}_{\lambda_i}\end{bmatrix}\cdot\boldsymbol{I}_{\lambda_i} \tag{8}$$

式中:$\boldsymbol{I}_{\lambda_i}$ 是任意 m 维参数矢量。引入排序矩阵 $(\boldsymbol{P}_i^S)_{s\times n}$ 和 $(\boldsymbol{P}_i^U)_{(n-s)\times n}$ 来对指定特征矢量(指定特征矢量为 s 个)和非指定特征矢量(非指定特征矢量为 $(n-s)$ 个)进行排序。重要性大的元素是指定的,反之重要性小的元素是非指定的,导出

$$\begin{bmatrix}(\boldsymbol{v}_i^S)_{s\times l}\\(\boldsymbol{v}_i^U)_{(n-s)\times l}\end{bmatrix}=\begin{bmatrix}(\boldsymbol{P}_i^S)_{s\times n}\\(\boldsymbol{P}_i^U)_{(n-s)\times n}\end{bmatrix}\cdot\boldsymbol{v}_i \tag{9}$$

通过利用权重矩阵 $\boldsymbol{Q}_{\lambda_i}$ 可以分配期望特征矢量的重要性大小,可以得到带权重的期望特征矢量

$$\bar{\boldsymbol{v}}_{id}^S=\boldsymbol{Q}_{\lambda_i}\cdot\boldsymbol{v}_{id}^S \tag{10}$$

以及期望特征矢量 $\boldsymbol{v}_{id}^S$ 和参数矢量 $\boldsymbol{I}_{\lambda_i}$ 的关系,可以表示为

$$(\boldsymbol{Q}_{\lambda_i})_{s\times s}\cdot(\boldsymbol{v}_{id}^S)_{s\times l}=(\boldsymbol{Q}_{\lambda_i})_{s\times s}\cdot(\boldsymbol{N}_{\lambda_i}^S)_{s\times m}\cdot(\boldsymbol{I}_{\lambda_i})_{m\times l} \tag{11}$$

因此,可能出现两种情况。如果指定元素数量等于可用独立控制效果器数量,如 $s=m$,就可以得到指定特征矢量元素的精确分配。在这种情况下,参数矢量可以表示为

$$I_{\lambda_i} = \begin{bmatrix} Q_{\lambda_i} & N_{\lambda_i}^S \end{bmatrix}^{-1} \cdot Q_{\lambda_i} \cdot v_{id}^S \tag{12}$$

如果指定元素数量大于可用控制效果器数量，如 $s > m$，就不能精确分配。利用基于映射在零空间上的 Moore-Penrose 伪逆，参数矢量可以根据下面方程计算得到，即

$$I_{\lambda_i} = \begin{bmatrix} (N_{\lambda_i}^S)^H & Q_{\lambda_i} & N_{\lambda_i}^S \end{bmatrix}^{-1} (N_{\lambda_i}^S)^H \cdot Q_{\lambda_i} \cdot v_{id}^S \tag{13}$$

在知道最佳可实现参数矢量后（通过确切分配或者是通过近似零空间映射），可实现特征矢量和对应的输入方向可以表示为

$$z_i = \hat{N}_{\lambda_i} \cdot I_{\lambda_i}, v_i = N_{\lambda_i} \cdot I_{\lambda_i} \tag{14}$$

因此，可以得到期望增益矩阵，即

$$K = [z_1 \quad z_2 \quad \cdots \quad z_r] \cdot (C \cdot [c_1 \quad c_2 \quad \cdots \quad c_r]^{-1}) \tag{15}$$

将得到的增益矩阵带入期望的闭环特征值，可以得到指定特征矢量元素或者其最佳估计。

3　利用基于梯度的方法提升鲁棒性

本节中所提出的方法目的在于提升闭环系统中开环 SISO 的幅值裕量和相角裕量。对于这样一个系统的鲁棒性可以通过两种方法度量：一种是假设任意时刻不确定性只发生在一个环内，同时测量每个环的稳定裕度；另一种更普遍的方法是测量守恒的多变量稳定裕度，这就需要考虑多个环中并发的不确定性[1]。

下面给出的多变量稳定裕度利用了灵敏度函数的结构奇异值。考虑一个广义的多输入多输出的系统，其被控对象为 G，常反馈矩阵为 K，由一个可逆输入不确定矩阵扩展得到，$\Delta = \mathrm{diag}\{\Delta_1, \cdots, \Delta_m\}$，其中包含不确定因子 $\Delta_k = r_k \cdot \mathrm{e}^{\mathrm{i}\phi_k}, k = 1, 2, \cdots, m$[10]。如图 1 所示，输入 z 和不确定模块输出 w 之间的转移函数可以写为

$$z = [I + K \cdot G]^{-1} \cdot w = S \cdot w \tag{16}$$

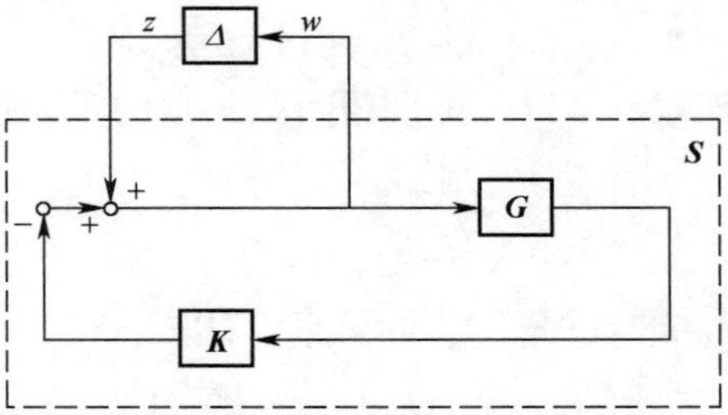

图 1　多变量反馈系统

式中：S 是输入驱动的灵敏度函数。该系统现在可以表示为仅包含 S 和 Δ 的结构，其由 w 和 z 连接起来。假设 S 是稳定的，该系统的鲁棒性由且仅由 det[I −

$S\Delta(\mathrm{j}\omega)] \neq 0$ 的奈奎斯特图不包含原点来保证，即 $\forall \omega$，$\forall \Delta$，$\det[\boldsymbol{I} - \boldsymbol{S}\Delta(\mathrm{j}\omega)] \neq 0$[10]。灵敏度函数的结构奇异值$\mu(\boldsymbol{S})$定义为可使系统处于不稳定状态的最小增益 c 的逆，即 $\Delta\mu = 1/c$。通过这样的定义，可以将 $\boldsymbol{S}\Delta$ 系统重写为

$$\mu(\boldsymbol{S}(\mathrm{j}\omega)) \cdot \bar{\sigma}(\Delta(\mathrm{j}\omega)) < 1, \forall \omega \tag{17}$$

这意味着，当灵敏度函数的结构奇异值与不确定矩阵的最大奇异值之积在全频域中小于 1 时，可以保证系统的稳定性[10]。由式(17)可以得到

$$\bar{\sigma}(\Delta) < k_{\min} = \min \frac{1}{\mu(\boldsymbol{S}(\mathrm{j}\omega))} \tag{18}$$

根据 $k_{\min}$ 的定义，多变量的幅值裕量和相角裕量可以写成如下形式[3]，即

$$\mathrm{GM} = \frac{1}{1 \pm k_{\min}}, \mathrm{PM} = \pm\theta, \theta = 2 \cdot \arcsin\left(\frac{k_{\min}}{2}\right) \tag{19}$$

对于系统中不同的环可能会受到一系列幅值或是相角的扰动影响，要保证闭环稳定，其中幅值扰动 Δ 需要满足的条件是 $1/(1 + k_{\min}) < \Delta < 1/(1 - k_{\min})$，相角扰动需要满足 $|\theta| < 2 \cdot \arcsin(k_{\min}/2)$。

接下来需要完成的工作就是根据给定的特征结构的布置，扰动闭环特征值，从而提升开环系统的增益裕度和相角裕度。环切割在输入端和传感器输出端都进行，当一个环被切割变成开环之后，其他的环保持闭环。建设输入驱动的数目为 q，传感器的输出数目为 r，那上述过程可以描述为一个有约束的最优化问题，需要进行最小化的代价函数可以写成

$$\begin{aligned}\boldsymbol{E}(\boldsymbol{p}) = &-\frac{1}{2}\boldsymbol{v}_{\mathrm{GM}}^{\mathrm{T}}(\boldsymbol{p})\boldsymbol{W}_{\mathrm{GM}}\boldsymbol{v}_{\mathrm{GM}}(\boldsymbol{p}) - \frac{1}{2}\boldsymbol{v}_{\mathrm{PM}}^{\mathrm{T}}(\boldsymbol{p})\boldsymbol{W}_{\mathrm{PM}}\boldsymbol{v}_{\mathrm{PM}}(\boldsymbol{p}) + \\ &\frac{1}{2}(\boldsymbol{p} - \boldsymbol{p}_d)^{\mathrm{T}}\boldsymbol{W}_{\boldsymbol{p}}(\boldsymbol{p} - \boldsymbol{p}_d)\end{aligned} \tag{20}$$

式中：矢量 $\boldsymbol{v}_{\mathrm{GM}}$、$\boldsymbol{v}_{\mathrm{PM}} \in R^{q+r}$ 包含了分割后的环的增益裕度和相角裕度；参数矢量 $\boldsymbol{p} \in R^l$ 包含了可以发生变动的闭环特征值；矢量 $\boldsymbol{p}_d \in R^l$ 包含了相应的期望特征值。权重矩阵 $\boldsymbol{W}_{\mathrm{GM}}$、$\boldsymbol{W}_{\mathrm{PM}} \in R^{(q+r)\times(q+r)}$ 是幅值裕度和相角裕度；$\boldsymbol{W}_{\boldsymbol{p}} \in R^{l\times l}$ 是特征值变动的权重矩阵。所有的权重矩阵是对角化且正定的。权重矩阵可以被看作标识矩阵，或者可以被用来增强特定的幅值裕度和相角裕度。一种方法是通过响应裕度到特定要求值的距离来分配权重系数。裕度越小，其权重越大，因此该算法主要是用来优化最差的裕度。

求损失函数的最小值，需要将特征值限定范围，即 $\boldsymbol{p}_{\min} \leqslant \boldsymbol{p} \leqslant \boldsymbol{p}_{\max}$。损失函数通过以下的式子做迭代求得：

$$\Delta\boldsymbol{p} = -\eta \cdot \frac{\partial E(\boldsymbol{p})}{\partial \boldsymbol{p}} \tag{21}$$

式中：步长 $\eta > 0$。步长的选择受到两方面因素的制约：一是充分降低损失函数；二是寻找最优补偿的计算时间。步长的选择方法如参考文献[8]中所描述的，可

以确保步长不会选得太短。步长在从初始值到最终值的过程中逐渐增加，需要满足的条件为

$$E(\boldsymbol{p}-\eta\nabla\boldsymbol{E}) \leqslant E(\boldsymbol{p})-c\eta\nabla\boldsymbol{E}^{\mathrm{T}}\nabla\boldsymbol{E} \tag{22}$$

式中：c 为常数，$c\in[0,1]$。同时为了限制计算时间，对步长的最大值也做了定义。当对数千个点进行增益设计时，迭代次数将会极大地影响总的计算时间。损失函数的梯度可写为

$$\frac{\partial E(\boldsymbol{p})}{\partial \boldsymbol{p}}=-\left[[\boldsymbol{W}_{\mathrm{GM}}\boldsymbol{v}_{\mathrm{GM}}]^{\mathrm{T}}\cdot\left[\frac{\partial \boldsymbol{v}_{\mathrm{GM}}}{\partial \boldsymbol{p}}\right]\right]^{\mathrm{T}}-\left[[\boldsymbol{W}_{\mathrm{PM}}\boldsymbol{v}_{\mathrm{PM}}]^{\mathrm{T}}\cdot\left[\frac{\partial \boldsymbol{v}_{\mathrm{PM}}}{\partial \boldsymbol{p}}\right]\right]^{\mathrm{T}}+\boldsymbol{W}_{p}(\boldsymbol{p}-\boldsymbol{p}_{d}) \tag{23}$$

幅值裕度和相角裕度矢量的雅可比矩阵为

$$\left[\frac{\partial \boldsymbol{v}_{\mathrm{GM}}}{\partial \boldsymbol{p}}\right]=\begin{pmatrix}\dfrac{\partial v_{1,\mathrm{GM}}}{\partial p_1} & \cdots & \dfrac{\partial v_{1,\mathrm{GM}}}{\partial p_l}\\ \vdots & \ddots & \vdots\\ \dfrac{\partial v_{q+r,\mathrm{GM}}}{\partial p_1} & \cdots & \dfrac{\partial v_{q+r,\mathrm{GM}}}{\partial p_l}\end{pmatrix}$$

$$\left[\frac{\partial \boldsymbol{v}_{\mathrm{PM}}}{\partial \boldsymbol{p}}\right]=\begin{pmatrix}\dfrac{\partial v_{1,\mathrm{PM}}}{\partial p_1} & \cdots & \dfrac{\partial v_{1,\mathrm{PM}}}{\partial p_l}\\ \vdots & \ddots & \vdots\\ \dfrac{\partial v_{q+r,\mathrm{PM}}}{\partial p_1} & \cdots & \dfrac{\partial v_{q+r,\mathrm{PM}}}{\partial p_l}\end{pmatrix} \tag{24}$$

式(24)需要利用数值微分计算来算完成，例如，可使用如下 Newton 微分方程，即

$$\frac{\partial v_i}{\partial p_j}=\frac{v_i(\boldsymbol{p}+\delta p_j)-v_i(\boldsymbol{p})}{\delta p_j}, i=1,2,\cdots,q+r,, j=1,2,\cdots,l \tag{25}$$

式中：δp_j 是第 j 个参数的微小位移。当参数矢量增加 $\Delta\boldsymbol{p}$ 时，损失函数值的按照下式开始减小，即

$$\Delta E=\left[\frac{\partial E(\boldsymbol{p})}{\partial \boldsymbol{p}}\right]^{\mathrm{T}}\cdot\Delta\boldsymbol{p}=-\eta\cdot\left[\frac{\partial E(\boldsymbol{p})}{\partial \boldsymbol{p}}\right]^{\mathrm{T}}\left[\frac{\partial E(\boldsymbol{p})}{\partial \boldsymbol{p}}\right]\leqslant 0 \tag{26}$$

如果计算的参数变化量 $\Delta\boldsymbol{p}$ 使得参数矢量不在满足约束条件，超过的参数将被设定为最近的约束边界值。

这个算法通过对特征值变化的特定约束来提升系统稳定性裕度。

4 算法实现及结果展示

参考文献[4]详细描述特征结构配置方法在运输机横向控制系统增益设计中

的实现。动力学模型线性化为在高度为6000m且马赫数为0.4的水平、向前航行。飞行器的配型特征为总重110t,襟翼和齿轮收回。

固有的动力学系统的横滚和螺旋态时间常数分别为 $T_R = 0.99\text{s}$ 和 $T_s = 27.4\text{s}$ 。Dutch 横滚动力学通过阻尼 $\zeta_{\text{DR}} = 0.171$ 和固有频率 $\omega_{0,\text{DR}} = 0.633\text{rad/s}$ 给出。

一种控制方案将横向控制感受器副翼,方向舵和横滚尾翼转变成两个独立的虚拟控制力矩,分别作用于横滚和偏航, $\boldsymbol{u} = [\delta_{\text{Roll}},\delta_{\text{Yaw}}]^{\text{T}}$,这样就为解耦横滚和偏航轴提供了可能性。

最初横滚模式常数 $T_{R,d} = 1.4\text{s}$,确保了一级的飞行品质。固有的稳定螺旋模式($T_{S,d} = 1.0\text{s}$)提供用于小倾斜角的机翼自动升降及倾斜角抗干扰。一个 PI 控制器(本文未提到)从驾驶员的角度提供了一个稳定的螺旋飞行控制[4]。期望 Dutch 横滚动力学由相对阻尼 $\zeta_{\text{DR}} = \sqrt{2}/2$ 和固有频率 $\omega_{0,\text{DR}} = 2.0\text{rad/s}$ 给出。

横向线性化模型包含稳定横滚轴和偏航率、侧滑角、横滚角,为控制误差积分的积分器状态以及该驱动器的位置和平移状态。用于反馈的输出矢量包含除了驱动量状态的所有变量, $y = [r_s,\beta,p_s,\boldsymbol{\Phi},\boldsymbol{\Phi}_l,\beta_l]$ 。两个独立的控制变量可以有效地为每个特征值分配两个元素。滚转角速度和横滚角在 Dutch 横滚特征矢量中被赋值为0,偏航率和侧滑角在横滚和螺旋模式特征矢量中被赋值为0。

在给特征结构配置了初始值后,对特征值做迭代扰动并重新分配,相应的参数矢量为 $\boldsymbol{p} = [T_S,T_R,\zeta_{\text{DR}},\omega_{0,\text{DR}}]$,其包含了横滚、螺旋模式时间常数和 Dutch 横滚动力学。参数矢量的每个元素都是有界的,约束闭环动力学系统在特定的范围内,其中 $T_S \leqslant 1.4\text{s}$, $T_R \leqslant 1.8\text{s}$, $\zeta_{\text{DR}} \leqslant 0.8$, $\omega_{0,\text{DR}} \geqslant 1.6$。

迭代前和迭代后的 SISO 稳定裕度如表1所列,其中还包括 MIMO 裕度。结果表明,所有的幅值裕度和相角裕度都得到了提高。特别是对偏航角控制输入、横滚角速度和侧滑角传感器输出的相角裕度增加有明显的效果。图2中表明输入和传感器输出的幅值裕度在迭代过程得到了改善。图3中是其相应的相角裕度。可以从图中观察到横滚指令、横滚角速度、角度传感器的幅值裕度在迭代过程中表现出了类似的曲线。与图4中变换的闭环动力学系统相比,横滚幅值裕度取决于横滚、螺旋模式时间常数。图3中的横滚指令和横滚速度相角裕度有类似的依赖关系。偏航角指令和偏航角速度传感器的幅值裕度随着 Dutch 横滚角相应的阻尼增大而减小。当阻尼达到容许的最大值后,偏航角的裕度开始再次增加,直到 Dutch 横滚的固有频率达到它的最小值。

表1 鲁棒性提升前后的稳定性裕度

		前	后	相对变化
MIMO	GM/dB	[−5.40,17.21]	[−5.49,18.46]	[+1.7%,+7.3%]
	PM/(°)	51.07	52.25	+2.3%
Roll	GM/dB	32.36	34.72	+7.3%
	PM/(°)	71.15	72.35	+1.7%

(续)

Yaw	GM/dB	26.54	27.42	+3.3%
	PM/(°)	57.41	62.03	+8.1%
r_s	GB/dB	27.50	28.18	+2.5%
	PM/(°)	78.77	81.24	+3.1%
β	GM/dB	27.44	29.63	+8.0%
	PM/(°)	57.79	62.75	+8.6%
p_s	GM/dB	32.89	35.21	+7.1%
	PM/(°)	108.21	119.83	+10.7%
Φ	GM/dB	28.04	29.79	+6.2%
	PM/(°)	61.20	62.14	+1.5%

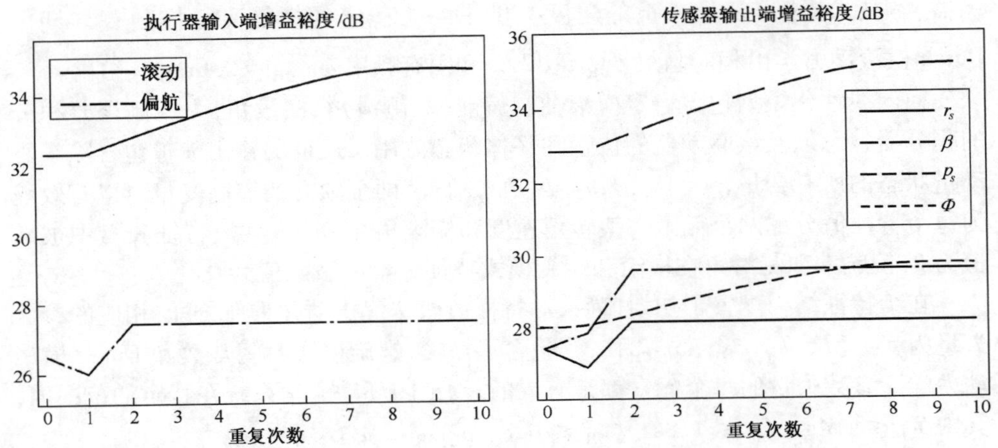

图 2　SISO 开环的幅值裕度,在执行器输入端和传感器输出端进行测量

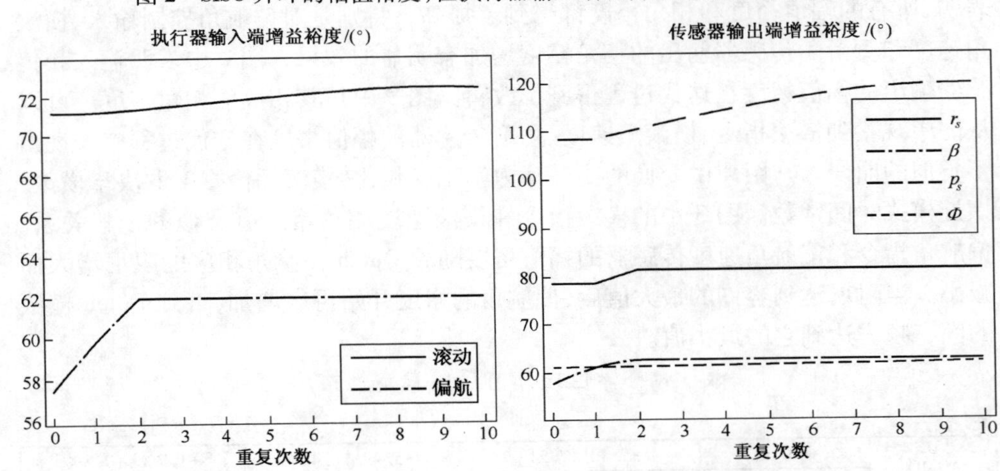

图 3　SISO 开环的相角裕度,在执行器输入端和传感器输出端进行测量

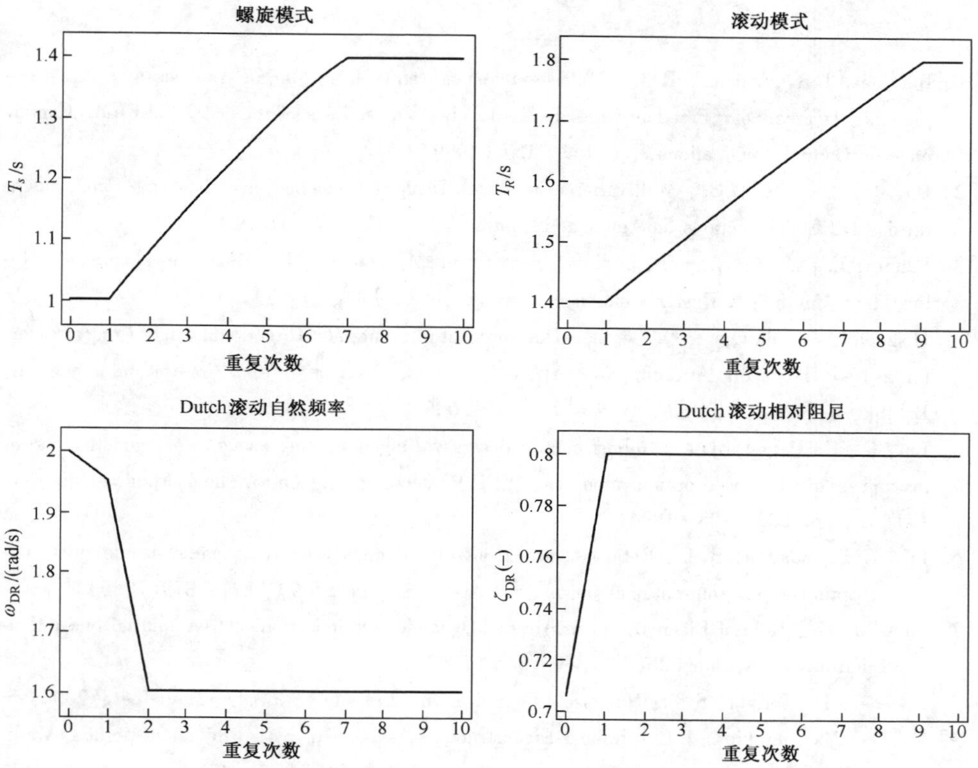

图 4　参数矢量元素的变化曲线

5　总结

本文中提出的基于梯度的算法通过对闭环系统的特征值施加迭代扰动，提供了一种简单快速提高多变量系统稳定裕度的方法。其成功地与特征结构配置算法进行了结合并被应用到了运输机横向运动控制系统的增益设计过程中。该算法已被证明能在给定约束条件下通过最小化损失函数来收敛得到最优特征值。同时，也提升了 SISO 的稳定裕度和多变量系统的稳定裕度。通过测试稳定裕度如何随闭环动力学系统的参数矢量变化，确定了特定裕度与时间常数或阻尼/频率之间的关系。

文中所提方法的重点在于如何将其应用于真实的控制设计问题中。该方法已被证明在解决飞行控制设计中的一个典型问题上是有效的，即在有限的范围内改变闭环系统的动力学特性，从而达到提升幅值裕度和相角裕度的目的。

参 考 文 献

[1] Bar－on, J. R. , Adams, R. J. : Multivariable Gain and Phase Margin Analysis of a FullyCoupledSix－Degree－of－Freedom Guided Missile. In: Proceedings of the 1999 IEEEIntl. Conference on Control Applications, pp. 152－157 (1999)

[2] Doyle, J. C. , Stein, G. : Multivariable Feedback Design: Concepts for a Classical/ ModernSynthesis. IEEE Transactions on Automated Control AC－26(1), 4－16 (1981)

[3] Faleiro, L. , Magni, J. －F. , et al. : Eigenstructure Assignment. In: Magni, et al. (eds.) RobustFlight Control: A Design Challenge. Springer, Heidelberg (1997)

[4] Holzapfel, F. , da Costa, O. , et al. : Development of a Lateral－Directional Flight ControlSystem for a New Transport Aircraft. In: AIAA Guidance, Navigation and ControlConference and Exhibit, Keystone, Colorado, August 21－24 (2006)

[5] Liu, G. P. , Patton, R. J. : Robust control design via eigenstructure assignment, geneticalgorithms and gradient－based optimisation. In: IEEE Proceedings on Control TheoryApplications, vol. 141(3), pp. 202－208 (1994)

[6] Liu, G. P. , Patton, R. J. : Robust control design using eigenstructure assignment andmulti－objective optimisation. International Journal of Systems Science 27(9), 871－879(1996)

[7] Mengali, G. : Role of Eigenvectors in Aircraft Dynamics Optimization. AIAA Journal of Guidance, Control and Dynamics 26(2), 340－346 (2003)

[8] Nocedal, J. , Wright, S. J. : Numerical Optimization, 2nd edn. Springer, Heidelberg(2006)

[9] Rew, D. W. , Junkins, J. L. : Robust Eigenstructure Assignment by a Projection Method: Applications Using Multiple Optimization Criteria. AIAA Journal of Guidance, Controland Dynamics 12 (3), 396－403 (1988)

[10] Skogestad, S. , Postlethwaite, I. : Multivariable Feedback Control－Analysis and Design. John Wiley & Sons, Chichester (1996)

[11] Sobel, K. M. , Lallman, F. J. : Eigenstructure Assignment for the Control of Highly Augmented Aircraft. AIAA Journal of Guidance, Control and Dynamics 12(3), 318－324 (1988)

[12] Sobel, K. M. , Shapiro, E. Y. : Application of Eigenstructure Assignment to Flight ControlDesign: Some Extensions. AIAA Journal of Guidance, Control and Dynamics10(1), 73－81 (1986)

[13] Tsao, T. T. , Lee, F. C. , Augenstein, D. : Relationship between Robustness μ－analysis and-Classical Stability Margins. In: Proceedings of the 1998 IEEE Aerospace Conference, vol. 4 (1), pp. 481－486 (1998)

面向自动驾驶评估的螺旋飞行路径轨迹

Helical Flight Path Trajectories for Autopilot Evaluation

Gertjan Looye

摘要：螺旋飞行轨迹是指飞行器以确定的航向角和速度上升或者下降时，其飞行轨迹在地面上的投影都是严格的圆形。这种飞行动作在有风的情况下很难操控，因为路径参考系具有惯性，而飞行器会自然地随着气团运动。跟踪螺旋形航迹的过程中存在横向和纵向周期性交替的风切变，这也使得跟踪螺旋形航迹成为测试自动驾驶仪控制规律的有效手段。在跟踪的过程中，可以评估纵向模式和横向模式之间的协调性、飞行器跟踪曲线飞行路径的跟踪精度，以及考虑参考系惯性(飞行路径)和气团影响(气流速度)的复合跟踪能力，同时也会对飞行器在遭遇湍流和风切变时的动作切换机制进行评价。对于大多数自动驾驶系统，螺旋形飞行航迹并不是标准选项，所以本文推导了适用于一般自动驾驶系统结构的基准变量和高层控制策略，这样就可以使读者们使用自己的飞行器来进行螺旋航迹的飞行。本文以德国宇航中心(DLR)的自动驾驶试验系统 ATTAS 为例，对其仿真和飞行测试的结果进行了讨论。

符号定义：

m	飞行器质量；	β	侧滑角；	e	误差；
g	重力加速度；	χ	轨迹角；	ref	参考系；
h	高度；	γ	航迹倾角；	A	气团参照系；
n	数字；	μ	倾斜角；	AC	飞行器；
$\boldsymbol{r}$	位置矢量；	ϕ	滚动姿态角；	AP	自动驾驶仪；
$\boldsymbol{v}$	速度矢量；	θ	俯仰角；	CAS	校准航速；
y	侧卧位；	τ	滤波时间常量；	I	惯性的；
D	距离；	N_1	发动机风扇轴速度；	W	风。
R	半径；	c	控制指令；	(见表 1)	
V	速度；	Compl	补偿项；		

Gertjan Looye

German Aerospace Center, DLR-Oberpfaffenhofen, Instiute of Robotics and Mechatronics

e-mail: Gertjan. Looye@ dlr. de

1 引言

在设计自动驾驶仪的控制策略时,需要解决的一个重要问题就是在剧烈的大气扰动下,如风切变、湍流和尾迹涡,如何获得令人满意的飞行器闭环飞行性能。尤其是在载人飞行器中,除了需要考虑航行速度和航行路径的跟踪精度,还需要对乘坐舒适性、控制灵敏度和安全限制进行特别关注。

德国宇航中心机器人与机电一体化协会研究发现,螺旋形航迹跟踪在测试上述设计因素时很有帮助。在跟踪螺旋形航迹进行飞行时,会遇到很多在设计自动驾驶仪时需要解决的问题:横向模式和纵向模式的协同配合、连续弯曲飞行路线的精确跟踪、考虑参考系惯性(飞行路径)和气团影响(气流速度)的复合跟踪。从大气环境的角度来看,在进行螺旋形航迹飞行时,即使是很小的定常风都会导致飞行器在横向和纵向上的连续风切变。

进行螺旋形航迹测试的想法来自于 Kaminer 和 Lambregts。Kaminer 对小型无人机(UAV)沿螺旋形航迹飞行时的情况进行了观测,并提出将这种航迹作为比较基准[1]。Lambregts 论证了 NASA TCV 计划中"Control Wheel Steering"飞行控制模式在有风的情况下控制飞行器做精确环形飞行的能力[2]。

本文将螺旋形飞行轨迹作为自动驾驶系统的基准航迹。利用飞行力学原理,推导了适用于一般自动驾驶控制系统的基准变量和高层控制策略,方便读者利用自己的自动驾驶控制系统进行这种测试试验。作为应用的实例,文中对仿真结果和在德国宇航中心 ATTAS 飞行试验系统上取得的测试结果进行了分析讨论,并强调了参考文中提出的基准航迹进行飞行时所揭示的关键设计问题。

2 螺旋形飞行航迹

这节内容将从几何方面描述螺旋形飞行航迹,同时讨论飞行力学方面的相关内容。本文采用的轨迹如图 1 所示,轨迹从点 Init 开始,到点 Final 结束。控制过程首先从一段直行航迹开始,这段飞行对于自动驾驶仪来说很容易做到。从几何的角度看,螺旋航迹实际上始于直线段与螺旋线的切点。在通过螺旋部分之后,航迹以另一段直线结束,以保证飞行器在准备就绪、机翼水

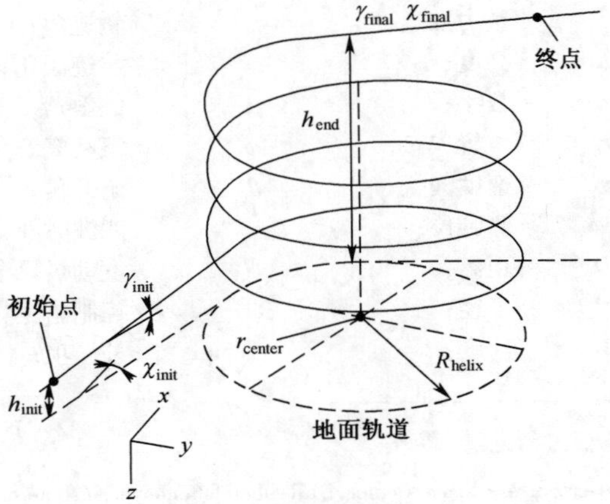

图 1 螺旋形飞行航迹的定义

平的情况下安全平稳地结束飞行。从直线飞行段到螺旋形航迹飞行段之间的非连续过渡将在 3.3 节中进行讨论。

航迹相关参数如表 1 所列。对自动驾驶仪来说,需要达到的控制目标是,首先控制飞行器完成一段直线飞行,然后在控制指令 V_{CAS} 的控制下对螺旋形航迹进行跟踪,紧接着回到平稳的直线飞行阶段,最后到达终点 Final。面临的主要挑战是,即使在有风存在的情况下,也要保证飞行轨迹在地面上的投影是单一的圆。实现这种目标的控制策略可以由基本的飞行力学理论推导得出,下文将对此进行讨论。

表 1　图 1 中螺旋形飞行航迹的相关参数定义

螺旋段		初始和最终直线段		
$r_{中心}$	螺旋中心 GPS 位置			
$R_{螺旋}$	螺旋半径			
$V_{CAS_{helix}}$	校对空速	$V_{CAS_{init}}$	$V_{CAS_{final}}$	校对空速
$h_{终点}$	螺旋终点高度	h_{init}	—	初始高度
$n_{圈}$	圈数	γ_{init}	γ_{final}	惯性飞行路径角
dir	方向(逆)顺时针	χ_{init}	χ_{final}	惯性跟踪角

图 2 所示为实际的空速矢量$\boldsymbol{v}_A$(幅值为 V_A)、风速矢量$\boldsymbol{v}_W$(幅值为 V_W)、惯性速度矢量$\boldsymbol{v}$(幅值为 V,方向与圆相切)。V_W 和χ_W 分别是给定的风速值和方向。V_A 和χ 是瞬时空速和在参考轨迹上的航迹角。这些变量都是用来计算 V 和偏航角 $\chi_{crab}=\chi_A-\chi$,其中χ_A 定义在图 2 中,这两个量都是要保持航迹跟踪必不可缺的变量。

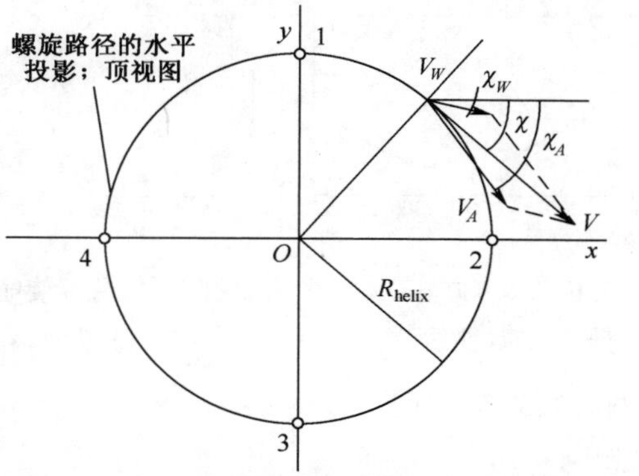

图 2　从顶部观察螺旋形飞行航迹

假设 $\cos\gamma_A\approx1,\cos\gamma_W\approx1,\cos\gamma\approx1$($\gamma_A$ 是气团参考系下的飞行航迹角),很容易推导出下面两个式子,即

$$V=V_W\cos(\chi_W-\chi)+\sqrt{V_A^2-V_W^2\sin^2(\chi_W-\chi)} \tag{1}$$

$$\chi_{crab}=-\arcsin\left(\frac{V_W\sin(\chi_W-\chi)}{V_A}\right) \tag{2}$$

从上述两个式子中可以看出,惯性速度和偏航角是关于飞行器在螺旋形飞行航迹上的角度位置的函数,如图 3 所示,图中绘制了一个完整周期内惯性速度和倾斜角关于航迹角的函数曲线,风力条件与图 2 一致。

式(2)中的 $V_W\sin(\chi_W-\chi)$ 项是惯性飞行轨迹中的横向风因子(向右为正),其时间的导数就是需要进行补偿的侧风切变,即

$$-V_W\cos(\chi_W-\chi)\dot{\chi},\dot{\chi}=\frac{V\cos\gamma}{R_{\text{helix}}} \tag{3}$$

因此,自动驾驶仪必须确保偏航角是可以连续调整的,才能实现圆形追踪。这点已经可以用χ 反馈补偿和足够的风向标稳定性来实现,如有一个性能足够好的偏航阻尼器来提供。更重要的是,对需要保持圆形飞行路径的倾斜角 μ 的影响。这个角可以很容易由横向平衡推导出来[3],即

$$\frac{mV^2\cos^2\gamma}{R_{\text{helix}}}=mg\tan\mu,\tan\mu=\frac{V^2}{gR_{\text{helix}}}\cos^2\gamma=\frac{V}{g}\dot{\chi}\cos\gamma \tag{4}$$

式中:g 是重力加速度。由于 V 是跟踪角的函数控制的,倾斜角 μ 也必须随着变化,这样才能保证到螺旋形轨迹中心的距离为常数。图 4 中是 $\gamma=0$ 的情况。

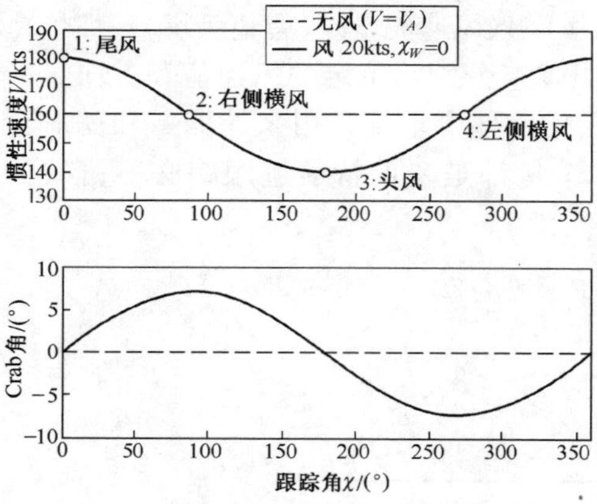

图 3　定空速情况下惯性速度和偏航角关于航迹角的函数曲线

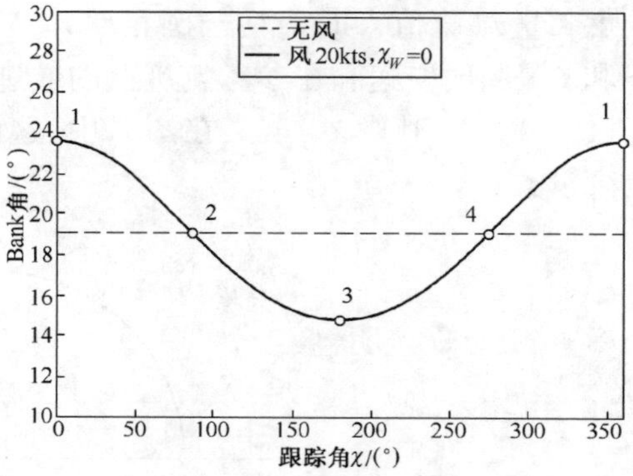

图 4　保持螺旋航迹半径所需的倾斜角
($V_A=160\text{kts},R_{\text{helix}}=2000\text{m},\gamma=0°$)

以下就来考虑两种特殊的情况。

1. 恒定的空速和倾斜角

在一个恒定空速的基础上保持恒定的倾斜角与运动的气团有关,即

$$\tan\mu=\frac{V^2}{gR_{\text{helix}}}\cos^2\gamma_A \tag{5}$$

式(5)(通常,$\gamma_A=0$)在某些教材中被误用了。恒定的倾斜角会导致由风引起的运动气团和因飞行器转向导致的运动气团叠加在一起,可能会使飞行器偏离螺旋形航迹的中心。图 5 中对比了恒定倾斜角和非恒定倾斜角的跟踪航迹。

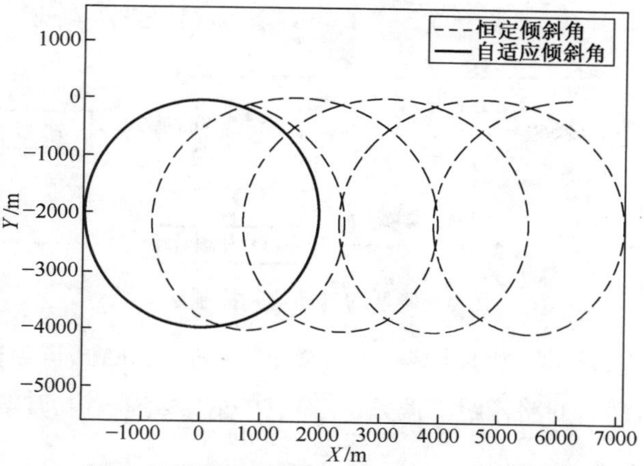

图 5　恒定倾斜角与非恒定倾斜角对比图

2. 恒定的对地速率

从式(4)中可以看出,要使飞行器在跟踪螺旋形航迹时保持恒定的倾斜角,只能通过保证对地速率为恒定值来实现。这并不是常见的操作,但是 SR－71 BlackBird 的自动驾驶仪完成了这样的操作,因为该飞行器上的侦察传感器需要一个恒定的倾斜角,以使其锁定地面上的目标[4]。

如果还想了解更多在有风情况下的飞行器控制操作,可以查询 Rysdyk 的工作[5]。

3　螺旋形飞行航迹的自主跟踪

螺旋形航迹明显不是自主驾驶仪和飞行管理系统(FMS)的标准模式。为了能使自动驾驶仪做出这样的飞行操作,恰当的控制指令是必须要提供的。这些信号将根据上述飞行力学方面的考虑做出推导。

在大多数商用飞行器中,典型的自动驾驶仪控制系统构成如图 6 所示,只有相关的连接被标识了出来。大多数结构包括用于控制稳定性和指令增强(SCA)的内环系统,用于轨迹和速度跟踪的中层回路,以及用于横向(LNAV)和纵向(VNAV)的导航回路。信号处理模块通过自动驾驶仪回路来计算反馈信号,其中包括计算或者估计没有直接测量的数据、通过补偿滤波和适当的惯性测量来平滑飞行数据信号。

VNAV 和 LNAV 函数通常由 FMS 提供,航行轨迹和速度跟踪模式也直接由飞行控制单元(FCU)来控制。大多数的飞行控制系统通过自动驾驶仪中可用的高度信息和爬升模式来实现垂直导航,相关控制指令可以是恰当的飞行高度(h_c)和飞行航迹角(γ_c)或者直接是爬升高度的速率($\dot{h}_c$)。横向导航通常是由内部的

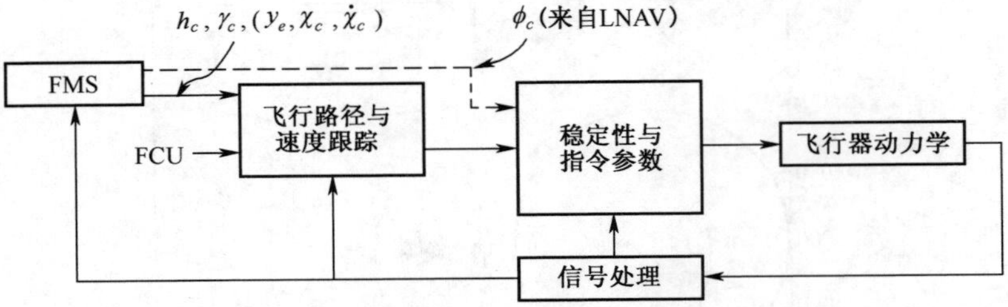

图 6　典型的自动驾驶控制结构

LNAV 控制策略完成，其控制指令一般为横滚角（ϕ_c）。FMS 可以给自动驾驶仪的 LNAV 模式提供横向的路径跟踪误差（y_e）、转动速率（$\dot{\chi}_c$）和跟踪角（χ_c）。

3.1　横向控制策略

图 7 从顶部描绘了飞行器偏离指定圆形轨道的情形。其意图在于保持恒定的校正空速（V_{CAS}），同时在沿着螺旋形轨迹导航的过程中不会强加时间约束。因此，瞬时径向线通常被用作计算位置误差和跟踪角指令的参考。瞬时径向线由飞行器上的大地坐标系和螺旋形轨迹中心的 GPS 位置计算得到，采用的是 WGS-84 标准的代数值和参数值。通过瞬时径向线，即时的期望跟踪角χ_c 可以很容易计算出来，并提供给自动驾驶仪。半径误差 $R_e = R_{AC} - R_{helix}$ 作为横向的路径跟踪误差（y_e，如图 6 所示）。旋转角速度是 V_{ground}/R_{helix}（式(3)），其中 V_{ground}是瞬时的对地速度（$V_{ground} = V\cos\gamma$）。名义上的倾斜角指令可以由式(4)计算出来。大多数自动驾驶仪 SCA 系统跟踪横滚角 ϕ_c 而不是倾斜角 μ_c，这是由于从惯性参考系系统（IRS）①测量得到的 ϕ 是可直接使用的。对于运输机来说，通常取 $\mu \approx \phi$，因为俯仰角 θ 在航行的大多数阶段中相对较小。这一性质反过来也决定了 $\phi_c \approx \mu_c$。

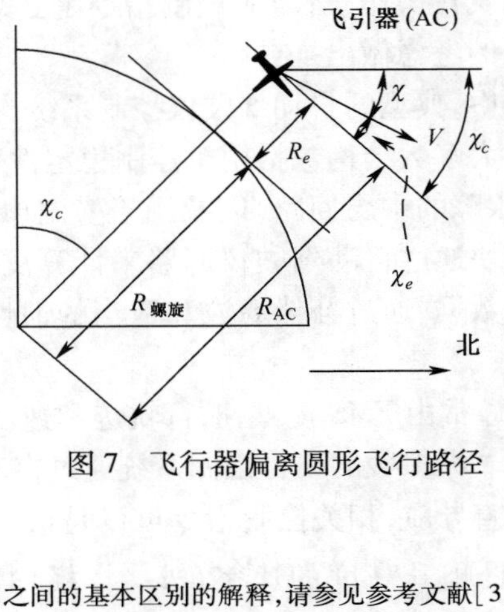

图 7　飞行器偏离圆形飞行路径

① 关于倾斜角和横滚角之间的基本区别的解释，请参见参考文献[3]。

3.2 纵向控制策略

真实的螺旋形飞行轨迹以一个初始高度 $h_{\text{init,helix}}$ 开始，最后的结束高度为 h_{end}。参考高度由角位置和转弯的次数（图 1）决定，相关公式为

$$h_c = \left(\frac{h_{\text{end}} - h_{\text{init,helix}}}{2\pi n_{\text{turn}} R_{\text{helix}}}\right)(2\pi(i_{\text{turn}} - 1) + \chi_c - \chi_{\text{init}}) R_{\text{helix}} + h_{\text{init,helix}} \tag{6}$$

式中：i_{turn} 是当前的转弯次数；$h_{\text{init,helix}}$ 是螺旋形航行轨迹的起始高度。式中的第一项是期望飞行航迹角的正切值，即

$$\tan\gamma_c = \left(\frac{h_{\text{end}} - h_{\text{init,helix}}}{2\pi n_{\text{turn}} R_{\text{helix}}}\right) \tag{7}$$

控制信号 h_c 和 γ_c 可以直接提供给自动驾驶仪控制系统（图 7）。

3.3 向螺旋形航行轨迹的转换

图 1 中描绘的完整的轨迹包含两个重要的过渡阶段：从起始的直行航段转入真正的螺旋形航迹段；从螺旋形航迹段转入最后的直行航迹段。这些转变应该很好地同步在一起，这样才能保证飞行轨迹的平滑性，并防止飞行器偏离轨迹和乘务人员产生不舒适的感觉。对于垂直的路径跟踪，大多数自动驾驶仪通过提前变化高度和飞行航向角指令来完成这样的功能[3]。对于横向路径跟踪，采用的也是类似的技术。在自动驾驶仪中，这种横向路径跟踪功能只是简要地做了描述，因为大多数自动驾驶仪是不提供这样的功能的。

如图 8 所示，其展示了飞行器跟踪螺旋形航迹的俯视图。即使飞行器是在直行阶段，角度和位置的误差就已经开始计算了。轨迹角误差将使自动驾驶仪指导飞行器向左边偏转，$\mu_{c,\text{track}}<0$，径向误差将使飞行器向右偏转，$\mu_{c,\text{radial}}>0$。从式（4）

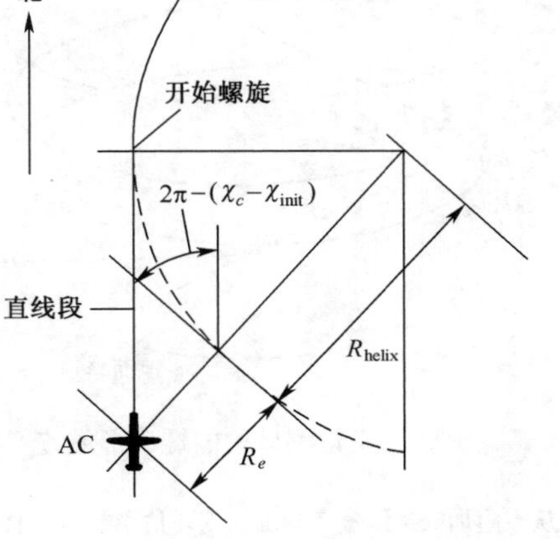

图 8 跟踪首个螺旋形弯道

计算出来的参考倾斜角是偏向右侧的，$u_{c,\mathrm{ref}}$。螺旋形航迹最佳的切入点是 $|\mu_{c,\mathrm{track}}| = |\mu_{c,\mathrm{ref}} + \mu_{c,\mathrm{radial}}|$，此时，倾斜角指令值为 0。当飞行器接近螺旋形轨迹时，$\mu_{c,\mathrm{track}}$ 的减小速度比 $\mu_{c,\mathrm{radial}}$ 要快，这样可以使飞行器向右慢慢倾斜，很好地跟踪到圆形飞行轨迹。驶离螺旋形轨迹进入最后的直行段可以用类似的方法实现。

4　飞行测试及相关测试结果

在 2009 年 6 月 10 日，我们用 DLR 的测试平台（Advanced Technologies Testing Aircraft System，ATTAS）进行了三次螺旋形航迹跟踪试验。ATTAS 是一个经过大幅改装，装配了两个涡扇发动机的小型载人飞行器[7]。测试飞行的目的是为了评估由 DLR 协会开发的自动驾驶仪控制系统的路径跟踪精度和校准空速，同时还包括对模式转换、乘坐舒适度和在扰动环境下的控制灵敏度的重点考察。自动驾驶仪控制系统在参考文献[8]做了部分描述。SCA 和横向路径跟踪函数是基于非线性动态逆（NDI）开发的。径向路径和速度跟踪是基于全能量控制系统（TECS[9]）开发的。

自动驾驶仪的指令信号可由上面几节阐述的方法进行计算，计算由专门的系统软件执行。螺旋航迹跟踪操作通过恰当地设置表 1 中的参数，集成在 Braunschweig 机场 26 条跑道的降落方法中，详情如图 9 所示①。飞行操作从 7500 英尺的高度开始，$\gamma_{\mathrm{init}} = 0°$。螺旋形航迹中心在距跑道起始端 $D_{\mathrm{helix}} = 3200\mathrm{m}$ 的地方。在完成三个整圈旋转之后飞行器进入结束直行轨迹，这也符合 ILS 标准进场航线。在飞行器进入最后一圈时，会检查 ILS 信号。如果飞行器在圆锥内，自动驾驶仪将

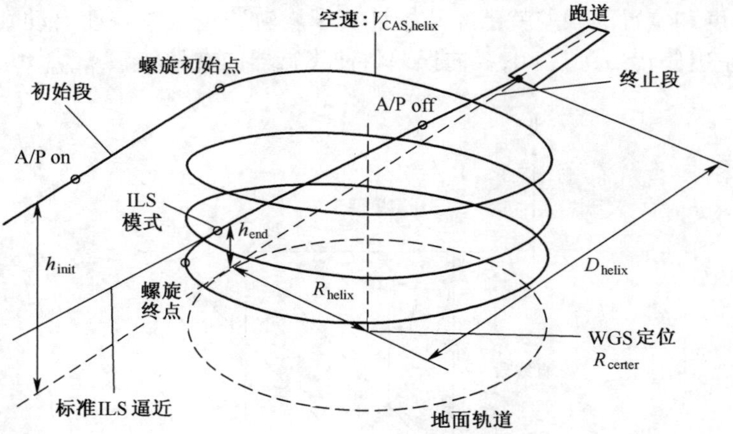

图 9　飞行测试中的螺旋形航迹

① 这里准许在地面上从事附加噪声测量活动及利用评估螺旋方法代替潜在的噪声消减过程的组织，参见参考文献[10]。根据该理由，基于标准仪表着陆系统（ILS）和硬着陆方式飞行提供噪声参考值。

转入 ILS 跟踪模式，否则，将继续在跑道方向航行，只是会保持恒定的高度 h_{end}。校准空速保持在 160kts 的恒定值。在最后一圈的末段 1/4 处速度会降为 140kts。着陆之后紧接着是一个转向，自主着落在之前已经成功进行了测试[7]。

航行测试的轨迹图如图 10 所示，跟踪轨迹的地面投影几乎是个完美的圆。这个结果很令人兴奋，因为天气因素一直是精确轨迹跟踪面临的巨大挑战。在机场测出的风速在 15~20kts，方向 255°。在更高的地方风速提升到 28kts，如图 11 所示。在云间或者云下面都会遇到热扰动。在云里面的时候，扰动的程度是非常明显的。

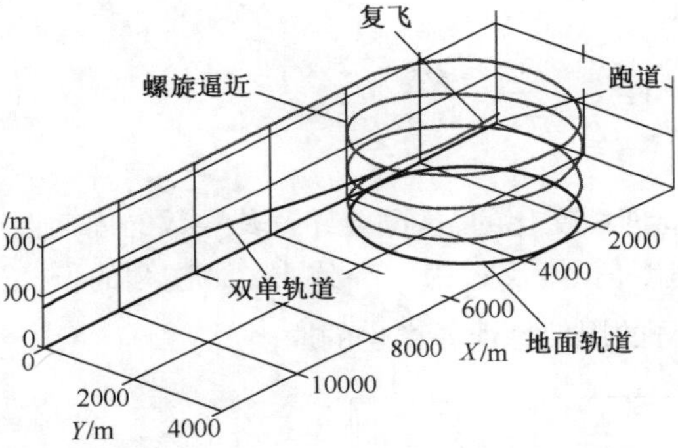

图 10　用飞行数据画出的轨迹

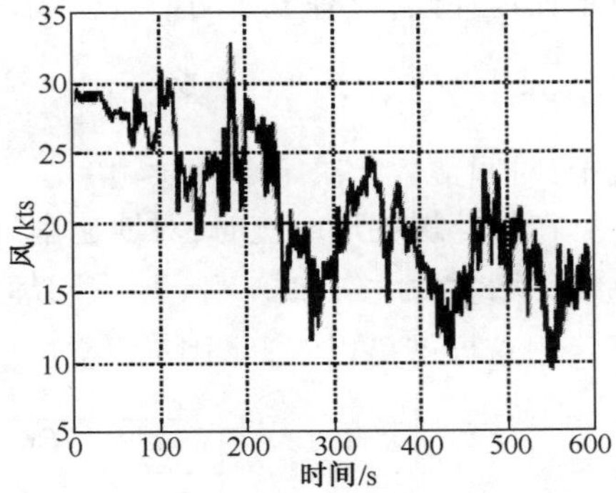

图 11　第一种方法的风速估计

因为在第一种方法中风速是很强的，所以在接下来的讨论中将集中在这部分的飞行测试中。路径跟踪精度在图 12 中有所展示。

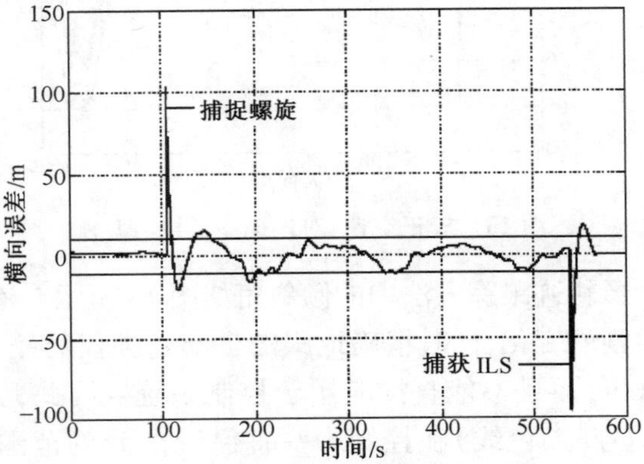

图 12　横向路径跟踪误差

大多数时候横向的路径偏差很好地控制在飞行器的翼展范围之内。峰值出现的两种情况下，当跟踪螺旋曲线（左边）和跟踪 ILS 路径（右边）时，误差会在转向螺旋形航迹路径和 ILS 模式时升高，这是由于为了平滑跟踪路径而较早的进行模式转化，如 3. 3 节中讨论的那样。

另一个在跟踪路径过程中重要的变量是校正空速。螺旋形航行轨迹面临的第一个挑战就是如何人为地制造飞行过程中的风切变。这点可以从图 13 中明显观察到，图 13 中展示了第一种螺旋航迹方法的校正空速和惯性速度。在跟踪螺旋形航迹的飞行过程中，自动驾驶仪很好地跟踪了参考空速，并且不出所料，对地速率的变化很明显（图 3）。这种情形对于存在风切变的情况是非常典型的：保持空速近似为常数，对地速率有很大的变化梯度。

如在第二节中简要介绍的，一般平滑空气数据信号的方法是采用补偿滤波。对于加速补偿，可有下面的信号公式，即

$$\dot{V}_{\text{compl}} = \frac{s}{\tau s + 1} V_{\text{CAS}} + \frac{\tau s}{\tau s + 1} \dot{V} \tag{8}$$

式中：时间常数 τ 决定了补偿频率。

在跟踪螺旋形航迹时，对地速率是周期性变化的，这也会导致其导数的周期性变化。这个会产生连续非零梯度的加速度信号，反过来会导致 $\dot{V}_{\text{compl}}$ 连续的偏离 $\dot{V}_{\text{CAS}}$。这样就可以解释图 13 中空速信号的周期性误差产生的原因。

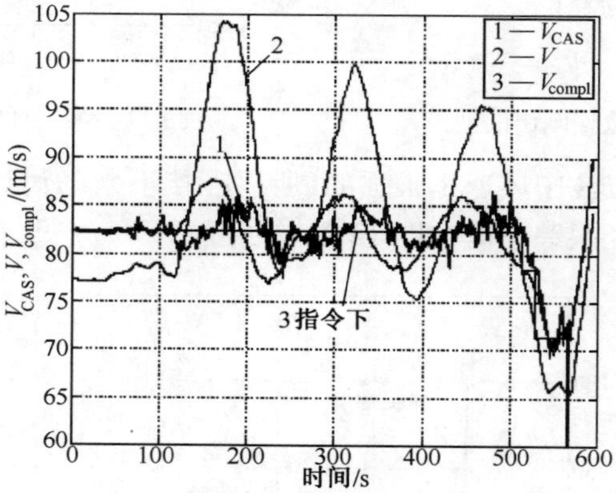

图 13　校正空速、对地速率、补偿速度

在第一种螺旋形轨迹跟踪方法中的倾斜角如图 14 所示。不出所料，它会随着时间的变化而发生剧烈变化，同时精确地跟随自动驾驶仪的控制指令。侧滑角会参杂比较严重的噪声，而且不能直接应用于控制系统。因此，其将用估计值做替代[8]。平滑后的信号（黑色线）在控制中一直保持在 1°的范围内，这也显示系统具有出色的方向稳定性和转弯协调性。

图 15 中描述的是偏航角，在最初的直行航迹段，偏航角为 2°，这是因为有从左侧吹来的风的影响。图 16 所示为高度变化图，对比了真实测量值和指令值。在最开始的时候误差上升，随后迅速降低。误差在大多数时候保持在 5m 的范围内。

比较大的峰值出现在100~300s,这也是强扰动出现的地方。轻微的波动是由对地速率的变化引起的。

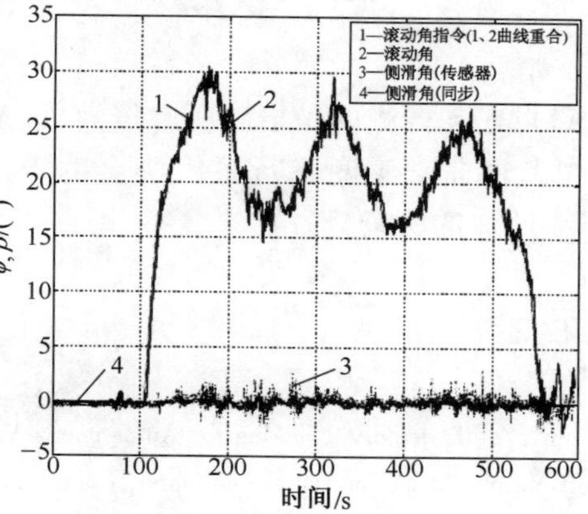

图14 倾斜角、侧滑角和估计侧滑角

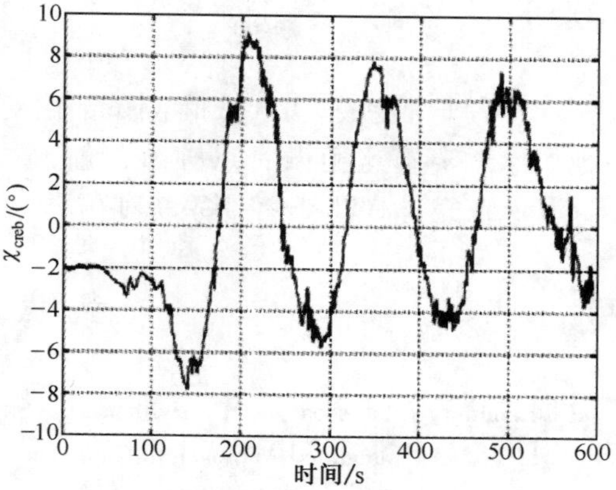

图15 偏航角

两个发动机的平均风扇轴速度在图17中描绘了出来。其表现出在强扰动下很好的跟踪性能,自动驾驶仪的推力控制活跃程度比较低,对飞行器上的乘务人员来说是很好的性质。这个重要的特点得益于TECS。

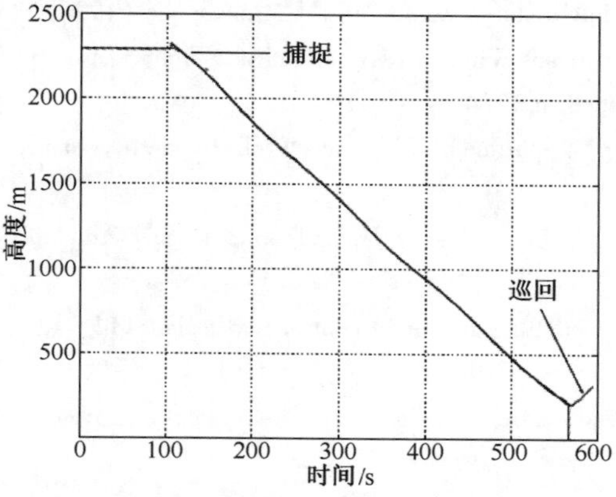

图16 高度指令值和实际的气压高度值

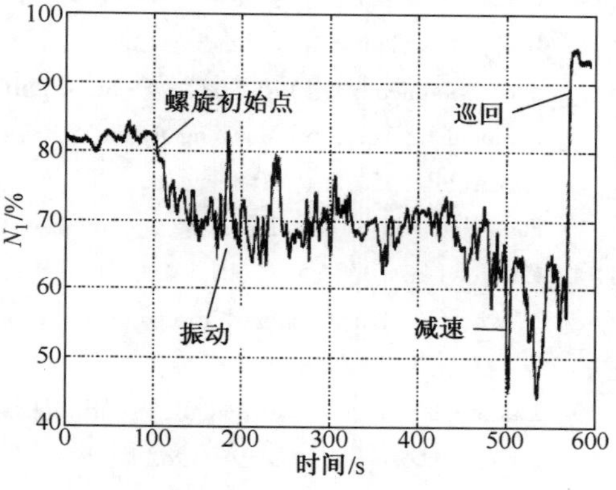

图17 两个发动机的平均风扇轴速度

5 总结

螺旋形航迹跟踪操作是很有价值的轨迹跟踪,可以评估和测试自动驾驶仪的控制系统性能。本文的主要目的是探讨飞行机械方面的内容,并且推导出合适的控制指令使得自动驾驶仪可以进行螺旋形航迹的轨迹跟踪。作为实例,已经对一个自动驾驶仪的飞行测试结果做了讨论,其中包括螺旋形航迹跟踪的相关问题,如轨迹和速度的准确跟踪、风向切变的影响、发动机油门的活跃程度以及不同路径段的跟踪行为。

致谢

作者非常感谢 DLR 飞行测试部门对 ATTAS 飞行测试做出的所有努力，以及他们愿意实施这稍微有点独特的航迹。作者也非常感谢飞行系统协会的 Dirk Leiling 在完善 ATTAS 控制系统和仿真工作中所作的所有努力。

参 考 文 献

[1] Kaminer, I. ,Pascoal, A. M. ,Hallberg, E. ,Silvestre, C. :Trajectory Tracking for Autonomous Vehicles: An Integrated Approach to Guidance and Control. AIAA Journal of Guidance, Control and Dynamics 21(1),29 - 38(1998)

[2] Lambregts, A. A. , Cannon, D. G. : Development of a control wheel steering mode and suitable displays that reduce pilot work load and improve efficiency and safety of operation in the terminal area and in wind shear. AIAA - 79 - 1887 (1979)

[3] Brockhaus, R. : Flugregelung. Springer, Heidelberg (1994)

[4] Graham Richard, H. : SR - 71 revealed: the untold story. Zenith Press, Minneapolis (1996)

[5] Rolf, R. : Course and Heading Changes in Significant Wind. AIAA Journal of Guidance, Control and Dynamics 30(4) (2007); Erratum published in 33(4) (2010)

[6] National Imagery and Mapping Agency, 3rd edn. Department of Defence World Geodetic System, NIMA TR 8350. 2 (2000)

[7] Bauschat, M. , Mönnich, W. , Willemsen, D. , Looye, G. : Flight Testing Robust Autoland Control Laws. AIAA - 2001 - 4208 (2001)

[8] Looye, G. : An integrated approach to aircraft modelling and flight control law design. PhD. thesis, TU - Delft (2008)

[9] Lambregts, A. A. : Vertical flight path and speed control autopilot design using total energy principles. AIAA - 83 - 2239 (1983)

[10] Bertsch, L. , Looye, G. , Eckhard, A. , Schwanke, S. : Flyover Noise Measurements of a Spiralling Noise Abatement Approach Procedure. In: 48th AIAA Aerospace Sciences Meeting Including the New Horizons Forum and Aerospace Exposition, Orlando, Florida, USA (2010)

基于能达性分析的机动包线确定

Maneuver Envelope Determination through Reachability Analysis

E. R. van Oort, Q. P. Chu, and J. A. Mulder

摘要:安全机动包线对预防飞机失控事故至关重要。本文研究在能达性框架下确定安全机动包线的方法。通过半拉格朗日(semi-Lagriangian)方法解 Hamilton Jacobi 偏微分方程获取一组初始全滑翔状态的前向和后向能达集合。最后用该方法研究非线性、高保真的 F-16 飞机模型并得到结果。

1 前言

近几十年来在飞行控制领域中,多种形式的自适应控制倍受关注。这些控制算法能应对系统组件故障或失效引起的系统动力学模型的变化。通常即使是在系统动力学模型完全掌握或假定已知的情况下,状态空间中哪些状态是可安全操纵的这一问题仍未得到解答。这是控制系统安全认证和系统验证的首要问题。统计显示如今大部分航空事故归因于失控(LOC)[1,2]。这意味失控不单存在于军用飞机,对于商业飞机和普通航空也是同样现实的问题。

违背安全飞行包线的结果最终将导致飞行事故,使有关飞行包线的问题得到重视。1992 年 10 月 4 日,一架波音 747 货机在阿姆斯特丹(荷兰首都)的邻近城市拜尔美米尔坠入史基浦机场附近的两幢公寓楼内。在起飞后不久,3 号发动机从右翼脱落并撞损襟翼,然后把 4 号发动机也撞了下来。分析显示这架飞机在严格限制飞行包线内仍有临界可控状态[3]。采用各种容错飞行控制方法进行仿真试

E. R. van Oort
e-mail: E. R. vanOort@ tudelft. nl

Q. P. Chu · J. A. Mulder
Delft University of Technology, Faculty of Aerospace Engineering, Kluyverweg 1, P. O. Box 5058, 2600 GB, Delft, The Netherlands

验证明这架飞机完全有可能安全着陆[4-6]。另外,仿真显示一名富有经验的飞行员在获得有关严格限制飞行包线信息的情况下,是能够采用标准控制系统使飞机着陆的。然而,波音 747 没有此类容错控制系统,更重要的是,飞行员不具备任何严格限制飞行包线的知识。当机组人员试图减速着陆时,飞机急剧右倾转弯以至无法恢复:飞机完全失去控制,随后是灾难性后果。

本文采用半拉格朗日水平集方法获得假定已知飞机动态模型的安全机动包线。安全机动集定义为给定先验安全状态的前向与后向可达集的交集。该方法曾用来解决流体流动问题,如参考文献[7,8]。本文工作的创新点是应用半拉格朗日方法来处理具有控制和扰动输入的系统,以及应用该方法处理较高维 Kd 树网络。将该方法用于不同飞行条件和配置的高保真非线性 F-16 模型,从而证明它们对机动能力的影响。所获安全机动集能用来进行航迹生成,路径规划和控制程序合成,甚至在失效条件下提高飞机的安全性。

文章结构如下:首先,在第二节定义了安全机动包线,介绍了通过能达性分析获得安全机动包线的方法;然后,在第三节讨论了水平集方法和半拉格朗日方法;第四节评估不同飞行条件下 F-16 飞机高保真模型的水平机动包线;最后,第五节总结研究工作,展望将来的研究方向。

2 机动包线和能达性

飞行包线的传统定义是“(飞行包线)描述限定飞机飞行的高度和空速区域。”[9]。飞行包线边界通过飞机的各种性能限制来定义,如可用发动机功率、失速和抖振特性、在最大噪声时对结构的考虑和要求。通常用犬舍图(Doghouse Diagram)来表示飞行包线,犬舍图包含高度、速度和可能的其他变量,在这些变量下飞机能安全飞行。

2.1 飞行包线保护

如参考文献[10]所述,包线保护是防止失控相关事故的最有前景的技术之一。该技术试图阻止飞机超出安全机动包线。飞行包线保护系统的先决条件是具有遥控自动驾驶(FBW)系统。在遥控自动驾驶仪内,飞行员的输入送到计算机,由计算机计算所需指令,也就是在飞行员与控制元件之间不存在直接连接。这样的系统已经存在 30 多年了,但最近才用于军用飞机、几种商用飞机和数量非常有限的普通飞机上。保护的先决条件是精确获知机动包线,既可保护防止偏移和失控事件,同时又不对飞机的性能设置过多的保守约束。此外,当包线已知时,机动空间可显示给飞行员从而增加其对飞机所处状态的感知。

2.2 安全机动包线

定义在犬舍图中的飞行包线边界,可以充分满足飞机的正常飞行。飞行包线的传统定义的主要问题是仅考虑准稳定状态下的约束,如在调整转弯和巡航飞行时。另外,环境施加于飞机状态的约束在传统定义中没有考虑。飞机动态行为能在飞行包线上产生附加约束,如飞机内部耦合作用。这些约束对军用和特技飞机、正经历扰乱的飞机、机身和(或)执行元件损坏或失灵的飞机来说显得特别重要。因此,需要对飞行包线进行延伸定义,该定义叫做安全机动包线。

定义1(安全机动包线) 安全机动包线是部分状态空间,该状态空间内飞机的安全操作能够得到保证,同时不违反外部约束。

安全机动包线由以下三个包线的交集所确定。

动力学包线:飞机的动力学行为施加在包线上的约束条件,归因于飞机的空气动力学和动力学特性。

结构和舒适包线:飞机机身、飞行员、乘客和货物施加在包线上的约束条件。这些约束条件由最大加速度和载货量来定义。

环境包线:飞机所处的飞行环境产生的约束条件。

最后两个包线在飞行包线上产生外部约束,约束条件通常众所周知同时易于量化处理。这些外部约束包括飞机周围的地形和禁飞区、飞机机身破裂前所能维持的最大载荷因子等。前言中的例子是违反动力学飞行包线的案例。本文关注第一类包线,即直接与飞机动力学行为有关的飞行包线。给出动力学飞行包线更为正式的定义如下。

定义2(动力学飞行包线) 飞机状态空间中,可保证飞机能被安全地控制,同时不可能发生失控事件的区域。

约束条件通过飞行包线对飞机约束,如大迎角的最大滚转角速度是为了防止飞机进入潜在威胁的内耦合或尾旋状态。

2.3 能达集

能达集分析是系统安全论证极为有效的手段。能达集是指能从给定的初始集出发在一定时间内到达的状态集合,或在一定时间内能到达给定目标集的状态集合。系统的动力学在时间上产生后向和前向演化,从而生成后向能达集和前向能达集。这两个集合之间的不同之处如图1所示。对于前向能达集,初始条件是明确的,而且从初始集出发沿航迹可达的所有状态的集合也是确定的。对于后向能达集,首先定义一个目标状态集,然后确定了一个可以到达该目标状态集的航迹起始状态集。

假设系统的动力学为

$$\dot{x} = f(x, u, d) \tag{1}$$

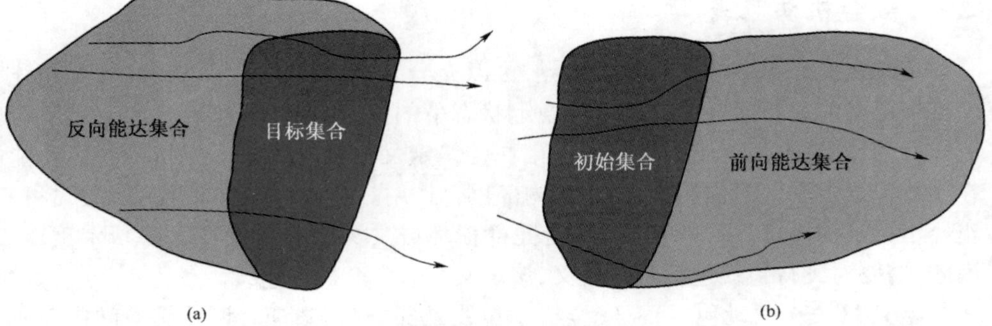

图 1　反向和前向能达集合定义
(a)反向能达集合;(b)前向能达集合。

式中:$x \in \mathrm{R}^n$ 是系统状态;$u \in \mathscr{U} \subset \mathrm{R}^m$ 是控制输入;$d \in \mathscr{D} \subset \mathrm{R}^q$ 是扰动输入。后向能达集和前向能达集的正式定义可由定义 3 和定义 4 分别给出。

定义 3(后向能达集)　对于满足式(1)的系统,起始于目标集 $\mathscr{T}_0$ 的后向能达集 $\mathscr{R}(\tau)$ 是指,在 $\tau(0 \leqslant \tau \leqslant t_f)$ 时刻,状态集 $x(\tau)$ 中所有满足在某种控制输入 $u(t) \in \mathscr{U}(\tau \leqslant t \leqslant t_f)$ 下,对于所有扰动输入 $d(t) \in \mathscr{D}(\tau \leqslant t \leqslant t_f)$,可从状态 $x(\tau)$ 沿航迹到达目标集 $x(t_f) \in \mathscr{T}_0$ 的状态集合。

定义 4(前向能达集)　对于满足式(1)的系统,起始于初始集 $\mathscr{T}_0$ 的前向能达集 $\mathscr{V}(\tau)$ 是指,在 $\tau(0 \leqslant \tau \leqslant t_f)$ 时刻,状态集 $x(\tau)$ 中所有满足在某种控制输入 $u(t) \in \mathscr{U}(\tau \leqslant t \leqslant t_f)$ 下,对于所有扰动输入 $d(t) \in \mathscr{D}(\tau \leqslant t \leqslant t_f)$,可从状态 $x(0) \in \mathscr{T}_0$ 沿航迹到达目标集 $x(\tau)$ 的状态集合。

2.4　通过可达集分析得到安全机动包线

现在,一个具有安全状态初始集的给定系统的安全包线能通过该安全集的前向能达集和后向能达集的交集得到。这些状态是前向能达集和后向能达集的共同部分,可由安全集到达,也可以在一定的时间内由这些状态到达安全集。因此,如果初始集或目标集是已知安全的,那么前向和后向能达集共同部分的所有状态同样可以认为是安全的,如图 2 所示。例如,一架飞机从某一初始条件开始能进入尾

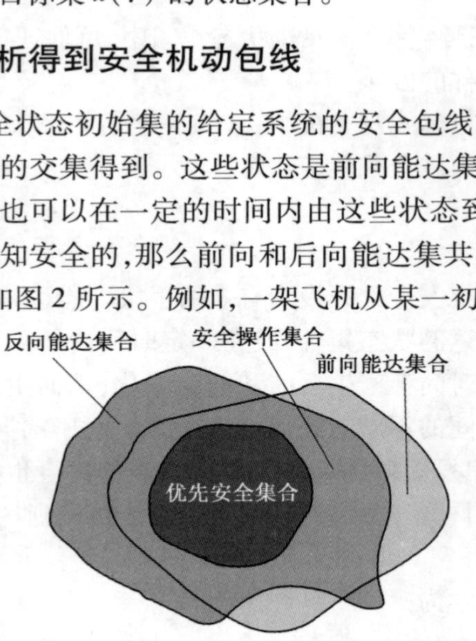

图 2　已知安全集合的安全箱,由前向和反向能达集合的交集定义

旋,那么,尾旋航迹就会包含在前向能达集中。如果有可能从尾旋状态恢复到安全飞行状态,那么,尾旋航迹或它的部分航迹也将包含在后向能达集内。相似的例子还有飞机的严重失速。

3 半拉格朗日能达集分析

集合既能通过枚举集合中的所有元素的方式来表达,也可以用一些由方程构成的水平集来表达。该函数应与时间有关,那么,通过在时间上对该函数的水平集进行寻迹,就可以实现能达集由时间寻迹。本节对跟踪界面演化方式的多种解决方案进行了讨论。

3.1 时间演化

显式和隐式曲面描述只是给出一个集合的表示形式。要获得能达集的界面不能不考虑时间演化。假如界面上每一点的速度通过某外部速度域 $f(x,t)$ 确定,以该速度域移动界面最简单的方法就是对在界面上的每一点解常微分方程,即界面演化方程的拉格朗日公式为

$$\frac{\mathrm{d}x}{\mathrm{d}t}=f(x,t) \tag{2}$$

为避免不稳定,界面元素的变形,一种隐式函数 φ 用来表示界面和界面的演化趋势。简化传递偏微分方程为

$$\varphi_t+\nabla\varphi\cdot f(x,t)=0 \tag{3}$$

式中:下标 t 是时间变量 t 的即时偏导数;∇是梯度算子。这是界面演化的欧拉公式,因为界面通过隐式函数 φ 获得,与用拉格朗日公式进行界面元素追踪的方法截然相反[11,12]。方程使用迎风格式结合前向欧拉法求解。该近似法的稳定性通过使用 CFL 条件得到加强[13],即数字波的传播速度不小于物理波。这就引出CFL 的时间步长约束,即

$$\Delta t\sum_{i=1}^{n}\frac{|f_i(x,t)|}{\Delta x_i}<\alpha \tag{4}$$

式中:$0\leqslant\alpha\leqslant1$ 是安全因子,通常取 0.9。该条件清楚地表示了高分辨率网格、快速动态系统中对所允许时间步长的严格约束。

CFL 条件所表示的时间约束可通过允许无界模板来消除[14]。使用显式、无条件稳定步长方式时,时间步长能从 CFL 条件中解耦。这些方法称为半拉格朗日方法。对于大时间步长的 CFL 条件通过移动模板来满足。一阶双曲线偏微分方程式(3)所传递的 φ 满足特征曲线方程 $s(t)$,其定义为

$$\dot{s}=f(s,t) \tag{5}$$

那么,任意时刻 t 时的 φ 值的求解方法是,寻找过 (x,t) 的特征曲线并在时间

上向后追寻到 φ 值已知的点 (x_0,t_0)，那么，$\varphi(x,t)=\varphi(x_0,t_0)$。这种观测是后向特征法或 CIR 法[15]的基础，是最简单的半拉格朗日方法。给定在 t^k 时刻的 φ，CIR 方法通过估计速率 $f(x,t^k)$ 逼近 $t^{k+1}=t^k+\Delta t$ 时刻任意点 x 的 $\varphi(x,t^{k+1})$，由 x 采用如下直线逼近后向特征值，即

$$x-\Delta t f(x,t^k)\approx s(t^k) \tag{6}$$

那么，$\varphi(x,t^{k+1})$ 在 $s(t^k)$ 处与内插值等价。对于线性 PDEs，当 $\Delta t,\Delta x\to 0$ 时，如果离散系统是稳定一致的，Lax-Richtmyer 等价理论可以保证 CIR 汇集到精确解[14]。

半拉格朗日法结合了欧拉法的规则网格和拉格朗日方法的无条件稳定。三种方法的不同之处如图 3 所示。

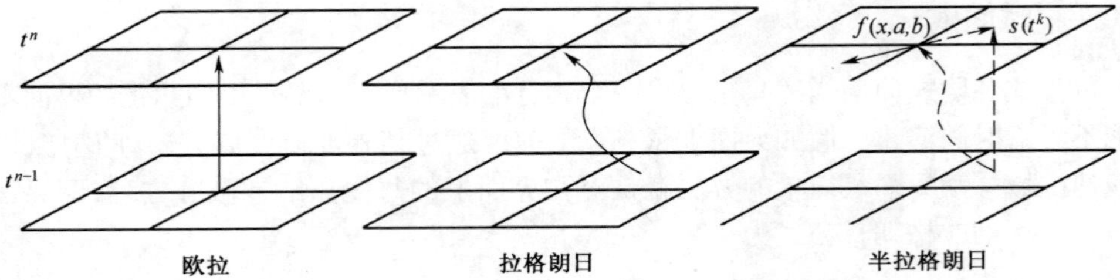

图 3　针对水平集合方程：欧拉、拉格朗日和半拉格朗日方案

3.2　Hamilton－Jacobi 偏微分方程

对于具有控制输入和扰动输入的系统，水平集方程式(3)需要重新表示为 Hamilton-Jacobi 偏微分方程。输入之一标记为 b，试图保持系统远离目标集或回归初始集，另一输入 a，试图使系统趋向目标集或远离初始集。那么，能达集可通过 Hamilton-Jacobi-Isaacs 方程的黏性解获得[16,17]。

动态规划方法产生后向集作为终值问题的黏性解，下标 b 表示后向，即

$$\frac{\partial V}{\partial t}+\min\left[0,H_b\left(x,\frac{\partial V}{\partial x}\right)\right]=0,V(x,0)=T(x) \tag{7}$$

其中 Hamiltonian 定义为

$$H_b\left(x,\frac{\partial V}{\partial x}\right)=\min_u\max_d\left(\frac{\partial V}{\partial x}\right)^{\mathrm{T}}f(x,u,d) \tag{8}$$

相似地，可由初值问题的黏性解建立前向能达集，下标 f 表示前向，即

$$\frac{\partial V}{\partial t}+\max\left[0,H_f\left(x,\frac{\partial V}{\partial x}\right)\right]=0,V(x,0)=S(x) \tag{9}$$

其中

$$H_f\left(x,\frac{\partial V}{\partial x}\right)=\min_u\max_d\left(\frac{\partial V}{\partial x}\right)^{\mathrm{T}}f(x,u,d) \tag{10}$$

式中：零点位置的 $T(x)$ 和 $S(x)$ 分别表示目标集 $\mathcal{T}$ 和初始集 $\mathcal{T}$。在式(7)和式(9)中增加与 0 的比较环节，使得能达集只允许随时间增长[16]。

4 F-16 纵向机动包线

这部分确定 F-16 飞机高保真非线性模型在两种不同飞行条件下的纵向机动包线。

4.1 F-16 模型

当考虑飞机的全机动能力时，如果高度固定，能达集的计算必须在八维空间内进行。三个状态与空速有关，三个与转动速率有关，两个定义相对姿态。为减小计算量和简化机动集的表示，本例仅研究纵向动态性能。因此，只需考虑四个状态：空速 V_T、攻角 α、俯仰率 q_B、通过四元数 q_2 确定的俯仰姿态。发动机推力和稳定器偏转作为控制输入。在这一特殊情况下，不考虑扰动输入。然而，可能包含空气动力学参数、飞机参数的不确定性和风的扰动输入，得到最差安全机动包线。

给出 F-16 模型的动力学方程如下，即

$$\dot{V}_T = \frac{1}{m}(-D(\alpha, q_B, \delta_h) + T\cos\alpha + mg_1)$$

$$\dot{\alpha} = q_B + \frac{1}{mV_T}(-L(\alpha, q_B, \delta_h) - T\sin a + mg_3)$$

$$\dot{q}_B = \frac{1}{I_{yy}}\bar{M}(\alpha, q_B, \delta_h)$$

$$\dot{q}_2 = \frac{1}{2}q_B q_0$$

其中

$$q_0 = \sqrt{1 - q_2^2}$$

$$g_1 = [-2q_0 q_2 \cos\alpha + (q_0^2 - q_2^2)\sin\alpha]g$$

$$g_3 = [2q_0 q_2 \sin a + (q_0^2 - q_2^2)\cos\alpha]g$$

式中：q_0 为四元数；g 为重力加速度。水平稳定控制器偏转 δ_h 限制在 $\pm 25°$ 内，发动机推力 T 限制在 0~75000N。升力、阻力、俯仰力矩的计算通过查表获得[18]。为了计算最优控制输入进而推出水平集，对矩稳定器偏转的阻力、升力、俯仰力系数进行线性近似，例如

$$C_{mT}(\alpha, \delta_h) \approx C_{m0}(\alpha) + C_{m\delta h}(\alpha)\delta_h \tag{11}$$

在计算隐函数随时间的传递过程中使用真实系数。另一个选择是对升降舵的偏转施以附加约束，以致在它最大允许偏转时产生最大或最小空气动力学影响。

在这些仿真中前沿翼无偏转。

4.2 场景和平衡集的确定

在计算能达集之前，必须首先定义安全集。本例中飞机在海拔 0 和 10000m、重心位于平均气动弦的 0.30%处保持直线或水平飞行，得到以上所述每种飞行条件和结构形式的关于空速和攻角的平衡曲线结果。图 4(a)所示为不同场景的平衡曲线。

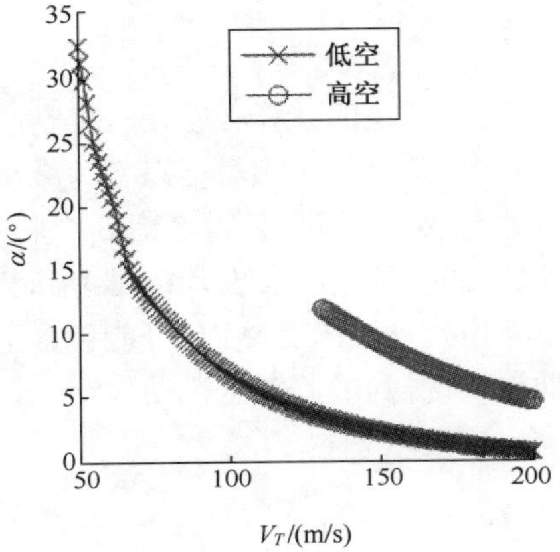

(a)

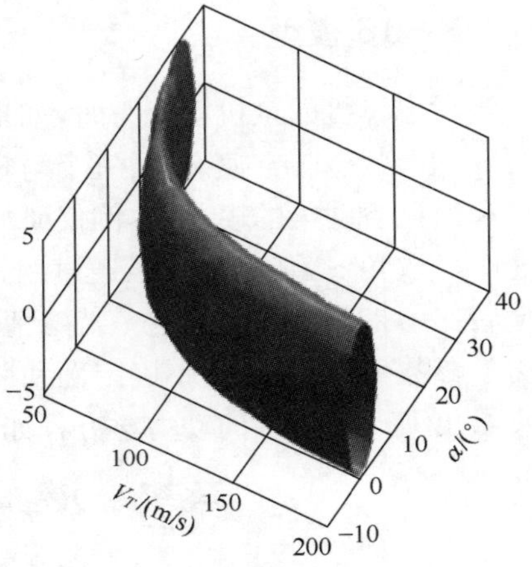

(b)

图 4　F-16 飞行器在低、高空的平衡曲线(a)和扩展平衡曲线(b)

平衡曲线必须在计算能达集前转换为隐式曲面。这可通过计算有关域内的每一点到最近平衡点的加权距离来实现。隐式曲面方法要求最少一个网格节点在初始或目标集中，那样才找到界面的位置。因此，转换后的平衡曲面不足以初始化水平集的计算。所以，在平衡曲线一定加权距离的区域内被认为是安全的，其中定义边界的权重距离应大于允许的最小网格单元。一种选择是在小时间步长高分辨率网格产生一个窄带，然后用所得能达集作为较为粗糙网格上的初始集开始计算。另一种选择是扩展平衡集使其包含非稳定、非水平飞行条件，从该集合描述出发建立一种隐式集。但这需要大量平衡点。

为了限制计算负荷，清楚显示前向集和能达集到达状态空间的不同部分，演变时间设置为 1s。该时间内初始集和目标集分别以步长 0.01s 共 100 步前向或后向演化，在频率为 2.13Ghz 内存 12GB 的单核 Intel Xeon X5500 处理器上运行的 F-16 程序的所需的时间为 1 ~4h。

4.3 空速比较

首先对 F-16 飞机在低海拔条件下不同空速时的机动性做比较。图 5(a)和

图 5(b)所示分别为空速 60m/s 和 150m/s 时的能达集和安全包线。显然,随着动压力的增加,从安全机动集的大小增加可看出飞机变得更富有机动性。而且,可以从图中观察到期望的攻角和俯仰姿态、攻角和俯仰角速率、俯仰姿态和俯仰角速率之间的关系。

4.4 高度比较

从图 4(a)中可以看出,飞机的平衡曲线在低海拔和高海拔条件下有很大的不同。所用 F-16 模型的查找表不依赖于马赫数。两种飞行条件下的仅有区别是由空气密度不同引起的动压力差异。通过比较图 5(b)和图 6(b)可观察到在安全机动集上产生的影响。高度 10000m、速度 150m/s 时的动压约是高度 0m、速度 100m/s 时动压的 75%。比较图 6(a)和图 6(b)中所示的机动集可得到相同比率。

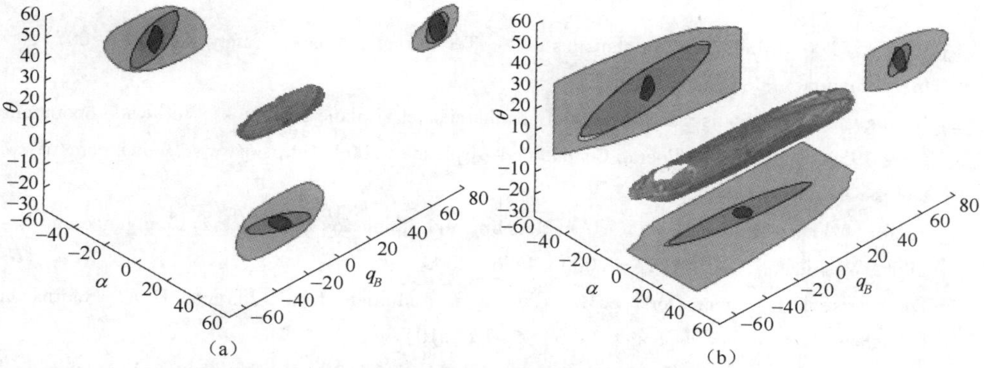

图 5　具有不同动力压力的两种飞行条件的安全机动区域

(a) V_T = 60m/s,高度 = 0;(b) V_T = 150m/s,高度 = 0。

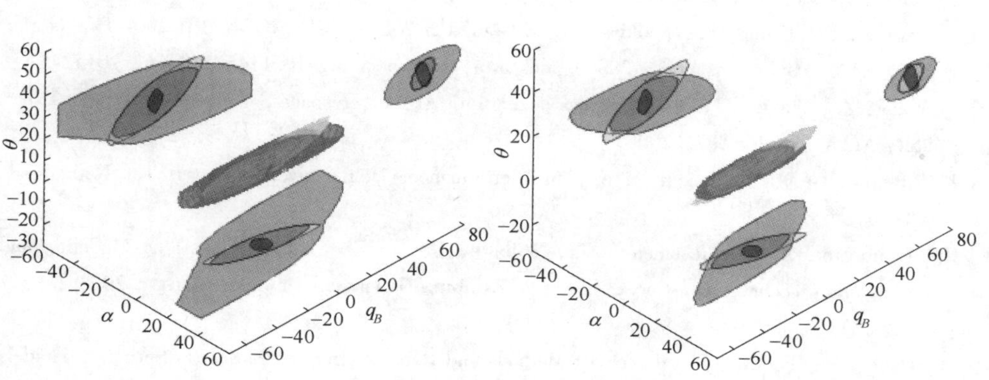

图 6　具有 6125N · m^{-2} 和 4643N · m^{-2} 动力压力的两种飞行条件的安全机动区域

(a) V_T = 100m/s,高度 = 0;(b) V_T = 150m/s,高度 = 10000m。

5 结论和建议

本文基于飞机的动力学给出了机动和动态飞行包线。其次，阐述了一种基于能达集确定该包线的方法，并应用到 F-16 飞机的非线性高保真模型上。安全机动包线结果与飞行动力学知识所预期的结果一致。特别对于通用飞机和商用飞机，研究是否能通过时间尺度分离参数的方式将全包线确定问题划分为快动态和慢动态问题是有意义的。这会将动态包线问题简化到五维和三维子问题，相比原问题更具可计算性。

参考文献

[1] Ranter, H.: Airliner accident statistics 2006. Tech. rep., Aviation Safety Network (2007), http://aviation-safety.net/

[2] Boeing Company, Statistical summary of commercial jet airplane accidents: Worldwide operations since 1959. Tech. rep., Boeing Commercial Airplanes (2009), http://www.boeing.com/news/techissues/pdf/statsum.pdf

[3] Smaili, M. H., Mulder, J. A.: AIAA Modeling and Simulation Technologies Conference and Exhibit, Washington, DC, AIAA-2000-4586 (2000)

[4] Lombaerts, T. J. J., van Oort, E. R., Chu, Q. P., Mulder, J. A., Joosten, D. A.: Journal of Guidance, Control and Dynamics 33(3), 707 (2010)

[5] Lombaerts, T. J. J., Smaili, M. H., Stroosma, O., Chu, Q. P., Mulder, J. A.: Journal of Guidance, Control and Dynamics 32(6), 1747 (2009)

[6] Alwi, H., Edwards, C., Stroosma, O., Mulder, J. A.: Journal of Guidance, Control and Dynamics 31(5), 1186 (2008), doi:10.2514/1.35066

[7] Losasso, F., Gibou, F., Fedkiw, R.: SIGGRAPH 2004: ACM SIGGRAPH 2004 Papers, pp. 457-462. ACM, New York (2004), doi:http://doi.acm.org/10.1145/1186562.1015745

[8] Wang, Z., Wang, Z. J.: Proceedings of the 44th AIAA Aerospace Sciences Meeting and Exhibit, AIAA-2006-887 (2006)

[9] Ruijgrok, G. J. J.: Elements of Airplane Performance. Delft University Press, The Netherlands (1996)

[10] Lambregts, A. A., Nesemeier, G., Wilborn, J. E., Newman, R. L.: AIAA Modeling and Simulation Technologies Conference and Exhibit, Honolulu, Hawaii, AIAA-2008-6867 (2008)

[11] Osher, S., Fedkiw, R.: Level Set Methods and Dynamic Implicit Surfaces. Springer, Heidelberg (2003)

[12] Neuman, S. P.: Journal of Computational Physics 41(2), 270 (1981), doi:10.1016/0021-9991(81)90097-8

[13] Courant, R., Friedrichs, K., Lewy, H.: Mathematische Annalen 100(1), 32 (1928)
[14] Strain, J.: Journal of Computational Physics 151, 498 (1999)
[15] Courant, R., Isaacson, E., Rees, M.: Communications on Pure and Applied Mathematics5, 243 (1952)
[16] Mitchell, I. M.: Application of level set methods to control and reachability problems in continuous and hybrid systems. Ph. D. thesis, Stanford University (2002)
[17] Kurzhanski, A. B., Varaiya, P.: Journal of Optimization Theory and Applications 108(2), 227 (2001)
[18] Nguyen, L. T., Ogburn, M. E., Gilbert, W. P., Kibler, K. S., Brown, P. W., Deal, P. L.: Simulator study of stall/post-stall characteristics of a fighter airplane with relaxed longitudinal static stability. Tech. Rep. 1538, NASA Langley Research Center (1979)

Modelica 起落架建模和基于滑模控制的地面轨迹跟踪

Modelica Landing Gear Modelling and On – Ground Trajectory Tracking with Sliding Mode Control

Fabrizio Re

摘要:本文研制了基于滑模的飞机地面滑行的控制系统。该控制器能够跟踪轨迹的纵向速度和偏航率,并驱动在主起落架、传统抱闸和前起落架等部位装有电机的飞机。此外,它可以成功地处理执行器的饱和度。该算法对于参数不确定性(如飞机质量)和轮胎—地面结合面间的低摩擦系数具有较强的鲁棒性。为了测试跟踪控制器,我们用Modelica 语言设计了精确的虚拟飞机模型,并对起落架予以重点关注。

1 引言

近年来,对航空运输研究的关注集中在减少机场的噪声和污染。研究用集成在起落架上的电动机代替喷射发动机来驱动飞机在地面上滑行或机动的可行性,是其中的一个具体研究课题。此配置应辅之以地面控制系统,通过跟踪指定轨迹达到自主驱动飞机的目的。事实上,虽然自动飞行控制系统已经实现,并且相应的高级功能一直在研究和销售,但是飞机在地面上的运动目前仍然主要依靠飞行员手动实现,自主控制系统即便存在,其功能也非常有限。事实上,强大的地面速度和航向控制系统可以提供有利的帮助,如滑行时对阵风的不敏感性。从更广泛的角度来看,自动驾驶仪提供的自动轨迹规划和跟踪功能可以将飞行员从驾驶中释放出来,让他专注于飞行前或飞行后的活动(塔台通信、初步控制等),更重要的是,这样的系统可以成为一个完全自动化的机场地面控制,这可能会提高机场的容量和安全性。

Fabrizio Re
DLR German Aerospace Center, Institute of Robotics and Mechatronics, Oberpfaffenhofen, Germany
e – mail: fabrizio. re@ dlr. de

关于飞机在地面的动力学与控制问题的研究目前为止还没得到推广。Rankin等人[13-15]全面地研究了一个中等规模的商业飞机的横向动力学问题,通过分叉分析研究飞机转弯行为与纵向速度、前轮转向角、转向速率、轮胎地面摩擦以及重心位置的关系。Roos 等人[16-18]和 Biannic 等人[1]提出了基于非线性或线性参数可变(LPV)飞机模型和抗风力补偿器的控制算法。Duprez 等人[3]的研究表明,非线性反演和线性控制技术对于低速偏航控制是不够的,因为高侧滑和二次轮胎效应,该系统是高度非线性的;此外,如果与测量值或估计值(如横向速度)进行比较,那么,误差变得很重要,会引出对鲁棒控制的需求。

另一方面,本文中遇到的问题本质上与车辆动力学问题没有区别,因此需要回顾这一领域的相关文献。关于路面自动驾驶车辆的研究更加领先,已经能够实现预测控制应用[4]和基于控制分配的过驱动系统的最优控制[2]。Solea 和 Nunes[21]提出了基于滑模控制的自动驾驶车辆轨迹规划和跟踪系统。

本文展示了用来设计基于滑模的飞机地面轨迹跟踪控制方法。重点将集中于接收运动的输入(如速度和/或加速度),并控制相应的致动器的内回路控制器。这样的系统可以由飞行员自己操作,或者可以加上外环轨迹规划控制器接收轨迹数据,并进行必要的运动学计算。首先,已经实现了真正的飞机模型,并将其作为一个虚拟测试台进行控制验证。建立了起落架特别是轮胎的精确模型,以提高这个虚拟飞机的真实性。基于 Modelica 的商业编译器 Dymola 的模型开发将在第二节展示,第三节展示控制系统的结构和设计。一些显示控制飞机行为的模拟结果将在第四节展示。最后,得到的结论和这项工作的前景将在第五节讨论。

2 虚拟机

自 1995 年以来,德国航空航天中心机器人与机电一体化研究所一直致力于开发一个 Modelica 飞行动力学图书馆(FDL)[9],使其允许在不同细节层次的现实世界环境中进行飞机建模。FDL 使用开放建模语言中的 Modelica[6]并已应用于国内和国际的研究项目中(如参考文献[5,8,10,19])。

在第一个版本的 FDL 中,起落架用一个相当简单的方式建模,即通过飞机和地面之间的基本相互作用力建模。这部分已经在目前的成果中得到改善,可以实现带有滚动车轮的起落架建模。

利用车轮模型和 Modelica 多体模型库中的元素,建立整个起落架的模型。已经实现了三个变体:

(1) 无制动器的可控两轮转向架,用于前起落架;

(2) 带制动器的固定(非可控)两轮转向架,作为中小型飞机的主起落架;

(3) 带制动器的固定四轮转向架,用于大型飞机主起落架。

通过 Modelica 多体模型的接口,将起落架结构的垂向的顶端机身模型上,用来表示三维对象与力、力矩交换的物理连接模型。起落架结构与机身接口之间的悬架和阻尼器也进行了建模,并用一个简化的挡块将悬架限定在允许的运动范围之内。所有维的参数可以调整,以建立不同大小起落架的模型。用标准 Modelica 旋转库[6]中的轴承摩擦块连接到每个车轮,以对轴支撑结构中的摩擦力进行建模。此外,还有一个到航空电子总线的连接器,用于航空电子层的数据交换。

可调起落架具有一个转动关节和一个附加点单元,以使整个转向架可以绕垂直轴线旋转。由导频转向发出的指令通过一个一阶低通滤波器处理,再现真实的转向系统的延迟。在更精确的动态仿真过程中,这部分会用一个真实调节执行器的模型来替换。每个车轮上都提供标准的 Modelica 旋转图书馆的制动元件。此外,开发了一个简单的 ABS 模型,以适当地限制纵向滑移超过 15%时的制动力,避免车轮抱死。

在本文所描述的工作中,使用了两轮主起落架的中型飞机结构。

对 DLR 现有的 Modelica 轮胎模型包[23]进行必要的调整以适应这项工作。该模型包基于参数化的摩擦系数及其与滑动速度的关系,建立了半物理轮胎模型。纵向和横向的力是关于纵向和横向轮胎滑移以及接触面弧度、法向力的函数这些函数会随一些外部数据而变化,例如,不同前提条件(如在零纵向滑移、大的纵向滑移等情况时)下的摩擦系数。轮胎模型根据轮胎制造商提供的飞机轮胎综合实验数据进行调整。为了实现这一目标,用 Modelica 语言对试验装置进行建模,以在仿真中再现飞机轮胎综合实验,如给定速度的转动轮和强加的滑移角度。变化轮胎模型的参数,使仿真结果与试验数据尽可能吻合。

在车轮模型使用的参数包括质量、惯量、外形尺寸以及轮胎模型参数,这些参数以数据表的形式组织在一起。在 FDL 起落架模型中已经包含了一些默认提供的真实数据集,如中程飞机和远程飞机的前起落架和主起落架。用户可以通过编译一个以模板形式给出的空白数据表轻松地修改模型参数,使其适用于任何其他飞机中。

FDL 的地形模型是通过一个基本的地面模型进行加强。定义一段长度来表示到 EGM96 大地水准面的距离,定义一个垂直矢量来表示地面的坡度。在基本版本中,这些量是仿真开始时设定的常量参数,这样产生的是一个简单光滑的具有固定坡度的地面。至于地面驱动系统,设计了一个具有理想特性的电动马达简单模型。电机在高于某一速度时输出恒定转矩,高于这一速度时输出恒定功率。其输入是一个在范围[0,1]内的实数,该实数可以比例地控制输出力矩,其中 0 表示没有力矩输出,1 表示当前速度下可以输出的最大力矩。主起落架的每个轮子连接一个电机模型,这样整个飞机模型中就包含了四个电机模型,这些电机模型之间相互独立。每个起落架都配备了一个驱动/制动控制器。控制器接收地面控制系统的驱动/制动力矩控制指令,同时管理每个起落架上两个轮子的电力矩和制动器。驱动/制动力等分给每个起落架的两个轮子。

用一种比较简单的方式建立了转向系统的模型，可以把转向系统看作一个对地面控制器输出的转向角速率的积分器，这是因为实际转向系统的标准输入是转向速率（通过控制伺服阀阀芯位移，影响液压系统的流量，从而控制转向速率）。考虑到实际系统中的响应延时，本模型中设计了一个一阶延时环节。

3 地面控制器

控制系统应该有能力处理地面上的各种极端情况，因为该控制器作为地面控制系统需要完成全部的地面任务（着陆、停止、滑行、U 型转弯、启动、起飞）。尽管可以认为简单的线性模型可以满足标准的滑行运动，但是也存在不能线性近似的情况。这种情况出现在低速或大转向角的时候，此外，天气环境恶劣时在跑道上对飞机进行高速机动（如起飞、停止）也会出现这种情况。另外，飞机在地面上的行为也会受到外部因素（如空气动力学因素）和大量可变参数的影响，其中可变参数甚至在同一任务中也会出现（如轮胎的行为，滑动表面、变化的飞机质量）。因此，控制系统必须对未建模动态和参数不确定性具有很强的鲁棒性。

由于这些原因，同时考虑较少的计算量，选择基于非线性前馈控制器和滑模反馈控制器的控制结构。这种控制器数学结构简单，同时具有很强的鲁棒性[12,20]。控制结构如图 1 所示。它包含了一个基于非线性飞机模型的前馈控制器和一个可以增强对不确定因素的鲁棒性的滑模前馈控制器以及一个抗饱和限幅器来处理执行器或轮胎的饱和问题。系统的输入是所需的纵向速度 $v_{x,\mathrm{des}}$ 和偏航速率 $\dot{\psi}_{\mathrm{des}}$。控制器的输出是左右两个轮子的驱动/制动力矩 M_l、M_r 以及前起落架的转向速率 $\dot{\delta}$。实际转向角 δ、相对于重心（COG）的速度矢量 $\boldsymbol{V}_{CG}$（包含 v_x、v_y）和 $\dot{\psi}$ 由此从虚拟飞机模型反馈给控制器。

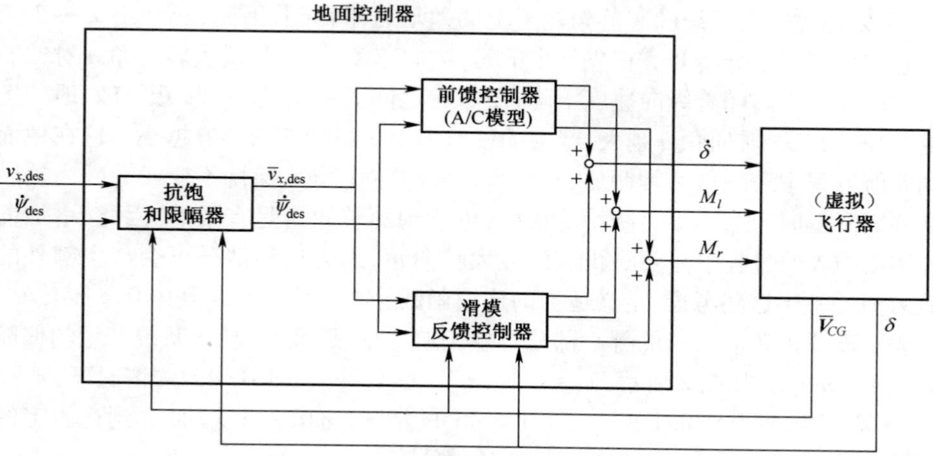

图 1　地面控制架构

3.1 前馈控制器

前馈控制器是基于逆的非线性飞机模型。垂直动力学和空气动力学在这里被忽略,它们的作用将由反馈控制补偿。由于各起落架的车轮相互之间距离很近,所以假设它们的行为近似一致是合理的。因此,每个起落架只需要一个轮子模型。整个模型届时将有三个轮子,一个在前面、两个在后面。地面上的飞机的动力学方程为

$$
\begin{aligned}
m(\dot{v}_x - v_y\Psi) &= F_{x,CG} = F_{xf}\cos\delta - F_{yf}\sin\delta + F_{xl} + F_{xr} \\
m(\dot{v}_y + v_x\dot{\Psi}) &= F_{y,CG} = F_{xf}\sin\delta + F_{yf}\cos\delta + F_{yl} + F_{yr} \\
J_z\ddot{\Psi} &= M_{z,CG} = b_f(F_{xf}\sin\delta + F_{yf}\cos\delta) + \\
&\qquad (-b_r)(F_{yl} + F_{yr}) + a(F_{xr} - F_{xl})
\end{aligned}
\tag{1}
$$

式中:v_x、v_y、$\dot{\Psi}$是相对于飞机重心(COG)的纵向、横向速度和相对于固定在飞机上的参考系的偏航速度; $F_{x,CG}$、$F_{y,CG}$、$M_{z,CG}$ 分别是作用在飞机重心的纵向、横向力和偏航力矩; F_{xf}、F_{yf} 分别是作用在前起落架轮子上的纵向、横向力;左主轮(l)和右主轮(r)的受力情况类似。质量 m 和绕垂直轴的转动惯量 J_z 假定为已知,b_f 和 b_r 分别是前起落架和主起落架到 COG 的纵向距离,a 是每个主起落架到 COG 的横向距离。除了式(1)之外,还需要一个描述轮胎力与运动关系的轮胎模型,以使方程系统闭合。这里使用了简化的 Pacejka's Magic 公式[11]。

飞机纵向速度 V_x 和偏航速率 $\dot{\Psi}_{des}$ 是前馈控制器的输入端,并与 $v_{x,des}$ 和 $\dot{\Psi}_{des}$ 一致。回想一下,在只有一个转向轴的地面车辆中,绝对速度和偏航速率相互耦合[7],所以 V_y 在这里已经确定。由于它们是外部强加的,所以它的派生式(1)是已知的。前馈控制器的输出是两个驱动(制动)力矩 M_l、M_r 和前轮转向角速率 $\dot{\delta}$。

由于系统过驱动,所以需要额外的方程。所需的偏航力矩 $M_{z,CG}$,由 $\ddot{\Psi}$ 直接造成,可以通过转向系统和起落架轮子上的差动力矩得到,因此,必须定义一个策略将它在执行器中分离开。首先指出的是,纵向速度较低时,增大转向角 δ 对偏航力矩的影响很小。随着纵向速度下降,左右轮之间的差动力矩可以更有效地产生偏航力矩。其次,转向角 δ 越大,产生的偏航力矩对增加 δ 的影响越小。这在地面车辆偏航方程中表现得非常明显,其中当 δ 增加,同时 F_{yf} 保持不变或者因为轮胎的饱和而降低时, $F_{yf}\cos\delta$ 会减小。最后,可达到的转向角是有限的,因此,增加前馈控制器中 δ 的过程中需要防止达到最大转向角,因为这种情况下会产生额外的偏航力矩。基于这些考虑,定义适当的连续函数 $\eta M_z = f(v_x, \delta)$,其中 $0 < \eta M_z \leqslant 1$ 。它表示需要由差动力矩的哪一部分产生偏航力矩,那么,由转向系统产生的偏航力矩是 $1 - \eta M_z$ 。如图 2 所示,$v_x = 0$ 时,ηM_z 是 1,并且在$|\delta| < 45°$的情况下,$v_x \to \infty$ 时,ηM_z 单调减小到 0.1 。对于$|\delta| > 45°$的情况,ηM_z 一直增加,δ 到达假定的最大转向角 65°时,无论 v_x 如何变化,ηM_z 都是 1。

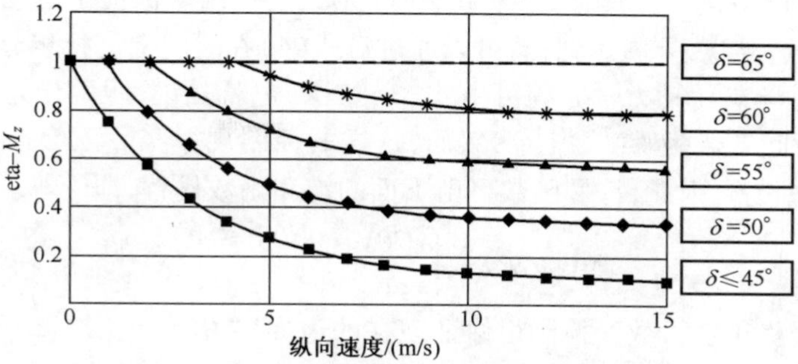

图 2　系数 η_{M_z} 的 v_x 和 δ 的函数

从开始 $\eta M_z \cdot M_{z,CG}$，考虑车轮的半径和主起落架到 COG 的距离，产生偏航力矩的差动电机力矩 M_{diff}。所需纵向力完全由车轮驱动力矩产生，驱动力矩的和 $2 \cdot M_{\text{long}}$ 通过将纵向力的作用线平移一个轮子直径的距离来计算。最后，作用在每个车轮上的电动机的力矩为

$$M_l = M_{\text{long}} + M_{\text{diff}}$$
$$M_r = M_{\text{long}} - M_{\text{diff}} \tag{2}$$

前馈控制器是作为 Modelica 的对象来实现的。Modelica 语言分析器能自动地求解系统中未知的 δ、M_l、M_r 而无需手动重组相关的方程。后通过对 δ 求导可以直接得到 $\dot{\delta}$。

3.2　滑模反馈控制器

设 $\tilde{v}_x(t) = v_x - v_{x,\text{des}}$ 且 $\dot{\tilde{\psi}}(t) = \dot{\psi} - \dot{\psi}_{\text{des}}$ 是需要控制的状态变量跟踪误差。我们为两个变量都定义一个控制面（见参考文献[20]），即

$$s_{v_x} = \dot{\tilde{v}}_x + \lambda_{v_x} \tilde{v}_x = 0$$
$$s_{\dot{\psi}} = \ddot{\tilde{\psi}} + \lambda_{\dot{\psi}} \dot{\tilde{\psi}} = 0 \tag{3}$$

假设初始条件 $\tilde{v}_x(0), \dot{\tilde{\psi}}(0) = 0$ 和 $\dot{\tilde{v}}_x(0), \ddot{\tilde{\psi}}(0) = 0$，明显得可以看出，$\tilde{v}_x(t)$，$\dot{\tilde{\psi}}(t) = 0$ 是式（3）的唯一解。跟踪问题相当于找到一种控制律，使得 $s_{v_x}, s_{\dot{\psi}} = 0\ \forall t > 0$。这种情况下，$s_{v_x}, s_{\dot{\psi}} = 0$ 被称为滑动条件。然而，因为建模误差（如空气动力学）和参数不确定性（如不同质量）的存在，真正的对象与内部模型不同。因此，控制律必须先保证 $s \to 0$，也就是，所有的轨迹必须指向滑动面 s；一旦达到 $s = 0$，则 $\dot{s} = 0$。前面的一个要求可以表示为如下形式[20]，即

$$\frac{1}{2}\frac{\mathrm{d}}{\mathrm{d}t}s^2 \leqslant -k\,|\,s\,| \tag{4}$$

式中：常量 k 严格正定。具有 $u=-k\mathrm{sgn}(s)$ 形式的控制律保证了滑动的条件在有限时间 $t \leqslant s(t=0)/k$ 内达到，这可以通过对式(4)在时间上进行积分证得。一旦到达滑动面($s=0$)，动力学方程可由式(3)给出，也就是说，跟踪误差将指数地趋向于零，其时间常数为 $\lambda_{v_x}^{-1}, \lambda_{\dot{\psi}}^{-1}$ 。然而，这样的控制规律实际上会导致滑动条件附近的高频振荡。因此，符号函数可由下面的饱和函数代替，即

$$\mathrm{sat}(s/\Phi)=\begin{cases}s/\Phi, & |s/\Phi| \leqslant 1 \\ \mathrm{sgn}(s/\Phi), & 其他\end{cases}$$

式中：Φ 是严格正定常数。控制律保证现在的边界层 $B(t)=\{x:|s(x,t)| \leqslant \Phi\}$ 可以在有限时间内到达，比 $s(t=0)/k$ 用得时间少，并且对于足够小的 Φ，仍可以实现既定公差范围内的理想跟踪；更确切地说，在 $|\tilde{x}| \leqslant 2\Phi \ \forall t \geqslant 0$ 对于任意起始于 $B(t)$ 内的轨迹都成立，其中 $\tilde{x}$ 是受控状态变量的跟踪误差。

在本问题中，对于所要跟踪的两个变量必须定义两个常量 Φ_{v_x} 和 $\Phi_{\dot{\psi}}$ 。在本文实际应用中，它们都被设置为 0.1。虽然对于绝对值的幅值在 1~10 变化的纵向速度来说，这样的精度要求是合理的，但是对偏航速率来说有可能太大。然而，仿真结果表明，还是能够取得很好的跟踪。事实上，一个较小的 $\Phi_{\dot{\psi}}$ 将严重影响计算时间，没有带来任何明显的好处。λ_{v_x}、$\lambda_{\dot{\psi}}$ 均已设定为 3。这意味着考虑系统本身特性的情况下，为两个跟踪变量都设定时间常数为 0.33s 是恰当的。

反馈部分的控制律为

$$\begin{aligned} M_{\mathrm{long}} &= -k_M \mathrm{sat}(s_{v_x}) \\ M_{\mathrm{diff}} &= -\eta_{M_z} k_M \mathrm{sat}(s_{\dot{\psi}}) \\ \dot{\delta} &= -(1-\eta M_z) k_\delta \mathrm{sat}(s_{\dot{\psi}}) \end{aligned} \tag{5}$$

式中：η_{M_z} 是图 2 中所示的系数；k_M、k_δ 是控制律增益。如前面所说的，它们决定滑动条件的到达时间。应该注意的是，饱和度方程的模量不能大于 1，所以设定比执行器饱和值大很多的增益是没有意义的；在另一方面，反馈控制必须能够对欠佳的前馈控制进行修正，这种情况有可能在饱和点、相反方向和最坏条件下出现。由于这个原因，控制电机力矩的前两个控制律有相同的 $k_M=7000$，是电机最大力矩 3500N·m 的 2 倍；第三控制律负责前轮转向，其中 $k_\delta=3$，假定转向系统的最大转向速率是 1.5rad/s。

由前两个控制律得到的左右驱动力矩根据式(2)确定。

3.3 反风限

对于文中所描述的控制结构，用适当的速率限制器限制输入的衍生量 v_x 和 $\dot{\psi}$ 是出于两方面的考虑。一方面，控制系统仍无法应对执行器饱和问题。Modelica 语言只能将前馈控制器方程作为封闭方程组进行求解；这种情况下执行器饱和无

法实现,因为方程组对于某些输入没有确定的解。没有速率限制器的情况下,由于执行器饱和特性,实际中不可能出现的输入仍然会被看作前馈控制器的有效输入,从而导致状态变量明显得偏离真实飞机的状态变量。滑模控制器为了补偿这种差异会产生较大的控制量,滑模控制的这种控制逻辑与前面所述的情况一起,导致在积分器中产生一种类似于反风(Wind - up)的效应[20,22])。当控制输入不单调时,这会产生很多问题,因为在控制输入速率的符号变化导致模型状态首先退回到实际状态,因此,控制器仅对实际系统产生一种迟滞作用。另一方面,确保控制系统始终保持在一个稳定的区域是很重要的。这意味着,轮胎打滑绝不能大于对应于在纵向和横向两个方向上的最大的力产生的滑移。一个解决办法是限制速率,也就是说,如果控制输入量本身偏离系统状态并超过一定的阈值,那么,就限制输入量的导数。以这种方式,可以模型的状态尽可能地接近真实情况,并保证没有不切实际的输入被传递到控制系统。

选择模型纵向速率 v_x 与实际纵向速率的差值作为纵向变化的阈值。利用在实际系统中的测量值(对地速度)可以马上得到这一阈值。对于横向方向,定义

$$q_{\text{lat}} = \text{sgn}(\delta)\sigma_{y,f} + \begin{cases} 0, \ |\delta| < \delta_0 \\ 2.5(\delta - \delta_0 \text{sgn}\delta), \text{其他} \end{cases}$$

式中:δ 为实际转向角;$\sigma_{y,f}$ 为前轮胎的横向滑动量,通过计算轮胎横向滑动速度和轮胎绝对速度的比值得到,$\sigma_{y,f} = v_{y,f} / \sqrt{v_{x,f}^2 + v_{y,f}^2}$。这些速度可通过测量或估计得到。应当指出,这种反风限制器只需要关注前轮胎的滑动条件就可以确保系统处于稳定区域。如果后轮离地,实际偏航速率会迅速超过控制模型中的偏航速率,滑模反馈控制器会即刻通过转向计算器进行对比,并输出一个反向力矩进行控制,这很像地面车辆中的 ESP 系统。反风限制器通过关于输入量、输入量的衍生量以及相应的阈值变量的函数来控制输出变量的衍生量(将作为前馈控制器的控制状态变量)。如果阈值变量超过允许值,输出速率降低,实际系统的速率也跟着降低,得到的速率看作是模型与实际系统偏离量可接受条件下的最大速率。如果阈值变量在允许值以下时,输出速率等于输入速率,以保证跟踪精度;如果前馈控制器的状态和实际的系统之间由于前面的速率限制而出现差异,速率限制器不再介入,如有必要,输出速率还会相应地增加或者减少来减小这种状态差异直到差异消失。

当实际系统物理上无法达到相应的纵向力和偏航力矩时,这种反风限制器就会对它们进行限制。然而,当飞行员或者外环控制器输入一个模量小于阈值或者符号不同的速度或偏航速率时,这种反风限制器将不再介入。在这个意义上,如果没有发生饱和,该限幅器不会带来额外的驾驶员诱发振荡的风险,也不以任何方式限制或延迟驾驶员的输入。

4 仿真结果

在 Dymola7.1 中使用 FDL(第二节)建立了一个中型飞机的虚拟模型,并为四个后轮分别添加了电机。恰当地连接由一个非线性前馈控制器和一个滑模控制反馈控制器组成的跟踪控制器,并利用该控制器进行三组不同的仿真试验。为了测试控制器的性能,虚拟飞机模型中的飞机质量和轮胎—地面摩擦系数在各个仿真试验中都不同,而前馈控制器中的飞机模型保持不变(表 1)。根据纵向速度和偏航速率,在时间尺度上对输入进行了定义。仿真在 Dymola 中进行,使用了时间步长可变的 DASSL 算法。

表 1　不同仿真试验的特征参数

仿　真	特　征
#1	质量 = 56900kg,摩擦系数 = 0.8×nominal
#2	质量 = 66900kg,摩擦系数 = 1×nominal
#3	质量 = 76900kg,摩擦系数 = 0.6×nominal

从纵向的速度线图(图 3)可以看出,该控制器使飞机在尽可能短的时间内加速到期望的 v_x;加速度大小的差异源于每组试验中的质量不同。在制动阶段,制动器没达到饱和值之前,实际减速度可以在各种情况下精确地跟踪期望减速度。所有仿真中偏航速率都获得了很理想的跟踪精度。图中的曲线(图 4)与期望的偏航速率基本重合。在最后一个转向过程中,用最大质量和最小摩擦系数进行的仿真在到达期望偏航速率的过程中会出现明显得延时,这是因为前轮达到饱和,此时,会对偏航速率进行限制,以使飞机保持在最大横向力的状态。这实际上确保了安全操作,另一方面,影响轨迹跟踪精度,因为实际转向半径比期望值到达的晚。这种情况需要在负责给期望输入赋值的外控制环(飞行员或者自动驾驶仪)进行处理。它们必须能识别达到系统物理限制情况,并重新计算新的输入来跟踪轨迹。

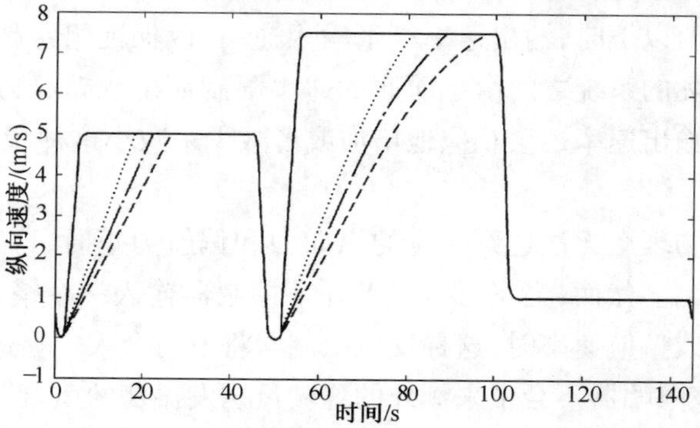

图 3　纵向速度实线 = 输入速度;虚线 = 模拟#1;点划线 = #2 模拟;虚线 = 仿真#3

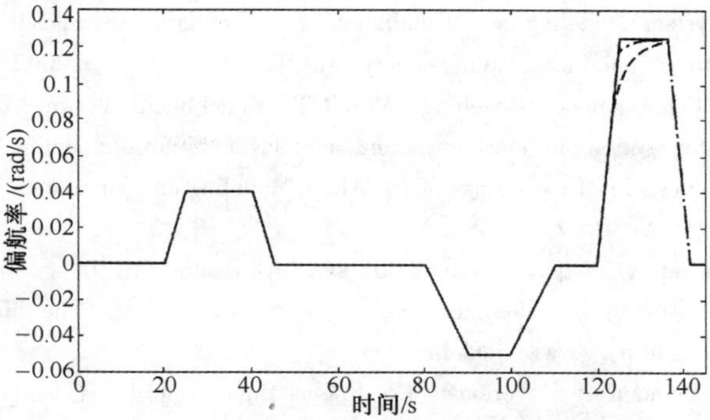

图 4　偏航率实线=输入速度;虚线=模拟#1;点划线=#2 模拟;虚线=仿真#3

5　结论

基于滑行模型,我们用 Modelica 设计飞机地面控制系统。控制器通过控制转向角、制动系统和连接在主起落架轮上的电机,可以实现对给定纵向速度和偏航速率的精确跟踪。跟踪的过程中考虑了执行器饱和特性和系统的物理限制。仿真结果表明,控制器对于不同飞机质量和轮胎—地面摩擦系数的变化具有鲁棒性。在这项工作中,作为对 DLR 飞行动力学库的拓展,研发了新的 Modelica 起落架和轮胎—地面交互模型。新添加的部分可以实现对动态因素有特别关注的飞机地面运动的仿真。新模型可以作为整体 Modelica 模型的一个子部分,从而实现全局的多飞行纪律的仿真。例如,着陆冲击及其对飞机结构的影响可以在柔性飞机模型中进行分析;此外,作用在起落架的侧向力可以得到定量计算,并相应地得到它们的分量。

参考文献

[1] Biannic, J. M., Marcos, A., Jeanneau, M., Roos, C.: Nonlinear simplified LFT modelling of an aircraft on ground. In: 2006 IEEE International Conference on Control Applications(2006)

[2] B¨unte, T., Andreasson, J.: Global chassis control based on inverse vehicle dynamics models. In: 19th IAVSD Symposium Supplement to Vehicle System Dynamics (44) (2005)

[3] Duprez, J., Mora - Camino, F., Villaumé, F.: Aircraft - On - Ground Lateral Control for Low Speed Manoeuvers. In: Proceedings of the 16th IFAC Symposium on Automatic Control in Aerospace, St. Petersburg, Russia (June 2004)

[4] Falcone, P., Borrelli, F., Asgari, J.,Tseng, H., Hrovat, D.: Predictive Active Steering Control for Autonomous Vehicle Systems. IEEE Transactions on Control Systems Technology15 (2007)

[5] Fielding, C., Varga, A., Bennani, S., Selier, M.: Advanced techniques for clearance of flight control laws. LNCIS, vol. 283. Springer, Heidelberg (2002)

[6] Fritzson, P., Bunus, P.: Modelica - a general object - oriented language for continuous and dis-

crete – event system modeling and simulation. In: Simulation Symposium, Annual 0, 0365 (2002), doi:http://doi. ieeecomputersociety. org/10. 1109/SIMSYM. 2002. 1000174
[7] Isermann, R.: Fahrdynamik – Regelung. ATZ/MTZ – Fachbuch. Vieweg+Teubner (2006)
[8] Looye, G.: Integrated flight mechanics and aeroelastic aircraft modeling using objectoriented modeling techniques. In: Proceedings of the AIAA Modeling and Simulation Technologies Conference, Portland, USA (1999)
[9] Looye, G.: The new DLR flight dynamics library. In: Bachmann, B. (ed.) Proceedings of the 6th International Modelica Conference, vol. 1, pp. 193 – 202. The Modelica Association, Bielefeld (2008), http://www. modelica. org
[10] Magni, J. F., Bennani, S., Terlouw, J.: Robust flight control – a design challenge. LNCIS, vol. 224. Springer, London (1997)
[11] Pacejka, H. B.: Tyre and Vehicle Dynamics. Butterworth – Heinemann, Butterworths, London (2006)
[12] Perruquetti, W., Barbot, J. P.: Sliding Mode Control in Engineering. Marcel Dekker Inc., New York (2002)
[13] Rankin, J., Coetzee, E., Krauskopf, B., Lowenberg, M.: Bifurcation and Stability Analysis of Aircraft Turning on the Ground. Journal of Guidance, Control, and Dynamics 32(2) (Mar – chApril 2009)
[14] Rankin, J., Krauskopf, B., Lowenberg, M., Coetzee, E.: Operational Parameter Study of an Aircraft Turning on the Ground. In: Progress in Industrial Mathematics at ECMI 2008, vol. 15 (2010)
[15] Rankin, J., Krauskopf, B., Lowenberg, M., Coetzee, E.: Nonlinear Analysis of Lateral Loading During Taxiway Turns. Journal of Guidance, Control and Dynamics 33(6) (November – December 2010)
[16] Roos, C., Biannic, J. M.: Aircraft – on – gound Lateral Control by an Adaptive LFT – based Anti – windup Approach. In: 2006 IEEE Conference on Control Applications (2006)
[17] Roos, C., Biannic, J. M., Tarbouriech, S., Prieur, C.: On – ground Aircraft Control Design Using an LPV Anti – windup Approach, vol. 365, pp. 117 – 145. Springer, Heidelberg(2007)
[18] Roos, C., Biannic, J. M., Tarbouriech, S., Prieur, C. M. J.: On – ground Aircraft Control Design Using a Parameter – Varying Anti – windup Approach. Aerospace Science and Technology14 (2010)
[19] Rouwhorst, W. F. J. A.: Robust and Efficient Autopilots Control Laws Design, Demonstrating the Use of Modern Robust Control Design Methodologies in the Autoland System Design Process – the REAL Project. In: Proocedings of the Aeronautic Days 2001, Hamburg, Germany (2001)
[20] Slotine, J. J. E., Li, W.: Applied Nonlinear Control. Prentice Hall, Englewood Cliffs(1991)
[21] Solea, R., Nunes, U.: Trajectory planning and sliding – mode control based trajectorytracking for cybercars. Integrated Computer – Aided Engineering 14, 33 – 47 (2007)
[22] Yokoyoma, M., Kim, G. N., Tsuchiya, M.: Integral sliding mode control with anti – windup compensation and its application to a power assist system. Journal of Vibration and Control16 (4), 503 – 512 (2010)
[23] Zimmer, D., Otter, M.: Real – time models for wheels and tyres in an object – oriented modelling framework. Vehicle System Dynamics 48, 189 – 216 (2010)

适用于微小型飞行器的避障策略

Obastacle Avoidance Strategy for Micro Aerial Vehicle

Cezary Kownacki

摘要:在城市环境中的避障研究是微小型飞行器(MAV)自主飞行问题中最复杂,也是最基本的研究问题。本文利用一对微型的激光测距仪(即 MLR100)和双 PID 回路的避障控制器提出了一个简易的避障策略。该策略可以作为一个附加的程序集成在飞行器的固件上(即 MP2128HELI)。在尺寸较小的微小型飞行器上很容易实现且其能源利用率高是该策略的主要优势。在之前的研究中,尤其是那些基于视觉的研究都需要微处理器具有很强的计算能力,而这正是微小型飞行器在实际应用时的重要瓶颈之一。另一方面,虽然光流传感器可以很容易地应用到微小型飞行器上,但是光流传感器需要一定程度的对比度,所以光流传感器的性能对天气状况非常敏感。本文中所提出的应用于城市环境的避障系统的有效性已经在 MATLAB-SIMULINK 软件中进行了验证。在实际飞行过程中,所有的数据处理和飞行器控制都将由先进的自动驾驶仪来完成,因此在仿真试验中并没有包含对飞行器的自主控制和复杂飞行动力学部分。这样的假设也使得本文可以在仿真中采用比较简单的微小型飞行器模型,并将更多关注点集中在对避障问题的研究。二维平面上的仿真轨迹也证实了该避障算法的有效性和安全性可以满足实际的城市道路飞行要求。

关键词:避障,自主飞行,自动驾驶仪,城市街道,微小型机载激光测距仪

1 引言

本文的主要研究目的是让微小型飞行器能够在未知环境中表现出尽可能优秀的自主性和飞行质量。对微小型飞行器来说,城市环境因其未知性和复杂性是最具挑战性的飞行环境。在城市环境的飞行途中,可能会意外出现各种类型的障碍物,所以需要避障算法具备可靠、快速的障碍物侦测方法,与此同时,还需要有路径

Cezary Kownacki
Bialystok Technical University, ul. Wiejska 45C, 15-351 Bialystok, Poland
e-mail: cezarkw@ poczta.onet.pl

点导航方法,以保证微小型飞行器能够到达目标点和完成各类任务。因此,导航算法和自主控制策略是决定自主飞行器鲁棒性的主要部分。

很多学者致力于研究如何提高微小型飞行器自主控制系统的有效性,采用的方法大多集中在基于图像的系统和数字图像处理方面[1,3,5]。基于视觉的导航系统可以让微小型飞行器观察到自身周围的情况,也使得重建环境的3D、2D地图成为可能,而建立了地图之后可以进一步用于路径规划[12]。然而,该类系统比较明显的缺点就在于图像处理过程非常复杂,需要具有高运算能力的数字信号处理系统。这会影响到飞行器的续航时间,而单纯的替换大容量的电池会导致飞行器的质量过大,并不可行。图像的稳定性也是另一个需要考虑的问题。尽管可以通过机械的方法使收集到的图像变得稳定,但是这也意味着增加电子器件的数量和程序的计算量。诚然,采用基于视觉的导航系统是实现飞行器自主性能的发展趋势,但是就目前的技术水平来看,其应用到微小型飞行器还为时尚早。

近来,一些研究者利用光流传感器来实现飞行器的自主控制系统,并取得了令人满意的结果。然而,大多数的试验证明都需要特殊的图形作为路标,以保证传感器可以收集到足够的视觉特征来规划安全的飞行路径[10-12]。在实际应用中,如果环境信息的特征对比不够明显,则基于光流传感器的自主飞行系统将会失效,并且会不可避免地出现振荡,这也是光流传感器的性能对天气状况和光照情况依赖性极强的原因。

设计微小型固定翼或者三角翼飞行器需要实现轻量化和低功耗。因此,也要求其机载的自主飞行控制系统是低能耗的。从另一方面来看,复杂的避障算法和导航策略必然需要高性能的微处理器来快速地计算出安全明确的飞行路线。大多数比较复杂的改进算法只进行了离线试验、计算机仿真,或者在特定环境条件下进行在线试验,而没有在不同的环境和不同的天气条件下进行过试验验证[1-11]。因此,设计有效的自主飞行控制系统的难点在于保证其在不同环境条件下的有效性,并且系统可以在现有设备上实现[12]。

本文针对微小型飞行器在城市街道环境的自主飞行,提出了一种自主避障策略,所用的设备包括两套微型激光测距仪 MRL100 和高级的自主驾驶仪 MP2828heli。由于激光扫描仪太重,所以不能将其安装到机身上(飞行器翼展1245mm,总质量1200g)。有些策略只使用了一个激光测距仪,但这样的配置无法实现城市街道的飞行[12]。所以我们选在了现在这样的配置,保证了飞行器在城市街道环境中的自主飞行,并用激光测距传感器代替了光流传感器[12]。所有必要的计算均在自动驾驶仪上完成,这也省去了很多不必要的电子设备。自动驾驶仪的生产商提供了一个名为 XTENDER 的开发工具,可以容许我们通过添加额外的代码来调整自主驾驶仪的固件。尽管本文的工作仅在仿真中做了验证,但是其很有可能应用到真正的微小型飞行器上,这也是我们下一步的研究方向。

2　避障策略

2.1　硬件设备及相关配置方法

两套微小型激光测距仪(LRF)是本文提出的自主避障策略的基础,如图 1 所示。它们将负责测量微小型飞行器飞行路径两侧障碍物的距离。通过 PID 回路和避障控制器控制飞行器与障碍物一直保持合适的距离就能实现飞行器自主避障和在城市环境中的持续航行[12]。激光测距仪最大的优势在于其特征特别适合用在微小型飞行器上。表 1 中是一些微型激光测距仪的特征参数。

其最重要的特点是质量小、尺寸小、功率大、频率大,而且 UART 串口是传输测量数据必不可少的。有效测量范围也是很适合将其应用到城市街道的飞行中。

当然,还有许多传感器可以满足避障的需求,但它们所能发挥的潜力都不如激光测距仪。微小型低分辨率的摄像头更小、更轻,但是正如前面所说,其需要性能很强的微处理器,而且对光照等条件要求都比较高。像夜间飞行这种极端例子,通常摄像头就无法发挥作用了。类似地,光流传感器对物体的对比度和天气状况非常敏感,当微小型飞行器在一个外侧墙壁没有什么显著对比的建筑物外飞行时,光流传感器就无法使用了。超声波传感器是一类广泛应用在机器人上的传感器,户外使用的超声波传感器的外部参数,如质量、尺寸都是与激光测距仪类似。超声波传感器的主要优势在于它发出的是宽束圆锥波,因而,与激光测距仪的单点测量相比具有更大的扫描范围。然而,它的有效测量范围却只有几米,如果微型飞行器飞行速度较快,几米的扫描范围不足以保证飞行器具有足够的转向空间。因此,根据上述这些原因,我们认为激光测距仪是目前用来实现城市环境下避障的最佳传感器。

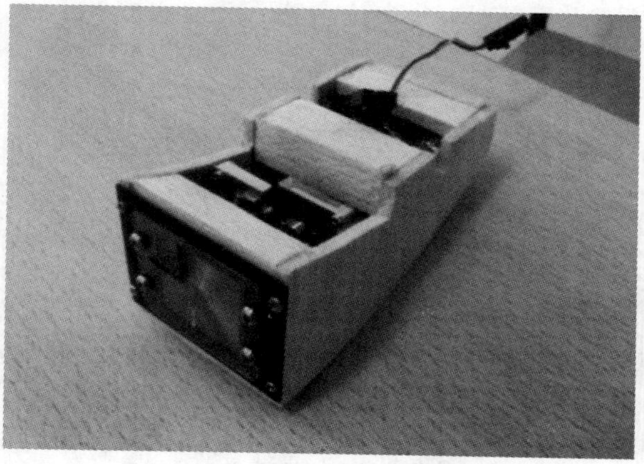

图 1　微小型激光测距仪 MRL100

表 1 微型激光测距仪 MRL100 的特征参数

项目	参数值
质量	26g
功率	<400mW
尺寸	1.25 英寸×1.5 英寸×1.6 英寸
脉冲频率	500Hz
分辨率	<0.2m
有效范围	0.1~100m
发散角	10×10mrad
输出	UART
滤波器	均值和中值滤波器

微小型激光测距仪的安装配置对系统的可靠性和实用性具有重要影响。我们认为,为了保证城市街道环境下的飞行,激光测距仪的安装配置可以满足以下几个条件:两个激光测距仪的激光束都与微小型飞行器的机身相切,指向飞行器前进方向,并在机头位置处呈特定的后掠角。最终,我们确定了如下"V"型的安装配置方式,如图 2 所示。

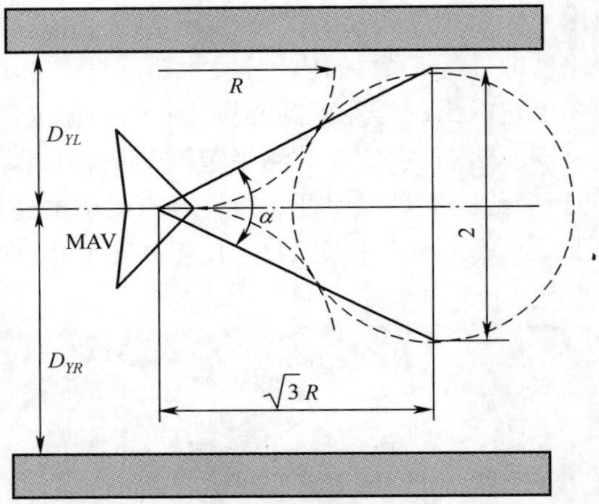

图 2 "V"型由激光测距仪的激光组成,
(α 是两个激光测距机间的夹角,R 是飞行器最小的回转半径)

这种配置可以满足微小型飞行器在城市街道环境中自主航行和躲避障碍物的需要,因为激光测距仪的扫描范围不但包含飞行器前方的区域,而且还覆盖飞行器可能飞行方向两侧的区域。两个激光测距仪光束之间的夹角公式为

$$\alpha = 2 \cdot \arctan\left(\frac{R}{\sqrt{3}R}\right) = \frac{\pi}{3}\text{rad} \tag{1}$$

在这种安装配置方式下，光束夹角 α 不受飞行参数的影响，如飞行速度或是最小回转半径。

超声波传感器或是激光测距仪的典型应用是在机器人移动的时候扫描环境。这种方法可以获取环境的栅格地图，从而规划安全的航行轨迹。对于二维环境来说，栅格地图的计算比较简单，但是当应用到三维环境时，却变得很复杂，而对于飞行器来说，建立三维地图是很重要的。因为处理的空间不同，三维栅格地图的维数和需要的存储空间都要远远大于二维栅格地图。即使微型飞行器只扫描二维的环境，激光传感器也必须通过平衡平台来稳定姿态，所以光束瞄准比较难实现的。

这也是要把激光测距仪固定在飞行器上的原因。这样一来，测量距离必须独立于飞行器的机身姿态，这对确定障碍物的实际距离至关重要。因此，我们不得不将在飞行器机体坐标系下描述的障碍物的位置信息转换到 NED 坐标系下（North East Down），如图 3 所示。所需的俯仰角和横滚角可以从自主驾驶仪的陀螺仪中获得。

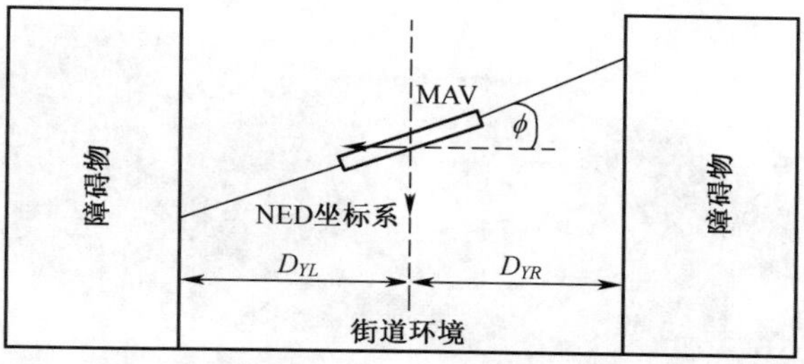

图 3　ϕ-横滚角，D_{YL}-NED 坐标系下左侧障碍物的 y 坐标值，D_{YR}-NED 坐标系下右侧障碍物的 y 坐标值

自主避障策略的可靠性很大程度上依靠具有预测性的飞行控制，所以高性能的自动驾驶仪系统是必须要采用的。如果因为我们设计的避障系统单独开发一个自主控制系统是没有意义的，这种工作既耗费时间又不能保证做出来的系统效果要好于已有的商业系统。表 2列出了一些 MP2128^{heli}（图 4）的参数，大多数 MicroPilot 的高级自动驾驶系统都足够满足我们的需求。

表 2　自动驾驶系统 MP2128^{heli} 的关键参数

特　征	值
常 GPS 重量/g	28
功率	140mA@ 6. 5V
尺寸/mm^3	100×40×15
可选择内环更新率/Hz	30/60/180
用户定义 PID 反馈环（用于相机稳定）	8
用户定义查表功能	8
AGL 支持自主起飞和着陆	是
航路点上调节高度	是

(续)

特　征	值
航路点上调节空速	是
用户定义保持模式	是
用户定义错误处理器(GPS 丢失,低电量等)	是
伺服分辨率/bit	11
伺服更新率/Hz	50~200
高度表最大高度/m	12000
三轴加速度计/g	2
最大角速度/(°/s)	159
高度更新率/Hz	200
12 状态卡尔曼滤波器	是
GPS 更新率/Hz	4
支持 DGPS 精度	是
航路点	1000

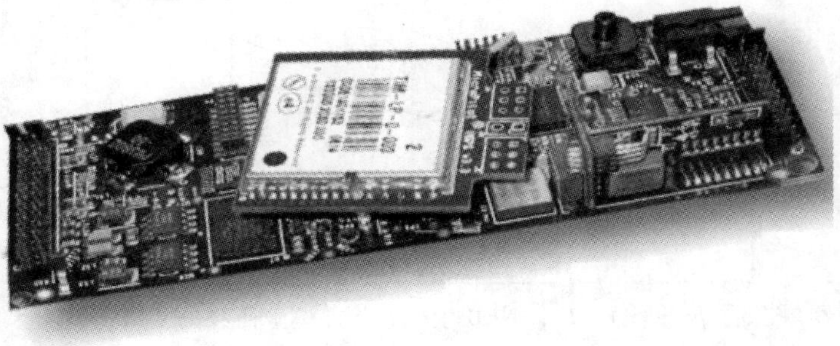

图 4　MP2128^{heli}

2.2　避障控制系统工作流程图

在自主避障策略中使用激光测距仪需要引入适当的控制算法。本文中我们提出了一种基于两个 PID 回路和避障控制器的控制算法。该算法程序可以集成到负责常规控制策略和航迹点导航的自动驾驶软件中。避障控制器决定各个任务的优先级,如航迹点导航和障碍物避碰。避障控制器可以重载常规的自动驾驶仪控制指令。

图 5 所示为自主避障系统的设计图。

GPS 和 IMU 是自动驾驶仪的内部组成原件,可用于常规的控制功能以及航迹点导航。地面站和自动驾驶仪是通过 2.4GHz 的无线调制解调器通信的。微型飞行器也可以通过一般的遥控器人工操作。本文提出的控制策略将仅作为 MP2128^{heli}标准功能的一项拓展功能。

激光测距仪在飞行器飞行过程中可以测量飞行器与建筑物之间的距离。然而,城市环境中还有很多尺寸较小而无法被有效探测到的障碍物,如路灯、树、路标

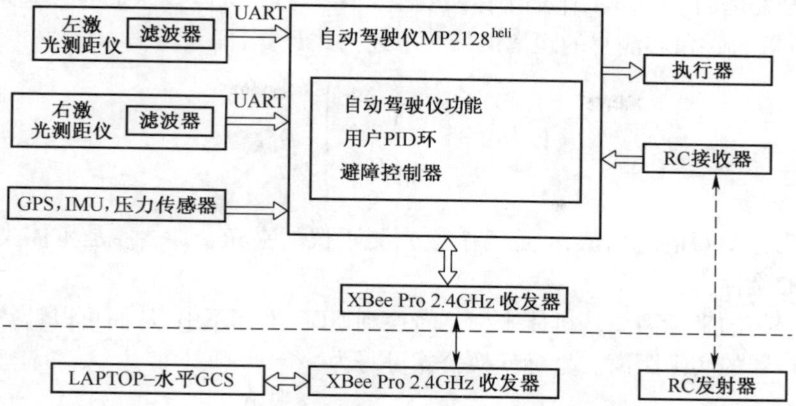

图 5　自主避障系统设计图

等。这是一项重要缺陷。被激光测距仪检测到的小型障碍物会在距离测量序列中引入峰值,类似于随机扰动或是噪声,会影响飞行器的稳定性。我们考虑使用滤波的方法来去除这些无用的信息,具体方式是采用 MLR100 中自带的中值和均值滤波器。因此,需要假设微型飞行器可以以巡航高度在城市街道中飞行。

2.3　信号传输和处理

信号传输和信号处理的流程图如图 6 所示。

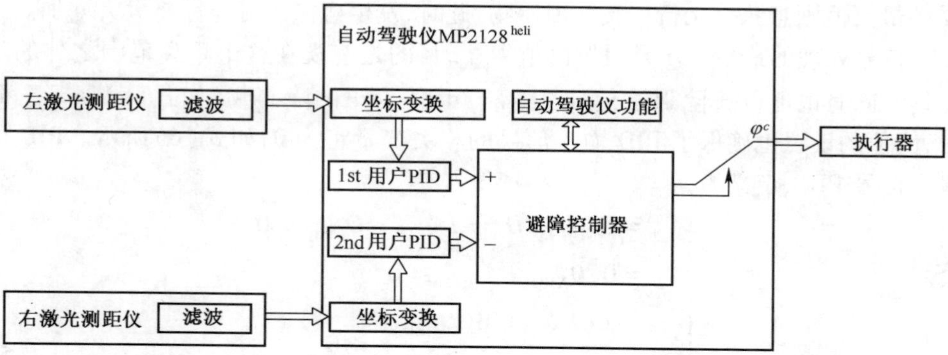

图 6　信号流和信号处理示意图

信号处理的第一步是去除由小障碍物、风或是其他扰动引起的距离峰值。这步将由 MLR100 激光测距仪自带的中值滤波器和均值滤波器完成。MLR100 通过串口将完成滤波处理的数据传输出来,这些数据可以直接参与计算无需再进行处理。如果 MLP100 的内部数据处理不够充分,那么,就有可能使用自动驾驶仪的软件滤波。但非常值得注意的是,这种额外的运算会降低自动驾驶的运行速度。

信号处理的下一步工作是坐标系变换。障碍物在机体坐标系下的坐标可以根据式(1)中的α角和测得的距离值按照下述公式计算,即

$$\begin{pmatrix} x_{BF} \\ y_{BF} \end{pmatrix} = \begin{pmatrix} \cos\left(\dfrac{\alpha}{2}\right) \\ \sin\left(\dfrac{\alpha}{2}\right) \end{pmatrix} \cdot D_{BF}^{*} \tag{2}$$

式中:D_{BF}^{*}是测得的距离值;α是两个激光测距仪的夹角;x_{BF}、y_{BF}是机体坐标系下障碍物的坐标。

障碍物的坐标需要从机体坐标系转换到NED坐标系中,从而可以计算出障碍物与飞行器的实际距离。坐标变换公式可写为

$$\begin{pmatrix} x_{\mathrm{NED}} \\ y_{\mathrm{NED}} \\ z_{\mathrm{NED}} \end{pmatrix} = \begin{pmatrix} 1 & 0 & 0 \\ 0 & \cos\phi & \sin\phi \\ 0 & -\sin\phi & \cos\phi \end{pmatrix} \cdot \begin{pmatrix} \cos\theta & 0 & \sin\theta \\ 0 & 1 & 0 \\ -\sin\theta & 0 & \cos\theta \end{pmatrix} \cdot \begin{pmatrix} x_{BF} \\ y_{BF} \\ 0 \end{pmatrix} \tag{3}$$

式中:x_{BF}、y_{BF}是机体坐标系下障碍物的坐标;x_{NED}、y_{NED}是NED坐标系下障碍物的坐标;ϕ是实时的横滚角;θ是实时的俯仰角。

在NED坐标系下可将障碍物的距离为

$$D_{\mathrm{NED}}^{*} = \sqrt{(x_{\mathrm{NED}}^{2} + y_{\mathrm{NED}}^{2})} \tag{4}$$

接下来计算D_{NED}^{*}的导数并将其作为控制信号,控制微小型飞行器的速度和飞行方向。如果$\mathrm{d}(D_{\mathrm{NED}}^{*})/\mathrm{d}t=0$,则意味着飞行器的飞行平行于障碍物。$\mathrm{d}(D_{\mathrm{NED}}^{*})/\mathrm{d}t$的最大值则意味着飞行器飞向障碍物,此时,发生碰撞的可能性将大大增加。

信号处理的最后一步是设置阈值D_{safe},目的是忽视在这个距离范围之外的障碍物。同时也可以排除那些使$\mathrm{d}(D_{\mathrm{NED}}^{*})/\mathrm{d}t$值为正的障碍物,如式(5)所示。同时,阈值的设置也确保了PID输入信号的相关变量将为0,如式(6)所示。PID的输入信号$\mathrm{PID}_{\mathrm{in}}$定义为

$$\begin{cases} E_D = D_{\mathrm{NED}}^{*} - D_{\mathrm{safe}}, D_{\mathrm{NED}}^{*} - D_{\mathrm{safe}} < 0 \\ E_D = 0, D_{\mathrm{NED}}^{*} - D_{\mathrm{safe}} \geqslant 0 \\ E_D^{*} = \dfrac{\mathrm{d}(D_{\mathrm{NED}}^{*})}{\mathrm{d}t}, \dfrac{\mathrm{d}(D_{\mathrm{NED}}^{*})}{\mathrm{d}t} < 0 \\ E_D^{*} = 0, \dfrac{\mathrm{d}(D_{\mathrm{NED}}^{*})}{\mathrm{d}t} \geqslant 0 \\ \mathrm{PID}_{\mathrm{in}} = E_D + E_D^{*} \end{cases} \tag{5}$$

式中:E_D为PID输入信号的第一个元素;D_{safe}为距离障碍物的安全阈值;D_{NED}^{*}为NED坐标系下障碍物距离的表达式;E_D^{*}为飞行器接近障碍物的速率,PID输入信号的第二个元素;$\mathrm{PID}_{\mathrm{in}}$为PID控制器的输入信号。

从 PID 输入信号的定义可以看出，只有当飞行器飞向障碍物或是距离障碍物过近时，避障策略才会发挥作用。因为飞行器接近障碍物的速率 E_D^* 与飞行器的速度成比例，避障策略是飞行器速度的间接函数，而 PID 控制器的输出信号会通过每个 PID 的符号反映所需横滚角的变化（左 PID 符号为+，右 PID 符号为-）。

2.4 避障控制器

避障控制器所扮演的角色是定义在不同的环境条件下应当考虑那种飞行控制任务，也就是航迹点导航和避障任务的选择。它的输入信号包括 PID 的输出和 D_{NED}^* 的实际值。避障控制器的工作类似于通勤模块，需要不断地根据障碍物的位置在 PID 控制器和航迹点导航之间来转换横滚角的控制。三角翼微型飞行器的期望航向角由一个关于期望横滚角 ϕ^C 和期望速度 V^C 的函数决定。确定了期望的常量速度 V^C 后，避障控制器的期望横滚角控制策略可以根据下式（图 7）进行设计，即

$$\phi^C = \begin{cases} \phi_{\mathrm{autopilot}} & ;\phi_{\mathrm{PIDright}} = 0 \cap \phi_{\mathrm{PIDleft}} = 0 \\ \phi_{\mathrm{PIDright}} + \phi_{\mathrm{PIDleft}} & ;\phi_{\mathrm{PIDright}} \neq 0 \cap \phi_{\mathrm{PIDleft}} \neq 0 \cap |\phi_{\mathrm{PIDright}}| \neq |\phi_{\mathrm{PIDleft}}| \\ \phi_{\mathrm{PIDright}} & ;(\phi_{\mathrm{PIDright}} \neq 0 \cap \phi_{\mathrm{PIDleft}} = 0) \cup \\ & \begin{pmatrix} \phi_{\mathrm{PIDright}} \neq 0 \cap \phi_{\mathrm{PIDleft}} \neq 0 \cap |\phi_{\mathrm{PIDright}}| = |\phi_{\mathrm{PIDleft}}| \cap \\ D_{\mathrm{NEDleft}}^{**} > D_{\mathrm{NEDright}}^{**} \end{pmatrix} \\ \phi_{\mathrm{PIDleft}} & ;(\phi_{\mathrm{PIDright}} = 0 \cap \phi_{\mathrm{PIDleft}} \neq 0) \cup \\ & \begin{pmatrix} \phi_{\mathrm{PIDright}} \neq 0 \cap \phi_{\mathrm{PIDleft}} \neq 0 \cap |\phi_{\mathrm{PIDright}}| = |\phi_{\mathrm{PIDleft}}| \cap \\ D_{\mathrm{NEDleft}}^{**} \leqslant D_{\mathrm{NEDright}}^{**} \end{pmatrix} \end{cases} \tag{6}$$

式中：ϕ^C 为微型飞行器的期望横滚角；$\phi_{\mathrm{autopilot}}$ 为源自航迹点导航指令的期望横滚角；ϕ_{PIDright} 为源自右侧 PID 控制的期望横滚角；ϕ_{PIDleft} 为源自左侧 PID 控制的期望横滚角。

如果两侧的 PID 输出都为 0，则源自航迹点的导航指令将会控制期望横滚角（图 7(a)）。当两侧的 PID 输出值是不同的非零数时，期望横滚角将由两侧的 PID 输出值的和决定（如图 7(d)所示，左侧 PID 输出值为正，右侧 PID 输出值为负）。在此处还需要提醒的是，ϕ_{PIDleft} 是正的横滚角（右翼下降），ϕ_{PIDright} 是负的横滚角（右翼上升）。所以 ϕ_{PIDleft} 使微型飞行器向右旋转，ϕ_{PIDright} 使微型飞行器向左旋转。有可能出现的情况还有：只有左 PID 输出值为 0，或者当两侧的 PID 输出值都为相同的非零数且从左侧传感器获得的 D_{NED}^* 值大于从右侧传感器获得的 D_{NED}^* 值（图 7(c)和图 7(f)）。当这种情况发生时，期望横滚角 ϕ^C 只受右侧 PID 输出值控制。最后一种情况和前述这种情况正好相反，即当只有右侧 PID 输出为 0，或者两侧的 PID 输出值都为相同的非零数且从左侧传感器获得的 D_{NED}^* 值小于右侧传感

器获得的 D_{NED}^* 值(图 7(b)和图 7(e))时,期望横滚角 ϕ^C 只受左侧 PID 输出值控制。

总而言之,避障控制器控制期望横滚角根据的是飞行器周围实时的障碍物信息以及下一个航迹点的坐标。

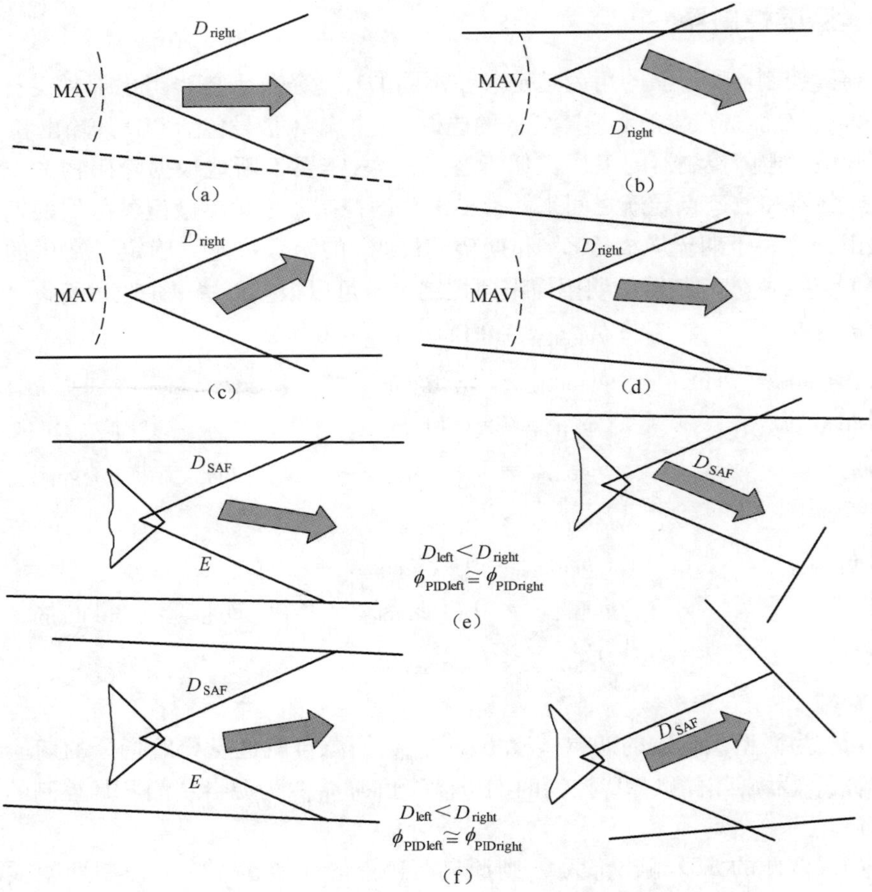

图 7　避障控制器对期望横滚角的控制策略示意图

3　仿真

3.1　三角翼微型飞行器模型

本文提出的避障策略在 MATLAB-SIMULINK 环境中进行了仿真。由于我们不能像 Kestrel 自动驾驶仪那样进行考虑光特性的仿真[12],所以需要适当的微型飞行器模型来获得飞行器的模拟飞行路线。我们采用简单的三角翼微型飞行器模型[6],

其相关数学模型可定义为

$$\begin{cases}\dot{x} = V \cdot \cos\psi \\ \dot{y} = V \cdot \sin\psi \\ \dot{\psi} = \dfrac{g}{V} \cdot \tan\phi \\ \dot{V} = \alpha_V(V^C - V) \\ \dot{\phi} = \alpha_\phi(\phi^C - \phi)\end{cases} \tag{7}$$

式中：x、y 为微小型飞行器的实际坐标；V 为微小型飞行器的实际速度；V^C 为微小型飞行器的期望速度；ψ 为微小型飞行器的实际航向角；ϕ 为实际横滚角；ϕ^C 为期望横滚角；α_V、α_ϕ 为微小型飞行器动力学的时间常数；g 为重力加速度常数。

模型设计得比较简易，但足以满足我们仿真的需求，我们的主要目的是得到微型飞行器在不同障碍物环境中的飞行轨迹。微型飞行器在真实环境中航行的一些飞行参数没有考虑在该模型内，因为相比之下这些参数更依赖于自动驾驶仪的性能而不是避障策略。设计自动驾驶仪及其控制软件并不是本文的研究目标。我们采用商用的自动驾驶仪 MP2128^{heli}，就能够很好地满足我们简化模型的假设。但是通过自动驾驶仪的精确调控保证飞行器在不同天气情况下的良好飞行性能是我们下一步飞行测试研究的重要内容。

我们的仿真试验假设航行轨迹受两个因素影响：航行速度 V^C 和期望横滚角 ϕ^C。同时，我们还假设航行速度 V^C 是个定值，只有横滚角 ϕ^C 受避障策略的控制。

3.2 自动驾驶仪模型

自动驾驶仪模型也需要好的仿真性能。因为仿真的主要目的是为了获得二维的飞行轨迹，所以自动驾驶仪模型会受基于航向角控制的航迹点导航的影响。自动驾驶仪的模型由单个的 PID 控制器建立，该控制器的作用是最小化实时航向角和指向下个航向点的方位角之间的差。因此，自动驾驶仪模型可以用下面的公式表示，即

$$\begin{cases}\psi_{\text{err}} = \psi_{WP} - \psi \\ \psi_{WP} = \arctan\left(\dfrac{y_{WP} - y}{x_{WP} - x}\right) \\ \phi_{\text{autopilot}} = \text{PID}(\psi_{\text{err}})\end{cases} \tag{8}$$

式中：ψ_{err} 为追踪角误差；ψ 为实际航向角；ψ_{WP} 为指向下个航迹点的实际方位角；x、y 为微型飞行器的实际坐标；x_{WP}、y_{WP} 为下个航迹点的坐标；PID 为 PID 的变换函数；$\phi_{\text{autopilot}}$ 为期望横滚角。

期望横滚角 $\phi_{\text{autopilot}}$ 是该模型的输出，当距离障碍物的最近距离大于安全范围 D_{safe} 时，使用该输出（图 7(a)）。

完整的仿真模型如图 8 所示。

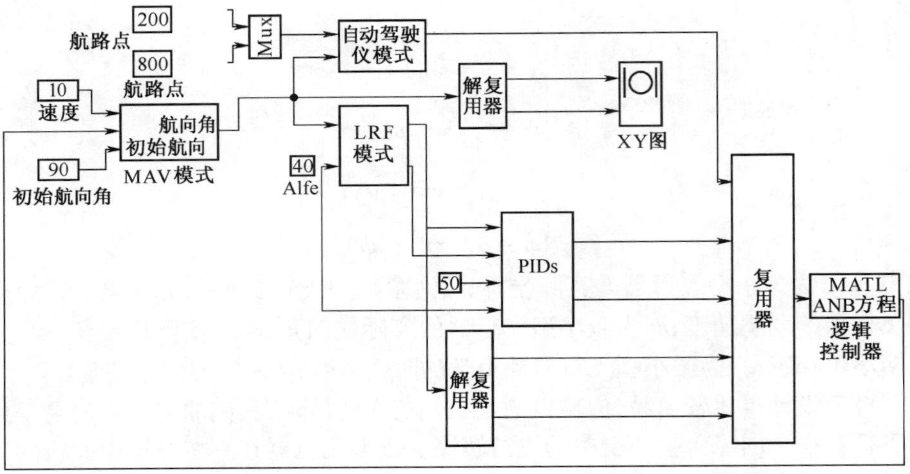

图 8　自主避障策略仿真模型

在仿真试验中,用四幅合成街景和障碍物的地图作为仿真环境。

4　仿真结果

四幅具有不同特征的环境地图用来演示控制策略的功能,其中两幅关注城市街道的航行问题,另外两幅更关注在飞行过程中的避障表现。在每次仿真中,带有初始航向角的水平飞行都从标记为 SP 的点开始。水平飞行的下一个航迹点标记为 WP。仿真的结果呈现在图 9~图 12 中。

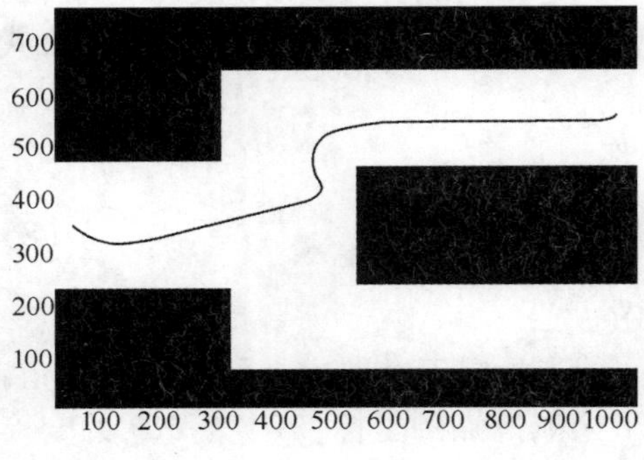

图 9　在街道环境中的飞行仿真(一)

(初始航向角:0°;起始点:$x=50,y=350$;

下个航迹点:$x=1000,y=550$)

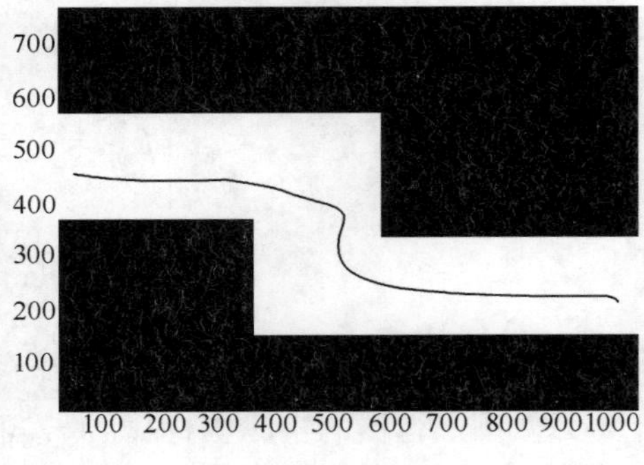

图 10　在街道环境中的飞行仿真(二)

(初始航向角:0°;起始点:$x=50,y=450$;

下个航迹点:$x=1000,y=200$)

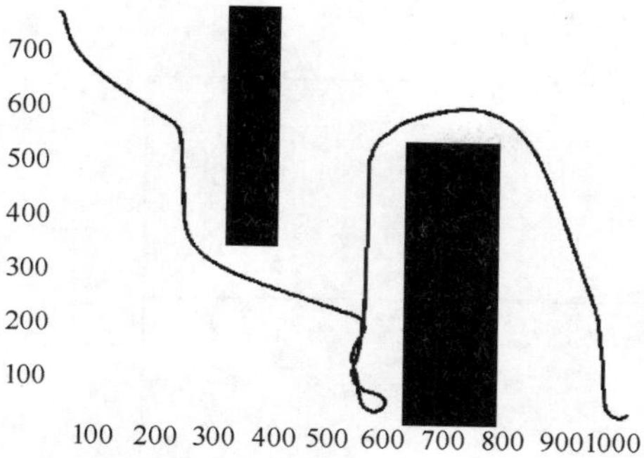

图 11　微小型飞行器的避障飞行
（初始航向角：0°；起始点：$x=50$，$y=50$；
下个航迹点：$x=1000$，$y=50$）

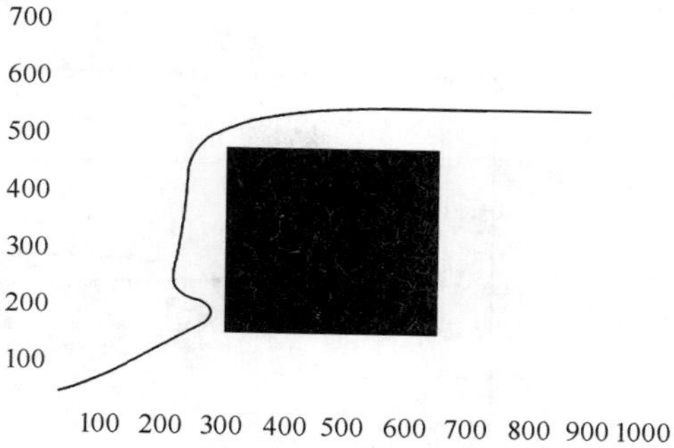

图 12　微小型飞行器的避障飞行
（初始航向角：50°；起始点：$x=50$，$y=50$；
下个航迹点：$x=900$，$y=600$）

障碍物用黑色的填充形状表示。地图的边界看成障碍物，因而，微小型飞行器也应该躲避地图边界。在仿真中我们用到以下这些模型参数，即

$$V^C = 12\text{m/s}, D_{\text{safe}} = 60\text{m}, \alpha = 30°, \alpha_V = 0.5, \alpha_\phi = 0.5$$

同时，我们假设在仿真试验中不存在外部扰动和风力的影响。

观察仿真图中呈现的航迹，我们注意到微型飞行器总是能够和障碍物保持一定的安全距离。所有障碍物的尺寸均远大于微型飞行器的尺寸，所以在仿真图中用单个的点来表示飞行器的航迹。这也是为什么有些转弯的地方对于三角翼飞行器来说显得太过剧烈。更多避障策略的行为可以通过观察和分析避障控制器的输入、输出 D^*_{NED}，ϕ^C，$\phi_{\text{autopilot}}$，ψ 来计算。一些特定信号的曲线如图 13～图 15 所示，它们对应于图 11 的仿真场景。

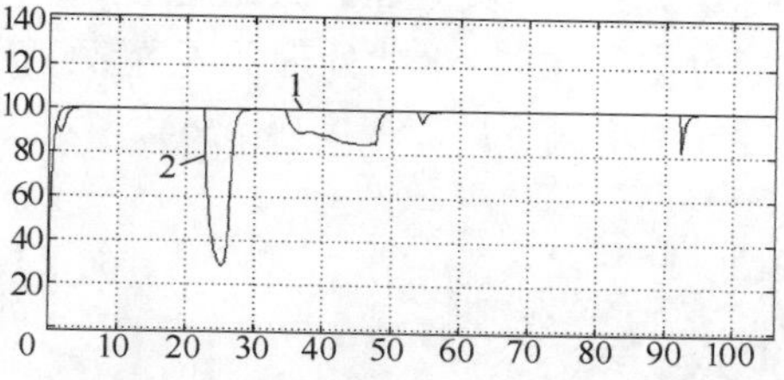

图 13　仿真信号 D^*_{NED}（1——左侧激光测距机，2——右侧激光测距机）

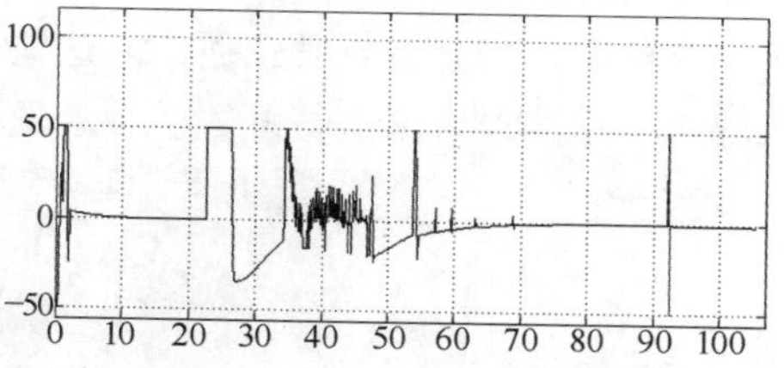

图 14　仿真信号 ϕ^C——期望横滚角

仿真中使用的飞行路径并不是微小型飞行器的最短有效路径，如图 11 所示，这是因为在我们的研究工作中暂且未讨论路径优化问题。路径规划产生的计算量必然会使自动驾驶仪的性能下降。在一些研究工作中，路径规划在单独的 PC 设备上进行，计算得到的优化路径以点序列的方式传递给自动驾驶仪[12]。所以目前的路径规划算法并不能算是自主飞行系统的一部分，这也是目前避障策略的不足之处。然而，本文的研究目的是探究如何基于可用的装备和微型飞行器实现避

障控制系统。

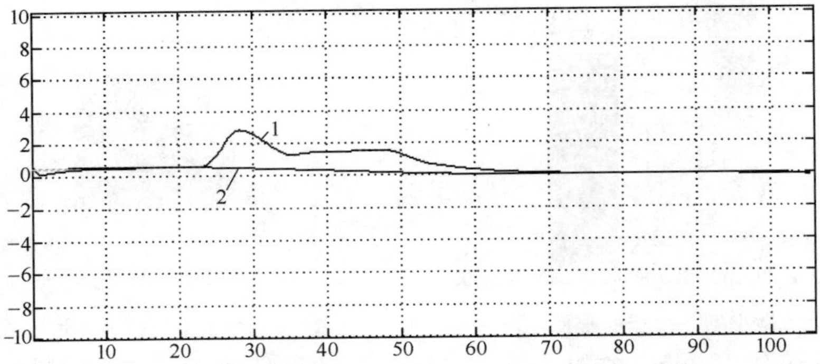

图 15　仿真信号 $\phi_{autopilot}$(1 ——来自航迹点导航的期望横滚角,2 ——实时航向角)

5　用于测试的机身

为了验证仿真获得的数据,我们用 ELAPOR 制作了一个三角翼遥控飞行器来进行试验测试。ELAPOR 是一种可以尽可能满足改装要求的材料。同时这种材料还对可能发生的撞击有一定的抵抗能力,而且易于修复。

在机舱内部,搭载了 $MP2128^{heli}$ 自动驾驶仪、速度控制器以及标准的 35MHz 遥控信号接收器,机舱用塑料物进行密封,以保护其中的电子设备。XBee Pro 2.4GHz 无线调制解调器、GPS 天线和电池对称地安装在两个机翼上。为了装载 MLR100 激光测距仪,我们特别用轻木设计了装载附件,并将其安装在机翼表面。激光测距仪靠两个独立的串口与自动驾驶仪通信。这些串口通过修改 $MP2128^{heli}$ 处理器闲置数字输入输出端口的设置来进行配置。自动驾驶仪硬件中集成了避障程序(图 16)。

图 16　用于测设的机身—三角翼微型飞行器

我们正在准备首次航行,航行过程中将展现机身的性能,并获得自动驾驶仪和避障策略调整的必要数据。当所有的配置工作完成后,机身将具有完整的功能并实现自主飞行,并验证不同碰撞情况下避障策略的有效性。

6 总结

图 9~图 12 呈现了在微型飞行器飞行路线确定的情况下,避障策略在四种环境场景中的航行仿真结果。这些仿真结果证明了策略的有效性,同时也说明了该策略可以很好地应用到真实的试验中。在每个试验中,微型飞行器都成功地避开了障碍物并到达了目标航迹点。图 9 和图 10 中的结果也预示着应用该控制策略的微型飞行器在城市街道中进行航行的可能性。这是微型飞行器在城市环境中自主飞行的主要特征。避障策略同时也满足了自主避障的需求,如图 9 和图 10 所示。

总而言之,本文的研究目的已经达到且研究工作可以继续开展下去。根据上述结果,我们可以预测本文的避障策略可以有效地应用在商用自动驾驶仪(如 $MP2128^{heli}$)和微型飞行器上。本算法的优势在于可以对环境信息做出快速响应,这都归功于实时的信号处理。其他涉及路径规划或者图像处理的算法会因为计算量过大而降低响应速度。在实际应用中验证避障策略的有效性将是我们下一步的研究工作。

致谢

本文的研究工作由波兰国家科技部和高等科技教育(2008—2010)的 No. O R00 0059 06 发展项目资助。

参考文献

[1] Frew, E., Sengupta, R.: Obstacle Avoidance with Sensor Uncertainty for Small Un-manned Aircraft. In: 43rd IEEE Conference on Decision and Control, Paradise Island, Bahamas (December 2004)

[2] Frew, E., Spry, S., Howell, A., Hedrick, J., Sengupta, R.: Flight Demonstrations of Self-Directed Collaborative Navigation of Small Unmanned Aircraft. In: AIAA 3rd Unmanned Unlimited Technical Conference, Workshop & Exhibit, Chicago, IL (Sep-tember 2004)

[3] Frew, E., McGee, T., Kim, Z., Xiao, X., Jackson, S., Morimoto, M., Rathinam, S., Padial, J., Sengupta, R.: Vision-Based Road Following Using a Small Autonomous Aircraft. In: IEEE Aerospace Conference, Big Sky, MT (March 2004)

[4] Frew, E., Langelan, J.: Receding Time Horizon Control for Passive, Non - cooperative UAV See -and - Avoid. In: IEEE International Conference on Robotics and Automation, Barcelona, Spain (April 2005)

[5] He, Z., Venkataraman Iyer, R., Chandler, P.R.: Vision - based UAV flight control and obstacle avoidance. In: IEEE Automatic Control Conference (2006)

[6] Saunders, J.B., Call, B., Curtis, A., Beard, R.W., McLain, T.W.: Static and Dynamic Obstacle Avoidance in Miniature Air Vehicles. In: Infotech @ Aerospace, AIAA, Ar - lington, Virginia, September 26 - 29 (2005)

[7] Anderson, E.: Extremal control and unmanned air vehicle trajectory generation. Mas - ter's thesis, Brigham Young University (April 2002)

[8] Dong, T., Liao, X.H., Zhang, R., Sun, Z., Song, Y.D.: Path Tracking and Obstacle Avoidance of UAVs - Fuzzy Logic Approach. In: FUZZ 2005 The 14th IEEE Interna - tional Conference on Fuzzy Systems, Reno, pp. 43 - 48 (2005)

[9] Scherer, S.: Flying Fast and Low Among Obstacles: Methodology and Experiments. The International Journal of Robotics Research 27(5), 549 - 574 (2008)

[10] Zufferey, J.- C., Klaptocz, A., Beyeler, A., Nicoud, J.- D., Floreano, D.: A 10 - gram Vi - sion - based Flying Robot. Advanced Robotics 21(14), 1671 - 1684 (2007)

[11] Zufferey, J.- C., Beyeler, A., Floreano, D.: Optic Flow to Steer and Avoid Collisions in 3D. In: Flying Insects and Robots. Springer, Berlin (2009)

[12] Beyeler, A., Zufferey, J.- C., Floreano, D.: OptiPilot: control of take - off and landing using optic flow. In: EMAV 2009, Delft, Netherland (2009)

[13] Griffiths, S., Saunders, J., Curtis, A., Barber, B., McLain, T., Beard, R.: Obstacle and Terrain Avoidance for Miniature Aerial Vehicles. In: Advances in Umanned Aerial Vehicles, State of Art and the Road to Autonomy, pp. 213 - 244. Springer, Heidelberg (2007)

基于选择参数的飞行轨迹后优化敏感性

Post - Optimal Sensitivities of Flight Trajectories with Respect to Selected Parameters

C. Buskens, F. Fisch, F. Holzapfel

摘要:在本文中,将对优化飞行轨迹选定参数的灵敏度进行分析。特别是大气的影响,如风或标准大气压的偏离,应该予以考虑,因为这些参数强烈地影响着各自的最优轨迹。

1 引言

在许多引导或控制的应用中,飞行器(如无人机)应该沿着给定的参考轨迹飞行。通常,参考轨迹是通过具体飞行任务执行前的高保真离线优化而获得的。然后,这条参考轨迹与合适的引导或控制算法一同被存储在飞行器的板载系统里。对于离线优化,某些与环境条件有关的参数是必需的。通常,这些参数值并不能预先知道,甚至可能在飞行任务期间改变。因此,离线计算的参考轨迹可能既不是有效的也不是最优的。在大多数情况下,将高保真离线优化算法用于飞行任务的在线重新优化过于费时。一种可能的方法是使用满足实时性要求,并可以在飞行器的板载系统上实现的简化优化算法。例如,Yakimenko 等[8,9]使用高阶多项式作为参考函数来描述飞行器轨迹,从而将优化问题简化为确定几个参数。简化后的优化问题能够实时地在线完成。在本文中,另外一种有效的可能性被引入,次优的参考轨迹可以在板载系统上实时计算[6,7],并且没有任何时间消耗在飞行轨迹的重新优化上面。由此,关于选择参数的最优轨迹的后优化灵敏度通过离线计算得到。这些灵敏度可以在环境参数出现扰动时,实时地恢复有效的接近最优的引导飞行器的参考轨迹。在这种情况下,使用任何飞行控制系统追踪引导轨迹都将变得容易,因为引导轨迹能够根据环境影响的变化进行校正。

2 飞行器仿真模型

飞行系统动力学是由三自由度质点仿真模型表示的。在下文中,将描述运动方程,并解释质点仿真模型中对风力影响的适当考虑。此外,将给出允许考虑标准大气中温度偏离的大气模型。

运动的位置方程在 NED(North - East - Down)坐标系中表述。NED 坐标系的原点位于飞行器的重心,x 轴指向北方,y 轴指向东方,z 轴指向下方。运动位置方程为

$$\begin{pmatrix} \dot{x} \\ \dot{y} \\ \dot{z} \end{pmatrix}_O^E = \begin{pmatrix} V_K^G \cdot \cos\chi_K^G \cdot \cos\gamma_K^G \\ V_K^G \cdot \sin\chi_K^G \cdot \cos\gamma_K^G \\ -V_K^G \cdot \sin\gamma_K^G \end{pmatrix}_O \tag{1}$$

式中:V_K 是运动速度;χ_K 是运动航向角;γ_K 是运动爬升角。假设飞行器飞过平坦、无自转的地球表面,将得到简化的平移运动方程,即

$$\dot{V}_K^G = \frac{\sum (F_x^G)_K}{m} \tag{2}$$

$$\dot{\chi}_K^G = \frac{\sum (F_y^G)_K}{m \cdot V_K^G \cdot \cos\gamma_K^G} \tag{3}$$

$$\dot{\gamma}_K^G = -\frac{\sum (F_z^G)_K}{m \cdot V_K^G} \tag{4}$$

式中:m 表示飞行器的质量且假设保持不变。在运动参考坐标系 K 中,所有外力的合力 $\sum \boldsymbol{F}$ 由重力 $\boldsymbol{F}_G$、空气动力 $\boldsymbol{F}_A$ 和推进力 $\boldsymbol{F}_P$ 组成,即

$$\sum (\boldsymbol{F}^G)_K = (\boldsymbol{F}_A^G)_K + (\boldsymbol{F}_P^G)_K + (\boldsymbol{F}_G^G)_K \tag{5}$$

重力 $\boldsymbol{F}_G$ 由下面的公式给出,即

$$(\boldsymbol{F}_G^G)_K = \boldsymbol{M}_{KO} \cdot (\boldsymbol{F}_G^G)_O = \boldsymbol{M}_{KO} \cdot \begin{pmatrix} 0 \\ 0 \\ mg \end{pmatrix}_O \tag{6}$$

式中:g 表示重力加速度常数。变换矩阵 $\boldsymbol{M}_{KO}$ 由后面的式(18)给出。等效作用在飞行器重心的空气动力 $\boldsymbol{F}_A$ 由下面公式计算,即

$$(\boldsymbol{F}_A^G)_K = \boldsymbol{M}_{KA}(\boldsymbol{F}_A^G)_A = \boldsymbol{M}_{KA}\begin{pmatrix} -D \\ Q \\ -L \end{pmatrix}_A = \boldsymbol{M}_{KA}\begin{pmatrix} -\bar{q} \cdot S \cdot C_D \\ \bar{q} \cdot S \cdot C_Q \\ -\bar{q} \cdot S \cdot C_L \end{pmatrix}_A \tag{7}$$

式中:D 表示阻力;Q 表示空气动力在气动坐标系 A 的 y 轴上的分力;L 表示升力。变换矩阵 $\boldsymbol{M}_{KA}$ 由后面的式(17)给出。动压 $\bar{q}$ 由空气密度 ρ 和气动速度 V_A 计算得到,即

$$\bar{q} = \frac{1}{2} \cdot \rho \cdot (V_A^G)^2 \tag{8}$$

气动系数由下面的公式给出,其中包括一个线性的升力曲线和二次的阻力极线,即

$$C_D = C_{D0} + k \cdot (D_L - C_{L0,C_D})^2 + C_{D\dot{p}} \cdot \dot{p}^2 \tag{9}$$

$$C_Q = C_{Q\beta} \cdot \beta_{A,\text{CMD}} \tag{10}$$

$$C_L = C_{L0} + C_{L\alpha} \cdot \alpha_{A,\text{CMD}} \tag{11}$$

式中:α_A 是控制的攻角;β_A 是控制的侧滑角。假设推进力与飞行器运动速度的 x 轴平行,即

$$(\boldsymbol{F}_P^G)_K = \begin{pmatrix} T \\ 0 \\ 0 \end{pmatrix}_K \tag{12}$$

下面关于推力 T 的关系式适用于以螺旋桨为动力的飞机,即

$$T = T_{\max} \cdot \frac{V_{\text{ref}}}{V_A^G} \cdot \left(\frac{\rho}{\rho_{\text{ref}}}\right)^{n_\rho} \cdot \delta_{T,\text{CMD}} \tag{13}$$

式中:$T_{\max}$ 为推力的最大值;V_{ref} 为参考速度;ρ_{ref} 为参考空气密度;n_ρ 为密度指数;δ_T 为控制的推力杆位置。使用式(14)给出的大气模型,计算空气密度 ρ,其中空气密度是飞行器 NED 参考坐标中向下位置 z 的函数,即

$$\rho = \rho_{\text{ref}}\left[1 + \frac{\gamma_{\text{ref}}}{T_{\text{ref}}} \cdot (-z)\right]\left(-\frac{g}{R \cdot \gamma_{\text{ref}}} - 1\right) \tag{14}$$

式中:T_{ref} 为参考温度;γ_{ref} 为参考温度梯度;R 为气体常数。式(14)在大气对流层中有效,也就是说,在高度为 2~11km 有效。大气模型中的参考值是根据国际标准大气 DIN ISO 2533 [5] 确定。通过调整相应的参考温度 T_{ref} 考虑标准大气中温度偏离的影响,即

$$T_{\text{ref}}^* = T_{\text{ref}} + \Delta T_{\text{ISA}} \tag{15}$$

此外,在仿真模型中添加气动倾斜角 μ_A 的微分方程:

$$\dot{\mu}_A^G = p_{\text{CMD}} \tag{16}$$

式中:p 为控制的滚转角速度。作用在飞行器重心上的空气动力 $\boldsymbol{F}_A$ 在气动坐标系 A 中计算,然后通过气动坐标系 A 与运动参考坐标系 K 之间的转移矩阵 $\boldsymbol{M}_{KA}$ 转换到运动参考坐标系 K(式(7))。气动坐标系 A 与运动参考坐标系 K 之间的转移矩阵 $\boldsymbol{M}_{KA}$ 由下式给出,即

$$\boldsymbol{M}_{KA} = \boldsymbol{M}_{KO} \cdot \boldsymbol{M}_{O\bar{A}} \cdot \boldsymbol{M}_{\bar{A}A} \tag{17}$$

$$\boldsymbol{M}_{KO} = \begin{bmatrix} \cos\chi_K^G \cdot \cos\gamma_K^G & \sin\chi_K^G \cdot \cos\gamma_K^G & -\sin\gamma_K^G \\ -\sin\chi_K^G & \cos\chi_K^G & 0 \\ \cos\chi_K^G \cdot \sin\gamma_K^G & \sin\chi_K^G \cdot \sin\gamma_K^G & \cos\gamma_K^G \end{bmatrix} \tag{18}$$

$$M_{O\bar{A}}=\begin{bmatrix}\cos\chi_A^G\cdot\cos\gamma_A^G & -\sin\chi_A^G & \cos\chi_A^G\cdot\sin\gamma_A^G\\ \sin\chi_A^G\cdot\cos\gamma_A^G & \cos\chi_A^G & \sin\chi_A^G\cdot\sin\gamma_A^G\\ -\sin\gamma_A^G & 0 & \cos\gamma_A^G\end{bmatrix} \tag{19}$$

$$M_{\bar{A}A}=\begin{bmatrix}1 & 0 & 0\\ 0 & \cos\mu_A^G & -\sin\mu_A^G\\ 0 & \sin\mu_A^G & \cos\mu_A^G\end{bmatrix} \tag{20}$$

式中：χ_A 表示气动航向角；γ_A 表示气动爬升角。气动航向角和气动爬升角需要在考虑风力影响的情况下利用各自的运动学关系来计算。因此，首先获得飞行器重心及其组件在 NED 坐标系中的气动速度，即

$$(V_A^G)_O^E=(V_K^G)_O^E-(V_W^G)_O^E \tag{21}$$

式中：V_W 表示 NED 坐标系里的风力场，分量为 u_w 、v_w 和 w_w ，其中 u_w 指向北方，v_w 指向东方，w_w 指向下方。在气动速度 V_A 的帮助下，气动航向角χ_A 、气动爬升角 γ_A 和绝对气动速度 V_A 可以由计算得到，即

$$(V_A^G)_O^E=\begin{pmatrix}u_A^G\\ v_A^G\\ w_A^G\end{pmatrix}_O^E=\begin{pmatrix}V_A^G\cdot\cos\chi_A^G\cdot\cos\gamma_A^G\\ V_A^G\cdot\sin\chi_A^G\cdot\cos\gamma_A^G\\ -V_A^G\cdot\sin\gamma_A^G\end{pmatrix}_O^E \tag{22}$$

$$V_A^G=\|(V_A^G)_O^E\|_2=\sqrt{[(u_A^G)_O^E]^2+[(v_A^G)_O^E]^2+[(w_A^G)_O^E]^2} \tag{23}$$

$$\chi_A^G=\arctan\left(\frac{(v_A^G)_B^E}{(u_A^G)_B^E}\right) \tag{24}$$

$$\gamma_A^G=\arctan\left(\frac{(w_A^G)_B^E}{\sqrt{[(u_A^G)_B^E]^2+[(v_A^G)_B^E]^2}}\right) \tag{25}$$

总体而言，飞行器仿真模型由七个状态量组成，分别是北向位置 x、东向位置 y、下方位置 z、运动速度 V_K 、运动航向角χ_K 、运动爬升角 γ_K 和气动倾斜角μ_A 。控制输入是气动攻角 α_A 、气动侧滑角 β_A 、滚转角速度 p 和推力杆位置 δ_T 。对于第三节中描述的飞行比赛轨迹优化问题，控制的侧滑角 β_A 被设定为 0，推力杆位置 δ_T 被设定为 1。

3 飞行比赛的轨迹优化问题

飞行比赛的轨迹优化问题的任务是为给定的赛道找到最短的可能比赛时间 t_f 。最优控制问题可以描述如下。

确定最优控制的记录，即

$$\boldsymbol{u}_{\mathrm{opt}}(t) \in \mathbb{R}^{m} \tag{26}$$

相应的最优状态轨迹为

$$\boldsymbol{x}_{\mathrm{opt}}(t) \in \mathbb{R}^{n} \tag{27}$$

最小化 Bolza 损失函数为

$$J = e(\boldsymbol{x}(t_f), t_f) + \int_{t_0}^{t_f} L(\boldsymbol{x}(t), \boldsymbol{u}(t), t)\,\mathrm{d}t \tag{28}$$

服从的状态方程为

$$\dot{\boldsymbol{x}}(t) = \boldsymbol{f}(\boldsymbol{x}(t), \boldsymbol{u}(t), t) \tag{29}$$

初始和最终的边界条件为

$$\boldsymbol{\psi}_0(\boldsymbol{x}(t_0), t_0) = 0, \boldsymbol{\psi}_0 \in \mathbb{R}^{q}, q \leqslant m+n \tag{30}$$

$$\boldsymbol{\psi}_f(\boldsymbol{x}(t_f), t_f) = 0, \boldsymbol{\psi}_f \in \mathbb{R}^{p}, p \leqslant m+n \tag{31}$$

内点条件为

$$\boldsymbol{r}(\boldsymbol{x}(t_i), \boldsymbol{u}(t_i), t_i) = 0, \boldsymbol{r} \in \mathbb{R}^{k} \tag{32}$$

等式和不等式条件为

$$\boldsymbol{C}_{\mathrm{eq}}(\boldsymbol{x}(t), \boldsymbol{u}(t), t) = 0, \boldsymbol{C}_{\mathrm{eq}} \in \mathbb{R}^{r} \tag{33}$$

$$\boldsymbol{C}_{\mathrm{ineq}}(\boldsymbol{x}(t), \boldsymbol{u}(t), t) \leqslant 0, \boldsymbol{C}_{\mathrm{ineq}} \in \mathbb{R}^{s} \tag{34}$$

对于飞行比赛轨迹优化问题,Bolza 损失函数可以简化为 Mayer 函数,因为唯一的目标是最小化完成时间,即

$$J = t_f \tag{35}$$

状态矢量 $\boldsymbol{x}$、控制矢量 $\boldsymbol{u}$ 和相关的动力学特性已在第二节中给出。初始和最终的边界条件以及内点条件是由各种飞行比赛类型分别确定的。虽然没有等路径约束,但是安全规则或飞行器性能限制会产生不等路径约束。首先,驾驶员需要遵守一定的离地间隙,即

$$z_{\min} - z(t) \leqslant 0 \tag{36}$$

此外,安全规则要求不能超出机体固定坐标系 z 轴方向上负载系数 $n_{z,B}$ 的上限和下限,即

$$\begin{aligned} n_{Z,\min} - n_Z(t) &\leqslant 0 \\ n_Z(t) - n_{Z,\max} &\leqslant 0 \end{aligned} \tag{37}$$

除了不能超过安全规则给出的最大速度 $V_{\max}$,飞行器的速度 V_A 也不能低于失速速度 V_{stall} ,即

$$\begin{aligned} V_{\mathrm{stall}} - V_A(t) &\leqslant 0 \\ V_A(t) - V_{\max} &\leqslant 0 \end{aligned} \tag{38}$$

附加的不等式路径约束来自于飞行器对于攻角 α_A 的最大最小角度和滚转角速度 p_K 的最大最小值的性能限制,即

$$\begin{aligned} \alpha_{A,\min} - \alpha_A(t) &\leqslant 0 \\ \alpha_A(t) - \alpha_{A,\max} &\leqslant 0 \end{aligned} \tag{39}$$

$$P_{K,\min} - p_K(t) \leqslant 0$$
$$p_K(t) - p_{K,\max} \leqslant 0 \quad (40)$$

不等式路径约束的相关临界值列于表1中。

表1 路径约束规范

路径约束说明		
高度	$Z_{\min}$/m	7.5
负载因子	$n_{Z,\min}(-)$	-2.0
	$n_{Z,\max}(-)$	12.0
速度	V_{stall}/(m/s)	25.0
	$V_{\max}$/(m/s)	102.9
攻角	$\alpha_{A,\max}$/(rad/(°))	-0.35/-20.02
	$\alpha_{A,\max}$/(rad/(°))	0.35/20.02
滚动率	$p_{K,\min}$/((rad/s)/(°/s))	-7.33/-420.0
	$p_{K,\max}$/((rad/s)/(°/s))	7.33/420.0

4 控制和状态约束条件下的参数最优控制问题

式(1)~式(40)定义了一个参数化非线性控制问题,服从如下形式的控制和状态约束:

参数控制问题 OCP(p):

$$\begin{aligned}
&\text{Minimize} && F(x,u,p) && = g(x(t_f),p) \\
&\text{subject to} && \dot{x}(t) && = f(x(t),u(t),p) \\
& && x(t_0) && = \varphi(p),\psi(x(t_f),p)=0 \\
& && C(x(t),u(t),p) && \leqslant 0, t\in[t_0,t_f]
\end{aligned} \quad (41)$$

式中:$x(t) \in \mathbb{R}^n$ 表示系统状态;$u(t) \in \mathbb{R}^m$ 表示在给定时间区间 $[t_0,t_f]$ 内的控制输入。

系统中的数据摄动使用参数 $p \in P := \mathbb{R}^q$ 来建模。函数 $g:\mathbb{R}^n \times P \to \mathbb{R}$,$f:\mathbb{R}^{n+m} \times P \to \mathbb{R}^n$,$\varphi:P \to \mathbb{R}^n$,$\psi:\mathbb{R}^n \times P \to \mathbb{R}^r, 0 \leqslant r \leqslant n$ 和 $C:\mathbb{R}^{n+m} \times P \to \mathbb{R}^k$ 假设在合适的开集内足够光滑。允许使用的控制函数类别是分段连续控制。最终时间 t_f 假设是自由的。

注意到,通过简单地为积分项引入一个微分方程并设初值为零,可以很容易地将式(28)中的 Bolza 损失函数转换为式(41)中的目标函数。

5 利用非线性规划技术计算最优控制问题的数值解

使用直接优化方法求解最优控制问题 OCP(p)是基于对问题式(41)的合理离

散化。在本节中将描述一种方法，并且为简单起见，讨论将仅限于欧拉方法。用于计算次优参考轨迹的灵敏度分析并不限于下面描述的配置方法。此外，任何其他优化方法，如多重打靶法，都可以构成第六节所述的灵敏度分析的基础。

选择自然数 N，令 $\tau_i \in [t_0, t_f]$，$i = 1,2,\cdots,N$，作为网格或栅格，即

$$t_0 = \tau_1 < \cdots < \tau_{N-1} < \tau_N = t_f \tag{42}$$

为了记号简单起见，假设在式(42)中的离散化是等距的，即

$$h := \frac{t_f - t_0}{N - 1}, \tau_i = t_0 + (i - 1) \cdot h, i = 1,2,\cdots,N \tag{43}$$

令矢量 $\boldsymbol{x}^i \in \mathbb{R}^n$ 和 $\boldsymbol{u}^i \in \mathbb{R}^m$ $(i = 1,2,\cdots,N)$，分别表示状态变量 $x(\tau_i)$ 和控制变量 $u(\tau_i)$ 在栅格点处的近似。然后，将欧拉近似值应用到微分方程式(41)，即

$$x^{i+1} = x^i + h \cdot f(x^i, u^i, p), i = 1,2,\cdots,N - 1 \tag{44}$$

我们将控制变量与 t_f 一起作为唯一的优化变量，而状态变量则从状态方程式(44)递归获得。因此，我们考虑优化变量

$$z := (u^1, u^2, \cdots, u^{N-1}, u^N, t_f) \in \mathbb{R}^{N_z}, N_z := m \cdot N + 1 \tag{45}$$

依据式(44)递归计算状态变量，即

$$x^i = x^i(z,p) := x^i(u^1, \cdots, u^{i-1}, t_f, p) \tag{46}$$

作为控制变量的函数，初始条件 $x^1 = \varphi(p)$ 在式(41)中给定。这就引出了下面的离散最优控制问题。

离散最优控制问题 DOCP(p)：

$$\begin{aligned} &\text{minimize} && F(z,p) := g(x^N(z,p), p) \\ &\text{subject to} && \psi(x^N(z,p), p) = 0 \\ & && C(x^i(z,p), u^i, p) \leqslant 0, i = 1,2,\cdots,N \end{aligned} \tag{47}$$

令 $G(z) = (G_1(z) \cdots G_{N_C}(z))$ 表示式(47)中的等式和不等式约束的函数集合。然后，优化变量的数目 $N_z = mN + 1$ 和约束条件的数目 $M = kN + r$ 导致了拉格朗日函数式(49)的海森矩阵的稠密结构，而约束的雅可比矩阵约 50% 的元素为零。设置维数 $N_e = r$，$N_c = N_e + kN$，离散控制问题 DOCP(p)转化为 NLP 问题的形式，即

NLP(p)：

$$\begin{aligned} &\text{Minimize} && F(z,p) \\ &\text{subject to} && G_i(z,p) = 0, i = 1,2,\cdots,N_e \\ & && G_i(z,p) \leqslant 0, i = N_e + 1,\cdots,N_c \end{aligned} \tag{48}$$

式(48)的问题可以使用序列二次规划(SQP)方法有效解决，如 Büskens 和 Gerdts 的 WORHP 代码。我们可以用高阶积分结合高阶近似控制的方法代替基于式(44)和式(46)的欧拉方法。对连续控制问题使用欧拉法离散求解结果的收敛性的证明已由 Malanowski、Büskens 和 Maurer[4] 给出。

NLP(p)问题的拉格朗日函数为

$$L(z,\boldsymbol{\mu},p)=F(z,p)+\boldsymbol{\mu}^{\mathrm{T}}G(z,p),\boldsymbol{\mu}\in\mathbb{R}^{N_c} \tag{49}$$

令 $\bar{z}$ 为 NLP(p)问题的最优解,关联的拉格朗日乘子 $\bar{\mu}$ 满足一阶最优性必要条件。考虑有效的下标集合 $I_a(p):=\{i\in\{1,2,\cdots,N_c\}\mid G_i(\bar{z},p)=0\}$,令 $m_a:=\#I_a(p)$。有效约束表示为 $G^a:=(G_i)_{i\in I_a(p)}$,与有效约束关联的乘子为 $\bar{\mu}^a\in\mathbb{R}^{ma}$。令 $\boldsymbol{G}_z^a$ 为 $m_a\times N_z$ 维的雅可比矩阵。

下面的强二阶充分条件是众所周知的,参照 Fiacco[3]。

强二阶充分条件:

假设

(1) F 和 G 关于 z 和 p 二阶连续可微;

(2) $\boldsymbol{G}_z^a$ 中的梯度是线性独立的,即 $\mathrm{rank}(\boldsymbol{G}_z^a(\bar{z},p))=m_a$;

(3) 严格的互补性对于拉格朗日乘子 $\bar{\mu}^a>0$ 成立;

(4) $\mathrm{Ker}(\boldsymbol{G}_z^a(\bar{z},p))$ 中拉格朗日算子的海森矩阵是正定的,即

$$\boldsymbol{v}^{\mathrm{T}}\boldsymbol{L}_{zz}(\bar{z},\bar{\mu},p)v>0,\ \forall v\in\mathrm{Ker}(\boldsymbol{G}_z^a(\bar{z},p)),v\neq0 \tag{50}$$

式中:$\bar{z}$ 是 NLP(p)问题的局部极小值。

SSC (50)的数值检验包括估计海森矩阵在 $\mathrm{Ker}(\boldsymbol{G}_z^a(\bar{z},p))$ 上的投影,验证它的特征值是否为正,参照 Büskens 和 Maurer [1]。

6 参数灵敏度分析

参数灵敏度分析的详细介绍可以参见 Fiacco [3],对离散优化问题中的参数灵敏度分析的简洁概述由 Büskens 和 Maurer [1] 给出。

NLP(p)问题解的可微性:

假设最优解 $(z_0,\boldsymbol{\mu}_0)$ 满足标称问题 NLP(p_0) 的强二阶充分条件。那么,对于 p_0 附近的 p,镇定解 $(z_0,\boldsymbol{\mu}_0)$ 可以嵌入 NLP(p) 的摄动最优解 $(z(p),\boldsymbol{\mu}(p))$ 的一个 C_1 族中,其中 $(z(p_0),\boldsymbol{\mu}(p_0))=(z_0,\boldsymbol{\mu}_0)$。有效集合 $I_a(p)$ 与 $I_a(p_0)$ 相一致,因此,对于 $i\notin I_a(p)$,有 $\mu_i(p)=0$。最优解和拉格朗日乘子间的灵敏度差异由下式给出,即

$$\begin{pmatrix}\dfrac{\mathrm{d}z}{\mathrm{d}p}(p_0)\\ \dfrac{\mathrm{d}\boldsymbol{\mu}^a}{\mathrm{d}p}(p_0)\end{pmatrix}=-\begin{pmatrix}\boldsymbol{L}_{zz}(z_0,\boldsymbol{\mu}_0,p_0) & \boldsymbol{G}_z^a(z_0,p_0)^{\mathrm{T}}\\ \boldsymbol{G}_z^a(z_0,p_0) & 0\end{pmatrix}^{-1}\begin{pmatrix}L_{zp}(z_0,\boldsymbol{\mu}_0,p_0)\\ G_p^a(z_0,p_0)\end{pmatrix} \tag{51}$$

此外,目标函数的灵敏度由此得到,即

$$\frac{\mathrm{d}F}{\mathrm{d}p}(z(p_0),p_0)=L_r(z_0,\boldsymbol{\mu}_0,p_0) \tag{52}$$

注意,在式(51)右边的所谓的库恩—塔克矩阵是正则矩阵,因为假设二阶充

分条件式(50)成立。一种估计库恩—塔克矩阵和海森矩阵 $\boldsymbol{L}_{zz}$ 的方法是使用在计算标称解过程中得到的 BFGS 更新。然而,这些 BFGS 更新通常给出相当不准确的近似值。因此,在我们的方法里,海森矩阵 $\boldsymbol{L}_{zz}$ 和库恩—塔克矩阵将在计算最优解 (z_0,μ_0) 后再进行估计,这样会得到更准确的结果。

式(52)可以在目标函数的一阶泰勒展开中使用,即

$$F(z(p),p) \approx F(z,p_0) + \frac{\mathrm{d}F}{\mathrm{d}p}[p_0](p-p_0) \tag{53}$$

式中:符号 $[p_0]$ 代表所有的标称参数。使用式(51)计算 $\mathrm{d}z/\mathrm{d}p(p_0)$ 产生了摄动最优控制解在网格点的灵敏性差异的近似值,即对于数量

$$\frac{\partial u}{\partial p}(\tau_i,p_0) \approx \frac{\mathrm{d}u^i}{\mathrm{d}p}(p_0), i = 1,2,\cdots,N \tag{54}$$

由于自由的截止时间 t_f 被处理为 DOCP(p_0) 中的一个额外的优化变量,那么,它的灵敏度差异 $\mathrm{d}t_f/\mathrm{d}p(p_0)$ 同样可以通过式(51)计算得到。

如果我们同时考虑递归式(44)和式(46),那么,式(54)同样支持状态相对于参数的灵敏度差异。状态灵敏度 $\mathrm{d}x/\mathrm{d}p(\tau_i,p_0)$ 可由式下面的式子得到,即

$$\frac{\partial x}{\partial p}(\tau_i,p_0) \approx \frac{\mathrm{d}x^i}{\mathrm{d}p}[p_0] = \frac{\partial x^i}{\partial z}(z_0,p_0)\frac{\mathrm{d}z}{\mathrm{d}p}(p_0) + \frac{\partial x^i}{\partial p}(z_0,p_0) \tag{55}$$

7 结果

提出的实时更新优化飞行轨迹的方法适用于环境参数多变的多种飞行轨迹问题。对风力影响的考虑适用于民用飞机或其他沿规定路线飞行的飞行器。然而,作为未知轨迹优化问题的实例,飞行比赛问题是非常具有挑战性的,因为瞬时动力学特性不再可以忽略不计,轨迹在所有维度上都是高度弯曲的,状态变量和控制变量经常达到饱和,而且飞行器会长时间飞行在高动态状态下。选择飞行比赛的例子,目的是为了证明这种方法的性能和潜力,如果这种方法适用于这种高动态的例子,那么,同样能适用于低动态的例子。

在图 1 中,展示的是 2009 年在圣地亚哥举行的飞行比赛中的最优飞行轨迹。最优飞行轨迹已利用直接优化方法获得。轨迹的颜色表示优化轨迹沿着图中坐标系 y 轴相对于风力的灵敏度。这里,用下面的公式作为所选参数的轨迹灵敏度的测量值,即

$$\frac{\mathrm{d}s^i}{\mathrm{d}p}(p_0) = \sqrt{\left(\frac{\mathrm{d}x^i}{\mathrm{d}p}(p_0)\right)^2 + \left(\frac{\mathrm{d}y^i}{\mathrm{d}p}(p_0)\right)^2 + \left(\frac{\mathrm{d}z^i}{\mathrm{d}p}(p_0)\right)^2} \tag{56}$$

式中:x 表示向北,y 表示向东,z 表示向下。从图 1 可以看出,在 Quadro(270°转向)处,飞行器拉起的轨迹对于风力影响非常敏感。

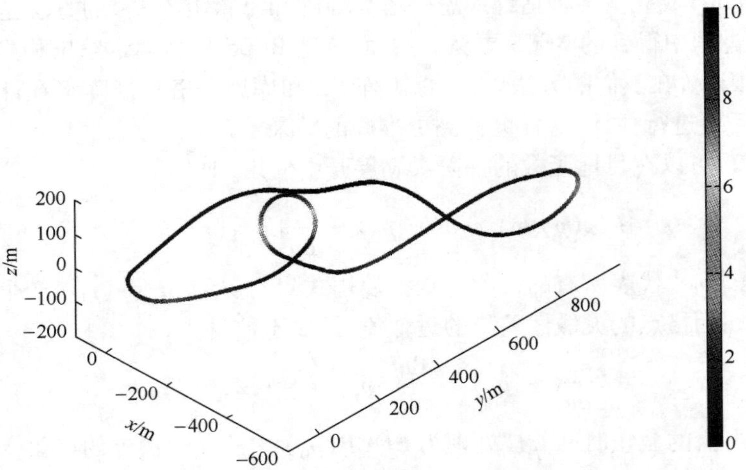

图 1　优化轨迹沿着图中坐标系 y 轴相对于风力的灵敏度

8　结论

在本文中,对于飞行比赛轨迹相对于风力影响的灵敏度进行了研究。因此,实现了一个考虑风力影响的仿真模型。用数学表达式对飞行比赛轨迹优化问题进行了描述,并介绍了将最优控制问题转化为一个非线性规划问题的离散化方法。对于最优的飞行比赛轨迹,计算了相对于所选参数的灵敏度。研究发现,如果在特技飞行时需要把飞机拉起,该飞行轨迹对于风的影响是相当敏感的。在本文提出的方法中,用于引导飞行器飞行的离线最优参考轨迹,能够实时地使用板载系统进行更新,从而得到考虑环境参数偏差、有效、接近最优的参考轨迹。由此,对于存在环境参数摄动的引导轨迹的跟踪变得容易。

参 考 文 献

[1] Büskens, C., Maurer, H.: SQP-methods for Solving Optimal Control Problems with Control and State Constraints: Adjoint Variables, Sensitivity Analysis and Real - Time Control. Journal of Computational and Applied Mathematics 120, 85 - 108 (2000)

[2] Büskens, C., Maurer, H.: Sensitivity Analysis and Real - Time Control of Nonlinear Op-timal Control Systems via Nonlinear Programming Methods. In: International Series of Numerical Mathematics, vol. 124. Birkhauser Verlag, Basel (1998)

[3] Fiacco, A. V.: Introduction to Sensitivity and Stability Analysis in Nonlinear Program - ming. Mathematics in Science and Engineering, vol. 165. Academic Press, New York (1983)

[4] Malanowski, K., Büskens, C., Maurer, H.: Convergence of approximations to nonlinear optimal

control problems. In: Fiacco, A.V. (ed.) Mathematical Programming with Data Perturbations. Lecture Notes in Pure and Applied Mathematics, vol. 195, pp. 253 - 284. Marcel Dekker, Inc., New York (1997)

[5] N. N.: The Standard Atmosphere, DIN ISO 2533, International Organization for Stan - dardization, Genf, Schweiz (1975)

[6] Grimm, W., Hiltmann, P.: Direct and Indirect Approach for Real-Time Optimization of Flight Paths. LNCIS, pp. 190 - 206. Springer, Heidelberg (1987)

[7] Twigg, S., Calise, A., Johnson, E.: On - line Trajectory Optimization for Autonomous Air Vehicles. In: AIAA Guidance, Navigation and Control Conference, Austin, Texas, AIAA 2003 - 5522 (2003)

[8] Yakimenko, O.: Direct Method for Real - Time Prototyping of Optimal Control. In: Pro - ceedings of the International Conference "Control 2006", Glasgow, Scotland, August 30 - September 1 (2006)

[9] Bevilacqua, R., Romano, M., Yakimenko, O.: Online Generation of Quasi - Optimal Spacecraft Rendezvous Trajectories. Acta Astronautica (2008)

利用发动机实现飞机控制的简单控制律结构

Simple Control Law Structure for the Control of Airplanes by Means of Their Engines

Nicolas Fezans

摘要:本文提出了一种简单的仅使用发动机的推力控制飞机的控制律结构。对于设计这样的基于推进控制的飞机控制律,本文采用的方法是为了寻找合适的性能水平,使得可以同时避免过度的发动机活动和鲁棒性的降低。另一个目标是保持控制律和其调整尽可能简单:为了实现这一目标,提出一个其术语很容易解释的控制率结构。本文通过模拟器测试与飞行测试证实了所提出的控制律在保证安全着陆方面的性能。

1 引言

DLR(德国航空航天中心)飞行系统学院研究的目标之一就是提高所有飞行器的安全性。这一目标在涉及人机交互(如环境认知、飞行员训练)、恶劣条件检测(如阵风、尾流)、错误检测与隔离以及控制律重构的项目中扮演着举足轻重的角色。

过去发生的许多事故都是由于飞行器主要控制系统的部分或者全部失控造成的。尽管飞行器主要控制系统的完全失控在理论上是极其罕见的,但确实发生过几次[1],并且在 1996 年大约造成了至少 1200 例伤亡[2]。飞行器的验收阶段需要证明主控系统完全失控是极其罕见的。事实上,通过研究过去以及最近发生的一些事故(如 2003 年巴格达的 DHL A300),我们可以清晰地发现,主要控制设备的失控通常是由一系列其他的相互关系复杂的失效所导致,并且在一些案例中与维护错误或外部原因有关。在这样的系统中,过错与故障之间的影响关系是非常复杂的。作者认为,即使在安全分析上投入极大的精力,我们依然会漏过这样复杂的

Nicolas Fezans
DLR(German Aerospace Center) Institute of FlightSystems, Lilienthalplatz 7,
38108 Braunschweig, Germany
e-mail: nicolas.fezans@ dlr.de

系统的错误树上的许多元素。现代飞行器设计中的冗余程度、广泛使用计算机以及真实测试确保了其非常高的安全标准。然而,飞行器的维护与设计过程中的人为错误依然不可避免,同样不可避免的还有恶劣的天气条件、尾流的产生与恐怖主义行为。在技术与经济允许的条件下,我们应该设计并且装备能够处理各种特殊情况的应急系统。这篇文章中提出的基于推力的应急控制律应该被集成在现代运输飞行器中作为应急系统。

20 世纪 90 年代,NASA 进行过一些研究用来证明仅仅使用发动机控制飞行器着陆的可行性[1-3]。当时明确要求装备一个能辅助飞行员的系统,这样的系统能够显著地降低伤亡的可能性。在装备了自动油门的飞行器上实现这样的系统并不需要额外的硬件设备(因此,这并不会增加质量),对于很多现代飞行器仅仅通过修改软件就可以添加这个新功能。然而,15 年后,依然没有任何一架民用运输飞行器装备了这样的应急系统。即便对那些这项技术在飞行中得到验证后设计的飞行器也是如此。

本文考虑了主要控制器完全失控的案例。针对这样恶化的飞行器,一个基于发动机推力的控制律被设计了出来,这个控制律能够保持一个非常简单的结构并且使用最少的增益。纵向控制是通过推力的对称变化实现的,而横向控制则是通过推力的不对称变化实现。这种控制策略与 NASA 在 20 世纪 90 年代的名为“推力控制飞行器”(PCA)的研究类似。鉴于 PCA 的名称准确地描述了这篇文章中的工作内容,本文中使用了 PCA。DLR 的飞行系统学院使用 ATTAS 研究飞行器进行了错误容许控制(FTC)试验[4-6]:其中一些试验仅使用发动机控制 ATTAS。特别地,试验测试了基于模型预测控制(MPC)的方法,这种方法通过直接考虑飞机,尤其是驱动器和发动机的局限性来获得高性能。当前的工作更加倾向于低增益的方法。

本文的组织结构如下:第二节阐述了低增益调整的结构化的控制律的意义。第三节讨论了采用 PCA 控制律来实现安全着陆的飞行器的性能。第四节描述了控制律的结构、调整与保护。第五节对 2009 年 11 月使用本文提出的基于推力的控制律的飞行测试结果做了总结。

2 低增益调整的结构化控制律的意义

故障并不总是十分严重,在有些情况下,尝试将退化的飞行器整合进常规的空中交通是合理的。导致使用仅仅依靠发动机的控制律的失效是十分严重的。在这种情况下,飞行器会进入紧急状态,而设计应急系统的真正目标是能够通过发动机控制飞行器使其能较好地降落。作者认为对于这种紧急系统而言,一个适当的降落应该能够避免人员重大伤亡。相对低的垂直速度与正常的姿态(微小的正俯仰角、小幅度滚动)是这种降落的重要指标。

此外,在这种严重失效的情况下,普通飞机的模型与实际恶化的飞机在动态表现上可能会有很大的差异。比如说,日本航空公司航班 123 的波音 747 飞机几乎失去了整个垂直稳定器,而 DHL 在巴格达的空客 A300 飞机则失去了左机翼的大部分。这些差异导致系统需要具有很强的鲁棒性,可以通过控制律固有的鲁棒性或其适应性达到。发动机缓慢及高度非线性的响应给采用基于推力控制律的飞机鲁棒性分析带来了很大的挑战。其动态特性是由于饱和、非线性动态特性以及与状态相关的速率限制器等综合的结果。在针对这种情况的设计过程中,使用典型的鲁棒性指标是很困难的。基于这样的原因,本文决定定义一个其构成能够容易被解释的简单控制律。因此,本文的方法是通过物理解释来弥补对于此类问题实际可用的数学工具的缺乏。得到的鲁棒性还可以通过蒙特卡洛方法得到准确的评价,但是本文并没有予以考虑。到目前为止,唯一的评价是基于几百个模拟结果。需要注意的是,控制器增强的飞机稳定性是不需要的,因为飞行员会是闭环的一部分。稳定性的指标不需要估计一名飞行员是否能够真正到达机场并降落。

然而,就作者所知道的范围而言,没有一个经典的操纵质量准则适用于一架推力控制的飞机。因此,我们需要一种新的对于这种飞机的操纵质量的评价。本文研究的一大目标就是弄清楚哪些指标对于有飞行员的闭环真正重要,而哪些可有可无。本文的目的不是解决这个问题,而是提出设计辅助未来模拟器及飞行测试研究的简单的控制律结构来解决这个问题。通过足够的调整,这条控制律必须使得飞行员可以在很多种条件下成功降落。接下来,一旦一架推力控制的飞机所要求的性能指标能够被适当地定义并理解,这种应急系统的设计与验证就变得容易了。

一单套参数已被用于在整个飞行过程域和所有配置。唯一的调整是在控制发动机的内环:比例增益依赖于风扇的旋转速度(N_1),见 4.5 节。这样的选择往往会是次优的,特别是如果我们要求闭环具有一些特定的响应。但是对于这样一个系统,控制器增强的飞机的确切响应并不重要:重要的是飞行员能够控制飞机并成功降落。在我们的试验与这里提出的工作中,具有低增益调整的这一套参数使得飞行员可以以很高的精度控制飞机,并遵照下滑道和航向信号。这表明高增益的方案与基于参考模型的控制策略对于这种应用场景并不是必需的。

3 要求

本节讨论了通过一个 PCA 系统实现成功接近并着陆的主要要求,着重于其优越性、实现困难程度以及与性能标准之间如何做出权衡。显然,经典的操纵品质标准不适用于一架采用基于推力的控制律的飞机。

3.1 纵向控制

纵向运动主要由长周期模式和短周期模式组成。对于运输飞机而言,长周期通常是30~60s。短周期模式的频率取决于飞机和重心位置,但通常介于1.5~3rad/s。

增加发动机的总推力会导致飞机能量率的增加。要真正知道这个额外的推力对于飞机运动的影响,间距方程、空气动力学和飞机的质量特性必须是已知的。一个额外的恒定总推力 $\Delta T_t = \Sigma_i \Delta T_i > 0$ 会导致飞行路径角 γ 的正向变化,反之亦然。例如,$\Delta T_i > 0 \Rightarrow \Delta\gamma(t \to \infty) > 0$,而 $\Delta T_i < 0 \Rightarrow \Delta\gamma(t \to \infty) < 0$。这使得控制飞机在垂直平面内的轨迹成为可能。

考虑到短周期模式与长周期模式典型的频率和阻尼比以及典型的发动机动力学,在设计和调整协助飞行员控制飞机路径角度的控制律上没有真正的难点。这种控制法基本上就是控制长周期(可接受的响应时间、良好的阻尼和无静差的飞行路径),并且避免不必要的短周期模式的激发。

3.2 横向控制

飞机横向动力学的组成成分如下:

(1) 具有低阻尼的稳定两极且有一对共轭复数的荷兰滚动模式;

(2) 非周期性并稳定的滚动模式;

(3) 缓慢的往往稍微不稳定的螺旋模式。

对于短周期模式,荷兰滚动模式和滚动模式太快了,无法通过发动机进行大幅调整,特别是在一般要求下降和靠近的低推力域。然而,基于推力的控制律可以轻轻易地修改螺旋模式,使得人类飞行员控制起来更加容易。为了实现这一点,使用的是偏航和横滚之间的耦合:飞行员只控制横滚运动,而控制律通过不对称的推力产生偏航运动,可以得到针对飞行员命令的感应滚动。在以前的研究中,PCA 控制律设计遵循由飞行员提供的参考角度库 ϕ_{ref}。在目前的研究中,通过 ATTAS 地面模拟器测试了其他几个可能性,特别是速率指令姿态保持以及滚动速率与角度库指令的组合。这些都是基于以下介绍的控制律:不同的是,飞行员提供给系统的参考的方式。

横向控制律的一些合理的目标是:允许足够的可操作性,通过阻尼横向动力学减少飞行员的工作量,在不需要飞行员操作的前提下确保可接受的干扰抑制。

4 推进控制法

本节介绍的基于推理的控制律在第五节中被用于模拟器和飞行测试。本节首先提出了控制律的整体结构(4.1节)。接下来在4.2节~4.5节中分别介绍了结构的所有组成元素,每一部分的物理解释都很清楚地被呈现了出来。

4.1 整体控制结构

整体控制结构如图1所示。此结构基于一个级联的控制策略,内环通过油门杆角度(PLA)指令控制发动机,外环通过对称和非对称的推力控制纵向和横向运动。4.5 节详细阐述了内环预防饱和现象的互馈(参见信号 PLASATL 和 PLASATR)。一个标示为"混合优先与保护"的块在满足每个发动机限制的前提下,通过将纵向($\overline{N1}_{cmd}$)与横向($\Delta N1_{cmd}$)控制操作分配到两个发动机的方式连接内环与外环。

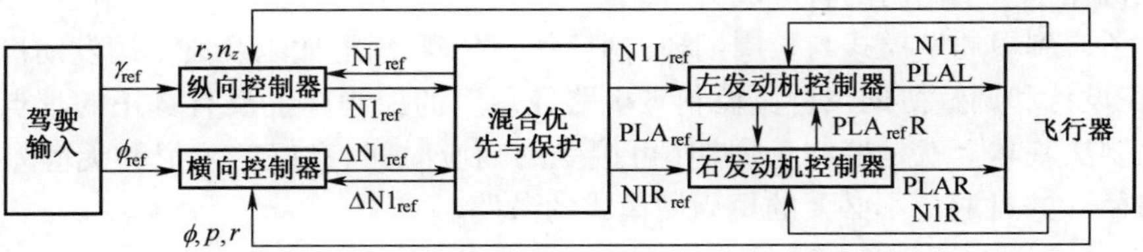

图 1　基于推力的控制律的整体结构

这意味着给内环提供了两个参考 $N1L_{ref}$ 和 $N1R_{ref}$。尽管图 1 并没有明显地表示出来,"混合优先与保护"块通过反饱和反馈信号 $\overline{N1}_{sat}$ 和 $\Delta N1_{sat}$ 连接了两个外环,详细内容请参见 4.4 节。

一方面,对控制器施加一个特定的结构一般会限制可达到的最大性能和鲁棒性;另一方面,这可以保证控制器参数的物理意义与今后在机载计算机上实现的简单性。基于简单、易理解的结构的假设前提下,本文研究了可达性能、发动机运动与鲁棒性之间的权衡。因此,使用这样一个结构并不是本文研究的一个选择,而是解决问题本身的约束所致。

4.2　纵向控制器

图 2(a)展示的是纵向控制器。其使用的 PID 结构包含了一个微分项的过滤器($K_{n_z}(s)$)与两个前馈元素:一个动态 $K_{FF\int\gamma}(s)$ 与一个静态 $K_{FF\gamma}$。过滤器 $K_{n_z}(s)$ 需要过滤加速度计测量信号的中高频率部分,即除去由阵风和气流导致的干扰。由于长周期模式相对于大气中这些干扰的典型频率而言很慢,仅使用了一个简单的带宽高于长周期模式频率的一阶低通滤波器。

为了获得所需的飞行路径角 γ 的参考轨迹,静态增益 $K_{FF_{\int\gamma}}(\omega=0)$ 必须等于 1。这些传递函数提供的自由度允许分别调整参考估计跟踪特性和干扰抑制性能。例如,定义 $K_{FF\int\gamma}(s)$ 为一个允许使用较高的 $K_{\int\gamma}$ 值而不会得到参考轨迹跟踪响应高超调量和不需要高微分增益的低通滤波器。因为给了飞行员一个对于中高频域并不过于敏感的控制输入,并且不需要飞行员进行任何操作即可以通过反馈对干扰有很好的抑制,所以这样的调整是很有意思的。由于对 $K_{F_{F_\gamma}}$ 的一个简单增益所得到的性能已经满足要求,前馈部分设定为静态的。如果需要对参考路径响应有更好的调整,可以通过使用一个传递函数而不是 $K_{F_{F_\gamma}}$ 增益获得额外的自由度。

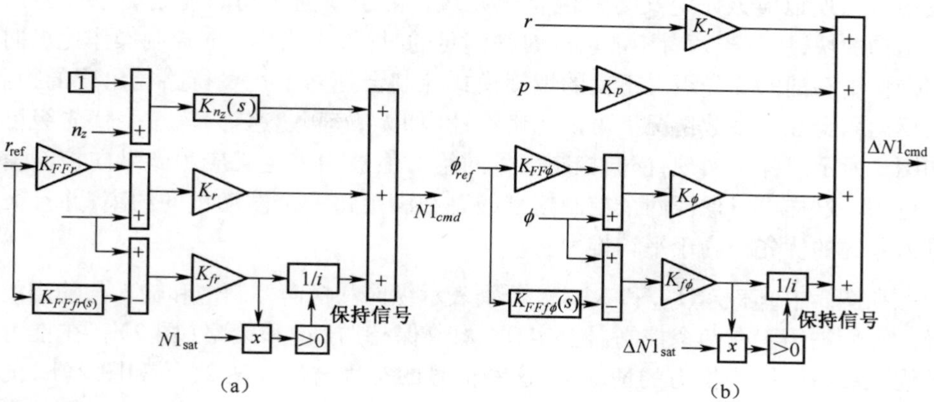

图 2　纵向和横向控制器

(a)纵向;γ-模式;(b)横向;ϕ-模式。

4.3　横向控制器

横向控制器基于与纵向控制器相同的原理,因此也具有相似的结构。然而,这两个控制器要控制的动态特性却有很大的不同。在纵向控制中,对推力对称变化的静态响应是飞行路径角 γ 的变化,这恰恰是需要控制的变量。在横向控制中,对推力非对称变化的静态响应是侧滑角 β 的变化,这与需要控制的变量 ϕ(库角度)的二阶导数有关。

这是一个合乎逻辑的结果,因为事实上滚动是通过偏航和辊之间的耦合来控制的。因此,所选择的控制器结构(图 2(b))不仅依据库角度 ϕ 和滚动率 p,还需要依据横摆率 r。基于侧滑角 β 的反馈也可能会有助于获得良好的闭环性能,但由于各种现实原因 β 一般不用于飞行控制系统。这已经成为了一个约束,本文不予以讨论。理想情况下,P 和 R 的反馈应该被限制在高频段以免抵消掉正常的反馈。事实上,反馈 $K_{f\Phi}$ 可以保证消除这样的副作用,而且可以使用简单的 K_p 与 K_r 增益而不是一些高通滤波器。

在降落任务中,对于横向运动矫正的要求比对纵向运动的更加苛刻。这使得横向控制器的调整更加困难。想找到足够好的操作质量与发动机的高活性之间的平衡更加困难,尤其是当考虑发动机的动态不确定性的时候。正如介绍中所说的那样,对于这种非线性系统的分析工具很难付诸实践,并且当循环中有飞行员的时候,稳定性既不是足够的也不是必须的条件。得易于控制器每个部分的物理解释,一组好的参数可以很快被找到。然而,一个更系统和严格的方法是更好的。

4.4　混合优先和外环保护

对纵向和横向运动的权限受到了严格的限制。两者都使用了相同的驱动(即发动机)，所以应该先定义一些混合优先级。由于横向运动的控制动态性能比纵向运动的快，所以当两者不能够同时被满足的时候，应该给横向控制操作比纵向控制操作更高的的优先级。不良的螺旋模式控制会强烈干扰飞行路径角度的控制，而反向耦合在大多数情况下可以忽略不计(如无失速、超速等)。这个优先级可以如图3所示那样被实现，横向控制信号的绝对值被用来定义应用到纵向控制信号的范围。这样可以保证两个控制信号的总和满足每一个发动机的约束，并且彼此推力差异的优先级高于平均推力。

在图3中，信号 $\overline{N1}_{sat}$ 和 $\Delta N1_{sat}$ 分别表示纵向和横向控制饱和输入与输出的差异。它们被用于在两个控制器上实现"积分保持"反饱和策略(图2)。在推力差的优先级高于平均推力的情况下，这些信号的符号与进入图2(a)和图2(b)的积分器的信号的符号进行了比较。如果它们的符号是不同的，那么，相应的积分会被清盘，而解决的办法就是使积分器保持原来的值。这种防止积分器终结的方式不允许为了保持管理而降低指令的饱和度，但在所考虑的应用中，一个更复杂的反饱和策略是没有必要的。

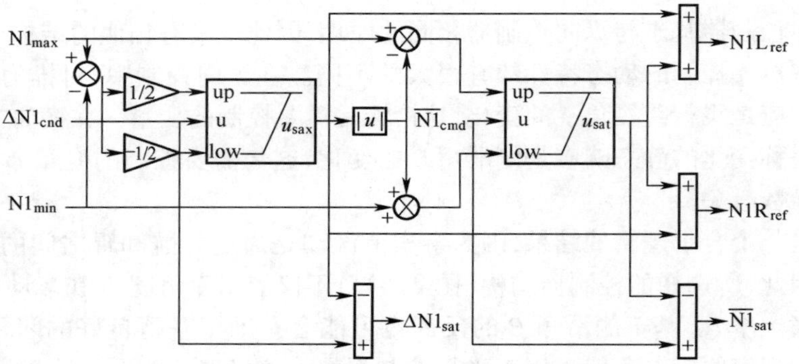

图3　混合优先和外环保护

4.5　控制发动机的内环

图4描绘的是内环控制器的结构。在该图中显示的是左发动机控制器：字母L和R用来区分左和右。对于右发动机，该图中的字母L和R必须调换。该控制器基于一个在比例部分有一个静态前馈且有一个"积分保持"反饱和策略的PI控制器。此外，另一个发动机的饱和度信号(这里是 $PLA_{sat}R$)按照上一节中定义的优先级在输出互馈。

在我们的测试中(无论是模拟器和飞行)，上述的内环中的反饱和互馈并不是必须的，因为外环增益特意选择地比较低。对于更多性能驱动的调整或者是不确定性的存在，这些元素就可以发挥最大的作用了。由它们所导致的控制器复杂度的增加可以忽略不计，所以所有这类控制器都应该包含它们。

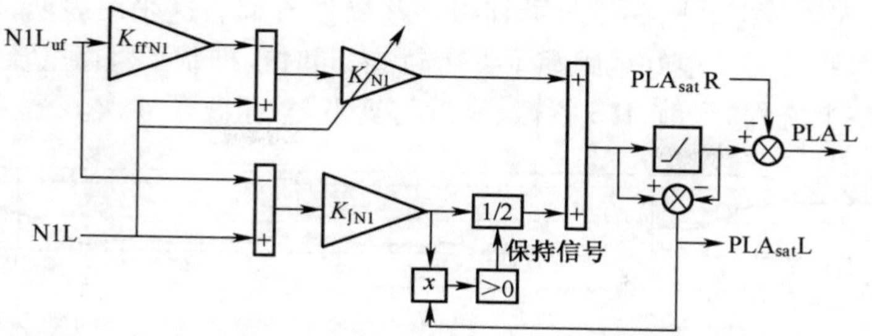

图 4　左发动机控制的内环(反转 L 和 R 为右发动机)

需要注意的是,在我们的应用中,两个发动机的这些反馈环的参数取值是一样的,尽管左右发动机在中高频段(相对于闭环带宽而言)可以观察到显著的差异。还需要注意的是,发动机在整个生命周期中可能会发生较大的变化,因而,控制律必须能够处理这种变化。这可以通过控制律的鲁棒性或通过适应技术来实现。适应技术在本文中还没有被考虑过。

5　飞行测试结果总结

经过几个模拟器测试之后,该系统于 2009 年 11 月 20 日在 DLR ATTAS(VFW-614)研究飞机上进行了测试。这次飞行测试的目标是验证并测试基于推进的控制律在导航、ILS 拦截、接近与复飞方面的处理质量。在以往的模拟器测试中,飞行员被要求对于控制律参数的一些可能的调整选项进行评价并表达他们的喜好。这些喜好与它们可预见的在鲁棒性、抗干扰性与发动机活性方面的缺点都被考虑了。在分析中,粗略评估了闭环飞行域上的 11 个点。所考虑的点是基于 3 种不同的瓣配置、4 种不同的速度、3 个不同海拔高度及起落架的延伸或缩回(需要注意的是并不是所有这些参数的组合都被考虑了)。对于发动机的输入引入了 200ms 的延迟,并且对于每一个飞行状态,ATTAS 模型的荷兰翻滚的频率都被人为地改变直到闭环不稳定。此外,还对特殊要求的输入(例如,对输出传递函数操纵杆带宽附近不同频率的连续最大操纵杆输入)与初始状态进行了仿真,目的是分析输入与输出的表现(包括非线性特性)与闭环的内部动态性。其目的不在于计算鲁棒性的裕度,而是为了获得每一组参数的鲁棒性与抗干扰性能的量化评估。稍后将进行更加完整和准确的评估,这是为验证,而不是为了设计。尽管在飞行之前就已经明确有了对于调整 A 的偏好,这种分析在飞行期间还是测试了两组控制器参数(调整 A 和调整 B)。它对应于一个更快的但阻尼更小的横向运动。

天气晴朗,万里无云。在 2500 英尺的高度,风向为 220°,风力为 40~50kt,而地面风从东南吹来,风力为 5kt,轻微的气流。在起飞和试验系统启动之后,飞行员进行了一些操作来测试飞机在这个控制律下的动态性能并为今后的研究提供具有足够强大输入的数据。图 5 显示了其中一些操作流程。这张图表明,尽管发动机活性很低,但系统还是很好地跟踪了参考轨迹,同时也抑制了轻微气流导致的偏差干扰之后,整个流程“导航、ILS 拦截、靠近与复飞”被重复了 4 次。

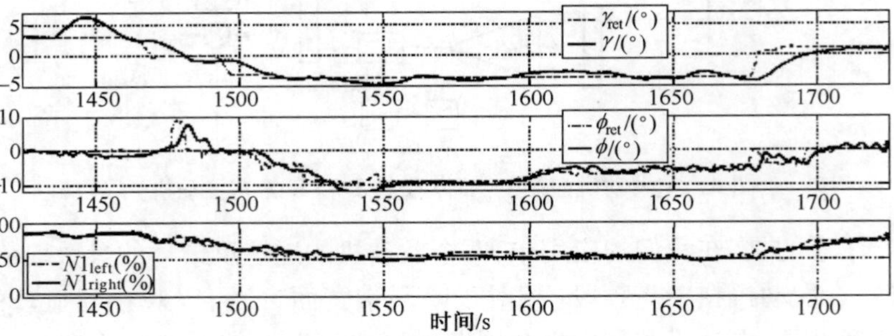

图 5　基于推进控制律的参考轨迹

在尝试着陆之前,对于调整 A 的偏好就迅速地被确定了。于是,4 遍“导航、ILS 拦截、靠近与复飞”流程中的 3 遍都是按照调整 A 进行的。流程的地面轨迹如图 6 所示。纵向控制在两组参数下是一致的而下滑坡度也可以保持得很好(结果未显示)。在 4 次尝试中,航向道和下滑坡度的偏差都可以很容易被控制在小于半点的精度以内。图 6 中的“+”表示复飞开始的地方,而“x”表示飞行路径角变为正的时候。

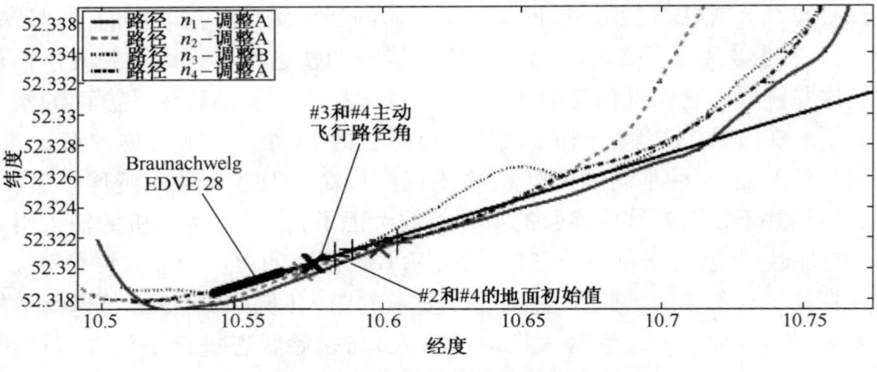

图 6　PCA 控制律方法的地面轨迹

飞行员和飞行工程师在飞行测试报告中的评价是:“在仔细输入下飞机可以很好的飞行”“所需的方向可以得到很精确的控制”“在高度变化过程中最大过冲为 100 英尺”和“在平静的没有横向风的长宽跑道上降落之前不需要试验”。此外,在飞行和后续分析过程中,发动机在大推力下的动态性能比使用的模型所预计的要明显更快。这导致了在最大爬升中横向控制环的极限(大约是 β+/−3°)。在分析了飞行测试数据之后,可以简单地通过在内环调高增益 N1 的值来修正这个极限。因为下降需要低的 N1 值,所以这个增益的修改对于靠近与降落过程操纵质量没有影响。

6 结论

总而言之,本文提出了一种简单的针对基于推力的控制律结构。模拟器以及飞行测试表明,这种结构化的控制律在低增益调整的情况下所得到的效果显然足以完成降落任务。进一步包括实际降落环节的试验是需要的,而且计划在之后几个月进行。一些典型的自动飞行模式正在开发中,正如文中所提到的一样,将其作为外环产生参考 Φ_{ref} 和 γ_{ref} 作为控制律的输入。其中正在开发的还有自动降落的功能。不久的将来,还将基于损害案例对每种模式的利弊进行评价,飞行员行为的变化与天气条件也将被纳入考虑。

本文的工作在模拟器和飞行测试中已经被应用到 VFW-614 ATTAS 飞机上。在接下来的几个月之内,它将被改编到 DLR 飞行系统学院的两台模拟器上:空中客车 A320 ATRA(先进技术研究飞机)模拟器与"未来军事运输飞机"模拟器。

参 考 文 献

[1] Burcham Jr., F.W., Burken, J.J., Maine, T.A., Gordon Fullerton, C.: Development and Flight Test of an Emergency Flight Control System Using Only Engine Thrustonan MD - 11 Transport Airplane.Technical Paper: NASA/TP - 97 - 206217. NASA Dryden

[2] Burcham Jr., F.W., Maine, T.A., Gordon Fullerton, C., Webb, L.D.: Development and Flight Evaluation of an Emergency Digital Flight Control System Using Only Engine Thrust on an F - 15 Airplane. Technical Paper: NASA/TP - 3627.NASA Dryden (1997)

[3] Bull, J., Mah, R., Hardy, G., Sullivan, B., Jones, J., Williams, D., Soukup, P., Winters, J.: Piloted Simulation Testsof Propulsion Control as Backup to Loss of Primary Flight Control for a B747 - 400 Jet Transport. Technical Memorandum: NASA TM - 112191. NASA Ames

[4] de Almeida, F.: Waypoint Navigation Using Constrained Infinite Horizon Model Predic - tive Control. In: AIAA - 2008 - 6462. AIAA Guidance, Navigationand Control Conference and Exhibit, Honolulu, Hawaii, USA, August 18 - 21 (2008)

[5] de Almeida, F., LeiSling, D.: Fault - Tolerant Model Predictive Control with Flight Test Results on ATTAS.In: AIAA - 2009 - 5621. AIAA Guidance, Navigation, and Control Con - ference, Chicago, Illinois, USA, August 10 - 13 (2009)

[6] de Almeida, F., LeiSling, D.: Fault - Tolerant Model Predictive Control with Flight - Test Results.Journal of Guidance, Control and Dynamics 0731 - 5090 33(2) (2010)

高精度跟踪任务透视显示的发展

The Development of Perspective Displays for Highly Precise Tracking Tasks

Alexander Efremov and Mikhail Tjaglik

摘要:本文提出了一种关于飞行器显示系统最优化的一般性技术。该技术包含基于改进 Hess 模型的数学模型以及使预测的路径角误差的方差最小的飞行模型参数选择方法。预测时间是通过最小化表征飞行任务目标特性的残差的方差来选择的。这些任务包括再加油、地形跟随和着陆。试验在具有平视显示器(HUD)的地面模拟器上完成,演示了具有初步选定尺寸的隧道图像,隧道图像投影在具有预测路径角的隧道滑动平面上,平面则位于前方适当距离处。结果表明,开发的技术使得每个飞行任务的精度都有重大改进。

符号

$e(t)$——误差;

$e(t) = \Delta\varepsilon_\gamma = i(t) - \varepsilon_\gamma$——单回路补偿任务的误差;

$e(t) = \Delta H(t) = H - H_i(t)$——着陆和地形跟随任务的误差;

$e(t) = \Delta\varepsilon_\theta = \varepsilon_\theta(t) - H_i/L$——再加油任务的误差;

$i(t), H_i(t)$——不同任务的输入信号;

L_{pr}——预测距离;

$n_\alpha = \partial_n/\partial_\alpha$;

n——正常加速度;

$T_{pr} = L_{pr}/V$——预测时间;

$Z^\alpha = Z_W W$;

$Z_W = \partial Z/\partial W \cdot 1/m$;

W——飞机扰动速度的垂直分量;

Alexander Efremov
Moscow Aviation Institute, Russia
e-mail: pvl@ mai.ru
Mikhail Tjaglik
Moscow Aviation Institute, Russia
e-mail: pvl@ mai.ru

ζ_{sp},ω_{sp}——短期移动过程中的阻尼比、频率；

$\gamma_{pr}=\frac{\dot{\gamma}T_{pr}}{2}+\gamma$——预测路径角；

$\varepsilon_r=\gamma_{pr}+H/L$；

$\varepsilon_\theta=\theta+H/L$——投射角；

H——高度；

γ——飞行路径角；

L——探针和锥管之间的距离，飞行员到预测器投影表面的距离；

$\Delta\bar{Z},\Delta\bar{H}$——隧道尺寸。

1 介绍

许多飞行任务，如地形跟随、再加油、点着陆（包括舰体上着陆），都是精确跟踪任务。所有这些任务共同的特点就是必须控制飞机的飞行路径。在这些情况下，飞机的动力学方程在原点处有第二和第三阶极点。飞行员需要额外的信息（如爬升率、俯仰、偏航角等）作为判断依据来关闭额外的反馈，从而保证系统的稳定性和精度。为了使一些任务的飞行过程（着陆、地形跟随）变得简单，使用指示器产生主导信号来提高飞机系统的动态性能。然而，这种主导指示器不会改变任务的补偿类型。最近，很多学者[1,2]对开发新类型的显示器进行了研究，该类型显示器能够产生 3D 元素（如隧道），可提供指示飞机未来位置信息的附加信号。研究表明，该类型显示器的精确度还有很大的提升空间。下面是某些飞行任务显示器的一个通用设计方法。

2 方法

考虑三种精确跟踪任务：着陆、地形跟踪和再加油。在着陆和地形跟踪任务中，程序轨迹跟踪函数 $H_i(t)$ 可表征纵向控制的特性。在着陆任务中，这样的轨迹是一条下滑曲线。在地形跟踪任务中，该轨迹的定义以满足必要的地形近似为基础。对它的定义必须考虑加速度极限、路径角、爬升率和最低高度。在这两个任务中，飞行员必须把 $H_i(t)$ 和飞行高度 $H(t)$ 之间的误差 $e(t)$ 降到最小，即

$$e(t)=\Delta H=H_i(t)-H(t) \tag{1}$$

在这些任务中，飞机的传递函数为

$$\frac{H(s)}{\delta_e(s)}=\frac{K_c n^\alpha V}{s^2(s^2+2\xi_{sp}\omega_{sp}s+\omega_{sp}^2)} \tag{2}$$

由式(2)可知，传递函数在原点处有二阶极点。众所周知，这种系统的精确动力学控制非常困难。

考虑再加油任务,其可控动力学单元是角度("瞄准误差"),即

$$\varepsilon_\theta(t) = \theta(t) + \frac{H(t)}{L}$$

式中:L 为飞行员和浮标的距离(图 1)。在再加油任务中,飞行员必须将误差 $e(t)$ 减到最小,其中

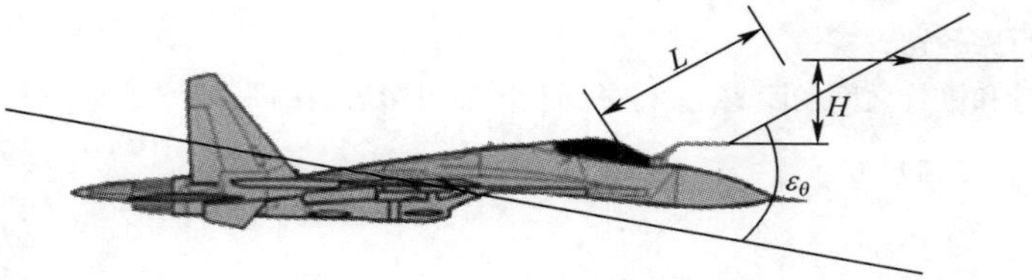

图 1　再加油的运动学

$$e(t) = \Delta\varepsilon_\theta = \varepsilon_\theta(t) - \frac{H_i(t)}{L} \tag{3}$$

并且 $H_i(t)$ 是锥管的位移。

被控量的传递函数为

$$\frac{\varepsilon_\theta(s)}{\delta_e(s)} = \frac{K_c(s^2 - Z^\alpha s - Z^\alpha V/L)}{s^2(s^2 + 2\xi_{sp}\omega_{sp}s + \omega_{sp}^2)} \tag{4}$$

假设到锥管的距离很短,则有 $V/L \gg 1$,该传递函数可近似为

$$\frac{\varepsilon_\theta(s)}{\delta_e(s)} \cong \frac{K_c(-Z^\alpha)V/L}{s^2(s^2 + 2\xi_{sp}\omega_{sp}s + \omega_{sp}^2)}$$

该传递函数与式(2)非常相近。这意味着,该任务中的飞行补偿同样一定不可忽视。该传递函数的增益系数($K_c\overline{Z}^\alpha V/L$)在 L 较小的时候也要考虑。因此,飞行员要改变策略来抑制飞行系统的不稳定。飞行员开始调整飞行高度而不是调整角 ε_θ[3]。这样的动态特性不是一个简单的特性,不过它受一个恒定增益系数的影响。

被控元素的动态特性可以通过很多种方法来改进。其中的一种是利用飞行控制系统,它能够改变飞机传递函数 $W_c = \frac{N(s)}{D(s)}$ 的分母 $D(s)$ 的参数。另一种方法是改变任意情况下飞行任务的传递函数 $W_c = \frac{N(s)}{D(s)}$ 的分子 $N(s)$ 。这种方法可以通过 HUD 上预测路径角 $\gamma_{pr}(t)$ 的图像和它在投影表面上的投影来实现,该投影表面位于飞机前方 L_{pr} 处,与飞机同速移动。值 L_{propt}(或者 $T_{propt} = L_{propt}/V$) 的定义是通过工作站的仿真或者通过计算数学模型的 $\sigma_s^2 = f(T_{pr})$ 以及它的最小值的定义来实现的。误差 $e(t)$ 在着陆任务和地形跟随任务中是通过式(1)定义的,而在再加油任务中是由式(3)来定义的。飞行器未来位置信息的有效性已由固定的仿真验

证，在这个仿真中计算机视觉系统(CGVS)能生成被研究飞行任务的图像。而且，CGVS 也能生成预测器和隧道的 HUD 图像。这种隧道飞行的优点是可以让飞行员看到飞行器在空间中的位置，并根据预设类型来改变他的补偿行为。很多研究都已经证实了这种转换的有效性[4]。

3 飞机飞行员系统变量中预测距离 L_{pr} 的分析

为使 L_{pr} 或者相应的预测时间($T_{pr}=L_{pr}/V$)最优，需要考虑它对下列任务变量的影响：被控元素动态特性 $W_c(s)$、定义任务性能描述变量之间关系的传递函数 W_c^*(着陆与地形跟踪任务中为 $H(s)$，再加油任务中为 $\varepsilon_\theta(s)$)、可控动力学单元的输出信号 ε_γ 以及输入信号。预测距离和相应的预测时间都是在这些变量及每个被研究的飞行任务中 L_{pr} 对它们的影响的框架下定义。为了明确被控元素动态特性，知道预测路径角 $\gamma_{pr}(t)$ 是很必要的。图 2 显示了当 $T_{pr} = L_{pr}/\gamma$ 时 $\gamma_{pr}(t) = \dot{\gamma}\dfrac{T_{pr}}{2} + \gamma$ 的情况。

对于所有考虑的飞行任务，高度的变化影响在距离为 L_{pr} 的表面上的预测路径角 $\gamma_{pr}(t)$ 投影的位置(图 3)。它影响了被控元素动态特性输出 $\varepsilon_\gamma=\gamma_{pr}+H/L_{pr}$。

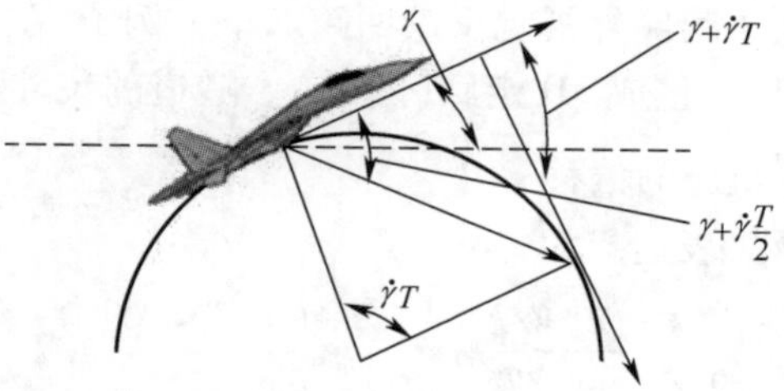

图 2 预测路径角的定义

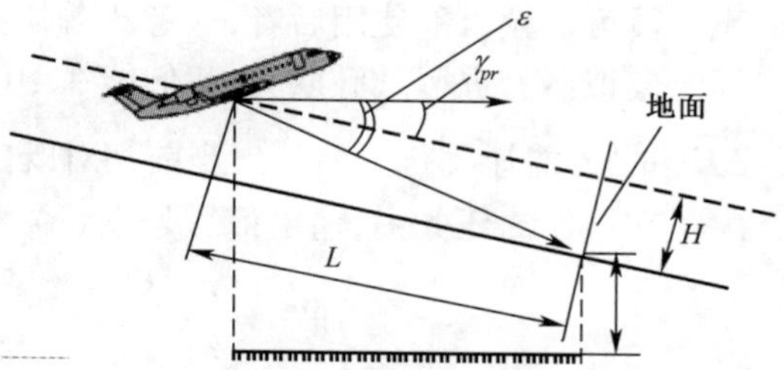

图 3 预测路径角的投影

由任务的框图(图 4)可以得到被控元素动态特性的传递函数，即

$$W_c = \frac{\varepsilon_\gamma(s)}{X_e(s)} = \frac{K_c(T_{pr}s^2 + 2s + 2/T_{pr})}{2s^2(s^2 + 2\xi_{sp}\omega_{sp}s + \omega_{sp}^2)} \tag{5}$$

一般情况下，与变系数 T_{pr}(或 L_{pr})控制下的动态特性相比，T_{pr}(或 L_{pr})为常数的动力学式(5)能提供更好的飞行品质。系数 L_{pr} 影响了传递函数 W_c^*。

着陆任务和地形跟踪任务的传递函数为

$$W_c^* = \frac{H(s)}{\varepsilon_\gamma(s)} = \frac{2V}{T_{pr}s^2 + 2s + 2/T_{pr}} \tag{6}$$

假设减小 T_{pr}，式(6)可以简化为 $W_c^* \approx \dfrac{H(s)}{\varepsilon_\gamma(s)} = \dfrac{V}{s + 1/T_{pr}}$，该式在原点处不含

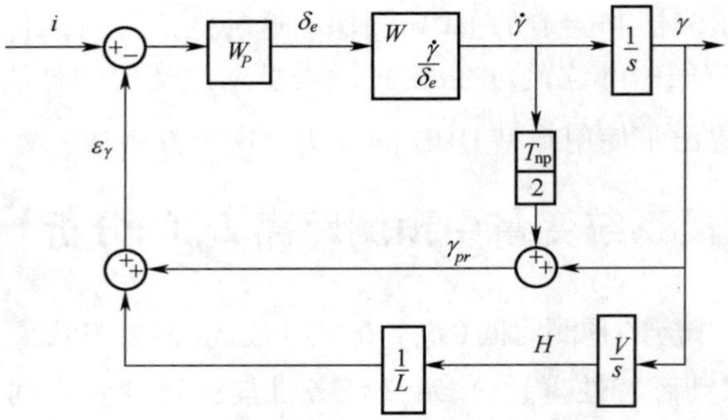

图 4　ε_γ 角度控制下的飞机飞行系统

一阶极点。增加 T_{pr} 可以导致关于 ε_γ 的高度响应的延迟增加。

例如，当 $T \gg 1$ 时，有

$$W_c^* = \frac{H(s)}{\varepsilon_\theta(s)} \cong \frac{V}{s(T_{pr}/2s + 1)}$$

尽管 $H(s)$ 与 $\varepsilon_\gamma(s)$ 的不协调会改善跟踪精度 ε_γ，但也会导致跟踪精度 $H(t)$ 变差。这个缺点可以通过选择相应的参数 T_{pr} 和飞机当前位置的附加信息来避免。飞行员可以频繁地使用后者，这意味着他要关闭额外视觉反馈回路。举个例子，在固定模拟器上进行试验期间，我们能在 HUD 上生成 3D 走廊（隧道）。隧道的尺寸 $\Delta\bar{H}$ 和 $\Delta\bar{Z}$ 能让飞行员估计出当前相对既定轨迹的偏移。

在再加油任务中，输出信号是 $\varepsilon_\theta(s)$，W_c^* 表达式为

$$W_c^* = \frac{\varepsilon_\theta(s)}{\varepsilon_\gamma(s)} = \left| \frac{s^2 - Z^\alpha s - Z^\alpha V/L}{s^2 T_{pr}/2 + s + 1/T_{pr}} \right. \tag{7}$$

对于离锥管距离比较短且 T_{pr} 的值比较高的情况，式(7)可简化为

$$W_c^* \cong \frac{-Z^\alpha V/L}{s(sT_{pr}/2 + 1)}$$

在这种情况中，响应 ε_θ 似乎是 ε_γ 的延迟。$\varepsilon_\theta(s)$ 与 $\varepsilon_\gamma(s)$ 的协调可以通过相应地选择参数 T_{pr} 和在 HUD 上演示具有初步选定边界 $\Delta\bar{H}$ 和 $\Delta\bar{Z}$ 的隧道来完成。角度 ε_γ 在飞机前距离为 L_{pr} 的表面上的投影依赖于来自 L_{pr} 的输入信号 $i(t)$，$i(t) = H/L_{pr}$。增大 T_{pr} 会减小飞行员获得的输入信号的方差 $\sigma_i^2 = \dfrac{\sigma_{\Delta H}^2}{(VT_{pr})^2}$。

提高 L_{pr} 会影响视觉精度的阈值。因此，T_{pr} 应该达到最佳值以使得高度误差 $\Delta H(1)$（在着陆任务和地形跟踪任务中）或误差 $\Delta\varepsilon_\theta$（在再加油任务中）达到最小。关于它的定义过程会在下文研究。

4 研究方法

T_{pr}的最佳值是通过数学建模与试验调查得出的。

4.1 数学模型

数学建模通过以下步骤进行：

（1）修正飞行模型；

（2）测定输入信号；

（3）测定 T_{pr}最佳值。

4.1.1 修正飞行模型

图 5 所示为研究中使用的飞行模型的结构。

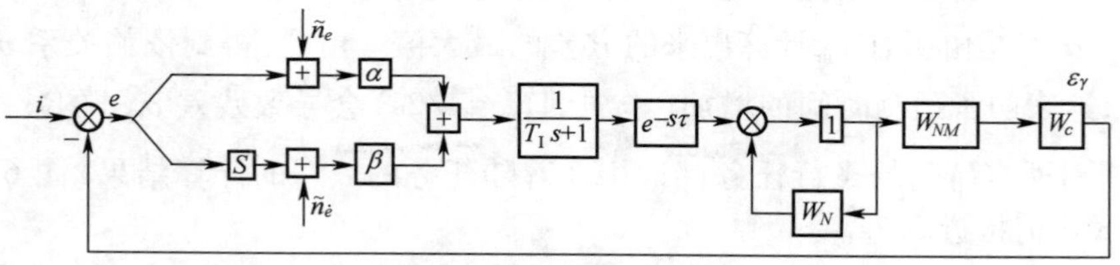

图 5 改进的 Hess 飞行模型

$\tilde{n}_e$ 和 $\tilde{n}_{\dot{e}}$的谱密度模型要考虑视觉阈（Δ）

$$S_{\bar{n}_c\bar{n}_c} = \frac{0.01\pi}{K^2 \bar{n}_e}, S_{\bar{n}_e\bar{n}_{\dot{e}}} = \frac{0.01\pi}{K^2_{\bar{n}_e}}$$

的影响，其中随机增益系数为

$$K_{\bar{n}_e} = \mathrm{erf}(\Delta/\sigma_e), K_{\bar{n}_{\dot{e}}} = \mathrm{erf}(\Delta/\sigma_{\dot{e}})$$

传递函数为

$$W_{KN} = \frac{K_N s^2}{T_N^2 s^2 + 3\xi T_N s + 1}, W_{NM} = \frac{\omega_{NM}^2}{s^2 + 3\xi_{NM}\omega_{NM}s + \omega_{NM}^2}$$

$$\xi_{NM} = 0.1, \omega_{NM} = 12\mathrm{s}^{-1}$$

该传递函数确定了飞行员对运动信息及相应的肌肉神经动力学的适应行为。飞行变量（$K_L = \alpha, T_L = \frac{\alpha}{\beta}, K_N, T_N$）的选择依据残差 σ_e^2 的最小值。这里 $e(t)$是飞行员预测的误差信号（图 5）。这些参数的最优化过程可参见参考文献[3,7]。这个模型是著名的 Hess 模型[5]的一个改进模型。与基本模型相比，在高低频率范围内改进模型与试验得到的结果更趋于一致。

4.1.2 输入信号

在地形跟踪任务中，输入信号是预设的轨迹。在再加油任务中输入信号是锥管的位移，在着陆任务中是飞机对大气湍流的响应。在数学模型中，我们使用一般式的谱密度 $S_{ii}=k^2/(\omega^2+\omega_i^2)^2$。参数 ω_i 是根据该谱密度与相应飞行任务中实际输入信号的谱密度的一致性要求来定义的。增益系数 k 是从距离为 L_{pr} 时的输入信号方差为 $\sigma_i^2=\sigma^{*2}/(L_{pr})^2$ 的情况中选择的，其中 σ_i^{*2} 为输入信号的方差。

4.1.3 预测时间的最佳值

飞行员—飞机系统数学模型在不同的飞行任务中具有不同的 T_{pr} 取值。对它们中每一个模型来说，有必要定义相应的飞行模型参数 $(K_L, T_L, \cdots)$，并获得最小 $\sigma^2_{\Delta\varepsilon_\gamma}$（由图 5 得 $e(t)=i(t)-\varepsilon_\gamma(t)=\Delta\varepsilon_\gamma$）、它的最小值、方差 $\sigma^2_{\Delta H}$ 或 $\sigma^2_{\Delta\varepsilon_\theta}$ 和它们的标准差 $\sigma^2_{\Delta H}=\sigma^2_{\Delta H}/\sigma^2_{\Delta H_{\max}}$，$\sigma^2_{\Delta_{\varepsilon\theta}}=\sigma^2_{\Delta_{\varepsilon\theta}}/\sigma^2_{\Delta\varepsilon\theta_{\max}}$，$\sigma^2_{\Delta_{\varepsilon\gamma}}=\sigma^2_{\Delta_{\varepsilon_\gamma}}/\sigma^2_{\Delta\varepsilon_{\gamma\max}}$。这里 $\sigma^2_{\Delta H_{\max}}$、$\sigma^2_{\Delta\varepsilon\theta_{\max}}$、$\sigma^2_{\theta_{\max}}$ 是由所有 T_{pr} 计算出来的方差的最大值。由此，得到依赖关系 $\overline{\sigma}^2_{\Delta\varepsilon_\gamma}=f(T_{pr})$，这表明了预测时间的增加（增加到 $T_{pr}=1/2\text{s}$）会导致残差 $\sigma^2_{\Delta\varepsilon_\gamma}$ 的减小。这个结果对所有研究的飞行任务都适用。着陆任务的 $\overline{\sigma}^2_{\Delta H}$ 的计算结果（图 6）显示 T_{pr} 的最优值接近 0.7s。

这显示了带宽为 ω_i 的输入信号对 T_{pr} 的影响是微不足道的。对再加油任务来说，依赖关系为 $\overline{\sigma}^2_{\Delta\varepsilon_\theta}=f(T_{pr})$，能够得到 T_{pr} 的最优值。从图 7 中可以看出，最优值是 $T_{pr}=4/5\text{s}$。输入谱密度参数 ω_i 对这个值并没有实际的影响。

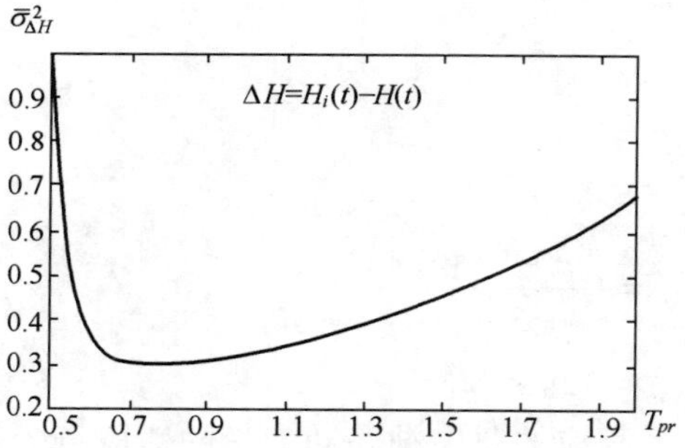

图 6 着陆任务和地形跟踪任务的最优预测时间

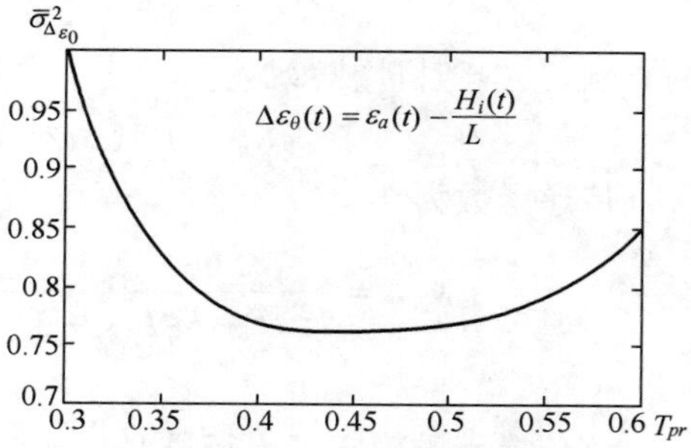

图 7 再加油任务的最优预测时间

4.2 试验探究

数学建模的结果已经在计算机上和地面模拟器上得到验证。工作站仿真验证了飞行员用常量 T_{pr} 完成与式（5）飞行动力学特性一致的补偿任务的情况。飞行

任务要求误差 $e(t)=\Delta\varepsilon_{\gamma}=i(t)-\varepsilon_{\gamma}(t)$ 最小。飞行员、飞行员—飞机频率响应特性以及方差在每个试验中都进行了定义。所有这些特性都与由数学模型计算得到的特性非常接近。工作站仿真的典型结果(标准差 $\overline{\sigma}^2_{\Delta\varepsilon_\gamma}=\sigma^2_{\Delta\varepsilon_\gamma}/\sigma^2_{\Delta\varepsilon_\gamma\max}=f(T_{pr})$ 和 $\overline{\sigma}^2_{\Delta H}=\sigma^2_{\Delta H}/\sigma^2_{\Delta H\max}=f(T_{pr})$)如图 8 所示。

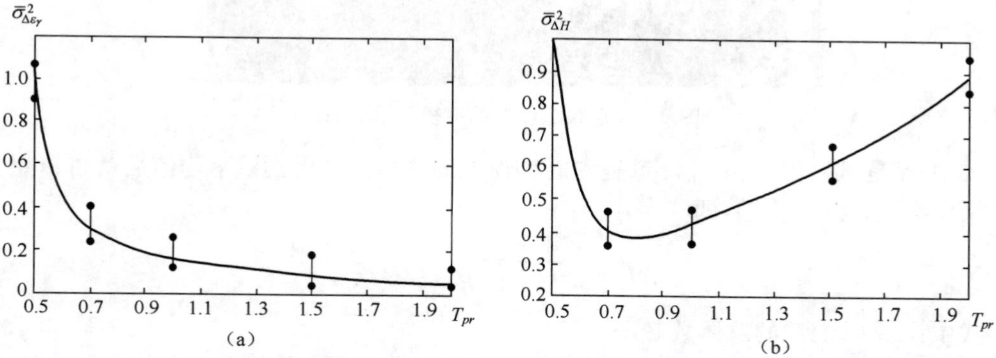

图 8　计算机辅助仿真模型试验结果(a)与计算机辅助仿真结果(b)

这些结果证明,数学模型满足:预测时间 T_{pr} 增加会导致标准差 $\overline{\sigma}^2_{\Delta\varepsilon_\gamma}$ 减小,并且使方差 $\overline{\sigma}^2_{\Delta H}$ 达到最小的最优 T_{pr} 接近 $T_{propt}=7/8$s。

我们通过地面模拟器的试验来检查预测信息的有效性。这个模拟器通过一台计算机来产生视觉系统,该系统显示了每个飞行任务中相应的外面世界的图像。另外, HUD 图像也投影到这个视觉系统的屏幕上。目标是估计:

(1) 飞行员个人的 Cooper-Harper 等级;

(2) 误差 $m_x(t_i)$ 的平均值;

(3) 平方误差 $\sigma_x(t_i)$ 的平均值。

这里 x 是试验计算出的路径变量($H,Y,\dot{H}$)。

对地形跟踪任务来说,我们研究了两个版本的 HUD:

(1) 带有图 9 显示信息的 HUD;

(2) 带有同样图像但没有隧道的 HUD。

期望的可以接受的任务性能是由参考文献[6]给出的方法定义的。任务性能定义为要求飞机路径的位置至少有 87%在 3D 隧道里,并且相应的总飞行时间至少有 70%是在隧道里的。

总共进行了 80 组试验。数据简化后能够计算高度的残差 $H(t)=H(t_i)-H_i(t_i)$,这里 $H(t_i)$ 是输入信号,在每个时刻 t_i 有

$$\sigma^2_{\Delta H}(t_i)=\frac{\sum\limits_{N}\sqrt{(e(t_i)-m_e(t_i))^2}}{N-1}$$

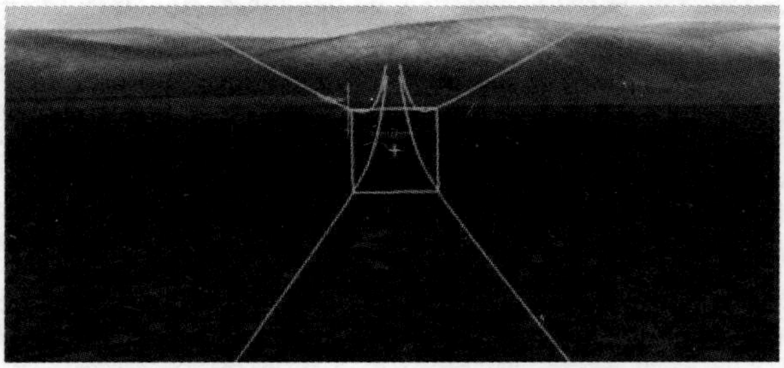

图 9　地形跟踪任务的平视显示器 HUD

式中：N 是试验次数，$\sigma_{\Delta H}(t_i)$ 是 t_i 时刻误差的平均值。得到该平均值后就可以定义所有飞行的平方差，即

$$M[\sigma_{\Delta H}] = \sum_{i=1}^{k} \sigma_{\Delta H}(t_i)/k$$

式中：k 是时刻 t_i 的总体数量。

试验期间，六自由度飞机数学模型都在实时模式下进行仿真。

试验研究证明，任何情况下的 HUD 都能非常准确地完成任务（图 10）。与只通过 HUD 生成隧道图像的情况相比，使用同时带有预测图像和隧道图像的 HUD 能够减少 20%的高度平均方差。

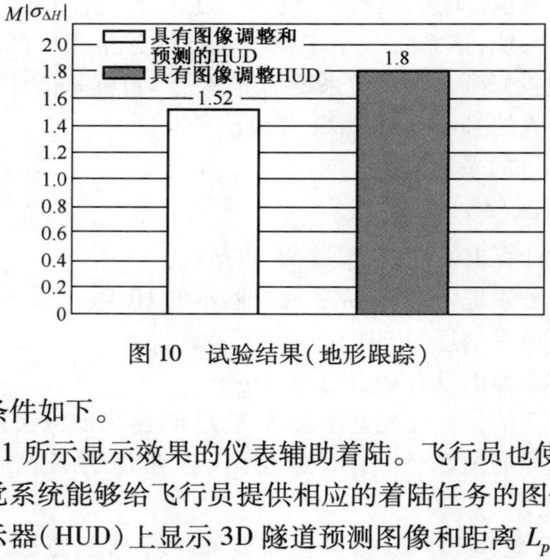

图 10　试验结果（地形跟踪）

实现着陆的条件如下。

（1）具有图 11 所示显示效果的仪表辅助着陆。飞行员也使用其他的指示器。计算机生成的视觉系统能够给飞行员提供相应的着陆任务的图像。

（2）平视显示器（HUD）上显示 3D 隧道预测图像和距离 L_{pr} 处的移动平面，这里显示预测器和 3D 隧道为 $H = 25\text{m}$。在此之后，飞行员利用视觉信息发出信号（图 12）。

（3）平视显示器（HUD）在飞机飞行、信号发射直到最终触地的过程中显示一致的信息。

发射信号期间，隧道根据发射信号的轨迹在曲线隧道中转换。发射信号的轨迹是根据 $H=25\text{m}$ 的初始条件以及与预设着陆爬坡度一致的要求定义的。

地面模拟器来完成将近 90 个着陆任务。每个着陆任务的高度、靠近时的边位置、着陆爬坡度和着陆点坐标都要被记录下来。简化的数据表明，额外的信息会减小着陆点坐标的可变性。使用可显示 $H=25\text{m}$ 预测信息的 HUD 能够减小 23%的纵向通道中的归一化均方差，对于可显示预测器图像和 3D 隧道的 HUD 能够将这一值减小 52%。另外，横向隧道中的着陆精确度能够增加到 4 倍(图 13)。

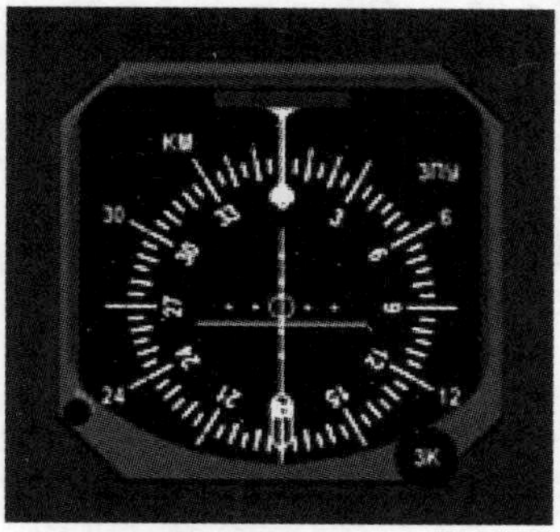
图 11　着陆任务中使用的姿态指示器

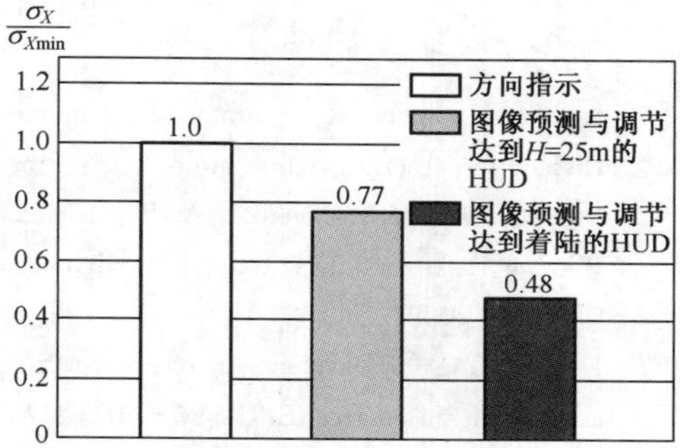

图 12　试验结果(着陆)

除此之外，着陆点的垂直度减小了 2 倍。接近过程中 HUD 的使用使高度偏差减小 2 倍。

再加油任务的研究在以下两方面开展：

(1) 没有 HUD 显示的情况；

(2) 带有图 14 显示的 HUD 的情况。

图 13　应用于着陆项目的 HUD

图 14　应用于再加油项目的 HUD

总共进行约 70 个试验。隧道的颜色随接近速度函数 V_a 而改变。红色意味着 $V_a<0.8\text{m/s}$ 的情况，绿色代表 $0.8\leqslant V_a\leqslant 1.2\text{m/s}$，黄色代表 $V_a>1.2\text{m/s}$。这些颜色告诉飞行员关于飞机的速度情况，使飞行员能够控制飞机。

有了这样的显示器，减小接触点平均方差 1.5 倍并确保所有的试验中都有绿色隧道成为了可能。

5 结论

针对一些高精度的飞行任务,提出了使用新型 HUD 的方法。这种方法基于参考文献[7]中提出的普通飞行系统理论准则。HUD 的升级版本能够提高任务完成精度 1.5~2.5 倍,并且能提高飞行的安全性。

参 考 文 献

[1] Sachs, G., Sperl, R., Sturhan, I.: Curved and steep approach flight tests of a low-cost 3D-Display for general aviation aircraft. In: Proceedings of 25 ICAS Germany (September 2006)

[2] Efremov, A.V., Koshelenko, A. V., Tjaglik, M. S. : Means for Flying Qualities Improvement in Piloting Tasks Required Extremely High Accuracy. In: Proceeding of AFM AIAA Conference, Chicago (2009)

[3] Efremov, A.V.: Development of criteria for prediction of handing qualities of new generation of aircraft TR on contract SPC-96-4073 MAI-Wright Patterson USA AF Base, Moscow (1997)

[4] Read, L.D., Drewell, N.: A pilot model for tracking with preview. In: The Eight NASA-University Annual Conference on Manual Control, pp. 191-204 (May 1972)

[5] Hess, R.: Structural model of the adaptive human pilot. J. of Guidance and Control 3(5) (1979)

[6] Efremov, A. V., Ogloblin, A. V., Koshelenko, A. V.: Evaluation and prediction of flying qualities. Journal "Flight" (3), 28 - 34 (1999) (in Russian)

[7] Efremov, A.V., et al.: Pilot as a dynamic system. Mashinostroenie M. Russia (1992)

UAV Lab——一个开放的无人飞行器研究平台

UAV Lab, Open Research Platform for Unmanned Aerial Vehicles

Péter Bauer, Paw Yew Chai, Luigi Iannelli, Rohit Pandita, Gergely Regula, Bálint Vanek, Gary J. Balas, Luigi Glielmo, and J'ozsef Bokor

摘要:本文总结了明尼苏达大学、桑尼奥大学、计算机自动化研究所及布达佩斯大学技术经济学院联合开发无人飞行系统项目的一些相关研究成果;合作项目未来的目标是共同开发测试一个在实际飞行中可行、可定制的平台,以运行更为高级的导航、控制、故障诊断算法。这样就可以将不同的导航、制导控制算法(包含简单的代码开发和测试)很容易地配置成为一个飞行系统研究平台。论文重点阐述了系统组件的微调整工作(该部分主要由SZTAKI和BME负责完成),其中包括传感器标定、自动驾驶仪程序改进和简单PID控制算法的测试,论文最后给出了测试结果。

英文缩写与符号

BME 布达佩斯大学技术经济学院
CEO 首席执行官
COTS 商用货架产品
DAQ 数据采集
EKF 扩展卡尔曼滤波
GPS 全球定位系统
HIL 硬件在回路
IAS 空速表

Péter Bauer, Gergely Regula, Bálint Vanek
HAS 计算机自动化研究所, Kende u. 13-17, 布达佩斯, 匈牙利
e-mail: bauer. peter@ sztaki. hu
J'ozsef Bokor
布达佩斯大学技术经济学院, Muegyetem rkp. 3-9, HAS 计算机自动化研究所, Kende u. 13-17, 布达佩斯, 匈牙利
e-mail: bokor@ sztaki. hu
Luigi Iannelli, Luigi Glielmo
桑尼奥大学, 罗马广场 21, 贝文内托, 意大利
e-mail: glielmo@ unisannio. it
Paw Yew Chai, Rohit Pandita, Gary J. Balas
明尼苏达大学, 110 Union St SE, 明尼阿波里斯市, 美国
e-mail: paw@ aem. umn. edu

IMU 惯性测量单元

PID 比例积分微分（控制）

PPM 脉冲相位调制（信号）

PWM 脉冲宽度调制（信号）

RC 无线控制

SIL 软件在回路

SZTAKI 计算机自动化研究所，匈牙利科学院

UAS 无人机控制系统

UAV 无人机

UoM 明尼苏达大学，航天机械电子工程系

UoS 桑尼奥大学，工程系

a 加速度

h 高度

$\boldsymbol{H}$ 磁矢量

k 时间索引

$\boldsymbol{V}$ 电压测量矢量

V 飞行器速度

上标：

a 加速度相关量

ω 角度相关量

h、$\boldsymbol{H}$ 分别表示高度和磁矢量相关的量

V 空速表相关值

下标：

meas 测量值

0 零输出相关量

1 引言

最近，联邦快递公司 CEO F. Smith 向媒体透露，未来他们将有可能转向利用无人机来完成物流配送[1]。然而，从目前来看，民用的、低成本的无人机若要满足这一需求，尚有几个关键的问题需要解决，如经济性问题、现有资源的管理调整问题等。特别关键的一点是要解决机载飞行控制系统的可靠性问题，这意味着必须采用更为高级的、具有容错能力的算法来保证飞行任务的安全性。

为了发展一种便利的、可定制的 UAS 开发环境，从而大大缩短开发周期，UoM、UoS、SZTAKI and BME 几家单位联合发起了一项研究项目[7]。这一研究的长期目标是开发高级、可靠、具有容错能力的 UAV 机载控制算法并进行飞行测试。这一研究最初是由 UoM、UoS 两家单位联合发起，目标是利用 COTS 硬件开发一个开源的项目，后来 SZTAKI 与 BME 也加入到项目中，他们的主要任务是对开发出的 UAS（包括其所有部件）进行测试。这意味着，不同单位之间需要交换文档、部件清单以及软件代码。其中测试并证明所提供的这些开放文件是否完整可靠是一项关键工作。在这项工作过程中，各单位不断地沟通交流，交换程序漏洞信息，并进行了多项改进，这里对其中的一些主要成果进行总结。

本文整体安排如下：第二部分介绍开源的 UAS；第三部分概述一些传感器相关的工作；第四部分提供在自动驾驶仪方面的进展；第五部分和第六部分总结了飞行测试结果；第七部分给出结论。

2 基于 COTS 部件的开源 UAS 系统

本文以 E-flite Ultrastick 25e 飞机为研究对象。它是一个小型的无线电遥控

飞机，但其机身容量大，足够装载所有必须的硬部件（图 1）。飞机翼展 1.27m、机身长 1m、起飞质量 2.1kg（包括附加的硬件设备）。

图 1　UAS 飞行器

通常无人机系统的结构包括机载空电设备和地面部件，如图 2 所示。除了传统的 RC 设备，机载系统还包括 MPC555 微处理器、μNAV 传感器、失效保护转换板和一个无线路由器[8]。控制系统代码开发的主要流程如图 3 所示，其中软件在回路（SIL）测试环境完全在 MATLAB 中实现，硬件在回路（HIL，即处理器在回路）环

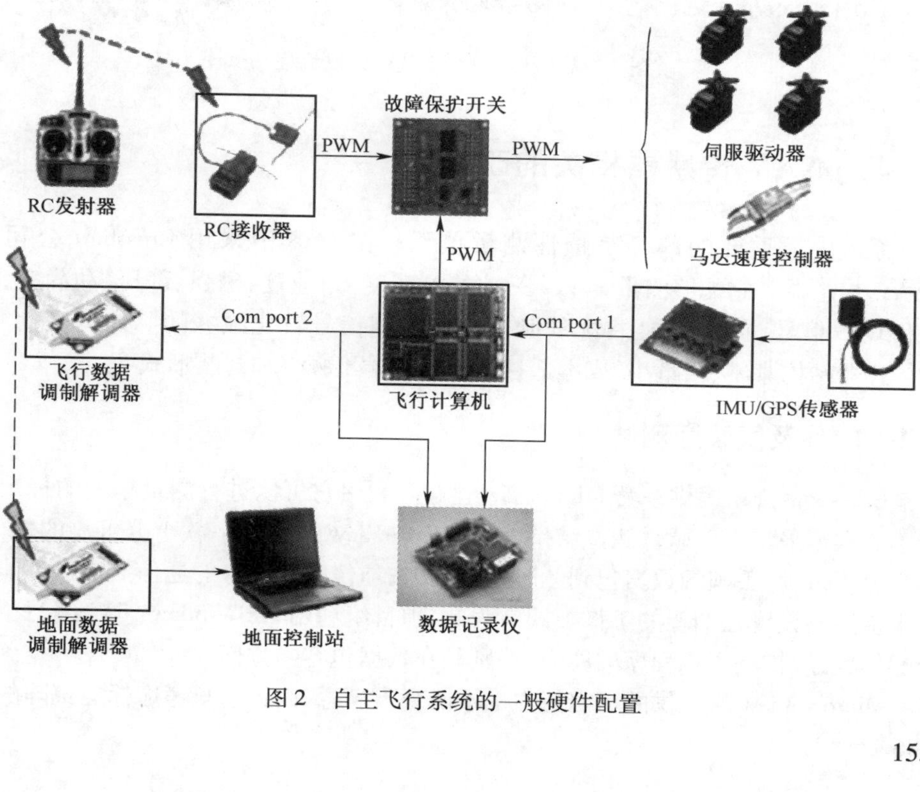

图 2　自主飞行系统的一般硬件配置

境采用一个非线性的飞行器 MATLAB 仿真模型，并将该模型与类似于图 2 所示的硬件部分相连。在硬件在回路中，飞行器和 μNAV 传感器用它们对应的仿真模型代替，而其他的部件（如微控制器、多路板，无线电接收器）与真实系统中的完全一致。

以上介绍了主要的系统部件和控制代码开发流程，下面我们将重点介绍在系统测试中进行的各种修改设置。

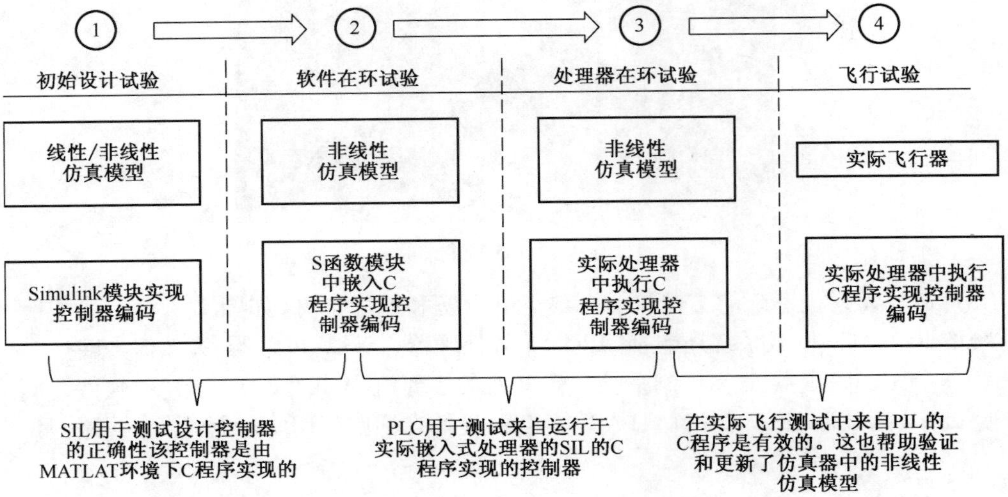

图 3　无人机控制系统代码开发流程

3　与 μNAV 传感器相关的改进

系统中最重要的部件是惯性测量单元。在 UAS 中采用 Crossbow 公司的 μNAV 传感器。它能够测量 x、y、z 三轴的加速度、角速度、磁强、静压、动静压、温度和 GPS 信号，同时，它能将无线脉冲位置调制信号转化独立的脉冲宽度信号。该传感器结构紧凑、质量小、成本低且有不同的输出频率和封装形式[5]。

3.1　软件及修改版测试

Crossbow 公司提供一套 Micro-View 软件，利用它可以进行测量单元的标定和传感器数据采集。但软件测试结果表明 Micro-View 并不是一款十分可靠的软件，如当出现缺帧、丢帧的数据包到达时，它会丧失与传感器本身的通信。它也不能一直将传感器设置在期望的工作模式。为此，项目组利用 LabWindows CVI 编写了一个操作程序，扩展了原程序的能力，特别是在数据包容错方面。

Micro - View 所提供的标定能力也不能令人满意，因为它只考虑标定矩阵的对角元(认为其为速率传感器、加速度计和磁强计),而且没有考虑这些因素对温度的依赖性。然而,实际应用中非对角元素也应被考虑在内,而且已经发现加速度计和速率传感器与温度有明显的关联关系,如在5℃时测得的加速度计是0.85g,而在25℃时为1.0g。这意味着加速度和温度存在(0.075m/s^2)/K的关系,所以温度标定是一项十分重要的工作。

μNAV能够输出传感器电压数据或标定数据。如果利用定制的标定程序,最好使用前一种数据格式,但是PWM和GPS信号都没被包含在数据包内[5]。因此,应该对标定模式数据包进行必要的修改,使其包含传感器电压(替代标定数据)。此外,还需在以下两方面做以修改。

(1) μNAV微处理器的一个闲置定时器用来检验数据频率是否正确。

(2) 设置数据包计数器以检测数据包丢失情况。

3.2 传感器标定和数据采集

开发工作的下一步是传感器标定,标定方程如下,符号的解释详见缩略与符号。

$$a = K^a\,(V^a_{\text{meas}} - V^a_0) \tag{1a}$$

$$V^{\omega}_0 = V^{\omega}_0 + K^{\omega_0} a \tag{1b}$$

$$\omega = K^{\omega}\,(V^{\omega}_{\text{meas}} - V^{\omega}_0) \tag{1c}$$

$$H = K^H\,(V^H_{\text{meas}} - V^H_0) \tag{1d}$$

$$h_{k+1} = h_k + K^h(V^h_{\text{meas}}(k+1) - V^h_{\text{meas}}(k)) \tag{1e}$$

$$V_{k+1} = \sqrt{V_k^2 + K^V(V^V_{\text{meas}}(k+1) - V^V_{\text{meas}}(k))} \tag{1f}$$

式(1)是加速度、角速率和磁矢量的偏置矢量与增益矩阵计算公式,此外,也推导了静压和动静压的增益系数和计算公式。未知参数可以用最小方差的方法获得。业已证明,由于误差校正量较小,低阶模型已经能够满足需求,最大误差绝对和平均绝对误差如表1所列。

表1 最大和平均绝对值拟合误差

名称	最大误差	平均误差
加速度	4%	1.5%
角速率	3%	0.8%
磁强数据	5%	1%
高度	27%	2.6%
空速表	100%	30.3%

从表1可以看出,其中只有空速表(ISA)误差最严重,但是根据经验可知,利用皮托管测量是不准确的,所以不能够获得更好的拟合结果。

角速率(式(1b))的偏置矢量可根据参考文献[4]提出的具有偏置和增益的加速度计算得到。公式中的温度如式(2)所示。磁强和压力数据与温度标定量无

关,即

$$V_0^a = V_{01}^a tV + V_{02}^a ; K^a = K_1^a tV + K_2^a \tag{2a}$$

$$V_0^{\omega_0} = V_{01}^{\omega_0} tV + V_{02}^{\omega_0} ; K^{\omega_0} = K_1^{\omega_0} tV + K_2^{\omega_0} \tag{2b}$$

$$K^{\omega} = K_1^{\omega} tV + K_2^{\omega} \tag{2c}$$

式中:tV 为温度传感器的电压输出。式(2)中的标定是标定矩阵元素与式(1a)~式(1d)中矢量元素的线性拟合。通过对比测量飞行器在地面的垂直加速度,可以得到温度的标定量。这种情况下,俯仰角大约 10°,垂直加速度大约为 $\cos(10°) \times 1g = 0.9848g$。在加速度计标定过程中,用到以下符号法则:+1$g$ 表示重力沿着传感器轴。从飞行测试中测量和标定的加速度 a_z 如图 4 所示(2009 年 3 月,气温20~25℃;2009 年 10 月,气温 15~20℃;2009 年 12 月,气温 5~10℃,测试地点匈牙利,布达佩斯)。从测试数据来看,与期望值的最大和最小差别分别是-0.57%和 0.73%,这意味着标定测量具有很高的精度。

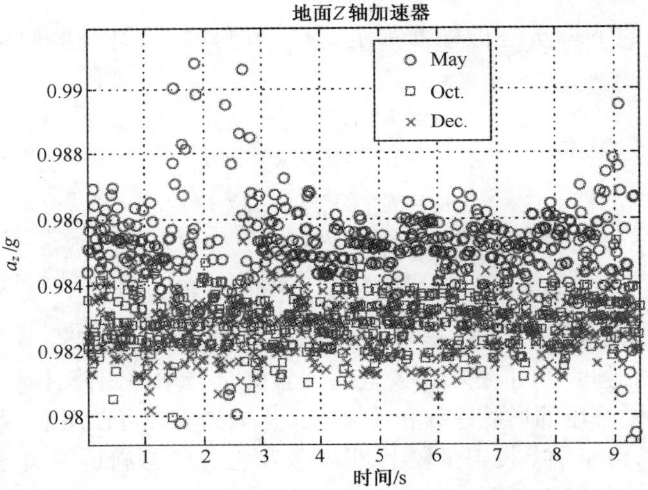

图 4　不同季节条件下垂直加速度测试值

传感器数据可以通过地面站软件采集,但存在以下两个问题。

(1) 数据上传速率太低。考虑到一些因素后,上传速率设置为 10MHz,在这一设置下,地面的数据速率实际为 8MHz。

(2) 不可靠的无线传输导致数据丢失(和\或错误的数据包)。

除了上述情况,不能利用地面站的数据实现系统识别也是个问题,然而,可以通过 uNAV 以 50Hz 频率获得的采样数据来完成系统识别,这个频率已经足够覆盖小型 UAV 所有重要的模式。

为实现这一目的,SZTAKI 开发了一个基于 SD 卡的数据采集设备,如图 5 所示。它能够采集并以文本形式将数据储存在一个标准的 SD 卡中。这些文件能够被任何操作系统读取和拷贝。同时也配套开发了一个独立的程序以将这种文件转化为 uNAV 包格式。

图 5　基于 SD 卡的数据采集设备(SZTAKI 开发)

4　控制代码开发

在完成传感器标定和数据采集设备构建后,利用 Ultrastick 无人机进行了飞行测试。首先进行了系统辨识测试,然后进行了不同级别的自主飞行测试。

在测试中,发现利用扩展卡尔曼滤波的高度估计精度不高,因为它将加速度测量值作为瞬时重力,而忽略了惯性的影响。另一方面是不同相斥进程中全局变量的处理问题,这也导致控制上的某种不稳定性,可以参照参考文献[2]了解更多的线程处理。

为了克服上述问题,开发了一种新型高精度的多模式扩展卡尔曼滤波算法,并对其进行了测试。它不仅利用加速度计和磁矢量信息,也依赖于 GPS 的测速信息,具体方法详见参考文献[3]。

为处理全局变量互斥问题,每个线程中仅定义一个全局变量,其他进程中利用它的备份,这样互斥量仅仅被用于很小一段时间内(只要能保证全局的值拷入局部),因此实现了线程锁定时间的最小化。

在开发的最后一个阶段,利用修改后的 MPC555 进行飞行测试。开发的控制代码分内外两个层次:内层为滚转角和俯仰角跟踪的 PID 控制器,外层控制代码负责高度、IAS 保持和航迹跟踪控制(PI 和其他控制器)。航迹跟踪解决方案详见参考文献[6],更多细节参看参考文献[8]。

5　内层控制:参考横滚角、俯仰角跟踪

内层控制利用 PID 回路跟踪横滚/俯仰欧拉角参考值,这使得飞行器的直线水平飞行或转弯成为可能。通过切换跟踪模式,先后对横滚跟踪和俯仰跟踪进行

测试。在每一个独立的开发阶段，分别进行 SIL、HIL 和实飞试验。实飞测试结果如图 6 和图 7 所示。测试于 2010 年 6 月 17 日完成，温度 20~25℃，中等风。横滚角跟踪误差为 2. 5%~7. 5%，俯仰角跟踪误差在 3. 5%~6. 5%。

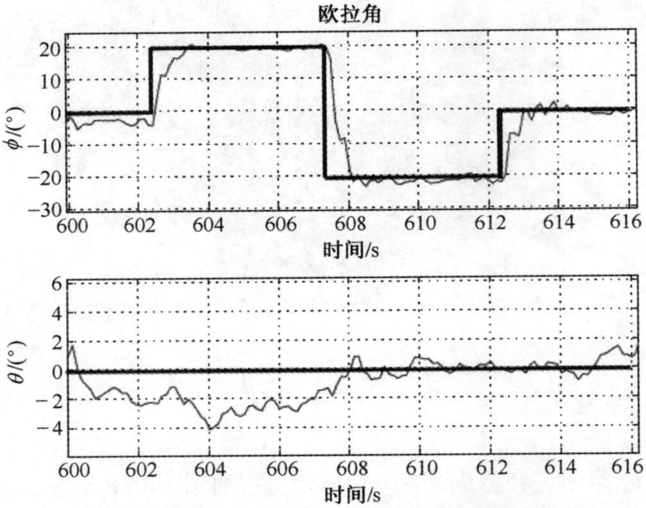

图 6　实际飞行条件下横滚紧跟参考信号跟踪曲线

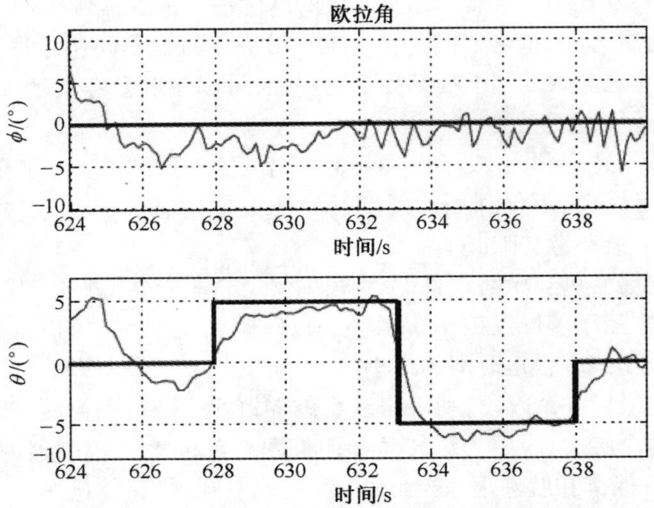

图 7　实际飞行条件下俯仰紧跟参考信号跟踪曲线

6　外层控制：高度与 IAS 保持，航迹点跟踪

在内层控制器测试后，我们进行了外层控制器测试。四个不同版本的自动驾驶仪分别进行 SIL、HIL 和实际飞行测试。第一种情况下，系统保存了 IAS 和高度

转换时的瞬时信息,并在直线水平飞行过程中对其进行跟踪(采用 PI 控制器)。第二种情况下,自动驾驶仪跟踪了一个 IAS 阶跃函数,同时保持高度(保存于切换时刻的值)稳定,以 30°的横滚角进行盘旋飞行。第三种情况下,自动驾驶仪跟踪一个高度阶跃函数,同时保持 IAS(保存于切换时刻的值)不变,并以-30°的横滚角进行盘旋飞行。第四种情况是一个全模式的航迹点跟踪驾驶仪,它在 GPS 坐标系中飞行并保持高度和 IAS 稳定。

所有的自动驾驶仪模式测试结果都是可接受的。测试于 2010 年 6 月 29 日完成,温度 25~30℃,大侧风。IAS 和高度参考值的跟踪结果如图 8 所示。在一段瞬态后,IAS 跟踪误差保持在±2m/s,±9%,高度跟踪误差保持在 10~15 m,8%~12%。

航迹点跟踪如图 9 所示。"×"表示当自动驾驶仪控制飞行器时的部分飞行路径,带叉的小圈表示被跟踪的点。大的"○"表示航迹点容差(20m),由图可以看出,航迹点跟踪效果比较理想(精度达到 7m 和 0. 97m 误差),侧风也得到很好的补偿。不幸的是,由于电池电量耗尽,飞行试验被迫提前结束。

整个试验表明:内层控制器能够很好的工作,然而,外层控制器需要进一步调整以降低跟踪误差。IAS 跟踪单元(升降舵)与高度跟踪单元(节流阀)有互相对抗的趋势,这是由于它们带宽不同(IAS 跟踪单元速度高于高度跟踪单元)造成的,所以它们需要调整以达到协调。

我们在 GPS 信号接收方面遇到了一些问题。μNAV 提供的电线经常接收失败,这使得航迹跟踪无法实现。因此,必须采用性能更优的天线以提高飞行性能。

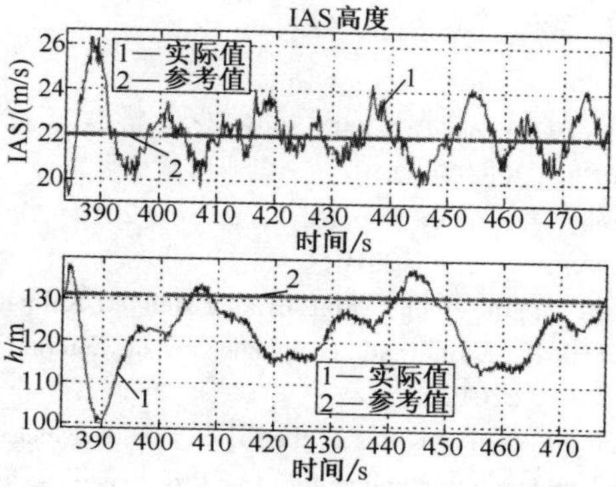

图 8 实际飞行条件下 IAS 和高度参考跟踪曲线

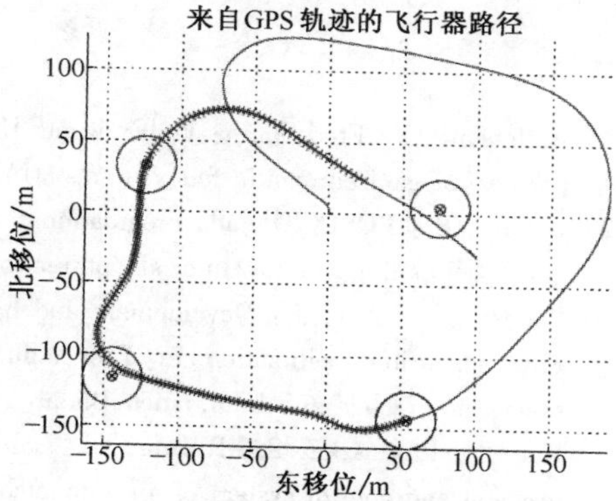

图 9 实际飞行条件下 4 角点路线跟踪曲线

7 结论

本文详细总结了 UoM、UoS、SZTAKI 和 BME 一些共同研究成果。本项研究的目标是采用 COTS 部件及开发工具开发出一个 UAS 系统,以循环迭代的开发方式快速地配置、实施、分析和验证一个替代控制器的设计。另一个目标是利用开源思想。论文描述了利用项目所开发的 UAS 进行的测试工作，包括从文档资料、部件清单和软件代码开始的整个系统构建与测试过程，进行了几次硬件在回路的试验和实际飞行测试，并给出了相应数据和评价。

通过修改 μNAV 传感器的软件代码，取得了很好的效果。在考虑温度情况下，对传感器单元进行了标定。针对高度估计问题，开发了合适的 EKF 程序，提高了整个控制器的性能。最后，通过修正和优化多线程的传感器代码的线程处理，取得了更好的飞行性能。

飞行测试结果表明，该项目获得了成功。开发了 UAS 系统，并将它作为一个试验平台来测试不同的自动驾驶仪程序。通过试验，参与者获得了实际的操作经验。

下一步工作将包括系统识别、安装启用、高级跟踪测试、故障检测与隔离控制算法等。目前，故障检测与隔离在航空航天领域是一个研究热点，在未来的几年也将如此。本项目开发的 UAS 系统恰能用于开发、实施和测试这些控制方案。

致谢

衷心地感谢匈牙利国家科学研究基金（OTKA CNK 78168）、TRUCKDAS 项目（TECH 08-A2/2-2008-0088）和布达佩斯大学技术与经济学院控制工程研究室的大力支持。

参考文献

[1] Anderson, C.: Fred Smith: FedEx wants UAV's. DIY Drones (2009), http://diydrones.com/profiles/blogs/fred-smith-fedex-wants-UAV's(Cited July 29, 2010)

[2] Barney, B.: POSIX Threads Programming. Lawrence Livermore National Laboratory(2010), https://computing.llnl.gov/tutorials/pthreads/ (Cited August 18, 2010)

[3] Bauer, P., Bokor, J.: Development and hardware-in-the-loop testing of an Extended Kalman Filter for attitude estimation. In: Proceedings of 11th IEEE International Symposium on Computational Intelligence and Informatics, Budapest, Hungary (2010)

[4] Kis, L., Prohászka, Z., Regula, G.: Calibration and testing issues of the vision, inertial measurement and control system of an autonomous indoor quadrotor helicopter. In: Pro - ceedings of RAAD 2008, Ancona, Italy(2008)

[5] MNAV 100CA User's Manual. Crossbow Technology Inc., San Jose, USA(2005)

[6] Niculescu, M.: Lateral track control law for Aerosonde UAV. In: Proceedings of 39th AIAA Aerospace Sciences Meeting and Exhibit, Reno, NV, USA (2001)

[7] Yew Chai, P.: UAV Research Group. University of Minnesota (2006), http://www.aem.umn.edu/~uav/index.html (Cited August 31, 2010)

[8] Yew Chai, P.: Synthesis and validation of flight control for UAV. PhD Thesis University of Minnesota, Minneapolis, USA(2009)

杂乱环境中用于通信感知制导的可见度信息

Visibility Cues for Communication Aware Guidance in Cluttered Environment

H. Claus Christmann and Eric N. Johnson

摘要:本文提出用基于可见性的制导信息来得到航迹点,以用于多无人机单操控系统的通信保持。基于可见性图(对于无线通信)和 Voronoi 图(对于最大间隙运动路径)的重叠,本文提出采用三个不同阶段的方法进行仿真,使得航路点的计算适于室内或其他杂乱环境下在操作员与主要无人机之间建立一条可能的多跳连接。方法介绍了2D 平面的一般解决方案,通过几个非共面2D 平面之间可能存在的相互关系确保方法在室内、室外或其他结构化的环境中的适用性。随着问题复杂程度的增加,计算方法的复杂度也会相应增加,但计算量仍可以接受,在计算功率有限的飞行器上可以作为在线实现的一个理想选择。

1 引言与目的

战术无人空中系统(UAS)通常使用一架受一个控制站操作员遥控的无人机(UAV)。尽管更高级的控制,即使用预先设定的航路点或全局航迹,有时也是可行的,但远程操作员更多的是通过反馈的第一视角视频来直接控制无人机,视频能为远程操作员提供即时传感器数据并使得他们完成诸如障碍检测与分类、碰撞规避以及路径规划等任务[1]。这些第一视角视频结合远程制导的稳定性增广系统,使得操作舒适度的增加、操作员的高态势感知和主要传感器数据(录像)的直接使用成为可能。所有这些都可以通过相对适中的训练需求——包括控制站操作和实际的远程制导——来达到。

H.Claus Christmann
Georgia Institute of Technology, School of Aerospace Engineering, Atlanta, GA30332 - 0150
e - mail: hcc@ gatech.edu
Eric N.Johnson
Georgia Institute of Technology, School of Aerospace Engineering, Atlanta, GA30332 - 0150
e-mail: eric.johnson@ ae.gatech.edu

然而,这种单操作员单无人机的结构从根本上将这类无人空中系统的操作范围限制在所用的通信链路范围内。此外,以假定城市高层建筑高度已知为例,不一定总能找到可探测射频障碍物背面的合适传感器来将无人无人机定位到“上面或后面”(依视线限制而定),利用中继可以弥补这种限制。对于更复杂的无人空中系统,如现在的高空长航程(High - Altitude - Long - Endurance, HALE)或中空长航程(Medium-Altitude-Long-Endurance, MALE)系统,可以通过使用通信中继节点来进行间接通信,从而克服这种视线限制,这种方法通常以通信链路延时和增加专注于相关任务的操作员为代价。对战术规模无人机系统,利用卫星作为中继是不允许的,不仅仅是因为引入了很高的潜在风险,最重要的是,因为安装相关必须航空设备不可行。依赖潜在可行的 HALE 或者 MALE 系统作为中继也很有挑战性。不仅因为当地的战术无人机系统操作员需要与不同无人机系统在操作领域和覆盖范围上进行协调,操作员与中继无人机 HALE 或 MALE 的链路也需要对城市杂乱环境的遮蔽和/或多路径影响具有鲁棒性。

除了外部卫星,同一战术无人机系统中的其他本地无人机也可以用作通信中继节点,并在无人机群中有效地建立一个局部多跳网络。

然而,如果远程控制飞行在统一的原则下进行,那么,作为中继引入的额外无人机会大大增加工作负担。每一个额外的中继无人机都需要近似主要无人机那样的工作量,主要工作涉及碰撞规避和路径规划。对那些次要无人机,需要从一个位置到另一个位置的同时要分别保持和主要无人机、地面控制台及其他中继具有直接视线,这种双重任务使得路径规划更加复杂化。

本文提出了基于可见度的信息可以使得次要无人机系统执行中继任务的时候不需要主要操作员的介入,并且结合了小规模战术无人机系统的操作优势和群的高级自动操作的好处。

1.1 限制次要无人机系统的操作域

从 HALE 和 MALE 类推,这种结构的初始复制是恰当的。系统使用一个单独的支持型无人机作为中继,该无人机可以将自身定位到任何潜在障碍的“上面和后面”,如图 1(a)所示,由此建立一个双跳链路。该结构的一种扩展是使用两个支持型无人机,分别位于地面控制台和主要无人机上面足够高的地方,从而建立三跳链路,如图 1(b)所示。这些结构从概念上可以称为“垂直结构”,因为这个任务涉及在一个垂直平面上布置支持型无人机,该垂直平面由控制台和无人机的位置以及“向上”的方向确定。

然而,“向上”结构并不总是可行的。在某些场景中,由于兴趣区域(Area of Interest, AOI)可能在隧道中、大型桥底下、室内或者地下,空域在高于某一高度后可能是不可达的或者主要无人机和它上方的空间不存在直接视线,如图 1(c)所示。为了涵盖这类场景,解决方案需要包括环境的水平部分,如图 1(d)所示。但

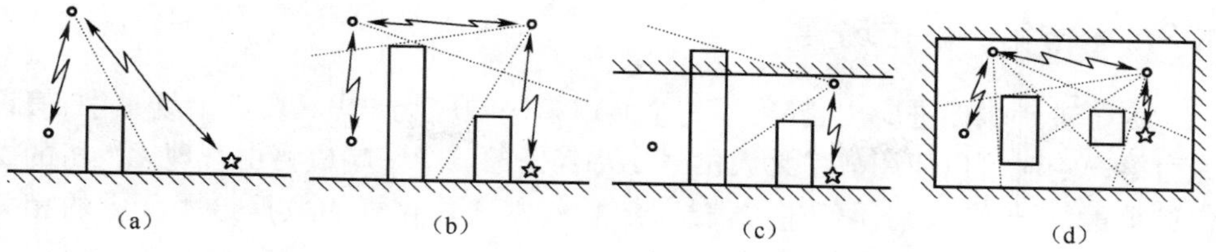

图 1　开放环境中不存在任何特殊问题，因为直接视线可以从根本上得到保证。射频障碍出现时，用垂直 2D 平面在控制台和主要无人机之间建立多跳连接可以提供同样概念的方案。如果场景不允许这样的放置，利用水平 2D 平面可以扩展方案空间并使前面不可能的结构也可行

(a)在少数障碍情形，放置一个单独的支持型无人机在障碍的上方和后面；(b)稠密环境中将支持型无人机直接置于其他节点的正上方；(c)如果往高处放置因为某些原因不可行，垂直方法将会失效；(d)利用水平结构可以使方案可行。

由于问题依然是 2D 问题，所以提出的一般解决方案也能解决这种结构。

在垂直和水平两种场景中，很大一部分问题可以分别在一个垂直或水平 2D 平面中得到内的问题。由于人创造的大部分环境往往都是 2.5D 的——二维复合体或者迷宫“向上”挤压然后堆叠在彼此的顶部——支持型无人机的操作空间由此被限定在可用 2D 平面描述的空间内①。这为垂直或水平结构提供了一般解决方案，并且方案可以通过将环境细分为一系列相互交叉的 2D 平面而扩展到结构化的 3D 环境中，如图 2 所示。

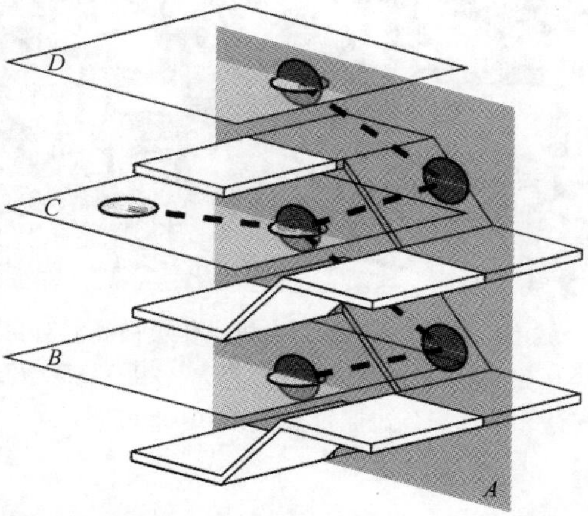

图 2　在复杂结构化的 3D 环境中，2D 平面的一般原则允许平面的相交来代表环境。在展示的例子中（传统的楼梯间），每个水平平面（B,C,D）代表每一层，一个单独的楼梯垂直平面（A）将它们连接在一起。基于一般 2D 平面情形的方法，在每一个平面的相交处放置一个无人机将允许平面之间的通信

① 为了获得认可，所用的投影需要保持地图中点的可见性，也就是只有在没有大山的情况下才允许使用简单俯视图。

1.2 城市第一响应场景

为了进一步促进应用,提出了一个城市第一响应场景①。在这个场景中,假设城市第一响应可以使用战术无人机来支持其任务。第一响应将由管理无人机的操作员负责,通过它收集任务相关信息,然后分发这些收集的数据给团队中的相关成员。

在场景中,被指派为主要无人机的无人机将全程处于操作员的完全控制中,这样有前面提到的好处。额外的作为中继的次要无人机则完全自主。假设无人机飞不到足够高以使建筑分布关系比较清晰,那么次要无人机的操作域将是预定高度的一个水平 2D 平面。这也为操作员提供了系统的可预测性,通过排除诸如“它在做什么?”和“它为什么在做那件事?”之类的问题减轻操作员的工作负担。在图 3 中描述了控制站可能看到的一个场景。任务目标高亮显示且具有白色边框,使操作域突出的物理障碍同样用黑色边框高亮显示。当前的工作则是从目标兴趣区域的各个方向收集图像信息,在这里兴趣区域是白色轮廓的建筑。

该场景假设地图可以预先获得,因为提出的处理过程中会使用该地图。2.1 节将详细说明这是如何适于所有可操作的场景的。

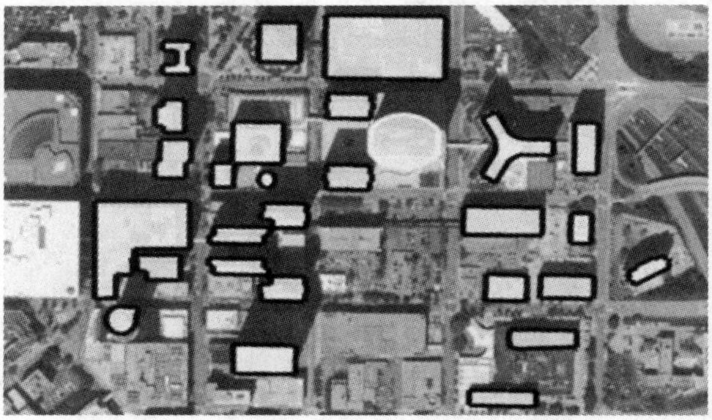

图 3　一个城市第一响应场景:无人机操作员被委派对目标建筑实施侦查类任务(白色边框),即 13 层起火。相关障碍也高亮显示(黑色边框)(航空图:Google)

2 运动图

运动规划与所用的地图复杂地联系在一起。自 DARPA 城市挑战赛以来,城市环境中的地图生成和运动规划成为一个焦点领域,出现了大量的相关研究。在

① 对场景的更多详细信息和动机参见参考文献[2]。

Wooden 的博士学位论文[3]中评价 Köoig 和 Likhachev[4]的工作说“最优规划已经被当前‘好’的规划需求压倒了”。

对于寻找“当前好的规划”,在选择方法和算法的时候减少计算量是个主要的驱动因素。如 1.1 节中提到的,将操作域从一个完整的 3D 环境限制在一个(水平或垂直的)2D 平面起到了重要作用。此外,由于(遥控的)主要无人机的操作包络并不受这个限制的影响,提出的方法在城市、室内或其他结构化环境——尤其是使用图 2 所述的建模技术时——的适用性就可以达到了。

将其他驱动需求限制在最基础的部分,无碰撞运动,推广的 Voronoi 图可作为 2D 场景中覆盖运动方位的直接选择。

给定一个任意或指定类型的环境,如图 3 所示,可提供环境中最大间隙路径的 Voronoi 图可以很容易计算得到。Held 的 VRONI[5]提供了一种通过多边形环境生成 Voronoi 的简便算法,作者认为这种算法适用于无人机在线计算。

为了生成支持型无人机可达路径的基本地图,Voronoi 图剥去叶结点,只剩下一个可能无碰撞路径的完全不会陷入死胡同的循环图(图 4)。该图还将环境分割为与每个运动障碍相关联的区域。包含感兴趣区域的胞元的边界在后面将称为 Voronoi 边界。

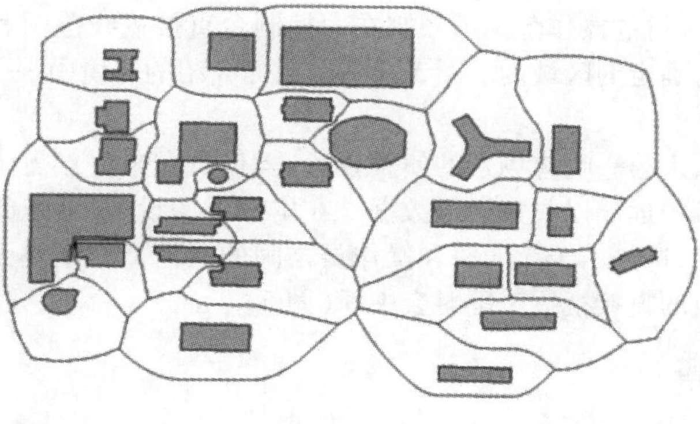

图 4 环境中 Voronoi 最大间隙运动路径。图中已经去除叶结点,剩下一个纯粹的循环图,将环境分割为每个障碍物一个连接单元。没有死胡同使得非盘旋类飞行器如固定翼微小无人机(Micro-UAV)更易使用

2.1 先验数据

所提的处理过程从概念上属于制导,这里将导航(和相关的地图生成)与控制留给其他系统完成。这样的结果是不需要环境的先验地图,即任意或特定类型的环境都可以。对于城市地区的第一响应,这些地图假设可以用,或者即便不能用也

可以在操作员介入的时候生成①。此外，方法还假定在线碰撞规避机制可以正常工作，能够报告预先给定的地图和感知到的地图之间的不匹配问题并触发冲突解决程序，从而用传感器信息同步地图并作出适当的反应。

这样的前提假设是导航和相关地图生成问题已经得到了解决，或通过常规的 GPS 修正惯导的方法，或通过参考文献[6]中提到的基于 SLAM 的方法。

3 制导信息

假设支持型无人机是完全自主的，那么，所研究的场景会产生一个制导问题：将支持型无人机派往何处以及如何使他们到达目的地。制导的任务是提供航迹点以利于在杂乱环境中建立移动点对点网络(Mobile Ad-hoc NETwork，MANET)。

有些学者已经提出如何用无人机构建并保持移动点对点网络的方案了(如参考文献[7-9])，尽管所提的方法的一个基本假设是自由空间，在该自由空间中两个节点之间的链路建立主要依赖于节点间的距离②。

从同一个初始任务开始——将主要无人机安置在一个建筑的远端——提出三种获取制导信息的方法以确定在哪安置次要无人机。

考虑没有任何中继节点并假设控制台操作员在主要无人机使用过程中是静止不动的，主要无人机的操作范围被限制在由控制台直接视线范围和所用通信设备能达到的距离所确定的区域内。图 5 显示了前面介绍的环境中一个随意位置的操作范围。

为了完成城市第一响应场景的侦查任务，操作员在某些点需要将主要无人机放置在目标建筑的远端以收集详细数据。在本文的假设下，常规的战术无人机不能完成这一任务，这是由于无人机和操作员之间的通信会在主要无人机离开与地面控制台操作员的直接视线范围时会中断(图 5)。

3.1 双跳场景

提出的第一种获取信息的方法基于可见性多边形的相交。根据 Obermeyer 的 VisiLibity[11,12]，地面控制台(GCS)当前位置和主要无人机预期位置的可见性多边形的计算基于环境数据，该环境数据也用于计算 Voronoi 路径。

将这两个可见性多边形与 Voronoi 路径相交生成可能的航迹点，这些航迹点可以通过在 Voronoi 路径上移动到达，而且它们同时满足与主要无人机和地面控制台有直接视线的条件。图 7(a)显示了图 6 框图的处理结果。如果可行，这种方

① 给定现成可用的地理参照航空图，操作者可以利用对该地区的熟悉性快速“单击一起”生成假定操作区域的一个 2D 任意或特定类型多边形。关于边界离障碍物的距离可以保守些。

② 在参考文献[10]中，作者提出了利用无人机参考场景来评估自由空间情形中移动点对点网络协议的性能。

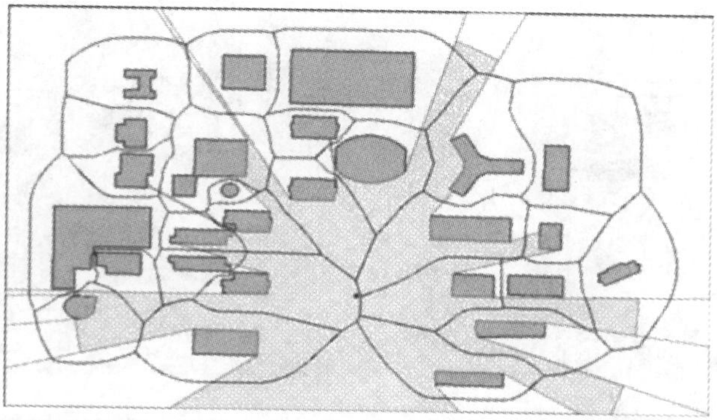

图 5　给定控制台操作员的一个位置(下半部分中的一个圆圈),单跳操作范围被限制在离给定位置的距离及其直接视线范围内,用浅阴影区表示。不是所有的任务目标的表面(上半部分中间的弧线建筑,与图 3 作比较)都是可见的

法除了遥控主要无人机外只需要一个支持型无人机。

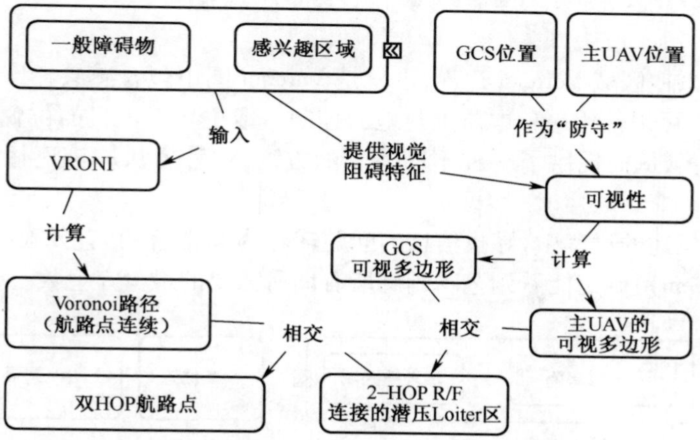

图 6　为双跳场景寻找可见性信息的方法。Voronoi 图和与可见性相关的计算直到方法的最后一步都是独立的。守卫在 VisiLibity 中是观察实例的通常术语,在这里它们代表(支持型)无人机

3.2　边界场景

在 3.1 节提出的双跳网络也有完全失效的例子,如可见性多边形和 Voronoi 路径没有交集或得到的信息鲁棒性差①,如图 7(b)所示。调整双跳方法(3.1 节)使其适用于多跳点场景(也就是有多个支持型无人机),并将其作为抵消前面所述缺点的主要方法,这样可能导致计算工作量无法接受,因为底层的方法似乎最适于单

① 可见性鲁棒性的计算可见参考文献[13]。

中继场景。

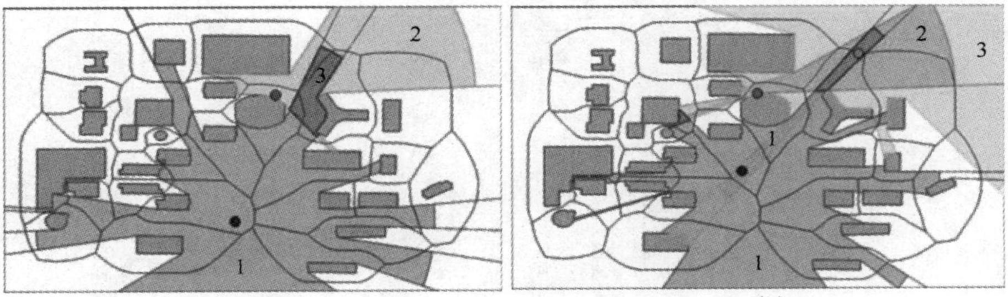

（a）　　　　　　　　　　　　（b）

图7　双跳方法结果的示意图(方法结果的可用性得不到保证。即使可见性多边形和Voronoi路径图的交集非空,结果也可能对GCS或主要无人机的运动不鲁棒)

(a)方法的结果:Voronoi路径中的航迹点在GCS可见性多边形(1)和主要无人机的可见性多边形(2)的交叉中,可以用来作为制导信息;(b)一个可行的方案,对GCS的运动几乎不具有鲁棒性。标志是相交区域和GCS到次要无人机可见性多边形(3)边缘组成的细长形状。

利用感兴趣区域Voronoi边界,也就是Voronoi图中包含感兴趣区域的分割边界(第二节),可以使用一种本质上与地面控制台或主要无人机的位置无关的解决方案得到计算,从而提供了一种不同概念的方法,这种方法应该更适合多中继的场景。

在图8概述的过程中,寻找信息的问题转化为非常著的“艺术画廊问题”(Art Gallery Problem):确定能看到艺术画廊所有墙所需要的最少守卫数。

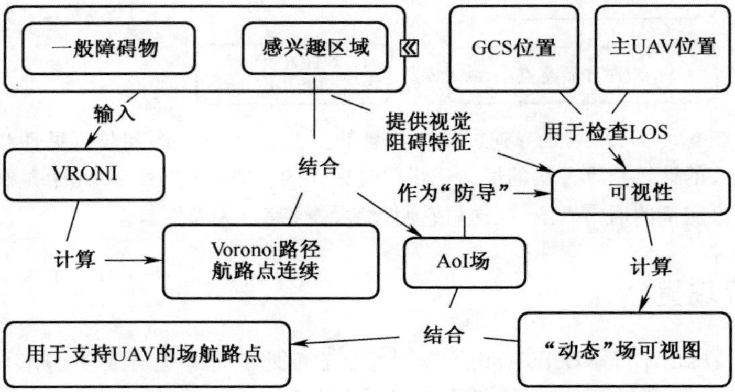

图8　在边界场景中寻找可见性信息的方法。同样组成包含目标区域的胞元的Voronoi图的边缘也组成了感兴趣区域的边界

在调整问题中,目标建筑的墙面(感兴趣区域)需要完全被观测到,支持型无人机(“守卫”)只能位于包含兴趣区域的胞元边界的Voronoi路径上。此外,支持

型无人机、地面控制台以及主要无人机需要在可见性图上能够连接。

图 9 显示了这种方法的结果。只要地面控制台和主要无人机不离开守卫组成的可见区域，就可以保证以(静止的)守卫作为中继在地面控制台和主要无人机之间建一个多跳连接。

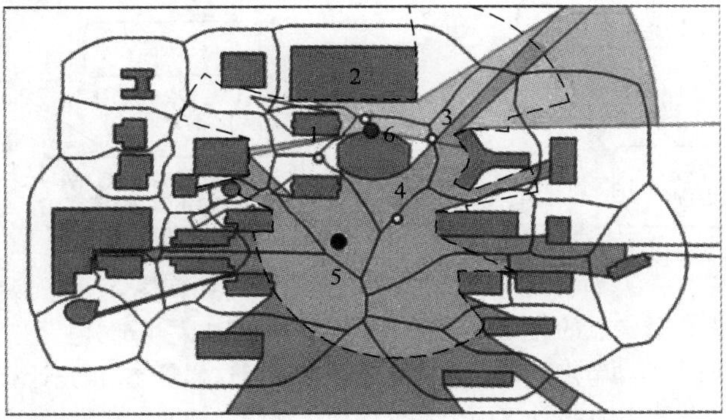

图 9　边界方法结果的示意图：4 个守卫(1－4)位于感兴趣区域 Voronoi 边界上。守卫在可见性图中连接，它们结合在一起的可见性多边形也在图中进行了表示(虚线轮廓)。只要 GCS(5)和主要无人机(6)不离开这个多边形，连接性就可以得到保证

3.3　动态可见性

边界方法为任务持续期间次要无人机的静态布置提供了信息。然而，边界方法也可能因为次要无人机数量有限或其他限制产生不无效的信息，如(前面的)结果导致次要无人机聚集超过了一定的空间密度而不安全。作为下一层次，一种利用场景中一开始只有两个节点在移动这个事实的方法可以用来减轻任务过程中的计算量，同时还可能利用先验地图。图 10 概括了这个过程。

因为支持型无人机被限制在 Voronoi 路径图上，这些可能位置的可见性可以提前计算以减少任务过程中的计算时间。由于 Voronoi 路径本质上是可能的航迹点的连续集，需要研究一种智能采样过程来减少计算工作量而同时又能在需要的地方保证较高的分辨率。例如，对 Voronoi 路径边缘的采样可以随着边缘到兴趣区域的整体距离增加而增加采样点之间的距离。这样可以使得兴趣包围边界上拥有最高的航迹点行密度并降低环境中外部区域的密度。

这种方法的结果不具有固有的几何形状，因此很难可视化。图 11 显示了一些由无方向的可见性图的邻接矩阵给出的可能路径。该方法使用预先计算好的采样 Voronoi 路径的可见性静态邻接矩阵 $\boldsymbol{S} \in \mathbb{R}^{N\times N}$，并用代表地面控制台和主要无人机的节点动态邻接矩阵 $\boldsymbol{D} \in \mathbb{R}^{N\times 2}$——相对于静态部分而言——进行扩展。这样，方法计算两个动态节点(地面控制台和主要无人机)的可见性多边形并检查 Voronoi 路径中哪 N 个采样点包含在其中，而不是重新计算整个可见性图(复杂度 $O((N+$

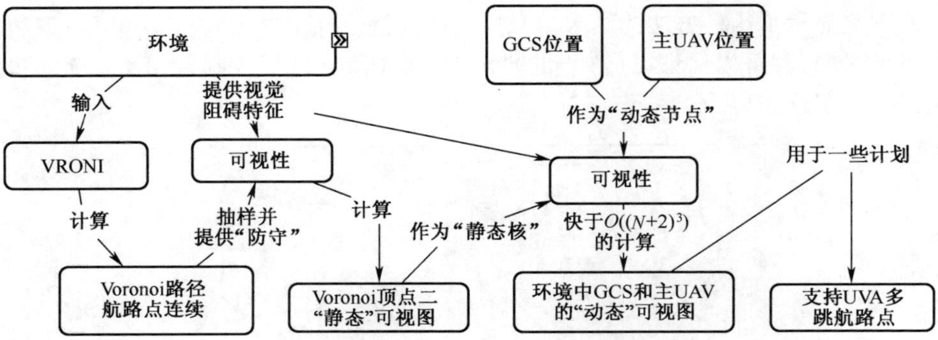

图 10　动态场景中寻找可见性信息的方法。这里没有计算整个环境的完全可见性图，Voronoi 路径图中选定点的可见性是预先计算好的(图中左半部分)，然后用 GCS 和主要无人机这两个移动节点的可见性信息进行扩展。这样静态/预先计算的部分和动态/在线计算两个部分增加了在线实施的可行性

2)³))。这样给出了动态的可见性和提前计算的节点，整个邻接矩阵 $\boldsymbol{A} \in \mathbb{R}^{(N+2)\times(n+2)}$ 可以构造为 $\boldsymbol{A}=\left[\begin{array}{c|cc}\boldsymbol{S} & \multicolumn{2}{c}{\boldsymbol{D}} \\ \hline \boldsymbol{D}^{\mathrm{T}} & a_{P}\mathrm{UAV} & 0 \\ & 0 & a_{\mathrm{GCS}}\end{array}\right]$，这里 $\boldsymbol{S} \in \mathbb{R}^{N\times N}$ 是对称矩阵，$\boldsymbol{D} \in \mathbb{R}^{N\times 2}$。

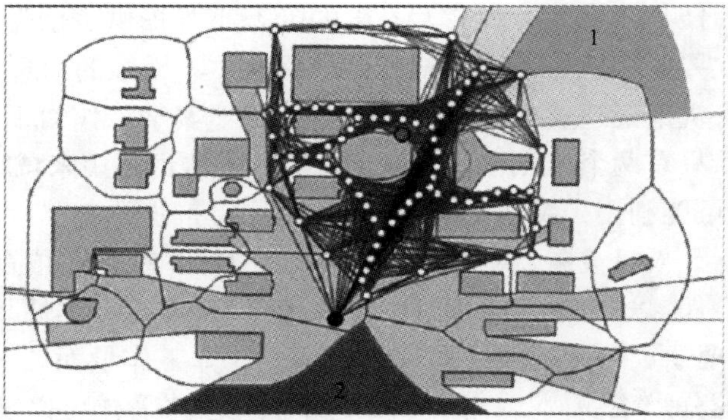

图 11　计算可见性的时候区分静态节点和动态节点可以加速计算。然而，计算工作量依然很高而且结果相当复杂。图示是静态核心的一些节点和他们各自的可见性(3 区域)，还有 GCS(2 区域)和主要无人机(1 区域)的可见性

任何具有优势的图形算法都可以用来在扩展的可见性矩阵中寻找地面控制台到主要无人机之间的路径。在图 11 中显示了整个环境的一个子集。支持型无人机的可能位置用白色圆圈进行标注。相应的可见性图为 3 区域。这将是静态核心(的一部分)。对控制台(2 区域)和主要无人机(1 区域)的可见性进行动态计算。由于两者的可见性多边形都在之前的步骤已经计算好了，实际的可见性计算就减

少为检查静态核心的哪些位置在这个多边形中。

4 结论与讨论

所提的在杂乱环境中为通信感知无人机获取制导信息的方法主要是为了解决"将支持型无人机派往何处以在地面控制台和主要无人机之间建立多跳通信网络"的问题。这些方法的可行性已经在非移动飞行器仿真中进行了测试,调度仿真及真实的飞行测试还没有进行。

3.1 节的双跳方法计算简便,非常适合在线实施。3.2 节的边界方法计算复杂得多,但是由于结果对整个任务是有效的(假设感兴趣区域保持不变),所以可以将其作为先验需求预先计算。3.3 节概述的动态方法通过将可能的节点分为预先计算好的静态节点和移动的动态节点两个集合,提出了一种解决最差场景情形下的方法。这种方法仅会在其他提出的方法失效的情况下才会用,之前其他方法计算的数据可以重新用来最小化计算冲突。

尽管动态方法(从计算的角度看)似乎是可以在线实施的,但是这个方法带来了将信息转化为次要无人机实际选定目标位置信息的挑战。因为所提方法的结果只是一个邻接矩阵(这样最短路径图算法可以为多跳航迹点提供信息),假设支持型无人机越少越好,那么,为了排列主要无人机和地面控制台之间的最短(跳)路径集,还需要寻找或者定义一些其他的矩阵。

然而,所提的方法还不能应对一些即刻发生的紧急挑战:由于主要无人机的自主运动不可预测(因为是遥控的),所以自主运动过程中需要对运动进行预测并为所有的可能提前做好准备。这可能在制导安排次要无人机去哪儿的时候给它们的定位带来需求上的冲突。将来的工作将考虑由此产生的挑战。

尽管实际城市场景的试验结果似乎表明双跳方法大多数情况下可以得到合适的结果(这里使用可见性鲁棒性的一些概念来帮助排列方法给出的信息,从而在基本制导中获得一定的航迹点),但仍需要做更多的仿真——尤其是调度的仿真——来提供可用可实施的启发和算法。

参考文献

[1] Salas, E.: Human Factors of Remotely Operated Vehicles, Advances in Human Perfor - mance and Cognitive Engineering Research. In: Cooke, N.J., Pringle, H.L., Pedersen, H.K., Connor, O. (eds.) Advances in Human Performance and Cognitive Engineering Research, 1st edn., vol. 7, Emerald Group Publishing Limited(2006)

[2] Christmann, H.C., Johnson, E.N.: AIAA Modeling and Simulation Technologies Con - ference and Exhibit, Toronto, Canada. AIAA - 2010 - 8361 (2010)

[3] Wooden, D.T.: Graph-based path planning for mobile robots. Ph.D. thesis, Georgia In - stitute of Technology (2006), http://hdl.handle.net/1853/14055

[4] König, S., Likhachev, M.: IEEE Transactions on Robotics 21(3), 354 (2005), doi:10.1109/TRO.2004.838026

[5] Held, M.: Computational Geometry 18(2), 95 (2001), doi: 10.1016/S0925 - 7721(01)00003 -7

[6] Sobers, M.D.: Efficientr anging - sensor navigation methods for indoor aircraft. Ph.D. the - sis, Georgia Institute of Technology (2010), http://hdl.handle.net/1853/34824

[7] Jenkins, A., Henkel, D., Brown, T.: Proceedings on Infotech@ Aerospace 2007 Con - ference and Exhibit. AIAA, Rohnert Park, California, United States, AIAA - 2007 - 2747(2007)

[8] Frew, E.W., Brown, T.X.: Proceedings of the IEEE 96(12) (2008), doi: 10.1109/JPROC.2008.2006127

[9] Hauert, S., Leven, S., Zufferey, J.C., Floreano, D.: IEEE International Con - ference on Robotics and Automation (ICRA 2010), pp. 15 - 20 (2010), doi:10.1109/ROBOT.2010.550942

[10] Christmann, H.C., Johnson, E.N.: AIAA Modeling and Simulation Technologies Con - ference and Exhibit, Honolulu, HI, USA, AIAA - 2008 - 7042 (2008)

[11] Obermeyer, K.J.: Contributors. The VisiLibitylibrary(2008), http://www.VisiLibity.orgR - 1

[12] Obermeyer, K.J.: Visibility problems for sensor networks and unmanned air vehicles. Ph.D. thesis, Mechanical Engineering Department, University of California at Santa Bar - bara (2010)

[13] Ben - Moshe, B., Hall-Holt, O., Katz, M.J., Mitchell, J.S.B.: SCG 2004: Proceedings of the twentieth annual symposium on Computational geometry, pp. 27 - 35. ACM, New York(2004), doi:10.1145/997817.997825

第二篇　制导与控制

Guidance and Control

严重结构损坏和失效时高灵敏模型飞机的自适应控制

Adaptive Control of a High Agility Model Airplane in the Presence of Severe Structural Damage and Failures

Stephan Baur, Travis Gibson, Anuradha Annaswamy, Leonhard Höcht, Thomas Bierling, and Florian Holzapfel

摘要:自适应控制对于未来高性能、强安全性要求的飞行系统是一项非常具有前景的技术。自适应控制器具有在线测量的功能,使得控制器可以在线调整控制参数,这种优势使得自适应飞行控制系统能提高系统性能、增加系统鲁棒性。本文研究极其灵敏飞机在出现损坏和失效时的自适应控制问题。以聚苯乙烯模型飞机 Multiplex TwinWtar Ⅱ的改进型 FSD ExtremeStar 为平台,通过提供高度冗余的控制面来研究这一问题。由第一原则得到内在非线性模型,该模型包括所有控制输入的影响。提出一种动态逆 PI-误差控制器,作为参考模型自适应跟踪控制的基准线控制器。使用完全非线性模型对升降舵失效时的剧烈机动性能进行了评估。

1 引言

近年来,自主飞行中的自适应控制问题再次得到关注。由于自适应控制具有利用在线测量进行参数自我调节的能力,所以当系统出现不可预知的损坏和失效时,仍可以通过控制器的自适应调整保证控制过程以令人满意的方式顺利进行。过去的 30 年里,自适应控制领域已建立了关于系统[1]分析综合的基础。这些系

tephan Baur . Travis Gibson . Anuradha Annaswamy

Active Adaptive Control Laboratory (AAC), Massachusetts Institute of Technology (MIT), Cambridge 02139, Massachusetts, USA

e-mail: stephan.baur@ mytum.de, tgibson@ mit.edu, aanna@ mit.edu

Leonhard Höcht . Thomas Bierling . Florian Holzapfel

Institute of Flight System Dynamics (FSD), Technische Universitat München (TUM), D-85748 Garching, Germany

e-mail: leonhard.hoecht@ tum.de, t.bierling@ tum.de,

florian.holzapfel@ tum.de

统的稳定性和鲁棒性得到很好的理解。单输入和多输入系统、连续和离散时间系统、时不变和时变系统以及线性和非线性系统中的自适应问题都得到了深入研究。在过去的几年中,多种自适应飞行控制器得到成功应用[2-8],甚至在严重失效和损坏时仍能保证飞行任务顺利进行。这些实例中的任务聚焦于航迹点跟踪或着陆。目前,很少有关于在严重失效情况下高灵敏特技机动的研究。本文研究高灵敏飞机在失效时的自适应控制。

2 飞机模型

本节由第一原则得到高灵敏飞机 FSD ExtremeStar 的非线性模型。该模型用于对自适应控制器的设计和评价,而自适应控制器应用于在飞机出现严重结构损坏(如机翼或尾翼的部分缺失)或失效(如控制面效能减小,发动机失效)的情况下,进行高灵敏机动飞行的过程中。FSD ExtremeStar 是聚苯乙烯模型飞机 Multiplex TwinWtar Ⅱ的改进型。该改进由 Akamodell München 代表慕尼黑工业大学飞行系统动力学研究学院指导完成,旨在研究具有大量飞行控制输入的无人机系统(Unmanned Aerial System,UAS)的飞行动力学和飞行控制方法(如控制分配、非线性自适应控制)[9]。为了便于研究,模型特性如下:每个机翼上有一个副翼和一个襟翼控制面,鸭翼和水平尾翼都具可变倾角,垂直尾翼上有方向舵,两个装于翼上的螺旋桨具有可变垂直倾角和一个装于尾翼上的螺旋桨具有可变倾角和方位角(图 1)。此外,左右两边控制器可以独立控制。当襟翼和副翼能用来产生滚转和俯仰力矩时,飞机具有足够的驱动力。

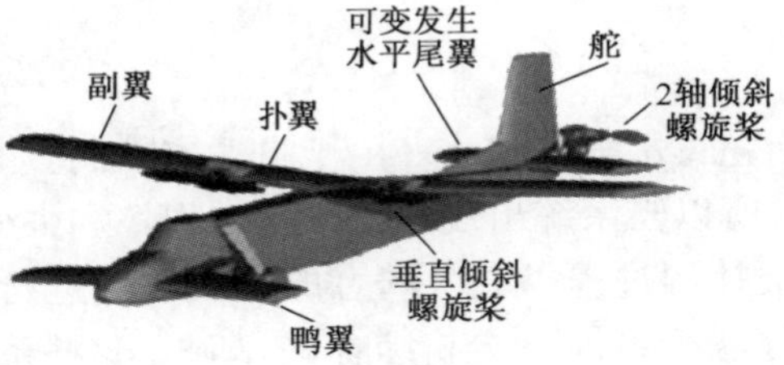

参 数	数 值
翼层/m	1.40
跨度/m	0.58
水平尾翼层/m	0.42
机身长度/m	1.35
左/右马达/W	2×max.500
左/右螺旋桨/英寸^2	CAM carbon 11×6
尾马达/W	max.75
尾螺旋桨/英寸^2	GWS 8×4.3

图 1 具有多控制设备与重构数据图示的 FSD Extreme Star 型飞机

非线性模型所需空气动力学术语包括三个力 C_D、C_Q、C_L 和三个力矩系数 C_l、C_m、C_n。它们用 AeroTool 来计算,该软件由包豪斯航空(Bauhaus Luftfahrt)和慕尼黑工业大学飞行系统动力学研究学院合作开发。该工具通过考虑升力面、旋翼、机身分别对于其他部分以及线性和非线性攻角范围的影响[17],可用来计算关于升力面(用势流理论[10])、旋翼(用动量原理[11-15])和机身(用 DATCOM 方法[16])的组合的空气动力学模型。它可以根据所选的 6 个状态变量 (α,β,V,p,q,r) 和 16 个控制输入(9 个控制面、3 个推力矢量以及 3 个相对应的倾角、1 个尾部发动机方位角)来计算所需的动力学系数。在攻角范围-27.5°~27.5°,侧滑角从-15°到15°和可能的控制面输入情况下,计算空气动力学模型。不同发动机转速的 C_L 结果如图 2 所示[18]。

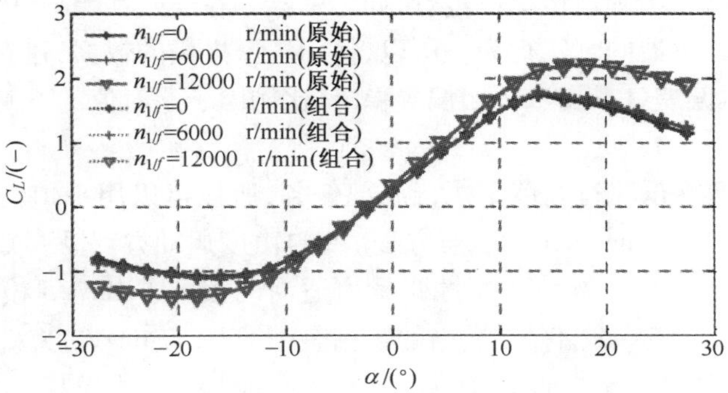

图 2　原始和组合模型的比较

由于模型具有 16 控制面和考虑的 6 空气动力学状态变量,要得到完全析因设计所需的计算强度非常大,其中每个输入维度都要离散为选定范围内的一系列断点,而输出需要依据这些输入值的每种组合方式进行计算。因此,对数据结构进行了简化,这种简化能够理想地保留原始数值模型的特征。利用 FSD ExtremeStar 关于 xy 平面对称的特点,只需要计算右半部分的力和力矩。整个飞机空气动力学取决于组合对称部分的计算空气动力学数据和加上非对称组件的计算数据,如机身和垂直尾翼[18,21]。

估计不同变量之间的相互影响(如侧滑角对升降舵偏转的影响),在该分析的基础上忽略二次和更低次变量对计算的影响(如鸭翼偏转对升降舵效率的影响)[18]。

描述的简化方法能从数量级上减少计算时间,同时保留不同控制输入和飞机的总体非线性空气动力学行为间的基本依赖关系。该简化得到验证,通过任意选择 6 个系数的输入变量,比较全空气动力学模型与该简化对称模型的结果来验证简化模型。对比表明所得数据具有很好的一致性,如图 2 所示。

FSD ExtremeStar 控制面的动作通过伺服机构执行,这些机构在 Matlab/Simulink 中用二阶滞后模型建模。不同的模型参数如阻尼、固有频率、最大力矩、速度和最大振幅根据厂家数据手册提供的(如最大力矩)信息或用试验的方法确定(如最大偏转)。

FSD ExtremeStar 提供三种不同的推力矢量,它们位于主翼的左侧和右侧以及机身尾部。在电机系统建模过程中,忽略电池、电缆和无刷控制器的动力学特性,并将其作为电阻对待。FSD ExtremeStar 作为高灵敏模型飞机,在进行特技飞行机动时大部分时间以接近电机最大转速工况运行,因此无刷电机简化为为全负载电机模型。用前面提到的 AeroTool 计算螺旋桨的力和力矩，其中转动部分的惯量用适当的 Catia V5 模型来计算。

飞机上有多种传感器，如惯性导航器件、动压传感器和磁场强度传感器等。因为控制器的测试在不确定情况下进行，如传感器存在误差和飘移，因此有必要尽可能精确地仿真传感器的真实行为。所以，使用厂家提供的数据，建立每种传感器的模型，考虑零飘偏差、白噪声、短期偏置稳定、比例因子绝对值的不确定性和传感器轴心线错位[21]。

因无人机只在低飞行高度下执行局部任务，所以可以用平坦无旋转地面的简化条件建立 FSD ExtremeStar 的动态方程。6 自由度运动方程需要知道相对于参考点 R 的惯性张量 $I[\mathrm{kg\cdot m^2}]$。惯性张量由适当的损坏 Catia V5 模型和无损坏的 FSD ExtremeStar 决定，并储存在适当的数据表中[19]。Catia V5 为机身重心提供惯性力矩，并需要转换到参考点 R 中。

FSD ExtremeStar 动力学模型包含以下状态，即

$$\boldsymbol{x} = [p, q, r, q_0, q_1, q_2, q_3, V, \gamma, \chi]^{\mathrm{T}} \tag{1}$$

式中：前 3 个变量是旋转速率，紧随的 4 个是四元数姿态矢量，最后 3 个是运动学状态变量。给出输入为

$$\boldsymbol{u} = [\eta_{cr_l}, \eta_{cr_r}, \xi_l, \xi_r, \delta_{F_l}, \delta_{F_r}, \delta_{T_l}, \sigma_l, \delta_{T_r}, \sigma_r, \eta_{ele_l}, \eta_{ele_r}, \xi]^{\mathrm{T}} \tag{2}$$

式中：前 2 个量表示鸭翼偏转，接着是左副翼和右副翼偏转、襟翼偏转、发动机倾角、左和右发动机的发动机转速，最后是升降舵和方向舵的偏转。

给出最终模型和关于以下变量的时间导数。

旋转速率为

$$(\dot{\boldsymbol{\omega}}_K^{OB})_B = (\boldsymbol{I}_{BB}^G)^{-1} \cdot \left[\sum (\boldsymbol{M}^G)_B - (\boldsymbol{\omega}_K^{OB})_B \times \boldsymbol{I}_{BB}^G \cdot (\boldsymbol{\omega}_K^{OB})_B\right] \tag{3}$$

姿态四元数为

$$\dot{\boldsymbol{q}} = \frac{1}{2}\begin{bmatrix} q_0 & -\boldsymbol{q}^{\mathrm{T}} \\ \boldsymbol{q} & \boldsymbol{Q} \end{bmatrix}\begin{bmatrix} 0 \\ \boldsymbol{\omega} \end{bmatrix} \tag{4}$$

其中

$$\boldsymbol{q} = [q_1, q_2, q_3]^{\mathrm{T}}, \boldsymbol{Q} = \begin{bmatrix} q_0 & -q_3 & q_2 \\ q_3 & q_0 & -q_1 \\ -q_2 & q_1 & q_0 \end{bmatrix}$$

路径动态方程为

$$\begin{pmatrix} \dot{V} \\ \dot{\chi} \\ \dot{\gamma} \end{pmatrix} = \begin{bmatrix} 1 & 0 & 0 \\ 0 & 1/(V_K\cos\gamma_K) & 0 \\ 0 & 0 & -1/V_K \end{bmatrix}\frac{1}{m}\left[\begin{pmatrix} F_{x,\mathrm{aero}} \\ F_{y,\mathrm{aero}} \\ F_{z,\mathrm{aero}} \end{pmatrix} + mg\cdot\begin{pmatrix} -\sin\gamma_K \\ 0 \\ \cos\gamma_K \end{pmatrix}\right] \tag{5}$$

可以清楚地看到给出的模型是非线性的，同时为基于动态逆的控制器提供了起始点[20,21]。该模型里，即当前工作中，忽略了后方发动机，这将在后续工作中进行研究。四元数用于飞机的仿真同样用于控制设计，因为它们不像欧拉角一样存在奇异点。

3　FSD ExtremeStar 的自适应控制

接下来，设计一种基于式(3)、式(4)和式(5)所描述的非线性模型的自适应控制器，用于控制面失效时的控制调节。该控制器与基于动态逆的基线控制器集成为一体，与后面的设计一起确保飞机在出现任何损坏和失效时仍能按期望的方式运行。考虑到大量控制输入，有两种不同的控制分配方法可供选择。一种情况下，FSD ExtremeStar 的冗余控制面全部使用；第二种情况下，选择传统的飞机(仅副翼、升降舵和方向舵)控制输入，并将其余的控制面固定在中性位置。因为空间的限制，下面关注第二种方法。

3.1　动态逆基线控制器

针对速度命令跟踪和姿态保持任务，设计一种基于四元数的相对动态逆控制器，并将其作为基线控制器。

实现动态逆 PI 误差控制器的方程和基本原理如图 3 和图 4 所示。

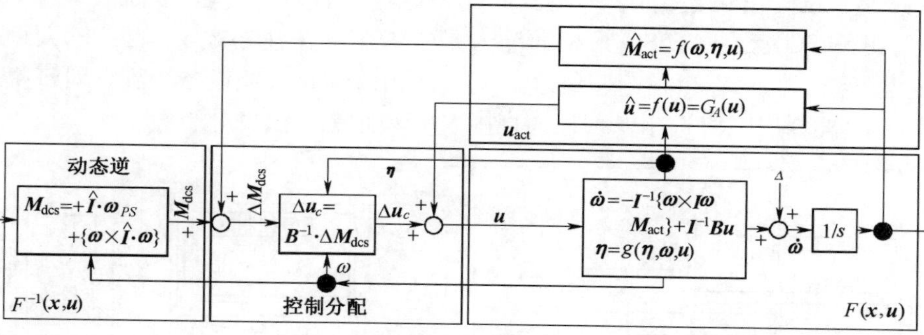

图 3　RD1 动态逆的基本设计

动态逆控制器的伪控制输入通过下式给出，即

$$\boldsymbol{v}=\boldsymbol{v}_R+\boldsymbol{v}_{\text{error}}=\boldsymbol{v}_R+\boldsymbol{K}_{P,\omega}\cdot(\boldsymbol{\omega}_{RM}-\boldsymbol{\omega})+\boldsymbol{K}_{I,\omega}\cdot\int(\boldsymbol{\omega}_{RM}-\boldsymbol{\omega})\,\mathrm{d}t \tag{6}$$

式中：$\boldsymbol{v}_{\text{error}}$ 表示 PI 误差控制器的输出，比例增益矩阵 $\boldsymbol{K}_{P,\omega}$、积分增益矩阵 $\boldsymbol{K}_{I,\omega}$、$\boldsymbol{v}_R$ 根据指令 $\boldsymbol{\omega}_{\text{CMD,outer}}$ 和参考转动速率 $\boldsymbol{\omega}_{RM}$ 依据参考文献[21,22]的一阶线性参考模型计算得到

$$\boldsymbol{v}_R=\dot{\boldsymbol{\omega}}_{RM}=\boldsymbol{K}_{RM}(\boldsymbol{\omega}_{\text{CMD,outer}}-\boldsymbol{\omega}_{RM}) \tag{7}$$

由 $\boldsymbol{K}_{RM}$ 确定式(7)的动力学。

FSD ExtremeStar 的控制分配采用约束极小化,式(8)为代价函数,约束极小化中对于期望力矩控制面的必要偏转达到最小化[21],即

$$J = \frac{1}{2}\Delta \boldsymbol{u}^{\mathrm{T}}\boldsymbol{W}\Delta\boldsymbol{u} + \boldsymbol{\lambda}^{\mathrm{T}}(\boldsymbol{B}\Delta\boldsymbol{u} - \Delta \boldsymbol{M}_{\mathrm{des}}) \tag{8}$$

式中:$\Delta \boldsymbol{M}_{\mathrm{des}}$ 是期望力矩的增量,由动态逆提供,同时基于飞机的当前状态变量和力矩;$\Delta\boldsymbol{u}$ 是为得到 $\Delta \boldsymbol{M}_{\mathrm{des}}$ 而必要的控制输入的相应增量。

权重矩阵 $\boldsymbol{W}$ 允许指定优先或忽略特定控制面。因此,它允许使用 FSD ExtremeStar 的全冗余控制面,也可以像传统飞行器那样使用副翼、升降舵和方向舵。

对于实际控制器的采样或计算的仿真步长都分别进行在线约束极小化。这样能得到期望转动速率和姿态的最优控制面偏转。动态逆和控制分配已经假定飞机无损,因此,一旦失效,基线控制器将得不到关于结构损坏和失效类型的信息。所以,基线控制器将通过增加自适应部分来应对这种情况。

3.2 自适应跟踪的 MRAC 体系结构

通过对控制对象应用动态逆控制器,假设飞机动力学模型完全已知,那么,总的闭环系统具有线性特性[20,21],即

$$\boldsymbol{y} = \frac{1}{s}\cdot\boldsymbol{v} \tag{9}$$

式中:$\boldsymbol{y}$ 是系统输出;$\boldsymbol{v}$ 是由式(6)得到的伪命令输入。为了简化,下面只考虑单输入单输出(SISO)系统。SISO 系统的输入是参考俯仰角速率 $q_{\mathrm{CMD,outer}}$,输入根据参考模型进行控制,输出是俯仰角速率 q_{MEAS},由线性化反馈设备得到。对于提出的 MRAC 体系结构,将选用一种显式直接 MRAC 跟踪方法,如图 4 所示。

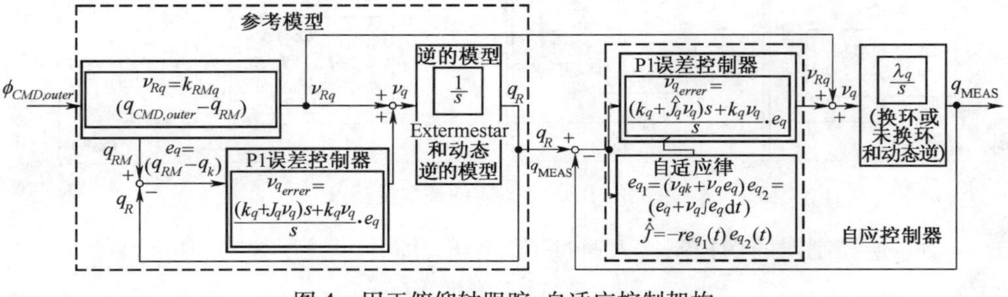

图 4　用于俯仰轴跟踪:自适应控制架构

俯仰速率的时间导数通过式(3)~式(5)给出,即

$$\dot{q}_{\mathrm{MEAS}} = \underbrace{\frac{(I_z - I_x)pr + I_{xz}(p^2 - r^2)}{I_y}}_{b(\boldsymbol{x})} + \underbrace{\frac{1}{I_y}\cdot M(\boldsymbol{x},u)}_{\hat{a}(\boldsymbol{x})\cdot u = a\cdot B(\boldsymbol{x})\cdot u_{\mathrm{deflection}}} \tag{10}$$

假设 p 和 r 接近 0,这是因为这些轴线通过相应控制器进行了稳定控制。这样可以消除 $b(\boldsymbol{x})$,式(10)能写成

$$\dot{q}_{\text{MEAS}} = \hat{a}(\boldsymbol{x}) \cdot u = a \cdot B(\boldsymbol{x}) \cdot u_{\text{deflection}} \tag{11}$$

式中: $B(\boldsymbol{x}) \cdot u_{\text{deflection}} = \dfrac{\partial M(\boldsymbol{x})}{\partial \boldsymbol{\eta}_{\text{ele}}} \cdot \boldsymbol{\eta}_{\text{ele}}$,因为左边和右边升降舵的偏转是对称的, $\boldsymbol{\eta}_{\text{ele}}$ 表示升降舵的偏转, $\dfrac{\partial M(\boldsymbol{x})}{\partial \boldsymbol{\eta}_{\text{ele}}}$ 表示因升降舵偏转引起的俯仰力矩。

当有损坏情况发生时,我们将由升降舵偏转引起的俯仰力矩的导数表示为 $\boldsymbol{\lambda}_q \cdot \dfrac{\partial M(\boldsymbol{x})}{\partial \boldsymbol{\eta}_{\text{ele}}}$,其中 $\boldsymbol{\lambda}_q$ 表示升降舵剩余效能,取值 $0 \leqslant \boldsymbol{\lambda}_q \leqslant 1$,指定 $\boldsymbol{\lambda}_q = 1$ 为无损情况。对于俯仰轴的相应损坏对象动态性能由下式给出,即

$$\dot{q}_{\text{MEAS}} = a \cdot \boldsymbol{\lambda}_q \cdot B(\boldsymbol{x}) \cdot u_{\text{deflection}} \tag{12}$$

由于此时仍假定动态逆控制器为无损设备,所以可以使用与无损情况相同的控制输入,即

$$u_{\text{deflection}} = (B(\boldsymbol{x}))^{-1} \cdot a^{-1} \cdot v_q \tag{13}$$

该对象通过动态逆结果表示为

$$\dot{q}_{\text{MEAS}} = \boldsymbol{\lambda}_q \cdot v_q \tag{14}$$

如果滚转和领航速率保持为 0,对于所考虑的情况,可以得到频域内的输出 q_{MEAS} 为

$$q_{\text{MEAS}} = \frac{\boldsymbol{\lambda}_q}{s} \cdot v_q \tag{15}$$

PI 误差控制器如式(6)所示,相对于飞机的三个轴(滚转 $i = p$ 、俯仰 $i = q$ 、偏航 $i = r$)可改写为

$$v_{i_{\text{error}}} = \frac{(k_i + J_i \boldsymbol{\vartheta}_i)s + k_i \boldsymbol{\vartheta}_i}{s} \tag{16}$$

式中: k_i 、$\boldsymbol{\vartheta}_i$ 、$J_i = 1/\boldsymbol{\lambda}_i$ 为固定系数,其中 $(1 - \boldsymbol{\lambda}_i)$ 是单轴失效。在所考虑情形中,因为只有升降舵存在效率减小的问题,我们可选择 $J_p = J_r = 1$ 和 $J_q = 1/\boldsymbol{\lambda}_q$ 。

根据式(16)同时考虑速率的一阶参考模型如式(7)所示,能写出对于每个单轴的控制输入如下,即

$$v_i = J_i(v_{i_R} + \boldsymbol{\vartheta}_i e_i) + k_i\left(e_i + \boldsymbol{\vartheta}_i \int e_i \mathrm{d}t\right) \tag{17}$$

式中:误差 $e_i = (\boldsymbol{\omega}_{i_{RM}} - \boldsymbol{\omega}_{i_{\text{MEAS}}})$ 。

在 J_q 未知时,式(18)能应用于滚转和偏航轴,但不可能用于俯仰轴。

对于 $e_{q_1} = (v_{q_R} + \boldsymbol{\vartheta}_q e_q)$ 和 $e_{q_2} = \left(e_q + \boldsymbol{\vartheta}_q \int e_q \mathrm{d}t\right)$,可以生成俯仰轴的自适应控制输入如下,即

$$v_q = \hat{J} e_{q_1}(t) + k_2 \cdot e_{q_2}(t) \tag{18}$$

V 在下式是 Lyapunov 函数,即

$$V = \frac{1}{2}\left(J e_{q_2}^2 + \frac{1}{\gamma}\tilde{J}^2\right) \tag{19}$$

式中:$\tilde{J} = \hat{J} - J$。因为 $\dot{e}_{q_2} = \frac{1}{J}(-\tilde{J})e_{q_1}(t) - \frac{1}{J}k_q e_{q_2}(t)$,V 关于的时间导数为

$$\dot{V} = \underbrace{-\underbrace{k_q e_{q_2}^2(t)}_{>0}}_{<0} \underbrace{-\tilde{J} e_{q_1}(t) e_{q_2}(t) + \frac{1}{\gamma}\tilde{J}\dot{\tilde{J}}}_{\neq 0} \tag{20}$$

可见,式(20)中第一部分始终小于0。将第二部分设计为恒等于0,就可以得到自适应更新法则。如果 $\dot{\hat{J}}$ 为式(18)中的自适应参数,调整为

$$\dot{\hat{J}} = -\gamma e_{q_1}(t) e_{q_2}(t) \tag{21}$$

那么,选定自适应法则的稳定性可见参考文献[1,21,23],同时,自适应律学习速率可以通过常量参数 γ 进行调整。

4 自适应控制器的验证和结论

下面对所得的自适应律用于 FSD ExtremeStar 的控制进行评估,控制过程中有几个大幅度的60(°)/s 的俯仰率命令,每一命令持续6s,升降舵的效率 $\lambda_q = 0.2$。

假设在升降舵失效时只有俯仰轴回路需要调整。式(16)中给出的非自适应 PI 控制器用于滚转和偏航轴,式(18)和式(21)给出的自适应控制器用于俯仰轴。假设普通控制器可以使 p 和 r 保持在零附近,同时自适应控制器主要关注有损坏的俯仰轴。

可见,在开始的几个周期中,无自适应的 PI 误差控制器和有自适应的具有相近的性能。然而,一段时间后,自适应控制器对控制参数进行调整,自适应控制器的自学习行为使它获得了比普通控制器更加理想的效果,而且它能恢复期望的正常性能(图5)。

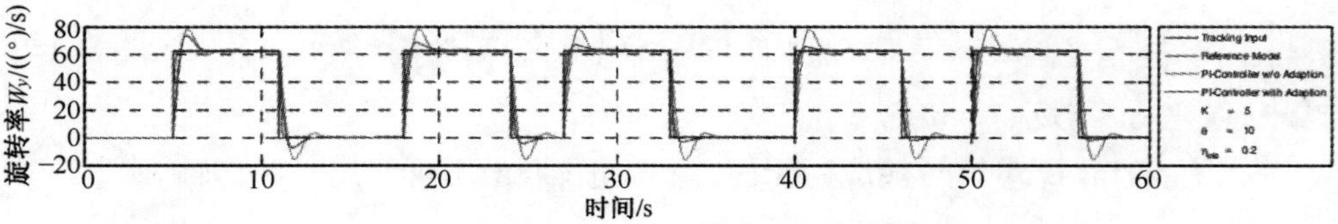

图5　自适应跟踪可实现设计

结果表明,对于在严重结构损坏和失效时的高灵敏飞机控制问题,自适应控制是一种非常有前景的方法。在随后的发表物中该方法将得到进一步的扩展和深入研究。

参考文献

[1] Narendra, K.S., Annaswamy, A.M.: Stable Adaptive Systems. Dover Publication, Inc., Mineola (1989)

[2] Sharma, M., Lavretsky, E., Wise, K. A.: Application and Flight Testing of an Adaptive Autopilot on Precision Guided Munitions. In: AIAA Guidance, Navigation and Control Conference, Keystone, Colorado (2006)

[3] Vos, D.: Five Steps to facilitating the convergence of manned and unmanned aviation. Rockwell Collins (2009), http://www.webfulfillment.com/cedargraphics/CF/RC/LP/106/ images/UAS_eBook09_5mb.pdf (accessed September 5, 2010)

[4] Michini, B.: Modeling and Adaptive Control of Indoor Unmanned Aerial Vehicles. Master Thesis, Massachusetts Institute of Technology, Cambridge, Massachusetts (2009)

[5] Johnson, E.N., Calise, A.J., Blauwe, H.D.: In Flight Validation of Adaptive Flight Control Methods. In: AIAA Guidance, Navigation and Control Conference, Honolulu, Hawaii (2008)

[6] Chowdhary, G., Johnson, E.N.: Flight Test Validation of a Neural Network based Long Term Learning Adaptive Flight Controller. In: AIAA Guidance, Navigation and Control Conference, Chicago, Illinois (2009)

[7] Johnson, E.N., Chowdhary, G.: Guidance and Control of an Airplane under Severe Structural Damage. In: AIAA Infotech@ Aerospace, Atlanta, Georgia (2010)

[8] Chowdhary, G., Johnson, E.N., Kimbrell, M.S., Chandramohan, R., Calise, A.: Flight Test Results of Adaptive Controllers in Presence of Severe Structural Damage. In: AIAA Guidance, Navigation and Control Conference, Toronto, Ontario, Canada (2010)

[9] Wiedenmann, R.: 13 auf einen Streich, Modellflug zu Forschungszwecken. Modell - flug - Praxis, Modellflieger, Issue 01/2010, Hamburg, Germany (2010)

[10] Hunsaker, D., Snyder, D.: A Lifting-Line Approach to Estimating Propeller/Wing In-teractions. In: 24th Applied Aerodynamics Conference, San Francisco, California (2006)

[11] Johnson, W.: Helicopter Theory. Dover Publications, Inc., Mineola, N.Y (1980)

[12] Dreier, M.E.: Introduction to Helicopter and Tiltrotor Flight Simulation. AIAA, Reston, VA (2007)

[13] Phillips, W.F.: Mechanics of Flight. John Wiley & Sons Inc., Hoboken (2004)

[14] Hunsaker, D.F.: A Numerical Blade Element Approach to Estimating Propeller Flow-fields. In: AIAA Aerospace Sciences Meeting and Exhibit, Reno, Nevada (2007)

[15] Hess, J.L., Valarezo, W.O.: Calculation of Steady Flow About Propellers using a Surface Panel Method. Journal of Propulsion and Power 1, 470 - 476 (1985)

[16] Fink, R.: USAF Stability and Control DATCOM (1978)

[17] Witkowski, D.P., Lee, A.K., Sullivan, J.P.: Aerodynamic Interaction between Propellers and

Wings. Journal of Aircraft 26, 829 - 836 (1989)

[18] Steiner, H.J., Baur, S., Hornung, M., Holzapfel, F.: Modeling of Propeller-Wing Aerodynamics Considering Large Number of Control Inputs. In: DGLR Conference, Ham-burg (2010)

[19] Blauwe, H.D., Johnson, E.N.: Nonlinear Modeling and Simulation of Small Unmanned Aerial Vehicle with Substantial Damage. In: AIAA Modeling and Simulation Technologies Conference, Chicago, Illinois (2009)

[20] Holzapfel, F.: Nichtlineare adaptive Regelung eines unbemannten Fluggerates. Ph.D. Thesis, Technische Universität München, Munich (2004)

[21] Baur, S.: Simulation and Adaptive Control of a High Agile Aircraft in the Presence of Severe Structural Damage and Failures. Diplomarbeit, Technische Universitat München, Munich and Massachusetts Institute of Technology, Cambridge, Massachu-setts (2010)

[22] Johnson, E.N.: Limited Authority Adaptive Flight Control. Ph.D. Thesis, Georgia In-stitute of Technology, Atlanta, Georgia (2000)

[23] Bierling, T., Hocht, L., Holzapfel, F., Maier, R., Wildschek, A.: Comparative Analysis of MRAC Architectures in a Unified Framework. In: AIAA Guidance, Navigation and Control Conference, Toronto, Ontario Canada (2010)

基于剩余模态滤波器的非最小相位模态系统的自适应控制：第一部分

Adaptive Control of Non-minimum Phase Modal Systems Using Residual Mode Filters: Part I

Mark J. Balas and Susan A. Frost

摘要：许多具有大量模态的动态系统可以用自适应控制技术得到比较理想的结果，这种控制技术适合含有未知参数和运行工况不确定的应用场合。在本文中，我们研究了一种直接自适应控制方法，这种控制方法可以用来处理持续扰动的自适应抑制问题。我们对这种自适应控制理论进行了扩展，以适应子系统模态不确定的设备，防止开环系统中出现非最小相位对控制器产生抑制作用。我们将用剩余模态滤波器（RMF）修改自适应控制器，以补偿模态不确定的子系统，使系统满足自适应控制器的要求，保证收敛和增益有界。本文将分为两部分。首先，我们将概述基本自适应控制方法，并介绍了初步设想。在第二部分，我们将介绍RMF方法，并完成了对研究结果的证明。此外，我们将上述理论计算结果应用于一个简单柔性结构的案例中，比较有无RMF的差异。

1 引言

柔性航空航天结构控制理论的应用是多种多样的。综述[13]总结了结构控制的基础，并介绍了许多控制方法和实例。通常采用分布参数的方法来控制柔性结构和其他大尺度系统[14]。后期工作中建立了利用剩余模态滤波器（RMF）在反馈控制中抵消未建模模式的负面影响[15-17]。基于RMF的结构控制理论还被应用到大型水平轴风力涡轮机的复杂控制问题中[18-21]，并开始被应用到航空问题中，

Mark J. Balas
Department of Electrical and Computer Engineering, University of Wyoming, Laramie, WY USA
Susan A. Frost
Intelligent Systems Division, NASA Ames Research Center, Moffett Field, CA USA

其中目前使用的是陷波滤波器,如鼓翼控制。此外,当在飞行带宽中有灵活模式时,如大型民用倾转旋翼机,我们也运用该理论控制飞行器。

在本文中,我们对自适应控制理论进行了扩展[1-4],以适应模态不确定的子系统,防止开环系统中出现非最小相位对控制器产生抑制作用[7],尤其是那些与近似严格正实条件冲突的剩余模态。我们考虑的系统是高维度,线性时不变的系统,可以对角化或置于模式窗体中。这将包括多种类型的线性柔性结构。我们的自适应控制方法,能够让高维度系统使用理想轨迹,因而,自适应控制器的维度会比对象小很多。

借鉴参考文献[6]中固定增益控制器上应用的剩余模态滤波器(RMF)的思想,并加以改进。在本文,RMF 用来消除因存在非最小相位而影响整体系统近似严格正实特性的模态的影响。这是 RMF 的新应用。在以前的非自适应控制中,RMF 的目的是消除或者减小控制系统设计中未模型化模态带来的失稳作用。本文中,RMF 用于在自适应控制中,恢复对象的最小相位特性。

在第一部分,我们将综述基本的自适应控制方法,并介绍了主要思路。在第二部分,我们将介绍 RMF 方法,并参照参考文献[8]完成我们研究结果的证明。此外,我们将上述的理论计算结果应用于一个简单柔性结构案例中,以比较有无 RMF 的差异。

2 持久性扰动抑制

在这一部分的研究对象用线性时不变的有限维系统进行建模,即

$$\begin{cases}\dot{x}_p = Ax_p + Bu_p + \Gamma u_D \\ y_p = Cx_p ; x_p(0) = x_0\end{cases} \tag{1}$$

对象状态 $\boldsymbol{x}_p(t)$ 是一个 N_p 维矢量,控制输入 $\boldsymbol{u}_p(t)$ 是 M 维矢量,传感器的输出 $\boldsymbol{y}_p(t)$ 是 P 维矢量。干扰输入 $\boldsymbol{u}_D(t)$ 是来自干扰发生器的 M_D 维矢量,即

$$\begin{cases}\boldsymbol{u}_D = \boldsymbol{\Theta z}_D \\ \dot{\boldsymbol{z}}_D = \boldsymbol{F z}_D ; \boldsymbol{z}_D(0) = \boldsymbol{z}_0\end{cases} \tag{2}$$

扰动状态 $\boldsymbol{z}_D(t)$ 是 N_D 维的。式(1)、式(2)中的矩阵有一致的维度。参考文献[5]首次使用这种对持续扰动的描述,以表示形式已知但幅度未知的信号。式(2)可改写为参考文献[3]中的形式,使其成为更易于使用的非动态系统,即

$$\begin{cases}\boldsymbol{u}_D = \boldsymbol{\Theta z}_D \\ \boldsymbol{z}_D = \boldsymbol{L \phi}_D\end{cases} \tag{3}$$

式中:$\boldsymbol{\phi}_D$ 是 $\boldsymbol{u}_D = \boldsymbol{\Theta z}_D$ 解的已知基函数组成的矢量,即 $\boldsymbol{\phi}_D$ 是构成已知形式的扰动的基矢量;矩阵 $\boldsymbol{L}$ 的维度是 $N_D \times \dim(\boldsymbol{\phi}_D)$。在本文的分析中,无需知道扰动的幅度,所以$(\boldsymbol{L}, \boldsymbol{\Theta})$可以是未知的。为了更好地理解扰动生成器,可以以阶跃扰动生

成器为例。在式(2)中,阶跃扰动意味着 $\boldsymbol{\Theta}=1,\boldsymbol{F}=0$。在式(3)中,阶跃扰动意味着 $\boldsymbol{\phi}_D\equiv 1$。

在参考文献[5,6]中,像多数控制文献一样,假定对象和干扰发生器的参数矩阵($\boldsymbol{A},\boldsymbol{B},\boldsymbol{C},\boldsymbol{\Gamma},\boldsymbol{\Theta},\boldsymbol{F}$) 是已知的。有了对控制对象和干扰发生器的先验知识,便可以使用线性控制理论的分离准则,设计一个基于状态估计器的线性控制器,并通过反馈抑制连续扰动。在本文中,我们无需假设对象和干扰发生器的参数矩阵($\boldsymbol{A},\boldsymbol{B},\boldsymbol{C},\boldsymbol{\Gamma},\boldsymbol{\Theta}$)已知。但是,我们将假定由式(2)得到的干扰发生器参数 $\boldsymbol{F}$ 是已知的,即干扰的形式是已知的。在许多情况下,$\boldsymbol{F}$ 并不是一个严格限制,因为扰动函数通常是形式已知而幅值未知的。

我们的控制目标是,使对象的输出 $y_p(t)$ 渐近跟踪一个已知的参考模型的输出 $y_m(t)$。参考模型由下式给出,即

$$\begin{cases}\dot{\boldsymbol{x}}_m=\boldsymbol{A}_m\boldsymbol{x}_m+\boldsymbol{B}_m\boldsymbol{u}_m;\boldsymbol{x}_m(0)=\boldsymbol{x}_0^m\\ \boldsymbol{y}_m=\boldsymbol{C}_m\boldsymbol{x}_m\end{cases}\tag{4}$$

式中:参考模型的状态 $\boldsymbol{x}_m(t)$ 是 N_m 维矢量。参考模型的输出 $\boldsymbol{y}_m(t)$ 和对象的输出 $\boldsymbol{y}_p(t)$ 必须具有相同的维数。参考模型的激励是通过矢量 $\boldsymbol{u}_m(t)$ 完成,由此产生

$$\dot{\boldsymbol{u}}_m=\boldsymbol{F}_m\boldsymbol{u}_m;\boldsymbol{u}_m(0)=\boldsymbol{u}_0^m\tag{5}$$

假设该参考模型稳定且模型参数 $\boldsymbol{A}_m$、$\boldsymbol{B}_m$、$\boldsymbol{C}_m$、$\boldsymbol{D}_m$ 已知。

如参考文献[5,6]所示,我们定义对象式(1)的理想轨迹为对象状态、控制输入和干扰输入的线性组合,即

$$\begin{cases}\boldsymbol{x}_*=\boldsymbol{S}_{11}^*\boldsymbol{x}_m+\boldsymbol{S}_{12}^*\boldsymbol{u}_m+\boldsymbol{S}_{13}^*\boldsymbol{z}_D\\ \boldsymbol{u}_*=\boldsymbol{S}_{21}^*\boldsymbol{x}_m+\boldsymbol{S}_{22}^*\boldsymbol{u}_m+\boldsymbol{S}_{23}^*\boldsymbol{z}_D\end{cases}\tag{6}$$

式中:$\boldsymbol{x}_*(t)$ 是理想轨迹;$\boldsymbol{u}_*(t)$ 是理想的控制;$\boldsymbol{u}_*(t)$ 和

$$\begin{cases}\dot{\boldsymbol{x}}_*=\boldsymbol{A}\boldsymbol{x}_*+\boldsymbol{B}\boldsymbol{u}_*+\boldsymbol{\Gamma}\boldsymbol{u}_D,\boldsymbol{x}_*(0)=\boldsymbol{x}_0\\ \boldsymbol{y}_*=\boldsymbol{C}\boldsymbol{x}_*=\boldsymbol{y}_m\end{cases}\tag{7}$$

理想的输出 $\boldsymbol{y}_*(t)$ 与参考模型的输出 $\boldsymbol{y}_m(t)$ 吻合。如果这样的理想轨迹存在,它们将产生精确的输出跟踪。

通过将式(6)代入式(7)中给出的理想轨迹,并使用式(2)给出的干扰发生器,理想的轨迹与参考模型式(4)、式(5)在下面模型匹配条件下会趋于一致,即

$$\begin{cases}\boldsymbol{A}\boldsymbol{S}_{11}^*+\boldsymbol{B}\boldsymbol{S}_{21}^*=\boldsymbol{A}_m\boldsymbol{S}_{11}^*\\ \boldsymbol{A}\boldsymbol{S}_{12}^*+\boldsymbol{B}\boldsymbol{S}_{22}^*=\boldsymbol{B}_m\boldsymbol{S}_{11}^*+\boldsymbol{F}_m\boldsymbol{S}_{12}^*\\ \boldsymbol{A}\boldsymbol{S}_{13}^*+\boldsymbol{B}\boldsymbol{S}_{23}^*+\boldsymbol{\Gamma}\boldsymbol{\Theta}=\boldsymbol{S}_{13}^*\boldsymbol{F}\\ \boldsymbol{C}\boldsymbol{S}_{11}^*=\boldsymbol{C}_m\\ \boldsymbol{C}\boldsymbol{S}_{12}^*=0\\ \boldsymbol{C}\boldsymbol{S}_{13}^*=0\end{cases}\tag{8}$$

式(8)中给出的模型匹配条件是理想轨迹存在的充分必要条件。这些匹配条件必须有解以进行后面的分析,但在自适应控制中不需要显式解。参考文献[9]给出了式(8)存在唯一解的充分必要条件。考虑到文章的完整性,我们在这里重复这个结论,并在第二部分的附录中给出证明。

引理 1:如果 CB 是非奇异的,那么,当 $\boldsymbol{T}(s) \equiv \boldsymbol{C}(s\boldsymbol{I}-\boldsymbol{A})^{-1}\boldsymbol{B}$ 与 $\boldsymbol{A}_m$、$\boldsymbol{F}_m$ 或 $\boldsymbol{F}$ 的特征值之间不存在共同传输零点时,线性匹配方程(8)存在唯一解。

控制目标是,使对象的输出渐近跟踪参考模型的输出。我们将输出误差矢量定义为

$$\boldsymbol{e}_y \equiv \boldsymbol{y}_p - \boldsymbol{y}_m \tag{9}$$

为了达到预期的控制目标,我们希望当 $t \to \infty$ 时,$\boldsymbol{e}_y \to 0$。我们将状态跟踪误差定义为

$$\boldsymbol{e}_* \equiv \boldsymbol{x}_p - \boldsymbol{x}_* \tag{10}$$

根据式(7)和式(10),可以将输出误差矢量写成

$$\boldsymbol{e}_y \equiv \boldsymbol{y}_p - \boldsymbol{y}_m = \boldsymbol{y}_p - \boldsymbol{y}_* = \boldsymbol{C}\boldsymbol{x}_p - \boldsymbol{C}\boldsymbol{x}_* = \boldsymbol{C}\boldsymbol{e}_* \tag{11}$$

此外,如果我们让 $\Delta\boldsymbol{u} \equiv \boldsymbol{u}_p - \boldsymbol{u}^*$,根据式(1)和式(7),有

$$\dot{\boldsymbol{e}}_* = \boldsymbol{A}\boldsymbol{e}_* + \boldsymbol{B}\Delta\boldsymbol{u} \tag{12}$$

此外,为了便于分析,我们定义了一个固定增益控制器

$$\boldsymbol{u}_p = \boldsymbol{u}_* + \boldsymbol{G}_e^* \boldsymbol{e}_y \tag{13}$$

如果我们在式(1)给出的对象中使用固定增益控制律式(13),结合式(7)中 $\dot{\boldsymbol{x}}_*$ 的定义,以及用式(11)形式给出的输出误差矢量,我们得到

$$\dot{\boldsymbol{e}}_* = (\boldsymbol{A} + \boldsymbol{B}\boldsymbol{G}_e^* \boldsymbol{C})\boldsymbol{e}_* \tag{14}$$

我们可以总结如下。

定理 1:如果$(\boldsymbol{A},\boldsymbol{B},\boldsymbol{C})$通过 $\boldsymbol{G}_e^*$ 实现输出反馈稳定,即 $\boldsymbol{A}_C \equiv \boldsymbol{A}+\boldsymbol{B}\boldsymbol{G}_e^*\boldsymbol{C}$ 的特征值都在 jω 轴的左侧,则式(13)中的固定增益控制器将产生渐近输出跟踪,即$t \to \infty$,$\boldsymbol{e}_y \to 0$。

如果所有的对象参数$(\boldsymbol{A},\boldsymbol{B},\boldsymbol{C},\boldsymbol{\Gamma},\boldsymbol{\Theta},\boldsymbol{F})$是已知的,那么,式(13)给出的固定增益控制器对 $\boldsymbol{z}_D$ 的状态估计可以实现渐近跟踪。需要注意的是,$(\boldsymbol{A},\boldsymbol{B},\boldsymbol{C})$输出反馈稳定时的条件为

$$M + P + N_D > N_p \tag{15}$$

且$(\boldsymbol{A},\boldsymbol{B},\boldsymbol{C})$必须是可控和可观的[9]。在式(13)中,参数矩阵的详细信息不是必需的,这表明在我们原来的假设下,即$(\boldsymbol{A},\boldsymbol{B},\boldsymbol{C},\boldsymbol{\Gamma},\boldsymbol{\Theta})$是未知的且式(2)中的 $\boldsymbol{F}$ 是已知的,自适应控制方案是可行的。

考虑式(1)中的对象具有式(3)所述的干扰发生器。我们对于该系统的控制目标可以通过如下形式的自适应控制律实现,即

$$\boldsymbol{u}_p = \boldsymbol{G}_m\boldsymbol{x}_m + \boldsymbol{G}_u\boldsymbol{u}_m + \boldsymbol{G}_e\boldsymbol{e}_y + \boldsymbol{G}_D\boldsymbol{\phi}_D \tag{16}$$

式中：矩阵 G_m、G_u、G_e、G_D 具备合适的维度，它们的定义将在后面给出。我们设计了增益自适应控制律，以实现渐近输出跟踪，首先我们定义下面的简化符号，即

$$\begin{cases}\Delta G_u \equiv G_u - S_{22}^* \\ \Delta G_m \equiv G_m - S_{21}^* \\ \Delta G_e \equiv G_e - G_e^* \\ \Delta G_D \equiv G_D - S_{23}^* L\end{cases} \tag{17}$$

式(17)中带“ * ”号的增益来自理想轨迹，用于对象分析，式(6)中的 x_* 包含式(3)给出的 z_D，将 x_* 代入固定增益控制器(式(13))。利用式(6)、式(7)和自适应控制律(式(16))，我们可以定义

$$\Delta u \equiv u_p - u_* = \Delta G_u u_m + \Delta G_m x_m + (\Delta G_e + G_e^*) e_y + \Delta G_D \phi_D \tag{18}$$

然后，通过式(11)、式(12)和式(18)以及相应的定义，我们有

$$\dot{e}_* = Ae_* + B\Delta u = (A + BG_e^* C)e_* + B[\Delta G_u \Delta G_m \Delta G_e \Delta G_D]\eta = A_C e_* + B\Delta G\eta \tag{19}$$

式中：$\eta \equiv [u_m^{\mathrm{T}} x_m^{\mathrm{T}} e_y^{\mathrm{T}} \phi_D^{\mathrm{T}}]^{\mathrm{T}}$ 是可得信息的矢量。我们结合式(12)和式(19)，以获得跟踪误差系统，即

$$\begin{cases}\dot{e}_* = A_C e_* + B\Delta G\eta \\ e_y = Ce_*\end{cases} \tag{20}$$

现在，我们定义自适应增益控制律为

$$\dot{G} = - e_y h^{\mathrm{T}} H \tag{21}$$

式中：$H=[h_{ii}]$，$i=1,2,\cdots,4$ 是一个任意数，是正定矩阵(即 $H>0$)。这就产生了

$$\begin{cases}\dot{G}_u = - e_y u_m^{\mathrm{T}} h_{11} \\ \dot{G}_m = - e_y x_m^{\mathrm{T}} h_{22} \\ \dot{G}_e = - e_y e_y^{\mathrm{T}} h_{33} \\ \dot{G}_D = - e_y \phi_D^{\mathrm{T}} h_{44}\end{cases} \tag{22}$$

我们的自适应控制器由式(16)和上述自适应增益律(式(22))给出。请注意，在实际的控制律中并没有出现前面分析中用到的带“ * ”号的增益。接下来，我们将分析该控制器的稳定性。

闭环自适应系统包括式(1) ~式(5)、式(9)、式(16)、式(22)。通过式(20)和式(21)，我们得到

$$\begin{cases}\dot{e}_* = A_C e_* + B\Delta G\eta \\ \Delta\dot{G} = \dot{G} = - e_y \eta^{\mathrm{T}} H \\ e_y = Ce_*\end{cases} \tag{23}$$

式中:$\boldsymbol{A}_C \equiv \boldsymbol{A}+\boldsymbol{B}\boldsymbol{G}_e e_* \boldsymbol{C}$。我们通过式(21)能够得到式(23),因为$\Delta\boldsymbol{G} \equiv \boldsymbol{G}-\boldsymbol{G}_*$,其中$\boldsymbol{G}_* \equiv [\boldsymbol{S}^* 22\ \boldsymbol{S}^* 21\ \boldsymbol{G}_e^*\ \boldsymbol{S}^* 23\boldsymbol{L}]$是恒定的(虽然通常是未知)。非线性系统式(23)的稳定性,可以利用 Lyapunov 理论分析。我们构造正定函数

$$\begin{cases} V_1(\boldsymbol{e}_*) \equiv \dfrac{1}{2}\boldsymbol{e}_*^{\mathrm{T}}\boldsymbol{P}\boldsymbol{e}_* \\ V_2(\Delta\boldsymbol{G}) \equiv \dfrac{1}{2}\mathrm{trace}(\Delta\boldsymbol{G}\boldsymbol{H}^{-1}\Delta\boldsymbol{G}^{\mathrm{T}}) \end{cases} \tag{24}$$

式中:$\boldsymbol{P}>0$ 是以下方程组的解,即

$$\begin{cases} \boldsymbol{A}_C^{\mathrm{T}}\boldsymbol{P} + \boldsymbol{P}\boldsymbol{A}_C = -\boldsymbol{Q}, \boldsymbol{Q} > 0 \\ \boldsymbol{P}\boldsymbol{B} = \boldsymbol{C}^{\mathrm{T}} \end{cases} \tag{25}$$

这些方程即 Kalman-Yacubovic 条件。式(25)存在一个对称正定解的等价条件如下,即

$$\boldsymbol{T}_C(s) \equiv \boldsymbol{C}(s\boldsymbol{I} - \boldsymbol{A}_C)^{-1}\boldsymbol{B} \text{ 严格正实(SPR)} \tag{26}$$

对于这个等价的证明,参见参考文献[12]及附录。

$\boldsymbol{T}_C(s)$的严格正实性意味着,对一些$\sigma>0$和所有的实值ω,有

$$\mathrm{Re}\boldsymbol{T}_C(-\sigma + \mathrm{j}\omega) \geqslant 0 \tag{27}$$

如果我们沿着轨迹式(23)计算导数$\dot{V}_i$,根据式(25)可以得到

$$\begin{cases} \dot{V}_1 = -\dfrac{1}{2}\boldsymbol{e}_*^{\mathrm{T}}\boldsymbol{Q}\boldsymbol{e}_* + \boldsymbol{e}_*^{\mathrm{T}}\boldsymbol{P}\boldsymbol{B}\Delta\boldsymbol{G}\boldsymbol{\eta} = -\dfrac{1}{2}\boldsymbol{e}_*^{\mathrm{T}}\boldsymbol{Q}\boldsymbol{e}_* + \boldsymbol{e}_y^{\mathrm{T}}\boldsymbol{v} \\ \boldsymbol{v} \equiv \Delta\boldsymbol{G}\boldsymbol{\eta} \end{cases} \tag{28}$$

及

$$\begin{aligned} \dot{V}_2 &= \mathrm{trace}(\Delta\dot{\boldsymbol{G}}\boldsymbol{H}^{-1}\Delta\boldsymbol{G}^{\mathrm{T}}) = \mathrm{trace}(-\boldsymbol{e}_y\boldsymbol{\eta}^{\mathrm{T}}\boldsymbol{H})(\boldsymbol{H}^{-1}\Delta\boldsymbol{G}^{\mathrm{T}}) = -\mathrm{trace}(\boldsymbol{e}_y\boldsymbol{v}^{\mathrm{T}}) \\ &= -\mathrm{trace}(-\boldsymbol{e}_y^{\mathrm{T}}\boldsymbol{v}) \end{aligned} \tag{29}$$

我们可以构造$V \equiv V_1+V_2 \Rightarrow \dot{V} = -\dfrac{1}{2}\boldsymbol{e}_*^{\mathrm{T}}\boldsymbol{Q}\boldsymbol{e}_*$,其中$\dot{V} \leqslant 0$。因此, Lyapunov 稳定性理论保证式(23)零平衡点的稳定性和式(24)的所有轨迹保持有界。这就保证了$\boldsymbol{e}_*$和$\Delta\boldsymbol{G}$是有界的。

我们可以将上述总结为闭环稳定性。

定理 2:假设以下条件:

(1) 所有$\boldsymbol{u}_m(t)$有界(即$\boldsymbol{F}_m$ 的所有特征值在左半闭平面);

(2) 参考模型式(4)稳定(即$\boldsymbol{A}_m$ 的所有特征值都在左半开平面);

(3) ϕ_D 是有界的(即$\boldsymbol{F}$ 的所有特征值是在封闭的左半平面,且任何在虚轴上的特征值是简单的);

(4) $(\boldsymbol{A},\boldsymbol{B},\boldsymbol{C})$是几乎严格正实(ASPR),即$\boldsymbol{T}_C(s) \equiv \boldsymbol{C}(s\boldsymbol{I} - \boldsymbol{A}_C)^{-1}\boldsymbol{B}$是严格正实的。

此时，e_* 和 ΔG 有界，$e_* \underset{t\to\infty}{\longrightarrow} 0$ 且 $e_y \equiv y_p - y_m = Ce_* \underset{t\to\infty}{\longrightarrow} 0$。对定理 2 的证明见附录第二部分。

这种稳定性的分析表明，渐近跟踪存在且自适应增益有界。它并不能证明 $\Delta G \underset{t\to\infty}{\rightarrow} 0$。事实上，增益自适应律（式(22)）可能不收敛到式(8)中带"*"号的增益，不过，这不是自适应控制器实现目标的必要条件。

3 第一部分总结

我们介绍了自适应控制理论，这种理论对自适应模型的跟踪和干扰项对 Q 模式的影响进行了解释。然而，结果要求误差系统具有最小相位。在第二部分，我们将展示如何修改剩余模态滤波器，实现非最小相位系统的自适应控制。

参 考 文 献

[1] Wen, J.T., Balas, M.J.: Robust adaptive control in Hilbert space. Journal of Mathematical Analysis and Application 143(1), 1 - 26 (1989)

[2] Balas, M.J.: Finite - dimensional direct adaptive control for discrete-time infinitedimensional linear systems. Journal of Mathematical Analysis and Applications 196(1), 153 - 171 (1995)

[3] Fuentes, R.J., Balas, M.J.: Direct adaptive rejection of persistent disturbances. Journal of Mathematical Analysis and Applications 251(1), 28 - 39 (2000)

[4] Frost, S.A., Balas, M.J., Wright, A.D.: Direct adaptive control of a utility - scale wind turbine for speed regulation. International Journal of Robust and Nonlinear Control, 19(1), 59 - 71 (2009), doi:10.1002/rnc.1329

[5] Johnson, C.D.: Theory of disturbance - accommodating controllers. Control & Dynamic Systems. In: Leondes, C.T. (ed.) Advances in Theory and Applications, vol. 12, pp. 387 - 489. Academic Press, New York (1976)

[6] Balas, M.J.: Finite - dimensional controllers for linear distributed parameter systems: Exponential stability using Residual Mode Filters. J. Mathematical Analysis & Applications 133, 283 - 296 (1988)

[7] Frost, S.A., Balas, M.J., Wright, A.D.: Modified adaptive control for region 3 operation in the presence of wind turbine structural modes. In: Proceedings 49th AIAA Aerospace Sciences Meeting, Orlando (2010)

[8] Fuentes, R.J., Balas, M.J.: Robust Model Reference Adaptive Control with Disturbance Rejection. In: Proceedings of the American Control Conference (2002)

[9] Kimura, H.: Pole assignment by gain output feedback. IEEE Trans. Automatic Control AC - 20 (4), 509 - 516 (1975)

[10] Balas, M., Gajendar, S., Robertson, L.: Adaptive Tracking Control of Linear Systems with Un-

known Delays and Persistent Disturbances (or Who You Callin' Retarded?). In: AIAA Guidance, Navigation and Control Conference, Chicago, IL (August 2009)

[11] Balas, M., Fuentes, R.: A Non-orthogonal Projection Approach to Characterization of Almost Positive Real Systems with an Application to Adaptive Control. In: Proceedings of American Control Conference, Boston (2004)

[12] Vidyasagar, M.: Nonlinear Systems Analysis, 2nd edn. Prentice-Hall, New Jersey (1993)

[13] Balas, M.: Trends in Large Space Structure Control Theory: Fondest Hopes; Wildest Dreams. IEEE Trans. Automatic Control AC-27, 522-535 (1982)

[14] Balas, M.: Control and Dynamic Systems: Advances in Theory and Application. In: Leondes, C.T. (ed.) Toward a More Practical Control Theory for Distributed Parameter Systems, vol. 18. Academic Press, New York (1982)

[15] Balas, M.: Nonlinear Finite-Dimensional Control of a Class of Nonlinear Distributed Parameter Systems Using Residual Mode Filters: A Proof of Local Exponential Stability. J. Mathematical Analysis & Applications 162, 63-70 (1991)

[16] Balas, M.: Finite-Dimensional Controllers for Linear Distributed Parameter Systems: Exponential Stability Using Residual Mode Filters. J. Mathematical Analysis & Applications 133, 283-296 (1988)

[17] Bansenauer, B., Balas, M.: Reduced-Order Model Based Control of the Flexible ArvticulatedTruss Space Crane. AIAA Journal of Guidance Control and Dynamics 18, 135-142 (1995)

[18] Wright, A., Balas, M.: Design of State-Space-Based Control Algorithms for Wind Turbine Speed Regulation. ASME Journal of Solar Energy Engineering 125, 386-395 (2003)

[19] Frost, S.A., Balas, M.J., Wright, A.D.: Augmented Adaptive Control of a Wind Turbine in the Presence of Structural Modes, Mechatronics Special Issue on Wind Energy, IFAC (to appear, 2011)

[20] Frost, S.A., Balas, M.J., Wright, A.D.: Modified adaptive control for Region 3 operation in the presence of turbine structural modes. In: Proceedings American Control Conference, Baltimore, MD (2010)

[21] Frost, S.A., Balas, M.J., Wright, A.D.: Modified adaptive control for Region 3 operation in the presence of turbine structural modes. In: Proceedings 29th AIAA Aerospace Sciences Meeting and Exhibit Wind Energy Symposium (2010)

基于剩余模态滤波器的非最小相位模态系统的自适应控制:第二部分

Adaptive Control of Non-minimum Phase Modal Systems Using Residual Mode Filters: Part II

Mark J. Balas and Susan A. Frost

摘要: 在第二部分,我们扩展自适应控制理论,以适应对象的问题模态子系统,这些子系统由于开环对象非最小相位而抑制自适应控制。我们将用剩余模态滤波器(RMF)修改自适应控制器,以补偿问题模态子系统,从而使系统能满足自适应控制器的收敛要求和增益有界。此外,我们将上述理论结果应用于一个简单柔性结构来说明有和没有剩余模态滤波器的不同。

1 引言

在第二部分中,我们将继续研究自适应控制方法,将延续第 I 部分的方程编号和参考文献列表。我们根据参考文献[6]中固定增益控制器引入的剩余模态滤波器(RMF)思想,修改了自适应控制律。在本文中,用 RMF 使系统实现非最小相位,以保证系统几乎严格正实(ASPR)。

2 自适应控制器的剩余模态滤波器扩展

某些情况下,式(1)中的对象不满足 ASPR 的要求,有可能是一个模态子系统抑制这种属性。该节显示关于我们的控制理论的一些新结论。我们将用剩余模态滤波器(RMF)修改自适应控制器,以补偿有问题的模态子系统,或 Q 模态,如参考

Mark J. Balas

Department of Electrical and Computer Engineering, University of Wyoming, Laramie, WY USA

Susan A. Frost

Intelligent Systems Division, NASA Ames Research Center, Moffett Field, CA USA

文献[6]对固定增益非自适应控制器的修改。我们提出了用 RMFs 修改自适应控制理论。在过去的研究中,我们研究了带 RMF 的自适应控制,但假设扰动无泄露到 Q 模态[7]。这里,我们研究模态间的扰动传播。

我们假设式(1)能够分解为

$$\begin{cases}\begin{bmatrix}\dot{x}\\ \dot{x}_Q\end{bmatrix}=\begin{bmatrix}A & 0\\ 0 & A_Q\end{bmatrix}\begin{bmatrix}x\\ x_Q\end{bmatrix}+\begin{bmatrix}B\\ B_Q\end{bmatrix}u_p+\begin{bmatrix}\Gamma & 0\\ \varepsilon & \Gamma_Q\end{bmatrix}u_D\\ \boldsymbol{y}_p=[C \quad C_Q]\begin{bmatrix}x\\ x_Q\end{bmatrix},\varepsilon\geqslant 0\end{cases} \tag{1}$$

定义 $\boldsymbol{x}_p\equiv\begin{bmatrix}x\\ x_Q\end{bmatrix}$,$\boldsymbol{A}_p=\begin{bmatrix}A & 0\\ 0 & A_Q\end{bmatrix}$,$\boldsymbol{B}_p=\begin{bmatrix}B\\ B_Q\end{bmatrix}$,$\boldsymbol{\Gamma}_p=\begin{bmatrix}\Gamma\\ \varepsilon\Gamma_Q\end{bmatrix}$,$\boldsymbol{C}_p^{\mathrm{T}}=\begin{bmatrix}C\\ C_Q\end{bmatrix}$,且扰动生成器 $\begin{cases}\dot{z}_D=Fz_D\\ u_D=\theta z_D\end{cases}$ 或者 $z_D=L\phi_D$,如之前式(2)和式(3)中定义。输出跟踪误差和控制目标如式(4)和式(5),即 $\boldsymbol{e}_y\equiv\boldsymbol{y}_p-\boldsymbol{y}_m\xrightarrow{t\to\infty}0$。

不过,这里,我们仅假设子系统($\boldsymbol{A},\boldsymbol{B},\boldsymbol{C}$)是几乎严格正实的,而不是完全未分解对象($A_p,B_p,C_p$),而模态子系统($A_Q,B_Q,C_Q$)已知且开环稳定,即 A_Q 是稳定的。该子系统受扰动输入直接影响。ASPR 意味着 $\boldsymbol{CB}>0$,且 $\boldsymbol{P}(s)=\boldsymbol{C}(s\boldsymbol{I}-\boldsymbol{A})^{-1}\boldsymbol{B}$ 是最小相位。因此,总而言之,实际的对象有 ASPR 子系统和一个已知模态子系统,该子系统稳定且抑制所有对象的 ASPR 属性。因此,这个模态子系统必须被补偿或过滤去除。

我们定义剩余模态滤波器(RMF)为

$$\begin{cases}\dot{\hat{x}}_Q=A_Q\hat{x}_Q+B_Qu_p\\ \hat{y}_Q=C_Q\hat{x}_Q\end{cases} \tag{2}$$

补偿后的跟踪误差为

$$\tilde{e}_y\equiv e_y-\hat{y}_Q \tag{3}$$

我们令 $e_Q\equiv\hat{x}_Q-x_Q$,则有

$$\dot{e}_Q\equiv A_Qe_Q-\varepsilon\Gamma_Qu_D \tag{4}$$

结果

$$\tilde{e}_y\equiv e_y-\hat{y}_Q=C\Delta x+C_Qx_Q-[C_Qx_Q+C_Qe_Q]=C\Delta x-C_Qe_Q \tag{5}$$

根据参考文献[1,2],我们定义理想轨迹,但仅限于 ASPR 子系统,即

$$\begin{cases}\dot{x}_*=Ax_*+Bu_*+\Gamma u_D\\ y_*=Cx_*=0\end{cases}$$

其中

$$\begin{cases} x_* = S_1^* z_D \\ u_* = S_2^* z_D \end{cases} \tag{6}$$

这与匹配条件等价，即

$$\begin{cases} S_1^* F = AS_1^* + BS_2^* + \Gamma\theta \\ CS_1^* = 0 \end{cases} \tag{7}$$

当 $\boldsymbol{CB}$ 非奇异时，方程有唯一解。不过，对于自适应控制方法，我们无需得到具体解。令

$$\begin{cases} \Delta x \equiv x - x_* \\ \Delta u \equiv u_p - u_* \\ \Delta \tilde{y} \equiv \tilde{e}_y = C\Delta x - C_Q e_Q \end{cases}$$

则得到

$$\begin{cases} \Delta \dot{x} = A\Delta x + B\Delta u \\ \Delta \tilde{y} = C\Delta x - C_Q e_Q \end{cases} \tag{8}$$

根据式(33)，$y_* = 0$。该系统可重写为

$$\begin{cases} \begin{bmatrix} \Delta \dot{x} \\ \dot{e}_Q \end{bmatrix} = \begin{bmatrix} A & 0 \\ 0 & A_Q \end{bmatrix} \begin{bmatrix} \Delta x \\ e_Q \end{bmatrix} + \begin{bmatrix} B \\ 0 \end{bmatrix} \Delta u = \bar{A} \begin{bmatrix} \Delta x \\ e_Q \end{bmatrix} + \bar{B}\Delta u + \varepsilon \bar{\Gamma}_Q u_D \\ \Delta \tilde{y} = [C - C_Q] \begin{bmatrix} \Delta x \\ e_Q \end{bmatrix} = \bar{C} \begin{bmatrix} \Delta x \\ e_Q \end{bmatrix} \end{cases} \tag{9}$$

进而，我们得到如下引理。

引理：$\left(\bar{\boldsymbol{A}} = \begin{bmatrix} \boldsymbol{A} & 0 \\ 0 & \boldsymbol{A}_Q \end{bmatrix}, \bar{\boldsymbol{B}} = \begin{bmatrix} \boldsymbol{B} \\ 0 \end{bmatrix}, \bar{\boldsymbol{C}} = [\boldsymbol{C} \quad -\boldsymbol{C}_Q]\right)$ 是 ASPR 当且仅当($\boldsymbol{A}$,$\boldsymbol{B}$,$\boldsymbol{C}$)是ASPR。

证明：

$$\overline{\boldsymbol{CB}} = [\boldsymbol{C} \quad -\boldsymbol{C}_Q] \begin{bmatrix} \boldsymbol{B} \\ 0 \end{bmatrix} = \boldsymbol{CB} > 0$$

且

$$\begin{aligned} &\bar{\boldsymbol{P}}(s) \equiv \bar{\boldsymbol{C}}(s\boldsymbol{I} - \bar{\boldsymbol{A}})^{-1}\bar{\boldsymbol{B}} = \\ &[\boldsymbol{C} - \boldsymbol{C}_Q] \begin{bmatrix} (s\boldsymbol{I} - \bar{\boldsymbol{A}})^{-1} & 0 \\ 0 & (s\boldsymbol{I} - \bar{\boldsymbol{A}})^{-1} \end{bmatrix} \begin{bmatrix} \boldsymbol{B} \\ 0 \end{bmatrix} = \\ &\boldsymbol{C}(s\boldsymbol{I} - \boldsymbol{A})^{-1}\boldsymbol{B} = \boldsymbol{P}(s) \end{aligned} \tag{10}$$

是最小相位。证毕。

所以，当$(\boldsymbol{A},\boldsymbol{B},\boldsymbol{C})$是ASPR的，存在$\boldsymbol{G}_e^*$ 使得$(\overline{\boldsymbol{A}}_C \equiv \overline{\boldsymbol{A}} + \overline{\boldsymbol{B}}\boldsymbol{G}_e^* \overline{\boldsymbol{C}},\overline{\boldsymbol{B}},\overline{\boldsymbol{C}})$是严格正实的(SPR)。因此，根据Kalman-Yacubovic定理，存在$\overline{\boldsymbol{P}},\overline{\boldsymbol{Q}} > 0$，使得

$$\begin{cases}\overline{\boldsymbol{A}}_C\overline{\boldsymbol{P}} + \overline{\boldsymbol{P}}\,\overline{\boldsymbol{A}}_C = -\overline{\boldsymbol{Q}} \\ \overline{\boldsymbol{P}}\,\overline{\boldsymbol{B}} = \overline{\boldsymbol{C}}^{\mathrm{T}}\end{cases}$$

$$\begin{cases}\overline{\boldsymbol{A}}_C^{\mathrm{T}}\overline{\boldsymbol{P}} + \overline{\boldsymbol{P}}\,\overline{\boldsymbol{A}}_C = -\overline{\boldsymbol{Q}} \\ \overline{\boldsymbol{P}}\,\overline{\boldsymbol{B}} = \overline{\boldsymbol{C}}^{\mathrm{T}}\end{cases} \tag{11}$$

因而，可得带RMF的自适应控制律为

$$\begin{cases}u_p \equiv G_u u_m + G_u x_m + G_e \tilde{e}_y + G_D \phi_D \\ \tilde{e}_y \equiv y_p - \widehat{y}_Q \\ \dot{\widehat{x}}_Q = A_Q \widehat{x}_Q + B_Q u_p \\ \widehat{y}_Q = C_Q \widehat{x}_Q\end{cases}$$

其中，修改后的自适应增益为

$$\begin{cases}\dot{G}_u = -\tilde{e}_y u_m h_u, h_u > 0 \\ \dot{G}_m = -\tilde{e}_y x_m h_m, h_m > 0 \\ \dot{G}_e = -\tilde{e}_y e_y h_e, h_e > 0 \\ \dot{G}_D = -\tilde{e}_y \phi_D h_D, h_D > 0\end{cases} \tag{12}$$

最终，我们得到稳定性结论。

定理3：在式(9)中，另$(\boldsymbol{A},\boldsymbol{B},\boldsymbol{C})$满足ASPR，$A_Q$稳定，$\phi_D$有界。此时，式(19)和式(20)中带RMF的改进自适应控制律有$e_y = y_p$，且e_Q有界，在半径$R_* \equiv \boldsymbol{\varepsilon}\dfrac{(1+\sqrt{p_{\max}})}{a\sqrt{p_{\min}}}M_v$的球中，自适应增益$(G_e,G_D)$有界。

证明：由式(19)得到$u_p \equiv G_e \tilde{e}_y + G_D \phi_D$，因而，可以写成

$$\Delta u \equiv u_p - u_* = (G_e \tilde{e}_y + G_D \phi_D) - [S_2^* L]\phi_D = G_e^* \tilde{e}_y + \Delta \boldsymbol{G}\boldsymbol{\eta}$$

其中

$$\begin{cases}\Delta G_e \equiv G_e - G_e^* \\ \Delta G_D \equiv G_D - (S_2^* L) \\ \Delta \boldsymbol{G} \equiv \boldsymbol{G} - \boldsymbol{G}_* = [\Delta G_e \quad \Delta G_D] \\ \boldsymbol{\eta} \equiv \begin{bmatrix}\tilde{e}_y \\ \phi_D\end{bmatrix}\end{cases}$$

进而

$$\begin{cases}\dot{\boldsymbol{\zeta}} = \bar{A}\boldsymbol{\zeta} + \bar{B}\Delta u = \bar{A}_C\zeta + \bar{B}w + \boldsymbol{\varepsilon}\bar{\boldsymbol{\Gamma}}_Q u_D \\ \tilde{e}_y = \bar{C}\boldsymbol{\zeta}\end{cases} \tag{13}$$

其中

$$\boldsymbol{\zeta} \equiv \begin{bmatrix}\Delta x \\ e_Q\end{bmatrix}, w \equiv \Delta\boldsymbol{G\eta}, \bar{A}_C \equiv \bar{A} + \bar{B}G_e^* \bar{C}$$

通过式(20),我们可以得到

$$\dot{\boldsymbol{G}} = \Delta\dot{\boldsymbol{G}} = -\tilde{e}_y\boldsymbol{\eta}^{\mathrm{T}}\boldsymbol{h}, \boldsymbol{h} \equiv \begin{bmatrix}h_e & 0 \\ 0 & h_D\end{bmatrix} > 0 \tag{14}$$

由于$(\boldsymbol{A},\boldsymbol{B},\boldsymbol{C})$是 ASPR 的,通过该引理,$(\bar{\boldsymbol{A}},\bar{\boldsymbol{B}},\bar{\boldsymbol{C}})$ 也是 ASPR 的,我们可以使用参考文献[8]中的结果,$v \equiv \bar{\boldsymbol{\Gamma}}_Q u_D$ 是有界的,因为扰动 $u_D = L\phi_D$ 是有界的。

结论:考虑非线性耦合系统的微分方程,即

$$\begin{cases}\dot{\boldsymbol{\zeta}} = \bar{\boldsymbol{A}}_C\boldsymbol{\zeta} + \bar{\boldsymbol{B}}(\boldsymbol{G}(t) - \boldsymbol{G}^*)\boldsymbol{\eta} + \varepsilon v \\ \tilde{\boldsymbol{e}} = \bar{\boldsymbol{C}}\boldsymbol{\zeta} \\ \dot{\boldsymbol{G}}(t) = -\tilde{\boldsymbol{e}}_y\boldsymbol{\eta}^{\mathrm{T}}\boldsymbol{h} - a\boldsymbol{G}(t)\end{cases} \tag{15}$$

式中:$\boldsymbol{G}^*$ 是常数矩阵;$\boldsymbol{h}$ 是任意有限正常数矩阵,它们都具备合适的维度。作如下假设,$(\bar{\boldsymbol{A}},\bar{\boldsymbol{B}},\bar{\boldsymbol{C}})$ 是 SPR 的,存在 $M_K>0$,使用 trace 范数,使得 $\|(\boldsymbol{G}^*)^{\mathrm{T}}\boldsymbol{G}^*\| \leqslant M_K$;存在 $M_v>0$,使得 $\sup\limits_{t\geqslant 0}\|v(t)\| \leqslant M_v$;存在 $a>0$,使得 $a \leqslant \dfrac{q_{\min}}{2p_{\max}}$ 且 h 满足 $\|h^{-1}\|_2 \leqslant \left(\dfrac{\boldsymbol{\varepsilon}M_v}{aM_K}\right)^2$,其中 $p_{\min}$、$p_{\max}$是 $\bar{P}$ 的最小和最大特征值,$q_{\min}$是下述系统中 $\bar{Q}$ 的最小特征值,即

$$\begin{cases}\bar{\boldsymbol{A}}_C^{\mathrm{T}}\bar{\boldsymbol{P}} + \bar{\boldsymbol{P}}\bar{\boldsymbol{A}}_C = -\bar{\boldsymbol{Q}} \\ \bar{\boldsymbol{P}}\bar{\boldsymbol{B}} = \bar{\boldsymbol{C}}^{\mathrm{T}}\end{cases}$$

则矩阵 $\boldsymbol{G}(t)$是有界的,状态 $\zeta(t)$ 以指数接近 $R_* \equiv \boldsymbol{\varepsilon}\dfrac{(1+\sqrt{p_{\max}})}{a\sqrt{p_{\min}}}M_v$ 球,其中 $\varepsilon>0$。

根据这个结果,我们得知 ζ 在误差球 R_* 中有界,进而推出 $e_y \equiv y_p = y_p - y_* = C\Delta$ 和 e_Q 有界。因此,$G=G_*+\Delta G$ 有界。

因而,误差球的半径 $R_* \equiv \boldsymbol{\varepsilon}\dfrac{(1+\sqrt{p_{\max}})}{a\sqrt{p_{\min}}}M_v$ 通过 $\boldsymbol{\varepsilon}$ 确定,ε 与引入 Q 模式的

扰动量有关。当引入的扰动为 0 时，半径为 0。

当 $\Gamma=B$，且 $\Gamma_Q=B_Q$，则可以在式(34)中设置 $S_1^*=0, S_2^*=-\theta$。即使 $\varepsilon=1$，跟踪误差也会逐渐趋于 0。

3 RMF 的仿真结果

在本节中，我们将上述理论结果应用于一个非常简单柔性的结构案例，以说明有无 RMF 的区别。该结构具有刚体模式和两个柔性模式，即

$$P(s)=\frac{s+1}{s^2}-\frac{3}{s^2+s+1}+\frac{1}{s^2+s+2}$$
$$=\frac{s^5+s^4+3s^3+0s^2+3s+1}{s^6+2s^5+4s^4+3s^3+2^2}$$

这个例子可以被扩展到有更多柔性的模式。但我们只是为了说明 RMF 方法的价值。更复杂的柔性结构有待后续文章解决。

该对象在 0.422±0.9543j 有两个非最小相位零点，因此不满足 ASPR 条件。然而，当消去中间模式 $P_Q(s)=\dfrac{-s}{s^2+s+1}$ 后，对象变成

$$P(s)=\frac{s+1}{s^2}+\frac{1}{s^2+s+2}=$$
$$\frac{s^3+3s^2+3s+2}{s^4+s^3+2^2}$$

是最小相位，状态空间由下定义，即

$$\begin{cases}x_p=\boldsymbol{A}x_p+\boldsymbol{B}(u_p+u_D)\\ y_p=\boldsymbol{C}x_p\end{cases}\begin{cases}\dot{x}_p=\boldsymbol{A}x_p+\boldsymbol{B}(u_p+u_D)\\ y_p=\boldsymbol{C}x_p\end{cases}$$

其中

$$\boldsymbol{A}=\begin{bmatrix}0&1&0&0\\0&0&1&0\\0&0&0&1\\0&0&-2&-1\end{bmatrix},\boldsymbol{\Gamma}=\boldsymbol{B}=\begin{bmatrix}0\\0\\0\\1\end{bmatrix},\boldsymbol{C}^{\mathrm{T}}=\begin{bmatrix}2\\3\\3\\1\end{bmatrix}$$

其中 $\boldsymbol{CB}=1$，因而 $\boldsymbol{CB}$ 是非奇异的。因此，$(\boldsymbol{A},\boldsymbol{B},\boldsymbol{C})$ 是 ASPR 的。

进行跟踪的参考模型为

$$\begin{cases}\dot{x}_m=-x_m+u_m\\ y_m=x_m\end{cases}$$

该系统通过 $\dot{u}_m=(0)u_m$ 产生的阶跃进行激励。匹配条件方程是可解的，但是该理论不需要它们的解。

由 $P_Q(s)=\frac{-3}{s^2+s+1}$ 生成的 RMF 可以表示为 $\boldsymbol{A}_Q=\begin{bmatrix}0 & 1\\ -1 & -1\end{bmatrix}$，$\boldsymbol{\Gamma}_Q=\boldsymbol{B}_Q=\begin{bmatrix}0\\ 1\end{bmatrix}$，$\boldsymbol{C}_Q=[-3\ 0]$。我们得到 $\boldsymbol{C}_Q\boldsymbol{B}_Q=0$。

在式(38)和式(39)给出的自适应控制器中，参数被设置为 $h_u=10, h_m=1, h_e=10, h_D=100, a=0$。

扰动是一个无量纲的阶跃信号，大小为10。将 $\boldsymbol{\varepsilon}$ 设置为1，我们通过 MatLab/Simulink 的仿真，得到图1和图2。如图1所示，输出跟踪误差收敛到0。自适应增益也如图2所示收敛。这阐述了具备二阶 RMF 的自适应控制器的机理。如果没有 RMF，控制对象和自适应控制器在闭环中立刻变得不稳定。

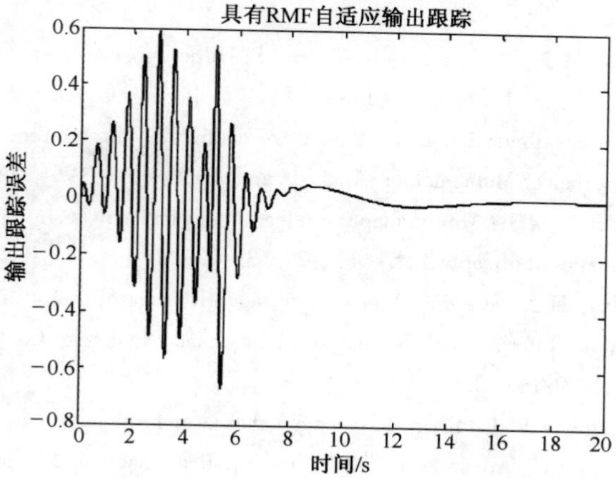

图1 RMF 增强后的自适应控制器的无向性输出跟踪响应

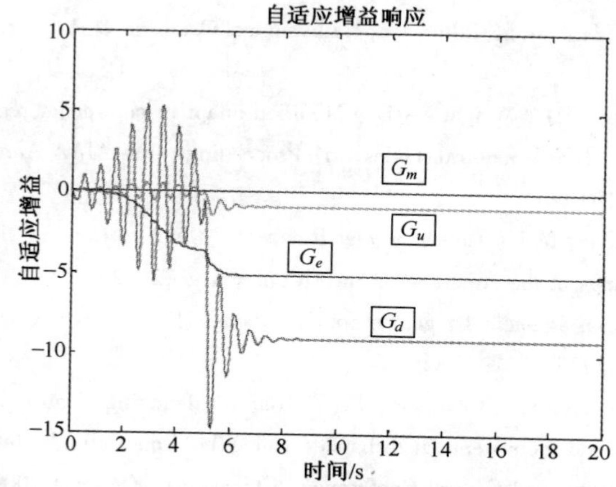

图2 自适应增益(G_e 为误差增益，G_d 是扰动增益)

4 结论

我们提出了一个具有剩余模态滤波器的改进自适应控制器。RMS 是用来解决系统中抑制自适应控制器的问题模态,特别是 ASPR 条件下。这个新的理论对自适应模式跟踪和扰动项泄露到 Q 模态的系统十分重要。一个简单的三模态案例显示 RMF 可以恢复一个可能不稳定的自适应控制系统的稳定性。这一实现无需大幅度修改自适应控制器的设计。

参考文献

[1] Wen, J.T., Balas, M.J.: Robust adaptive control in Hilbert space. Journal of Mathematical Analysis and Application 143(1), 1-26 (1989)

[2] Balas, M.J.: Finite - dimensional direct adaptive control for discretetime infinite - dimensional linear systems. Journal of Mathematical Analysis and Applications 196(1), 153-171 (1995)

[3] Fuentes, R.J., Balas, M.J.: Direct adaptive rejection of persistent disturbances. Journal of Mathematical Analysis and Applications 251(1), 28-39 (2000)

[4] Frost, S.A., Balas, M.J., Wright, A.D.: Direct adaptive control of a utility - scale wind turbine for speed regulation. International Journal of Robust and Nonlinear Control 19(1), 59-71 (2009), doi:10.1002/rnc.1329

[5] Johnson, C.D.: Theory of disturbance - accommodating controllers. Control & Dynamic Systems. In: Leondes, C.T. (ed.) Advances in Theory and Applications, vol. 12, pp. 387-489. Academic Press, New York (1976)

[6] Balas, M.J.: Finite-dimensional controllers for linear distributed parameter systems: Exponential stability using Residual Mode Filters. J. Mathematical Analysis & Applications 133, 283-296 (1988)

[7] Frost, S.A., Balas, M.J., Wright, A.D.: Modified adaptive control for region 3 operation in the presence of wind turbine structural modes. In: Proceedings 49th AIAA Aerospace Sciences Meeting, Orlando (2010)

[8] Fuentes, R.J., Balas, M.J.: Robust Model Reference Adaptive Control with Disturbance Rejection. In: Proceedings of the American Control Conference (2002)

[9] Kimura, H.: Pole assignment by gain output feedback. IEEE Trans. Automatic Control AC-20 (4), 509-516 (1975)

[10] Balas, M., Gajendar, S., Robertson, L.: "Adaptive Tracking Control of Linear Systems with Unknown Delays and Persistent Disturbances (or Who You Callin' Retarded?)". In: AIAA Guidance, Navigation and Control Conference, Chicago, IL (August 2009)

[11] Balas, M., Fuentes, R.: A Non-orthogonal Projection Approach to Characterization of Almost Positive Real Systems with an Application to Adaptive Control. In: Proceed - ings of American

Control Conference, Boston (2004)
[12] Vidyasagar, M.: Nonlinear Systems Analysis, 2nd edn. Prentice-Hall, New Jersey (1993)
[13] Balas, M.: Trends in Large Space Structure Control Theory: Fondest Hopes; Wildest Dreams. IEEE Trans. Automatic Control AC-27, 522-535 (1982)
[14] Balas, M.: Control and Dynamic Systems: Advances in Theory and Application. In: Leondes, C.T. (ed.) Toward a More Practical Control Theory for Distributed Parameter Systems, vol. 18, Academic Press, New York (1982)
[15] Balas, M.: Nonlinear Finite-Dimensional Control of a Class of Nonlinear Distributed Parameter Systems Using Residual Mode Filters: A Proof of Local Exponential Stability. J. Mathematical Analysis & Applications 162, 63-70 (1991)
[16] Balas, M.: Finite-Dimensional Controllers for Linear Distributed Parameter Systems: Exponential Stability Using Residual Mode Filters. J. Mathematical Analysis & Applications 133, 283-296 (1988)
[17] Bansenauer, B., Balas, M.: Reduced-Order Model Based Control of the Flexible Articulated-Truss Space Crane. AIAA Journal of Guidance Control and Dynamics 18, 135-142 (1995)
[18] Wright, A., Balas, M.: Design of State-Space-Based Control Algorithms for Wind Turbine Speed Regulation. ASME Journal of Solar Energy Engineering 125, 386-395 (2003)
[19] Frost, S.A., Balas, M.J., Wright, A.D.: Augmented Adaptive Control of a Wind Turbine in the Presence of Structural Modes, Mechatronics Special Issue on Wind En-ergy, IFAC (2011) (to appear)
[20] Frost, S.A., Balas, M.J., Wright, A.D.: Modified adaptive control for Region 3 operation in the presence of turbine structural modes. In: Proceedings American Control Conference, Baltimore, MD (2010)
[21] Frost, S.A., Balas, M.J., Wright, A.D.: Modified adaptive control for Region 3 operation in the presence of turbine structural modes. In: Proceedings 29th AIAA Aerospace Sciences Meeting and Exhibit Wind Energy Symposium (2010)

附　录

引理 1 的证明。

线性匹配条件式(8)可以重写为

$$\begin{cases} \boldsymbol{A}\boldsymbol{S}_1 + \boldsymbol{B}\boldsymbol{S}_2 = \boldsymbol{S}_1\boldsymbol{L}_m + \boldsymbol{H}_1 \\ \boldsymbol{C}\boldsymbol{S}_1 = \boldsymbol{H}_2 \end{cases}$$

其中

$$\boldsymbol{S}_1 \equiv [S_{11}^*, S_{12}^*, S_{13}^*],\ \boldsymbol{S}_2 \equiv [S_{21}^*, S_{22}^*, S_{23}^*],\ \boldsymbol{L}_m \equiv \begin{bmatrix} A_m & A_m & 0 \\ 0 & F_m & 0 \\ 0 & 0 & F \end{bmatrix}$$

且

$$\begin{cases} \boldsymbol{H}_1 \equiv [0,0,-\Gamma\theta] \\ \boldsymbol{H}_2 \equiv [C_m,0,0] \end{cases}$$

假设 $\boldsymbol{CB}$ 是非奇异的。使用参考文献[11]中引理2的坐标变换矩阵 $\boldsymbol{W}$ 将($\boldsymbol{A}$, $\boldsymbol{B}$, $\boldsymbol{C}$)变成标准形式，即

$$\begin{cases} \dot{y} = \overline{A}_{11}y + \overline{A}_{12}z_2 + \boldsymbol{CB}u \\ \dot{z}_2 = \overline{A}_{21}y + \overline{A}_{22}z_2 \end{cases}$$

即存在 $\boldsymbol{W} \equiv \begin{bmatrix} \boldsymbol{C} \\ \boldsymbol{W}_2^{\mathrm{T}}P_2 \end{bmatrix}$ 使得

$$\boldsymbol{WAW}^{-1} \equiv \overline{\boldsymbol{A}} = \begin{bmatrix} \overline{A}_{11} & \overline{A}_{12} \\ \overline{A}_{21} & \overline{A}_{22} \end{bmatrix}$$

$$\boldsymbol{WB} = \begin{bmatrix} \boldsymbol{CB} \\ 0 \end{bmatrix} \equiv \overline{\boldsymbol{B}}$$

且

$$\boldsymbol{CW}^{-1} = [I_m, 0] \equiv \overline{\boldsymbol{C}}$$

这意味着

$$\overline{\boldsymbol{S}}_1\boldsymbol{L}_m = \boldsymbol{WS}_1\boldsymbol{L}_m = \boldsymbol{WAW}^{-1}\boldsymbol{WS}_1 + \boldsymbol{WBS}_2 - \boldsymbol{WH}_1 = \overline{\boldsymbol{A}}\,\overline{\boldsymbol{S}}_1 + \overline{\boldsymbol{B}}\,\overline{\boldsymbol{S}}_2 - \overline{\boldsymbol{H}}_1$$

且 $\boldsymbol{H}_2 = \boldsymbol{CW}^{-1}\boldsymbol{WS}_1 = \overline{\boldsymbol{C}}\,\overline{\boldsymbol{S}}_1 = [I,0]\overline{\boldsymbol{S}}_1 = \overline{\boldsymbol{S}}_a$，其中

$$\overline{\boldsymbol{S}} \equiv \boldsymbol{WS}_1 = \begin{bmatrix} \overline{\boldsymbol{S}}_a \\ \hline \overline{\boldsymbol{S}}_b \end{bmatrix}$$

因而

$$\begin{bmatrix} \boldsymbol{H}_2 \\ \overline{\boldsymbol{S}}_b \end{bmatrix} \boldsymbol{L}_m = \overline{\boldsymbol{A}} \begin{bmatrix} \boldsymbol{H}_2 \\ \overline{\boldsymbol{S}}_b \end{bmatrix} + \begin{bmatrix} \boldsymbol{CB} \\ 0 \end{bmatrix} \boldsymbol{S}_2 - \begin{bmatrix} \overline{\boldsymbol{H}}_a \\ \hline \overline{\boldsymbol{H}}_b \end{bmatrix}$$

这意味着

$$\begin{cases} \boldsymbol{S}_2 = (\boldsymbol{CB})^{-1}[\boldsymbol{H}_2\boldsymbol{L}_m + \overline{\boldsymbol{H}}_a - (\overline{\boldsymbol{A}}_{11}\boldsymbol{H}_2 + \overline{\boldsymbol{A}}_{12}\overline{\boldsymbol{S}}_b)] \\ \overline{\boldsymbol{S}}_b\boldsymbol{L}_m = \overline{\boldsymbol{A}}_{22}\overline{\boldsymbol{S}}_b + (\overline{\boldsymbol{A}}_{21}\boldsymbol{H}_2 - \overline{\boldsymbol{H}}_b) \end{cases}$$

现在，如果 $(\overline{\boldsymbol{A}}_{22}, \boldsymbol{L}_m)$ 没有共同特征值，根据参考文献[5]，我们可以解上述方程，得到唯一的 $\overline{\boldsymbol{S}}_b$，进而，$\overline{\boldsymbol{S}}_1 = \begin{bmatrix} \boldsymbol{H}_2 \\ \hline \overline{\boldsymbol{S}}_b \end{bmatrix}$，$\boldsymbol{S}_2 = (\boldsymbol{CB})^{-1}[\boldsymbol{H}_2\boldsymbol{L}_m + \overline{\boldsymbol{H}}_a - (\overline{\boldsymbol{A}}_{11}\boldsymbol{H}_2 + \overline{\boldsymbol{A}}_{12}\overline{\boldsymbol{S}}_b)]$，且 $\overline{\boldsymbol{A}}\,\overline{\boldsymbol{S}}_b - \overline{\boldsymbol{S}}_b\boldsymbol{L}_m = \overline{\boldsymbol{H}}_b$。因为 $(\overline{\boldsymbol{A}}_{22}, \boldsymbol{L}_m)$ 没有共同特征值，这与 $\overline{\boldsymbol{A}}_{22}$ 和

$\boldsymbol{A}_m$、$\boldsymbol{F}_m$ 和 $\boldsymbol{F}$ 都没有共同特征值。但 $\overline{\boldsymbol{A}}_{22}$ 的特征值是开环系统($\boldsymbol{A}$,$\boldsymbol{B}$,$\boldsymbol{C}$)的零点，见参考文献[13]。因而，问题得证。

引理 2 的证明。

$\boldsymbol{e}_*$ 和 $\Delta\boldsymbol{G}$ 已被证明是有界的。为了证明，$\boldsymbol{e}_* \xrightarrow{t\to\infty} 0$，我们必须使用 Barbalat 引理，参见参考文献[19]。

引理：如果 $f(t)$ 是实值的，$(0,\infty)$ 上可微，$\lim\limits_{t\to\infty} f(t)$ 有限且 $\dfrac{\mathrm{d}f}{\mathrm{d}t}$ 一致连续，则 $\lim\limits_{t\to\infty}\dfrac{\mathrm{d}f}{\mathrm{d}t}=0$。

我们已知 $V(t)\leqslant 0$，因此 $V(t)-V(0)=\int_0^t V(\tau)\mathrm{d}\tau \leqslant 0$ 或者 $0\leqslant V(\tau) \leqslant V(0)$，其中 $V(0)<\infty$。因此，$\lim\limits_{t\to\infty} V(t)$ 有限。$\dot{V}(t)$ 也有界，因为 $\ddot{V}(t)=-(\boldsymbol{e}_*^{\mathrm{T}}\boldsymbol{Q}\dot{\boldsymbol{e}}_*)\leqslant \|\boldsymbol{e}_*\|\|\boldsymbol{Q}\|\|\dot{\boldsymbol{e}}_*\| = \|\boldsymbol{e}_*\|\|\boldsymbol{Q}\|\|\boldsymbol{A}_C\dot{\boldsymbol{e}}_* + \boldsymbol{B}\Delta\boldsymbol{G}\boldsymbol{\eta}\| \leqslant \|\boldsymbol{e}_*\|\|\boldsymbol{Q}\|(\|\boldsymbol{A}_C\|\|\dot{\boldsymbol{e}}_*\| + \|\boldsymbol{B}\|\|\Delta\boldsymbol{G}\|\|\boldsymbol{\eta}\|)$，且 $\boldsymbol{e}_*$ 和 $\Delta\boldsymbol{G}$ 已通过 Lyapunov 定理被证明是有界的。

$\boldsymbol{\eta}$ 是有界的，因为 $\boldsymbol{u}_m$ 是有界的，$\boldsymbol{A}_m$ 是稳定的，$\boldsymbol{e}_y=\boldsymbol{C}\boldsymbol{e}_*$ 是有界的，$\boldsymbol{\phi}_D$ 是有界的。因此，$\dot{V}(\tau)=\int_0^t \ddot{V}(\tau)\mathrm{d}\tau$ 是一致连续的，Barbalat 引理能用于证明

$$0=\lim_{t\to\infty}\dot{V}(t) = -\lim_{t\to\infty}(\boldsymbol{e}_*^{\mathrm{T}}\boldsymbol{Q}\boldsymbol{e}_*)$$

因为 $\boldsymbol{Q}>0$，我们得证 $\boldsymbol{e}_* \xrightarrow{t\to\infty} 0$。

非线性奇异扰动飞行器系统的全局跟踪控制结构

Global Tracking Control Structures for Nonlinear Singularly Perturbed Aircraft Systems

Anshu Siddarth and John Valasek

摘要:本文解决了一般非线性奇异摄动系统中同时跟踪快速与慢速状态的问题。一个激励人心的例子就是一个飞行器跟踪一个锁定的快速移动目标,同时调节速度和(或)一个甚至多个运动角。以前的文献中提到的研究结果仅关注慢状态函数的输出。此外,全局渐近跟踪也仅对在快速状态上具有唯一实根的非线性系统进行了验证。对更一般的非线性系统,只对局部跟踪的结果进行了证明。在本文中,提出了用几何奇异摄动法实现对快速状态与慢速状态同时全局跟踪的控制律。用李雅普诺夫函数方法证明了全局指数的稳定性,并推导了摄动参数标量上确切的必要条件。通过对一个非线性、耦合、六自由度的F/A-18A“大黄蜂”模型进行纵横混合双向仿真验证了控制器性能。结果表明,尽管期望参考轨迹需要飞行器在线性与非线性体制间不断切换,控制器仍然能实现全局渐近跟踪。渐近跟踪同时保持所有闭环信号的有界与正常也得到了验证。此外,控制器与扰动参数标量是相互独立的,也不需要其先验知识。

1 引言

本文主要考虑同时具有快速与慢速动力学特性的系统。这种多时标的行为可以是一个系统本身的特性(如飞行器和柔性梁结构),也可以是因为一个快速控制器的启动(如具有快速执行器或快速传感器的系统)而产生的。控制目标是针对这种双时标系统,开发一种能同时调节快速与慢速状态的稳定跟踪系统。奇异摄动方法[13]已经成为文献中用来检验双时标系统性能的最重要的方法。在这种方法中,系统动力学用两个低阶子系统来近似。慢速子系统处理主要现象,假设快速

Anshu Siddarth · John Valasek
Vehicle Systems & Control Laboratory, Department of Aerospace Engineering, Texas A&M University, College Station, TX 77843-3141
e-mail: anshun1@tamu.edu, valasek@tamu.edu

变量的演变速度比慢速系统快很多倍,甚至可以看作无限快,并落到一个流形。快速子系统处理次要的现象,并假设慢速变量为常量。有结果表明,在快速子系统关于流形一致渐近稳定的条件下,整个系统的行为可以用慢速系统动力学来近似[6,10]。奇异摄动方法的这些结论使其成为控制领域文献中最受欢迎的模型降阶技术[14]。

针对慢速变量的非线性跟踪,利用奇异摄动方法的控制律设计在过去受到广泛关注。典型的方法是为两个子系统分别设计单独的控制器,然后将它们的复合或和应用于全阶系统。为慢速子系统设计一个跟踪控制律,同时为快速子系统设计一个稳定控制器,这样来把快速变量限制在流形上。复合控制结构的全局渐近跟踪只有在流形唯一的前提下才能得到保证。这个流形是快速动态系统上的固定点集,表现为一个关于慢变量和控制输入的光滑函数;所以并不总是唯一的。为了保证唯一性条件,以前的文献研究包括:

(1) 假设系统存在一个唯一的流形[4,8];

(2) 考虑存在唯一流形的非线性系统。这对慢状态是非线性而快状态是线性的双时标系统来说是成立的[11]。

对于像飞行器这样的一般非线性系统,已有人提出能够保证局部稳定的近似方法。其中一种方法是将快速变量视作慢速子系统的控制输入。参考文献[12]用这种方法把快速角速率作为控制变量,设计了对速度、攻角、侧滑角和高度的非线性飞行试验轨迹。这种控制方法通过扩展一个外环控制器来确定控制面的偏转,使其能确保角速率可以跟踪内环的输出。最近,同样的概念被应用于通用重返飞行器的控制上[7]。另一种在参考文献[16]中提出的方法考虑一般的非线性奇异扰动系统并计算流形的局部近似来帮助实现整个系统的局部稳定。

所有上述讨论的方法都验证了通过限制快速状态实现慢速状态的局部或全局跟踪,而且它们解决了有快速执行器的双时标系统的输出跟踪问题。但是对那些动力学固有不同时标的系统,慢速状态和快速状态共同组成了输出矢量。例如,在空战格斗中,一架飞行器通常需要跟踪一个快速移动的目标,同时调节速度(慢变量)和(或)多个运动学及空气动力学角度。在这种情况下,无法限制快速变量简单地稳定在流形上。因此,降阶的方法无法胜任一般的输出跟踪问题。参考文献[1]提出用最优控制律通过对振荡快速动态系统的不变测量来实现快速状态的跟踪。

在本文中,提出了适用于一般非线性奇异摄动系统实现慢速与快速状态同时跟踪的状态反馈控制律。论文主要有两个贡献。首先,本文提出的方法利用降阶技术但并没有对快速流形强加任何假设。这是由作者以前的工作[16]推广来的,这样的好处是不需要计算流形。其次,用复合李雅普诺夫方法对全局指数跟踪进行了证明[10]。稳定性分析表明,这个方法适用于所有类型的奇异摄动系统,其中一类奇异摄动系统的全局指数稳定性的结果是特例[3]。此外,这项技术与标量摄动参数独立，参数上确界作为保持系统稳定的必要条件也得到了推导。这些结果在对一个非线性、耦合、六自由度的 F/A－18A“大黄蜂”模型的仿真中得到了验证。

本文组织结构如下：第二节从数学上描述了控制问题并简单回顾几何奇异摄动理论中模型简化的一些必要概念；控制律和论文的主要结论在第三节中给出；第四节介绍了仿真结果；第五节给出了结论。

2 问题描述和模型简化

下面的非线性奇异摄动模型代表了本文讨论的一类双时标动态系统：

$$\dot{\boldsymbol{x}} = \boldsymbol{f}(\boldsymbol{x},\boldsymbol{z}) + \boldsymbol{g}(\boldsymbol{x},\boldsymbol{z})\boldsymbol{u} \tag{1}$$

$$\varepsilon\dot{\boldsymbol{z}} = \boldsymbol{l}(\boldsymbol{x},\boldsymbol{z}) + \boldsymbol{k}(\boldsymbol{x},\boldsymbol{z})\boldsymbol{u} \tag{2}$$

$$\boldsymbol{y} = \begin{bmatrix} \boldsymbol{x} \\ \boldsymbol{z} \end{bmatrix} \tag{3}$$

式中：$\boldsymbol{x} \in \mathbb{R}^m$ 是慢变量矢量；$\boldsymbol{z} \in \mathbb{R}^n$ 是快变量矢量；$\boldsymbol{u} \in \mathbb{R}^p$ 是输入矢量；$\boldsymbol{y} \in \mathbb{R}^{m+n}$ 是输出矢量；$\varepsilon \in \mathbb{R}^+$ 是满足 $0<\varepsilon\ll 1$ 的奇异摄动参数。矢量域 $\boldsymbol{f}(\cdot)$、$\boldsymbol{g}(\cdot)$、$\boldsymbol{l}(\cdot)$ 和 $\boldsymbol{k}(\cdot)$ 假设足够光滑并且 $p \geqslant (m+n)$。控制目标是驱动输出使其尽可能跟踪光滑、有界、时变轨迹，使得当 $t\to\infty$ 时 $\boldsymbol{x}(t)\to\boldsymbol{x}_r(t)$ 并且 $\boldsymbol{z}(t)\to\boldsymbol{z}_r(t)$。

2.1 模型降阶

式(1)和式(2)的奇异摄动模型是关于慢时间尺度 t 的。在这个时间尺度下，慢速状态变量以正常速率演变，而快速状态以速率 $O\left(\frac{1}{\varepsilon}\right)$ 变化。这个系统可以等价描述为在快速时间尺度 τ 下，快速状态以正常速率演变，而慢速状态变量以速率 $O(\varepsilon)$ 缓慢变化，即

$$\boldsymbol{x}' = \varepsilon[\boldsymbol{f}(\boldsymbol{x},\boldsymbol{z}) + \boldsymbol{g}(\boldsymbol{x},\boldsymbol{z})\boldsymbol{u}] \tag{4}$$

$$\boldsymbol{z}' = \boldsymbol{l}(\boldsymbol{x},\boldsymbol{z}) + \boldsymbol{k}(\boldsymbol{x},\boldsymbol{z})\boldsymbol{u} \tag{5}$$

式中：$'$代表关于 $\tau=\dfrac{t-t_0}{\varepsilon}$ 的导数，t_0 是初始时间。几何奇异摄动理论[6]通过学习由式(1)、式(2) 和式(4)、式(5)中 $\varepsilon=0$ 得到的降阶模型的几何结构来检查这些奇异摄动系统的性能。这样得到简化的慢子系统

$$\dot{\boldsymbol{x}} = \boldsymbol{f}(\boldsymbol{x},\boldsymbol{z}) + \boldsymbol{g}(\boldsymbol{x},\boldsymbol{z})\boldsymbol{u} \tag{6}$$

$$\boldsymbol{0} = \boldsymbol{l}(\boldsymbol{x},\boldsymbol{z}) + \boldsymbol{k}(\boldsymbol{x},\boldsymbol{z})\boldsymbol{u} \tag{7}$$

和简化的快子系统

$$\boldsymbol{x}' = \boldsymbol{0} \tag{8}$$

$$\boldsymbol{z}' = \boldsymbol{l}(\boldsymbol{x},\boldsymbol{z}) + \boldsymbol{k}(\boldsymbol{x},\boldsymbol{z})\boldsymbol{u} \tag{9}$$

简化的慢子系统是整个系统（式(1)和式(2)）的一个局部扁平空间。由于假设矢量域足够光滑，因此存在一个光滑的微分同胚映射能将整个系统映射到这个局部扁平空间。点集$(\boldsymbol{x},\boldsymbol{z},\boldsymbol{u})\in\mathbb{R}^m\times\mathbb{R}^n\times\mathbb{R}^p$是一个$m+p$维满足代数式(7)的光滑流形$\mathscr{M}_0$，即

$$\mathscr{M}_0: \boldsymbol{z}=\boldsymbol{Z}_0(\boldsymbol{x},\boldsymbol{u}) \tag{10}$$

这个点集等同于简化的快速子系统（式(9)）上的固定点。因此，流形$\mathscr{M}_0$是不变的。流形上的流用微分方程描述为

$$\dot{\boldsymbol{x}}=\boldsymbol{f}(\boldsymbol{x},\boldsymbol{Z}_0(\boldsymbol{x},\boldsymbol{u}))+\boldsymbol{g}(\boldsymbol{x},\boldsymbol{Z}_0(\boldsymbol{x},\boldsymbol{u}))\boldsymbol{u} \tag{11}$$

Fenichel[6]证明，一个形如式(1)和式(2)的奇异摄动系统，如果其简化的快速子系统关于流形$\mathscr{M}_0$稳定，则其动力学被约束在式(11)的$O(\varepsilon)$内。如果式(11)的动力学关于流形局部渐近稳定，那么，可以得出整个系统同样局部渐近稳定的结论。关于整个系统全局渐近稳定的结论只有在流形是唯一的时候才能得到，这是微分拓扑和中心流形理论中的一个结论[6]。

3 控制方法和稳定性分析

方法的中心思想如下。如果流形唯一且是简化的快速子系统的一个渐近稳定固定点，那么，整个系统的动力学在全局上跟随简化的慢子系统。因此，对于本文探讨的跟踪问题，希望流形一直位于期望的快速状态参考上。如果用一个可以使参考强制转换为唯一流形的控制器对非线性代数方程组进行增广，则前述条件可以得到加强。此外，这个控制器还要能够同时驱动慢状态到期望参考。这些想法在下面的小节进行了数学推导与分析。

3.1 控制律设计

以利用控制器对双时标系统进行增广为目标，使系统跟随光滑、有界、时变轨迹$[\boldsymbol{x}_r(t),\boldsymbol{z}_r(t)]^{\mathrm{T}}$。第一步是将问题转换为一个非自主稳定控制的问题。定义跟踪误差信号为

$$\boldsymbol{e}(t)=\boldsymbol{x}(t)-\boldsymbol{x}_r(t) \tag{12}$$

$$\boldsymbol{\xi}(t)=\boldsymbol{z}(t)-\boldsymbol{z}_r(t) \tag{13}$$

代入式(1)和式(2)，跟踪误差动力学可以表达为

$$\dot{\boldsymbol{e}}=\boldsymbol{f}(\boldsymbol{x},\boldsymbol{z})+\boldsymbol{g}(\boldsymbol{x},\boldsymbol{z})\boldsymbol{u}-\dot{\boldsymbol{x}}_r\triangleq\boldsymbol{F}(\boldsymbol{e},\boldsymbol{\xi},\boldsymbol{x}_r,\boldsymbol{z}_r,\dot{\boldsymbol{x}}_r)+\boldsymbol{G}(\boldsymbol{e},\boldsymbol{\xi},\boldsymbol{x}_r,\boldsymbol{z}_r)\boldsymbol{u} \tag{14}$$

$$\varepsilon\dot{\boldsymbol{\xi}}=\boldsymbol{l}(\boldsymbol{x},\boldsymbol{z})+\boldsymbol{k}(\boldsymbol{x},\boldsymbol{z})\boldsymbol{u}-\varepsilon\dot{\boldsymbol{z}}_r\triangleq\boldsymbol{L}(\boldsymbol{e},\boldsymbol{\xi},\boldsymbol{x}_r,\boldsymbol{z}_r,\varepsilon\dot{\boldsymbol{z}}_r)+\boldsymbol{K}(\boldsymbol{e},\boldsymbol{\xi},\boldsymbol{x}_r,\boldsymbol{z}_r)\boldsymbol{u} \tag{15}$$

控制律用全稳定问题中的降阶模型来描述，这已经在第二节中得到。

简化的慢速子系统

$$\dot{\boldsymbol{e}}=\boldsymbol{F}(\boldsymbol{e},\boldsymbol{\xi},\boldsymbol{x}_r,\boldsymbol{z}_r,\dot{\boldsymbol{x}}_r)+\boldsymbol{G}(\boldsymbol{e},\boldsymbol{\xi},\boldsymbol{x}_r,\boldsymbol{z}_r)\boldsymbol{u}_0 \tag{16}$$

$$\boldsymbol{0}=\boldsymbol{L}(\boldsymbol{e},\boldsymbol{\xi},\boldsymbol{x}_r,\boldsymbol{z}_r,\boldsymbol{0})+\boldsymbol{K}(\boldsymbol{e},\boldsymbol{\xi},\boldsymbol{x}_r,\boldsymbol{z}_r)\boldsymbol{u}_0 \tag{17}$$

简化的快速子系统

$$\boldsymbol{e}' = \boldsymbol{0} \tag{18}$$

$$\boldsymbol{\xi}' = \boldsymbol{L}(\boldsymbol{e},\boldsymbol{\xi},\boldsymbol{x}_r,\boldsymbol{z}_r,\boldsymbol{z}_r') + \boldsymbol{K}(\boldsymbol{e},\boldsymbol{\xi},\boldsymbol{x}_r,\boldsymbol{z}_r)(\boldsymbol{u}_0 + \boldsymbol{u}_f) \tag{19}$$

已经知道,快速跟踪误差 $\boldsymbol{\xi}$ 将设定在关于误差 $\boldsymbol{e}$ 和控制输入 $\boldsymbol{u}$ 的函数的流形上而不必是原点。为了使两个误差都趋向于原点,必须对控制输入进行设计,使得原点成为简化的慢系统式(16)和式(17)上的唯一流形。因此,慢控制器 $\boldsymbol{u}_0$ 设计为如下形式,即

$$\begin{bmatrix} \boldsymbol{G}(\boldsymbol{e},\boldsymbol{\xi},\boldsymbol{x}_r,\boldsymbol{z}_r) \\ \boldsymbol{K}(\boldsymbol{e},\boldsymbol{\xi},\boldsymbol{x}_r,\boldsymbol{z}_r) \end{bmatrix} \boldsymbol{u}_0 = -\begin{bmatrix} \boldsymbol{F}(\boldsymbol{e},\boldsymbol{\xi},\boldsymbol{x}_r,\boldsymbol{z}_r,\dot{\boldsymbol{x}}_r) \\ \boldsymbol{L}(\boldsymbol{e},\boldsymbol{\xi},\boldsymbol{x}_r,\boldsymbol{z}_r,\boldsymbol{0}) \end{bmatrix} + \begin{bmatrix} \boldsymbol{A}_e\boldsymbol{e} \\ \boldsymbol{A}_\xi\boldsymbol{\xi} \end{bmatrix} \tag{20}$$

式中:$\boldsymbol{A}_e$ 和 $\boldsymbol{A}_\xi$ 表征期望的闭环特性。通过选择这样的慢速控制,简化的快速子系统变为

$$\boldsymbol{e}' = \boldsymbol{0} \tag{21}$$

$$\boldsymbol{\xi}' = \boldsymbol{L}(\boldsymbol{e},\boldsymbol{\xi},\boldsymbol{x}_r,\boldsymbol{z}_r,\boldsymbol{z}_r') - \boldsymbol{L}(\boldsymbol{e},\boldsymbol{\xi},\boldsymbol{x}_r,\boldsymbol{z}_r,\boldsymbol{0}) + \boldsymbol{A}_\xi\boldsymbol{\xi} + \boldsymbol{K}(\boldsymbol{e},\boldsymbol{\xi},\boldsymbol{x}_r,\boldsymbol{z}_r)\boldsymbol{u}_f \tag{22}$$

为了使快速子系统稳定,快速控制 $\boldsymbol{u}_f$ 设计为

$$\begin{bmatrix} \boldsymbol{G}(\boldsymbol{e},\boldsymbol{\xi},\boldsymbol{x}_r,\boldsymbol{z}_r) \\ \boldsymbol{K}(\boldsymbol{e},\boldsymbol{\xi},\boldsymbol{x}_r,\boldsymbol{z}_r) \end{bmatrix} \boldsymbol{u}_f = \begin{bmatrix} \boldsymbol{0} \\ \boldsymbol{L}(\boldsymbol{e},\boldsymbol{\xi},\boldsymbol{x}_r,\boldsymbol{z}_r,\boldsymbol{0}) - \boldsymbol{L}(\boldsymbol{e},\boldsymbol{\xi},\boldsymbol{x}_r,\boldsymbol{z}_r,\boldsymbol{z}_r') \end{bmatrix} \tag{23}$$

因此,复合控制 $\boldsymbol{u}=\boldsymbol{u}_0+\boldsymbol{u}_f$ 满足

$$\begin{bmatrix} \boldsymbol{G}(\boldsymbol{e},\boldsymbol{\xi},\boldsymbol{x}_r,\boldsymbol{z}_r) \\ \boldsymbol{K}(\boldsymbol{e},\boldsymbol{\xi},\boldsymbol{x}_r,\boldsymbol{z}_r) \end{bmatrix} \boldsymbol{u} = -\begin{bmatrix} \boldsymbol{F}(\boldsymbol{e},\boldsymbol{\xi},\boldsymbol{x}_r,\boldsymbol{Z}_r,\dot{\boldsymbol{x}}_r) \\ \boldsymbol{L}(\boldsymbol{e},\boldsymbol{\xi},\boldsymbol{x}_r,\boldsymbol{z}_r,\boldsymbol{z}_r') \end{bmatrix} + \begin{bmatrix} \boldsymbol{A}_e\boldsymbol{e} \\ \boldsymbol{A}_\xi\boldsymbol{\xi} \end{bmatrix} \tag{24}$$

假设秩

$$\begin{bmatrix} \boldsymbol{G}(\cdot) \\ \boldsymbol{K}(\cdot) \end{bmatrix} \geqslant (m + n)$$

这个控制的完整闭环和简化的慢速子系统分别为

$$\dot{\boldsymbol{e}} = \boldsymbol{A}_e\boldsymbol{e} \tag{25}$$

$$\varepsilon\dot{\boldsymbol{\xi}} = \boldsymbol{A}_\xi\boldsymbol{\xi} \tag{26}$$

和

$$\dot{\boldsymbol{e}} = \boldsymbol{A}_e\boldsymbol{e} \tag{27}$$

$$\boldsymbol{0} = \boldsymbol{A}_\xi\boldsymbol{\xi} \tag{28}$$

可以看到,所提出的控制律使得非线性代数方程式(17)转换为线性方程式(28)。通过选择合适的 $\boldsymbol{A}_\xi$,可以保证 $\boldsymbol{\xi}=0$ 对完整的系统和简化后的慢速子系统而言都是唯一的流形。此外,可以从简化的快速子系统中推导出这个流形是指数稳定的,即

$$\boldsymbol{e}' = \boldsymbol{0} \tag{29}$$

$$\boldsymbol{\xi}' = \boldsymbol{A}_\xi\boldsymbol{\xi} \tag{30}$$

注释 1

式(24)提出的控制律独立于摄动参数 ε。而且,它还是关于 z_r' 的函数,这意味着选择的快速状态的参考轨迹必须要比慢速状态的参考轨迹快。此外,对所有的奇异摄动技术,必须选择闭环特征值 $\boldsymbol{A}_e$ 和 $\boldsymbol{A}_\xi$ 以便保持时间尺度分离。

3.2 稳定性分析

完整系统的稳定性通过复合李亚谱诺夫函数方法进行了分析[10]。假设简化的子系统存在正定李雅普诺夫函数 $V(t,\boldsymbol{e})=\boldsymbol{e}^{\mathrm{T}}\boldsymbol{e}$ 和 $W(t,\boldsymbol{\xi})=\boldsymbol{\xi}^{\mathrm{T}}\boldsymbol{\xi}$,并且具有满足如下性质的连续一阶导数:

(1) $V(t,\mathbf{0})=0,\gamma_1\|\boldsymbol{e}\|^2\leqslant V(t,\boldsymbol{e})\leqslant\gamma_2\|\boldsymbol{e}\|^2\forall t\in\mathbb{R}^+,\boldsymbol{e}\in\mathbb{R}^m,\gamma_1=\gamma_2=1$;

(2) $(\nabla_e V(t,\boldsymbol{e}))^{\mathrm{T}}\boldsymbol{A}_e\boldsymbol{e}\leqslant-\alpha_1\boldsymbol{e}^{\mathrm{T}}\boldsymbol{e},\alpha_1=2|\lambda_{\min}(\boldsymbol{A}_e)|$;

(3) $W(t,\mathbf{0})=0,\gamma_3\|\boldsymbol{\xi}\|^2\leqslant W(t,\boldsymbol{\xi})\leqslant\gamma_4\|\boldsymbol{\xi}\|^2\forall t\in\mathbb{R}^+,\boldsymbol{\xi}\in\mathbb{R}^n,\gamma_3=\gamma_4=1$;

(4) $(\nabla_\xi W(t,\boldsymbol{\xi}))^{\mathrm{T}}\boldsymbol{A}_\xi\boldsymbol{\xi}\leqslant-\alpha_2\boldsymbol{\xi}^{\mathrm{T}}\boldsymbol{\xi},\alpha_2=2|\lambda_{\min}(\boldsymbol{A}_\xi)|$。

接下来考虑由 $V(t,\boldsymbol{e})$ 和 $W(t,\boldsymbol{\xi})$ 的加权和定义的完整闭环系统的复合李雅普诺夫函数 $v(t,\boldsymbol{e},\boldsymbol{\xi}):\mathbb{R}^+\times\mathbb{R}^m\times\mathbb{R}^n\to\mathbb{R}^+$,即

$$v(t,\boldsymbol{e},\boldsymbol{\xi})=(1-d)V(t,\boldsymbol{e})+dW(t,\boldsymbol{\xi}),0<d<1 \tag{31}$$

$v(t,\boldsymbol{e},\boldsymbol{\xi})$ 沿闭环轨迹(式(25)和式(26))的导数为

$$\dot{v}=(1-d)(\nabla_e V)^{\mathrm{T}}\dot{\boldsymbol{e}}+d(\nabla_\xi W)^{\mathrm{T}}\dot{\boldsymbol{\xi}} \tag{32}$$

$$\dot{v}=(1-d)(\nabla_e V)^{\mathrm{T}}\dot{\boldsymbol{A}}_e\boldsymbol{e}+\frac{d}{\varepsilon}(\nabla_\xi W)^{\mathrm{T}}\boldsymbol{A}_\xi\dot{\boldsymbol{\xi}} \tag{33}$$

$$\dot{v}\leqslant-(1-d)\alpha_1\boldsymbol{e}^{\mathrm{T}}\boldsymbol{e}-\frac{d}{\varepsilon}\alpha_2\boldsymbol{\xi}^{\mathrm{T}}\boldsymbol{\xi} \tag{34}$$

$$\dot{v}\leqslant-\begin{bmatrix}\boldsymbol{e}\\\boldsymbol{\xi}\end{bmatrix}^{\mathrm{T}}\begin{bmatrix}(1-d)\alpha_1 & 0\\ 0 & \dfrac{d}{\varepsilon}\alpha_2\end{bmatrix}\begin{bmatrix}\boldsymbol{e}\\\boldsymbol{\xi}\end{bmatrix} \tag{35}$$

根据参考文献[3]中提出的方法,加减 $2\alpha v(t,\boldsymbol{e},\boldsymbol{\xi})$ 到式(35)得到

$$\dot{v}\leqslant-\begin{bmatrix}\boldsymbol{e}\\\boldsymbol{\xi}\end{bmatrix}^{\mathrm{T}}\begin{bmatrix}(1-d)\alpha_1 & 0\\ 0 & \dfrac{d}{\varepsilon}\alpha_2\end{bmatrix}\begin{bmatrix}\boldsymbol{e}\\\boldsymbol{\xi}\end{bmatrix}+2\alpha(1-d)V+2\alpha dW-2\alpha v \tag{36}$$

式中:$\alpha>0$。李雅普诺夫函数 $V(t,\boldsymbol{e})$ 和 $W(t,\boldsymbol{\xi})$ 代入式(36)得到

$$\dot{v}\leqslant-\begin{bmatrix}\boldsymbol{e}\\\boldsymbol{\xi}\end{bmatrix}^{\mathrm{T}}\begin{bmatrix}(1-d)\alpha_1-2\alpha(1-d) & 0\\ 0 & \dfrac{d}{\varepsilon}\alpha_2-2\alpha d\end{bmatrix}\begin{bmatrix}\boldsymbol{e}\\\boldsymbol{\xi}\end{bmatrix}-2\alpha v \tag{37}$$

如果 ε 满足

$$\varepsilon<\varepsilon^*=\frac{\alpha_2}{2\alpha} \tag{38}$$

并假设 $\alpha_1>\alpha_2$，那么，根据 α_2、α 和 d 的定义，可以得到式(37)中的矩阵是正定的结论。李雅普诺夫函数的导数的下界为

$$\dot{v} \leqslant -2\alpha v \tag{39}$$

由于复合李雅普诺夫函数在以下区间

$$(1-d)\gamma_1\|\boldsymbol{e}\|^2 + d\gamma_3\|\boldsymbol{\xi}\|^2 \leqslant v(t,\boldsymbol{e},\boldsymbol{\xi}) \leqslant (1-d)\gamma_2\|\boldsymbol{e}\|^2 + d\gamma_4\|\boldsymbol{\xi}\|^2 \tag{40}$$

或

$$\gamma_{11}\left\|\begin{bmatrix}\boldsymbol{e}\\ \boldsymbol{\xi}\end{bmatrix}\right\|^2 \leqslant v(t,\boldsymbol{e},\boldsymbol{\xi}) \leqslant \gamma_{22}\left\|\begin{bmatrix}\boldsymbol{e}\\ \boldsymbol{\xi}\end{bmatrix}\right\|^2 \tag{41}$$

其中 $\gamma_{11}=\min((1-d)\gamma_1,d\gamma_3)$，$\gamma_{22}=\min((1-d)\gamma_2,d\gamma_4)$，那么，李雅普诺夫函数的导数可以表达为

$$\dot{v} \leqslant -2\alpha\gamma_{11}\left\|\begin{bmatrix}\boldsymbol{e}\\ \boldsymbol{\xi}\end{bmatrix}\right\|^2 \tag{42}$$

从常量 γ_{11}、γ_{22} 和 α 的定义，并引用李雅普诺夫直接法[9]，可推出在($\boldsymbol{e}=0,\boldsymbol{\xi}=0$)上的一致指数稳定。同时，由于参考轨迹 $\boldsymbol{x}_r(t)$ 和 $\boldsymbol{z}_r(t)$ 是有界的，可以得出，当 $t\to\infty$ 时，$\boldsymbol{x}(t)\to\boldsymbol{x}_r(t)$ 并且 $z(t)\to \boldsymbol{z}_r(t)$。由于 $\begin{bmatrix}\boldsymbol{G}(\cdot)\\ \boldsymbol{K}(\cdot)\end{bmatrix}$ 限定为满秩，检查式(24)中 $\boldsymbol{u}$ 的表达，可以得到结论 $\boldsymbol{u}\in\mathscr{L}_\infty$。

注释 2

考虑到状态调整的特殊情况，式(14)和式(15)的系统动力学变成自主的。在这种情况下，全局指数稳定的结果可以由李雅普诺夫函数 $V(\boldsymbol{e})$、$W(\boldsymbol{\xi})$ 以及 $v(\boldsymbol{e},\boldsymbol{\xi})$ 的弱化约束条件得到。针对控制只影响快速变量的一类特殊奇异摄动系统的稳定性问题，参考文献[3]中也得到与本文类似的结论。注意到参考文献[3]中考虑的特殊系统，式(37)中矩阵非对角元素非零，关于参数 ε 的界限也有些区别。

注释 3

由式(37)可知，α 的一个保守上界为 $\alpha<\dfrac{\alpha_1}{2}$，因而，$\varepsilon^*\approx\dfrac{\alpha_2}{\alpha_1}$。因此，定性来说，这个上界间接依赖于闭环特征值的选择。

4 数值仿真

这个例子的目的是为了在一个欠驱动、非线性、奇异摄动系统上验证前文所述方法和控制器的性能。研究的系统是一个非线性、耦合、六自由度的 F/A－18A“大黄蜂”飞行器[5]。混合纵横向机动需要对快速变量进行跟踪，在这里是机体轴俯仰和翻滚速率，同时保持零侧滑角。闭环特性如稳定性、精度、响应速度和鲁棒

性都进行了充分分析。运动包括一个俯仰速率为 25(°)/s 的超机动垂直爬升,随后是一个速率为 50(°)/s 的翻滚运动,同时保持零侧滑角。马赫数和攻角都假设从输入到状态都是稳定的。初始条件为马赫数 0.4,高度 15000 英尺,攻角 10°,升降副翼偏转角-11.85°,其他状态为 0。F/A-18A"大黄蜂"模型以轴稳定形式描述。因为难以将非线性飞行器模型化成式(1)和式(2)形式的奇异摄动系统,摄动参数 ε 被引入到那些具有最快动态特性的状态变量前面。通过这种方式,$\varepsilon=0$ 时的结果将近似于完整系统的性能($\varepsilon=1$)。这就是强迫摄动技术,在飞行器领域中应用非常广泛[2,12]。受经验和前面结果的激发,六个慢速状态分别为马赫数 M、攻角 α、侧滑角 β 和三个运动学状态,即倾斜角 ϕ、俯仰角 θ、航向角 Ψ。三个机体轴向的角速率(p,q,r)组成了快速状态。该模型的控制变量为升降副翼偏转角 δ_e、副翼 δ_a 和方向舵 δ_r,同时,假设对应于这些状态的执行器具有足够快的动态性能。油门 η 保持常值 80%,因为慢发动机动力学在分析中需要引入额外的时间尺度,这已经超出了本文考虑的研究范围。空气动力学稳定性以及控制导数用空气动力学角和控制面偏转的非线性分析函数来描述。四元数用于描述运动学关系并可以从中得到欧拉角。这些关系在参考文献[15]中有详细讨论。

结论与分析如下。

图 1~图 6 的仿真结果表明,所有受控状态都紧密地跟踪其参考状态。在 2s 内,飞行器被控制做垂直爬升,8s 后俯仰速率命令改变方向,马赫数降低。横向/航向状态以及控制量都等于 0,直到第 15s 时引入横滚命令。可以看到所有状态都渐近跟踪参考。图 2 表明升降舵偏转在垂直爬升时保持在指定界限内[5],而受控的翻滚运动产生了一个侧滑角但在方向舵的应用中被消除。副翼和方向舵偏转保持有界而飞行器翻滚并回到水平飞行。最大俯仰姿态角为 81°,最大倾斜角时 81°(图 4),最大侧滑误差为±4°。四元数和完整轨迹分别如图 5 和图 6 所示。如图 6 所示,注意到完成爬升和翻滚的复合机动后,飞行器被控保持零侧滑角、零翻滚速率和零俯仰速率。飞行器进入一个所有其他状态都是有界的稳定俯冲状态。控制器的响应可以认为与所设计的参考轨迹完全相互独立。控制器的鲁棒性用上

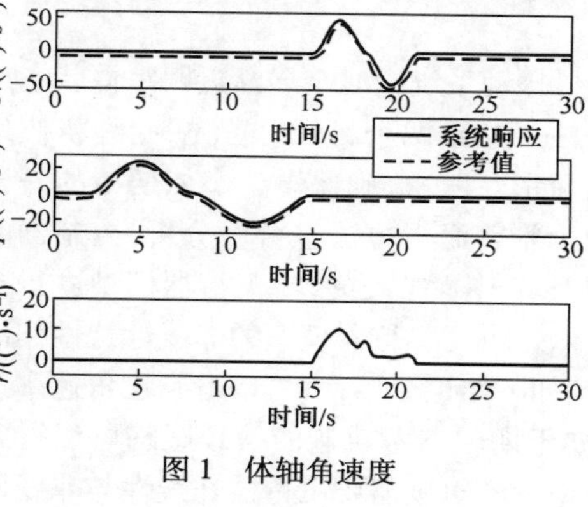

图 1 体轴角速度

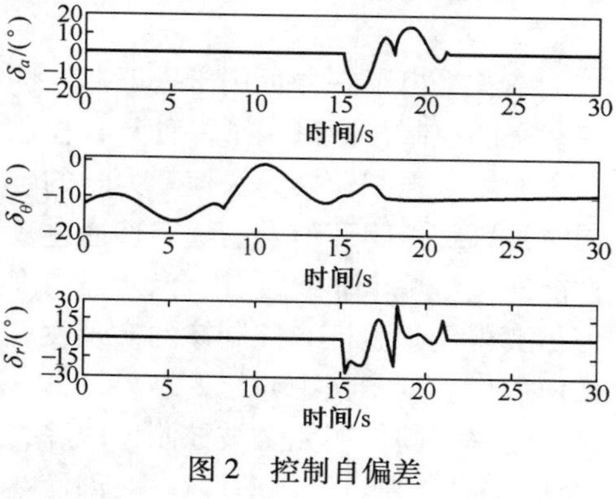

图 2 控制自偏差

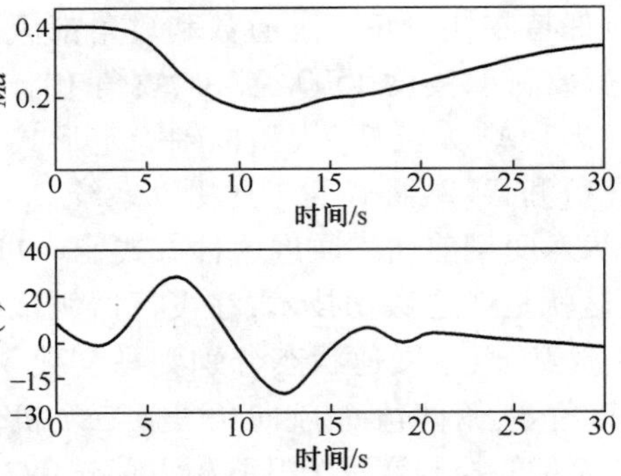

图 3　马赫数攻角

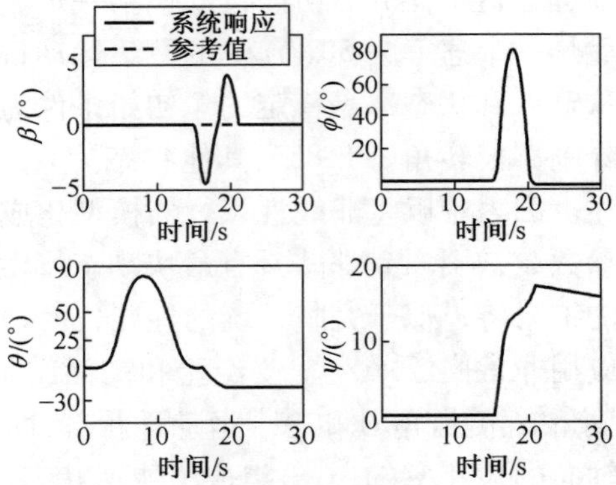

图 4　侧滑角运动学角度

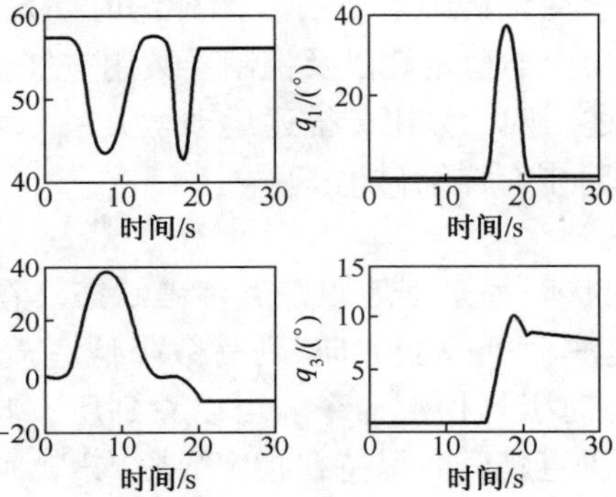

图 5　四元数

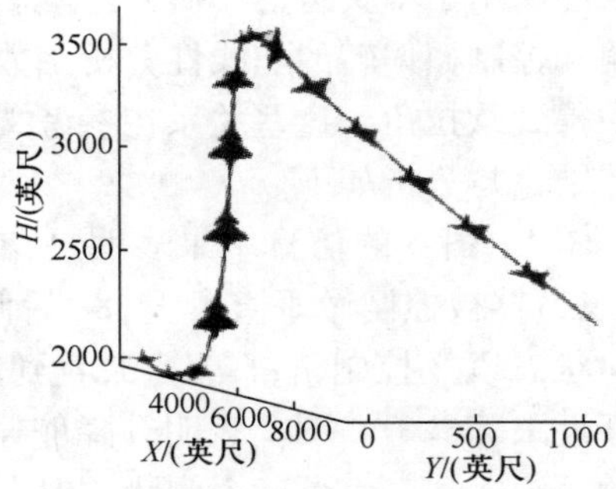

图 6　三维轨迹

界 ε^* 确定。对于本例，设计变量为 $d=0.5, \alpha_1=10, \alpha=2$，以及 $\alpha_2=15$，所以上界是 $\varepsilon^*=7.5$。因此，对所有的 $\varepsilon<\varepsilon^*$，全局渐近稳定都是可以保证的，在这里 $\varepsilon=1$。

5　结论

本文提出了一种可用于一般非线性奇异摄动系统同时全局渐近跟踪慢状态与快状态的控制律。采用了一种复合控制方法来达到两个目的。首先，始终将快速状态的参考强制转换为快速动力学的唯一流形。其次，确保慢状态如期望的一样同时被跟踪。闭环信号的稳定性通过复合李雅普诺夫方法进行了分析，控制器的性能通过对一个非线性、耦合、六自由度的 F/A－18A“大黄蜂”飞行器模型进行数值仿真得到了验证。控制律的实现没有对六自由度飞行器模型的非线性特性作出任何假设。基于文中介绍的结果，可以得到如下结论。第一，可以看到正角速率与负角速率控制都能完全被控制器跟踪，独立于期望参考轨迹的一致跟踪可以得到保证。第二，在整个机动过程中，即使在期望参考轨迹需要飞行器在线性与非线性区域间切换，控制器也能表现出全局渐近跟踪能力。结果表明，控制器对所有 $\varepsilon < \varepsilon^* = 7.5$ 具有鲁棒性。第三，所有闭环信号都有界，计算得到的控制面偏转是光滑的并在指定界限中。第四，该方法不需要摄动参数 ε 的先验知识，这对很难量化该参数的系统如飞行器等非常重要。

致谢

该材料部分得到美国空军科学研究办公室的支持，合同号是 FA9550－08－1－0038，技术监控人是 Fariba Fahroo 博士，作者衷心感谢，该材料任何观点结论或评价都源自作者，不反映美国空军观点。

参 考 文 献

[1] Arstein, Z., Gaitsgory, V.: Tracking fast trajectories along a slow dynamics: a singular perturbation approach. SIAM Journal of Control and Optimization 35(4), 1487－1507(1997)

[2] Calise, A.J.: Singular perturbation methods for variational problems in aircraft flight.IEEE Transactions on Automatic Control 21, 345－353 (1976)

[3] Chen, C.C.: Global exponential stabilization for nonlinear singularly perturbed systems.In: IEEE Proceedings of Control Theory and Applications, vol. 145, pp. 377－382 (1998)

[4] Choi, H.L., Lim, J.T.: Gain scheduling control of nonlinear singularly perturbed timevarying systems with derivative information. International Journal of Systems Science36 (6), 357－364 (2005)

[5] Fan, Y., Lutze, F.H., MCliff, E.: Time－optimal lateral maneuvers of an aircraft. Journal of Guidance, Control and Dynamics 18, 1106－1112 (1995)

[6] Fenichel, N.: Geometric singular perturbation theory for ordinary differential equations.Journal of Differential Equations 31, 53－98 (1979)

[7] Georgie, J., Valasek, J.: Evaluation of longitudinal desired dynamics for dynamicinversion controlled generic reentry vehicles. Journal of Guidance Control and Dynamics 26, 811－819 (2003)

[8] Grujic, L.T.: On the theory and synthesis of nonlinear non－stationary tracking singularly perturbed systems. Control Theory and Advanced Technology 4(4), 395－409 (1988)

[9] Ioannou, P., Sun, J.: Robust Adaptive Control. Prentice Hall Inc., Englewood Cliffs(2003)

[10] Kokotovic, P., Khalil, H.K., Reilly, J.O.: Singular Perturbation Methods in Control: Analysis and Design. Academic Press, London (1986)

[11] Li, L., Sun, F.C.: An adaptive tracking controller design for nonlinear singularly perturbedsystems using fuzzy singularly perturbed model. IMA Journal of Mathematical Control and Information 26, 395－415 (2009)

[12] Menon, P., Badgett, M.E., Walker, R.: Nonlinear flight test trajectory controllers for aircraft. Journal of Guidance 10, 67－72 (1987)

[13] Naidu, D.S.: Singular Perturbation Methodology in Control Systems. IEEE Control Engineering Series, vol. 34 (1988)

[14] Naidu, D.S., JCalise, A.: Singular perturbations and time scales in guidance and control of aerospace systems: A survey. Journal of Guidance, Control and Dynamics 24(6), 1057 – 1078 (2001)

[15] Schaub, H., Junkins, J.L.: Analytical Mechanics of Space Systems. AIAA Education Series (2003)

[16] Siddarth, A., Valasek, J.: Kinetic state tracking of a class of singularly perturbed systems. AIAA Journal of Guidance, Navigation and Control Accepted (to appear, 2011)

结合闭环动力学运动单元与安全操作规范的固定翼 MAV 的运动规划

Motion Planning for a Fixed - Wing MAV Incorporating Closed - Loop Dynamics Motion Primitives and Safety Maneuvers

Michael Gros, Moritz Niendorf, Alfred Schöttl, and Walter Fichter

摘要:本文提出一种包含两层级的新运动规划算法,该算法可以在复杂的有多个障碍物的环境中保证飞行器的飞行安全。路径规划的第一层是利用一个概率地图来做全局的规划,在规划的过程中考虑运动学约束,并生成路径点。这些点被用作基于在线采样的路径规划第二层的定位标记,路径规划第二层涵盖了基于固定翼微型飞行器(MAV)六自由度闭环动力学的运动基元。在线测试的转回时间限制是通过控制路径规划树的深度来保证的。文中介绍了在垂直和水平面上的安全操作方法用来保证遍历规划出的路径时飞行器的安全,安全操作方法需在每个节点都是可行的。仿真运行的结果是在包括狭窄走廊和未知障碍物的情形下得到的。

1 引言

在有杂乱障碍物的复杂环境中对固定翼 MAV 做运动规划是一项很有挑战性

Michael Gros
Institute of Flight Mechanics and Control,
Pfaffenwaldring 7a, 70569 Stuttgart
e - mail: michael. gros@ ifr. uni - stuttgart. de

Moritz Niendorf
Institute of Flight Mechanics and Control,
Pfaffenwaldring 7a, 70569 Stuttgart
e - mail: moritz. niendorf@ googlemail. com

Alfred Schöttl
Chief Engineer NGC, MBDA Deutschland,
LandshuterStraße 26,
85716 Unterschleißheim
e - mail: alfred. schoettl@ mbda - systems. de

Walter Fichter
Professor, Institute of Flight Mechanics and Control,
Pfaffenwaldring 7a, 70569 Stuttgart
e - mail: fichter@ ifr. uni - stuttgart. de

的任务，尤其是在高密度障碍物和狭长走廊的情形下，保证飞行器连续的安全飞行显得更加困难。如果环境中存在未知的静态和/或动态障碍物时，运动规划就变得更加难以应对。本文的主要工作就是要将目前已有路径规划算法的优势结合起来，搭建一个可以实际应用的实时路径规划框架。为此，由于安全操作和闭环模型运动基元（Motion Primitives，MPs）生成的规划安全领域的改进在文中进行了介绍。另外，提出了一种整合深度优先和广度优先搜索算法优势并包含当前传感器信息的树结构局部规划器。

解决有障碍物复杂环境中运动规划任务的常用方式是将运动规划问题分解成粗糙、离散的全局规划任务和较好地考虑了动力学约束的局部规划任务[1]。全局规划采用基于地图的表现方式，其查询阶段采用图搜索算法，如 A^* 算法[1]，可生成用直线段连接起来的路径点。飞行器规划动力学的表示通常会对运动基元做采样，以此来降低计算量[1-3]。Frazzoli[2]提出“maneuver automaton”的概念，由有限个状态机来连接两种运动基元，即调整轨迹和机动轨迹。Hwangbo 等人[1]将基于栅格的全局规划算法和一个简单的基于树结构的局部规划算法相结合，在三维的滑雪障碍场景中为一个固定翼无人机生成运动基元。

无人机（Unmanned Aerial Vehicle，UAV）在穿越动态环境时能够实时躲避障碍物是至关重要的。因此，将激光测距仪（Laser Range Finder，LRF）或是测距雷达获得的距离信息嵌入运动规划是十分必要的。以快速随机搜索树算法和势能函数为框架的研究工作分别发表在参考文献[4,5]中。大多数规划算法中考虑的安全测量是将测量传感器安放在 MAVs 的旋翼上[2,6]。当考虑固定翼微型飞行器的非线性约束时，这个问题会变得更具挑战性。现有规划算法还没有将固定翼飞行器安全操作规范并入规划过程。

为了能够设计出针对实际应用的实时规划算法，采取了以下措施：首先，修改全局规划算法，使其能够处理飞行路线角和航向角之间的差异带来的约束；其次，局部规划算法要考虑距离传感器传回的有效信息，从而保证飞行器可以躲避未知的静态或动态障碍物。为了给局部规划中一个规划步骤提供固定转回时间，下一规划步骤中的规划周期和存储节点数均需要做相关限制；运动规划树中的任意节点都要考虑到安全操作规范。这些方法是在 Hwangbo 等人研究的基础上添加的[1]。

本文概述如下。第二节详细介绍了固定翼飞行器的非线性闭环动力学以及运动基元的生成。基于概率图的全局规划将在第三节中提出，基于树的局部规划，包括安全操作规划和模拟激光传感器（LRF）将在第四节中进行介绍。第五节将讨论有未知障碍物和狭长走廊的仿真场景。第六节是本文的总结和对今后工作的展望。

2 仿真模型和运动基元的生成

2.1 问题描述

对于一个非线性系统，$\dot{x}=f(x(t),u(t))$，$x(0)=x_0$，其中，$x\in R^n$ 代表在状态

空间 X 中的状态，x_0 是 $t=0$ 时刻的初始状态值，$u \in R^m$ 是系统的输入，运动规划可以被阐述为一阶微分约束下的状态空间，这和典型的路径规划问题将其阐述在位形空间截然相反。这样做的一大优势在于可将系统的运动学和动力学约束整合在一起。例如，系统在运动过程中为了躲避障碍物必须是有若干个加减速过程，这点是由系统的惯性决定的。由于系统的惯性，在障碍物杂乱环境下的系统仿真中对有限加减速过程进行整合对避免碰撞至关重要。

位形空间 C 的维数是由机体的自由度数目所决定，因此 $q \in C$ 可以用来表示一个刚体的位置和姿态，q 和它的一阶倒数包含在状态 x 中。由系统的运动学、动力学边界以及静态和动态障碍物所施加在 x 上的约束可以通过定义 $X_{\text{free}} \subseteq R^n$ 来表示，其中包含了所有可行的状态；运动的障碍物表示为处于时刻 t 的静态障碍物，这是假设它们的运动轨迹是完全已知的。对于系统输入 u 的约束可以包含在子集 $U \subseteq R^m$ 中，同时可使 $x(t) \in X_{\text{free}}(t)$；$u(t) \in U$ 是由局部规划决定的。系统从初始状态 x_0 开始运行，直到到达最终状态集 X_g。与 X_g 相关联的是停止时间 $t_g := \inf(t : x_g \in X_g)$。设计这种结构的目的是规划可以避开障碍物的运动路径，所以 X_g 的位置信息是事先确定的。

2.2 运动基元的仿真模型

本文中所使用的是固定翼微型飞行器非线性六自由度(6 - DoF)模型。模型的气动数据由 Digital DATCOM 生成[7]并由飞行数据验证。状态矢量 $\boldsymbol{x}$ 包含了在地标参考系中的位置信息(x,y,z)、欧拉角(ϕ,θ,ψ)、机体固定速度(u,v,w)和飞行器的角速度矢量$(\boldsymbol{p},\boldsymbol{q},\boldsymbol{r})$。对系统的开环控制输入 u 可以表示为 $u=(\delta_a,\delta_e,\delta_r,\delta_t)$，下标的含义分别为副翼、升降舵、方向舵以及节流阀。在仿真中并没有使用这种固定时间段来对飞行器做开环控制得到运动基元的方法，而是采用了相比于开环系统具有稳定性优势的闭环系统。如图 1 中的描述，航行路径变量被选作参考信号，$r(t) \in U_r$，$U_r \subseteq R^{m_r}$；对于闭环，可以将输入矢量的维数降到 $m_r=3$，假设侧向加速度 a_y 为零，是期望值。这是通过 a_y 对方向舵输入 δ_r 的反馈实现的。闭环系统可以定义为

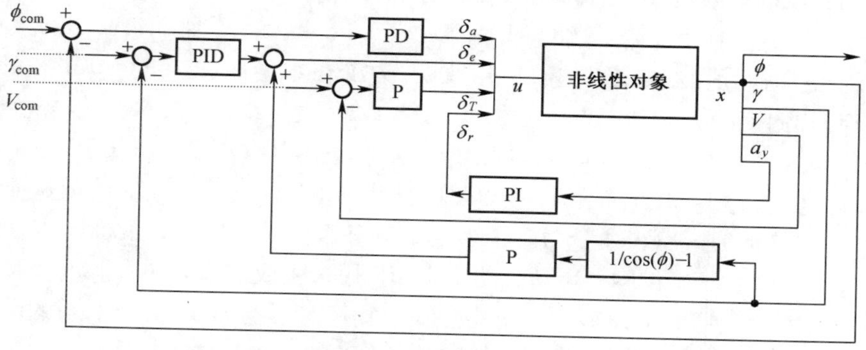

图 1　固定翼微型飞行器的非线性闭环动力学结构

$$\dot{x}=f(x(t),r(t)),x(0)=x_0,r=(\phi_{com},\gamma_{com},V_{com}) \quad (1)$$

式中：ϕ_{com}是横滚角的指令值。对于一个较小的攻角α和侧滑角β,ϕ匹配倾斜角μ。因此,假设$\phi\approx\mu$,ϕ对横向运动起到参考信号的作用。系统命令的飞行航迹γ_{com}和命令的绝对速度V_{com}对径向运动起到参考信号的作用。完整的反馈策略包括转弯协调和补偿,如图1所示。对于运动基元的生成,MAV应能执行直线航行,同时可在不同的转弯速率下转向,都具有不同的飞行航迹角。因此,元素r被限制为有限数量的值。当n_ϕ与γ_{com}不同且n_γ与γ_{com}不同时,系统命令的绝对速度V_{com}保持恒定,结果是$n_\gamma=n_\phi\cdot n_\gamma$和$r$的集合不同,命名为$r_i,i=1,2,\cdots,n_\gamma$。

2.3 生成运动基元

运动基元(MPs)的抽样将一个给定动力学系统的输入分解为有限数目的控制动作。MPs的连续执行由局部规划的最优过程决定。目前已有的生成运动基元的方法为在操作过程中由一个飞行员记录开环活动,或是应用参考文献[2]中所描述的最优控制策略。

本文提出了一种直截了当的方法用于MP在时间间隔$t\in(t_s,t_f]$内从闭环系统(式(1))中做采样,初始状态设为$x(t_s)=x_s$,表示为$r_s=r_i(t_s)$。和Frazzoli[2]中的工作相比,本文的工作提出了两种不同类别的MPs,即稳态MPs和用于航向角χ微小改变的非稳态MPs。稳态MPs起始于稳态,并在稳态中结束,而在非稳态中,至少有一个状态边界是非稳态。对于稳态MPs,在时间间隔$t\in(t_s,t_f]$中参考信号$r(t)=r_i=\text{const}$。作用于ϕ、γ的底层控制器的最大校正时间t_{set}几乎能够确保达到参考的指令值,因此可以得到

$$\lim_{t\to t_{s\phi}}(\phi_{com}-\phi)<e_\phi,\lim_{t\to t_{s\gamma}}(\gamma_{com}-\gamma)<e_\gamma,t_{set}=\max(t_{s\phi},t_{s\gamma}) \quad (2)$$

式中：e是容许的控制器最大误差。因此,每一个运动基元都将以一个准稳态结束,即$x_f\mid\dot{x}_f\approx 0$,其中不包括位置;两个连续MPs之间的不稳定过渡是被避免的。最终状态x_f与矢量$\boldsymbol{r}_f=r_i(t_f)$和MP的初始状态有关,$x_s$与$r_s=r_i(t_s)$有关。生成大致相同长度的运动基元的时间需满足时间上限t_{max}和时间下限t_{min},即t_f需要满足$t_{min}\leqslant t_f\leqslant t_{max}$。

稳态类基元无法实现小的航向角改变;为了在水平面($\gamma_s=\gamma_f=0°$)内完成这些操作,我们提出了非稳态基元。图2描绘了如何生成非稳态MP。从一个初始横滚角$\phi_s(t_s)=0°$开始,在时间间隔$t_s\leqslant t_1\leqslant t_{node}$中输入参考横滚角$\phi_{sub}(t_1)\neq 0°$,接着在$t_{node}\leqslant t_2\leqslant t_{set}(\phi=0°)$时间段内应用$\phi_f(t_2)=0°$。$\phi_{sub}$的成员从$\phi_{com}$中选取,以这样的方式获得命令为一个小量$\phi$的参考信号以生成一个小量$\Delta\chi$。数量为$n_{sub}$个$\phi_s(t_s)=0°$和$\phi_f(t_f)=\phi_{sub}$的稳态MP用来生成非稳态MPs。这些MPs按照时间间隔$t_{node}=t_{set}(\phi_{sub})/n_{node}$做分割,每个MPs被分成$n_{node}$个不同的节点和$n_{node}-1$个中间态。随后将对每个中间态进行$n_{node}-1$次仿真,其中$\phi_{com}(t_1)=$

ϕ_{sub},这 $n_{node}-1$ 次仿真分别处于 $t_{node}\times j, j=1,2,\cdots,n_{node}-1$ 的时间间隔上;从每一个中间节点开始,水平横滚角的参考信号 $\phi_{com}(t_2)=0°$ 将一直使用直到式(2)被满足。

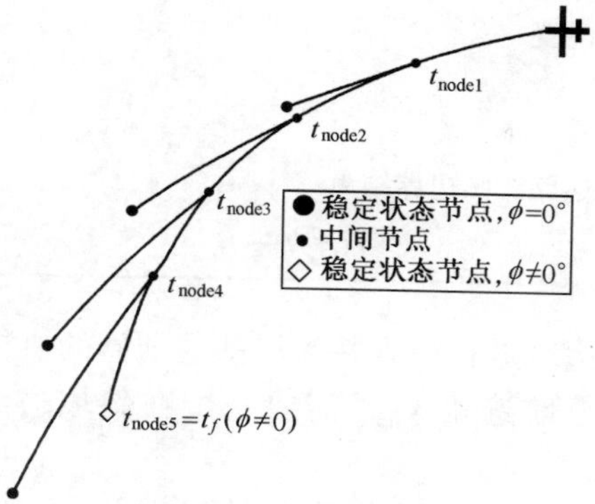

图 2　$n_{node}=5$ 时 MAV 非稳态运动基元的生成情况,
$n_{unsteady}=9$ 的非稳态 MPs 是由 1 个稳态 MP 生成

在这种情况下,每个节点到节点之间的连接将被看成是一个基于树的规划算法下的单独非稳态 MP,导致每个有非稳定初始态(和/或)非稳定终态的 ϕ_{sub} 成员的非稳态 MPs 数目为 $n_{unsteady}=2\cdot n_{node}-1$ 个。假设对于稳定态 MPs 的初始态 x_s 和终态 x_f,参考矢量 $\boldsymbol{r}_i, i=1,2,\cdots,n_r$ 的任意组合都可以应用,则 MPs 的稳态和非稳态总数目 n_{total} 可定义为 $n_{total}=n_r^2+n_{sub}\cdot(n_{unsteady}-1)$。

3　用于全局规划的概率路径图

解决复杂障碍物环境中运动规划任务的常用策略是将运动规划问题分解成粗离散的全局规划任务和细离散的局部规划任务。全局规划和局部规划中的障碍物几何表示均由地球固定坐标系下的轴向对齐边界盒提供,全局规划中的直线段被方向包围盒(OBB)所围绕。在这样的设置下,碰撞的检测可以使用参考文献[8]中的方法有效实现。

进行全局路径规划时采用的是概率路径图(PRM)算法,其生成的路径点用线段连接并为局部规划算法提供先验信息。参考文献[9]中阐述了基本的 PRM 算法。我们可以看到 PRM 算法可以扩展对节点和边缘的几何约束以隐含地满足飞行器的运动学约束。

PRM 算法可以分为建立和查询阶段,从算法 1 中可以看到路径图的建立是从 n_{node} 个不同的随机结构采样开始的,在我们的例子中只将一个节点基于欧式距离的位置 (x,y,z) 作为度量来考虑,为此系统表示形式可以视为一个质量点表示。随后对每个节点做最近邻搜索。节点结构是由 kd 树表示实现[10]。在建立阶段,两个节点之间边缘相连之前必须满足一些约束条件:

算法 1　PRM 路线图构建
1:节点←抽样 n 节点随机配置 2:对所有节点 3:找最近邻居 4:如果查到冲突,那么,到达路线图边界结束 $\gamma \leqslant \gamma_{max}$

- 对 OBB 周围的边缘进行检查并为局部规划器的执行提供自由碰撞体积
- MAV 的最大飞行航迹角 γ_{max} 需要一个在斜坡边缘的约束条件,即 $\gamma \leqslant \gamma_{max}$

算法 2 描述了查询阶段的必要步骤,初始配置为 $q_0=(x_0,y_0,z_0,\chi_0,\gamma_0,\phi_0)$,包含位置有信息、航向角、航迹角等,目标配置为 $q_g=(x_g,y_g,z_g,\chi_g,\gamma_g,\phi_g)$,其中包括一个确定的位置信息和任意的$\chi_g$。$\gamma_g$ 必须和它在路径图中的 k 个最近邻相连;在整个全局规划过程中的横滚角 ϕ 是任意的。在第二步中,经过改进的 A^* 图搜索算法被用来计算从 q_0 到 q_g 的最短路径。基本的 A^* 算法被证明是完整的搜索算法[11]。改进后的算法增加了航行路径的约束限制:

(1) 最大的航向角偏差 $\Delta\chi_{max}$是由受限的转弯半径决定的;

(2) 最短的直线长度 L_{min}是由弧长 $L_{min}=2\cdot\Delta\chi_{max}\cdot R_{min}\cdot c_{safety}$ 近似得到的,其中 c_{safety}是一个安全系数,R_{min}是由最小转弯半径的运动基元决定的。

算法 2　PRM 路线图查寻
1: PRM 路线图构建(q_0,q_g) 2:最短路径在 q_0、q_i 间修改 A^*,利用 Dubins 矩阵

只有满足上述约束,特定节点才会纳入 A^* 图搜索算法,采用改进的 Dubins 启发式方法将进行如下描述评估。

可以证明,对于在平面上有最小转弯半径限制的飞行器,起点和终点之间的最短连接通常是六种类型路径集合的一部分,主要是由弧形和直线段组成的三段。这些路径被称为 Dubins 路径。一种从位置初始配置到最终离开的任意航向目标位置的 Dubins 路径解析求解方法在参考文献[12]中被使用。参考文献[1]提出了一种针对三维工作空间中轨迹近似解的扩展 Dubins 启发式方法,该方法经过改进后被用在本文的工作中,详见算法 3 中的描述。除此之外,在获得对水平面 Dubins 启发法权值 $L_{h,\text{Dubins}}$之后,在算法第三步中对飞行航向角 γ_{max} 做了检验。一旦该约束条件没有得到满足,MAV 的最小转弯半径将被添加到 Dubins 启发法权值中。作为参考文献[1]中算法的改进，更精确的固定翼飞行器追踪长度可以通过添加高度差 $\Delta z = z_g - z_i$ 至算法 3 第四步中垂直面内 Dubins 启发法权值 $L_{v,\text{Dubins}}$ 来获得。

算法 3　3D Dubin 矩阵 (q_1, q_2)
1: $L_{h,\text{Dubins}} \leftarrow$ 在水平面计算 Dubins 启发 (q_1, q_2) 2: $h \leftarrow L_{h,\text{Dubins}}$ 3: while $\Delta z / h \geqslant \sin(\gamma_{\max})$ do $h \leftarrow h + 2\pi \times R_{\min}$, end; 4: $L_{v,\text{Dubins}} \leftarrow h + \Delta z$ 5: $L_{3\text{D},\text{Dubins}} \leftarrow L_{h,\text{Dubins}} + L_{v,\text{Dubins}}$

改进的 Dubins 启发法很有可能高估了 A^* 算法在三角方程式不满足时的距离长度，所以该方法并不能保证最优解。然而，在与概率路径图交互的算法中，改进的 Dubins 启发法相比于容许的欧式距离启发法更好地考虑了固定翼飞行器的运动学约束，似乎能产生一条更好的路径。评估这个问题的详细研究仍在进行。

一旦 A^* 算法在三维的 Dubins 启发法下返回了一条从 q_0 到 q_g 的最短路径，接下来的处理步骤即是尝试直接连接非近邻的节点。这样可以自动导致路径长度的最优化，例如，当连接在上述约束条件下是无障碍且可行的，能够获得一条更短的路径。

4　基于树的局部规划算法与运动基元

这种新的局部规划算法建立了一个从初始态 x_0 到目标状态 x_g 附近区域的规划树，仅有特定的位置信息作为先验，并由 MPs 互连。PRM 算法生成的路径点可以看作以 x_g 为圆心给定半径的球状中间目标区域。由于 MPs 的离散特性，要精确到达目标点并不现实；然而，这需要一个权衡。一个太小的目标区域降低了无人机到达该目标点的可能性，而一个太宽泛的目标区域则削弱了局部规划算法在有障碍物的复杂环境中的导航性能。通过模型仿真发现一个目标区域的尺寸小于最小转弯半径是较好的选择。

与参考文献[1]相反，本文的规划算法完成先验搜索是基于部分贪婪损失函数 J，而参考文献[1]中的规划算法则基于完全贪婪搜索。人们期望在自由空间中获得深度优先性能以便于进行快速搜索，而当距离障碍物比较近或是距离目标区域比较近时，则是以宽度搜索优先，这样可以有效降低算法搜索陷入局部最小的概率。局部规划结构如算法 4 所列。

算法 4　运动图元的树(简化算法)

1: *current_node* ← *open_list*(1) ← $node_{\mathrm{MAV}}$ ← initial node at state x_0; *age* = 0;
2: while not in goal area around x_g;
3: if in local goal area around q_{int}
4: q_{int}, local goal←next waypoint from PRM;
5: *open_list*: for all nodes: calculate cost J end; sort; limit size;
6: *current_node*←*open_list*(1);
7: else
8: *age*←*age*+1;
9: *current_node*: for all branches: calculate cost J; collision/safety maneuver check; end;
10: *open_list*: save all feasible nodes of branches(from line 9); sort; limit size;
11: *current_node*←*open_list*(1);
12: check if local or global goal area is reached;
13: if *age*−age_{ald}>*planning_depth*
14: *path*←recursively find path from *current_node* to current MAV configuration $node_{\mathrm{MAV}}$;
15: $node_{\mathrm{MAV}}$←move MAV to the next steady - state node;
16: if $node_{\mathrm{MAV}}$ = *current_node* then execute safety_maneuver; end;
17: *open_list*: delete branches whose origin nodes possess timestamp≤*age*;
18: age_{old}←age;
19: end

从第三节的描述可以看出,在局部规划算法中的每个节点都完全可以由位形空间中 $q=(x,y,z,\chi,\gamma,\phi)$ 表示,即使是定义在状态空间的如式(1)所示的系统也同样如此。对于一个开始于 q_s、结束于 q_f 的 MP 和由 PRM 算法生成的中间目标节点 q_{int},损失函数 J 可以定义为

$$J(q_f)=f(q_s,q_f)+g(q_f,q_{\mathrm{int}})+h(q_f,q_{\mathrm{obs}}) \tag{3}$$

式中:$f(q_s,q_f)$ 为 MP 的追踪长度;$g(q_f,q_{\mathrm{int}})$ 为利用三维 Dubins 启发法从 q_f 到 q_{int} 的贪婪损失;$h(q_f,q_{\mathrm{obs}})$ 代表了 MAV 视线上位置坐标 q_f 和障碍物坐标 q_{obs} 的势函数。势函数定义为

$$h(q_f,q_{\mathrm{obs}})=K_{\mathrm{LRF}}\cdot \max_{\mathrm{LRF},j}(1/(|q_f-q_{\mathrm{obs}}|-1)) \tag{4}$$

与参考文献[4]类似,q_{obs} 由激光测距仪(LRF)的仿真所决定,配备有有效范围为 d_{LRF}、可变俯仰角为 $\Delta\theta$ 及方位角 $\Delta\psi$ 的激光束。LRF 仿真在 MP 的末端生成了一个大小为 j 的网格,并带有距下一截断激光障碍物的距离信息;为简便起见,理想的传感器假设没有虚假点击或延迟。势能函数通常考虑最坏的情况,因此障碍物的位置 q_{obs} 到 q_f 的最小距离将从网格中挑选出来。

在建立规划树的过程中,每一个 MP 可以看成是来自一个节点的新的树分枝,

如果在水平或垂直面上，随后的四个安全操作之一 MAV 能够有可能完成并且没有碰撞发生，那么，该 MP 则可以被归入规划流程中。安全操作没有经过仿真明确验证，但是可以由障碍物和每个 MP 的碰撞检查来描述。对于每个水平面来说，共有两个安全操作。这是假设安全操作在飞行器的航行包线边缘转弯半径远小于稳态 MPs 的最小半径时进行。

该规划算法和 A^* 算法类似，也有一个存储节点的列表，称为 open_list，按照它们的执行代价排序存储。与 A^* 算法不同的是，这个列表对于限制每个循环的计算量是有限的。只有 open_list 中的成员节点才有可能成为规划树的扩展。其中执行代价最低的节点被标记为 Current_node，并被添加到规划树结构。在下一步中，将会计算 Current_node 节点结束分支节点的代价函数。随后，所有不会发生碰撞的节点被添加到 open_list 中并存储起来（行 9 和行 10）。如果 open_list 的数据量已经超过允许值，代价函数最大的节点将被移除列表。因此，open_list 的大小一直是计算量和收敛最优解之间的权衡结果，因为它证明了基本 A^* 算法的完成[10]。

在每个规划阶段，限制新增基元的数目可以有效控制计算时间。新增基元数目可以由变量 planning_depth 来控制，当达到 planning_depth 之后，MAV 的轨迹将会从最优的节点开始重新计算，如从 current_node 开始到实时的 MAV 节点 $node_{MAV}$，同时 MAV 进入下一个稳态节点（行 15）。如果遇到规划失败的情况发生（行 16），那么，安全操作将被触发。MAV 无法到达的那部分树将被裁剪。

利用用于代价函数贪婪计算部分的改进 Dubins 启发法可以对飞行器的轨迹给出一个相比于欧式距离更精确的描述。这种方法可以使飞行器在开阔区域做深度优先的探索并且距离目标点较远的时候最大化距离偏差的影响，同时最小化飞行器方向偏差的影响。如果树规划的目标区域在一个狭窄的通道，控制指向目标区域小方向偏转的分枝贪婪代价函数值将会更小，同时 open_list 的长度限制将会导致在同一级别上扩展出宽度优先的树结构。当飞行器靠近障碍物时，LRF 提供的障碍物信息可以被用在计算排斥力从而使得飞行器的轨迹指向没有障碍物的区域 X_{free}。接近障碍物的 MP 会受到势函数严重的约束，反之亦然。

5 模拟测试运行

如表 1 所列，$n_r = 35$ 个不同的参考矢量 $\boldsymbol{r}$ 被选取用来生成 MAV 的运动基元。为了让飞行器实现航向角 $1° \leqslant \Delta\chi \leqslant 15°$ 范围内的微调，非稳态 MPs 的中间节点数目选择为 $n_{node} = 5$，导致 $\phi_{sub} = [-20°, -10°, 10°, 20°]$ 的 $n_{sub} = 4$ 的成员中共有 $n_{unsteady} = 9$ 个非稳态 MPs。

这导致共有 $n_{total} = 1257$ 个可用的 MPs；其中 170 个 MPs 由于大于时间常数 t_{max} 而被舍去，最后共有 1087 个 MPs 被用于基于树结构的局部规划算法。

飞行器动力学在 x-z 平面的对称性可以被用来简化 MP 集；对代价函数评估

的约减只能用在对称航行的初始阶段，如 $\phi(t_s)=0°$ 的情况，且仅为 J 的贪婪部分。由于最小可实现的约减，MP 集不使用对称特性。

对全局规划算法的约束选为 $\gamma_{max}=10°$，$\Delta\chi_{max}=60°$，$R_{min}=38m$。LRF 参数设置为 $d_{LRF}=80m$，$\Delta\theta=[-20°,20°]$，$\Delta\psi=[-45°,45°]$。

表 1　离散参考信号

ϕ_{com}	-45°	-20°	-10°	0°	10°	20°	45°
γ_{com}	—	-15°	-10°	0°	10°	15°	—
V_{com}	20m/s						

为了展示前文介绍的规划框架性能，选取将焦点集中在狭窄通道和未知障碍物的城市环境进行仿真模拟。

图 3 展示了在建筑物之间通道宽度小于 R_{min} 的仿真环境下的 PRM 解和规划出的光滑路径。相比于更宽的通道，在窄通道内寻找路径需要将采样点数目 n_{node} 和最近邻参数 k_nearest 设置为相对较高的值。

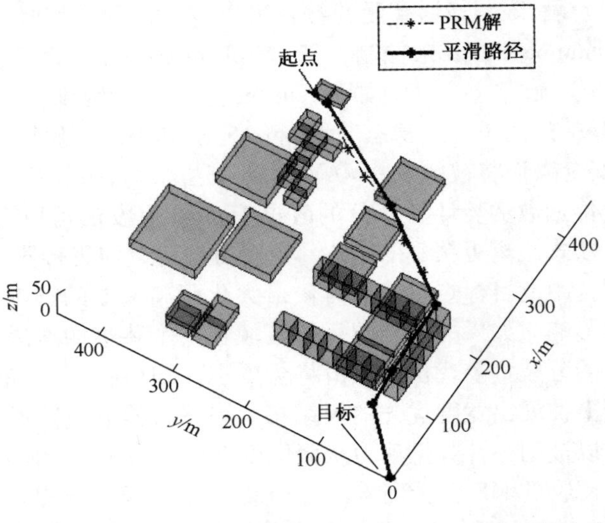

图 3　在 R_{min} 范围内具有狭窄走廊示范场景的 PRM 解，因为环境中有狭窄走廊，所以参数相应的选择为 $n_{node}=10000$，$n_{neighbour}=500$，从而可以对地图做密集采样

局部规划算法的规划步骤如图 4(a)~图 4(c)所示。从图中可以看到，在没有障碍物的区域采用的是深度优先的搜索行为，而狭窄通道入口的规划与之形成鲜明对比，需要增加规划树的宽度直到计算出在狭窄通道内的路径点。安全穿越狭窄通道只有当向上垂直安全操作实时都起作用时变得可行，安全操作即使在狭窄通道被未知障碍物堵住时也能恢复飞行器的机动性能。完整的规划路径如图 4(c)所示。

图 4(d)描述的是相同的场景，只是额外增加了阻挡至第二 PRM 路径点的未知静态障碍物。可以看到，当 current_node 到达第二个 PRM 路径点目标区域的同时，可对障碍物实现规避，路径点执行代价是由下个路径点计算的，因此运动规划

可以无视被阻挡的路径点。纯粹利用深度优先规划算法的优势是可以使用存储在 open_list 中的节点信息。举个例子,即使在左侧通道被优先提出的情况下,障碍物仍从右侧被通过,这是因为部分贪婪代价函数 J 具有更好的取值。

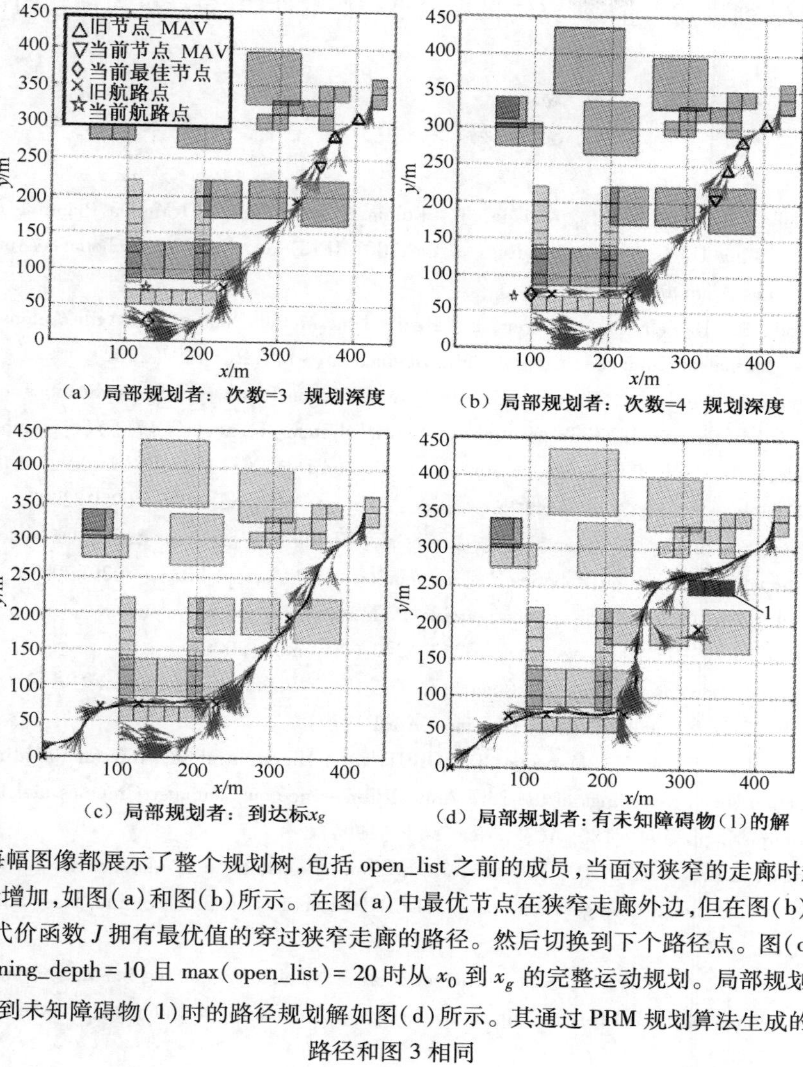

(a) 局部规划者: 次数=3 规划深度

(b) 局部规划者: 次数=4 规划深度

(c) 局部规划者: 到达标x_g

(d) 局部规划者: 有未知障碍物(1)的解

图 4 每幅图像都展示了整个规划树,包括 open_list 之前的成员,当面对狭窄的走廊时规划树的宽度会增加,如图(a)和图(b)所示。在图(a)中最优节点在狭窄走廊外边,但在图(b)中生成了一条代价函数 J 拥有最优值的穿过狭窄走廊的路径。然后切换到下个路径点。图(c)描述了当 planning_depth = 10 且 max(open_list) = 20 时从 x_0 到 x_g 的完整运动规划。局部规划算法在遇到未知障碍物(1)时的路径规划解如图(d)所示。其通过 PRM 规划算法生成的路径和图 3 相同

6 总结和展望

本文提出了一种基于运动基元的两层级运动规划算法,包括一种直接对闭环固定翼 MAV 求运动基元的方法在内的有效性已经经过证实。文中所提架构距离实现在不同城市环境安全运转的小型 UAV 低计算量在线规划算更近一步。基于

规划的改进 PRM 和基于安全飞行的树结构规划算法被设计和验证，文中的验证仿真环境包括狭窄通道和躲避未知障碍物。

更多有关局部规划算法以及全局规划算法与局部规划算法交互的参数研究正在进行中。到目前为止，研究结果表现出较好的性能，包括令人满意的运行时行为。

参考文献

[1] Hwangbo, M., Kuffner, J., Kanade, T.: Efficient Two - Phase 3D Motion Planning for Small Fixed - Wing UAVs. In: Proceedings of the 2007 IEEE Int. Conf. on Robotics &Automation. IEEE, Los Alamitos (2007)

[2] Frazzoli, E., Dahleh, M.A., Feron, E.: Real - Time Motion Planning for Agile AutonomousVehicles. Journal of Guidance, Control and Dynamics 25(1), 116 - 129 (2002)

[3] Kuwata, Y., Fiore, G., Frazzoli, E.: Real - time Motion Planning with Applications to Autonomous Urban Driving. IEEE Transactions on Control Systems Technology 17(5) (September 2009)

[4] Saunders, J., Call, B., Curtis, A., et al.: Static and Dynamic Obstacle Avoidance in Miniature Air Vehicles. In: AIAA Infotech@ Aerospace, Arlington VA, pp. 2005 - 6950(2005)

[5] Scherer, S., Singh, S., Chamberlain, L., et al.: Flying Fast and Low Among Obstacles.In: International Conference on Robotics and Automation (ICRA), pp. 2023 - 2029(2007)

[6] Wzorek, M., Doherty, P.: Reconfigurable Path Planning for an Autonomous UnmannedAerial Vehicle. In: ICHIT 2006, vol. 2, pp. 242 - 249 (November 2006)

[7] McDonnell Douglas Astronautics Company, The USAF Stability and Control Digital DATCOM, Vol. I, Users Manual, St. Louis Division (April 1979)

[8] Gottschalk, S., Lin, M., Manocha, D.: OBBTree: A Hierarchical Structure for RapidInteference Detection. In: Proceedings of the 23rd Annual Conference on Computer Graphics and Interactive Techniques, pp. 171 - 180. ACM, New York (1996)

[9] Kavraki, L.E., Svestka, P., Latombe, J.C., et al.: Probabilistic Roadmaps for Path Planningin High - Dimensional Configuration Spaces. IEEE Transactions on Robotics and Automation 12(4) (August 1996)

[10] Atramentov, A., LaValle, S.M.: Efficient Nearest Neighbor Searching for MotionPlanning. In: Proceedings of the IEEE International Conference on Robotics and Automation, vol. 1, pp. 632 - 637 (2002)

[11] Hart, P., Nilsson, N.J., Raphael, B.: A Formal Basis for the Heuristic Determination of Minimum Cost Paths. IEEE Transactions on Systems Science and Cybernetics 4(2), 100 - 107 (1968)

[12] Enright, J., Frazzoli, E., Savla, K., Bullo, F.: On Multiple UAV Routing with Stochastic Targets: Performance Bounds and Algorithms. In: Proceedings of the AIAA Conferenceon Guidance, Navigation and Control (2005)

四轴飞行器控制的新型动力学逆结构设计

Novel Dynamic Inversion Architecture Design for Quadrocopter Control

Jian Wang, Thomas Bierling, Leonhard Höcht, Florian Holzapfel, Sebastian Klose, and Alois Knoll

摘要:本文提出一种新型的多旋翼飞行器控制结构。利用动态逆进行双回路控制器设计,直接产生位置和航向角指令。其中,内环控制机体的角速度,外环进行位置控制。在这种控制器结构下,位置动力学方程的形式完美。控制器能够解耦多旋翼飞行器的严重耦合动力学、最大化位置控制的传输带宽并消除姿态控制引起的奇异(如俯仰角 90°)。在位置控制回路应用伪控制隔离器处理约束、饱和、作动器动力学和内环的延迟,并使用一套装配 ARM7 在线处理器的多旋翼飞行器来检验所设计控制器的有效性。

符合定义

B 机身坐标系

W 世界坐标系,源于使用者定义 X 轴的 NED 坐标系

$\boldsymbol{M}_{BW}, \boldsymbol{M}_{WB}$ 坐标系 B、W 之间的转换矩阵

L, M, N 坐标系 B 下绕三轴的力矩

p, q, r 坐标系 B 下绕三轴的角速度

$(\boldsymbol{r})_W$ 坐标系 W 下的位置矢量

$(\boldsymbol{V})_W^W$ 坐标系 W 下相对坐标系 W 的速度矢量

$(\boldsymbol{a})_W^{WW}$ 坐标系 W 下相对坐标系 W 的加速度矢量

$(\dot{\boldsymbol{a}})_W^{WWW}$ 相对坐标系 W 的加速度微分矢量

$\boldsymbol{\gamma}_W$ 坐标系 W 下的重力矢量

$\boldsymbol{f}_B$ 坐标系 B 下的力矢量,加速度计输出

T 多旋翼飞行器的总推力

1 引言

近年来,低成本 MEMS 传感器、作动器和能量存储设备等技术的进步促进了小

Jian Wang · Thomas Bierling · Leonhard Höcht · Florian Holzapfel

Institute of Flight System Dynamics, TU München, Germany, 85748

Sebastian Klose · Alois Knoll

Institute of Robotics and Embedded Systems, TU München, Germany, 85748

型化垂直起降设备的发展，多旋翼飞行器是用于民用和研究平台的最受欢迎的飞行器之一。它具有许多优点，如易于安装、方便转向、垂直起降和盘旋能力。但是，由于非线性的动力学行为，这些飞行器的制导和控制需要进行研究，尤其在应用于搜索、救援、监视与侦察等场合。在这些场合下，高稳定性、高精度盘旋、高带宽和高机动性非常重要。

以前针对非线性动态逆应用于微型飞行器的研究包括三回路设计，分别对应独立级联回路中转动的逆、姿态和路径动力学[1]。更普遍的控制器结构是双环设计[2-4]，如图 1 所示，其中外环是位置控制而内环提供姿态控制。两个控制回路之间具有相对二自由度动力学。但此方法带宽有限，且在使用欧拉角度时在俯仰角 90°的位置产生奇异[2]。

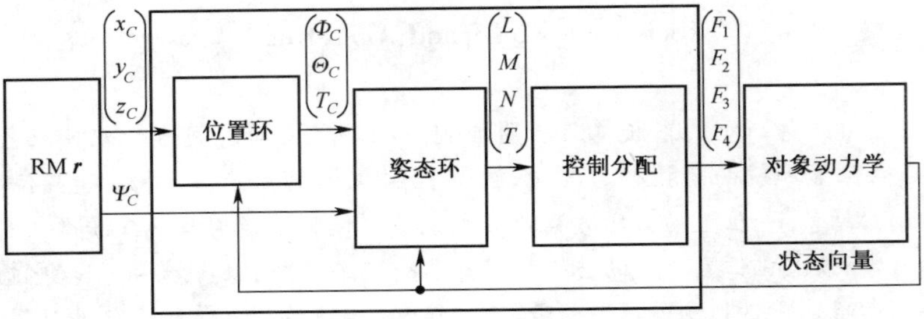

图 1　传统四环控制结构

本文的重点是采用非线性动态逆方法设计一个基本型控制器，该控制器能够使用系统的高带宽和所有作动器，而不会因为作动器饱和带来不稳定。它也可扩展为其他的控制器，如自适应控制。除了功能需求，控制器算法必须在嵌入式硬件上运行，并在考虑存储和在线处理能力有限的情况下满足实时性要求。详细阐述控制器的推导过程，并通过飞行测试来验证设计结果。飞行测试使用视觉传感器来提高嵌入式惯性传感器精度，视觉处理和试验配置的细节请参看参考文献[2]，传感器数据融合、路径规划和起降的保护机制都集中在一起。

2　多旋翼飞行器动力学

多旋翼飞行器的一个突出特点是俯仰偏航和滚动三通道之间的强耦合。通常在最大化系统带宽和动力学解耦之间必须进行权衡。以上两个问题可通过考察飞行器对螺旋桨旋转速度变化的反应进行说明。

如图 2 所示，每个螺旋桨旋转速度的变化将带来每个发动机推力的变化，将改变总推力和本体转动力矩。这些力矩引起本体角加速度，而后是角速度变化。然后，角速度 p、q 和总推力的变化将引起加速度在世界坐标系中的变化。加速度的变化通过三次积分后最终将导致位置的变化。

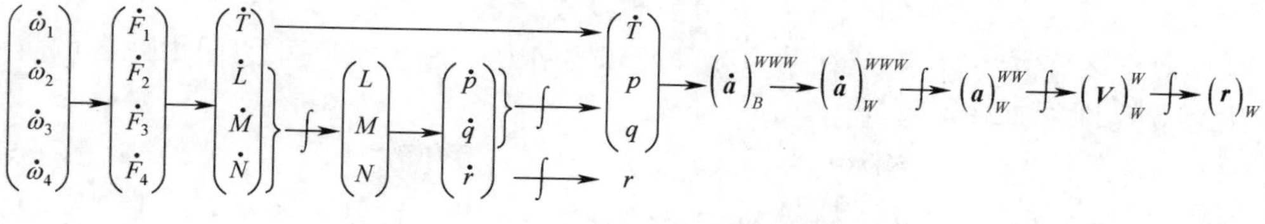

图2　四轴飞行器动力学二信号流图

本体坐标系下加速度的变化由 $x_B y_B$ 平面的两个变化混合组成，而 z_B 轴的加速度变化源于推力的变化。位置动力学的不同轴以不同的动力学阶数进行耦合，很难得到从位置到发动机推力准确的输入输出反馈。但是，三自由度位置动力学的动态逆是可能的。

正如图2所示的信号流图，姿态角没有包含在内，而仅出现在转换矩阵中。平动动力学的输入扩展为加速度的变化、角速度和推力的变化。换而言之，位置控制可通过更直接的输入控制，必将增加位置控制的带宽。因此，三自由度位置动力学的动态逆是正确的，随着带宽的增加，动态逆的复杂性是可控的。

对于偏航控制，如果航向角用来做控制变量，则其与位置动力学存在耦合。但是，在图2中，偏航动力学并未与平动动力学耦合。所以，解决此问题的简单途径是利用误差控制器中的积分环节直接控制偏航速度。考虑到陀螺的漂移速度是200(°)/h，除去平动动力学耦合的影响，航向可以控制。

总之，新的控制器结构是由三自由度的外环位置控制和单自由度的内环速度控制组成。在下一部分，将详细进行动态逆的数学推导。

3　动态逆

动态逆是将反馈线性化应用到输出的方法，利用反馈将非线性系统转化为线性系统而进行控制器设计。转换后得到的系统看作等价线性系统，可采用线性系统的所有控制理论方法进行分析[5,6]。

3.1　内环——旋转动力学

内环产生角速度指令和力矩指令 $(\boldsymbol{M}_{\mathrm{des}}^{G})_B$，由旋转动力学已知，忽略其中的空气动力学力矩，则可直接获得力矩的期望指令

$$(\boldsymbol{M}_{\mathrm{des}}^{G})_B = I_{BB}^{G} \cdot (\dot{\boldsymbol{\omega}}^{OB})_B + (\boldsymbol{\omega}^{OB})_B \times I_{BB}^{G} \cdot (\boldsymbol{\omega}^{OB})_B \tag{1}$$

3.2　外环——平动动力学

外环指令是世界坐标系下的期望位置，从而产生内环使用的角速度指令。根据牛顿第二定律，假设世界坐标系为惯性坐标系，可得到运动的平动方程式为

$$m \cdot (\boldsymbol{a})_W^{WW} = (\boldsymbol{F}^G)_W + (\boldsymbol{F}_{\text{Grav}}^G)_W + (\boldsymbol{F}_{\text{Aero}}^G)_W \tag{2}$$

对于多旋翼飞行器,空气动力的升力和侧向力可忽略,空气动力阻力系数可简化为常数,则式(2)可写为

$$(\boldsymbol{a})_W^{WW} = M_{WB}\boldsymbol{f}_B + \boldsymbol{\gamma}_W - d_W = M_{WB}\begin{bmatrix} 0 \\ 0 \\ -T/m \end{bmatrix} + \begin{bmatrix} 0 \\ 0 \\ g \end{bmatrix} - d_W \tag{3}$$

式中:$d_W = \dfrac{1}{2m}C_D\rho S \| (\boldsymbol{V})_W^W \| \cdot (\boldsymbol{V})_W^W$。由于内环的输入未出现,再对式(3)进行微分求导,即

$$(\dot{\boldsymbol{a}})_W^{WWW} = \dot{M}_{WB}\boldsymbol{f}_B + M_{WB}\dot{\boldsymbol{f}}_B - \dot{d}_W \tag{4}$$

其中

$$\dot{d}_W = \frac{1}{2m}C_D\rho S\left[\frac{[(\boldsymbol{V})_W^W]^{\mathrm{T}} \cdot (\boldsymbol{a})_W^{WW}}{\| (\boldsymbol{V})_W^W \|} \cdot (\boldsymbol{V})_W^W + \| (\boldsymbol{V})_W^W \| \cdot (\boldsymbol{a})_W^{WW}\right]$$

欧拉微分规则可用

$$\dot{M}_{WB} = M_{WB} \cdot \boldsymbol{\Omega}^{WB}, \boldsymbol{\Omega}^{WB} = \text{skew}(\boldsymbol{\omega}^{WB})_B \tag{5}$$

则式(4)变为

$$(\dot{\boldsymbol{a}})_W^{WWW} = M_{WB}\begin{bmatrix} -T/m \cdot q \\ T/m \cdot p \\ -\dot{T}/m \end{bmatrix} - \dot{d}_W \tag{6}$$

现在角速度清楚地出现在方程式中,加速度的一阶时间导数是位置的三阶时间导数,因此,位置动力学的相对自由度为三。由于力矢量$\boldsymbol{f}_B$的前两行为零,偏航速度可以抵消。

利用式(6)可以对耦合动力学进行解析求逆。利用伪控制量$v = (\dot{\boldsymbol{a}})_W^{WWW}$代替位置的三阶时间导数

$$\begin{bmatrix} q \\ p \\ \dot{T} \end{bmatrix} = m\begin{bmatrix} -1/T & 0 & 0 \\ 0 & 1/T & 0 \\ 0 & 0 & -1 \end{bmatrix} M_{BW} \cdot (v + \dot{d}_W) \tag{7}$$

此处明显的优点是多旋翼飞行器的姿态不再是被控状态,这将导致简单形式的动态逆方程,并不会引起奇异。在此条件下,仅存的奇异是推力为零,而在应用中可以加以修改。从理论上说,该控制律可以圆周飞行或反向快速下降。

位置控制器概览如图 3 所示。

4 双环设计的应用

在 ARM7 处理器上建立多旋翼飞行器的 Simulink 框架,对控制器进行检

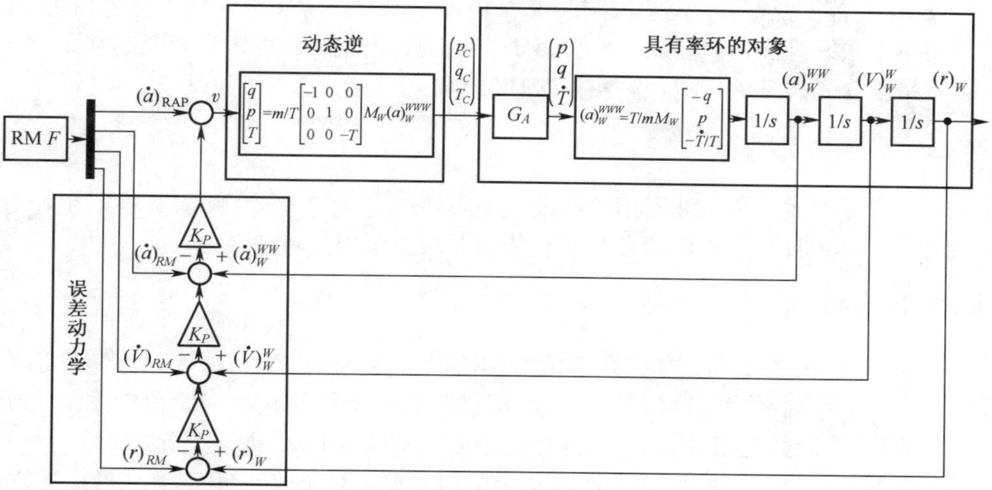

图 3　位置控制器概览

验[7]。控制系统的关键部分，如内环、控制分配和数据融合的更新频率为1kHz[2]，在如此快的更新频率下，动态逆误差引起的控制偏差可以很快被补偿掉。

4.1　多旋翼飞行器细节

多旋翼飞行器的非线性动力学结构已知，但某些参数必须进行测量，如表 1 所列。l 是发动机与质心之间的距离，k_n、k_m 是发动机的具体参数，M_{prop} 是推进器产生的偏航力矩，$F_{prop}=k_n\cdot n^2, M_{prop}=k_m\cdot F_{prop}$[8]。

表 1　回旋翼飞行点的具体参数

Mass/kg	0.68	$I_{xx}(=I_{yy})$	0.007	$k_n/(10^{-8}\text{N}/(\text{r/min})^2)$	5.7
l/m	0.17	I_{zz}	0.012	k_m/m	0.016

4.2　作动器饱和与传感器限制

每个发动机的推力范围是 0.05～3.5N[8]，因此产生的力矩就很容易计算得到。为了在保证总推力不变的情况下控制力矩，每个发动机的推力变化必须对称。在盘旋点，每个发动机的控制推力为±1.6N。每个轴的最大力矩和角加速度如表 2 所列。

表 2　执行器饱和度

$M_x(=M_y)/(\text{N}\cdot\text{m})$	±0.544	$M_z/(\text{N}\cdot\text{m})$	±0.102
$\dot{p}(=\dot{q})/(\text{rad/s}^2)$	±77.7	$\dot{r}/(\text{rad/s}^2)$	±8.5

对于传感器，陀螺仪输出最大角速度值为 300(°)/s，加速度计的测量范围是±

1.5g,工作范围是±3g。视觉跟踪系统[2]由两个网络摄像头组成立体视觉相机,并采用模型跟踪算法,其更新频率为25Hz,为了减少图像模糊其速度限制在1m/s,跟踪精度受光线条件、飞行器姿态和速度影响。

4.3 参考模型

参考模型或指令滤波器用于产生飞行器可飞行的平滑轨迹,需要将系统相对自由度、作动器动力学、作动器饱和与传感器限制等因素考虑在内。

4.3.1 内环参考模型

式(1)中的力矩动力学将角速度看作输出,力矩看作输入,这些动力学仅是单自由度。但明确说明发动机动力学,而用二阶参考系统来代替一阶参考系统。所以,二阶时间导数有限,附加的极点可以小时间常数0.002s进行配置。

在参考文献[8]的试验中,推进动力学时间常数在推力上升时为1/80s,在推力下降时为1/40s。构建仿真模型来检验内环,并最大化决定较慢极点时间常数的内环带宽。

4.3.2 外环参考模型

对于外环,在输入(角速度、推力变化)和输出(世界坐标系下的位置)之间存在三重积分,所以采用三阶参考模型。外环考虑时标分离,相比较图1所示的内环姿态控制,速度控制内环采用更小的时标分离,即为位置控制外环提供更高的带宽。带宽的增加在飞行测试中不会太明显,因此主要的限制源于视觉系统[2]。参考文献[2]中外环的最优特征值是-4,而此处的最优特征值是-5。三阶参考系统的微分方程式如下(其中$\omega_0=5$),即

$$\dddot{y}_R + 3\omega_0\ddot{y}_R + 3\omega_0^2\dot{y}_R + \omega_0^3 \cdot y_R = \omega_0^3 \cdot y_c \tag{8}$$

4.4 误差控制器

采用准确的动态逆,输出将准确跟踪参考轨迹。由于参数误差和传感器误差引起的模型不确定性,飞行器位置的三阶时间导数不同于所设定的伪控制。该影响通过积分进行传递,导致系统输出和参考信号之间的误差。误差控制器利用积分误差控制扩展的状态误差反馈实现稳态误差精度的要求[9]。

外环的误差动力学如下式所示(其中$e = y_{\text{ref}} - y$),即

$$v = \dddot{y}_{\text{ref}} + K_{d2} \cdot \ddot{e} + K_{d2} \cdot K_d \cdot \dot{e} + K_{d2} \cdot K_d \cdot K_p \cdot e + K_i \cdot \int e \cdot \mathrm{d}t \tag{9}$$

利用系数K对误差动力学进行调整而跟踪参考动力学。积分增益由极点配置决定,选择小数值确保稳态精度而不影响系统性能,即

$$K_{d2} = 3\omega_0, K_d = \omega_0, K_p = \frac{\omega_0}{3} \tag{10}$$

4.5 控制量分配

多旋翼飞行器中力和力矩与发动机推进控制量之间的关系是可逆的，利用下标“des”标注力和力矩的期望指令，即

$$\begin{bmatrix} L_{\text{des}} \\ M_{\text{des}} \\ N_{\text{des}} \\ T \end{bmatrix} = \begin{bmatrix} 0 & -l & 0 & l \\ l & 0 & -l & 0 \\ k_m & -k_m & k_m & -k_m \\ 1 & 1 & 1 & 1 \end{bmatrix} \cdot \begin{bmatrix} F_1 \\ F_2 \\ F_3 \\ F_4 \end{bmatrix} \tag{11}$$

4.6 伪控制隔离器

应用伪控制隔离器将作动器动力学隐藏于误差动力学之中[10]。利用式(6)计算系统的期望作用力 $\hat{v}$，陀螺测量角速度，利用作动器动力学模型 $\hat{G}_A(\dot{T},T)$ 估计不可测的推力及其变化，即

$$\hat{v} = \hat{F}(p,q,\hat{G}_A(\dot{T},T)) \tag{12}$$

则隔离器信号或期望反作用力差可通过 $v_h = v - \hat{v}$ 求得。

期望反作用力差导致参考系统动力学的减速，伪控制隔离器的另一项作用是阻止积分器结束于误差动力学[10]，通过对盘旋多旋翼飞行器引入外部位移干扰的试验进行说明，如图 4(e)所示。

4.7 传感器数据融合

为了实现高带宽控制，快速数据融合非常重要。ARM7 处理器对于高更新速率的全状态标准卡尔曼滤波没有充足的计算能力，因此利用基于卡尔曼状态估计器的模型融合传感器数据。在滤波器中考虑动态特征和系统阶数，即 x、y 轴的三阶动力学和 z 轴的二阶动力学。因此，输入是利用式(6)计算的 x、y 轴加速度导数和 z 轴加速度计输出的加速度。共存在 9 个状态量：3 轴位置、3 轴速度和 x、y 轴加速度及 z 轴加速度偏移。x、y 轴的加速度偏移作为估计四元素的航向参考系统滤波器不可观测。存在 5 个测量值，其中视觉跟踪系统提供的 3 个位置和加速度计提供的 x、y 轴加速度。离线计算卡尔曼增益常值矩阵作为系统的卡尔曼最优增益，给出过程噪声和测量噪声的协方差阵[11]。

视觉系统装备两个标准的网络摄像机，利用边缘匹配算法来跟踪多旋翼飞行器[2]。测量输出是世界坐标系的位置矢量，输出频率为 25Hz，精度为 2～10cm。视觉系统的延迟大约 100ms，通过速率补偿来调整位置测量输出。

状态估计器的最重要优点是其以 1kHz 的更新速率在线运行，因此惯性测量装置检测到的扰动可在毫秒内补偿掉。滤波器也大大减少源于加速度温度变化的噪声[13]。总之，滤波器表现出快速反应性和低噪声特点。

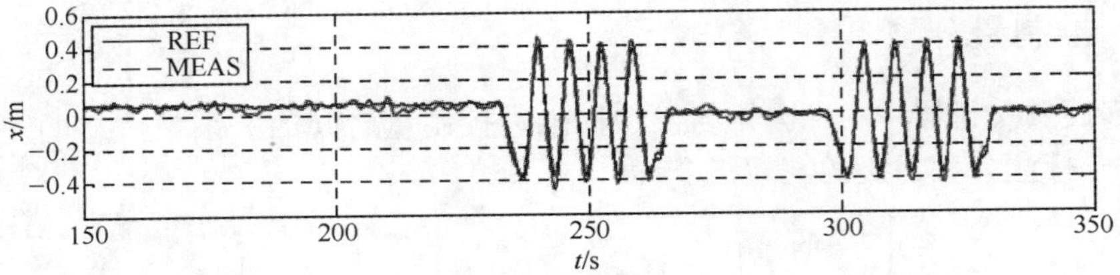

（a）x轴位置跟踪

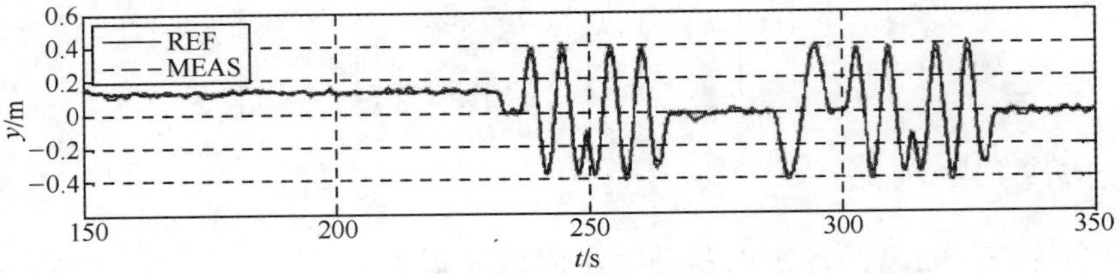

（b）y轴位置跟踪

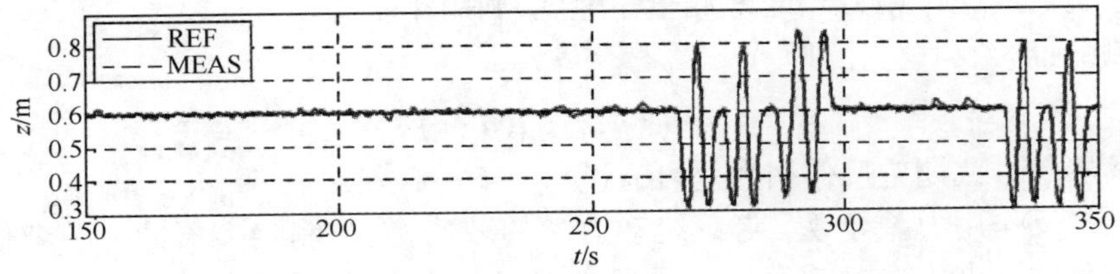

（c）z轴位置跟踪

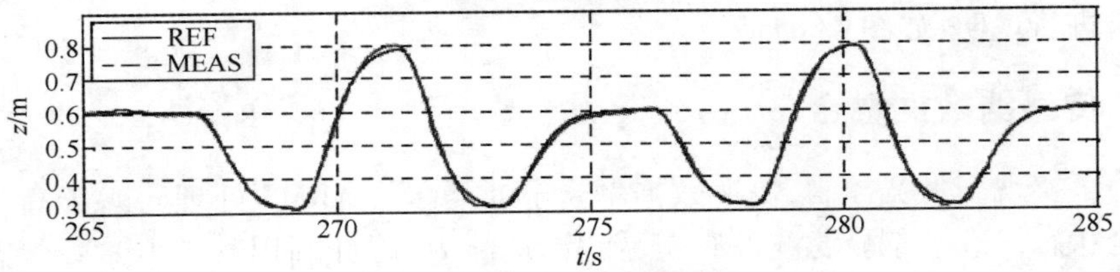

（d）(c)的详细绘制

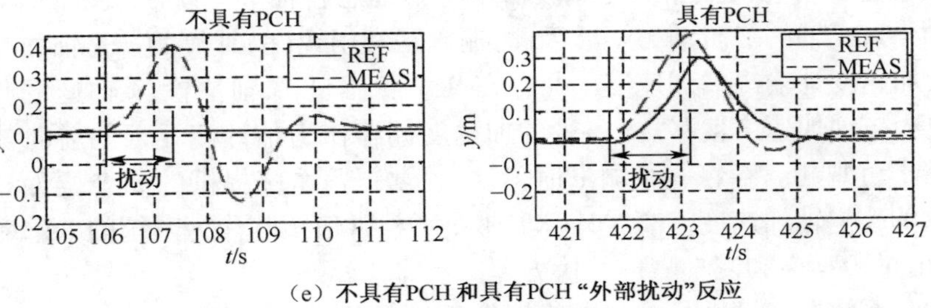

（e）不具有PCH和具有PCH“外部扰动”反应

图4　飞行轨迹二试验结果

5　试验结果

为了检验新控制器的性能，进行不同类型轨迹，如圆周、无穷符号以及阶跃指令的测试，并在线记录测试数据。为了展示系统的准确性，绘制出参考指令和视觉传感器测量值。如图4(a)~图4(d)所示，位置跟踪结果很完美，控制误差相对很小，三轴之间的耦合可忽略。系统的鲁棒性和性能已经在两次国际交易展览会上进行展示，分别是在德国举行的“Embedded World 2010”和“ELECTRONICA 2010”，在此期间它每天大概飞行8h。

伪控制隔离器的效果如图4(e)和图4(f)所示，在作动器饱和的情况下，积分器引起的大超调被改变参考信号的隔离信号所补偿。

6 结论

利用本文提出的位置控制器和视觉传感器，多旋翼飞行器能以高精度和高带宽进行飞行。基于当前结构，新的控制理论和应用，如自适应控制和先进的数据融合是作者将要开展的研究。

致谢

作者对 International Graduate School of Science and Engineering (IGSSE), TU - München, project 4.03 Image Aided Flight Control 的支持深表感谢。

参考文献

[1] Holzapfel, F., Sachs, G.: Dynamic Inversion Based Control Concept with Application to an Unmanned Aerial Vehicle. In: AIAA Guidance, Navigation and Control Conference and Exhibit: AIAA - 2004 - 4907 (2004)

[2] Klose, S., Wang, J., et al.: Markerless Vision Assisted Flight Control of a Quadrocopter. In: IEEE 2010 RSJ International Conference on Intelligent Robots and Systems (2010)

[3] Voos, H.: Nonlinear Control of a Quadrotor Micro - UAV using Feedback - Linearization. In: Proc. of IEEE International Conference on Mechatronics (2009)

[4] Bouabdallah, S., Siegwart, R.: Backstepping and Sliding - mode Techniques Applied to an Indoor Micro Quadrotor. In: Proc. of the IEEE International Conference on Robotics and Automation (2005)

[5] Marquez, H.: Feedback linearization. In: Nonlinear Control Systems - Analysis and Design. Wiley, Canada (2003)

[6] Khalil, H.: Feedback linearization. In: Nonlinear Systems, 3rd edn. Prentice Hall, Englewood Cliffs (2002)

[7] Achtelik, M.: Simulink Quadrocopter Framework. Semesterarbeit, Technische Universität München (2009)

[8] Achtelik, M.: Nonlinear and Adaptive Control of a Quadcopter, Diplomarbeit, Technische Universität München (2010)

[9] Holzapfel, F.: Nichtlineare adaptive Regelung eines unbemannten Fluggerätes. PhD thesis, Technische Universität München (2004)

[10] Johnson, E.: Limited Authority Adaptive Flight Control. PhD thesis, Georgia Institute of Technology (2000)

[11] Franklin, F., Powell, D., et al.: Digital Control of Dynamic System, 2nd edn. Addison-Wesley, Reading (1990)

[12] Ascending technologies GmbH, Hummingbird Autopilot (2010), http://www.asctec.de (accessed July 27, 2010)

[13] MEMSIC, Inc., Thermal Accelerometer (August 27, 2010), http://www.memsic.com

基于 FPGA 机载计算机的有约束非线性模型预测控制器的并行实现

Parallel Implementation of Constrained Nonlinear Model Predictive Controller for an FPGA-Based Onboard Flight Computer

Alexander Joos and Walter Fichter

摘要：模型预测控制(MPC)是应用于各个领域的既定控制方法。它计算约束在内的能力很有趣，而且可以用于自动飞行控制。但是，MPC 计划的计算复杂度通常限制了其应用。本文介绍一种简单的构想，可以实现基于现场可编程门阵列(FPGA)的小型机载计算机的有约束非线性 MPC(NMPC)。和传统 MPCs 实现方法相比，即使考虑非线性模型和约束条件，仍可避免计算成本优化问题。这是通过并行时域仿真实现的。为此，FPGA 的并行执行属性被利用。三维运动学作为 NMPC 的预测模型，来模拟考虑约束和障碍在内的飞行状态轨道(位置和姿态)。六自由度的仿真模型模拟结果验证了该功能。本文将描述基于 FPGA 的 NMPC 并行模型预测控制的硬件实现可行性分析。

1 引言

飞行安全是有人驾驶以及无人驾驶飞行器(UAVs)的一项重要课题。因此，有必要设计自动控制飞行器算法，它们能够结合飞机的非线性动力学研究，综合考虑飞行状态约束、输入和障碍物。一种可能解决这类问题的方法是有约束的非线性预测控制(NMPC)。NMPCs 能够产生较好的非线性输入，但是该输入不能被有

Alexander Joos

Ph.D. Candidate, Institute of Flight Mechanics and Control, Pfaffenwaldring 7a, 70569 Stuttgart

e-mail: alexander.joos@ifr.uni-stuttgart.de

Walter Fichter

Professor, Institute of Flight Mechanics and Control, Pfaffenwaldring 7a, 70569 Stuttgart

e-mail: fichter@ifr.uni-stuttgart.de

约束的线性预测模型较好地控制。

NMPC 背后的基本思想是在有限范围内反复求解最优控制问题。这意味着，同时考虑输入和飞行的约束限制，减少命令状态偏差的成本最优控制输入将被发现。考虑非线性以及输入和状态的约束，这种功能强大的控制算法因此是一个很好的无人机控制候选方法。另一方面，NMPC 需要强大的计算能力来解决实时性优化问题，这使得这种方法很难在小型计算机上实现，它们通常被用在小型无人机上的机载飞行控制计算机。

可以发现，有些文献通过配合适度计算能力的小型计算机实现 MPCs。参考文献[1]是采用线性预测模型在 FPGA 上实现的有约束 MPC。对于优化的内点法与稠密矩阵表示是用来解决二次规划问题。线性飞行器模型用四个状态和一个输入来论证使用升降机控制高度。FPGA 并行运行计算代码的能力并未使用。FPGA 上并行实现参考文献[2]，但它仅限于有约束线性系统。参考文献[3]中详细描述了 MPC 其中的优化问题被预先计算，并实时控制问题简单地降低到一个分段的评价线性函数。这种方法的局限性是随着问题规模的增大，储存器的要求迅速增加。对于嵌入式无约束 MPC 算法特定的处理器在参考文献[4]中被提出。示范运用预测模型是一个线性状态空间模型。牛顿法被用来求解该优化问题。矩阵操作运算，在作为一个矩阵协处理器辅助单元中完成，得出的结果是含有两个状态和一个输入的旋转天线的无约束线性控制模型。参考文献[5]中应用于非线性血糖调节控制问题，输入约束为硬件回路仿真（HIL）。非线性模型分割多个区间，以便以 5min 的采样周期采样，产生多个线性状态空间矩阵使用 MPC 算法。该采样率在飞行应用中过大。非线性 MPC 的一个固定翼无人机高水平控制应用在参考文献[6]中描述。控制问题使用了二维平面的含误差的两状态一输入动力学模型。输入是约束。高水平控制在一个 PC104 飞机机载计算机上实现，在 HIL 仿真中进行了测试，还用 MATLAB 进行了仿真。虽然 PC104 是相对强大的计算机（相比于台式计算机），而且预测模型是小尺寸的，该文中 4Hz 更新频率是能达到的极限。

综上所述，小型计算机上的实时 MPCs 只限于低维线性预测模型。再者，线性 MPC 的最优化问题是可以有效甚至实时解出的二次规划解[7,8]。如遇到 NMPC 应用[6]，功能强大但相对笨重的计算机可用以解决低复杂度模型（二维运动学）。因此，这并不适用于小型固定翼飞机。

参考文献[9]介绍了一种基于穷举法的优化方法解决不复杂的 NMPC 优化问题。一般这种优化方法计算代价高，因为许多预测模型必须与众多输入在各个控制步骤进行传播。没有对于小型无人机的计算机控制相关文献报道。

本文中，约束 NMPC 的设计基于时域仿真优化。它表明一个 UAV 的状态轨迹控制问题，甚至可以用较少数量的预测模型来解决。另外，本文提出了部分并行执行的预测模型实现的可行性。

本文结构如下。继第二节回顾经典 MPC 问题解决算法之后，将介绍并行实现方法。由于预测模型用于飞行器高水平状态轨迹,采用三维运动学模型。之后优化 NMPC 指令,而无需增加额外的计算工作量。三维运动学预测模型下有约束 NMPC 的六自由度仿真结果显示了避免碰撞和一些非常规着陆方案。这些着陆方案均要求 NMPC 提供的状态轨迹。最后一节介绍了 FPGA 上从硬件合成并行预测模型结果。

本文的第一个贡献是基于时域仿真优化的 NMPC 可行性论证,应用到 UAV 的状态轨迹规划问题,即使是在比较少的预测模型情况下。计算代价最高的约束 NMPC 部分是实时模型预测。因此,第二个贡献是一个并行实现的模型预测方案来解决基于 FPGA 机载飞行控制计算机,如参考文献[10]所描述。这使得该方法应用到有约束 NMPC 的小型飞行器。

2 经典非线性模型预测控制描述

NMPC 优化问题可描述为

$$\min_{\bar{u}} J(\bar{u}) = \min_{\bar{u}} \int_{t_0}^{t_0+T_p} F(\bar{x}(\tau), \bar{u}(\tau)) \mathrm{d}\tau \tag{1}$$

令

$$\dot{\bar{x}} = f(\bar{x}(\tau), \bar{u}(\tau)), \bar{x}_0 = x(t_0) \tag{2}$$

有等式约束 g_1 和不等式约束 g_2,即

$$g_1(\bar{x}(\tau), \bar{u}(\tau)) = 0, g_2(\bar{x}(\tau), \bar{u}(\tau)) \geqslant 0, \forall \tau \in [t_0, t_0 + T_p] \tag{3}$$

式中:$\bar{x}$ 和 $\bar{u}$ 分别是预测状态和输入; $J(\bar{u})$ 是成本函数; T_p 是预测范围。

NMPC 需要非线性优化问题的一个计算成本的在线解决方案[7]。参考文献[7]从使用有限的控制或约束参数解决方案中提出三种在线应用。该问题能由控制参数在每个预测采样区间间隔来实现,在采样区间内,控制参数保持为常数。为了得到成本函数,式(2)所描述的系统动态方程通过数值积分求解。等式约束与不等式约束同预测输入及预测状态一样也要计算。优化问题的解能通过序列二次规划[11]求解。该方法采用的矩阵往往是密集的,这使得该方法计算代价过大。当优化问题不能实时得到解决时,参考文献[7]中的仿真模拟可能会失败。这种情况下,方法的可行性无法保证。

上述所有方法都有计算量庞大甚至是无法在低计算能力计算机上实现等缺点。因此,接下来的部分,本文将展示一种更简单的 NMPC 实现方法。

3 NMPC 的并行实现方法

3.1 NMPC 方法的一般描述

基本想法是,采用一组特定的控制输入来得到仿真模型。这组输入幅度量化、

时间离散化后构成成本函数中使用的状态矢量和输入参数。本文中，为了节省计算量，模型预测将有一部分在 FPGA 上并行实现求解，这种方法很适合这个任务。因此，优化问题可归结为使得成本函数取得最小值问题，此时对应的输入则是最佳控制输入。

两种用于仿真 NMPC 参数如表 1 所列。介绍的思路是，先考虑 NMPC 1，后面在本文档中的结果中将也显示 NMPC 2。

表 1　用于仿真 NMPC 参数

推荐参数设置	NMPC 1	NMPC 2
预测范围	$T_p=7\text{s}$	$T_p=7\text{s}$
控制输入变量个数	$n=2(p_e q_c)$	$n=2(p_e q_c)$
恒定控制输入时间间隔	$m=2(3\text{s},4\text{s})$	$m=2(3\text{s},4\text{s})$
每个控制输入的离散候选值个数	$d=3$	$d=9$
每个控制输入的离散候选值	$p_c=(j_p-1)\cdot 0.1\ \text{rad/s}$	$p_c=(j_p-4)-0.03\text{rad/s}$
	$j_p=0,1,2$	$j_p=0,1,\cdots,8$
	$q_c=(j_p-0.8)\cdot 0.07\text{rad/s}$	$q_c=(j_p-3.9)\cdot 0.02\text{rad/s}$
	$j_p=0,1,2$	$j_p=0,1,\cdots,8$
m 个时间间隔的预测步数	$h_1=3,h_2=4$	$h_1=3,h_2=4$
预测模型数目	$d\hat{}n\hat{}1+d\hat{}n\hat{}m=90$	$d\hat{}n\hat{}1+d\hat{}n\hat{}m=6642$
预测状态矢量数目	$d\hat{}n\hat{}m=81$	$d\hat{}n\hat{}m=6561$
成本函数数目	$d\hat{}n\hat{}m=81$	$d\hat{}n\hat{}m=6561$
模型预测总共步数	$h_1\cdot d\hat{}n\hat{}1+h_2\cdot d\hat{}n\hat{}m$	$h_1\cdot d\hat{}n\hat{}1+h_2\cdot d\hat{}n\hat{}m$
	$=351$	$=26487$
姿态约束	$\lvert\Phi\rvert<30°,\lvert\theta\rvert<15°$	$\lvert\Phi\rvert<30°,\lvert\theta\rvert<15°$
NMPC 控制器采用频率	10Hz	10Hz

NMPC 预测模型是非线性三维动力学模型，初始状态为 X_0，包括飞行器的位置和姿态信息。模型如下（s 表示 sin，c 表示 cos）：

$$\begin{pmatrix}\dot{x}\\ \dot{y}\\ \dot{z}\\ \dot{\phi}\\ \dot{\theta}\\ \dot{\Psi}\end{pmatrix}=\begin{bmatrix}\text{c}\theta\text{c}\Psi & -\text{c}\phi\text{s}\Psi+\text{s}\phi\text{s}\theta\text{c}\Psi & \text{s}\phi\text{s}\Psi+\text{c}\phi\text{s}\theta\text{c}\Psi & 0 & 0 & 0\\ \text{c}\theta\text{s}\Psi & \text{c}\phi\text{c}\Psi+\text{s}\phi\text{s}\theta\text{s}\Psi & -\text{s}\phi\text{c}\Psi+\text{c}\phi\text{s}\theta\text{s}\Psi & 0 & 0 & 0\\ -\text{s}\theta & \text{s}\phi\text{c}\theta & \text{c}\phi\text{c}\theta & 0 & 0 & 0\\ 0 & 0 & 0 & 1 & \dfrac{\text{s}\phi\text{s}\theta}{\text{c}\theta} & \dfrac{\text{c}\phi\text{s}\theta}{\text{c}\theta}\\ 0 & 0 & 0 & 0 & \text{c}\phi & -\text{s}\phi\\ 0 & 0 & 0 & 0 & \dfrac{\text{s}\phi}{\text{c}\theta} & \dfrac{\text{c}\phi}{\text{c}\theta}\end{bmatrix}\begin{pmatrix}u\\ v\\ w\\ p_c\\ q_c\\ r\end{pmatrix} \tag{4}$$

预测模型输入量 $\bar{u}$ 是机体坐标系速度 $(u,v,w)^{\mathrm{T}}$ 和转率 $(p,q,r)^{\mathrm{T}}$，预测状态量 $\bar{x}$ 是欧拉角 $(\phi,\theta,\psi)^{\mathrm{T}}$，用来描述飞行器的姿态和地心坐标系的位置 $(x,y,z)^{\mathrm{T}}$。输入量 u、v、w、r 在本文的演示结果中作为常量。控制输入变量个数 $n=2$ 时，每个输入变量在离散时间间隔内每次取 $d=3$ 组离散候选值常矢量 $(p_c,q_c)^{\mathrm{T}}$（NMPC 1）。

预测模型在第一个时间间隔的数目为 $d^n=9$，每个输入 9 个固定常矢量 $(p_c,q_c)^{\mathrm{T}}$ 之一。由此产生的这九个预测模型在第一时间间隔的状态矢量用作于启动条件，其他时间期间再次输入离散值的 9 种组合。这导致第一时间间隔之后产生了 $d^{n\cdot m}=81$ 种预测状态矢量。图 1(a)展示了 81 种预测位置，它们在一个单一的 NMPC 更新状态矢量。图 1(b)展示了 1HzNMPC 更新频率下 NMPC 的更新。模拟结果中，该 NMPC 更新速率为 10Hz，所以在本文稍后将有 10 倍以上的预测状态矢量与图 1(b)进行对比。

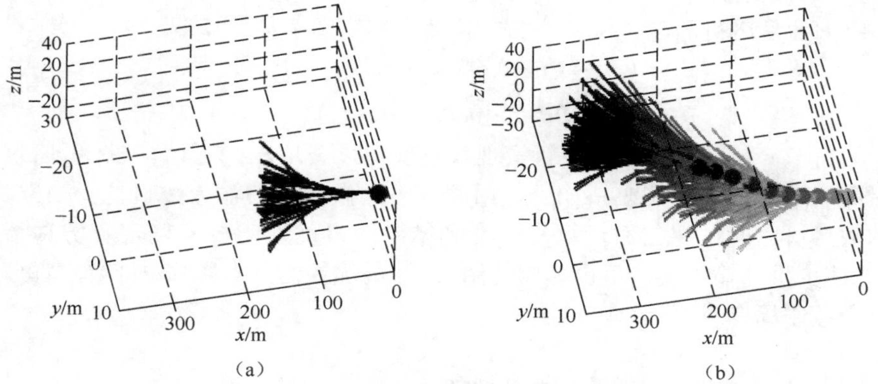

图 1　展示了根据表一的 81 种预测状态矢量(位置和姿态)(a)和展示了 1Hz 更新频率的 NMPC 更新结果(b)

成本函数 J 计算如下，即

$$J_b = \sum_{i=t_0}^{i=t_0+T_p} F(\bar{x}_b(i),\bar{u}_b(i)) + c_{\phi b}(i) + c_{\theta b}(i) + c_{Pb}(i) + \frac{k(i)}{\mathrm{dist}_b(i)}$$

$$b \in N \wedge 1 \leqslant b \leqslant d^{n\cdot m} \tag{5}$$

式中：i 取 $t_0, t_0+\delta t, \cdots, t_0+T_p$，$T_p$ 为预测范围，δt 为一个时间区间的长度。X_{ref} 是飞行器的控制最终状态(位置和姿态)。为了达到一个结合指挥姿态的指挥位置，预测的状态从 X_{ref} 预测输入的偏差进行加权，趋近参考点从某个方向通过适当的权重为 x 轴和 y 轴方向偏差加权，满足飞行器的实际方位和方向的指令。转动角、方向角和位置 c_ϕ、c_θ、c_P 约束如下式所示，即

$$c_j = \begin{cases} k_j > 0, & \text{如果违反约束} \\ 0, & \text{其他} \end{cases} \quad j \in \{\phi,\theta,P\} \tag{6}$$

约束 c_P 是作为例子说明避开障碍物和地面以下位置。当预测位置与障碍之间的距离减小时，回避障碍物的代价也在增加。该优化问题在这种情况下减少到在 81 种成本函数中寻找一个成本函数的最小值。最优输入是属于最低成本函数在第一时间间隔的输入，即

$$\min\{J_b/b \in N \wedge 1 \leqslant b \leqslant d^{n \cdot m}\} = J_{\min} \tag{7}$$

这个输入应用到一个控制周期。该步骤同 MPC 方法一样，在每个控制周期重复。

3.2 改进的 NMPC 指令

本节讨论的想法是如何生成更精细的 NMPC 命令而不导致计算工作量的增加。一种可能性是使用更多和更精细的离散候选值，这导致了计算成本的增加。另一种想法是使用相同适量的候选值，但在前 m 个时间间隔内采用更精细的候选值，将其添加到实际的转动率 $p(t_0)$ 和俯仰率 $q(t_0)$ 预测树上。该模型预测树(图 1)因此从飞机的起始位置、姿态、转动率和俯仰率被计算，即

$$\begin{aligned} p_c &= (j_p - 1) \cdot 0.03 + p(t_0), j_p = 0,1,2 \\ q_c &= (j_q - 0.8) \cdot 0.021 + q(t_0), j_q = 0,1,2 \end{aligned} \tag{8}$$

第三节介绍的方法通过并行实现预测模型显著地减少了计算量(可通过每 m 个时间间隔并行实现完成)，如果使用离散输入候选值的输入数目低。当然，离散值的数目可以通过在工作计算复杂度和结果的最优性间权衡确定。仿真结果显示，即使少量的输入候选值也可以使用，因为最优控制的 NMPC 内具有高更新率，在每个控制周期重复计算。

4 UAV 轨道设计的仿真结果

4.1 方案和控制结构

初始方案是飞机从任意位置和姿态开始，并应到达给定位置的位置和姿态，在不违反约束的情况下避开障碍物。这需要某种状态轨迹规划，本文采用 NMPC 解决。对于这种情况，将展示大量以及少量离散候选值预测模型。第二种情况是非常规着陆，还需要根据初始状态和最终状态确定状态轨迹。在两种情况下，无稳态条件必须满足，没有计划的状态轨迹是必需的先验。该 NMPC 控制的飞机，必须找到一个可行的状态轨迹到一个指定的最终状态(位置和姿态)，而不违反约束且同时自动避开障碍物。

控制结构包括两个循环。内部线性二次调节器(LQR)控制回路(低电平控制器)控制副翼，升降舵，方向舵和推力。它被设计为一个比例积分 LQR 控制器。由于飞机只有四个控制输入，只有四个飞机状态：机体坐标系速度 p、q 和体心速度 u

和 v,可以准确地由低水平控制器来控制。机体坐标系俯仰速度 w 遵守俯仰稳定性,在某一常值附近轻微变化。动态偏航率 r 遵守如下的飞行器动力学,如假如稳定状态协调转弯时 $r=g/V\sin\phi$,g 为重力加速度,V 为飞行器速度[12]。

外环(高位控制器)是一种 NMPC 控制器,根据上一节介绍的方法产生的俯仰和滚转率命令$(p_{COM},q_{COM})^T$。

对 $r=0$rad/s 以及 $r=g/V\sin\phi$ 的三维运动学中 NMPC 进行了预测,得到两者对照仿真结果。下文中,结果会显示预测输入 $r=0$rad/s。虽然预测误差比用 $r=g/V\sin\phi$ 高,控制问题可以由 10Hz 高更新频率 NMPC 控制器,每 0.1s 产生改变命令$(p_{COM},q_{COM})^T$(图 2)。

下面将讨论带此控制结构的三维运动学模型用作适当的预测模型作为非线性 MPC。

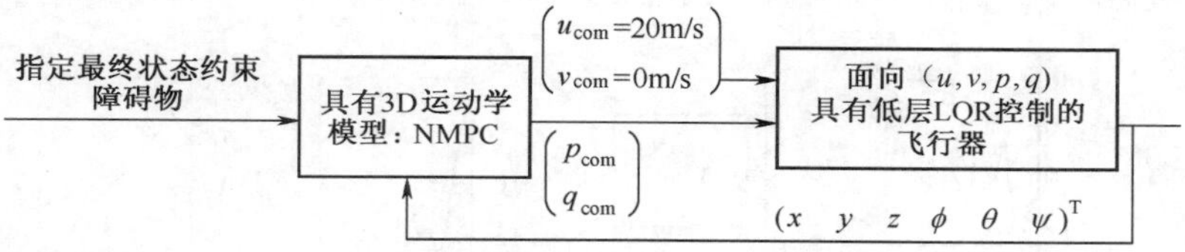

图 2　演示示例的控制结构

4.2　仿真结果

本节仿真结果为 3.1 节中提出的 NMPC 方法。用于模拟产生非线性六自由度飞机仿真模型被使用。六自由度仿真模型状态量为机体坐标系速度 $(u,v,w)^T$ 和转弯速率 $(p,q,r)^T$,欧拉角 $(\phi,\theta,\psi)^T$ 用于描述飞机的姿态,大地坐标系位置坐标 $(x,y,z)^T$。这架飞机在模拟动力学建模与美国空军数码 DATCOM、重力、DATCOM 产生的表面变形的控制力量和螺旋桨的力量聚集的气动力与力矩系数。

表 1 列出了用于下列仿真结果 2 NMPCS 的参数。在第一种情况(图 3)的飞机开始从初始位置的大地坐标系坐标$(x=0\text{m},y=0\text{m},z=-100\text{m})^T$,坐标系参数 $\phi=\psi=0°,\theta=3°$。该指令的最终状态是 $\boldsymbol{X}_{ref}=(x=-1000\text{m},y=-1000\text{m},z=0\text{m},\phi=0°,\theta=3°,\psi=\pm90°)^T$,其中$\psi=\pm90°$。图 3 示出了 NMPC1 的三维图和施加一个碰撞回避问题的 NMPC2(表 1)三维图。

在飞行的时候,不得违反转动角和倾斜角约束,这是图 4 中关于 NMPC 1 可以看到的。在第一次转向时,NMPC 飞机使用最大允许控制的角度来尽可能快地改变方向。障碍已被放置在无障碍路径(在图 3 曲线,通过气缸)。图 3 可以说明,NMPC 1 和 NMPC 2 的结果具有可比性。规划和避障的问题是解决了。

两个控制器防止违反约束(图 4 中 NMPC 1 的结果),设法避免障碍(图 3)。需注意 NMPC 2 为每个控制输入使用更高的离散值的数量 (3 个,表 1)和每个控制器远远高于 NMPC 1 (74 个,表 1)的更新预测模型的数量。

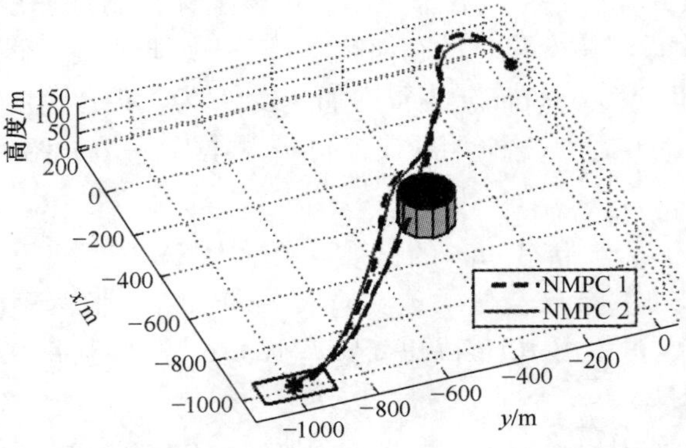

图 3　竖坐标为高度,单位 m。方案 1 下,有无碰撞回避问题的 NMPC1(81 预测状态矢量/控制器更新)的三维图和 NMPC2(6561 预测状态矢量/控制器更新)的三维图

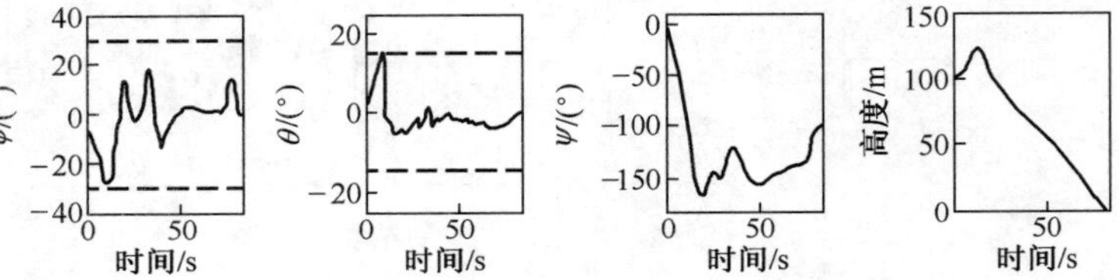

图 4　飞机按照图 3 的 NMPC 1 在飞行期间状态图(约束如虚线所示)

最优性和计算代价之间的权衡是 NMPC1 获胜。这是因为在众多 NMPC 1 显示的模拟结果中,它即使采取了各控制输入的低数量的独立候选值仍可以解决控制问题。这是因为以 10Hz 的更新速度对方案 NMPC 反复优化。81 种预测状态的预测树每 0. 1s 计算一次,使用同样的速度进行状态更新。NMPC 的控制命令如图 5所示。可以看出,转动率和俯仰率由低电平控制的控制器较好地控制,即使 NMPC 指令快速变化(如在 2. 6s 时的 q)。由于这种快速更新的 NMPC 命令,可以在即使姿态变化不大时实现。

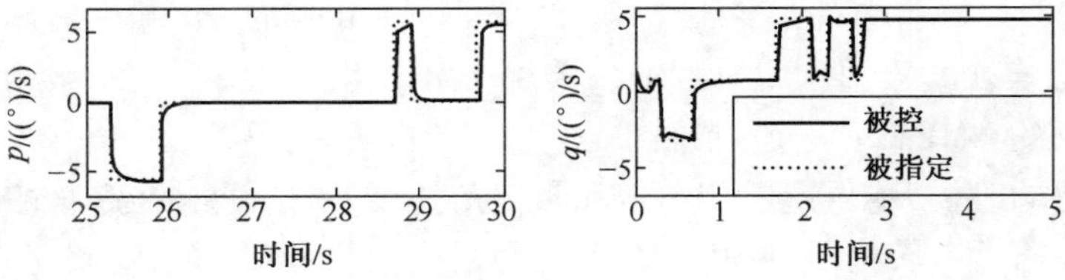

图 5　根据图 3 的方案 1,NMPC1 指令以及 LQR 低电平控制器下的转动率和俯仰率

在第二个方案中,飞机从一个初始位置$(x=0\text{m}, y=0\text{m}, z=-150\text{m})^{\mathrm{T}}$,$\phi=\psi=0°$,$\theta=3°$。任务是达到最终状态 $\boldsymbol{x}_{\text{ref}}=(x=10\text{m}, y=30\text{m}, z=0\text{m}, \phi=0°, \theta=3°, \psi=0°/180°)^{\mathrm{T}}$,它位于下方的初始位置,同时采取限制 $|\phi|<30°$,$|\theta|<20°$。有了这些

约束，没有直线路径飞机能飞到最终状态。该 NMPC 找到一个可行的状态轨迹完成参考外部参照状态。当然，因为这是一个众多参考状态(最后位置，最终姿态)和约束的优化问题，并不是所有状态都可以正确得到这种着陆控制方案(图 6)。

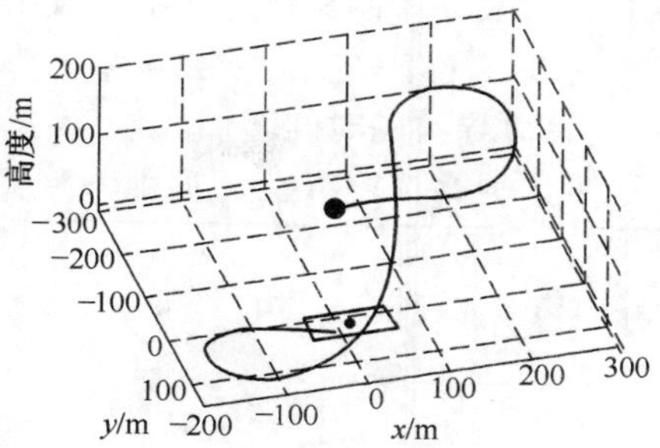

图 6　最终位置在初始位置正下方的方案 2

4.3　改进 NMPC 指令的运行结果

图 7 显示了图 3 相同方案的命令，但比图 5(在 3.2 节式(8)所描述的方法)的 p 和 q 命令更平滑。正如图 1(NMPC 1，表 1)所示，81 结果状态矢量每 0.1s 进行预测并计算得到成本函数。仿真结果和图 3 中的结果进行对比，在第一个变化处增益较小，随俯仰角 θ 变化较平缓。

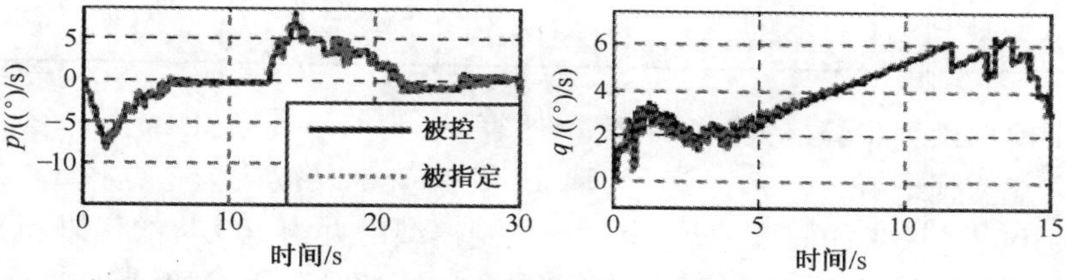

图 7　横坐标为时间，单位 s，纵坐标为角速度，单位(°)/s。NMPC 命令下，由 LQR 控制，图 3 相同方案下的精细转动率和俯仰率

5　并行模型预测在 FPGA 上的硬件合成

模型预测所提出的有约束 NMPC 方法是计算代价最大的部分。为此，本章节讨论 FPGA 上 NPMC 问题并行实现模型预测的可行性分析，正如前面章节所示，采用非线性三维运动学预测模型。三角函数通过查表差值计算余弦和它的逆，使并行化。

下文中，在 FPGA 中所需的资源在表 2 中并行非线性三维运动学模型参数设置中所列。该代码在 FPGA 设计软件“Mentor Graphics”，一个类似 C 语言调用的 Handel - C 语言编程实时。该设计套件生成了计算工作的结果。该 FPGA 代码建立在赛灵思公司的数字信号处理器 Xilinx Spartan 3A DSP 上。

FPGA 还包含可配置逻辑块(CLB)在硬件的合成方案代码。每个 CLB 包含切片，每个切片是一组逻辑块，如查找表(LUT)和触发器(FFS)[13]。为了节省逻辑块，算数逻辑单元(ALU)，可以由编辑器使用，如乘法运算。在下面所占用片数将被视为程序代码的硬件实现指示。

可以说，随着越来越多的并行实现的预测模型，FPGA 上的占用切片数量线性增加(比较表2中的案例1、5、7)。如果每个并行预测模型计算超过一个预测步骤(这在FPGA上串联实现),则需要更多的切片(比较表2中案例2与案例1)和由于串行计算导致的时间增加。

表2 FPGA上不同的并行实现模型预测参数所需资源的比较

组号	LUTs	FFs	ALUs	占用片	最长路径时延	串行模型数量	并行模型数量	时间间隔长度	模型初始状态
1	6%	2%	7%	7%	23.01ns	1	9	1	相等
	2890	1381	9	1878	—	—	—	—	—
2	9%	5%	7%	14%	23.01ns	5	9	1	相等
3	13%	13%	7%	30%	23.01ns	2	9	2	相等
4	28%	21%	7%	52%	23.01ns	10	9	2	相等
5	29%	12%	39%	39%	23.01ns	1	49	1	相等
6	36%	16%	39%	51%	23.01ns	1	49	1	不相等
7	52%	21%	64%	70%	25.44ns	1	81	1	相等

对于模型预测步骤最大数目的简单估算,在FPGA上可以1s内计算完成,假定没有其他的代码在FPGA上运行,那么,案例7可以被认为是在该FPGA片的70%被使用。进一步的假设是,每个并行预测模型由大约100行的代码和81个模型预测步骤,可以并行计算(表2的案例7)。对于这种估算,FPGA的时钟频率为最长路径时延分的倒数。

因此,模型预测的步骤的数目,FPGA上可以在1s内完成计算,即

$$\frac{\text{时钟频率}\cdot\text{并行模型预测步骤数}}{\text{每个预测模型步骤的代码行数}}=\frac{\text{模型预测步骤数}}{s}$$

$$\frac{1}{25.44\cdot 10^{-9}\text{s}}\cdot\frac{1}{100}\cdot 81\approx 3.2\cdot 10^{7}\text{s}^{-1} \tag{9}$$

81并行模型预测步数每一百行的计算时间为

$$T=100\cdot 25.44\cdot 10^{-9}\text{s}/81=3.1\cdot 10^{-8}\text{s}$$

由于FPGA和机载计算机串行计算单元的沟通方面和成本函数计算和评估并不在这个简单的估算方法内。因此,这仅仅是一个完整的NMPC执行所能达到的上限。预期的最大可计算模型预测步数将由式(9)中相对减少0.01~0.1。这仍然显著多于验证在该模拟中使用该模型可行性方法(表1)的预测步数。

6 结论

本文证明了在有或者没有避免碰撞的情况下,为无人操控航空工具的步态轨迹提出的并行执行NMPC的可行性。提出的方法建立在需要时域模型预测的时

域最优化基础上。在没有额外的计算机帮助下,用于优化 NMPC 的 DOS 命令的方法已经被提出。作为预测模型,即使是有很少量的控制设施候选有约束的 NMPC 的三维动力学功能上的可能性已经在仿真模型中显现出来。为了减少计算代价,在 FPGA 中并行执行的预测模型已经被提出,而且执行的可行性已经通过对并行预测模型的不同配置的硬件合成得以体现。

介绍的有约束 NMPC 使得之前限制在无法用于小型 UAVs 的有约束 NMPC 得以使用。

参 考 文 献

[1] He, M., Ling, K. V.: Model Predictive Control on a Chip. In: International Conference on Control and Automation (ICCA 2005), Budapest, Hungary, June 27 - 29 (2005)

[2] Ling, K.V., Wu, B.F., Maciejowski, J.M.: Embedded Model Predictive Control (MPC) using FPGA. In: The International Federation of Automatic Control, Seoul, Korea, July 6 - 11 (2008)

[3] Johansen, T.A., Jackson, W., Schreiber, R., et al.: Hardware Synthesis of Explicit Model Predictive Controllers. IEEE Transactions on Control Systems Technology15(1), 191 - 197 (2007)

[4] Vouzis, P.D., Bleris, L.G., Arnold, M.G., et al.: A Custom - made Algorithm - Specific Processor for Model Predictive Control. In: IEEE ISIE, Montreal, Quebec, Canada, July 9 - 12 (2006)

[5] Vouzis, P.D., Bleris, L.G., Arnold, M.G., et al.: A System - on - a - Chip Implementation for Embedded Real - Time Model Predictive Control. IEEE Transactions On Control Systems Technology 17(5), 1006 - 1017 (2009)

[6] Kang, Y., Hedrick, J.K.: Linear Tracking for a Fixed - Wing UAV Using Nonlinear Model Predictive Control. IEEE Transactions on Control Systems Technology 17(5), 1202 - 1210 (2009)

[7] Findeisen, R., Allgöwer, F.: An Introduction to Nonlinear Predictive Control. In: 21st Benelux Meeting on Systems and Control, Veldhoven (2002)

[8] Maciejowski, J.M.: Predictive Control with Constraints. Prentice Hall, Englewood Cliffs (2002)

[9] Passino, K. M.: Biomimicry for Optimization, Control and Automation. Springer, Heidelberg (2005)

[10] Weimer, F., Trittler, M., Joos, A., et al.: FPGA - Based Onboard Computer System for Mini Aerial Vehicles. In: International Micro Air Vehicle Conference and Flight Competition, Braunschweig, Germany, July 6 - 9 (2010)

[11] Grimm, W., Well, K.H.: Nichtlineare Optimierung. Institute of Flight Mechanics and Control. Universität Stuttgart, Germany (2001)

[12] Butter, U.: Flugregelung. Institute of Flight Mechanics and Control. Universität Stuttgart, Germany (2009)

[13] Xilinx, Spartan - 3 Generation FPGA User Guide. Version 1.5 (2010), http://www.xilinx.com/support/documentation/user_guides/ug331.pdf (accessed August 24, 2010)

尾翼/推力矢量控制导弹的鲁棒线性参数时变自动驾驶仪设计

Robust Linear - Parameter Varying Autopilot Design for a Tail/Thrust Vector Controlled Missile

Berno J. E. Misgeld, Marco Darcis, and Thomas Kuhn

摘要：本文提出一种利用线性时变参数变换的鲁棒自动驾驶仪设计方法，并将其用于德国 Diehl - BGT - Defence 研发的一种高敏捷水面防空导弹。尾翼/推力矢量控制导弹的侧向动力学模型是一个二阶准线性时变参数(Linear Parameter Varying, LPV)系统。攻角被看作外部变量，假设在导弹飞行过程中可以进行估计。由于采用倾斜转弯(Bank - to - turn, BTT)的机动控制方式，侧向动力学需要考虑耦合因素的影响。利用 H_∞ 最优控制和 μ 综合设计侧向单通道控制器设计，所采用的 LPV 侧向动力学模型扩展为控制作动系统、时滞的和单体变形的不确定模型。在马赫飞行包线上 LPV 模型所表述的一系列工作点进行控制器设计。利用增益调度的方法实现控制器，并用逆归一化的空气密度补偿控制回路中与高度有关的增益损失。在非线性仿真环境下和极端飞行机动条件下测试飞行控制器，测试结果显示飞行器具有良好的阻尼、加速跟踪性能和稳定性。

1 引言

现代导弹的飞行控制系统在控制系统设计方面面临着巨大的挑战。导弹自动驾驶仪设计必须满足大飞行包线的要求。对于高敏捷导弹，这意味着飞行初段和末段的高攻击机动能力。除了所需的高侧向加速能力，飞行控制系统还需能够跟踪速率和高度范围之外的机动目标。所研究的多变量系统是高非线性时变的。自动驾驶仪必须确保反馈控制性能，如快速准确的加速度参考跟踪、良好的速率阻尼和鲁棒稳定性。

导弹自动驾驶仪的传统设计方法是增益调度控制[1,2]。在飞行某时刻准平衡

Berno J.E. Misgeld · Marco Darcis · Thomas Kuhn

Diehl BGT Defence, Alte Nuβdorfer Straβe 13, 88662 Überlingen, Germany

的纵倾条件下，利用一阶泰勒近似线性化该非线性时变系统，则经典的线性控制器设计方法就可应用此线性时不变系统。此过程通常在一系列工作点进行重复，如马赫数、动压、攻角、发动机燃烧时间和机动面角度，并根据目前的工作条件对控制器参数进行插值处理。该方法应用于大部分场合，但在攻角模式的频域内，攻角高速变化将引起参数快速调度，问题将出现[3]。该方法另一个更深远的缺陷是现代导弹扩展的飞行包线带来控制器设计工作点数目的大大增加，将引起更高的开发成本或要求引进自动调节方法[4]。

鲁棒线性控制设计技术的引入为导弹自动驾驶仪设计提供新的途径。H_∞最优控制和μ综合设计方法使设计过程的确定或不确定需求成为可能。优化过程可以使控制器具有鲁棒性和其他性能。参考文献[5-9]应用鲁棒控制技术设计导弹自动驾驶仪，虽然设计过程需要多个控制器覆盖导弹的飞行包线，但获得了预期的效果。此问题通过调度或协调技术[10]进行克服，并成功应用于参考文献[9]的高敏捷尾翼/推力矢量控制空对空导弹自动驾驶仪设计，主要针对高度和攻角变化的推进与烧毁段。控制器的抗饱和性能也在真实飞行测试中得到证明[11]。参考文献[9]的方法被用于高敏捷尾翼/推力矢量控制地对空导弹控制器设计[12]，在某些马赫工作点和调度的增益进行鲁棒控制器设计。该方法的不确定性包括在攻角范围内和发动机不同的燃烧时间上进行线性化而引起的机身参数的不确定性。利用六自由度非线性模型进行飞行仿真，达到预期的效果。由于攻角被建模为不确定性，而非线性侧向动力学与此相关，所以该方法被认为性能次优。

在线性时不变控制器设计中，为了综合考虑依赖非线性攻角的侧向动力学，应用 LPV 控制方法[3]。基于 LPV 的方法将非线性系统转换为线性时变模型，则可用线性控制器设计方法进行设计[3,13]。参考文献[3]利用状态变换将非线性侧向动力学转化为准 LPV 形式，本文即采用此法并改进，在第二节介绍，并通过不确定性进行扩展。第三节利用μ综合进行控制器设计，不同于参考文献[3]的方法，控制器被设计为用于加速度跟踪和偏航/俯仰速率阻尼的(1,2)控制器。使用细则在第四节进行说明。第五节通过六自由度非线性模型进行仿真，除了两个侧向通道的 LPV 控制器，滚动通道控制器用于阻尼滚动速率和控制机动平面。第六节对全文进行总结和讨论。

2 系统模型

2.1 侧向动力学

某工作点的侧向偏航动力学可用如下的二阶非线性状态空间模型表示，即

$$\frac{\mathrm{d}}{\mathrm{d}t}\begin{bmatrix}\beta\\r\end{bmatrix}=\begin{bmatrix}\frac{1}{mV_0}\cos(\beta)Y(\beta)\\ \frac{1}{I_{yy}}N(\beta)\end{bmatrix}+\begin{bmatrix}0&-1\\0&N_r\end{bmatrix}\begin{bmatrix}\beta\\r\end{bmatrix}+\begin{bmatrix}\frac{1}{mV_0}b_y\\ \frac{1}{I_{yy}}b_n\end{bmatrix}\zeta$$

$$\begin{bmatrix}\beta\\r\\a_{y,cg}\end{bmatrix}=\begin{bmatrix}1&0\\0&1\\ \frac{Y(\beta)}{V_0}&0\end{bmatrix}\begin{bmatrix}\beta\\r\end{bmatrix}+\begin{bmatrix}0\\0\\ \frac{b_y}{m}\end{bmatrix}\zeta \tag{1}$$

式中:β 为侧滑角;r 为偏航速率;m 为导弹质量;I_{yy} 为导弹转动惯量;ζ 为控制作动器系统的方向舵位置;V_0 为绝对速度。可见,$a_{y,cg}$ 的输出方程是非线性地依赖 β,线性化该项并将该项看作控制器设计的不确定性。控制输入矩阵的力和力矩 b_y、b_n 在低侧滑角情况下线性化为

$$b_y=\bar{q}S_{\mathrm{ref}}\frac{\partial c_y}{\partial\beta}$$

$$b_n=\bar{q}S_{\mathrm{ref}}D_{\mathrm{ref}}\frac{\partial c_n}{\partial\beta}$$

其中包括空气动力和推力矢量导数值,$\bar{q}$ 为动压,S_{ref}、D_{ref} 分别是空气动力参考作用区域和直径。类似于 b_y、b_n,N_r 是空气动力偏航力矩相对于偏航速率的导数 $N_r=\bar{q}\frac{S_{\mathrm{ref}}D_{\mathrm{ref}}}{I_{yy}}\frac{D_{\mathrm{ref}}}{V_0}\frac{\partial c_n}{\partial r}$。$b_y$、$b_n$ 相对于侧滑角是非线性的,相对于推力矢量控制是时变的,此影响在准 LPV 转换中忽略,但在控制器设计中看作参数不确定性。式(1)中的非线性空气动力和力矩根据每个马赫设计工作点的动力学数据产生,即

$$\begin{aligned}Y(\beta)&=\bar{q}S_{\mathrm{ref}}c_y(\beta)\\N(\beta)&=\bar{q}S_{\mathrm{ref}}D_{\mathrm{ref}}c_n(\beta)\end{aligned} \tag{2}$$

在导弹飞行包线的每个马赫数,建立侧向动力学模型。所有的模型数据产生于海平面高度并保存用于控制器设计。线性控制作动器系统用于扩展式(1)的方程,该作动器系统由不确定阻尼 D_{CAS} 和特征频率 ω_{CAS} 的二阶微分方程描述,即

$$\frac{\mathrm{d}}{\mathrm{d}t}\begin{bmatrix}x_1\\x_2\end{bmatrix}=\begin{bmatrix}0&1\\-\omega_{\mathrm{CAS}}{}^2&-2D_{\mathrm{CAS}}\omega_{\mathrm{CAS}}\end{bmatrix}\begin{bmatrix}x_1\\x_2\end{bmatrix}+\begin{bmatrix}0\\ \omega_{\mathrm{CAS}}{}^2\end{bmatrix}\zeta_C$$

$$\zeta=\begin{bmatrix}1&0\end{bmatrix}\begin{bmatrix}x_1\\x_2\end{bmatrix} \tag{3}$$

为了控制器设计和测试,式(1)的模型被扩展为结构振动模型。仅第一个振动模式利用一个低阻尼振荡器的二阶状态空间模型进行建模

$$\begin{bmatrix}\dot{x}_{bb,1}\\ \dot{x}_{bb,2}\end{bmatrix}=\begin{bmatrix}0 & 1\\ -\omega_{bb}^{2} & -2\zeta_{bb}\omega_{bb}\end{bmatrix}\begin{bmatrix}x_{bb,1}\\ x_{bb,2}\end{bmatrix}+\begin{bmatrix}0\\ 1\end{bmatrix}\zeta$$

$$\begin{bmatrix}\Delta r\\ \Delta a_{y,CG}\\ \Delta a_{y,IMU}\end{bmatrix}=\begin{bmatrix}0 & k_{r,bb}\\ -k_{a,bb}\omega_{bb}^{2} & -2k_{a,bb}\zeta_{bb}\omega_{bb}\\ -k_{a,bb}\omega_{bb}^{2} & -2k_{a,bb}\zeta_{bb}\omega_{bb}\end{bmatrix}\begin{bmatrix}x_{bb,1}\\ x_{bb,2}\end{bmatrix}+\begin{bmatrix}0\\ k_{a,bb}\\ k_{a,bb}\end{bmatrix}\zeta \tag{4}$$

式中：ω_{bb}、ζ_{bb} 为振动频率和阻尼；输入 ζ 计算源于舵偏角的方向舵命令，输出是速率和加速度的变化量；$k_{a,bb}$、$k_{q,bb}$ 是速率和加速度增益，源自机械有限元模型并经结构振动验证[9]。最后，飞行计算机的时滞被建模为两个采样时间常数表示的连续一阶 Padé 近似，即

$$G_{r,a}(s)=\frac{-\dfrac{n_d s}{T_s}+2}{\dfrac{n_d s}{T_s}+2} \tag{5}$$

式中：T_s 为系统采样时间；$n_d=2$ 为假定的时延。式(5)作为式(1)的输出，则飞行控制器由式(1)、式(5)组成，如图 1 所示。

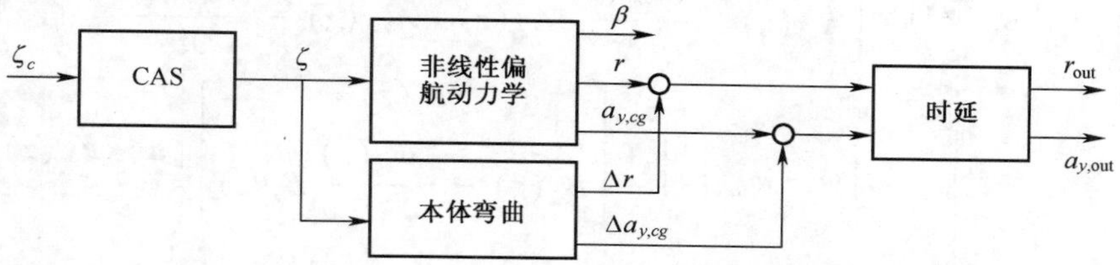

图 1　横向动态的模型，包括控制驱动系统（CAS），结构动力学（本体弯曲）和飞行计算机的时延

2.2　LPV 系统

此处讨论的非线性侧向动力学模型应该转换为一个线性系统，其中参数矩阵 $\boldsymbol{A}$、$\boldsymbol{B}$、$\boldsymbol{C}$ 依赖于外部的时变矢量 $\boldsymbol{\theta}$，即

$$\begin{aligned}\dot{\boldsymbol{x}}&=\boldsymbol{A}(\boldsymbol{\theta})\boldsymbol{x}+\boldsymbol{B}(\boldsymbol{\theta})\boldsymbol{u}\\ \boldsymbol{y}&=\boldsymbol{C}(\boldsymbol{\theta})\boldsymbol{x}\end{aligned} \tag{6}$$

式中：$\boldsymbol{u}$ 为输入矢量；$\boldsymbol{x}$ 为状态矢量；$\boldsymbol{y}$ 为输出矢量。准 LPV 系统式(6)中的外部时变参数实际并不是外部的，而是内在的攻角状态，假定在飞行控制系统中可以进行估计。此处的非线性系统是一个输出非线性平方系统，其状态依赖非线性矩阵为 $\boldsymbol{f}(z)$，线性矩阵 $\boldsymbol{A}(z)$、$\boldsymbol{B}(z)$ 为

$$\begin{aligned}\frac{\mathrm{d}}{\mathrm{d}t}\begin{bmatrix}z\\ \boldsymbol{w}\end{bmatrix}&=\boldsymbol{f}(z)+\boldsymbol{A}(z)\begin{bmatrix}z\\ \boldsymbol{w}\end{bmatrix}+\boldsymbol{B}(z)\boldsymbol{u}\\ \boldsymbol{y}&=\boldsymbol{C}z\end{aligned} \tag{7}$$

将被转换为准 LPV 系统

$$\frac{\mathrm{d}}{\mathrm{d}t}\begin{bmatrix} z \\ \boldsymbol{w}^* \end{bmatrix} = \boldsymbol{A}^*(z)\begin{bmatrix} z \\ \boldsymbol{w}^* \end{bmatrix} + \boldsymbol{B}^*(z)\boldsymbol{u}^* \tag{8}$$
$$\boldsymbol{y} = \boldsymbol{C}z$$

转换的输入矢量为 $\boldsymbol{u}^*$,状态矢量为$\boldsymbol{w}^*$,由式(7)转换到式(8)需满足$\boldsymbol{f}(0)=\boldsymbol{0}$,并存在非线性连续微分函数 $\boldsymbol{w}_{eq}(z)$、$\boldsymbol{u}_{eq}(z)$ 满足

$$\boldsymbol{0} = \boldsymbol{f}(z) + \boldsymbol{A}(z)\begin{bmatrix} z \\ \boldsymbol{w}_{eq}(z) \end{bmatrix} + \boldsymbol{B}(z)\boldsymbol{u}_{eq}(z) \tag{9}$$

引入新状态量$\boldsymbol{w}^* = \boldsymbol{w} - \boldsymbol{w}_{eq}(z)$和输入变换量 $\boldsymbol{u}^* = \boldsymbol{u} - \boldsymbol{u}_{eq}(z)$,结合式(9),则式(7)可转换为准 LPV 系统。矩阵$\boldsymbol{A}(z)$、$\boldsymbol{B}(z)$可改写为

$$\boldsymbol{A}(z) = \begin{bmatrix} \boldsymbol{A}_{zz}(z) & \boldsymbol{A}_{zw}(z) \\ \boldsymbol{A}_{wz}(z) & \boldsymbol{A}_{ww}(z) \end{bmatrix}, \boldsymbol{B}(z) = \begin{bmatrix} \boldsymbol{B}_z(z) \\ \boldsymbol{B}_w(z) \end{bmatrix} \tag{10}$$

在进行多项式重组后,得到准 LPV 系统

$$\frac{\mathrm{d}}{\mathrm{d}t}\begin{bmatrix} z \\ \boldsymbol{w} - \boldsymbol{w}_{eq}(z) \end{bmatrix} = \begin{bmatrix} \boldsymbol{A}_{zz}(z) & \boldsymbol{A}_{zw}(z) \\ \boldsymbol{A}_{wz}(z) - \dfrac{\partial \boldsymbol{w}_{eq}(z)}{\partial z}\boldsymbol{A}_{zz}(z) & \boldsymbol{A}_{ww}(z) - \dfrac{\partial \boldsymbol{w}_{eq}(z)}{\partial z}\boldsymbol{A}_{zw}(z) \end{bmatrix}$$
$$\begin{bmatrix} z \\ \boldsymbol{w} - \boldsymbol{w}_{eq}(z) \end{bmatrix} + \begin{bmatrix} \boldsymbol{B}_z(z) \\ \boldsymbol{B}_w(z) - \dfrac{\partial \boldsymbol{w}_{eq}(z)}{\partial z}\boldsymbol{B}_z(z) \end{bmatrix}[\boldsymbol{u} - \boldsymbol{u}_{eq}(z)] \tag{11}$$

最后,式(1)非线性偏航动力学的准 LPV 模型为

$$\frac{\mathrm{d}}{\mathrm{d}t}\begin{bmatrix} \beta \\ r - r_{eq} \end{bmatrix} = \begin{bmatrix} 0 & -1 \\ 0 & N_r + \dfrac{\partial r_{eq}(\beta)}{\partial \beta} \end{bmatrix}\begin{bmatrix} \beta \\ r - r_{eq} \end{bmatrix} + \begin{bmatrix} \dfrac{1}{mV_0}b_y \\ \dfrac{1}{I_{yy}}b_n - \dfrac{\partial r_{eq}(\beta)}{\partial \beta}\dfrac{1}{mV_0}b_y \end{bmatrix}[\zeta - \zeta_{eq}] \tag{12}$$

其中偏导函数为

$$\frac{\partial r_{eq}(\beta)}{\partial \beta} = \frac{\cos\beta\dfrac{b_n}{b_y}\dfrac{\partial Y(\beta)}{\partial \beta} - \sin\beta\dfrac{b_n}{b_y}Y(\beta) - \dfrac{\partial N(\beta)}{\partial \beta}}{mV_0\dfrac{b_n}{b_y} + I_{yy}N_r} \tag{13}$$

状态平衡方程为

$$\zeta_{eq}(\beta)=\frac{-\frac{N_r\cos\beta}{mV_0}Y(\beta)-\frac{N(\beta)}{I_{yy}}}{\frac{b_n}{I_{yy}}+\frac{N_r b_y}{mV_0}}$$

$$r_{eq}(\beta)=\frac{\cos\beta\frac{b_n}{b_y}Y(\beta)-N(\beta)}{mV_0\frac{b_n}{b_y}+I_{yy}N_r} \tag{14}$$

3 控制器设计

为了设计控制器,式(12)的准 LPV 模型必须为线性时不变系统。因此,假定侧滑角 β 为常值。侧滑角一定情况下得到线性模型,用于控制器设计。为了将变化侧滑角的不确定性包含进控制器设计,在攻角变化范围内获取变化攻角的参数,并将其看作参数不确定性。同时,零侧滑角参数作为一个标称值使用。除了依赖侧滑角的参数不确定性,控制输入参数 b_y、b_n 的不确定性也存在。正如前面所述,在控制效能上包含攻角依赖变化,该影响可利用主动推力矢量控制进行抵消。利用式(2)~式(5)扩展侧向动力学,在控制器设计中不包含弹体弯曲模型。图 2 展示用于控制器合成的带有权重函数的扩展模型,从图中可见控制器是一个由速率反馈和加速度跟踪回路组成的(1,2)类型控制器。

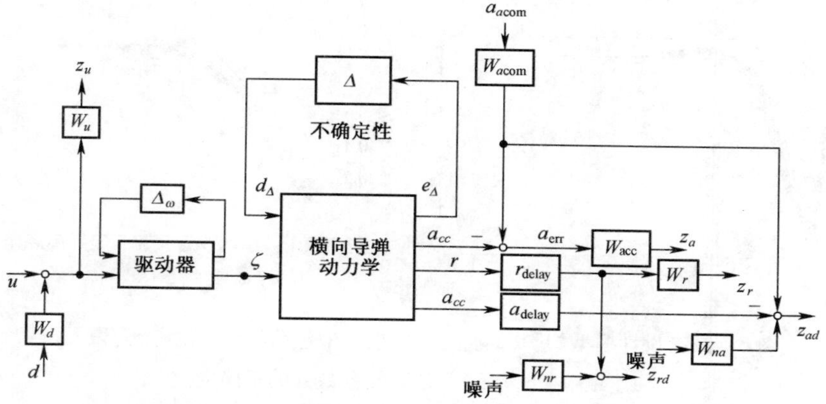

图 2 面向控制器综合:具有线性时不变横向导弹动力学:对象互连结构

利用复杂权重设置控制器输入 u,使之限制作动器带宽

$$W_u(s)=\frac{k_u(z_u s+1)}{p_u s+1} \tag{15}$$

式中：k_u 为静态增益；z_u、p_u 为传递函数的零点、极点。式(15)在每个马赫设计点的参数值由穿越频率和高低频增益决定。W_{acom}代表在μ综合中加速度跟踪相对于速率阻尼回路的常值权重分数。偏航速率和加速度回路的灵敏度权重用于表述阻尼和加速度跟踪的期望性能。其中阻尼回路的权值 W_r 假定为常值，权值 $W_{acc}(s)$为传递函数

$$W_{acc}(s) = \frac{k_{acc}(z_{acc}s + 1)}{p_{acc}s + 1} \tag{16}$$

参数 k_{acc}、z_{acc}、p_{acc} 来源于低频增益、穿越频率和高频增益。由于加速度回路准LPV的线性化动力学具有积分作用，则权值 $W_{acc}(s)$无积分作用。常值权值 W_{na}、W_{nr}用于表示反馈通道的测量噪声影响。利用结构块表示的参数不确定性对作动器和侧向动力学进行扩展，即

$$\boldsymbol{\Delta} = \begin{bmatrix} \delta_{b_y} & & & \\ & \delta_{b_n} & & \\ & & \ddots & \\ & & & \delta_{D_{CAS}} \end{bmatrix} \tag{17}$$

式中：$\delta_{b_y}, \delta_{b_n}, \cdots, \delta_{D_{CAS}}$ 是代表模型中不确定性的真实干扰数值 $-1 \leqslant \delta_i \leqslant 1$。该系统采用参考文献[14,16]的一般控制方法和参考文献[15]提出的利用鲁棒控制工具箱 DK 迭代法实现的μ综合方法进行控制器设计、鲁棒稳定性测试和包含模型不确定性的线性模型阶跃响应测试。高超声速测试作为线性仿真的一个实例，测试结果如图 3 所示，其中上图为阻尼回路，下图为加速度跟踪回路。

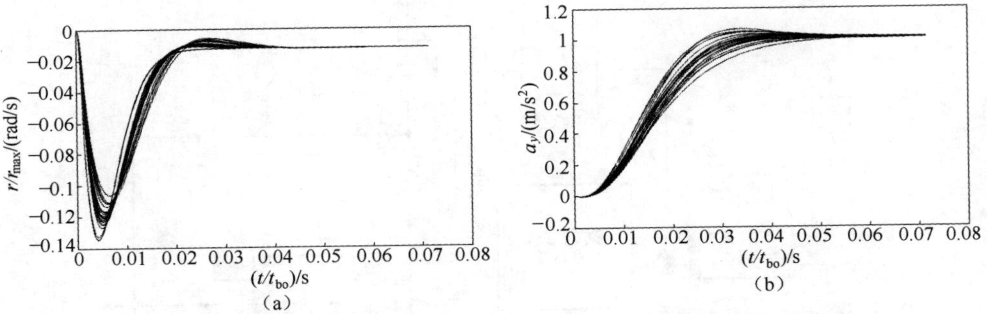

图 3　具有设计模型的阶跃响应测试、模型中包括具有阻尼(上升段)和加速跟踪(下降段)的超声马赫数处的不确定性

4　飞行控制器应用

类似于参考文献[12]中的鲁棒控制器应用，在整个马赫包线内设计五个侧向飞行控制器。首先控制器被简化为七阶，并进行鲁棒稳定性分析。除了在确定侧

滑角线性化准 LPV 系统调整的鲁棒控制器应用之外，每个控制器由具体马赫数的状态转换构成，如图 4 所示。重心加速度可作为反馈量被应用在偏航运动的非线性模型，当在偏航通道应用 LPV 转换时，应考虑符号的变化。控制器根据增益进行调度，该增益依赖于高度函数决定的标准化空气密度，即

$$k_{\mathrm{lat}} = \frac{\rho(h)}{\rho_0} \tag{18}$$

式中：$\rho(h)$ 表示目前高度的空气密度；ρ_0 表示海平面的空气密度，加速度误差和控制器的速率输入需要除以因子 k_{lat}。状态变换中的动压也需要进行变化，因为该变换依赖攻角和侧滑角。在增益调整方法中，不考虑高度范围上的推力矢量影响变化，将其纳入控制器设计中的控制效能不确定性。在高度变化的仿真中，可以观察到较慢反应时间的微小控制性能下降，可以称为推力矢量控制的高度依赖作用。

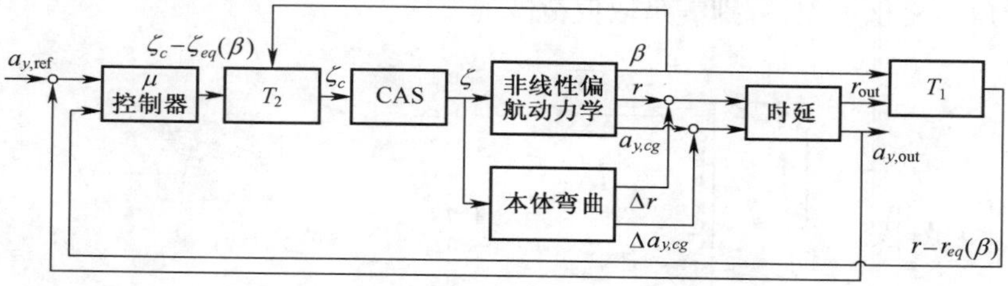

图 4　具有侧滑角依赖状态和输入变换 T_1 和 T_2 的飞行器控制器实现

最后，信号滤波和处理用于控制器的加速度输入。滤波器仅用于非线性六自由度模型，原因有两条。第一，控制器设计中未考虑弹体弯曲的影响，由于弹体弯曲特征频率峰值的高增益，加速度回路的控制性能将降低，所以，利用陷波滤波器对惯性测量单元的加速度量测值进行滤波，由发动机燃烧时间决定陷波滤波器的频率。第二，鲁棒飞行控制器采用重心加速度设计，为了避免在加速度信号中由惯性测量单元与中心之间的偏差带来的臂杆效应，应用时间变量 l_a 二阶滤波器作为臂杆效应纠正滤波器，即

$$G_{\mathrm{acc}}(s) = l_a \frac{\omega_a^2 s}{s^2 + 2\zeta_a \omega_a + \omega_a^2} \tag{19}$$

该滤波器主要用于滤除加速度上臂杆速率偏差的低频作用。带宽限制的另外一条原因是作用在速率信号上的弹体弯曲影响不应被放大。式(19)的输入是陷波滤波之后的偏航速率，输出由陷波滤波之后的测量加速度信号减去。

5　非线性仿真

对两种模型进行非线性仿真。第一步，在某马赫数下，利用侧向偏航运动非线性模型进行控制器测试，该模型利用控制作动器系统模型进行扩展，在整个机动范

围内测试控制器的加速度参考响应。第二步,控制器作为三轴自动驾驶仪应用于六自由度非线性仿真,地空导弹的滚动控制器被用来完成三轴自动驾驶控制。该六自由度模型包括完整的非线性风洞测量空气动力学、详细的控制作动器系统、弹体弯曲模型、发动机模型和推力矢量控制模型。图 5 展示了在中等超声马赫数下偏航通道非线性模型的加速度参考响应序列,加速度标度在飞行条件下导弹结构所允许的最大加速度范围中。对于高加速度参考值,存在轻微的超调趋势,该作用归咎于在较低攻角下采用固定的准 LPV 模型设计控制器。虽然在外环和内环进行增益调整可以获得性能的提高,但是,因为超调量低于 10%,则不需要将增益作为攻角的函数进行调整。图 5 中未出现稳态误差,这主要是因为准 LPV 动力学模型的积分作用,积分作用和零稳态误差是精确的等价转换的结果。当考虑模型不确定性时,如 $Y(\boldsymbol{\beta})$、$N(\boldsymbol{\beta})$,就会出现稳态误差。图 5 的下半部分展示方向舵位置和侧滑角的变化过程,分别满足取值范围的要求。

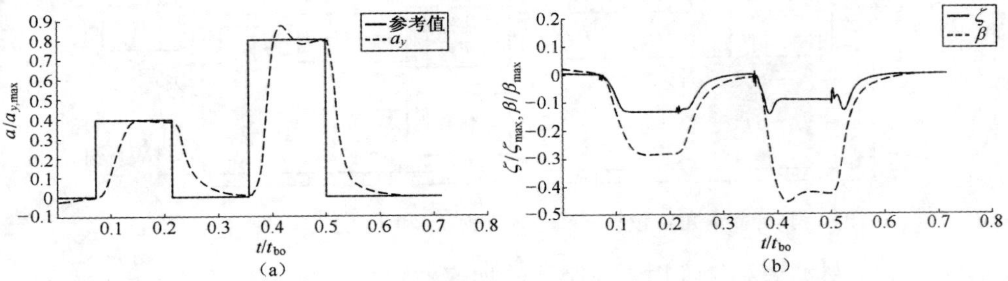

图 5　中等超声马赫处非线性偏航动力学的加速度阶段响应

图 6 表示采用六自由度非线性模型的仿真结果,展示加速度的多变量闭环响应,偏航通道加速度值达到最大值的 50%。注意,在烧毁状态下的导弹发动机将导致导弹速度下降到 1 马赫以下,并将带来攻角朝着导弹绝对攻角阈值增大。在对阶跃命令产生相对快速的初始响应后,可看到相对小的稳态误差,据称来源于导弹速度的降低。相对于加速度阶跃变化,多变量回路耦合可看作小量,这也适用于偏航速率和滚动速率。采用六自由度非线性模型在阶跃响应测试中可获得类似于图 6 的结果,利用引起高攻角的参考阶跃信号可观察到微小的超调量。由于速度的快速变化,可观察到小的稳态误差,速度的变化由燃烧发动机的小机动或无燃烧发动机的大机动引起。

6　结果和讨论

非线性偏航动力学被转换为准线性参数变化系统,而用于鲁棒自动驾驶仪设计,在低侧滑角下该驾驶仪基于高敏捷地对空导弹的侧向动力学准 LPV 模型进行调整,并在侧向运动的非线性模型和更逼真的六自由度非线性模型进行测试。针

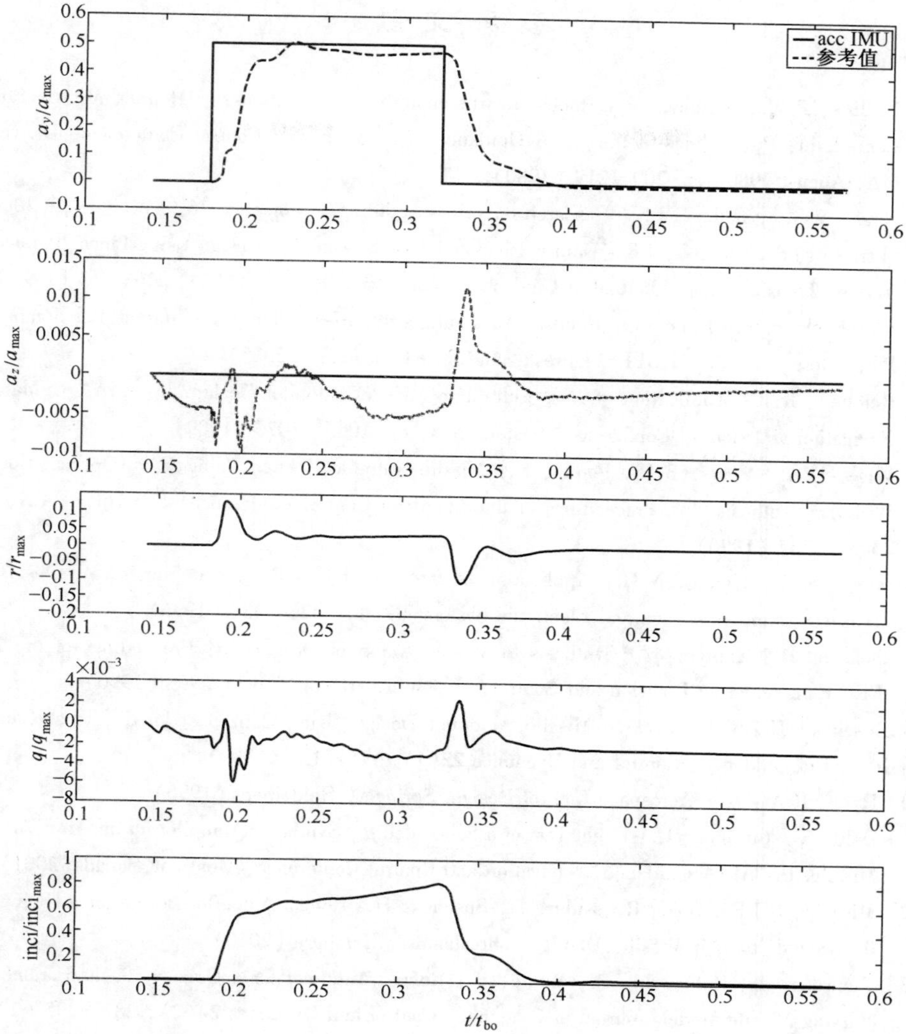

图 6　当马达烧坏时在偏航通道在 1 马赫附近时非线性 6 自由度模型对加速度阶跃命令的响应

对运行环境和不同空气密度对应的不同马赫数进行设计，准 LPV 系统依赖变量中的不确定性和控制面效能都包含在控制器设计之中。仿真结果良好，具有小超调量（低于 10%）和小稳态误差，并设计五个控制器用于覆盖导弹的整个飞行包线。但是，控制器必须联合使用混合方法而得到合理的飞行控制器，这部分是将来的研究工作。准 LPV 转换函数中包含一些时变参数，如质量、转动惯量等，而这些在本文中处理为常数，引入时间相关性作为燃烧时间的函数将大大提高本方法的性能。方向舵饱和控制特性并未研究，也未开展抗饱和措施研究。不仅如此，攻角和侧滑角假定已知，而未用二者的估计器，所有这些因素的影响将是未来的研究内容。

参考文献

[1] Nesline, F.W., Zarchan, P.: Robust Instrumentation Configurations for Homing Missile Flight Control. In: Proceedings of the AIAA Guidance, Navigation and Control Conference, Danvers, MA, August 1980, pp. 209 - 219 (1980)

[2] Rugh, W.J., Shamma, J.S.: Research on gain scheduling. Automatica 36, 1401 - 1425(2000)

[3] Shamma, J.S., Cloutier, J.R.: Gain - Scheduled Missile Autopilot Design Using Linear Parameter Varying Transformations. Journal of Guidance, Control and Dynamics16(2), 256 - 263 (1993)

[4] Kleinwächter, F., Kuhn, T.: Robuste Auslegung strukturfester Flugregler mittels Polvorgabeund Parameteroptimierung. DGLR - Jahrestagung, Friedrichshafen (2005)

[5] Reichert, R.T.: Application of $H\infty$ Control to Missile Autopilot Design. In: AIAA Guidance, Navigation and Control Conference, Boston, MA, pp. 1065 - 1072 (1989)

[6] Wise, K.A., Mears, B.C., Poolla, K.: Missile Autopilot Design Using $H\infty$ Optimal Control With μ - Synthesis. In: Proceedings of the American Control Conference, San Diego, CA, pp. 2363 - 2367 (1990)

[7] Yang, S.M., Huang, N.H.: Application of $H\infty$ Control to Pitch Autopilot of Missiles. IEEE Transactions on Aerospace and Electronic Systems 32(1), 426 - 433 (1996)

[8] Jackson, P.: Applying μ - Synthesis to Missile Autopilot Design. In: Proceedings of the 29th IEEE Conference on Decision and Control, Honolulu, HI, pp. 2993 - 2998 (1990)

[9] Buschek, H.: Full Envelope Missile Autopilot Design Using Gain Scheduled Robust Control. Journal of Guidance, Control and Dynamics 22(1), 115 - 122 (1999)

[10] Hyde, R.A.: $H\infty$ Aerospace Control Design. Springer, Heidelberg (1995)

[11] Dold, R., Buschek, H.: Flight Test of a Scheduled μ - Synthesis Autopilot for an Air - To - Air Missile. In: AIAA Guidance, Navigation and Control Conference, Montreal, Canada(2001)

[12] Misgeld, B.J.E., Dold, R., Kuhn, T., Buschek, H.: Robust Autopilot Design for a High - Agile Ground -to -Air Missile. DGLR - Jahrestagung, Hamburg (2010)

[13] Tsourdos, A., Zbikowski, R., White, B.: Robust Autopilot for a Quasi - Linear Parameter - Varying Missile Model. Journal of Guidance, Control and Dynamics 24(2), 287 - 295 (2001)

[14] Skogestad, S., Postlethwaite, I.: Multivariable Feedback Control. John Wiley and Sons, Chichester (2005)

[15] Chiang, R.Y., Safonov, M.G.: Robust Control Toolbox, User's Guide. The Math Works Inc., Natick, MA (1992)

[16] Zhou, K., Doyle, J., Glover, K.: Robust and Optimal Control. Prentice Hall, New Jersey (1996)

第三篇 传感器、数据融合与导航

Sensors Data Fusion and Navigation

地心坐标系下针对积分 IMU 的一种单频捷联算法

A Single Frequency Strapdown Algorithm for Integrating IMUs in ECEF - Frame

Johann Dambeck and Benjamin Braun

摘要:本文将要介绍一种适用于积分惯性测量单元(IMU)的捷联导航算法,该算法能在积分 IMU 做测量的同时以相同的频率生成导航状态,故而被称作单频捷联算法。这个算法是在地心坐标系中导出的。本文给出了一个模拟运动轨迹的数值结果。

1 引言

将 IMU 测量结果进行积分来生成导航状态,如位置、速度和方向,这在航空、陆地以及海洋的导航应用中都是不可缺少的一部分。这一从牛顿物理学推导出的结果得到了在给定本体坐标系相对惯性系的比力的条件下一系列关于导航状态的一阶常微分方程。这些惯性测量结果是由所谓的非积分 IMU 提供的。由于大多数精密的 IMU 是对时间积分的,即其提供的都是比力和角速率在等距的短时间内对时间的积分,因而,通常得到的惯性导航微分方程不能直接应用。通常,工程上采用的办法是把积分的测量结果按积分时间间隔进行分解来得到所要求的非积分的测量值,但是这种做法相当于产生了一阶误差项,因此只能用于低等级的 IMU 或者振动程度高的设备,这样就能在捷联导航算法中抵消高阶项的影响。相较于这种简单的平均法,惯性导航专家在 Laning - Bortz 参数化法的基础上提出了所谓的双频捷联算法,由包含三个 Laning - Bortz 参数的偏移矩阵的指数得到旋转矩阵的参数。之所以称这种算法是“双频”的,是因为它用高频率的积分测量值产生较低频率的导航状态(3 : 1 和 4 : 1 的频率比都曾被公布用到过)。本文将要针对积分 IMU 提出一种捷联导航算法,这种算法由于其特有的能够在积分 IMU 提供测量结果同时以相同频率产生导航状态数据,而被称作单频捷联算法。该算法将是在

Johann Dambeck
MBDA, Germany
e-mail: dambeck@ tum.de

Benjamin Braun
Technische Universität München, Germany
e-mail: benjamin.braun@ tum.de

地心坐标系下推导出来的。本文的结构如下。首先,地心坐标系下非积分式 IMU 的导航算法在第二节介绍。紧接着,第三节推导了应用积分陀螺仪测量的目标解求解方法。第四节计算了传输率,将其作为第五节用积分加速度计测量结果计算位置和速度的中间结果。单频捷联算法的最终结果都在第六节作为一个模板展示出来。最后,第七节给出了一个模拟运动轨迹的数值结果。

2 地心坐标系下非积分 IMU 的导航算法

在分析积分 IMU 的单频捷联算法之前,先来简单地回顾一下通常所知的非积分 IMU 的捷联导航微分方程。这些方程将作为后续新的算法的基础。它们不依赖于导航状态参数的选择。应用非积分 IMU 测量结果计算导航状态的常微分方程形式为

$$\dot{\boldsymbol{z}}(t)=\boldsymbol{f}(\boldsymbol{z}(t),\boldsymbol{s}(t)) \tag{1}$$

式中:$\boldsymbol{z}(t)$ 为导航状态矢量(包含位置、速度和方向);$\boldsymbol{s}(t)$ 为传感器测量矢量(包含 IMU 测得的线性比力和角速率)。在最普遍的情况下,导航状态矢量 $\boldsymbol{z}(t)$ 由笛卡儿位置矢量 $\boldsymbol{x}_e(t)$ 、笛卡儿速度矢量 $\boldsymbol{v}_e(t)$ 和旋转矩阵 $\boldsymbol{R}_{eb}(t)$ 组成,其中 e 表示地心坐标系,b 表示本体坐标系;传感器测量矢量 $\boldsymbol{s}(t)$ 则由三轴加速度计在本体坐标系中测得的比力矢量 $\boldsymbol{f}_b(t)$ 和三轴陀螺仪在本体坐标系中相对于惯性系测得的角速率矢量 $\boldsymbol{\omega}_{ib}(t)$ 组成,即

$$\boldsymbol{z}(t):=\begin{bmatrix}\boldsymbol{x}_e(t)\\ \boldsymbol{v}_e(t)\\ \boldsymbol{R}_{eb}(t)\end{bmatrix},s(t):=\begin{bmatrix}\boldsymbol{f}_b(t)\\ \boldsymbol{\omega}_{ib}(t)\end{bmatrix}$$

如此选择导航状态参数,导航算法中的非线性一阶常微分方程就变成

$$\dot{\boldsymbol{x}}_e(t)=\boldsymbol{v}_e(t) \tag{2}$$

$$\dot{\boldsymbol{v}}_e(t)=\boldsymbol{R}_{eb}(t)\cdot\boldsymbol{f}_b(t)+\boldsymbol{\gamma}_e(\boldsymbol{x}_e(t),t)-2\boldsymbol{\omega}_{ie}\times\boldsymbol{v}_e(t) \tag{3}$$

$$\dot{\boldsymbol{R}}_{eb}(t)=\boldsymbol{R}_{eb}(t)\boldsymbol{\Omega}_{ib}(t)-\boldsymbol{\Omega}_{ie}\boldsymbol{R}_{eb}(t) \tag{4}$$

式中:$\boldsymbol{x}_e(t)$ 为地心坐标系下位置矢量;$\boldsymbol{v}_e(t)$ 为地心坐标系下速度矢量;$\boldsymbol{R}_{eb}(t)$ 为本体坐标系到地心坐标系的旋转矩阵,满足 $\boldsymbol{R}_{eb}(t)\boldsymbol{R}_{eb}^{\mathrm{T}}(t)=\boldsymbol{I}\wedge\det(\boldsymbol{R}_{eb}(t))=1$;$\boldsymbol{f}_b(t)$ 为本体坐标系下比力矢量;$\boldsymbol{\omega}_{ib}(t)$ 为本体坐标系相对于惯性系的角速度 $\boldsymbol{\Omega}_{ib}(t):=[\boldsymbol{\omega}_{ib}(t)\times]$;$\boldsymbol{\omega}_{ie}$ 为地心坐标系相对于惯性系的角速率 $\boldsymbol{\Omega}_{ie}:=[\boldsymbol{\omega}_{ie}\times]$;$\boldsymbol{\gamma}_e(\boldsymbol{x}_e(t),t)$ 为地心坐标系下重力矢量包含潮汐加速度;t 为时间。

这组在地心坐标系下非积分 IMU 的导航微分方程式是非线性的,这仅仅是地球重力场(和潮汐加速度)所导致的,并且参数也是随时间变化的,即式中由非积分 IMU 测得的线性加速度 $\boldsymbol{f}_b(t)$ 和角速率 $\boldsymbol{\omega}_{ib}(t)$ 。到目前为止,足够阶次的数值积分方法如龙格—库塔法可用来求这组一阶微分方程的数值解,因为不能得到一组封闭解。但是,积

分 IMU 测得的是线性加速度 $\boldsymbol{f}_b(t)$ 和角速率 $\boldsymbol{\omega}_{ib}(t)$ 在时间上的积分,即速度增量 $\Delta\boldsymbol{v}_b(t)$ 和角度增量 $\Delta\boldsymbol{\theta}_{ib}(t)$,其定义为

$$\Delta\boldsymbol{v}_b(t-\Delta t,t):=\int_{t-\Delta t}^{t}\boldsymbol{f}_b(\tau)\,\mathrm{d}\tau$$

$$\Delta\boldsymbol{\theta}_{ib}(t-\Delta t,t):=\int_{t-\Delta t}^{t}\boldsymbol{\omega}_{ib}(\tau)\,\mathrm{d}\tau$$

后边将要介绍怎样能够在保证积分 IMU 测量结果输入频率和导航状态输出频率一致的同时,以足够高阶的误差求解积分 IMU 的导航微分方程式(2)~式(4)。图 1 分别表示了单频和双频算法的输入输出频率比。

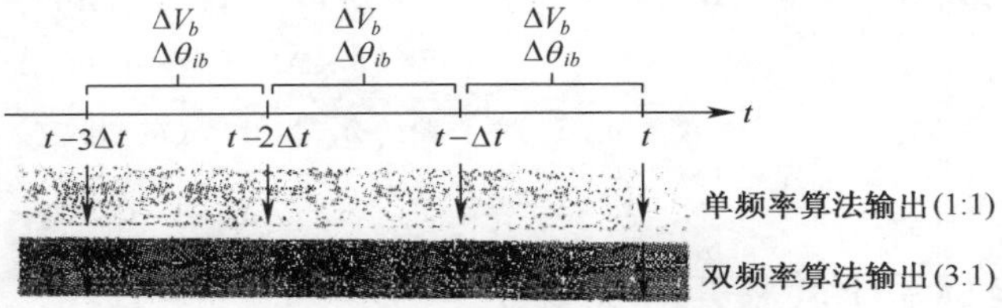

图 1　单和双频率捷联算法:输入/输出比率

3　旋转矩阵初值问题的解

地心坐标系下的方向微分方程式(4)描述了在已知 IMU 测量的角速率 $\boldsymbol{\Omega}_{ib}(t)$ 和地球旋转角速率 $\boldsymbol{\Omega}_{ie}$ 的条件下,本体坐标系相对于地心坐标系的方向变化。由于地球旋转角速率可以准确知道,因此它独立于速度和位置,并且没有明确的时间依赖性。在这一节,我们推导了包含积分陀螺仪测量结果的方向差分方程。

3.1　旋转矩阵初始值问题的分解和离散化

为了简化,初值问题(式(4))可以分解为两个初值问题,即

$$\dot{\boldsymbol{R}}_{ie}(t)=\boldsymbol{R}_{ie}(t)\boldsymbol{\Omega}_{ie},\boldsymbol{R}_{ie}(t_0)=\boldsymbol{R}_{ie_0}\tag{5}$$

$$\dot{\boldsymbol{R}}_{ib}(t)=\boldsymbol{R}_{ib}(t)\boldsymbol{\Omega}_{ib}(t),\boldsymbol{R}_{ib}(t_0)=\boldsymbol{R}_{ib_0}\tag{6}$$

要求的解 $\dot{\boldsymbol{R}}_{eb}(t)$ 由以上两个初值问题的解相乘得到,即

$$\boldsymbol{R}_{eb}(t)=\boldsymbol{R}_{ie}^{\mathrm{T}}(t)\cdot\boldsymbol{R}_{ib}(t)$$

相应的差分方程就可写为以下形式,即

$$\boldsymbol{R}_{ie}(t+\Delta t)=\boldsymbol{R}_{ie}(t)\cdot\boldsymbol{T}_e(t,t+\Delta t),\boldsymbol{R}_{ie}(t_0)=\boldsymbol{R}_{ie_0}\tag{7}$$

$$\boldsymbol{R}_{ib}(t+\Delta t)=\boldsymbol{R}_{ib}(t)\cdot\boldsymbol{T}_b(t,t+\Delta t),\boldsymbol{R}_{ib}(t_0)=\boldsymbol{R}_{ib_0}\tag{8}$$

式中:$\boldsymbol{T}_e(t,t+\Delta t)$ 和 $\boldsymbol{T}_b(t,t+\Delta t)$ 是未知的转移矩阵。如果此递归方程已知,那么,初值问题(式(4))的解为

$$\boldsymbol{R}_{eb}(t+\Delta t)=\boldsymbol{R}_{ie}^{\mathrm{T}}(t+\Delta t)\cdot\boldsymbol{R}_{ib}(t+\Delta t)=\boldsymbol{T}_e^{\mathrm{T}}(t,t+\Delta t)\cdot\boldsymbol{R}_{ie}^{\mathrm{T}}(t)\cdot\boldsymbol{R}_{ib}(t)\cdot$$

$$T_b(t,t+\Delta t) \Leftrightarrow R_{eb}(t+\Delta t) = T_e^{\mathrm{T}}(t,t+\Delta t) \cdot R_{eb}(t) \cdot T_b(t,t+\Delta t) \tag{9}$$

3.2 地心坐标系下转移矩阵的确定

由于地球旋转速度为常值,所以初值问题式(5)的系数也是常值,其解为

$$R_{ie}(t) = R_{ie}(t_0) \cdot \mathrm{e}^{\Omega_{ie}(t-t_0)}$$

根据定义,$R_{ie(t)}$ 随着地球旋转轴(即地心坐标系的 z 轴)的一个简单地旋转而变化,根据地球旋转的速度($\omega_{ie} := (0,0,\omega_{ie})^{\mathrm{T}}$),有

$$R_{ie}(t+\Delta t) = R_{ie}(t) \cdot \mathrm{e}^{\Omega_{ie}\cdot\Delta t} = R_{ie}(t) \cdot R_3(\omega_{ie}\Delta t) \Rightarrow$$

$$T_e(t,t+\Delta t) = \mathrm{e}^{\Omega_{ie}\cdot\Delta t} = R_3(\omega_{ie}\Delta t) = \begin{bmatrix} \cos(\omega_{ie}\Delta t) & -\sin(\omega_{ie}\Delta t) & 0 \\ \sin(\omega_{ie}\Delta t) & \cos(\omega_{ie}\Delta t) & 0 \\ 0 & 0 & 1 \end{bmatrix} \tag{10}$$

3.3 本体坐标系下转移矩阵的确定

在地心和本体坐标框架下,都有 $\dot{R}(t) = R(t) \cdot \Omega(t)$ 和 $R(t+\Delta t) = R(t) \cdot T(t,t+\Delta t)$。一般的转移矩阵 $T(t,t+\Delta t)$ 是由一般的旋转矩阵 $R(t,t+\Delta t)$ 展开为泰勒级数得到的,即

$$R(t,t+\Delta t) = R(t) + \dot{R}(t)\cdot\Delta t + \ddot{R}(t)\cdot\frac{\Delta t^2}{2!} + \dddot{R}(t)\cdot\frac{\Delta t^3}{3!} + O(\Delta t^4) \tag{11}$$

然后利用微分方程 $\dot{R}(t) = R(t) \cdot \Omega(t)$ 来表示 $R(t)$ 的各阶导数,即

$$\dot{R} = R \cdot \Omega$$

$$\ddot{R} = \dot{R}\cdot\Omega + R\cdot\dot{\Omega} = R\cdot(\Omega^2 + \dot{\Omega})$$

$$\dddot{R}(t) = \dot{R}\cdot(\Omega^2 + \dot{\Omega}) + R\cdot(\dot{\Omega}\Omega + \Omega\dot{\Omega} + \ddot{\Omega}) = R\cdot(\Omega^3 + 2\Omega\dot{\Omega} + \dot{\Omega}\Omega + \ddot{\Omega})$$

将式(11)中 R 的各阶导数用上式替换,得

$$R(t,t+\Delta t) =$$

$$R(t)\left[I_3 + \Omega\Delta t + (\Omega^2 + \dot{\Omega})\frac{\Delta t^2}{2!} + (\Omega^3 + 2\Omega\dot{\Omega} + \dot{\Omega}\Omega + \ddot{\Omega})\frac{\Delta t^3}{3!} + O(\Delta t^4)\right]$$

很明显可以看出,方括号内的部分就是转移矩阵 $T(t,t+\Delta t)$。它仅由斜率矩阵 Ω 和它的各阶导数决定,即

$$T(t,t+\Delta t) = I_3 + \Omega\Delta t + (\Omega^2 + \dot{\Omega})\frac{\Delta t^2}{2!} + (\Omega^3 + 2\Omega\dot{\Omega} + \dot{\Omega}\Omega + \ddot{\Omega})\frac{\Delta t^3}{3!} + O(\Delta t^4) \tag{12}$$

对于初值问题(式(6))的递归形式(式(8)),要计算转移矩阵 $T_{ib}(t,t+\Delta t)$,就必须知道斜率矩阵 Ω_{ib} 和它的各阶导数,这必须从积分 IMU 的测量结果获得。为此,我们把两个积分三轴陀螺仪的测量结果 $\Delta\theta_{ib}^{+}$ 和 $\Delta\theta_{ib}^{-}$(图 2)展开为泰勒级

数，即

$$\Delta\boldsymbol{\theta}_{ib}^{+}:=\int_{t}^{t+\Delta t}\boldsymbol{\Omega}_{ib}(\tau)\mathrm{d}\tau=\boldsymbol{\Omega}_{ib}(t)\cdot\Delta t+\dot{\boldsymbol{\Omega}}_{ib}(t)\cdot\frac{\Delta t^{2}}{2!}+\ddot{\boldsymbol{\Omega}}_{ib}(t)\cdot\frac{\Delta t^{3}}{3!}+O(\Delta t^{4})$$

$$\Delta\boldsymbol{\theta}_{ib}^{-}:=\int_{t}^{t-\Delta t}\boldsymbol{\Omega}_{ib}(\tau)\mathrm{d}\tau=\boldsymbol{\Omega}_{ib}(t)\cdot\Delta t-\dot{\boldsymbol{\Omega}}_{ib}(t)\cdot\frac{\Delta t^{2}}{2!}+\ddot{\boldsymbol{\Omega}}_{ib}(t)\cdot\frac{\Delta t^{3}}{3!}+O(\Delta t^{4})$$

(13)

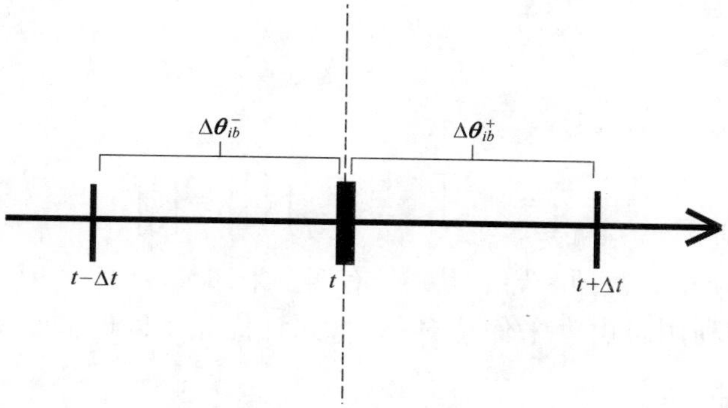

图 2　跟随集成 IMU 测量

这两个展开式表示了积分陀螺仪测量结果 $\Delta\boldsymbol{\theta}_{ib}$ 和非积分陀螺仪测量结果 $\boldsymbol{\Omega}_{ib}(t)$ 以及它们在 t 时刻导数的关系。将这两个泰勒展开式倒置，并把结果代入转移矩阵 $\boldsymbol{T}_b(t,t+\Delta t)$ 的表达式中，就得到了所需的结果。或者我们也可以用两个积分陀螺仪测量结果的乘积来表示 $\boldsymbol{T}_b(t,t+\Delta t)$，然后通过直接对比就可得出系数

$$\boldsymbol{T}_b(t,t+\Delta t)=\boldsymbol{I}_3+a_1\Delta\boldsymbol{\theta}_{ib}^{+}+a_2\Delta\boldsymbol{\theta}_{ib}^{-}+a_3\Delta\boldsymbol{\theta}_{ib}^{+2}+a_4\Delta\boldsymbol{\theta}_{ib}^{+}\Delta\boldsymbol{\theta}_{ib}^{-}+a_5\Delta\boldsymbol{\theta}_{ib}^{-}\Delta\boldsymbol{\theta}_{ib}^{+}+a_6\Delta\boldsymbol{\theta}_{ib}^{-2}+a_7\Delta\boldsymbol{\theta}_{ib}^{+3}+\text{h. o. t.}\tag{14}$$

由角增量式(13)，在时间增量为 Δt 时，式(14)中所需的两两乘积为 Δt 的三次项

$$\Delta\boldsymbol{\theta}_{ib}^{+}\cdot\Delta\boldsymbol{\theta}_{ib}^{+}=\boldsymbol{\Omega}_{ib}{}^{2}(t)\cdot\Delta t^{2}+[\boldsymbol{\Omega}_{ib}(t)\dot{\boldsymbol{\Omega}}_{ib}(t)+\dot{\boldsymbol{\Omega}}_{ib}(t)\boldsymbol{\Omega}_{ib}(t)]\cdot\frac{\Delta t^{3}}{2}+O(\Delta t^{4})$$

$$\Delta\boldsymbol{\theta}_{ib}^{+}\cdot\Delta\boldsymbol{\theta}_{ib}^{-}=\boldsymbol{\Omega}_{ib}{}^{2}(t)\cdot\Delta t^{2}-[\boldsymbol{\Omega}_{ib}(t)\dot{\boldsymbol{\Omega}}_{ib}(t)-\dot{\boldsymbol{\Omega}}_{ib}(t)\boldsymbol{\Omega}_{ib}(t)]\cdot\frac{\Delta t^{3}}{2}+O(\Delta t^{4})$$

$$\Delta\boldsymbol{\theta}_{ib}^{-}\cdot\Delta\boldsymbol{\theta}_{ib}^{+}=\boldsymbol{\Omega}_{ib}{}^{2}(t)\cdot\Delta t^{2}+[\boldsymbol{\Omega}_{ib}(t)\dot{\boldsymbol{\Omega}}_{ib}(t)-\dot{\boldsymbol{\Omega}}_{ib}(t)\boldsymbol{\Omega}_{ib}(t)]\cdot\frac{\Delta t^{3}}{2}+O(\Delta t^{4})$$

$$\Delta\boldsymbol{\theta}_{ib}^{-}\cdot\Delta\boldsymbol{\theta}_{ib}^{-}=\boldsymbol{\Omega}_{ib}{}^{2}(t)\cdot\Delta t^{2}-[\boldsymbol{\Omega}_{ib}(t)\dot{\boldsymbol{\Omega}}_{ib}(t)+\dot{\boldsymbol{\Omega}}_{ib}(t)\boldsymbol{\Omega}_{ib}(t)]\cdot\frac{\Delta t^{3}}{2}+O(\Delta t^{4})$$

(15)

相应的三次乘积形式为

$$\Delta\boldsymbol{\theta}_{ib}^{+}\cdot\Delta\boldsymbol{\theta}_{ib}^{+}\cdot\Delta\boldsymbol{\theta}_{ib}^{+}=\boldsymbol{\Omega}_{ib}{}^{3}(t)\cdot\Delta t^{3}+O(\Delta t^{4})\tag{16}$$

把式(13)、式(15)、式(16)代入式(14)中，得到的结果与式(12)逐项进行比较，就

可确定出式(14)中的系数。

对比 $\boldsymbol{\Omega}_{ib}(t)$ 的一次项及其导数就能得到三个线性方程(其中两两线性独立),从而确定两个未知的系数,即

$$\boldsymbol{\Omega}_{ib}(t)\cdot\Delta t:\ a_1+a_2=1$$

$$\dot{\boldsymbol{\Omega}}_{ib}(t)\cdot\Delta t^2:\ \frac{1}{2}a_1-\frac{1}{2}a_2=\frac{1}{2}$$

$$\ddot{\boldsymbol{\Omega}}_{ib}(t)\cdot\Delta t^3:\ \frac{1}{6}a_1+\frac{1}{6}a_2=\frac{1}{6}$$

可以求出 a_1 和 a_2,即

$$\begin{bmatrix}a_1\\a_2\end{bmatrix}=-\frac{1}{2}\begin{bmatrix}-1&-1\\-1&1\end{bmatrix}\begin{bmatrix}1\\1\end{bmatrix}=\begin{bmatrix}1\\0\end{bmatrix}$$

对比 $\boldsymbol{\Omega}_{ib}(t)$ 的二次项和导数得到带有四个未知参数的三个线性方程(无法确定值,因此我们利用自由度来保持对称性,并且优先消除时间最靠前的项,即令 $a_6=0$),即

$$\boldsymbol{\Omega}_{ib}{}^2(t)\cdot\Delta t^2:\ a_3+a_4+a_5+a_6=\frac{1}{2}$$

$$\boldsymbol{\Omega}_{ib}(t)\dot{\boldsymbol{\Omega}}_{ib}(t)\cdot\Delta t^3:\ \frac{1}{2}a_3-\frac{1}{2}a_4+\frac{1}{2}a_5-\frac{1}{2}a_6=\frac{1}{3}$$

$$\boldsymbol{\Omega}_{ib}(t)\dot{\boldsymbol{\Omega}}_{ib}(t)\cdot\Delta t^3:\ \frac{1}{2}a_3+\frac{1}{2}a_4-\frac{1}{2}a_5-\frac{1}{2}a_6=\frac{1}{6}$$

可以求出 a_3、a_4 和 a_5,即

$$\begin{bmatrix}a_3\\a_4\\a_5\end{bmatrix}=\begin{bmatrix}1&1&1\\1&-1&1\\1&1&-1\end{bmatrix}^{-1}\begin{bmatrix}\frac{1}{2}\\\frac{2}{3}\\\frac{1}{3}\end{bmatrix}=\begin{bmatrix}\frac{1}{2}\\-\frac{1}{12}\\\frac{1}{12}\end{bmatrix}$$

对比 $\boldsymbol{\Omega}_{ib}(t)$ 的三次项很容易得到

$$\boldsymbol{\Omega}_{ib}{}^3(t)\cdot\Delta t^3:\ a_7=\frac{1}{6}$$

将求得的 $a_1\sim a_7$ 代入式(14),求得转移矩阵 $\boldsymbol{T}_b(t,t+\Delta t)$ 为

$$\boldsymbol{T}_b(t,t+\Delta t)=\boldsymbol{I}_3+\Delta\boldsymbol{\theta}_{ib}^{+}+\frac{1}{2}\Delta\boldsymbol{\theta}_{ib}^{+2}-\frac{1}{12}(\Delta\boldsymbol{\theta}_{ib}^{+}\Delta\boldsymbol{\theta}_{ib}^{-}-\Delta\boldsymbol{\theta}_{ib}^{-}\Delta\boldsymbol{\theta}_{ib}^{+})+\frac{1}{6}\Delta\boldsymbol{\theta}_{ib}^{+3}+O(\Delta t^4)\tag{17}$$

由式(10)和式(17)确定了转移矩阵,那么,带有四阶误差项、用来描述本体坐标系相对地心坐标系方位的旋转矩阵的递归方程就完全确定。这里,除了常值参

数，还需要两个积分陀螺仪的测量结果。用更长时间测量值就能得到更准确的结果，但是由于传感器的噪声和平台震动的影响，当包含了越高阶的项，我们就越不能期望有更高的准确度。最后，为减少数值不准确度，建议实时将 $\boldsymbol{R}_{eb}(t+\Delta t)$ 正交化[3]，即

$$\boldsymbol{R}_{eb}(t)=\boldsymbol{R}_{eb}(t)[\boldsymbol{R}_{eb}^{\mathrm{T}}(t)\boldsymbol{R}_{eb}(t)]^{-1/2} \tag{18}$$

4 从积分陀螺仪测量结果计算地心坐标系和本体坐标系之间的角速率

要求解平动的初值问题，就必须知道角速率矩阵 $\boldsymbol{\Omega}_{eb}(t)$ 。因此，本节将给出一个由积分陀螺仪测量结果的计算公式的推导过程。为了由 $\boldsymbol{\Omega}_{ib}(t)$ 计算 $\boldsymbol{\Omega}_{eb}(t)$，地球旋转的角速率就必须转化到本体坐标系中，然后进行补偿，即

$$\boldsymbol{\Omega}_{eb}(t)=\boldsymbol{\Omega}_{ib}(t)-\boldsymbol{R}_{eb}^{\mathrm{T}}(t)\boldsymbol{\Omega}_{ib}\boldsymbol{R}_{eb}(t)$$

再次利用泰勒展开式（式(13)），就可从陀螺仪的测量结果计算出 $\boldsymbol{\Omega}_{ib}(t)$ 。最琐碎的泰勒级数的反演得到了中心差商，即

$$\boldsymbol{\Omega}_{ib}(t)=\frac{1}{2\Delta t}(\Delta\boldsymbol{\theta}_{ib}^{+}+\Delta\boldsymbol{\theta}_{ib}^{-})+O(\Delta t^{2})$$

因此，角速率矩阵的最终形式为

$$\boldsymbol{\Omega}_{eb}(t)=\frac{1}{2\Delta t}(\Delta\boldsymbol{\theta}_{ib}^{+}+\Delta\boldsymbol{\theta}_{ib}^{-})-\boldsymbol{R}_{eb}{}^{\mathrm{T}}(t)\boldsymbol{\Omega}_{ib}\boldsymbol{R}_{eb}(t)+O(\Delta t^{2}) \tag{19}$$

后来可以很清楚地看到，当第六节把所有的单频捷联算法的部分结果汇总起来时，带有二阶误差项的中心差商已经足够用了。

5 平动初值问题的解

地心坐标系下平动微分方程式(2)和式(3)描述了在给定 IMU 测得的比力 $\boldsymbol{f}_b(t)$、当地的重力矢量 $\boldsymbol{\gamma}_e(\boldsymbol{x}_e(t))$、地球旋转角速率 $\boldsymbol{\omega}_{ie}$ 和旋转初值问题的解 $\boldsymbol{R}_{eb}(t)$ 的情况下，相对于地心坐标系的位置和速度。在这一节，包含了积分加速度计测量结果的位置和速度微分方程将被推导出来。

5.1 从积分加速度计测量结果得到非积分的结果

就像在方向的微分方程中需要把角速率 $\boldsymbol{\Omega}_{ib}(t)$ 替换成积分三轴陀螺仪测得的角度增量 $\Delta\boldsymbol{\theta}_{ib}(t)$ 一样，速度微分方程中的比力 $\boldsymbol{f}_b(t)$ 也需要用积分三轴加速度计测得的增量 $\Delta\boldsymbol{v}_b(t)$ 来表示。因此，$\Delta\boldsymbol{v}_b(t)$ 也类似于式(13)那样展开为泰勒级数，即

$$\Delta \boldsymbol{v}_b^+ := \int_t^{t+\Delta t} \boldsymbol{f}_b(\tau)\,\mathrm{d}\tau = \boldsymbol{f}_b(t)\cdot\Delta t + \dot{\boldsymbol{f}}_b(t)\cdot\frac{\Delta t^2}{2!} + O(\Delta t^3)$$

$$\Delta \boldsymbol{v}_b^- := \int_{t-\Delta t}^{t} \boldsymbol{f}_b(\tau)\,\mathrm{d}\tau = \boldsymbol{f}_b(t)\cdot\Delta t - \dot{\boldsymbol{f}}_b(t)\cdot\frac{\Delta t^2}{2!} + O(\Delta t^3)$$

并且同样因为要求的误差阶数更低,通过泰勒级数反演得到如下结果,即

$$\begin{matrix}\Delta \boldsymbol{v}_b^+ + \Delta \boldsymbol{v}_b^- = 2\boldsymbol{f}_b(t)\cdot\Delta t + O(\Delta t^3) \\ \Delta \boldsymbol{v}_b^+ - \Delta \boldsymbol{v}_b^- = \dot{\boldsymbol{f}}_b(t)\cdot\Delta t^2 + O(\Delta t^3)\end{matrix} \Rightarrow \begin{matrix}\boldsymbol{f}_b(t) = \dfrac{\Delta \boldsymbol{v}_b^+ + \Delta \boldsymbol{v}_b^-}{2\Delta t} + O(\Delta t^2) \\ \dot{\boldsymbol{f}}_b(t) = \dfrac{\Delta \boldsymbol{v}_b^+ - \Delta \boldsymbol{v}_b^-}{\Delta t^2} + O(\Delta t^2)\end{matrix} \tag{20}$$

5.2 从积分测量结果得到速度

从泰勒级数的展开式中可以推导出速度的差分方程式,即

$$\boldsymbol{v}_e(t+\Delta t) = \boldsymbol{v}_e(t) + \dot{\boldsymbol{v}}_e(t)\cdot\Delta t + \ddot{\boldsymbol{v}}_e(t)\cdot\frac{\Delta t^2}{2!} + O(\Delta t^3) \tag{21}$$

$\dot{\boldsymbol{v}}_e(t)$ 则由速度的微分方程式(3)给出,即

$$\dot{\boldsymbol{v}}_e(t) = \boldsymbol{R}_{eb}(t)\cdot\boldsymbol{f}_b(t) + \boldsymbol{\gamma}_e(\boldsymbol{x}_e(t),t) - 2\boldsymbol{\omega}_{ie}\times\dot{\boldsymbol{v}}_e(t)$$

其导数为

$$\ddot{\boldsymbol{V}}_e(t) = \dot{\boldsymbol{R}}_{eb}(t)\cdot\boldsymbol{f}_b(t) + \boldsymbol{R}_{eb}(t)\cdot\dot{\boldsymbol{f}}_b(t) + \frac{\partial\boldsymbol{\gamma}_e(\boldsymbol{x}_e(t))}{\partial\boldsymbol{x}_e^{\mathrm{T}}}\boldsymbol{v}_e(t) - 2\boldsymbol{\omega}_{ie}\times\dot{\boldsymbol{v}}_e(t)$$

因此,应用式(20)和 $\dot{\boldsymbol{R}}_{eb}(t) = \boldsymbol{R}_{eb}(t)\boldsymbol{\Omega}_{eb}(t)$,速度的各阶导数为

$$\begin{aligned}\dot{\boldsymbol{v}}_e(t) &= \boldsymbol{R}_{eb}(t)\cdot\frac{\Delta \boldsymbol{v}_b^+ + \Delta \boldsymbol{v}_b^-}{2\Delta t} + \boldsymbol{\gamma}_e(\boldsymbol{x}_e(t),t) - 2\boldsymbol{\omega}_{ie}\times\boldsymbol{v}_e(t) + O(\Delta t^2) \\ \ddot{\boldsymbol{V}}_e(t) &= \boldsymbol{R}_{eb}(t)\left[\boldsymbol{\Omega}_{eb}(t)\frac{\Delta \boldsymbol{v}_b^+ + \Delta \boldsymbol{v}_b^-}{2\Delta t} + \frac{\Delta \boldsymbol{v}_b^+ - \Delta \boldsymbol{v}_b^-}{\Delta t^2}\right] + \\ &\quad \frac{\partial\boldsymbol{\gamma}_z(\boldsymbol{x}_e(t))}{\partial\boldsymbol{x}_e^{\mathrm{T}}}\boldsymbol{v}_e(t) - 2\boldsymbol{\omega}_{ie}\times\dot{\boldsymbol{v}}_e(t) + O(\Delta t^2)\end{aligned} \tag{22}$$

笛卡儿重力矢量 $\boldsymbol{\gamma}_e(\boldsymbol{x}_e(t))$ 和重力矢量的梯度 $\partial\boldsymbol{\gamma}_e(\boldsymbol{x}_e(t))/\partial\boldsymbol{x}_e$ 可以通过一个等势旋转椭球的重力场来估计。对于战术级别的 IMU 来说,这个模型已经足够,并且在参考文献[10]定义了 J_2 参数之后,还可以进行截断。但是导航级别和战略级别的 IMU 则需要更准确的模型。

5.3 从积分测量结果得到位置

类似于式(21),位置的差分方程也通过泰勒展开式获得,即

$$\boldsymbol{x}_e(t+\Delta t) = \boldsymbol{x}_e(t) + \dot{\boldsymbol{x}}_e(t)\cdot\Delta t + \ddot{\boldsymbol{x}}_e(t)\cdot\frac{\Delta t^2}{2!} + \dddot{\boldsymbol{x}}_e(t)\cdot\frac{\Delta t^3}{3!} + O(\Delta t^4) \tag{23}$$

$\boldsymbol{x}_e(t)$ 的导数可以用已知的速度 $\boldsymbol{v}_e(t)$ 和它的各阶导数(式(22))代替。

6 地心坐标系下单频捷联算法

在这一部分,确定位置、速度、方向所需的方程式(9)、式(10)、式(17)~式(19)、式(21)~式(23)被整合到一个模板中,组成了单频捷联算法。

输入:

- 积分 IMU 测量数据 ($\Delta\boldsymbol{v}_b^-,\Delta\boldsymbol{\theta}_{ib}^-$),($\Delta\boldsymbol{v}_b^+,\Delta\boldsymbol{\theta}_{ib}^+$)
- 之前的导航状态 $\boldsymbol{x}_e(t),\boldsymbol{v}_e(t),\boldsymbol{R}_{eb}(t)$

单频算法:

- 辅助方程:

$$\boldsymbol{R}_{eb}(t) = \boldsymbol{R}_{eb}(t)[\boldsymbol{R}_{eb}{}^{\mathrm{T}}(t)\boldsymbol{R}_{eb}(t)]^{-1/2}$$

$$\boldsymbol{\Omega}_{eb}(t) = \frac{1}{2\Delta t}(\Delta\boldsymbol{\theta}_{ib}^+ + \Delta\boldsymbol{\theta}_{ib}^-) - \boldsymbol{R}_{eb}{}^{\mathrm{T}}(t)\boldsymbol{\Omega}_{ib}\boldsymbol{R}_{eb}(t) + O(\Delta t^2)$$

$$\boldsymbol{T}_b(t) = \boldsymbol{I}_3 + \Delta\boldsymbol{\theta}_{ib}^+ + \frac{1}{2}\Delta\boldsymbol{\theta}_{ib}^{+2} - \frac{1}{12}(\Delta\boldsymbol{\theta}_{ib}^+\Delta\boldsymbol{\theta}_{ib}^- - \Delta\boldsymbol{\theta}_{ib}^-\Delta\boldsymbol{\theta}_{ib}^+) + \frac{1}{6}\Delta\boldsymbol{\theta}_{ib}^{+3} + O(\Delta t^4)$$

$$\dot{\boldsymbol{v}}_e(t) = \boldsymbol{R}_{eb}(t)\frac{\Delta\boldsymbol{v}_b^+ + \Delta\boldsymbol{v}_b^-}{2\Delta t} + \boldsymbol{\gamma}_e(\boldsymbol{x}(t)) - 2\boldsymbol{\omega}_{ie}\times\boldsymbol{v}_e(t) + O(\Delta t^2)$$

$$\ddot{\boldsymbol{v}}_e(t) = \boldsymbol{R}_{eb}(t)\left[\boldsymbol{\Omega}_{eb}(t)\frac{\Delta\boldsymbol{v}_b^+ + \Delta\boldsymbol{v}_b^-}{2\Delta t} + \frac{\Delta\boldsymbol{v}_b^+ - \Delta\boldsymbol{v}_b^-}{\Delta t^2}\right] + \frac{\partial\boldsymbol{\gamma}_e(\boldsymbol{x}_e(t))}{\partial\boldsymbol{x}_e^{\mathrm{T}}}\boldsymbol{v}_e(t) - 2\boldsymbol{\omega}_{ie}\times\dot{\boldsymbol{v}}_e(t) + O(\Delta t^2)$$

- 状态生成:

$$\boldsymbol{x}_e(t+\Delta t) = \boldsymbol{x}_e(t) + \dot{\boldsymbol{x}}_e(t)\cdot\Delta t + \ddot{\boldsymbol{x}}_e(t)\cdot\frac{\Delta t^2}{2!} + \dddot{\boldsymbol{x}}_e(t)\cdot\frac{\Delta t^3}{3!} + O(\Delta t^4)$$

$$\boldsymbol{v}_e(t+\Delta t) = \boldsymbol{v}_e(t) + \dot{\boldsymbol{v}}_e(t)\cdot\Delta t + \ddot{\boldsymbol{v}}_e(t)\cdot\frac{\Delta t^2}{2!} + O(\Delta t^3)$$

$$\boldsymbol{R}_{eb}(t+\Delta t) = \boldsymbol{R}_e^{\mathrm{T}}(\omega_{ie}\Delta t)\cdot\boldsymbol{R}_{eb}(t)\cdot\boldsymbol{T}_b(t)$$

输出:

- 现在的导航状态:$\boldsymbol{x}_e(t+\Delta t),\boldsymbol{v}_e(t+\Delta t),\boldsymbol{R}_{eb}(t+\Delta t)$

地心坐标系下重力和重力梯度可以如下建模,即

$$\gamma_{e,i} = GM\left(-\frac{x_{e,i}}{\|\boldsymbol{x}_e\|^3} - a^2J_2\left(\frac{3}{2}\frac{x_e}{\|\boldsymbol{x}_e\|^5} + 3\frac{z_e}{\|\boldsymbol{x}_e\|^5}\delta_{ie} - \frac{15}{2}\frac{x_{e,i}z_e^2}{\|\boldsymbol{x}_e\|^7}\right)\right) + \omega_{ie}^2(1-\delta_{ie})x_{ei}, i = 1,2,3$$

$$\frac{\partial \gamma_{e,i}(\boldsymbol{x}_e)}{\partial x_{e,j}} = GM\left(-\frac{1}{\|\boldsymbol{x}_e\|^3}\delta_{ij}+3\frac{x_{e_i}x_{e_j}}{\|\boldsymbol{x}_e\|^5}\right)-\frac{3}{2}GMa^2J_2\left(\frac{1}{\|\boldsymbol{x}_e\|^5}\delta_{ij}+5\frac{x_{e_i}x_{e_j}}{\|\boldsymbol{x}_e\|^7}\right)+$$

$$\frac{15}{2}GMa^2J_2\left(\frac{z_e^2}{\|\boldsymbol{x}_e\|^5}\delta_{ij}+2\frac{x_{e_i}z_{e_j}}{\|\boldsymbol{x}_e\|^7}\delta_{j3}-7\frac{x_{e_i}x_{e_j}z_e^2}{\|\boldsymbol{x}_e\|^9}\right)-$$

$$3GMa^2J_2\left(\frac{1}{\|\boldsymbol{x}_e\|^5}\delta_{i3}\delta_{j3}-5\frac{x_{e_j}z_e}{\|\boldsymbol{x}_e\|^7}\delta_{i3}\right)+GM\omega_{ie}^2(\delta_{ij}-\delta_{i3}\delta_{j3}),i,j=1,2,3$$

式中,GM 和 J_2 都在参考文献[10]中有明确定义,$\delta_{ij}=\begin{cases}1, i=j\\0, i\neq j\end{cases}$。

7 数值结果

我们通过数学仿真的方法来展示单频捷联算法的效果。特别是准确性和对噪声的鲁棒性被考虑进来。为了分析各阶导数,组成位置矢量不同的正弦函数被选作运动轨迹(图3)。100Hz 无错的积分 IMU 结果很容易就能从分析的轨迹中得出。通过把这类结果在连续的两段抽样时间间隔上进行数值积分,就能够得到无错的速度和角度增量 $\Delta\boldsymbol{v}_b$ 和 $\Delta\boldsymbol{\theta}_{ib}$。为了分析准确性,无错的 IMU 结果也做了一些处理。为了证明对于噪声的鲁棒性,在已产生的 IMU 测量数据中添加了白噪声。此外,该结果还与通常所用的均值方法进行了对比,均值方法是在用传统的捷联算法和龙格—库塔积分法对测量结果进行积分之前,先把积分 IMU 测量结果转换成非积分的结果。速度和角度增量除以抽样时间就得到了非积分的结果,$\bar{\boldsymbol{f}}_b(t)=\Delta\boldsymbol{v}_b(t-\Delta t,t)/\Delta t$,$\overline{\boldsymbol{\omega}}_{ib}(t)=\Delta\boldsymbol{\theta}_{ib}(t-\Delta t,t)/\Delta t$,这与一阶泰勒展开式是相对应的:$\Delta\boldsymbol{v}_b(t-\Delta t,t)=\int_{t-\Delta t}^{t}\boldsymbol{f}_b(\tau)\mathrm{d}\tau$,$\Delta\boldsymbol{\theta}_{ib}(t-\Delta t,t)=\int_{t-\Delta t}^{t}\boldsymbol{\omega}_{ib}(\tau)\mathrm{d}\tau$。因此,$\bar{\boldsymbol{f}}_b(t)$ 和 $\overline{\boldsymbol{\omega}}_{ib}(t)$ 就可以解释为在前一个时间步长 Δt 内的平均比力和平均角速度,这就解释

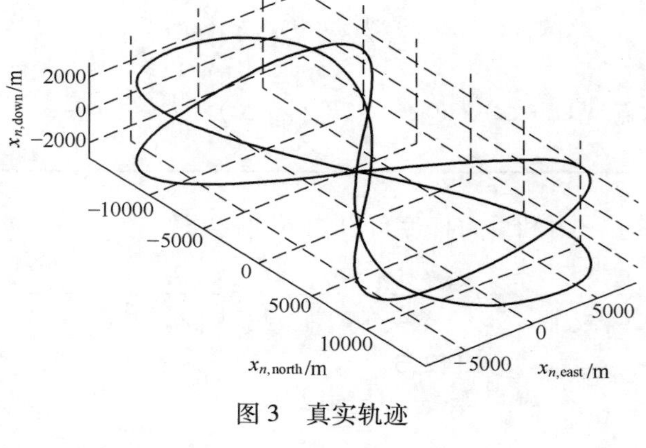

图3　真实轨迹

了为什么称为均值方法。图 4 表示了用无差的测量结果得到的位置和方向的误差。水平和垂直方向的误差都保持在 1.5e - 3m 下,方向误差不超过 6e - 11°。图 5说明了带有测量噪声的单频捷联算法的效果。位置误差小于 3m。横滚轴、俯仰轴和偏航轴方向误差仍能保持在 2e - 5°以下。图 6 为平均法和无误差 IMU 测量的位置和方向误差;图 7 为带噪声 IMU 测量的位置、速度和方向误差的比较。

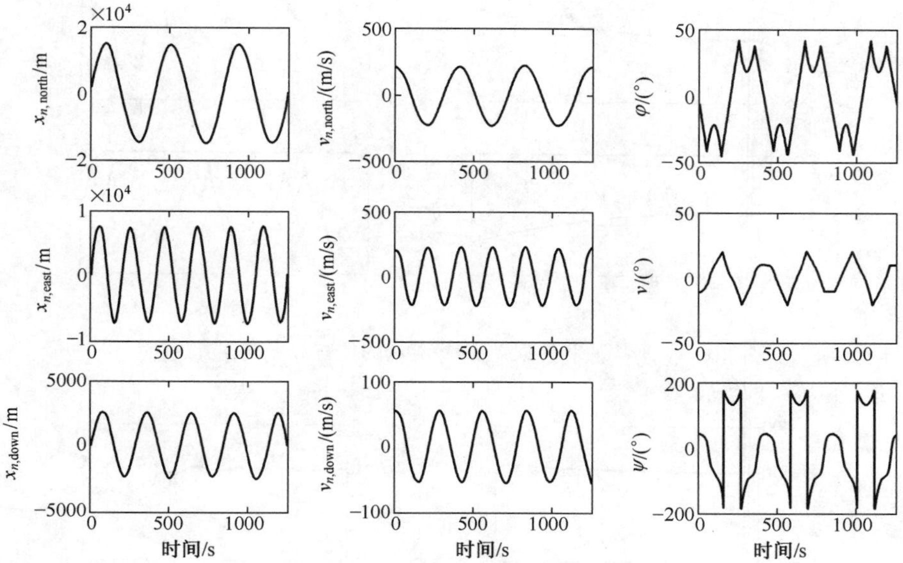

图 4　轨迹的真实位置、速度和方向

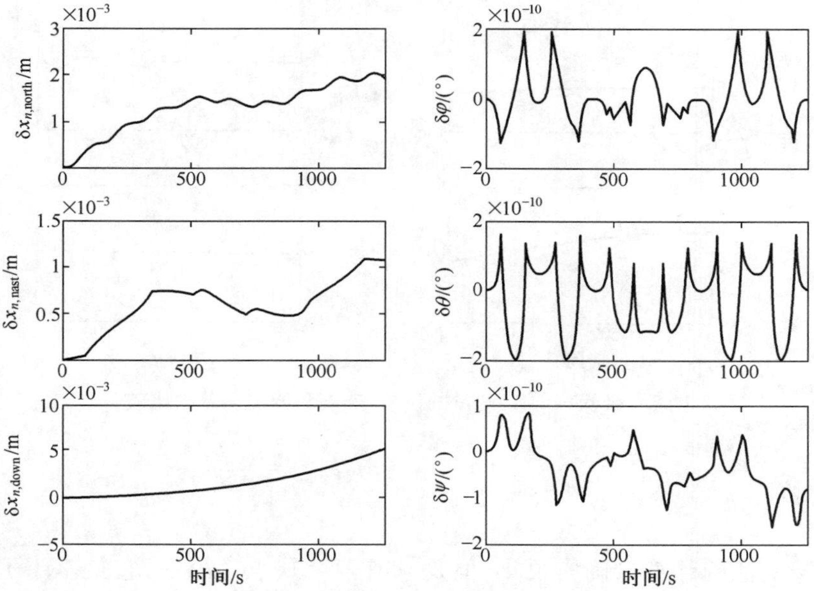

图 5　单频捷联算法和无误差 IMU 测量的位置和方向误差

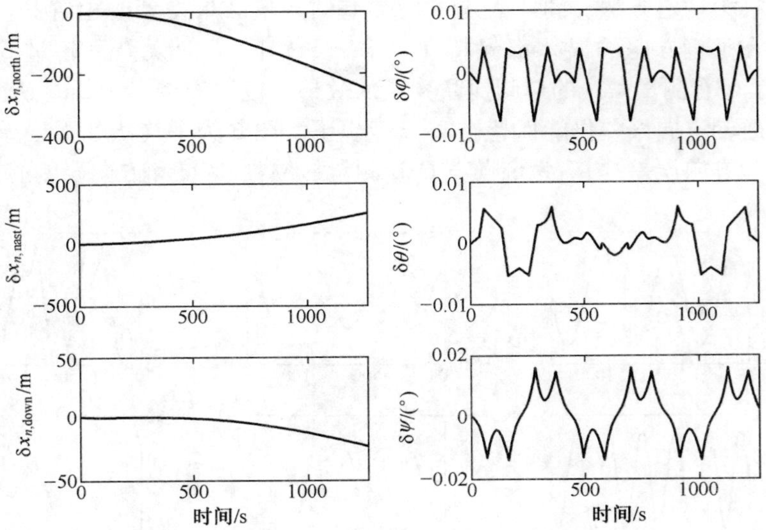

图 6　平均法和无误差 IMU 测量的位置和方向误差

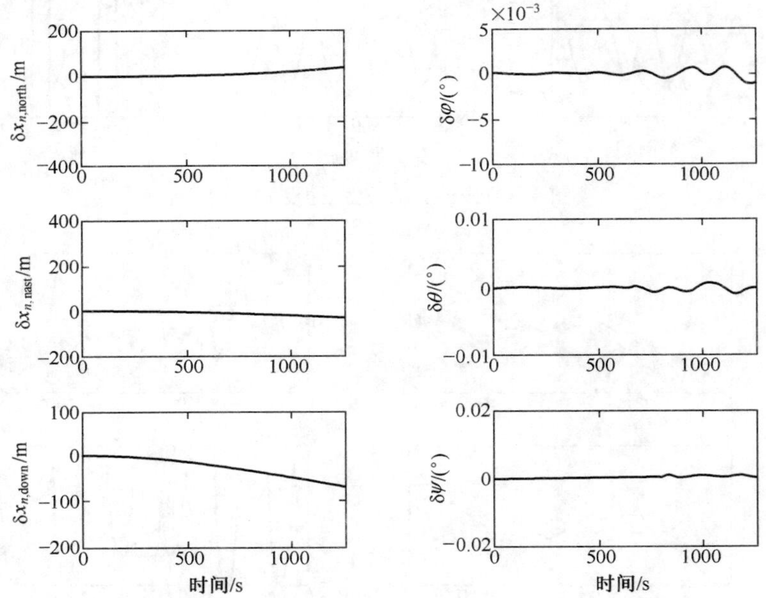

图 7　带噪声 IMU 测量的位置、速度和方向误差的比较

8　总结

双频算法的计算量确实很小，但是它有两个缺点。第一，它是基于 Laning -

Bortz 参数的,这就导致了它的方向微分方程非线性很强,通常在求解之前需要近似化。第二,双频捷联算法需要更高频率的积分 IMU 输入来保证能够提供较低频率的导航状态输出。

单频捷联算法需要更多的计算量,但是它的结果误差阶数是显而易见的,并且能够以积分 IMU 提供测量数据相同的频率生成导航状态。这种方法很容易适用于其他参数化的导航状态矢量以及用四元数做方向参数。前文给出的仿真结果验证了单频捷联算法的准确性,也展示了对于合适的轨迹该算法的鲁棒性。

参 考 文 献

[1] Bortz, J.E.: A New Mathematical Formulation for Strapdown Inertial Navigation.IEEE Transactions on Aerospace and Electronic Systems AES-7(1) (1971)

[2] Dambeck, J.: Geodesy & Inertial Navigation Algorithms. lecture notes, Technical University of Munich (2010)

[3] Farrell, J.L.: Integrated Aircraft Navigation. Academic Press, San Diego (1976)

[4] Gusinsky, V.Z., Lesyuchevsky, V.M., Litmanovich, Y.A., Musoff, H., Schmidt, G.T.: New Procedure for Deriving optimized Strapdown Attitude Algorithms. Journal of Guidance, Control & Dynamics 20(4) (1997)

[5] Hairer, E., Nϕrsett, S.P., Wanner, G.: Solving Ordinary Differential Equations I. Nonstiff Problems, 2nd edn. Springer, Heidelberg (2000)

[6] Ignagni, M.B.: Optimal Strapdown Attitude Integration Algorithms. Journal of Guidance, Control & Dynamics 13(2) (1990)

[7] Laning, J.H.: The vector analysis of finite rotations and angles. Massachusetts Institute of Technology, Cambridge, MIT/IL Special Rept. 6398-S-3 (1949)

[8] Lee, J.G., Yong, J.Y., Mark, J.G., Tazartes, D.A.: Extension of Strapdown Attitude Algorithm for High-Frequency Base Motion. J. of Guidance, Control & Dynamics13(4) (1990)

[9] Miller, R.B.: A New Strapdown Attitude Algorithm. J. of Guidance, Control & Dynamics6(4) (1983)

[10] National Imaginary and Mapping Agency (NIMA): World Geodetic System 1984.Technical Report 8350.2, 3rd edn. (2000)

[11] Savage, P.: Strapdown Inertial Navigation Integration Algorithm Design Part 1: Attitude Algorithms. Journal of Guidance, Control and Dynamics 21(1) (1998)

[12] Savage, P.: Strapdown Inertial Navigation Integration Algorithm Design Part 2: Velocity and Position Algorithms. Journal of Guidance, Control and Dynamics 21(2) (1998)

阵风缓和的宽带风估计算法

Broadband Wind Estimation Algorithm for Gust Load Alleviation

Arndt Hoffmann, Kai Loftfield, and Robert Luckner

摘要：风扰动尤其是垂直阵风和湍流会使得通用飞机的有效载荷测量质量恶化。如果大气干扰能准确确定、宽带高达短周期模式的频率范围，阵风缓和系统能明显减少这种干扰。本文提出了一种基于前馈控制的可用于未来阵风减缓系统确定垂直阵风和湍流的方法。该方法在卡尔曼滤波框架内纵向运动采用线性飞机模型并结合了德莱顿湍流模型。为了分析结果，该方法与一种采用简化飞行力学关系的算法进行比较。为了证明方法思想及其鲁棒性，对不同干扰如离散阵风和攻角测量中的偏置进行了仿真与讨论。

1 引言

在很多任务中，如航空重力测量，飞机即使在大气扰动中也必须平稳飞行。在这样的任务中，飞机为了得到最佳测量质量需要在低空飞行。其结果就是飞机经常受到由阵风和湍流产生的额外空气动力和力矩影响，由此产生的飞机加速度干扰了测量质量，因而，降低了任务的有效性，同时加重了飞行员和任务工程师的工作负担。如果大气干扰能准确确定、宽带能高达短周期模式的频率范围，基于前馈控制的阵风缓和系统能明显减缓加速度。在通用飞机 Stemme S15（一种具有高纵

Dipl.-Ing. Arndt Hoffmann
Berlin Institute of Technology, Marchstr. 12, 10587 Berlin, Germany
e-mail: arndt.hoffmann@ilr.tu-berlin.de
Kai Loftfield
Berlin Institute of Technology, Marchstr. 12, 10587 Berlin, Germany
e-mail: loftfield@mailbox.tu-berlin.de
Prof. Dr.-Ing. Robert Luckner
Berlin Institute of Technology, Marchstr. 12, 10587 Berlin, Germany
e-mail: robert.luckner@tu-berlin.de

横比和一个单一螺旋桨式发动机的动力滑翔机）中占主要影响的是垂直阵风和湍流及风致攻角。这些因素产生了额外的垂直加速度。为了计算不可测但可观的风致攻角的宽带，航空力学量需要准确及宽泛测量。

Wise[1]基于非线性六自由度运动方程和一个复杂的航空动力学模型，采用扩展卡尔曼滤波（EKF）来确定攻角和侧滑角。EKF 框架使用欧拉角、本体速率、本体加速度的惯性测量及动态气压的测量。该方法成功应用于在 X－45 项目的飞行测试中。Heller[2] 和 Myschik[3] 采用基于线性方程的互补滤波器（Complementary Filter）方法来确定攻角和侧滑角以扩展信号的带宽。Braga[4]采用一种低计算代价的自适应扩展卡尔曼滤波方法解决了噪声时变统计特性。该方法在采用航迹重建应用中得到了证实，应用中用到了攻角和侧滑角的同步大气校准数据及静态压力传感器。结合短周期运动的线性模型和德莱顿湍流模型，Hoffmann[5]提出了一种卡尔曼—布西（Kalman－Bucy）滤波器方法能在有大气干扰和观测噪声的情况下精确宽频确定风致攻角。Myschik[6]讨论了一种用于通用航空飞机的风估计/导航的集成系统。该集成系统利用惯性导航数据能够在飞机上确定实际的风条件和气动流角。Langelaan[7]描述了一种用于小型和迷你航空器的风场估计的方法。该方法使用的传感器是标准自动驾驶仪传感器套件中的一部分。Hahn[8]提出了一种如何利用可测的飞行力学参数之间的关系来有效确定风攻角的方法。

本文提出了一种离散卡尔曼滤波框架下结合飞机纵向运动的线性模型和德莱顿湍流模型的方法。为了证明算法思想及鲁棒性，对不同干扰如离散阵风和攻角测量中的偏置进行了仿真与讨论。该方法的结果和参考文献[8]中的结果进行了比较。

2 系统模型

本节描述了线性飞机模型及德莱顿湍流模型，为了分析和设计卡尔曼滤波器，还描述了两个如何结合到一起。

2.1 符号

在这里考虑的飞机纵向运动中，飞行路径速度 $\underline{V}_K$ 和空速 $\underline{V}_A$ 在飞机对称面是二维矢量。x 方向的速度分量用字母 u 表示，z 方向的分量用字母 w 表示。第二个索引字母定义了参考系（g 代表大地坐标系，b 代表机体固连坐标系）。速度矢量为

$$\boldsymbol{V}_{Ab}=\begin{bmatrix}u_A\\w_A\end{bmatrix}_b=\begin{bmatrix}\cos\alpha\\\sin\alpha\end{bmatrix}V_A,\ \underline{\boldsymbol{V}}_{Kg}=\begin{bmatrix}u_K\\w_K\end{bmatrix}_g=\begin{bmatrix}\cos\gamma\\-\sin\gamma\end{bmatrix}\boldsymbol{V}_K$$

$$\tan\alpha=\frac{w_{Ab}}{u_{Ab}},\ \boldsymbol{V}_A=\sqrt{w_{Ab}^2+u_{Ab}^2},\ \sin\gamma=-\frac{w_{Kg}}{\boldsymbol{V}_K},\ \boldsymbol{V}_K=\sqrt{w_{Kg}^2+u_{Kg}^2}$$

式中：α 是攻角；γ 是航向角（Fight Path Angle）。

2.2 线性状态空间飞机模型

状态空间中飞机运动的非线性方程可以写成

$$\dot{\underline{x}}_{ac}(t) = a(\underline{x}_{ac}(t), \underline{u}_{ac}(t), \underline{z}(t), t) + b(\underline{x}_{ac}(t), \underline{u}_{ac}(t)) \tag{1}$$

$$\underline{y}_{ac}(t) = c(\underline{x}_{ac}(t), \underline{u}_{ac}(t), \underline{z}(t), t) \tag{2}$$

式中：$\underline{\boldsymbol{x}}_{ac}$是状态矢量；$\underline{\boldsymbol{u}}_{ac}$是控制输入矢量；$\underline{\boldsymbol{y}}_{ac}$是输出矢量；$\underline{z}$ 是干扰矢量。函数 $a(\ )$、$b(\ )$和 $c(\ )$是非线性状态动力学和测量量的模型。该六自由度模型在水平飞行上关于状态矢量 $\underline{\boldsymbol{x}}_{ac}$、控制输入矢量 $\underline{\boldsymbol{u}}_{ac}$、输出矢量 $\underline{\boldsymbol{y}}_{ac}$及干扰矢量 $\underline{z}$ 线性化，得到如下线性状态空间描述，即

$$\dot{\underline{x}}_{ac} = \underline{\underline{A}}_{ac}\underline{x}_{ac} + \underline{\underline{B}}_{ac}\underline{u}_{ac} + \underline{\underline{E}}_{ac}\underline{z} + \underline{\xi}_{ac} \tag{3}$$

$$\underline{y}_{ac} = \underline{\underline{C}}_{ac}\underline{x}_{ac} + \underline{\underline{F}}_{ac}\underline{z} + \underline{\zeta}_{ac} \tag{4}$$

式中：$\underline{\boldsymbol{\xi}}_{ac}$ 为过程噪声；$\underline{\boldsymbol{\zeta}}_{ac}$为观测噪声。纵向运动矢量各元素为

$$\underline{x}_{ac} = \begin{bmatrix} q_K \\ \alpha_K \\ V_K \\ \Theta \\ H \end{bmatrix};\underline{u}_{ac} = \begin{bmatrix} \eta_F \\ \eta \end{bmatrix};\underline{y}_{ac} = \begin{bmatrix} q_K \\ \alpha \\ V_A \\ V_K \\ \Theta \\ H \\ \dot{H} \end{bmatrix};\underline{z} = \begin{bmatrix} \alpha_W \\ u_W \end{bmatrix};\underline{\xi}_{ac} = \begin{bmatrix} \xi_{q_K} \\ \xi_{\alpha_K} \\ \xi_{V_K} \\ \xi_{\Theta} \\ \xi_H \end{bmatrix};\underline{\zeta}_{ac} = \begin{bmatrix} \zeta_{q_K} \\ \zeta_{\alpha} \\ \zeta_{V_A} \\ \zeta_{V_K} \\ \zeta_{\Theta} \\ \zeta_H \\ \zeta_{\dot{H}} \end{bmatrix}$$

飞机状态包括机体轴倾斜速率 q_K、运动学攻角 α_K、飞行路径速率 V_K、倾斜角 Θ 及高度 H。输出矢量包括机体轴倾斜速率 $\boldsymbol{q}_K$、攻角 $\boldsymbol{\alpha}_K$、空速 $\boldsymbol{V}_A$、飞行路径速率 $\boldsymbol{V}_K$ 及倾斜角 $\boldsymbol{\Theta}$、高度 $\boldsymbol{H}$、垂直速度 $\dot{\boldsymbol{H}}$。输入为升降舵偏转 η 及推力功率设置 η_F。风致攻角 α_W 和水平风速 u_W 是干扰。假设过程噪声 $\underline{\xi}_{ac}$是均值为零协方差为 $\underline{\underline{\boldsymbol{Q}}}_{ac}$的高斯白噪声，观测噪声 $\underline{\zeta}_{ac}$是均值为零协方差为 $\underline{\underline{\boldsymbol{R}}}_{ac}$的高斯白噪声，即

$$\underline{\underline{R}}_{ac} = \mathrm{diag}^2 \begin{bmatrix} \dfrac{0.166 \times \pi}{180}\mathrm{rad/s} \\ \dfrac{0.25 \times \pi}{180}\mathrm{rad} \\ 0.009\mathrm{m/s} \\ 0.009\mathrm{m/s} \\ \dfrac{0.25 \times \pi}{180}\mathrm{rad} \\ 0.0001\mathrm{m} \\ 0.027\mathrm{m/s} \end{bmatrix} \quad \underline{\underline{Q}}_{ac} = \mathrm{diag}^2 \begin{bmatrix} \dfrac{0.166 \times \pi}{180}\mathrm{rad/s^2} \\ \dfrac{0.25 \times \pi}{180}\mathrm{rad/s} \\ 0.009\mathrm{m/s^2} \\ \dfrac{0.25 \times \pi}{180}\mathrm{rad/s} \\ 0.0001\mathrm{m/s} \end{bmatrix} \tag{5}$$

该模型推导的飞机水平飞行状态为 $V_A=50\text{m/s}, H=100\text{m}$，无风，参考航向角 $\gamma=0°$。

2.3 干扰模型

德莱顿湍流模型是真实阵风功率谱密度（Power Spectral Density，PSD）的估计。为了仿真生成功率谱密度，协方差为 $\underline{\underline{I}}$ 的零均值高斯白噪声 $\underline{r}(t)$ 通过一个图 1所示的德莱顿滤波器改变形状。对垂直和水平湍流，传递函数由式（6）和式（7）给出，其中 σ 是标准差，L 为特征波长，ω 是特征截止频率，T 是特征时间常数。变量 w_W 表示垂直风分量，u_W 表示水平风分量。

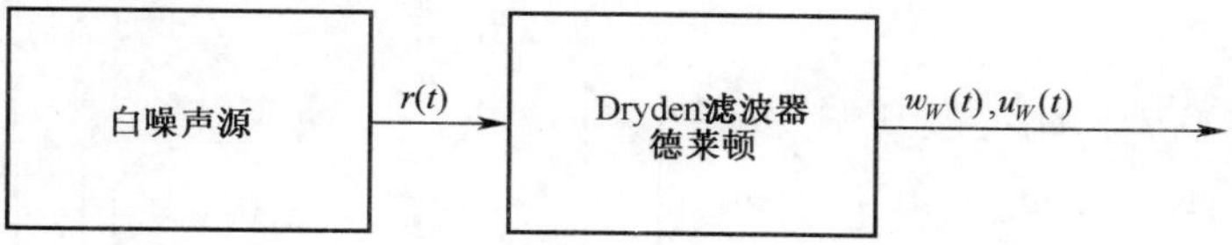

图 1　湍流仿真

$$\hat{F}_{w_W}(s)=\sqrt{\sigma_w^2 T_w}\,\frac{1+s\sqrt{3}T_w}{(1+sT_w)^2},\ T_w=\frac{L_w}{V_K}=\frac{1}{\omega_w} \tag{6}$$

$$\hat{F}_{u_W}(s)=\sqrt{2\sigma_u^2 T_u}\,\frac{1}{(1+sT_u)},\ T_u=\frac{L_u}{V_K}=\frac{1}{\omega_u} \tag{7}$$

滤波器的性质取决于高度、地形粗糙度和风速。根据参考文献[9]所示，在 $V_A=50\text{m/s}, H=100\text{m}$，中度颠簸的参考状态下，德莱顿滤波器的特征值为

$$L_w=100\text{m}, L_u=260\text{m}, \sigma_w=1\text{m/s}, \sigma_u=1.38\text{m/s}$$

飞机与风在纵向运动上的运动关系可用速度矢量等式 $\boldsymbol{V}_K=\boldsymbol{V}_A+\boldsymbol{V}_W$ 表示，如图 2 所示。风速 $\underline{V}_{W_g}$ 在大地坐标系中的两个分量为 u_{W_g} 和 w_{W_g}。由图 2 所示关系，风致攻角 α_W 可通过下式计算得到①

$$\sin\alpha_W=\frac{w_{W_g}}{\boldsymbol{V}_A}\cos\gamma+\frac{u_{W_g}}{\boldsymbol{V}_A}\sin\gamma \tag{8}$$

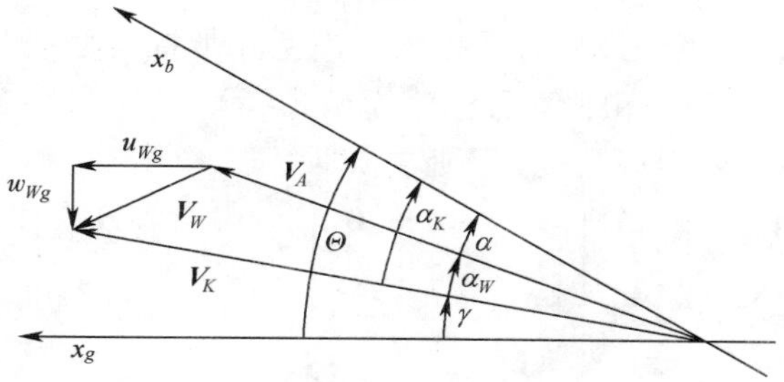

图 2　飞机对称面中速度矢量的示意图

① 符号约定同参考文献[10]。

对水平飞行($\gamma=0°$)和小角度,攻角 α_W 近似为

$$\alpha_W = \frac{w_{W_g}}{V_A} \tag{9}$$

由式(9)中的线性关系和传递函数式(6)、式(7),德莱顿湍流模型在观测状态空间中可表示为

$$\dot{\underline{x}}_{\mathrm{Dry}} = \underline{\underline{A}}_{\mathrm{Dry}}\underline{x}_{\mathrm{Dry}} + \underline{\underline{B}}_{\mathrm{Dry}}\underline{r} + \underline{\xi}_{\mathrm{Dry}} \tag{10}$$

$$\underline{z} = \underline{\underline{C}}_{\mathrm{Dry}}\underline{x}_{\mathrm{Dry}} \tag{11}$$

更详细地,有

$$\begin{bmatrix} \delta\dot{\alpha}_W^* \\ \delta\dot{\alpha}_W \\ \delta\dot{u}_W \end{bmatrix} = \begin{bmatrix} 0 & -\omega_w^2 & 0 \\ 1 & -2\omega_w & 0 \\ 0 & 0 & -\omega_u \end{bmatrix} \begin{bmatrix} \delta\alpha_W^* \\ \delta\alpha_W \\ \delta u_W \end{bmatrix} + \begin{bmatrix} \frac{\sigma_w}{V_A}\sqrt{\omega_w^3} & 0 \\ \frac{\sigma_w}{V_A}\sqrt{3\omega_w} & 0 \\ 0 & \sigma_u\sqrt{2\omega_u} \end{bmatrix} \begin{bmatrix} r_1 \\ r_2 \end{bmatrix} + \begin{bmatrix} \xi_{\alpha_W^*} \\ \xi_{\alpha_W} \\ \xi_{u_W} \end{bmatrix}$$

$$\begin{bmatrix} \delta\alpha_W \\ \delta u_W \end{bmatrix} = \begin{bmatrix} 0 & 1 & 0 \\ 0 & 0 & 1 \end{bmatrix} \begin{bmatrix} \delta\alpha_W^* \\ \delta\alpha_W \\ \delta u_W \end{bmatrix} \tag{12}$$

状态 α_W^* 是没有物理意义的内部状态。德莱顿滤波器中的模型不确定性可视为过程噪声 ξ_{Dry},该噪声假设是协方差为 $\underline{\underline{Q}}_{\mathrm{Dry}}$ 的零均值高斯白噪声,则有

$$\underline{\underline{Q}}_{\mathrm{Dry}} = \mathrm{diag}^2 \begin{bmatrix} 5\times10^{-5}\times\frac{\pi}{180}\mathrm{rad/s^2} \\ 5\times10^{-4}\times\frac{\pi}{180}\mathrm{rad/s} \\ 3.5\times10^{-3}\mathrm{m/s^2} \end{bmatrix} \tag{13}$$

2.4 系统模型

为了设计滤波器,系统模型需要将飞机模型和干扰模型耦合在一起。线性飞机模型式(3)和式(4)可以跟德莱顿湍流模型式(6)和式(7)结合在一起。系统模型的状态空间方程显然可以写成如下形式,即

$$\begin{bmatrix} \dot{\underline{x}}_{\mathrm{Dry}} \\ \dot{\underline{x}}_{ac} \end{bmatrix} = \begin{bmatrix} \underline{\underline{A}}_{\mathrm{Dry}} & \underline{\underline{0}} \\ \underline{\underline{E}}_{ac}\underline{\underline{C}}_{\mathrm{Dry}} & \underline{\underline{A}}_{ac} \end{bmatrix} \begin{bmatrix} \underline{x}_{\mathrm{Dry}} \\ \underline{x}_{ac} \end{bmatrix} + \begin{bmatrix} \underline{\underline{0}} \\ \underline{\underline{B}}_{ac} \end{bmatrix} [\underline{u}_{ac}] + \begin{bmatrix} \underline{\underline{B}}_{\mathrm{Dry}} \\ \underline{\underline{0}} \end{bmatrix} [\underline{r}] + \begin{bmatrix} \underline{\xi}_{\mathrm{Dry}} \\ \underline{\xi}_{ac} \end{bmatrix} \tag{14}$$

$$[\underline{y}_{ac}] = [\underline{\underline{F}}_{ac}\underline{\underline{C}}_{\mathrm{Dry}}\underline{\underline{C}}_{ac}] \begin{bmatrix} \underline{x}_{\mathrm{Dry}} \\ \underline{x}_{ac} \end{bmatrix} + [\underline{\xi}_{ac}] \tag{15}$$

由于德莱顿湍流模型的输入矢量 $\underline{r}$ 不可测,项 $[\underline{\underline{B}}_{\mathrm{Dry}}\underline{\underline{0}}]^{\mathrm{T}}$ 视为过程噪声的一部分。

系统模型状态空间方程即可写为

$$\dot{\underline{x}} = \underline{\underline{A}}\underline{x} + \underline{\underline{B}}\underline{u} + \underline{\xi} \tag{16}$$

$$\underline{y} = \underline{\underline{C}}\underline{x} + \underline{\zeta} \tag{17}$$

其中

$$\underline{\xi} = \begin{bmatrix} \underline{\xi}_{\mathrm{Dry}} \\ \underline{\xi}_{ac} \end{bmatrix} + \begin{bmatrix} \underline{\underline{B}}_{\mathrm{Dry}} \\ \underline{\underline{0}} \end{bmatrix} [\underline{r}], \underline{\xi} = \underline{\underline{\xi}}_{ac} \tag{18}$$

$$\underline{\underline{Q}} = \begin{bmatrix} \underline{\underline{Q}}_{\mathrm{Dry}} + \mathrm{diag}^2\left([\underline{\underline{B}}_{\mathrm{Dry}}] \begin{bmatrix} 1 \\ 1 \end{bmatrix} \right) & \underline{\underline{0}} \\ \underline{\underline{0}} & \underline{\underline{Q}}_{ac} \end{bmatrix} \tag{19}$$

式中:$\underline{\underline{Q}}$ 是用于设计滤波器的协方差矩阵。

2.5 频域范围分析

为了确定有效正常加速度产生的频率范围及定义用于前馈阵风缓和的干扰信号需要重建的频率范围,飞机的幅度响应 $|F_{n_z\alpha_W}|$、德莱顿滤波器的幅度响应 $|F_{\alpha_W r_1}|$ 及两者的组合 $|F_{n_z r_1}|$ 如图 3 所示。可以清楚地看到,飞机的高通特性和德莱顿滤波器的低通特性一样。组合的两个极大值,一个接近于长周期振动模式的特征频率(ω_{Ph} = 0.18rad/s),而另一个接近于短周期模式的特征频率(ω_{SP} = 4.7rad/s)。两个极大值对阵风载荷减缓都有作用,因此干扰信号需要重建到约 10rad/s 的频率范围。根据分析,气弹和气动效应都可以不考虑。

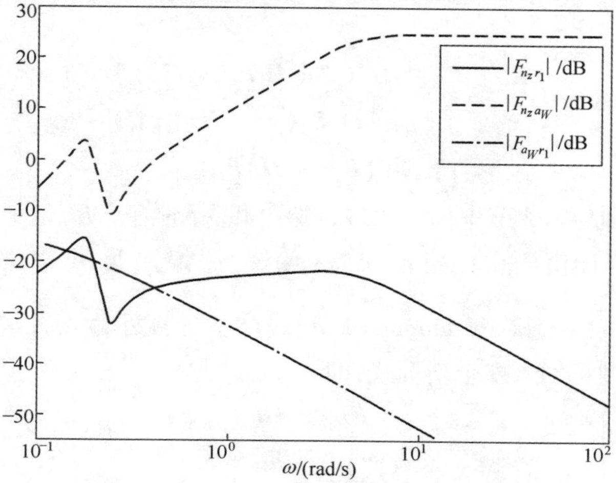

图 3 幅度响应

3 卡尔曼滤波

本文提出的方法用了卡尔曼滤波器来估计线性系统模型式(16)和式(17)的

状态。

卡尔曼滤波器通过处理输出矢量 $\underline{y}$ 来估计状态矢量 $\underline{x}$,估计过程分两个阶段完成。预测阶段根据状态方程计算一个值并估计其不确定度,然后在更新阶段计算预测值与输出值的加权均值。为了得到最优估计,计算使得估计误差协方差矩阵 $\underline{\underline{P}}$ 的迹最小的卡尔曼增益 $\underline{\underline{K}}$,其中估计误差协方差矩阵定义为 $\underline{\underline{P}} = E[(\underline{x}-\hat{x})(\underline{x}-\hat{x})^{\mathrm{T}}]$, E 代表期望,$\hat{x}$ 为状态矢量的估计。

用于表示两个不同阶段的记号有两个下标:第一个下标表示时刻,第二个下标表示第 k 个观测集的处理过程。预测阶段从 $x_{k-1|k-1}$ 传递到 $x_{k|k-1}$,更新阶段从 $x_{k|k-1}$ 传递到 $x_{k|k}$。在一个时刻里只计算一个值的地方,第二个下标可以去掉。

对软件处理和卡尔曼滤波器本质来说,很重要的一点就是需要用离散系统模型。所以连续线性系统式(16)和式(17)要离散化,这可以通过零阶保持器将模型离散化为如下形式,即

$$\underline{x}_{k+1} = \underline{\underline{F}}\underline{x}_k + \underline{\underline{G}}\underline{u}_k + \underline{\xi}_k \tag{20}$$

$$\underline{y}_k = \underline{\underline{H}}\underline{x}_k + \underline{\zeta}_k \tag{21}$$

预测与更新步骤中状态矢量和估计误差协方差阵的方程如下:

预测:

$$\hat{\underline{x}}_{k|k-1} = \underline{\underline{F}}\hat{\underline{x}}_{k-1|k-1} + \underline{\underline{G}}\underline{u}_k \tag{22}$$

$$\underline{\underline{P}}_{k|k-1} = \underline{\underline{F}}\,\underline{\underline{P}}_{k-1|k-1}\underline{\underline{F}}^{\mathrm{T}} + \underline{\underline{S}} \tag{23}$$

更新:

$$\underline{\underline{K}}_k = \underline{\underline{P}}_{k|k-1}\underline{\underline{H}}^{\mathrm{T}}(\underline{\underline{T}} + \underline{\underline{H}}\,\underline{\underline{P}}_{k|k-1}\underline{\underline{H}}^{\mathrm{T}})^{-1} \tag{24}$$

$$\hat{\underline{x}}_{k|k} = \hat{\underline{x}}_{k|k-1} + \underline{\underline{K}}_k(\underline{y}_k - \underline{\underline{H}}\hat{\underline{x}}_{k|k-1}) \tag{25}$$

$$\underline{\underline{P}}_{k|k} = (\underline{\underline{I}} - \underline{\underline{K}}_k\underline{\underline{H}})\underline{\underline{P}}_{k|k-1} \tag{26}$$

式中:$\underline{\underline{S}}$ 和 $\underline{\underline{T}}$ 分别为 2.4 节中描述的过程噪声和观测噪声的离散形式。此外,卡尔曼滤波器可以估计观测中的常值误差(偏置)。偏置 $\underline{b}_k$ 可以解释为输出方程式(21)在新的馈入矩阵(Feedthrough Matrix)$\underline{\underline{\widetilde{D}}}$ 下的额外输入矢量。由于 $\underline{b}_k$ 是常矢量,原系统模型可加入一个新等式,即

$$\underline{x}_{k+1} = \underline{\underline{F}}\underline{x}_k + \underline{\underline{G}}\underline{u}_k + \underline{\xi}_k \tag{27}$$

$$\underline{b}_{k+1} = \underline{b}_k \tag{28}$$

$$\underline{y}_k = \underline{\underline{H}} + \underline{\underline{\widetilde{D}}}\underline{b}_k + \underline{\zeta}_k \tag{29}$$

式(27)~式(29)在状态空间下可写为

$$\begin{bmatrix}\underline{x}_{k+1}\\ \underline{b}_{k+1}\end{bmatrix} = \begin{bmatrix}\underline{\underline{F}} & \underline{\underline{0}}\\ \underline{\underline{0}} & \underline{\underline{I}}\end{bmatrix}\begin{bmatrix}\underline{x}_k\\ \underline{b}_k\end{bmatrix} + \begin{bmatrix}\underline{\underline{G}}\\ \underline{\underline{0}}\end{bmatrix}[\underline{u}_k] + \begin{bmatrix}\underline{\underline{I}}\\ \underline{\underline{0}}\end{bmatrix}[\underline{\xi}_k] \tag{30}$$

$$\left[\underline{\boldsymbol{y}}_k\right]=\left[\underline{\underline{\boldsymbol{H}}}\ \underline{\underline{\widetilde{\boldsymbol{D}}}}\right]\begin{bmatrix}\underline{\boldsymbol{x}}_k\\ \underline{\boldsymbol{b}}_k\end{bmatrix}+\left[\underline{\boldsymbol{\zeta}}_k\right] \tag{31}$$

式(30)和式(31)是卡尔曼滤波器可应用的一种形式。图 4 的框图表明了系统模型和卡尔曼滤波器的结构。为了简单起见,估计误差协方差的传递在框图中没有详细地表示出来。

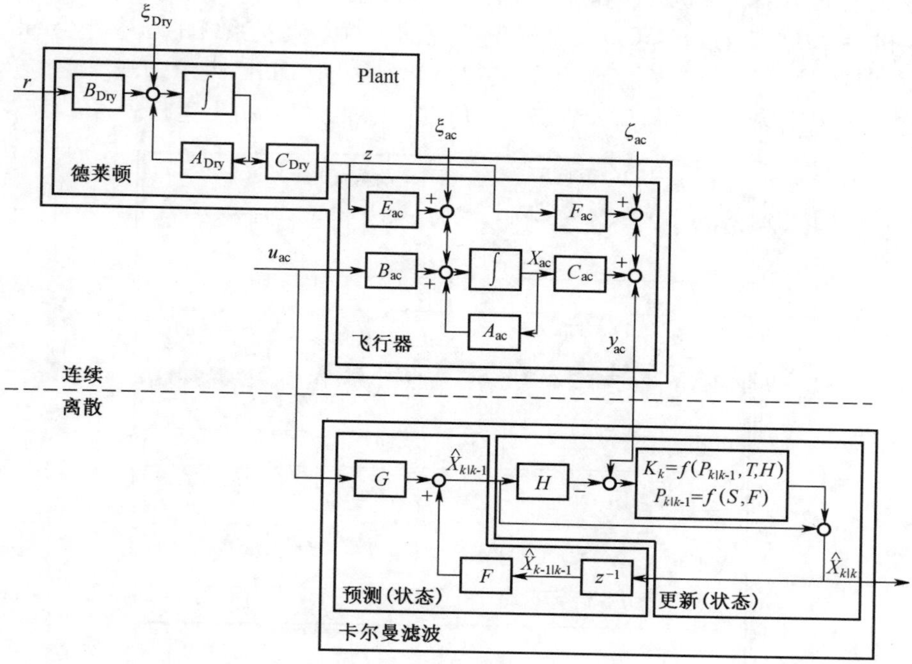

图 4　装置与卡尔曼滤波器的框图

4　采用简化飞行力学关系的算法

对纵向运动,从图 2 可以得到如下等式,即

$$\alpha_W=\Theta-\gamma-\alpha \tag{32}$$

由于测量质量,航向角可近视为 $\gamma\approx\arcsin\dfrac{\dot{H}}{V_A}$。在此近视下,$\alpha_W$ 的估计为

$$\alpha_{W\mathrm{DLR}}\approx\Theta-\arcsin\left(\frac{\dot{H}}{V_A}\right)-\alpha \tag{33}$$

这个估计在德国宇航局(DLR)[8]的一个阵风载荷减缓系统中得到成功实施,此处用来跟本文提出的算法进行比较。

5 仿真结果

图 4 的系统模型和卡尔曼滤波器在 Simulink 中实现。仿真采样时间为 0.016s。图 5~图 7 分别显示所推导的系统模型、卡尔曼滤波器及简化的飞行力学方法的仿真结果。飞机处于配平状态,受德莱顿湍流、离散 1-cos 阵风中 α_W(t=10s 和 t=70s)和 u_W(t=50s)以及舵偏响应的干扰。真实系统的状态用“real”表示,估计的状态用“est”表示,简化的飞行力学方法用“DLR”表示。观测噪声及过程噪声的强度按 2.2 节和 2.3 节定义。仿真在标准的 PC 机上运行。

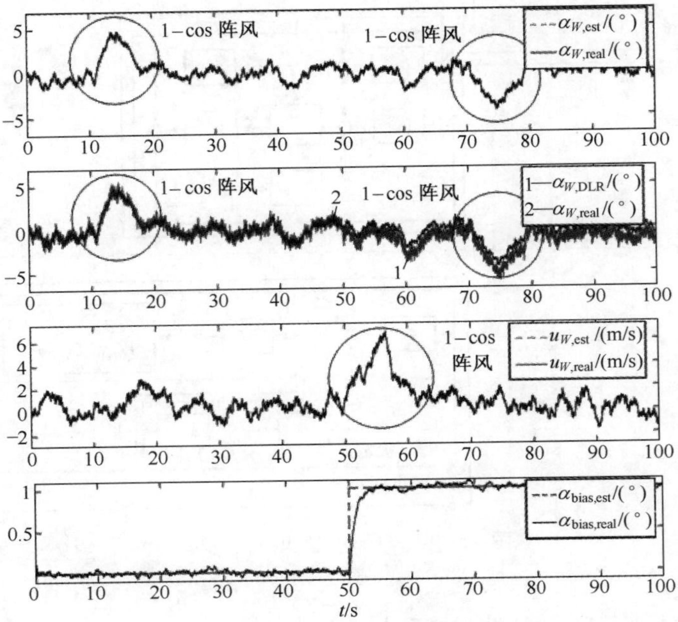

图 5 湍流状态及其估计的时间序列仿真

不可直接观测的湍流状态和偏置状态($\alpha_{bias}=1, t=50s$)在图 5 和图 6 中分别和各自的估计进行比较。

图 6 显示了状态变量与估计值的误差 $\Delta=x_{real}-x_{est}$ 及误差的相对频率分布。点线表示误差均值,虚线表示误差标准差。图中的标准差由估计误差协方差矩阵 $\boldsymbol{\sigma}_{cov}$ 的迹计算得到,用于卡尔曼滤波计算估计,它是估计品质的一个衡量标准。湍流状态、偏置及卡尔曼滤波器估计的状态之间的相关性对阵风载荷减缓非常充分。简化的飞行力学方法对风致攻角的估计直到攻角测量中出现偏置前都很好。由于偏置的存在,风致攻角估计误差的相对频率分布宽而平。

图 7 的傅里叶分析显示了估计湍流状态和仿真状态之间的宽带相关性,说明了时间序列中的相关性。阵风载荷缓和的频率范围需求如真实湍流与估计湍流之

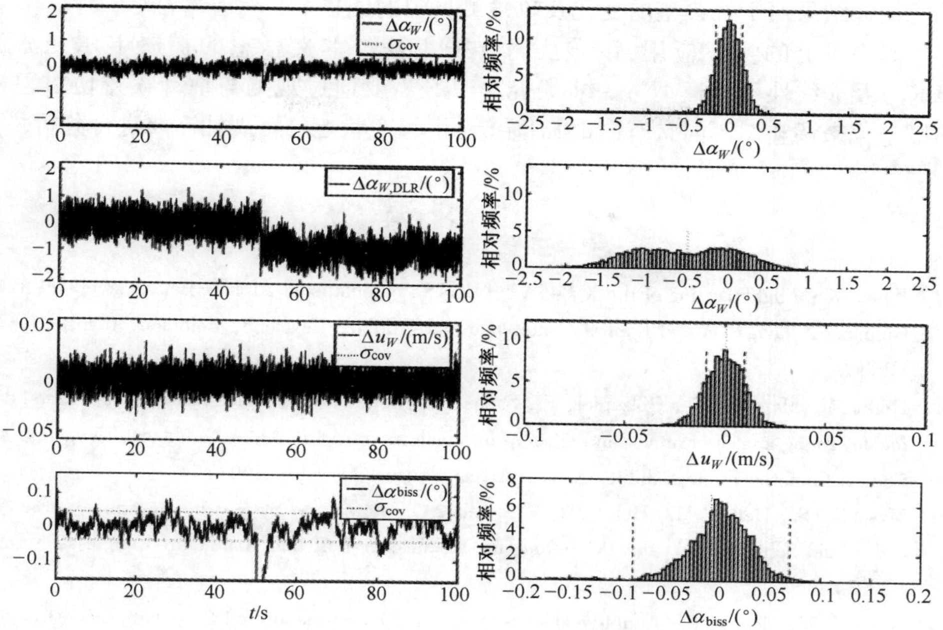

图 6 湍流状态及其估计的误差分析

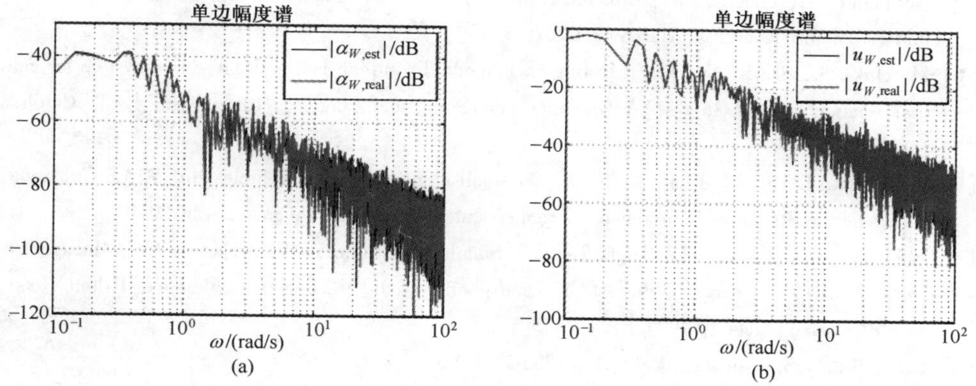

图 7 α_W(a)和 u_W(b)的傅里叶分析及其估计

间误差在 10rad/s 内很容易达到。

6 结论

本文用离散卡尔曼滤波器结合线性飞机模型和德莱顿湍流模型来估计不可直接测量的风状态是可行的,其结果比用线性飞行力学关系的算法要好。仿真结果表明,状态与估计之间具有良好与宽带相关性直到短周期模式,这足够阵风载荷减缓。估计结果对干扰模型的变化及攻角测量中的偏置都具有鲁棒性。

对飞机上的实际应用，该方法需要采用基于本文思想的扩展卡尔曼滤波(EKF)及非线性飞机模型进一步研究。EKF需要通过观测与估计误差协方差阵的极小化来调整。不同状态(如没有湍流)下每个状态的可观性需要进行分析。

参 考 文 献

[1] Wise, K.: Flight Testing of the X-45A J-UCAS Computational Alpha-Beta System. In: AIAA Guidance, Navigation and Control Conference and Exhibit, Keystone, Colorado, August 21-24 (2006)

[2] Heller, M., Myschik, S., Holzapfel, F., Sachs, G.: Low-cost approach based on navigation data for determing angles of attack and sideslip for small aircraft. In: AIAA Guidance, Navigation and Control Conference and Exhibit, Austin, Texas, August 11-14 (2003)

[3] Myschik, S., Heller, M., Holzapfel, F., Sachs, G.: Low-cost System zur Bestimmung von Anstell- und Schiebewinkel fuer Kleinflugzeuge. Deutscher Luft und Raumfahrt Kongress, Munich (2003)

[4] Braga de Mendonca, C.: Adaptive stochastic Filtering for online aircraft flight path reconstruction. Journal of aircraft 44(5) (September-October 2007)

[5] Hoffmann, A., Luckner, R.: Broadband prediction of wind-induced disturbances. Deutscher Luft und Raumfahrt Kongress, Hamburg (2010)

[6] Myschik, S., Sachs, G.: Flight testing an integrated wind/airdata and navigation system for general aviation aircraft. In: AIAA Guidance Navigation and Control, Hilton Head, South Carolina (2007)

[7] Langelaan, J.W.: Wind field estimation for small unmanned aerial vehicles. In: AIAA Guidance, Navigation and Control Conference, Toronto, Ontario, Canada, August 2-5(2010)

[8] Hahn, K.-U., Koenig, R.: Flight Test and Simulation Results of the Advanced Gust Management System LARS. In: Proc. of the AIAA Atmospheric Flight Mechanics Conference, Hilton Head, South Carolina, USA (1992)

[9] U.S. Military Specification MIL-F-8785C (1980)

[10] Brockhaus, R.: Flugregelung., 2. bearb. Auflage. Springer, Heidelberg (2001), ISBN 3-540-55416-5

区间分析:一种系统辨识工具

Interval Analysis as a System Identification Tool

E. van Kampen, Q. P. Chu, and J. A. Mulder

摘要:本文介绍了区间分析理论在两类航空航天系统辨识中的应用。区间数是常规定值的一种延伸,在20世纪60年代提出,当时是为了用于分析数字计算机上舍入误差的传播情况。之后,区间分析就主要被应用于解决全局非线性优化问题,这种方法能保证对于任意非线性目标函数都可以找到全局最小值。在本文中,利用区间分析的这个特性进行系统辨识任务。第一个应用是飞行员感知模型的优化问题,即基于飞行员的输入输出,辨识飞行员如何感知视觉和动作信号;第二个问题是非线性飞行器模型的平衡点辨识问题,目的是为了同时辨识系统的全部平衡点。

1 引言

在很多实际工程问题中,系统辨识都是重要的一环。例如,在自适应飞行控制中,如果发生了结构失效或控制面失效的情况,人们就需要在线得到空气动力学模型用于控制器重新调整其控制策略。在系统辨识中,首先需要定义系统模型结构(图1),然后对模型的参数进行优化,以便于使模型尽可能接近真实系统,即

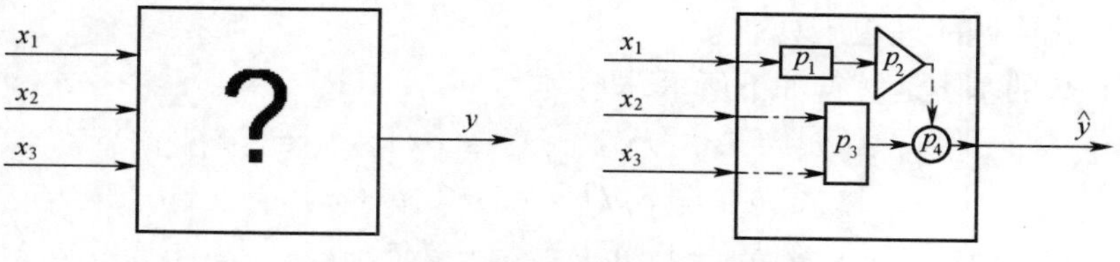

图1 系统辨识的第一步:确定系统模型

E. van Kampen · Q.P. Chu · J.A. Mulder

Faculty of Aerospace Engineering, Delft University of Technology, 2629 HS Delft, The Netherlands

e-mail: E.vanKampen@TUDelft.nl, Q.P.Chu@TUDelft.nl, J.A.Mulder@TUDelft.nl

$$y = f(\boldsymbol{x}) \quad \hat{y} = f(\boldsymbol{x};\boldsymbol{p}) \qquad \min_{\boldsymbol{p} \in \boldsymbol{P}} J(\boldsymbol{p}) = \| y - \hat{y}(\boldsymbol{p}) \| \tag{1}$$

式中:$\boldsymbol{x}$ 是输入矢量;$\boldsymbol{p}$ 是参数矢量;y 是真实系统的输出;$\hat{y}$ 是模型输出。

从式(1)可以看出,系统辨识是一个最小值优化问题,取决于系统模型结构,可能是非线性的,并且可能存在多个局部最小值。目前解决这类问题有很多方法,其中梯度法和遗传算法是使用最广泛的两种方法。

梯度法指的是直接或者间接利用代价函数的变化率来寻找最小值的一类方法。一些算法直接利用目标函数的坡度,如牛顿法,而其他一些算法更灵活地利用坡度信息。例如,Nelder - Mead 法[1],这种方法比较指定单纯形顶点的函数评价,并比较函数计算的阶次,这种方法间接地利用了代价函数的坡度信息,而避免了直接对代价函数进行求导。

遗传算法优化方法[2]则是基于生物进化学理论,如自然选择和基因等。梯度法和遗传算法都可能陷入代价函数的局部极值点,它们的解与算法的初始状态有关。取一个不同的初始点或者种群时,可能会得到不同的解,并且很难断定算法是否收敛到了目标函数的全局极值点。

本文利用区间法解决最优化问题。区间法能保证找到目标函数的全局极值点,从而得到参数的最优解。

1.1 区间分析

区间数是常规数的扩展,区间数包括上界、下界以及它们之间的所有实数,即

$$[x] = [a,b] = \{x^* \in \mathbb{R} \mid a \leqslant x^* \leqslant b\} \tag{2}$$

$$\inf([x]) = a \tag{3}$$

$$\sup([x]) = b \tag{4}$$

20 世纪 60 年代,Ramon Moore 提出了区间分析法[3],目的是为了研究有限精度的数字计算机中舍入误差的传播问题。后来,人们发现区间分析法是解决全局非线性优化问题的理想工具[4]。

区间数的基本运算符如下所示,即

$$[x] \Diamond [y] = \{x^* \Diamond y^* \mid x^* \in [x], y^* \in [y]\} \tag{5}$$

$$[a,b] + [c,d] = [a+c, b+d] \tag{6}$$

$$[a,b] - [c,d] = [a-d, b-c] \tag{7}$$

$$[a,b] \cdot [c,d] = [\min(ac,ad,bc,bd), \max(ac,ad,bc,bd)] \tag{8}$$

$$\frac{[a,b]}{[c,d]} = [a,b] \cdot [1/d, 1/c], 0 \notin [c,d] \tag{9}$$

所有的区间算子都基于包容原理。包容原理是区间分析中的一个基础理论,包容原理指出,对输入区间数的子集的运算结果包含于输入区间数全集的运算结果。子集可以是更小的区间或确定数(小区间),即

$$
\begin{aligned}
&x_1^* \in [x_1], x_2^* \in [x_2], \cdots, x_n^* \in [x_n] \Rightarrow \\
&f(x_1^*, x_2^*, \cdots, x_n^*) \subset [f([x_1],[x_2],\cdots,[x_n])]
\end{aligned}
\tag{10}
$$

下节我们解释区间数如何用于解决全局优化问题。

1.2 区间优化

区间分析从两方面在优化过程中起到作用:包含与细分。区间包含定理允许连续参数的无穷集被评价为一个有限的区间,并确保所有可能的结果包括在区间结果内。区间细分又称为盒分解,这个过程中,区间被细分为子区间,从而减少了依赖效应;否则,如果直接采用区间数进行分析,可能会产生高估的现象。细分与包含的组合程序化在分支定界方法中。分支定界方法是所有区间优化算法的基础[5]。图2介绍了分支定界方法的流程图,它能得到非线性代价函数的最小值。

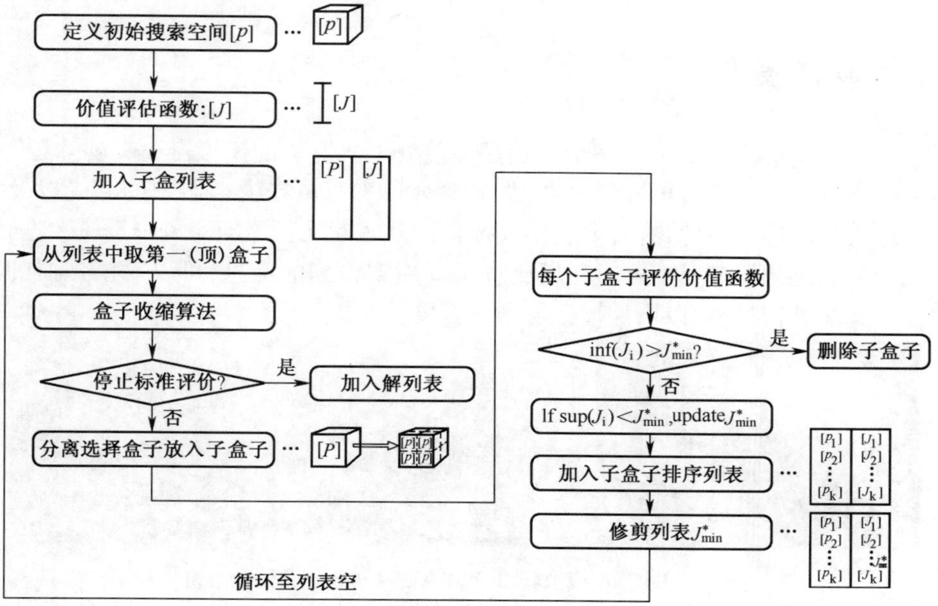

图2 区间优化流程图

图3是利用分支定界方法进行区间优化的例子。首先在范围上进行细分,对代价函数进行评估,然后对没给子区间进行区间运算,将代价函数的最小估计值ρ作为函数估计的下界。接着,对区域中的区间盒所产生的区间代价函数进行评价,如果比ρ大,则将这个区间盒从搜索空间中去掉。重复以上步骤,直到最终找到全局最小值。

区间优化方法在人工神经网络[6]、整周模糊度求解[7,8]等领域都能得到应用。

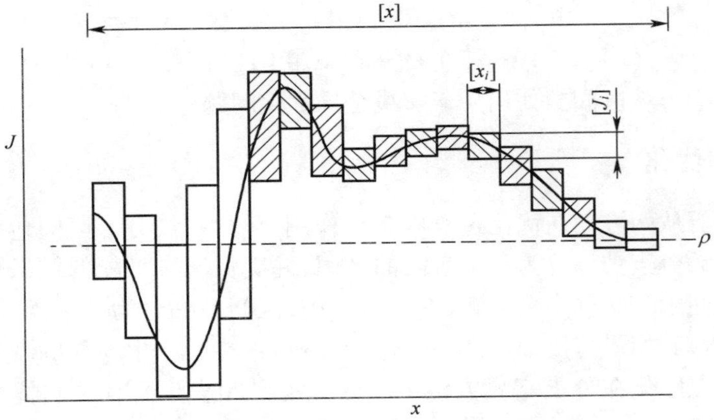

图 3　分支定界方法的原理图(根据代价函数的最小估计值ρ,标示了阴影的盒型已经可以排除)

2　人感知模型

区间分析优化方法的第一个应用是当前处于研究中的模拟器逼真度问题[9]。为了让飞行仿真器具有更好的逼真度,需要分析飞行员在模拟器中的感受以及他们对输入的反应。因此,有必要利用模拟器以及实际飞行器的输入和反应数据,建立飞行员的感知模型(图 4)。利用比较感知模型得到的信息,可以对模拟器的动作提示算法进行调整,以增加模拟器的逼真度。

图 4　SIMONA 模拟器以及 DUT 的 Citation Ⅱ试验飞机

图 5 给出了用于辨识人感知参数的多回路控制结构图[10]。

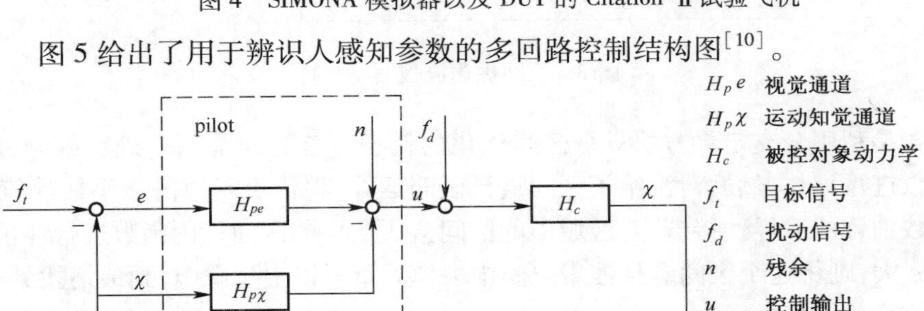

图 5　多回路控制结构

视觉以及行为通道模型如下所示，即

$$H_{pe}(j\omega) = K_v(1 + j\omega T_v)e^{-j\omega\tau_v}H_{nm}(j\omega) \tag{11}$$

$$H_{p\chi}(j\omega) = (j\omega)VH_{oto}(j\omega)K_m e^{-j\omega\tau_m}H_{nm}(j\omega) \tag{12}$$

视觉通道中，H_{pe}、K_v 表示视觉感知增益，T_v 表示视觉指引时间，τ_v 表示视觉感知延迟。飞行员的控制行为由神经肌肉动力学环节 H_{nm} 表示。身体动作感知通道 $H_{p\chi}$ 包括了耳石动力学 H_{oto}，动作感知增益 K_m 以及动作感知时延 τ_m。

一部分参数能从以前的研究中得到，另外的一部分需要进行辨识，即

$$\boldsymbol{p} = [K_v\ T_v\ \tau_v\ K_m\ \tau_m]^{\mathrm{T}} \tag{13}$$

辨识过程分两步进行。首先，通过时域数据对非参数化的频域响应函数进行估计。这一步辨识需要利用傅里叶系数或时不变模型（如自回归外推模型，ARX）。通过调整参数，所辨识出来的频响函数在接下来的一步中对多模飞行员模型进行匹配。第二步中，对梯度法优化和区间优化进行比较，如图 6 所示。

代价函数为

$$J = \sum_{\omega} \frac{|\hat{H}_{pe}(j\omega) - \tilde{H}_{pe}(j\omega, P)|^2}{\hat{\sigma}^2_{|\hat{H}_{pe}|}} + \frac{|\hat{H}_{p\chi}(j\omega) - \tilde{H}_{p\chi}(j\omega, P)|^2}{\hat{\sigma}^2_{|\hat{H}_{p\chi}|}} \tag{14}$$

式中：$\hat{H}_{pe}(j\omega)$ 表示视觉通道的离散频域响应；$\tilde{H}_{pe}(j\omega, P)$ 表示参数化的视觉通道频响；$\hat{H}_{p\chi}(j\omega)$ 表示行为通道的离散频响；$\tilde{H}_{p\chi}(j\omega, P)$ 表示参数化的行为通道频响。

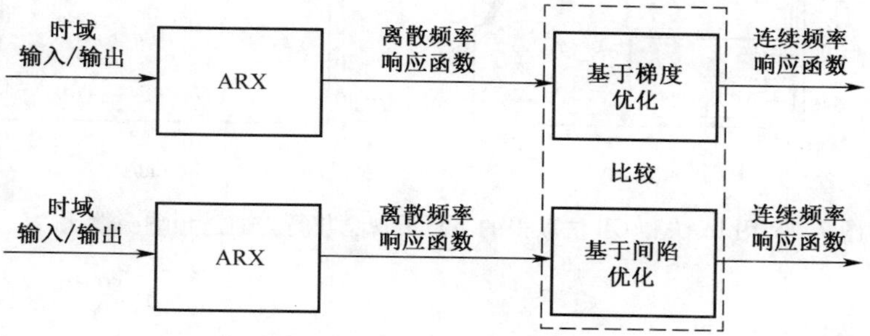

图 6　两步辨识法

表 1 给出了分支界定算法与梯度优化算法的比较结果。

表 1　不同初始点的梯度优化算法结果

	$x_0(0)$	$x_0(1/4)$	$x_0(1/2)$	$x_0(3/4)$	$x_0(1)$	区间
K_v	0.6058	0.6058	0.6058	0.6058	0.6058	[0.6057, 0.6059]
T_v	0.0921	0.0921	0.0921	0.0921	0.0921	[0.1518, 0.1522]
τ_v	0.2621	0.2621	0.2621	0.2621	0.2621	[0.2620, 0.2622]
K_m	0.0001	0.0005	0.0001	0.0004	0.0004	[0.0011, 0.0012]
τ_m	0.0001	0.6706	0.0001	1.0000	1.0000	[0.3047, 0.3048]
J	24.2229	23.0905	24.2229	23.4161	23.4161	[18.3237, 18.3731]

选取五个不同的点作为梯度法优化的初始条件，用 $x_0(0)$ 和 $x_0(1)$ 表示从 $x_0(0)$ 到 $x_0(1)$ 的搜索空间中选取五个不同的点。最后一栏表示区间分析的结果，可以看出，由区间法得到的代价函数最小值比梯度法要小，这意味着梯度法陷入到了代价函数的局部最小值。图 7 的结果证实了由区间分析法（IA）得到的频域响应函数比由梯度法（GB）得到的更接近目标（ARX）。

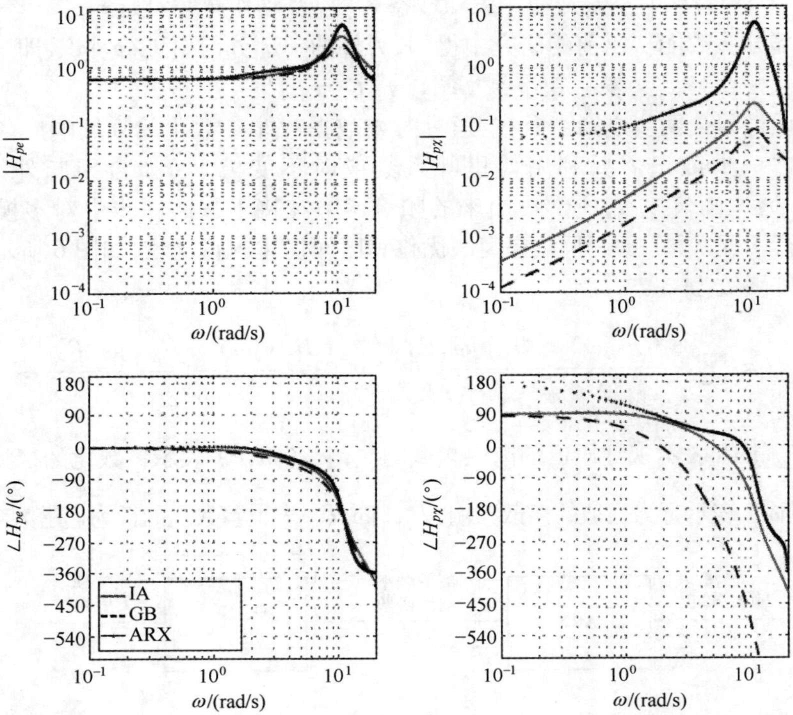

图 7　利用 IA 法和 GB 法获得的飞行员视觉与行为通道频响函数比较

3　飞行器平衡点

区间优化的第二个应用是飞行器平衡点辨识。飞行器平衡点指的是飞机瞬时加速度（包括线加速度和角加速度）为零时的状态及控制集。飞行器运动的平衡点与稳态方程分析在进行相位设计，尤其是在飞控系统设计中非常重要。通过分析飞行器稳态控制输入和飞行条件的联系，能确定飞行器的稳态性质。而寻找非线性飞行器模型稳态解的过程最终转化为了全局非线性优化的问题。

考虑飞行器运动方程如下所示[11]，即

$$\dot{u} = rv - qw - g\sin\theta + \frac{q_d S}{m} C_X + \frac{T}{m}$$

$$\dot{v} = pw - ru + g\cos\theta\sin\phi + \frac{q_d S}{m} C_Y$$

$$\dot{w} = qu - pv + g\cos\theta\cos\phi + \frac{q_d S}{m} C_Z$$

$$\dot{p} I_X - \dot{r} I_{XZ} = pqI_{XZ} - qr(I_Z - I_Y) + q_d SbC_l$$

$$\dot{q} I_Y = pr(I_Z - I_X) - (p^2 - r^2) I_{XZ} + q_d S_C C_m - rH_{\text{eng}}$$

$$\dot{r} I_Z - \dot{p} I_{XZ} = pq(I_X - I_Y) - qrI_{XZ} + q_d SbC_n + qH_{\text{eng}}$$

式中：u、v、w 表示飞行器的线速度；p、q、r 表示飞行器的角速度。将此方程转化为区间数表示形式，并带入控制与空气动力学系数（本实例中选用 F－16 的参数），得到如下区间方程，即

$$\begin{aligned}
[f_1] &= -g\sin([\theta]) + \frac{q_d S}{m}[C_{X_0}([\alpha],[\delta_e])] + \frac{1000}{m}[T] \\
[f_2] &= g\cos([\theta])\sin([\phi]) + \\
&\quad \frac{q_d S}{m}(-3.5 \cdot 10^{-4}[\beta] + 1.83 \cdot 10^{-5}[\delta_a] + 5.0 \cdot 10^{-5}[\delta_r]) \\
[f_3] &= g\cos([\theta])\cos([\phi]) + \frac{q_d S}{m}([C_{Z_0}([\alpha])](1 - [\beta]^2) - 1.33 \cdot 10^{-4}[\delta_e]) \\
[f_4] &= [C_{l_0}([\alpha],[\beta])] + [\Delta C_{l,\delta_a}([\alpha],[\beta])][\delta_a] + [\Delta C_{l,\delta_r}([\alpha],[\beta])][\delta_r] \\
[f_5] &= [C_{m_0}([\alpha],[\delta_e])] + (x_{c.g.\,\text{ref}} - x_{c.g.})[C_{Z_0}([\alpha])](1 - [\beta]^2) - \\
&\quad (x_{c.g.\,\text{ref}} - x_{c.g.})1.33 \cdot 10^{-4}[\delta_e] \\
[f_6] &= [C_{n_0}([\alpha],[\beta])] + [\Delta C_{n,\delta_a}([\alpha],[\beta])][\delta_a] + [\Delta C_{n,\delta_r}([\alpha],[\beta])][\delta_r] - \\
&\quad \frac{c}{b}(x_{c.g.\,\text{ref}} - x_{c.g.})(-3.5 \cdot 10^{-4}[\beta] + 1.83 \cdot 10^{-5}[\delta_a] + 5.0 \cdot 10^{-5}[\delta_r]) \\
[f_7] &= \cos([\alpha])\cos([\beta])\sin([\theta]) - \sin([\alpha])\cos([\beta])\cos([\phi]) - \\
&\quad \sin([\beta])\sin([\phi])\cos([\theta])
\end{aligned} \tag{15}$$

式中：$[f_1]$～$[f_6]$表示加速度，平衡点时，它们应为零；$[f_7]$表示水平飞行的运动学约束；C_{Z_0}、C_{l_0}、$\Delta C_{l,\delta_r}$、$\Delta C_{l,\delta_a}$、C_{m_0}、$\Delta C_{n,\delta_r}$、$\Delta C_{n,\delta_a}$ 均为气动参数和控制参数（图 8），这些参数存储在数表中，利用区间插值法可以将其转化为区间数。值得说明的是，尽管这里用的是数表的形式，但也可以利用其他形式来表示气动参数[12]，如多元样条函数，只要能被区间函数定界即可。

需要优化的参数矢量包括飞行器攻角、升降舵偏角、推力大小、侧滑角、副翼偏角、方向舵偏角以及俯仰角，即

$$[P] = ([\alpha],[\delta_e],[T],[\beta],[\delta_a],[\delta_r],[\theta])$$

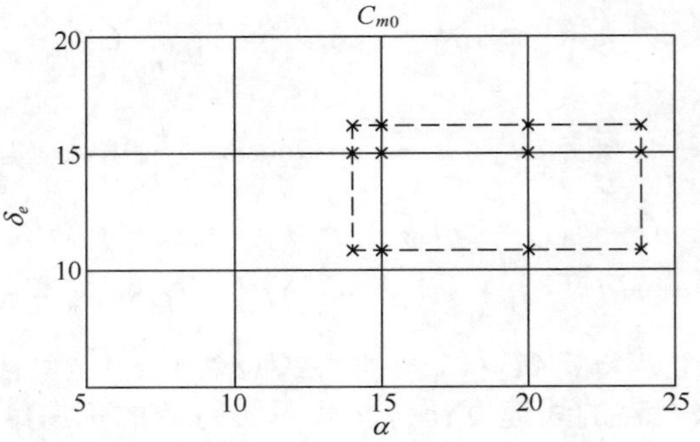

图 8　利用标记点的上下界估计进行区间线性插值

优化目标是使飞行器的总加速度最小，即

$$J = \sum_{i=1}^{7} \| [f_i] \|$$

分支定界算法剔除了那些无法满足零加速度（因此，也无法包含平衡点）的搜索空间。我们对分支定界算法和序列二次规划算法（SQP）进行了比较。针对固定推力的水平飞行器，图 9 给出了两种方法的优化结果。

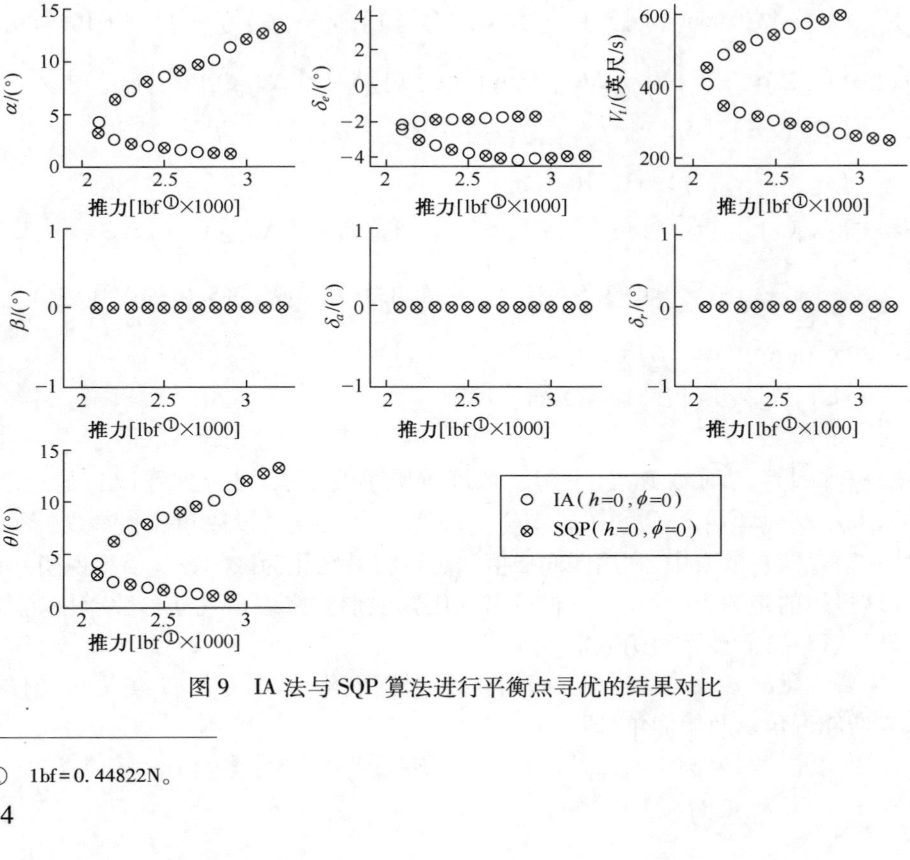

图 9　IA 法与 SQP 算法进行平衡点寻优的结果对比

① 1bf = 0.44822N。

我们知道,对于固定推力的飞行器而言,有两个不同的平衡点:一个是高速小迎角时;另一个是低速大迎角时,后者被称为功率曲线的背部。利用 SQP,在每个推力设置下只能得到一组平衡点;利用区间优化法,我们同时得到了两组平衡点。SQP 算法依赖于初始估计值。虽然改变初始值可以找到另一组平衡点,但是利用这些传统的优化算法很难确定是否得到了所有的平衡点。与之相反,利用区间优化方法求解,能保证同时得到所有的平衡点。

4 区间优化方法工具

支持区间运算的软件包有不少,本文的仿真中用到的是 MATLAB 的 INTLAB[13]工具箱。通过基本区间操作的定义,可以知道区间操作比确定数操作需要更大的计算量,对于加减运算而言,计算次数变为了原来的 2 倍,而对于乘除运算来说,变为了 8 倍。另外,分支定界算法的特性会导致在参数数量增加时,计算量可能呈指数增长。

因此,相比确定数的优化,区间优化算法需要更大的计算量。是否选取区间优化算法,取决于具体应用,以及对于优化算法全局收敛性的要求。如果后者比计算量的因素更重要,那么,应该考虑区间优化算法。为了对计算时间有一个比较初步的认识,以第三节的飞行器平衡点寻优算法为例,利用区间优化算法时,所消耗的时间是非区间算法的 200 倍。然而,如果采用非区间算法,不可能一次就能找到全局最优点,甚至 200 次都不能保证找到所有最优解。

5 结论

系统辨识问题往往包含非线性优化问题。传统的优化方法可能会陷入代价函数的局部最小值,从而导致最后只能得到次优解。而区间优化基于区间运算操作的包容性,是一个解决非线性优化问题的理想工具。同时,区间优化还能保证得到代价函数的全局最小值。

本文介绍了区间优化的两个应用。第一个是人感知模型的辨识,该实例证实了相比于以前的方法,区间优化能得到更好的参数估计。第二个例子是飞行器平衡点辨识,区间分析保证了算法能找到全部平衡点。

总体来说,区间优化算法在包含非线性优化的系统辨识问题中具有很好的应用前景。然而,由于计算效率的原因,如果系统包含大量未知参数,或者代价函数的评价需要很多次运算操作时,区间优化算法比确定数优化方法将受到更大的限制。

参 考 文 献

[1] Nelder, J.A., Mead, R.: A simplex method for function minimization. The Computer Journal 7,

308 – 313 (1965)
[2] Goldberg, D.E.: Genetic Algorithms in Search, Optimization and Machine Learning. Addison – Wesley Publishing Company, Inc., Reading (1989)
[3] Moore, R.E.: Interval Analysis. Prentice – Hall, Inc., Englewood Cliffs (1966)
[4] Jaulin, L., Kieffer, M., Didrit, O., Walter, E.: Applied Interval Analysis. Springer, Heidelberg (2001)
[5] Ichida, K., Fujii, Y.: An interval arithmetic method for global optimization. Computing 23(1), 85 – 97 (1979)
[6] De Weerdt, E., Chu, Q.P., Mulder, J.A.: Neural network output optimization using interval analysis. Trans. Neur. Netw. 20(4), 638 – 653 (2009)
[7] de Weerdt, E., van Kampen, E., Chu, Q.P., Mulder, J.A.: Integer ambiguity resolution using interval analysis. ION Journal of Navigation 55, 293 – 307 (2008)
[8] van Kampen, E., de Weerdt, E., Chu, Q.P., Mulder, J.A.: Applied interval based integer ambiguity resolution. ION Journal of Navigation 56, 205 – 219 (2009)
[9] Zaal, P.M.T., Pool, D.M., Chu, Q.P., van Paassen, M.M., Mulder, M., Mulder, J.A.: Modeling Human Multimodal Perception and Control Using Genetic Maximum Likelihood Estimation. Journal of Guidance, Control and Dynamics 32(4), 1089 – 1099 (2009)
[10] Peter, M.T., Zaal, D.M., Pool, Q.P., Chu, M.M., Van Paassen, M., Mulder, M., Mulder, J.A.: Modeling human multimodal perception and control using genetic maximum likelihood estimation. Journal of Guidance, Control and Dynamics 32(4), 1089 – 1099 (2009)
[11] Stevens, B., Lewis, F.: Aircraft Control and Simulation. John Wiley & Sons, Chichester(1992)
[12] de Visser, C.C., Chu, Q.P., Mulder, J.A.: A new approach to linear regression with multivariate splines. Automatica 45(12), 2903 – 2909 (2009)
[13] Rump, S.M.: INTLAB – INTerval LABoratory. In: Csendes, T. (ed.) Developments in Reliable Computing, pp. 77 – 104. Kluwer Academic Publishers, Dordrecht (1999), http://www.ti3.tu – harburg.de/rump/

在惯导系统扩展卡尔曼算法中姿态误差矢量参考系的研究

Investigation of the Attitude Error Vector Reference Frame in the INS EKF

Stephen Steffes, Jan Philipp Steinbach, and Stephan Theil

摘要：扩展卡尔曼滤波器被广泛用于惯性导航。如果初始姿态误差都很小,许多作者选择在载体系里用小角度矢量来代表姿态状态。一些作者选择在导航系里使用这个矢量,但还没有讨论相应减少在封闭的环路滤波器的性能。当切换到开环滤波器时,性能得到修复,然而,大家普遍更希望得到闭环的滤波器。本文探讨了性能的下降。为了显示效果,蒙特卡罗仿真结果展示了一些情况。其利用一个在载体和惯性系内的简化的惯性导航仿真,使用闭环和开环滤波器和姿态状态。本文给出了一个定性的参数来解释这种结果。这种结果源于可能影响真正的系统模型的状态传播模型。本文提出了一种使用估计的惯性系来计算姿态状态的方法来修复性能。这种方法只能在姿态状态是通过速度状态方程间接测量得到的情况下使用。本文展示和讨论了在这种新系下的结果。

1 简介

姿态确定技术继续得到广泛研究[1]。对车辆导航来说,如果姿态误差比预期

Stephen Steffes
DLR German Aerospace Center, Institute of Space Systems, Navigation and Control Systems Department, Robert－Hooke－Str. 7, 28359 Bremen, Germany
e－mail: stephen. steffes@ dlr. de
Jan Philipp Steinbach
Helmut－Schmidt－University, University of the Federal Armed Forces Hamburg, Institute of Automation Technology, Holstenhofweg 85, 22043 Hamburg, Germany
e－mail: jan, steinbach@ hsu－hh. de
Stephan Theil
DLR German Aerospace Center, Institute of Space Systems, Navigation and Control Systems Department, Robert－Hooke－Str. 7, 28359 Bremen, Germany
e－mail: stephan. theil@ dlr. de

的小很多,很多文献里定义小角度姿态误差矢量(姿态参考值的估计值与真实值的差值)。这个矢量通常表示在机体坐标系,但一些作者选择使用导航系。然而,本作者还未看到关于在闭环滤波器的滤波性能的相应衰减的讨论,因此做了此项研究。

坐标系的选择是一个可以确定状态过渡与状态更新方程的复杂性以及滤波器的性能的因素。不同于简单的状态方程,使用惯性导航系(或缓慢改变的导航系)的一大优势是在实际应用中,过滤器的修正值可以在更新基准时间后计算出来[2]。在这种情况下,姿态误差状态没有在滤波传递步骤中旋转,使得姿态更新对计算和测量的延迟不敏感。与此相反,如果使用机体坐标系,则当计算姿态状态修正值时必须把姿态修正值转换到当前机体坐标系中来计算。

作为扩展卡尔曼滤波更新程序的一部分,姿态估计也被更新。在这项工作中,小角度四元数定义了估计姿态四元数中的误差。小角度姿态误差矢量是这个四元数的一部分,有一阶以外附加的误差。Crassidis ,Markley 和 Cheng[1],Crassidis[3],Gray[2] 和 Markley[4] 在机体坐标系里使用姿态误差;Farrell[5] 和 Wendel[6] 在大地坐标系中使用姿态误差;Gai[7],Gray[2],Thompson 和 Quasius[8] 在惯性系中使用姿态误差。所有这些作者仅仅添加扩展卡尔曼滤波器来更新姿态误差估计的修正值,这并没有改变姿态误差矢量的系。如果更新不改变姿态误差矢量的系,那么,姿态协方差状态量已经旋转到新系中去了。

本文研究了在惯性系中利用闭环卡尔曼滤波的惯性导航系统使用小角度姿态误差矢量的情况。首先,把闭环和开环卡尔曼滤波作为讨论的背景。然后,描述在一个简单的惯性导航系统问题,即在惯性系还是机体坐标系中可以使用小角度姿态误差矢量。系统模型、测量模型、状态矢量和状态过渡方程都给出了相应的姿态误差表现。给出的仿真结果显示了,使用闭环和开环 EKF 并结合姿态误差表现后的性能。进一步分析了在惯性系这两者结合导致的衰退的性能。提出了一个新的关于姿态误差矢量的估计惯性系来提高性能。仿真结果表明,在这种新情况下的性能提高,并做了进一步的讨论。

2 扩展卡尔曼滤波器(EFK)

EKF 在大量的参考文献中讨论过[5,6,9-12],在此总结一下。EKF 可用在闭环或者开环中[12]。这两种方法中 EKF 方程都列于表 1。标记 t_{k^-} 用来表示 k 时更新前的时刻,t_{k^+} 表示 k 时更新后的时刻。在闭环方法中,状态估计的修正值反馈到当前更新程序中的估计状态矢量 ($\hat{x}$) 中。

表 1　连续/离散、开环/闭环 EKF 方程[9,12]（左边的方程仅仅适用闭环滤波器，右边的方程仅适用开环滤波器，中间的方程对这两种都适用）

	闭环　　　　开环
系统模型	$\dot{\boldsymbol{x}}(t)=f(\boldsymbol{x}(t),t)+\boldsymbol{w}(t);\boldsymbol{w}(t)\sim\mathcal{N}(0,Q(t))$
测量模型	$z_k=h_k(\boldsymbol{x}(t_{k^-}))+v_k;k=1,2,\cdots v_k\sim\mathcal{N}(0,R_k)$
初始条件	$\boldsymbol{x}(0)\sim\mathcal{N}(\hat{\boldsymbol{x}}(0),\boldsymbol{P}(0))$　$\boldsymbol{x}(0)\sim\mathcal{N}(\hat{\boldsymbol{x}}(\boldsymbol{0}),\boldsymbol{P}(\boldsymbol{0}))\delta\hat{\boldsymbol{x}}(0)=0$
其他假设	$E[\boldsymbol{w}(t)\boldsymbol{v}_k^{\mathrm{T}}]=0;\forall k,\forall t$
状态传播	$\dot{\hat{\boldsymbol{x}}}(t)=f(\hat{\boldsymbol{x}}(t),t)$
误差状态传播	$\delta\dot{\hat{\boldsymbol{x}}}(t)=f(\boldsymbol{x}(t),t)-f(\hat{\boldsymbol{x}}(t),t)$
协方差传播	$P(t)=F(\hat{\boldsymbol{x}}(t),t)\boldsymbol{P}(t)+\boldsymbol{P}(t)F(\hat{\boldsymbol{x}}(t),t)^{\mathrm{T}}+\boldsymbol{Q}(t)$
全状态更新	$\hat{\boldsymbol{x}}(t_{k^+})=\hat{\boldsymbol{x}}(t_{k^-})+K_k(z_k-h_k(\hat{\boldsymbol{x}}(t_{k^-})))$
误差状态更新	$\delta\hat{\boldsymbol{x}}(t_{k^+})=\delta\hat{\boldsymbol{x}}(t_{k^-})+K_k[z_k-h_k(\hat{\boldsymbol{x}}(t_{k^-})+\delta\hat{\boldsymbol{x}}(t_{k^-}))]$
协方差更新	$P(t_{k^+})=[I-K_kH_k]P(t_{k^-})$
卡尔曼增益矩阵	$K_k=P(t_{k^-})\boldsymbol{H}_k^{\mathrm{T}}[H_kP(t_{k^-})\boldsymbol{H}_k^{\mathrm{T}}+R_k]^{-1}$
定义	$F(\hat{\boldsymbol{x}}(t),t)=[\partial f(\boldsymbol{x}(t),t)/\partial\boldsymbol{x}(t)]_{\boldsymbol{x}(t)=\hat{\boldsymbol{x}}(T)}$ $H_k\equiv H_k(\hat{\boldsymbol{x}}(t_{k^-}))=[\partial h_k(\boldsymbol{x}(t_k))/\partial\boldsymbol{x}(t_k)]_{\boldsymbol{x}(t_k)=\hat{\boldsymbol{x}}(t_{k^-})}$

在更新程序中估计状态矢量（$\hat{\boldsymbol{x}}$），总是代表最准确的状态估计，它允许状态估计传递过程中最精确的计算。在开环方法中，状态估计的修正值并没有反馈到估计误差矢量，而是增加到当前估计误差状态矢量（$\delta\hat{\boldsymbol{x}}$）。估计状态矢量由估计误差状态矢量校正，以获得最准确的状态估计。这种类型的滤波器被广泛使用在状态传播计算不能直接更改的情况下。对于附加误差，误差状态矢量定义式为

$$\delta\boldsymbol{x}(t)\equiv\boldsymbol{x}(t)-\hat{\boldsymbol{x}}(t) \tag{1}$$

式中：$\boldsymbol{x}$ 是真实（无错）的状态矢量。需要注意的是，表 1 中误差状态传递和整个状态更新方程都是假设误差是附加的。

3　简化的导航问题

以下简化的导航问题将在仿真中出现，用来比较在利用姿态误差状态矢量的惯性系和机体坐标系中闭环和开环扩展卡尔曼滤波性能。大多数惯性导航系统应用都比这个例子更加复杂，并且框架和滤波器类型选择所导致的性能差异可能被其他效果隐藏。下述的导航问题尽可能简单，突出预期的效果。

考虑地球上某固定位置的一辆车，其载有频率 100Hz 的惯性测量单元（IMU），可以无误差地测量 IMU 机身坐标系（B 系）下的车受到的力和车角速度。B 系是 IMU 测量里的直角坐标系。导航仪可以提供惯性导航系（I 系）下车的位置、速度和姿态。I 系被定义为在 $t=0$ 时刻等价于以地球为中心的地球惯性系（ECEF）。

ECEF 系是以地球质心为中心，x 轴指向（0°纬度，0°经度）的点，z 轴指向地球自转轴，y 轴与x、z 轴构成右手正交坐标系。ECEF 系绕着 z 轴相对于惯性系以地球自转角速率的速率旋转（$\omega_{\mathrm{Earth}} = 7.2921159\mathrm{e}-5\mathrm{rad/s}$，地球自转矢量在 I 系和 ECEF 系中的关系式为

$$\boldsymbol{\Omega}^{I} = \boldsymbol{\Omega}^{\mathrm{ECEF}} = [0,0,\omega_{\mathrm{Earth}}]^{\mathrm{T}} \tag{2}$$

注意，在下面的章节中，位置、速度、姿态、加速度和旋转变量都是时间的函数。然而，时间（t）依赖概念简化了符号。这个概念只用于表示在说明中离散时间点。

导航算法计算随着时间推移的车辆状态。该系统模型如下[13,14]（见的舒斯特[15]四元数代数定义），即

$$\dot{\boldsymbol{r}}^{I} = \boldsymbol{v}^{I} \tag{3}$$

$$\dot{\boldsymbol{v}}^{I} = \boldsymbol{T}(\boldsymbol{q}_{B}^{I})\boldsymbol{a}^{B} + \boldsymbol{g}^{I}(\boldsymbol{r}^{I}) \tag{4}$$

$$\dot{\boldsymbol{q}}_{B}^{I} = \frac{1}{2}\boldsymbol{q}_{B}^{I} \otimes \begin{bmatrix} \boldsymbol{\omega}_{IB}^{B} \\ 0 \end{bmatrix} \tag{5}$$

式中：$\boldsymbol{r}^{I}$ 为惯性位置；$\boldsymbol{v}^{I}$ 是惯性速度；$\boldsymbol{q}_{B}^{I}$ 是 B 系到 I 系的四元数；$\boldsymbol{T}(\boldsymbol{q}_{B}^{I})$ 是等价变换矩阵；$\boldsymbol{a}^{B}$ 是测得的车受到的比力；$\boldsymbol{\omega}_{IB}^{B}$ 是测得的车辆角速度矢量，I 系相对于 B 系的角速度在 B 系中的投影；$\otimes$ 是四元数的乘法运算符。四元数表示为一个列矢量和最后一个标量的元素。在这个例子中，过程噪声值 $w(t)$ 始终为 0，g^{I} 是在 I 系中的球形重力加速度，通过下式计算得到，即

$$\boldsymbol{g}^{I}(\boldsymbol{r}^{I}) = -\mu \boldsymbol{r}^{I} / \| \boldsymbol{r}^{I} \|^{3} \tag{6}$$

式中：$\mu = 398600.4418\mathrm{km}^{3}/\mathrm{s}^{2}$ 是地球标准重力参数。IMU 测量车辆的动力学量。由于车辆相对地球位置是固定的，因而，加速度和旋转量 B 系中是常量，即

$$\boldsymbol{a}^{B} = \boldsymbol{a}^{B}(0) = \boldsymbol{T}(\boldsymbol{q}_{I}^{B}(0))(\boldsymbol{\Omega}^{I} \times \boldsymbol{\Omega}^{I} \times \boldsymbol{r}^{I}(0) - \boldsymbol{g}^{I}(\boldsymbol{r}^{I}(0))) \tag{7}$$

$$\boldsymbol{\omega}_{IB}^{B} = \boldsymbol{\omega}_{IB}^{B}(0) = \boldsymbol{T}(\boldsymbol{q}_{I}^{B}(0))\boldsymbol{\Omega}^{I} \tag{8}$$

$\boldsymbol{r}^{I}$ 和 $\boldsymbol{v}^{I}$ 的误差状态是加法的，按照式（1）计算，但姿态四元数的误差状态是乘法的。为避免在状态矢量中使用四元数的困难，将定义一个新的量 $\boldsymbol{\theta}$，其为小角度矢量，代表姿态误差，简化为加法运算。$\boldsymbol{\theta}$ 将会在 B 系和 I 系等一般坐标系中出现。假设两个一般参考系 $A1$ 和 $A2$。在 $A1$ 系中的误差四元数可以定义为

$$\boldsymbol{p}^{A1} \equiv \boldsymbol{q}_{A2}^{A1} \otimes \hat{\boldsymbol{q}}_{A1}^{A2} \tag{9}$$

对于小角度误差，即

$$\boldsymbol{p}^{A1} \approx [-\boldsymbol{\theta}^{A1}/2, 1]^{\mathrm{T}} \tag{10}$$

式中：$\boldsymbol{\theta}^{A1}$ 是在 $\boldsymbol{A}1$ 系中小角度旋转矢量。此定义下，状态矢量可以写为

$$\boldsymbol{x} \equiv [\boldsymbol{r}^I, \boldsymbol{v}^I, \boldsymbol{\theta}^{A1}]^{\mathrm{T}} \tag{11}$$

整个误差状态矢量 $\delta\boldsymbol{x}$ 是加法的。

为导出用 $\dot{\boldsymbol{\theta}}^{A1}$ 表示的系统模型,先导出式(9)的衍生式,即

$$\dot{\boldsymbol{p}}^{A1} = \dot{\boldsymbol{q}}_{A2}^{A1} \otimes \hat{\boldsymbol{q}}_{A1}^{A2} + \boldsymbol{q}_{A2}^{A1} \otimes \dot{\hat{\boldsymbol{q}}}_{A1}^{A2} \tag{12}$$

从萨维奇文献[13]中得到

$$\dot{\boldsymbol{q}}_{A2}^{A1} = \frac{1}{2}\boldsymbol{q}_{A2}^{A1} \otimes [\boldsymbol{\omega}_{IA2}^{A2}, 0]^{\mathrm{T}} - \frac{1}{2}[\boldsymbol{\omega}_{IA1}^{A1}, 0]^{\mathrm{T}} \otimes \boldsymbol{q}_{A2}^{A1} \tag{13}$$

把方程式(13)、式(9)、式(10)带入方程式(12)中得到

$$\begin{bmatrix} -\frac{1}{2}\dot{\boldsymbol{\theta}}^{A1} \\ 0 \end{bmatrix} \approx \frac{1}{2}\boldsymbol{q}_{A2}^{A1} \otimes \begin{bmatrix} \boldsymbol{\omega}_{IA2}^{A2} \\ 0 \end{bmatrix} \otimes \hat{\boldsymbol{q}}_{A1}^{A2} - \frac{1}{2}\begin{bmatrix} \boldsymbol{\omega}_{IA1}^{A1} \\ 0 \end{bmatrix} \otimes \boldsymbol{q}_{A2}^{A1} \otimes \hat{\boldsymbol{q}}_{A1}^{A2} +$$

$$\frac{1}{2}\boldsymbol{q}_{A2}^{A1} \otimes \hat{\boldsymbol{q}}_{A1}^{A2} \otimes \begin{bmatrix} \boldsymbol{\omega}_{IA1}^{A1} \\ 0 \end{bmatrix} - \frac{1}{2}\boldsymbol{q}_{A2}^{A1} \otimes \begin{bmatrix} \boldsymbol{\omega}_{IA2}^{A2} \\ 0 \end{bmatrix} \otimes \hat{\boldsymbol{q}}_{A1}^{A2}$$

$$\begin{aligned}
\begin{bmatrix} \dot{\boldsymbol{\theta}}^{A1} \\ 0 \end{bmatrix} &\approx \begin{bmatrix} \boldsymbol{\omega}_{IA1}^{A1} \\ 0 \end{bmatrix} \otimes \boldsymbol{p}^{A1} - \boldsymbol{p}^{A1} \otimes \begin{bmatrix} \boldsymbol{\omega}_{IA1}^{A1} \\ 0 \end{bmatrix} \\
&= \begin{bmatrix} \boldsymbol{\omega}_{IA1}^{A1} - \frac{1}{2}\boldsymbol{\omega}_{IA1}^{A1} \times \boldsymbol{\theta}^{A1} - \boldsymbol{\omega}_{IA1}^{A1} + \frac{1}{2}\boldsymbol{\theta}^{A1} \times \boldsymbol{\omega}_{IA1}^{A1} \\ \frac{1}{2}\boldsymbol{\omega}_{IA1}^{A1} \cdot \boldsymbol{\theta}^{A1} - \frac{1}{2}\boldsymbol{\theta}^{A1} \cdot \boldsymbol{\omega}_{IA1}^{A1} \end{bmatrix} \\
&= \begin{bmatrix} -\boldsymbol{\omega}_{IA1}^{A1} \times \boldsymbol{\theta}^{A1} \\ 0 \end{bmatrix}
\end{aligned} \tag{14}$$

获得此方程中的矢量部分,在 B 系和 I 系中用 $A1$ 系来替代,产生两个系统模型,即

$$A1 = I:\ \boldsymbol{\theta}^I \approx 0_{3\times1} \tag{15}$$

$$A1 = B:\ \boldsymbol{\theta}^B \approx -\boldsymbol{\omega}_{IB}^B \times \boldsymbol{\theta}^B \tag{16}$$

为了得到 F,则系统模型必须根据状态明确声明。$\dot{\boldsymbol{v}}^I$ 方程必须根据 $\boldsymbol{\theta}$ 声明。如果 $A1 = I$ 则使用小角度旋转矩阵[16]的泰勒级数展开式,方程式(4)和式(9)表示为

$$\begin{aligned}
A1 = I:\ \dot{\boldsymbol{v}}^I &= \boldsymbol{T}(\boldsymbol{p}^I)\boldsymbol{a}^{\hat{I}} + \boldsymbol{g}^I(\boldsymbol{r}^I) \\
&\approx (\boldsymbol{I}_{3\times3} - (\boldsymbol{\theta}^I \times) + \frac{1}{2}(\boldsymbol{\theta}^I \times)(\boldsymbol{\theta}^I \times) - \cdots)\boldsymbol{a}^{\hat{I}} + \boldsymbol{g}^I(\boldsymbol{r}^I)
\end{aligned} \tag{17}$$

其中

$$\boldsymbol{a}^{\hat{I}} \equiv \boldsymbol{T}(\hat{\boldsymbol{q}}_B^I)\boldsymbol{a}^B \tag{18}$$

注意,a 坐标系可以通过旋转改变,而不受矢量的长度影响。$\boldsymbol{a}^{\hat{I}}$ 是在估计 I 系

$(\hat{I})$中的加速度。如果$A1=B$,则速度系统方程变为

$$A1=B:\dot{\boldsymbol{v}}^{I}=\boldsymbol{T}(\hat{\boldsymbol{q}}_{B}^{I})\boldsymbol{T}(\boldsymbol{p}^{B})^{\mathrm{T}}\boldsymbol{a}^{B}+\boldsymbol{g}^{I}(\boldsymbol{r}^{I})\approx$$
$$\boldsymbol{T}(\hat{\boldsymbol{q}}_{B}^{I})(\boldsymbol{I}_{3\times3}+(\boldsymbol{\theta}^{B}\times)-\frac{1}{2}(\boldsymbol{\theta}^{B}\times)(\boldsymbol{\theta}^{B}\times)+\cdots)\boldsymbol{a}^{B}+\boldsymbol{g}^{I}(\boldsymbol{r}^{I}) \tag{19}$$

如果$A1=I$,则整个状态矢量$\boldsymbol{f}(\boldsymbol{x}(t),t)$的系统模型由方程式(3)、式(15)、式(17)组成,如果$A1=B$,则系统模型由方程式(3)、式(16)、式(19)组成,计算雅可比式

$$\boldsymbol{F}(\hat{\boldsymbol{x}}(t),t)=\begin{bmatrix}0_{3\times3} & \boldsymbol{I}_{3\times3} & 0_{3\times3}\\ -\mu/\|\hat{\boldsymbol{r}}^{I}\|^{3}\boldsymbol{I}_{3\times3} & 0_{3\times3} & \boldsymbol{F}_{v\theta}\\ 0_{3\times3} & 0_{3\times3} & \boldsymbol{F}_{\theta\theta}\end{bmatrix} \tag{20}$$

式中:$0_{3\times3}$是0的3×3矩阵;$\boldsymbol{I}_{3\times3}$是$3\times3$的单位矩阵,重力项是一阶近似值[5]。当$A1=I$时,$\boldsymbol{F}_{v\theta}$和$\boldsymbol{F}_{\theta\theta}$的值为

$$A1=I:\boldsymbol{F}_{v\theta}\approx(\boldsymbol{I}_{3\times3}-\frac{1}{2}(\hat{\boldsymbol{\theta}}\times))(\boldsymbol{a}^{\hat{I}}\times)+\frac{1}{2}((\boldsymbol{a}^{\hat{I}}\times\hat{\boldsymbol{\theta}})\times)+\cdots \tag{21}$$

$$=(\boldsymbol{a}^{\hat{I}}\times)=((\boldsymbol{T}(\hat{\boldsymbol{q}}_{B}^{I})\boldsymbol{a}^{B})\times) \tag{22}$$

$$A1=I:\boldsymbol{F}_{\theta\theta}=0_{3\times3} \tag{23}$$

当$A1=B$时,$\boldsymbol{F}_{v\theta}$和$\boldsymbol{F}_{\theta\theta}$的值为

$$A1=B:\boldsymbol{F}_{v\theta}\approx-\boldsymbol{T}(\hat{\boldsymbol{q}}_{B}^{I})\left[(\boldsymbol{I}_{3\times3}-\frac{1}{2}(\hat{\boldsymbol{\theta}}\times))(\boldsymbol{a}^{B}\times)-\frac{1}{2}((\boldsymbol{a}^{B}\times\hat{\boldsymbol{\theta}})\times)+\cdots\right] \tag{24}$$

$$=-\boldsymbol{T}(\hat{\boldsymbol{q}}_{B}^{I})(\boldsymbol{a}^{B}\times) \tag{25}$$

$$A1=B:\boldsymbol{F}_{\theta\theta}=-(\boldsymbol{\omega}_{IB}^{B}\times) \tag{26}$$

式中:可以利用$\hat{\boldsymbol{\theta}}^{A1}=\boldsymbol{0}_{3\times3}$来简化$\boldsymbol{F}_{v\theta}$方程。

已知车辆的位置相对于地球是固定不变,可以用作更新滤波器的测量量。在ECEF系中速度为零,此值可以通过在ECEF系中惯性速度减去地球自转速度计算出来[5]。测量模型可以表示为

$$\boldsymbol{z}_{k}=\boldsymbol{T}_{I}^{\mathrm{ECEF}}(t_{k})\boldsymbol{v}^{I}(t_{k^-})-(\boldsymbol{T}_{I}^{\mathrm{ECEF}}(t_{k})\boldsymbol{r}^{I}(t_{k^-}))\times\boldsymbol{\Omega}^{\mathrm{ECEF}}+v_{k} \tag{27}$$

式中:$v_{k}\sim\mathcal{N}(0,R_{k})$,$\boldsymbol{T}_{I}^{\mathrm{ECEF}_{k}}$是$I$系到ECEF系的转换矩阵,即

$$\boldsymbol{T}_{I}^{\mathrm{ECEF}}(t_{k})=\begin{bmatrix}\cos(t_{k}*\omega_{\mathrm{Earth}}) & \sin(t_{k}*\omega_{\mathrm{Earth}}) & 0\\ -\sin(t_{k}*\omega_{\mathrm{Earth}}) & \cos(t_{k}*\omega_{\mathrm{Earth}}) & 0\\ 0 & 0 & 1\end{bmatrix} \tag{28}$$

计算雅可比式,即

$$\boldsymbol{H}_{k}=[(\boldsymbol{\Omega}^{\mathrm{ECEF}}\times)\boldsymbol{T}_{I}^{\mathrm{ECEF}}(t_{k})\boldsymbol{T}_{I}^{\mathrm{ECEF}}(t_{k})0_{3\times3}] \tag{29}$$

为了在方程式(10)中保持小角度近似值尽可能准确,在闭环情况下,EKF 每次更新后 $\boldsymbol{\theta}^{A1}$ 的估计值都需要反馈到整个状态姿态估计中。符号 t_{k^+} 标记在更新后反馈前的时刻,符号 $t_{k^{++}}$ 标记更新后反馈后的时刻。因此,紧随整个状态更新方程,以下的运算可由估计状态得到,即

$$\hat{\boldsymbol{q}}_{A2}^{A1}(t_{k^{++}}) = [-\hat{\boldsymbol{\theta}}^{A1}(t_{k^+})/2,1]^{\mathrm{T}} \otimes \hat{\boldsymbol{q}}_{A2}^{A1}(t_{k^+}) \tag{30}$$

$$\hat{\boldsymbol{\theta}}^{A1}(t_{k^{++}}) = 0_{3\times1} \tag{31}$$

式中:$0_{3\times1}$ 是 0 的 3×1 矢量;$\hat{\boldsymbol{q}}_{A2}^{A1}(t_{k^{++}})$ 在上述运算后被归一化。在这种方法中,估计的小角度矢量 $\hat{\boldsymbol{\theta}}^{A1}$ 在传递过程中总是 $0_{3\times1}$ 矢量。很多作者使用一个类似的程序,名为姿态状态的复位[3,4],然而,在这里没有明确表示。通过 $t_{k^{++}}$ 时刻的方程式(9)开始,然后,使用方程式(10)和式(30)可以得到真实状态 $\boldsymbol{\theta}^{A1}$,也可以得到 $\boldsymbol{q}_{A2}^{A1}(t_{k^{++}}) = \boldsymbol{q}_{A2}^{A1}(t_{k^+})$ (因为真实值并没有被反馈改变),即

$$\begin{aligned}\boldsymbol{p}^{A1}(t_{k^{++}}) &= \boldsymbol{q}_{A2}^{A1}(t_{k^{++}}) \otimes \hat{\boldsymbol{q}}_{A1}^{A2}(t_{k^{++}}) \\ &= \boldsymbol{q}_{A2}^{A1}(t_{k^+}) \otimes \hat{\boldsymbol{q}}_{A1}^{A2}(t_{k^+}) \otimes [\frac{1}{2}\hat{\boldsymbol{\theta}}^{A1}(t_{k^+}),1]^{\mathrm{T}} \\ &= [-\frac{1}{2}\boldsymbol{\theta}^{A1}(t_{k^+}),1]^{\mathrm{T}} \otimes [\frac{1}{2}\hat{\boldsymbol{\theta}}^{A1}(t_{k^+},1)]^{\mathrm{T}}\end{aligned} \tag{32}$$

$$[-\frac{1}{2}\boldsymbol{\theta}^{A1}(t_{k^{++}}),1]^{\mathrm{T}} \approx [-\frac{1}{2}\boldsymbol{\theta}^{A1}(t_{k^+}) + \frac{1}{2}\hat{\boldsymbol{\theta}}^{A1}(t_{k^+}),1]^{\mathrm{T}}$$

$$\boldsymbol{\theta}^{A1}(t_{k^{++}}) \approx \boldsymbol{\theta}^{A1}(t_{k^+}) - \hat{\boldsymbol{\theta}}^{A1}(t_{k^+})$$

上述假定在早些时候已声明 θ 为近似加法的。因为这些运算仅仅是把信息从一个地方移动到另一个地方,并且不改变与这些状态相关的统计数据[4],因而,这些运算并没有改变协方差矩阵。这意味着

$$P(t_{k^{++}}) = P(t_{k^+}) \tag{33}$$

4 基准仿真结果

下述给出了四幅蒙特卡洛图,显示了在 I 系利用姿态误差矢量的闭环 EKF 性能衰减的定量结果。利用第二节总结的闭环和开环卡尔曼滤波算法以及第三节讨论的导航问题,运行了四个独立的仿真程序。四种条件分别如下:闭环且 $A1=B$ (CLB 例),开环且 $A1=B$(OLB 例),闭环且 $A1=I$(CLI 例),开环且 $A1=I$(OLI 例)。

对于每个例子,仿真按如下条件建立。滤波器在 $t=0$ 时刻启动,在 $t=10$ 时刻停止运行,$\boldsymbol{r}^I(0) = [6378137m,0,0]^{\mathrm{T}}$,这是地面上 0°纬度、0°经度的坐标。$\boldsymbol{v}^I(0)$ 设置为地球表面速度,即 $\Omega^{\mathrm{ECEF}} \times \boldsymbol{r}^I(0)$ 。$\boldsymbol{q}_B^I(0)$ 设置为随机四元数 $[\hat{e}\sin(\alpha/2),\cos(\alpha/2)]^{\mathrm{T}}$,$\alpha$ 取值范围为 $\alpha \sim \mathcal{U}(0,360°)$,$\hat{e}$ 为单位球一致的随机量。状态估

计量设置为 $\hat{\boldsymbol{r}}^I(0)=\boldsymbol{r}(0)+\boldsymbol{v}_r$，$\hat{\boldsymbol{v}}^I(0)=\boldsymbol{v}(0)+\boldsymbol{v}_v$，$\hat{\boldsymbol{\theta}}^{A1}(0)=[0,0,0]^{\mathrm{T}}$，且 $\hat{\boldsymbol{q}}_B^I(0)=\boldsymbol{p}'\otimes\boldsymbol{q}_B^I$，其中 $v_r\sim\mathcal{N}(0,\sigma_r\boldsymbol{I}_{3\times3})$，$v_v\sim\mathcal{N}(0,\sigma_v\boldsymbol{I}_{3\times3})$。$\boldsymbol{p}'$ 为四元数 $[q_1,q_2,q_3,q_4]^{\mathrm{T}}$，$q_1,q_2,q_3\sim\mathcal{N}(0,\sigma_\theta^2)$，$q_4=\sqrt{q_1^2+q_2^2+q_3^2}$，$\boldsymbol{P}(0)$ 设置为

$$\boldsymbol{P}(0)=\begin{bmatrix}\sigma_r^2\boldsymbol{I}_{3\times3} & 0_{3\times3} & 0_{3\times3}\\ 0_{3\times3} & \sigma_v^2\boldsymbol{I}_{3\times3} & 0_{3\times3}\\ 0_{3\times3} & 0_{3\times3} & \sigma_\theta^2\boldsymbol{I}_{3\times3}\end{bmatrix} \tag{34}$$

式中：$\sigma_r=1\mathrm{m}$，$\sigma_v=0.1\mathrm{m/s}$ $\sigma_\theta=0.07\mathrm{rad}(=4°)$。如前文提到的，没有系统噪声，因此 $w(t)$ 始终为0。因为ECEF系中速度始终为0，因此也没有测量噪声。由于使用零测量噪声可导致在卡尔曼增益矩阵中除数为0，因此 R_k 被设为 $(0.001\mathrm{m/s})^2\boldsymbol{I}_{3\times3}$。状态传递方程以100Hz的频率被集成在前面的欧拉方程式(3)，前面的有旋转修正值[14]的欧拉方程式(4)，表示三阶四元数集成方法[16]的方程式(5)，精确算法的方程式(15)和式(16)。

做100次蒙特卡洛的仿真，并且每次蒙特卡洛仿真设置一样的初始化条件，图1显示了结果。每个例子中每个时间点，绘出了100次仿真的姿态误差和相应的 1σ 值的均方根。位置误差与速度误差都接近或者低于其RMS 1σ 值，没有显示。

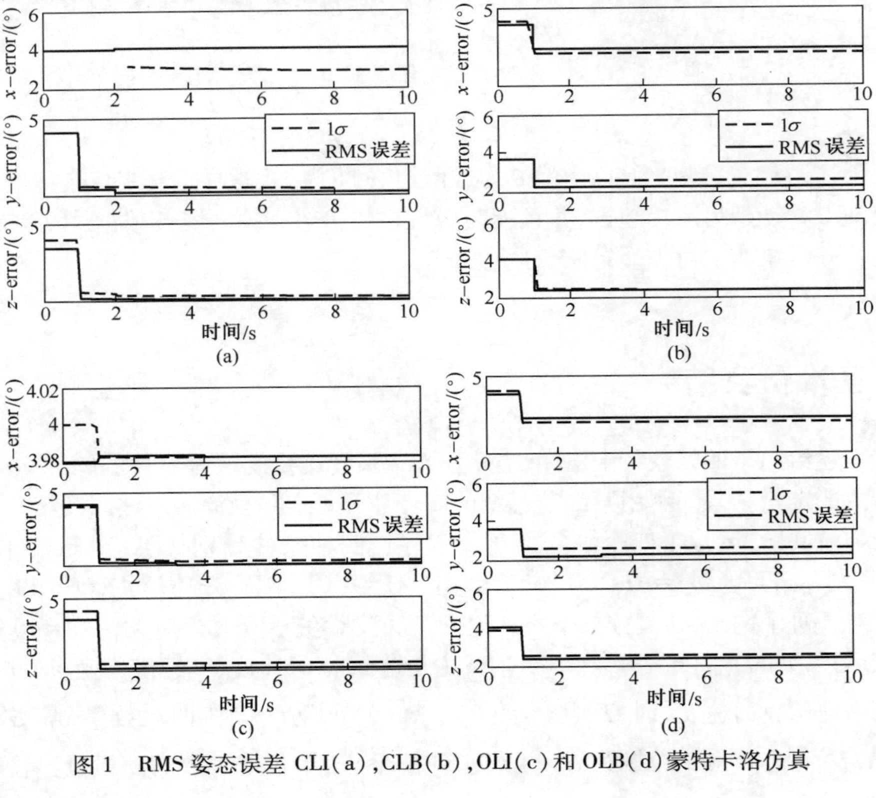

图1 RMS姿态误差 CLI(a)，CLB(b)，OLI(c)和OLB(d)蒙特卡洛仿真

5 仿真结果分析

CLB、OLB 和 OLI 例子中滤波器性能都达到了预期值，RMS 误差都接近或低于 $1\sigma_{\mathrm{RMS}}$，然而，CLI 滤波器性能非常差，在 2s 后测得的姿态误差远远超过 $1\sigma_{\mathrm{RMS}}$ 边界值。事实上，开环的两个例子中都能达到预期的效果，这表明，CLI 差性能与反馈到 EKF 更新步骤中的状态修正值有关。$A1=B$ 的两个例子都能达到预期值，这表明，CLI 的差性能与状态过渡方程有关。速度和姿态过渡项取决了 $A1$ 的选择，但是姿态项（式(23)和式(26)）可以从怀疑项中排除。因为其并不由状态修正项决定。速度项（式(22)和式(25)）包含 $\hat{\boldsymbol{q}}_B^I$，而 $\hat{\boldsymbol{q}}_B^I$ 是在 EKF 每次用式(30)更新后修正的。看起来速度项是由 CLI 性能问题引起的，因为姿态修正值来源于速度测量值的更新。下述定性的阐述解释了在这些例子中为何 CLI 例子性能差。

在方程式(22)中，$\boldsymbol{a}^B$ 首先用姿态估计转换到 I 系中，使用了在 EKF 传递过程中与 $\boldsymbol{\theta}^I$ 协方差的相乘后的叉积①。当姿态估计在 EKF 更新此刻 $\boldsymbol{a}^{\hat{I}}$ 变化的方向得到修正，即使 $\boldsymbol{a}^{\hat{I}}$ 没有方向。实际上，即使此刻真实的姿态没有改变，I 系也改变了。这是由于曲解了 EKF 中加速度相对于 $\boldsymbol{\theta}^I$ 的变化方向。这导致了滤波器的差性能，因为其并没有真实反映系统模型。

相反地，在方程式(25)中，$\boldsymbol{a}^B$ 首先与姿态状态协方差叉乘，然后，这个叉积用姿态误差转换。姿态估计随着更新改变，但是这并不影响 $\boldsymbol{a}^B$ 与姿态协方差（即叉积矩阵）之间的关系。EKF 没有把姿态更新解释为加速度的改变，但它确实把姿态更新误解为整个叉积的改变。显然，EKF 对这种误解不敏感，因为 CLB 例子中表现是 OK。

最后，在 OLI 例子中的姿态修正值是在误差状态矢量中计算，而不是在姿态估计更新中计算。这排除了在 CLI 例子中错误的加速度方向改变，因此展现出更好的性能。

蒙特卡洛仿真用的比较多的初始姿态误差 $\sigma_\theta = 4°$，由于减小了此误差，姿态更新的尺度变小，CLI 例子显示出很好的性能。对于所提出的仿真设置，初始姿态误差 $\sigma_\theta \approx 0.05°$ 被认为是 CLI 例子中好、坏性能的边界值。其中好的性能意味着姿态和速度误差的 RMS 值接近或低于其各自的 σ_{RMS} 边界值。

6 闭环且 $A1=\hat{I}$ 例子

式(22)中的叉积使 $\hat{I}$ 系中的矢量与 I 系中的 θ 协方差叉乘。在两个不同的坐

① 另外，注意在不同坐标系中跨越两个矢量会在一个未定义坐标系中产生一个组合矢量。

标系中向量的叉乘总体上没有什么影响因为没有定义叉积的坐标系。一个好的方法可能是用 $\boldsymbol{\theta}^{\hat{I}}$ 作为姿态状态，为了展示简单而又不落俗套的改变如何影响 EKF 性能，下文将会推导出系统模型和更新方程，显示蒙特卡洛结果。

开始时，θ 首先定义为

$$\boldsymbol{\theta}^{\hat{I}} \equiv \boldsymbol{T}(\hat{\boldsymbol{q}}_B^I)\boldsymbol{T}(\boldsymbol{q}_I^B)\boldsymbol{\theta}^I \tag{35}$$

利用式(9)将上式化简为

$$\boldsymbol{\theta}^{\hat{I}} = \boldsymbol{T}((\boldsymbol{p}^I)^{-1})\boldsymbol{\theta}^I \tag{36}$$

可以利用泰勒级数展开式进一步化简为

$$\boldsymbol{\theta}^{\hat{I}} \approx (\boldsymbol{I}_{3\times3} + (\boldsymbol{\theta}^I \times) - \frac{1}{2}(\boldsymbol{\theta}^I \times)(\boldsymbol{\theta}^I \times) + \cdots)\boldsymbol{\theta}^I \tag{37}$$

$$\boldsymbol{\theta}^{\hat{I}} \approx \boldsymbol{\theta}^I \tag{38}$$

已知在 EKF 从式(15)传递过程中 $\boldsymbol{\theta}^I$（因此 $\boldsymbol{p}^I$）为常量，故而系统模型为

$$\dot{\boldsymbol{\theta}}^{\hat{I}} = 0_{3\times1} \tag{39}$$

为找到速度系统方程，联立式(17)和式(38)得到

$$\dot{\boldsymbol{v}}^I \approx (\boldsymbol{I}_{3\times3} - (\boldsymbol{\theta}^{\hat{I}} \times) + \frac{1}{2}(\boldsymbol{\theta}^{\hat{I}} \times)(\boldsymbol{\theta}^{\hat{I}} \times) - \cdots)\boldsymbol{a}^{\hat{I}} + \boldsymbol{g}^I(\boldsymbol{r}^I) \tag{40}$$

因此，这种情况下的 $\boldsymbol{F}$ 矩阵和 CLI 例子中的是相同的。此外，测量方程是不变的，因为其不受 $A1$ 系选择的影响。

为了使小角度近似值尽可能准确，$\boldsymbol{\theta}^{\hat{I}}$ 的估计值在每次 EKF 更新后都会反馈到整个状态姿态估计中，在式(30)和式(31)中，程序是类似的。紧随整个状态更新方程，进行下列运算，即

$$\hat{\boldsymbol{q}}_B^I(t_{k^{++}}) = [-\hat{\boldsymbol{\theta}}^{\hat{I}}(t_{k^+})/2, 1]^{\mathrm{T}} \otimes \hat{\boldsymbol{q}}_B^I(t_{k+}) \tag{41}$$

$$\hat{\boldsymbol{\theta}}^{\hat{I}}(t_{k++}) = 0_{3\times1} \tag{42}$$

其结果是 I 系在更新的时刻点上离散地改变。由此在 $\boldsymbol{\theta}^{\hat{I}}$ 产生的变化可以通过方程式(36)开始计算，并利用方程式(32)部分和方程式(36)得到

$$\begin{aligned}
\boldsymbol{\theta}^{\hat{I}}(t_{k++}) &= \boldsymbol{T}((\boldsymbol{p}^I(t_{k++}))^{-1})\boldsymbol{\theta}^I(t_{k++}) \\
&\approx \boldsymbol{T}\left(\left[\frac{1}{2}\boldsymbol{\theta}^I(t_{k++}), 1\right]^{\mathrm{T}}\right)\boldsymbol{\theta}^I(t_{k++}) \\
&\approx \boldsymbol{T}\left(\left[-\frac{1}{2}\hat{\boldsymbol{\theta}}^I(t_{k+}), 1\right]^{\mathrm{T}} \otimes \left[\frac{1}{2}\boldsymbol{\theta}^I(t_{k+}), 1\right]^{\mathrm{T}}\right)(\boldsymbol{\theta}^I(t_{k+}) - \hat{\boldsymbol{\theta}}^I(t_{k+})) \\
&\approx \boldsymbol{T}\left(\left[-\frac{1}{2}\hat{\boldsymbol{\theta}}^I(t_{k+}), 1\right]^{\mathrm{T}}\right)\left(\boldsymbol{T}\left(\left[\frac{1}{2}\boldsymbol{\theta}^I(t_{k+}), 1\right]^{\mathrm{T}}\right)\boldsymbol{\theta}^I(t_{k+}) - \right. \\
&\quad \left. \boldsymbol{T}\left(\left[\frac{1}{2}\boldsymbol{\theta}^I(t_{k+}), 1\right]^{\mathrm{T}}\right)\hat{\boldsymbol{\theta}}^I(t_{k+})\right)
\end{aligned} \tag{43}$$

$$\approx \boldsymbol{T}\left(\left[1-\frac{1}{2}\hat{\boldsymbol{\theta}}^{\hat{I}}(t_{k+}),1\right]^{\mathrm{T}}\right)(\boldsymbol{\theta}^{\hat{I}}(t_{k+})-\hat{\boldsymbol{\theta}}^{\hat{I}}(t_{k+}))$$

最后的等式表明，$\boldsymbol{\theta}^{\hat{I}}$ 不是因为线性相加的，因为 I 系在反馈环节中随旋转量 $\boldsymbol{T}\left(\left[-\frac{1}{2}\hat{\boldsymbol{\theta}}^{I}(t_{k+}),1\right]^{\mathrm{T}}\right)$ 的变化而变化。在这种情况下，协方差矩阵必须根据 I 系的更新而更新。因此，作为更新步骤的最后一步，协方差矩阵的离散传递必须是从 t_{k+} 到 t_{k++}，改变姿态协方差的值。表 1 中 EKF 传递方程的离散形式如下[9,12]，即

$$\hat{\boldsymbol{x}}(t_{k++})=\boldsymbol{f}(\hat{\boldsymbol{x}}(t_{k+})) \tag{44}$$

$$\boldsymbol{P}(t_{k++})=\boldsymbol{F}_{k^+}\boldsymbol{P}(t_{k+})\boldsymbol{F}_{k+}^{\mathrm{T}}+\boldsymbol{Q}_{k+} \tag{45}$$

$$\boldsymbol{F}_{k+}\equiv\boldsymbol{F}(\hat{\boldsymbol{x}}(t_{k+}))=[\partial\boldsymbol{f}(\boldsymbol{x}(t))/\partial\boldsymbol{x}(t)]_{\boldsymbol{x}(t)=\hat{\boldsymbol{x}}(t_{k+})} \tag{46}$$

f 函数不改变 r^I 或 v^I，但是其使用了式(43)来算姿态状态。从式(43)的雅可比式可以得到系统矩阵，即

$$\boldsymbol{F}_{k^+}=\begin{bmatrix}\boldsymbol{I}_{3\times3} & \boldsymbol{0}_{3\times3} & \boldsymbol{0}_{3\times3}\\ \boldsymbol{0}_{3\times3} & \boldsymbol{I}_{3\times3} & \boldsymbol{0}_{3\times3}\\ \boldsymbol{0}_{3\times3} & \boldsymbol{0}_{3\times3} & \boldsymbol{T}\left(\left[-\frac{1}{2}\hat{\boldsymbol{\theta}}^{\hat{I}}(t_{k+}),1\right]^{\mathrm{T}}\right)\end{bmatrix} \tag{47}$$

过程噪声为 $Q_{k+}=\boldsymbol{0}$。EKF 更新是在这些步骤之后最后完成的。

做 100 次蒙特卡洛的仿真，像第四节所讨论的，在闭环 $A1=\hat{I}$ 的情况下给出了其性能的定量测量结果。运行了 100 次仿真，并使用第四节设置的相同的初始条件。图 2 显示了结果。如同其他的仿真结果，100 次仿真中的速度误差、姿态误差和其相应的 1σ 的均方根(RMS)在下图中绘出。图中为画出位置误差，因为其近似于相应的速度误差的积分值，不作过多关注。

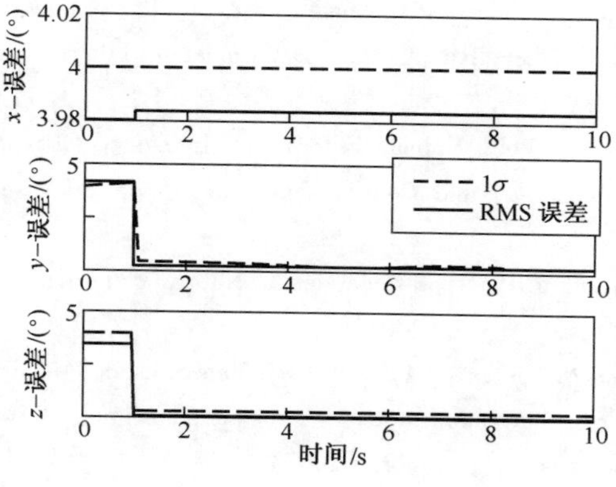

图 2　具有 $A1=\hat{I}$ 蒙特卡洛：闭环 EKF 的 RMS 姿态误差

这种情况下,过滤器的性能类似于 CLB、OLI 和 OLB 的情况下的。均方根误差都接近或者低于 $1\sigma_{RMS}$ 边界值。

7 结论

现有的工作显示了姿态误差矢量系和滤波器类型的选择是怎样影响滤波器的性能的。在一个简化的导航问题中运行了四种独立的蒙特卡洛仿真。CLB、OLI 和 OLB 例子中滤波器性能都达到了期望值,但 CLI 例子中的滤波器性能相对较差。在所有例子中,姿态修正值都是通过 EKF 传递方程中 F_{vb} 项的速度测量值间接估计得到。在 CLI 例子中,F_{vb} 中 $a^{\hat{I}}$ 项在 EKF 更新后变化,而姿态协方差状态是不变的。CLI 例子的性能不佳可以归咎于不一致的建模。

为避免 CLI 例子的这些问题,用 $\hat{I}$ 系来代表姿态状态。这种情况下,其具有与 CLI 例子相同的传播方程,但是在正常 EKF 更新到旋转姿态协方差状态至新 $\hat{I}$ 系后立即使用附加的离散滤波器传播步骤。在这种情况下,F_{vb} 中 $a^{\hat{I}}$ 项和姿态协方差状态总是在当前 $\hat{I}$ 系中,这样修复了之前 CLI 例子中不一致建模问题。这种情况下的蒙特卡洛仿真结果展示了和 CLB、OLI 与 OLB 相似的性能。

大多数惯性导航系统比本文研究的这个例子更加复杂。但是,如果使用像 CLI 例子中的滤波器,则本文探讨的不一致的建模问题会降低性能。对于任何系统,应该考虑所有的选项,以找到应用的最佳选择。

参考文献

[1] Crassidis, J. L. , Markley, F. L. , Cheng, Y. : Survey of Nonlinear Attitude Estimation Methods. Journal of Guidance, Control and Dynamics 30(1), 12 - 28 (2007)

[2] Gray, C. W. : Star Tracker/IRU Attitude Determination Filters, vol. 107, pp. 459 - 476 (2001), AAS 01 - 039

[3] Crassidis, J. L. : Sigma - Point Kalman Filtering for Integrated GPS and Inertial Navigation. In: AIAA Guidance, Navigation, and Control Conference, San Francisco, CA (August 2005), AIAA - 2005 - 6052

[4] Markley, F. L. : Attitude Error Representations for Kalman Filtering. Journal of Guidance, Control and Dynamics 26(2), 311 - 317 (2003)

[5] Farrell, J. A. : Aided Navigation: GPS with High Rate Sensors. McGraw Hill, New York(2008)

[6] Wendel, J. : Integrierte Navigationssysteme: Sensordatenfusion, GPS und Inertiale Navigation. Oldenbourg Wissenschaftsverlag, GmbH (2007)

[7] Gai, E. , Kevin Daly, J. H. , Lemos, L. : Star - Sensor - Based Satellite Attitude/Attitude RateEstimator. Journal of Guidance, Control and Dynamics 8(5), 560 - 565 (1985)

[8] Thompson, I. C. , Quasius, G. R. : Attitude Determination for the P80 - 1 Satellite. In: Proceedings of AAS Guidance and Control Conference (1980), AAS 80 - 001
[9] Gelb, A. (ed.): Applied Optimal Estimation. The MIT Press, Cambridge (1974)
[10] Brown, R. , Hwang, P. : Introduction to Random Signals and Applied Kalman Filtering. John Wiley and Sons, Chichester (1997)
[11] Grewal, M. S. , Andrews, A. P. : Kalman Filtering - Theory and Practice using MATLAB, 2nd edn. John Wiley & Sons, Chichester (2001)
[12] Kayton, M. , Fried, W. R. : Avionics Navigation Systems, 2nd edn. John Wiley and Sons Inc. , Chichester (1997)
[13] Savage, P. G. : Strapdown Inertial Navigation Integration Algorithm Design Part 1: Attitude Algorithms. Journal of Guidance, Control, and Dynamics 21(1), 19 - 28 (1998)
[14] Savage, P. G. : Strapdown Inertial Navigation Integration Algorithm Design Part 2: Velocity and Position Algorithms. Journal of Guidance, Control and Dynamics 21(2), 208 - 221(1998)
[15] Shuster, M. D. : A Survey of Attitude Representations. Journal of the Astronautical Sciences 41 (4), 439 -517 (1993)
[16] McKern, R. A. : A Study of Transformation Algorithms for Use in a Digital Computer. Master's thesis, Massachusetts Institute of Technology (January 1968)

基于稀疏网格的非线性滤波

Nonlinear Filtering Using Sparse Grids

Carolyn Kalender and Alfred Schöttl

摘要:本文提出了一种新的实时非线性滤波算法。大多数情况下,非线性滤波问题是基于扩展卡尔曼滤波器的,但是由于非线性,它是一种次优估计器。结合 Fokker - Planck 等式和贝叶斯规则,研究者提出了最优估计方法。求 Fokker - Planck 等式的数值解的常规方法存在着维度灾难问题,因此,常规方法不能解决高维度的非线性滤波问题。我们使用稀疏网格来求解 Fokker - Planck 等式,利用用这种方法实时求解了一个六维非线性问题。

1 引言

本文考虑了基于一个或多个传感器的测量值(如雷达站)来估计一个运动目标的轨迹(或接下来的状态)问题。这个问题在广泛的领域内有重要作用,如引导拦截导弹打击来袭目标。精确的状态估计是获取低误差距离和高命中概率的关键。大多数这类问题是高度非线性的。

令 $(\Omega,\mathscr{F},P)$ 是概率空间,其中$(\mathscr{F}_t)$是一个右连续滤波器,W 和 V 分别是 d 维和 m 维自适应布朗运动。

物体的运动用自适应随机过程 $X=(X_t)$,$X_t \in \mathbb{R}^d$ 来描述,它的动力学模型是非线性随机微分方程的解,即

$$\mathrm{d}X_t = f_t(X_t)\,\mathrm{d}t + \sigma_t(X_t)\,\mathrm{d}W_t \tag{1}$$

Carolyn Kalender

LFK - Lenkflugkörpersysteme GmbH, Landshuter Straβe 26, 85716 Unterschleiβheim, Germany

e - mail: carolyn. kalender@ mbda - systems. de

Alfred Schöttl

LFK - Lenkflugkörpersysteme GmbH, Landshuter Straβe 26, 85716 Unterschleiβheim, Germany

e - mail: alfred. schoettl@ mbda - systems. de

在连续时间过程中,观测量可以用另一个随机过程 Y 来建模,类似地,它的动力学模型是非线性随机微分方程的解,即

$$dY_t = g_t(X_t)\,dt + v_t(X_t)\,dV_t \tag{2}$$

众所周知(详见参考文献[7]),在适当的增长条件下(q 表示任何可测函数 f, σ, g, v),如

$$\| q_t(x) - q_t(x') \|^2 \leqslant K \| x - x' \|^2$$
$$\| q_t(x) \|^2 \leqslant K(1 + \| x \|^2)$$

有强解存在。

我们会看到,一个过滤器可以被用在离散更新时间中,即

$$dY_{t_k} = h_t(X_{t_k}) + v_{t_k}(X_{t_k}) V_{t_k} \tag{3}$$

使用式(1)作为系统方程,式(2)作为观测方程,只使用观测值 $Y_s \leqslant t$ 来估计物体的实际状态 X_t 可以被看做是一个滤波问题:$\mathscr{F}_t^Y$ 是从 Y 得到的滤波器。我们考虑寻找一个最优(从 L^2 的方面考虑)$\mathscr{F}^Y$-X 的自适应估计。显然,这个问题等价于寻找一个条件期望 $E(X_t \mid \mathscr{F}_t)$。

有很多方法可以解决这个问题。最常见的方法是应用扩展卡尔曼滤波(如参考文献[10]),它对非线性系统合适而高效。因为扩展卡尔曼滤波是基于对系统方程的线性化,有可能导致发散。另外,因为使用了标准高斯理论,该方法不能处理非对称分布和多模型分布的情况。

另外一个被广泛应用的方法是粒子滤波(见参考文献[10]),它使用合理数量的状态采样,并利用系统仿真来处理它们。粒子可以被看作用离散分布逼近条件概率分布,并归一化它们的权重。逼近过程是通过根据观测值来更新权重来实现的(如用贝叶斯公式)。逼近过程的质量强烈地依赖于粒子数量。从经验上看,所需的粒子数量随着系统维度的增长而增长。这种“维度灾难”(见参考文献[4])将粒子滤波器的适用范围限制在低维系统中。然后,在很多典型应用中,系统的状态维度 d 相对比较高(5~10),然后观测量的维度相对较少(3~6)。

此外,众所周知的(如参考文献[6]),只有在非常特别的情况下才有可能用有限维系统方程求解闭式解。最重要的是,卡尔曼滤波器在线性情况下只需要更新 d 状态期望和 $d(d-1)/2$ 个协方差。因为线性化意味着适用高斯条件分布,全分布被这些参数所限制。其他的所谓无限维滤波器有 Beneš[2] 和 Daum 滤波器[4],它们有重要的理论意义,但是需要对 f 和 g 进行手动的有局限的条件设置。在大多数这类情况下,需要无限次地考虑才能描述所有 $(X \mid \mathscr{F}^Y)$ 的条件概率分布。

我们假设,条件概率分布密度函数(pdf)

$$p_t(x) = \frac{\partial}{\partial x} P(X_t \leqslant x \mid \mathscr{F}_t^Y)$$

是(t,x)的测量函数。

分析条件分布的变化是常见的滤波理论的一部分。在非常温和的假设下,已

经有人提出了滤波公式，如 Kushner - Stratonovich 公式（见参考文献[1]，定理 3.30）。如果 pdf 的随机偏微分方程的解存在，那么，Kushner - Stratonovich 公式与 pdf 的随机偏微分方程等价（见参考文献[7]，定理 8.6）。参考文献[1]定理 7.11 对 pdf 解的存在条件有详述。参考文献[8]中有对解条件和性能的全面分析。该文件认为

$$d_t p_t(x) = \left(- \sum_k \frac{\partial}{\partial x_k}(f_{t,k}(x)p_t(x)) + \frac{1}{2}\sum_{jk} \frac{\partial^2}{\partial x_j \partial x_k}(b_{t,jk}(x)p_t(x)) \right) \mathrm{d}t$$
$$+ p_t(x)(h_t(x) - E(h(X_t) \mid \mathscr{F}_t^Y))(\mathrm{d}Y_{t_k} - E(h(X_t) \mid \mathscr{F}_t^Y)\mathrm{d}t)$$

其中

$$b_t = \boldsymbol{\sigma}_t \cdot \boldsymbol{\sigma}_t^{\mathrm{T}}$$

公式的右手边可以看做是传播部分之和（第一行），包括了一个传输（或者对流）项和耗散（或者扩散）项，以及更新部分（第二行），这部分处理观测量。传输项根据模型来改变 pdf，耗散项适时拓宽 pdf，这将不确定因素带入估计。观测值处理项根据观测值更新依次让 pdf 变细。

离散时间的情况与之类似。更新部分（也可以看作是贝叶斯定理的简化版本）被替换为经典的贝叶斯定理，于是，传播通过偏微分方程来实现

$$d_t p_t(x) = \left(- \sum_k \frac{\partial}{\partial x_k}(f_{t,k}(x)p_t(x)) + \frac{1}{2}\sum_{jk} \frac{\partial^2}{\partial x_j \partial x_k}(b_{t,jk}(x)p_t(x)) \right) \mathrm{d}t \quad (4)$$

同时，通过下式 t 时刻的观测值 y 可分别合并在一起

$$p_t^+(x) = \frac{p_t^-(x)p_{Y|X}(y \mid x)}{\int p_{Y|X}(y \mid z)p_t^-(z)\mathrm{d}z} \quad (5)$$

式中：p_t^+ 表示考虑到时刻 t 的观测值后的 X_t 的条件 pdf；p_t^- 表示观测之前的 pdf。小观测时间间隔的离散公式等价于连续时间公式。在下文中，我们考虑离散时间公式。

2 离散化

用常规方法解偏微分方程在数值上存在着“维度灾难”问题。为了得到一个给定的近似阶次，网格点的数量随着维度的增长以指数方式增长，于是

$$\| f - f_n \| = \sigma(n^{-r/d})$$

用于表示平滑度 r 的函数 f。

滤波问题的维度通常从 5 到 10，因此用通常的网格方法无法做到实时处理。即使用自适应网格，如参考文献[13]，只要 4 个维度就不能实时了。然而，稀疏网格技术提供了将必须的网格点数量从 $\sigma(N^d)$ 降到 $\sigma(N(\log N)^{d-1})$ 的可能。

使用稀疏网格，有可能实时的解决一个高维的完全非线性问题。本算法可以

分为三个部分。第一,使用稀疏网格解方程式(4)来得到密度函数。接下来,用实际的观测值更新概率密度。最后,从系数网格中得到条件概率分布的期望值或者特征参数(如高阶矩)。

2.1 稀疏网格

稀疏网格最先由 Zenger 提出并在当时被广泛应用,如在金融数学领域。

它的基本观点,是将分段多重线性函数空间分解为它的分层子空间,并且只考虑其中那些对平滑函数的插值作用重要的。

多线性基函数:

$$\phi_{l,i}(x)=\prod_{j=1}^{d}\phi_{l_j,i_j(x_j)}\,,\phi_{l_j,i_j}(x_j)=\phi\left(\frac{x_j-i_jh_{l_j}}{h_{l_j}}\right)\,,\phi(x)=\begin{cases}1-|x|,x\in[-1,1]\\0,其他\end{cases}$$

在公式中,网格宽度 $h_{l_i}=2^{-l_j}$ 和相应的网格点 $x_{l,i}$ 与 $x_{l_j,i_j}=i_j\cdot h_{l_j}$ 在 l 层有索引 i,在$[0,1]d$ 内的 l 层的分段多重线性函数的空间如下:

$$V_l=\mathrm{span}\{\phi_{l,i}:1\leqslant i\leqslant 2^l-1\}$$

分层空间:

$$W_l=v_l\setminus\bigoplus_{j=1}^{d}V_{l-e_j}=\mathrm{span}\{\phi_{l,i}:1\leqslant i\leqslant 2^l-1,i_j\mathrm{odd}\,\forall j\}\,(\Rightarrow V_l=\bigoplus_{k\leqslant l}W_k)$$

被当做粗网格和细网格之间的差别。因此,对于一个函数分解

$$u(x)=\sum_{l,i}u_{l,i}\phi_{l,i},\phi_{l,i}\in W_l$$

分层剩余量 $u_{l,i}$包括了粗网格和细网格之间的 $x_{l,i}$ 的差别。网格点的数量随着层数的增长而显著增长,同时平滑函数中的插值精度增益会变的相对较小(见参考文献[12])。00 稀疏网格的思想是使用低层子空间 $\bigoplus_{|k|_\infty\leqslant L}W_k$ 代替全网格,并构建 $\bigoplus_{|k|_l<L+d-1}W_k$(代替长方体组成子空间的四面体)。$L$ 被称作稀疏网格的层数。应该注意的是,没有网格点在该域的边界上(图 1)。

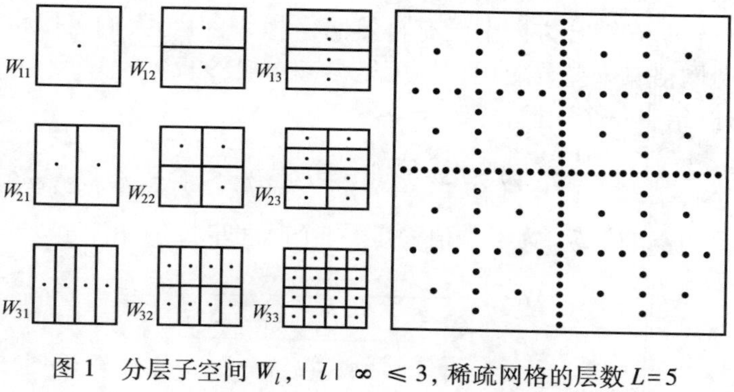

图 1 分层子空间 W_l, $|l|_\infty\leqslant 3$, 稀疏网格的层数 $L=5$

不同于常规网格 $\sigma(N^d)$ 个网格点,稀疏网格只包括 $\sigma(N(\lg N)^{d-1}$ 个网格

点($N = 1/h = 2^L$)。它通过找一个在最大范数上相对阶次小的平滑函数的插值精度来做到这一点(能量范数上插值精度相同的阶次,详细内容见参考文献[3])。

因为这些稀疏网格的良好的性质,我们用它在后面解决高维系统的实时数值滤波问题。

2.2 传播

有限差分被用来离散化传播方程式(4)。平流部分,尤其对于高机动目标,着眼于随着时间在状态域上大尺度变化的局部密度。这意味着在每个时间间隔将整个领域离散化的大量计算工作是没有必要的。我们将要看到,网格分片和网格漂移可以用来避免这个问题。

2.2.1 有限差分

我们提出了以下的有限差分方法:

1. 基于时间的一阶前向导数

$$D_t^+ p_t = \frac{p_t + \Delta t - p_t}{\Delta t}, \frac{\partial p_t}{\partial t} = D_t^+ p_t + \sigma(\Delta t)$$

2. 平流部分的迎风差分

$$D_x^u p_t = \begin{cases} \dfrac{p_t(x + \Delta x) - p_t(x)}{\Delta x}, f_t(x) < 0 \\ \dfrac{p_t(x) - p_t(x - \Delta x)}{\Delta x}, f_t(x) > 0 \end{cases}, \frac{\partial p_t}{\partial x} = D_x^u p_t + \sigma(\Delta x)$$

3. 扩散部分的中心差分

$$D_x^2 p_t = \frac{p_t(x + \Delta x) - 2p_t(x) + p_t(x - \Delta x)}{\Delta x^2}, \frac{\partial^2 p_t}{\partial x^2} = D_x^2 p_t + \sigma(\Delta x)$$

在这里不考虑混合导数,虽然它也能被有限差分实现。然而,相比于常规网格,在稀疏网格中,在混合方向上没有自然网格相邻,但是人们可以从不同点中插值得到。稀疏网格有限差分应用特性可见参考文献[9]。

所有上述,给出一个一阶框架:

$$p_t + \Delta t(x) = p_t(x) - \Delta t \sum f_{t,k}(x) D_{x_k}^u p_t + \frac{1}{2} \Delta t \sum b_{kk} D_{x_k}^2 p_t \tag{6}$$

作为一个明确的框架,为了数值稳定,有个时间步长条件:

$$\Delta t \leqslant \frac{1}{\sum \dfrac{b_{kk} + | f_{t,k}(x) | \Delta x_k}{\Delta x_k^2}} \tag{7}$$

以下的定理成立:

定理 1: 根据 von-Neumann 的稳定分析,在式(7)成立时,离散框架式(6)是稳定的。

证明:将参考文献[11],第 160 页中的讨论应用到多维下。

2.2.2 分片

分片可以用来解决因为随着时间的漂移、扩散而运动、变宽的 pdf。分片会将计算负担限制在一个可能的较小的状态子空间里,并且该子空间的概率接近 1。

相比于常规网格,通过添加一些网格点行来扩展稀疏网格是不自然的,这样做会与这些网格的分层结构产生矛盾。如果我们想添加或删除网格点,会添加或删除整个稀疏网格。

为了描述一个更为普适的领域,我们考虑到了相关领域,这些领域每个层都包含稀疏网格(没有包含边界点)。我们必须将边界层增添到稀疏网格层之间作为联系。这些边界层自己就是低维度的稀疏网格。

如果一个分片的 pdf 积分小于某个阈值,那么,这个分片将被删除。如果在某个边界带上这个 pdf 的积分大于一个给定的阈值,就添加一个相邻分片(图 2)。

定期检查每个片是否必需,是否需要添加新片。

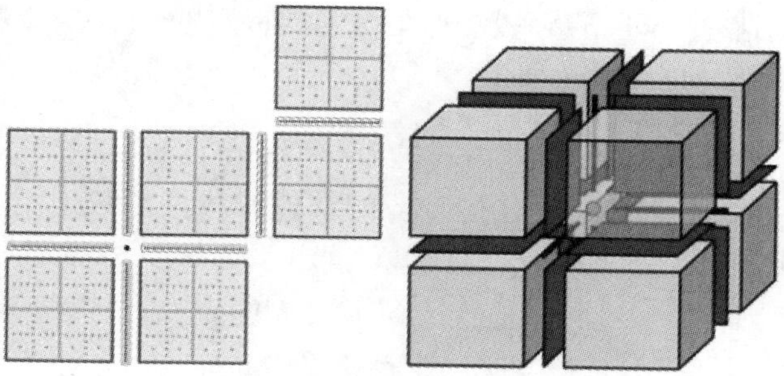

图 2 二维和三维的 Tiling 例子

2.2.3 漂移补偿

如 2.2.1 节中所描述的,必须限制时间步长,以保证框架的稳定性。定理 1 说明了为了得到一个稳定的框架,必须满足条件 7。注意,漂移 $|f_{t,k}|$ 的量级决定了条件 7 中的稳定边界。

在应用中,有可能在一些维度(例如在跟踪应用中的位置状态)中出现大的漂移。幸运的是,pdf 常常在这些维度局域优化了。通过选择合适的 c 来修正漂移,可以获得一个很好的改进。

$$\mathrm{d}X_t = (\bar{f}_t(X_t) + c)\,\mathrm{d}t + \sigma_t(X_t)\,\mathrm{d}W_t \tag{8}$$

通常选择:$c = E(f_t(X_t) \mid \mathscr{F}_t^Y)$ 或者 $f_t(E(X_t \mid \mathscr{F}_t^Y))$。

重新调整式(4)的平流项部分:

$$d_t p_t(x) + \sum_k c_k \frac{\partial}{\partial x_k} p_t(x) = \left(- \sum_k \frac{\partial}{\partial x_k} (\bar{f}_{t,k}(x) p_t(x)) \right) \mathrm{d}t$$

或者，用迎风框架来离散化：

$$p_t + \Delta t(x + c\Delta t) = p_t(x,t) - \Delta t \sum_k \bar{f}_{t,k}(x) D_{x_k} p_t(x)$$

从 x 到 $x+c\Delta t$ 的空间转移是通过引入一个与网格相关的转移矢量 $\boldsymbol{v}$ 来实现的。数值化的平流项是漂移 $\bar{f}_t = f_t - c$ 中的差，它一定比原始漂移小。这在稳定性上起作用：一个大的步长变得可行。

在实现中，一旦计算所得稳定裕量降到阈值一下，转移矢量 $\boldsymbol{v}$ 就被修改。

2.3 观测量更新

根据贝叶斯法则式(5)，利用观测量对 pdf 进行更新。仅对每个稀疏网格点进行乘法运算。它的分母是用被积函数的分段线性插值得到的，该被积函数给出了更新后 pdf 的粗略范数值。

2.4 期望值

通常，我们对整个 pdf 不感兴趣，但是对它的特定的性质感兴趣。大多数情况下，提取如下的期望值：

$$Ex = \int x p_t(x) \mathrm{d}x$$

pdf 不是根据贝叶斯法则的归一化用分段的常值或线性函数逼近被积函数，而在每个坐标方向上用高斯密度做分段插值。

$$y = a\exp\left(- \frac{1}{2} \left(\frac{x - \mu}{\sigma} \right)^2 \right)$$

插值点 $(x,y) = (x_i, p_t(x_i)), (x_i, p_t(x_i))$ 和 $(x_k, p_t(x_k))$，构建商：

$$h_{ij} = - 2\ln \frac{p_t(x_i)}{p_t(x_j)}, r_{ijk} = \frac{h_{ij}}{h_{ik}}$$

我们得到三个相邻的网格点 $x_i = x_0, x_j = x_0 + \Delta x$ 和 $x_k = x_0 - \Delta x$，以及它们的参数

$$\mu = x_0 + \frac{1}{2}\Delta x \frac{1 - r_{ijk}}{1 + r_{ijk}}, \sigma^2 = - 2 \frac{\Delta x^2}{h_{ij}} \frac{1}{1 + r_{ijk}}$$

如果 $\sigma^2 > 0$ 并且 μ 值状况良好，该插值就可以被接受。基于以上，我们通过寻找 μ 的分段值的平均值来寻找期望值。

3 算法和说明

根据以上描述，算法如下：

算法 1　滤波算法

初始化稀疏网格的结构和 pdf
for 每个时间间隔 do
计算漂移补偿 c 和转移矢量
根据有限差分,用漂移 $\bar{f}$ 的差求解 4
　if 观测矢量可用,then
　　更新观测矢量
　end
　归一化
　计算期望值
　if 到了分片适应时间 then
　　适应分片
　end
end

我们用一个两维的例子来说明本算法。作为一个系统问题,我们取一个无阻尼摆,其系统方程如下:

$$\dot{x}_1 = x_2$$

$$\dot{x}_2 = -c \cdot \sin(x_1)$$

其观测方程为

$$y_1 = x_1$$

其状态角和角速度为

$$x_1 = \varphi, x_2 = \dot{\varphi}$$

图 3 展示了不同时刻 pdf 的等值线图。X 轴从 $\varphi = 2.73\text{rad}$ 到 4.69rad。Y 轴从 $\dot{\varphi} = -0.38\text{rad/s}$ 到 3.56rad/s。$t = 0.0\text{s}$ 时的高斯分布用 $\boldsymbol{\mu} = (\pi, 0.45)^{\text{T}}$ 和 $\boldsymbol{\sigma} = (0.1, 0.2)^{\text{T}}$ 来初始化。然后,pdf 按照 4 中描述的进行状态变化。用矩形来标记片的位置,用线来表示相连层之间的联系。每个时间步的网格漂移、片的添加和删除可以从图中观测到。观测值更新发生在 $t = 0.3\text{s}$ 和 $t = 0.6\text{s}$。

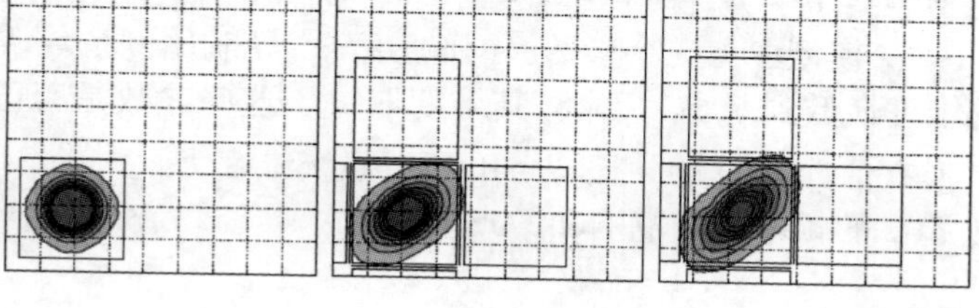

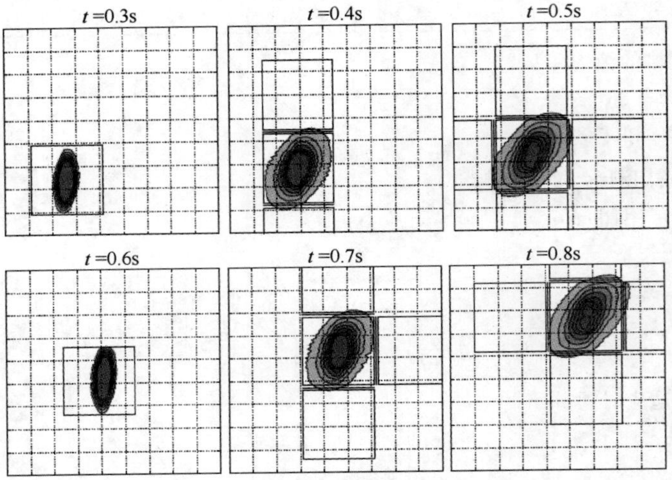

图 3　pdf 模型问题的演变

4　例子

我们展示了对高非线性动态目标稀疏网格滤波跟踪的性能。在 5 中，一个反舰导弹的制导由 PN 和横滚牵引动作组成。目标的动力学特性用下面的非线性状态方程来描述：

$$\dot{x}_1 = -v_m \cos x_5 \cos x_4$$

$$\dot{x}_2 = -\frac{v_m}{x_1}\sin x_5$$

$$\dot{x}_3 = -\frac{v_m}{x_1 \cos x_2}\cos x_5 \sin x_4$$

$$\dot{x}_4 = \frac{v_m \sin x_4}{x_1 \cos x_5}(1 - N - \tan x_2 \sin x_5 \cos x_4 \cos x_5) - \omega \frac{\sin x_5 \cos x_4}{\cos x_5}$$

$$\dot{x}_5 = \frac{v_m}{x_1}((1 - N)\sin x_5 \cos x_4 + \tan x_2 \sin^2 x_4 \cos x_5) + \omega \sin x_4$$

状态量包括距离 $x_1 = r$，视角线 $x_2 = \theta_L, x_3 = \psi_L$，导弹速度相对于视线的角度 $x_4 = \psi_M, x_5 = \theta_M$。模型中有 3 个参数：导弹速度 v_m、导航比例系数 N 和滚转角速度 ω。系统的维度最低到 5，最高到 8，其维度取决于这些参数是否已知。展示的结果代表的情形有估计出的 ω 并且 $\dot{\omega} = 0$，所以系统维度为 6。

雷达站以 5Hz 的频率测量范围和 LOS 角：

$$Y_{t_k} = \begin{pmatrix} 1 & & \\ & 1 & 0 \\ & & 1 \end{pmatrix} X_{t_k} + v_{t_k}(X_{t_k}) V_{t_k}$$

$$V_{t_k} = \begin{pmatrix} 100 & & \\ & 0.004 & \\ & & 0.004 \end{pmatrix}$$

系统的噪声：

$$\sigma_{t_k} = \mathrm{diag}(10, 0.3, 0.3, 0.6, 0.6, 1)$$

除噪声外，状态初始值假定已知，且标准差如下：

$$\sigma = \mathrm{diag}(100, 0.004, 0.004, 0.1, 0.1, 0.25)$$

导弹系统角 ψ_M 和 θ_M 难以被观测。由于强非线性，这些状态在使用扩展卡尔曼滤波进行估计时会发散。图 4 展示了本算法与扩展卡尔曼滤波对 $\boldsymbol{\Psi}_L$ 和 $\boldsymbol{\Psi}_M$ 估计结果的对比。稀疏网格滤波的效果明显更好，并且 100 次蒙特卡洛实验结果也证明了这一点。图 5 展示了 ψ_L 和 ψ_M 的 RESE 结果。EKF 对 $\boldsymbol{\Psi}_M$ 估计的发散也会引起其他观察状态量估计的发散，这可以从 RMSE 对 $\boldsymbol{\Psi}_L$ 的估计看出。扩展卡尔曼滤波容易发散并强烈依赖于观测值更新，然而稀疏网格滤波的性能很好。

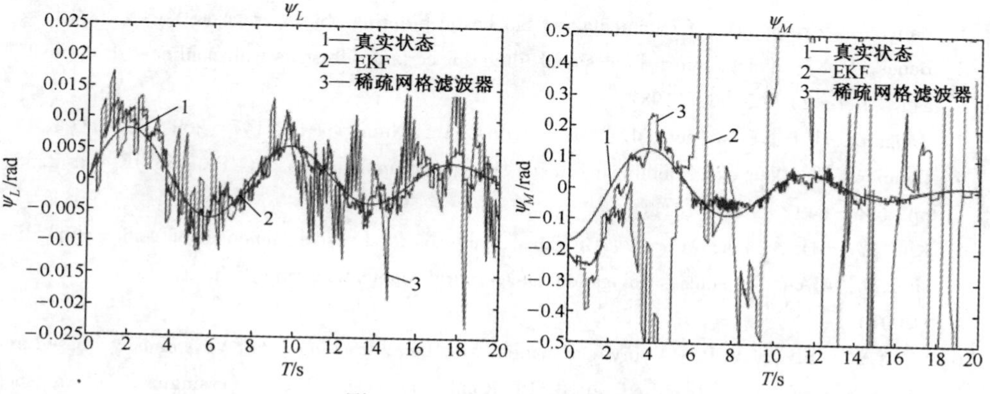

图 4　ψ_L 和 ψ_M 的实验结果

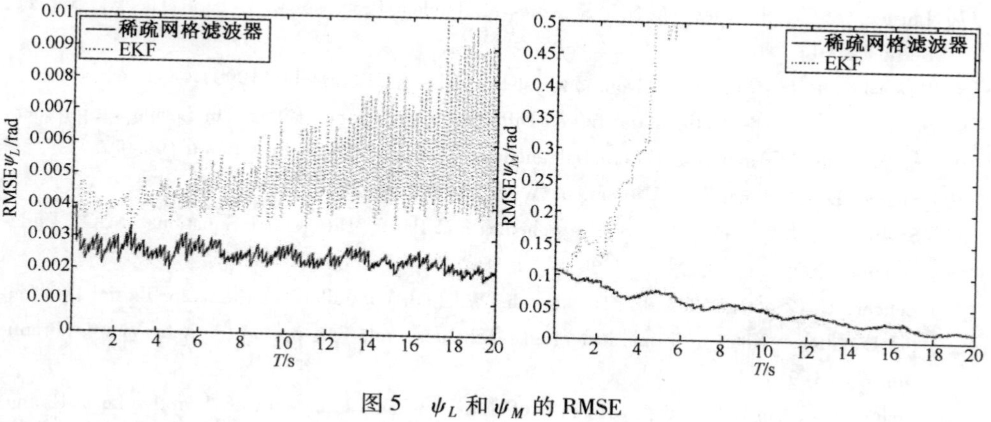

图 5　ψ_L 和 ψ_M 的 RMSE

5 结论

本文提出了一种新的非线性滤波方法。用概率密度函数来解决完全非线性滤波问题,其中,时间演化是通过用于预测的偏微分方程和基于观测值的贝叶斯公式来进行的。稀疏网格技术可以用来离散化连续问题,提出一个适用于高维系统实时处理的算法。离散化是通过稀疏网格上的有限差分来实现的,为此引入分片和网格漂移来增加计算效率和精度。估计出的状态量可以用基于高斯密度的分段线性插值得到。在一个六维非线性问题上,我们将这个算法的性能和扩展卡尔曼滤波法进行了对比。本算法能够实现实时性,并且比扩展卡尔曼滤波具有更好的性能。

参考文献

[1] Bain, A., Crisan, D.: Fundamentals of Stochastic Filtering. Springer, New York (2009)

[2] Beneš, V. E.: Exact finite - dimensional filters for certain diffusions with nonlinear drift. Stochastics 5(1-2), 65-92 (1981)

[3] Bungartz, H. -J., Griebel, M.: Sparse Grids. Acta Numerica 13, 147-269 (2004)

[4] Daum, F. E.: New exact nonlinear filters: Theory and applications. In: Proc. SPIE, vol. 2235, pp. 636-649 (1994)

[5] Kim, Y. -H., Tahk, M. -J.: Guidance Synthesis for Evasive Maneuver of Anti - Ship Missiles. In: AIAA Guidance, Navigation and Control Conference and Exhibit, August 20 - 23 (2007)

[6] Li, X. R., Jilkov, V. P.: A survey of maneuvering target tracking - Part VIa: density - based exact nonlinear filtering. In: Proc. 2010 SPIE Conf. Signal and Data Processing of Small Targets, Orlando (2010)

[7] Lipster, R. S., Shiryaev, A. N.: Statistics of Random Processes: I General Theory. Springer, Berlin (2001)

[8] Rozovskii, B. L.: Stochastic Evolution Systems. Kluwer, Dordrecht (1990)

[9] Schiekofer, T.: Die Methode der finiten Differenzen auf dünnen Gittern zur Lösung elliptischer- und parabolischer partieller Differentialgleichungen, Diss., Universität Bonn(1998)

[10] Simon, D.: Optimal State Estimation. Wiley, Hoboken (2006)

[11] Strikwerda, J. C.: Finite Difference Schemes and Partial Differential Equations. SIAM, Philadelphia (2004)

[12] Zenger, C.: Sparse Grids. In: Hackbusch, W. (ed.) Parallel Algorithms for Partial Differential Equations. Notes on Numerical Fluid Mechanics, vol. 31, pp. 241-251. Vieweg, Braunschweig (1991)

[13] Zhang, H., Laneuville, D.: Grid Based Solution of Zakai Equation with Adaptive Local Refinement for Bearings - only Tracking. In: IEEE Aerospace Conference, pp. 1-8 (2008)

考虑时变传感器失准的基于星敏感器/陀螺状态估计的姿态估计

Observability of Star Tracker / Gyro Based Attitude Estimation Considering Time - Variant Sensor Misalignment

Stefan Winkler

摘要: 在空间飞行器的姿态确定中,常用的方法是设计基于数据融合的星敏感器与陀螺仪的优化估计器/滤波器。而在实际应用中,对于由滤波器调谐不充分所引起的非模型的决策误差,常采用状态扩维的方法来解决。在这里,我们研究的重点是经常出现在任务中的由太阳出入视角所引起的星敏感器与陀螺仪之间的确定的时变失准。基于推导的滤波器的动力学和测量方程,对它的可观测性进行了分析。我们用不同的实际案例来分析:滤波器的哪些状态是可观的;哪些只在线性组合中可观;哪些完全不可观。

1 引言

空间飞行器的姿态信息在任何空间任务中都是最重要的。参考文献[2]给出了近25年最有发展前景的非线性方法的一个全面调查。本文关注于星敏感器(STR)与陀螺仪的传感器数据融合,也叫做陀螺—星敏估计。

由于星敏感器与陀螺有着许多互补的性质,使得它们成为数据融合的热点。例如,相对于星敏感器能够给出低频长时稳定的姿态测量,陀螺仪计算出的高频姿态信息是短时稳定的。将星敏感器与陀螺仪进行融合的动机在于,能够获得陀螺输出频率并长时稳定的姿态估计,这一估计相比于星敏感器的输出拥有更小的噪声,同时能够度过星敏感器无法输出的阶段。此外,融合后的姿态信息中,估计器能够给出陀螺仪的角速度偏差。典型的扩展卡尔曼滤波器有6个状态变量:3个姿态误差和3个陀螺偏置误差。更多的细节请参看参考文献[1, 2, 5, 6]。

星敏感器与陀螺仪之间的失准和陀螺标定系数的误差经常出现。如果空间飞行器的角速度相对于飞行器是恒定的,滤波器将估计出恒定的失准和标定系数误差作为陀螺偏差估计的一部分。因此,当六维滤波器处在绝对稳定中,失准与标定系数误差都不会影响姿态估计。当完成一个角度机动时,角速度矢量不再是恒定的,将会影响姿态估计。这一事实对于高机动性空间飞行器来说是非常重要的,因此需要高精度的状态估计信息。

星敏感器与陀螺仪之间的时变的失准往往是由轨道周期中太阳的出入带来的温度变化引起的。这一问题会严重影响状态估计的精度。因此,为了限制这一问题,经常采用具体的结构上的设计,如参考文献[3, 10, 11]中的例子。剩下的时变失准可以在姿态估计滤波器中进行考虑。

尽管通过适当的滤波调谐①可以很好地估计星敏感器与时间相关的测量噪声,对于高精度姿态确定,由于(确定的)星敏感器与陀螺仪间的时变失准引起的估计精度退化是无法通过这种方法完全补偿的。一种有效的方法是利用时变失准状态来扩大普通六维滤波状态矢量[9, 10]。本文将关注于这种状态扩维滤波器的可观测性。

2 姿态误差微分方程

2.1 姿态表述

这一节将总结关于姿态的各种表述、它们的术语和它们之间的关系,这些将用于整篇文章中。

2.1.1 四元数

一个姿态或单位四元数,这里用 q 来简称四元数,描述了一个围绕欧拉轴(单位矢量 $\boldsymbol{e}$)旋转角度为 ψ 的单绕旋转,则

$$\boldsymbol{q} = \begin{bmatrix} \boldsymbol{e}\sin\dfrac{\psi}{2} \\ \cos\dfrac{\psi}{2} \end{bmatrix} = \begin{bmatrix} \boldsymbol{q} \\ q_4 \end{bmatrix} \tag{1}$$

式中:$\boldsymbol{q}$ 是它的矢量部分;q_4是它的标量部分。四元数服从单位长度限制,即 $|\boldsymbol{q}|^2 + q_4^2 = 1$ 。四元数 q_{21} 表示从坐标系 1 到坐标系 2 的旋转,也就是坐标系 2 相对于坐标系 1 的姿态。

Dr. Stefan Winkler
AOCS/GNC and Flight Dynamics
Astrium GambH-Satallites, 88039 Friedrichshafen, Germany
e-mail: Stefan. winkler. sat@ astrium. eads. net

① 幅度和方向。

2.1.2 Gibbs 矢量

Gibbs 矢量①,$\boldsymbol{g}$ 用四元数表示为

$$\boldsymbol{g} = \boldsymbol{q}/q_4 = \boldsymbol{e}\tan\left(\frac{\psi}{2}\right) = \boldsymbol{a}/2 \tag{2}$$

式中:$\boldsymbol{a}$ 在本文中表示 Gibbs 矢量,它等于 2 倍的 Gibbs 矢量 $\boldsymbol{g}$。对于微小的旋转角 ψ,可以写成

$$\boldsymbol{a} \approx \boldsymbol{e}\psi = [\psi_x \quad \psi_y \quad \psi_z]^{\mathrm{T}} \tag{3}$$

式中:ψ_x、ψ_y 和 ψ_z 分别是围绕 x、y、z 轴的旋转角。因此,$\boldsymbol{a}$ 为旋转矢量。

在本文中,矢量 $\boldsymbol{a}_{21}$ 表示从坐标系 1 到从坐标系 2 的旋转,也就是坐标系 2 相对于坐标系 1 的姿态。

2.1.3 方向余弦矩阵

考虑到按照 3 - 2 - 1 轴的顺序的微小旋转角分别为 $\delta\boldsymbol{\Psi}$、$\delta\boldsymbol{\Theta}$ 和 $\delta\boldsymbol{\Phi}$,得出方向余弦矩阵为

$$\boldsymbol{T} = \boldsymbol{I} - \delta\boldsymbol{T} \tag{4}$$

式中:$\delta\boldsymbol{T}$ 是一个反对称阵,也就是

$$\delta\boldsymbol{T} = \begin{bmatrix} 0 & -\delta\boldsymbol{\Psi} & \delta\boldsymbol{\Theta} \\ \delta\boldsymbol{\Psi} & 0 & -\delta\boldsymbol{\Phi} \\ -\delta\boldsymbol{\Theta} & \delta\boldsymbol{\Phi} & 0 \end{bmatrix} = \begin{bmatrix} \delta\boldsymbol{\Phi} \\ \delta\boldsymbol{\Theta} \\ \delta\boldsymbol{\Psi} \end{bmatrix}^{\times} = \delta\boldsymbol{\phi}^{\times} \tag{5}$$

一个方向余弦矩阵 $\boldsymbol{T}_{21}$ 表示从坐标系 1 到从坐标系 2 的旋转,也就是坐标系 2 相对于坐标系 1 的姿态。在坐标系 1 中的矢量 $\boldsymbol{v}_1$,变换到坐标系 2 下为 $\boldsymbol{v}_2$,$\boldsymbol{v}_2 = \boldsymbol{T}_{21}\boldsymbol{v}_1$。

2.2 理论推导

考虑到本体坐标系与惯性坐标系(分别简写为 b 和 i)之间的姿态,用四元数表示姿态运动学方程为

$$\dot{\boldsymbol{q}}_{bi} = \frac{1}{2}\begin{bmatrix} \boldsymbol{\omega}_b^{ib} \\ 0 \end{bmatrix} \otimes \boldsymbol{q}_{bi} = \tag{6}$$

$$\frac{1}{2}\overline{\boldsymbol{\omega}}_b^{ib} \otimes \boldsymbol{q}_{bi} \tag{7}$$

式中:$\boldsymbol{\omega}_b^{ib}$ 为在 b 坐标系下坐标系 b 相对于坐标系 i 的角速度;$\otimes$ 表示四元数的叉积,参考文献[5]。

类似地,另一个坐标系(简写为 s)与惯性坐标系之间的姿态机动可表示为

---

① 滤波器中测量误差协方差矩阵的调整。

$$\dot{\boldsymbol{q}}_{si}=\frac{1}{2}\bar{\boldsymbol{\omega}}_{s}^{is}\otimes\boldsymbol{q}_{si}\tag{8}$$

对于姿态变化四元数 $\boldsymbol{q}_{bs}$,反应了姿态的误差,将在后面介绍,可以写成

$$\boldsymbol{q}_{bi}=\boldsymbol{q}_{bs}\otimes\boldsymbol{q}_{si}\Rightarrow\boldsymbol{q}_{bs}=\boldsymbol{q}_{bi}\otimes\boldsymbol{q}_{si}^{-1}\tag{9}$$

这一姿态误差关于时间的导数为

$$\dot{\boldsymbol{q}}_{bs}=\dot{\boldsymbol{q}}_{bi}\otimes\boldsymbol{q}_{si}^{-1}+\boldsymbol{q}_{bi}\otimes\dot{\boldsymbol{q}}_{si}^{-1}\tag{10}$$

利用姿态运动学方程可以从上面导出

$$\dot{\boldsymbol{q}}_{bs}=\frac{1}{2}\bar{\boldsymbol{\omega}}_{b}^{ib}\otimes\boldsymbol{q}_{bi}\otimes\boldsymbol{q}_{si}^{-1}+\boldsymbol{q}_{bi}\otimes\left(\frac{1}{2}\bar{\boldsymbol{\omega}}_{s}^{is}\otimes\boldsymbol{q}_{si}\right)^{-1}\tag{11}$$

$$=\frac{1}{2}\bar{\boldsymbol{\omega}}_{b}^{ib}\otimes\boldsymbol{q}_{bs}-\frac{1}{2}\boldsymbol{q}_{bs}\otimes\bar{\boldsymbol{\omega}}_{s}^{is}\tag{12}$$

引入 Gibbs 矢量来表示 $\boldsymbol{a}_{bs}$,相对于 $\boldsymbol{q}_{bs}$,它服从

$$\dot{\boldsymbol{a}}_{bs}=\frac{1}{2}\left[\boldsymbol{I}-\frac{1}{2}\boldsymbol{a}_{bs}\right]\bar{\boldsymbol{\omega}}_{b}^{ib}\otimes\begin{bmatrix}\boldsymbol{a}_{bs}\\2\end{bmatrix}-\frac{1}{2}\left[\boldsymbol{I}-\frac{1}{2}\boldsymbol{a}_{bs}\right]\begin{bmatrix}\boldsymbol{a}_{bs}\\2\end{bmatrix}\otimes\bar{\boldsymbol{\omega}}_{s}^{is}\tag{13}$$

$$=\left(\boldsymbol{I}+\frac{1}{4}\boldsymbol{a}_{bs}\boldsymbol{a}_{bs}^{\mathrm{T}}\right)\left(\boldsymbol{\omega}_{b}^{ib}-\boldsymbol{\omega}_{s}^{is}\right)-\frac{1}{2}\left(\boldsymbol{\omega}_{b}^{ib}+\boldsymbol{\omega}_{s}^{is}\right)\times\boldsymbol{a}_{bs}\tag{14}$$

目前为止,我们假设在 s 坐标系与 b 坐标系之间只有微小的姿态变化。因此,a_{bs} 是两个坐标系下的微小角度变化。利用常用的微小角度近似($\sin\psi\approx\psi$, $\cos\psi\approx1,\psi\psi\approx0$)可导出 $\boldsymbol{a}_{bs}\boldsymbol{a}_{bs}^{\mathrm{T}}=0$。因此,式(14)变成

$$\dot{\boldsymbol{a}}_{bs}=\left(\boldsymbol{\omega}_{b}^{ib}-\boldsymbol{\omega}_{s}^{is}\right)-\frac{1}{2}\left(\boldsymbol{\omega}_{b}^{ib}+\boldsymbol{\omega}_{s}^{is}\right)\times\boldsymbol{a}_{bs}\tag{15}$$

这就是在 Gibbs 矢量表示下的对于坐标系 b 与坐标系 s 之间的微小角度变化的角度变化方程。

2.3 星敏感器/陀螺融合的应用

一个实际中经常关注的问题是机身坐标系相对于惯性坐标系的姿态确定。这一姿态用四元数 q_{bi} 表示。如果 ω_{b}^{ib} 已知,从一个起始的姿态,这一相对于时间的姿态变化可以通过对运动学方程(式(6))积分来确定。在实际中,ω_{b}^{ib} 是不能确切知道的,但是它可以通过惯性测量元件(IMU)①来测量。在 u 坐标系下,即 IMU 固连坐标系(简写为 u),IMU 的测量输出可以建模为

$$\tilde{\omega}_{u}^{iu}=\omega_{u}^{iu}+b_{u}+w_{u}\tag{16}$$

式中:b 为确定的误差;w 为 IMU 测量的随机误差。

如果 IMU 坐标系与机身坐标系之间存在着动态的旋转 ω_{u}^{bu} ,表示时变的失准,式(16)可以更详细的写成

---

① 在本文中,IMU 等价于陀螺仪。

$$\tilde{\omega}_u^{iu} = \omega_u^{ib} + \omega_u^{bu} + b_u + w_u \tag{17}$$

显然,在机身坐标系相对于惯性坐标系和 IMU 坐标系之间,会存在一个误差。这一误差用 Gibbs 矢量表示的线性近似由式(15)给出。如果这一误差,也就是 a_{bs} ,是已知的,从 IMU 测量的积分中得到的姿态可以被修正。因此,主要的任务是确定 a_{bs} 。对此,可以对式(15)积分。对于机身坐标系相对惯性坐标系的理想旋转角速度的表述 $\boldsymbol{\omega}_b^{ib}$,可以利用式(17)表示成

$$\boldsymbol{\omega}_b^{ib} = \hat{\boldsymbol{T}}_{bu}(\tilde{\omega}_u^{iu} - \omega_u^{bu} - b_u - w_u) \tag{18}$$

通常,公式(15)中的 w_s^{is} 项可以是由 IMU 测量的角速度。但是为了保持姿态误差 a_{bs} 尽量小,所以姿态信息都应该用于校正 IMU 测量,并且是 w_s^{is} 尽量接近 w_b^{ib}。如果在实际中能够实现 $w_s^{is}=w_b^{ib}$,对象体的姿态,即惯性体可以使用 IMU 测量进行精确重构(尽管存在由于数字量取整带来误差)。为了使 w_s^{is} 尽量接近 w_b^{ib},它应该为

$$\omega_s^{is} = \hat{T}_{bu}(\widetilde{\omega}_u^{iu} - \hat{\omega}_u^{bu} - \hat{b}_u) \tag{19}$$

$\hat{\boldsymbol{T}}_{bu}(\tilde{\omega}_u^{iu} - \omega_u^{bu} - b_u - w_u)$ 是对寻求的角速度 $\boldsymbol{\omega}_b^{ib}$ 的能得到的最佳估计,即 $\hat{\boldsymbol{\omega}}_b^{ib}$ 。因此 $\boldsymbol{\omega}_s^{is} = \hat{\boldsymbol{\omega}}_b^{ib}$ 。由此可以得到

$$\boldsymbol{\omega}_b^{ib} - \boldsymbol{\omega}_s^{is} = \boldsymbol{T}_{bu}(\tilde{\omega}_u^{iu} - \omega_u^{bu} - b_u - w_u) - \hat{\boldsymbol{T}}_{bu}(\tilde{\omega}_u^{iu} - \hat{\omega}_u^{bu} - \hat{b}_u) \tag{20}$$

和

$$\boldsymbol{\omega}_b^{ib} + \boldsymbol{\omega}_s^{is} = \boldsymbol{T}_{bu}(\tilde{\omega}_u^{iu} - \omega_u^{bu} - b_u - w_u) + \hat{\boldsymbol{T}}_{bu}(\tilde{\omega}_u^{iu} - \hat{\omega}_u^{bu} - \hat{b}_u) \tag{21}$$

其中

$$\hat{\omega}_u^{ib} = \tilde{\omega}_u^{iu} - \hat{\omega}_u^{bu} - \hat{b}_u \tag{22}$$

对于任意的变量 x 的误差的一般定义为 δx ,也就是 $\delta x = \hat{x} - x$,对于式(19)可以写成

$$\boldsymbol{\omega}_b^{ib} - \boldsymbol{\omega}_s^{is} = (\boldsymbol{I} - \delta \boldsymbol{T})\hat{\boldsymbol{T}}_{bu}(\tilde{\omega}_u^{iu} - \hat{\omega}_u^{bu} + \delta\omega_u^{bu} - \hat{b}_u + \delta b_u - w_u) - \hat{\boldsymbol{T}}_{bu}\hat{\omega}_u^{ib} \tag{23}$$

再考虑微小误差(线性近似)它变成

$$\boldsymbol{\omega}_b^{ib} - \boldsymbol{\omega}_s^{is} = \hat{\boldsymbol{T}}_{bu}\delta\omega_u^{bu} + \hat{\boldsymbol{T}}_{bu}\delta b_u - \delta \boldsymbol{T}\hat{\boldsymbol{T}}_{bu}\hat{\omega}_u^{ib} - \hat{\boldsymbol{T}}_{bu}w_u \tag{24}$$

进一步,利用式(20),可以写成

$$(\boldsymbol{\omega}_b^{ib} + \boldsymbol{\omega}_s^{is}) \times a_{bs} = [(\boldsymbol{I} - \delta \boldsymbol{T})\hat{\boldsymbol{T}}_{bu}(\tilde{\omega}_u^{iu} - \omega_u^{bu} - b_u - w_u) + \hat{\boldsymbol{T}}_{bu}\hat{\omega}_u^{ib}] \times a_{bs} \tag{25}$$

再考虑微小误差(线性近似)它变成

$$(\boldsymbol{\omega}_b^{ib} + \boldsymbol{\omega}_s^{is}) \times a_{bs} = 2\hat{\boldsymbol{T}}_{bu}\tilde{\omega}_u^{ib} \times a_{bs} \tag{26}$$

因此,式(15)最终变成

$$\dot{a}_{bs} = -(\hat{\boldsymbol{T}}_{bu}\boldsymbol{\omega}^{ib})u^{\times} a_{bs} + \hat{\boldsymbol{T}}_{bu}\delta b_u + \hat{\boldsymbol{T}}_{bu}\delta\omega_u^{bu} + (\hat{\boldsymbol{T}}_{bu}\omega_u^{ib})^{\times}\delta\phi - \hat{\boldsymbol{T}}_{bu}w_u \tag{27}$$

式中:$\delta\phi$ 是失准误差;$\delta\omega_u^{bu}$ 是它的变化速度。显然,施加在 $\dot{a}_{bs}$ 上的等价影响 δb_u

和 $\delta\omega_u^{bu}$ 能够被识别出来。它们的分离必须采用不同的动态模型来实现。如果基本的动态模型是等价的,分离是不可能的。然而,可能在某些应用中,不需要准确地知道 δb_u 和 $\delta\omega_u^{bu}$,重点是从 $\dot{a}_{bs}$ 中排除它们的和,无论它们各自的值是多少。

人们所关心的估计器的状态矢量是

$$\begin{bmatrix} a_{bs} \\ \delta b_u \\ \delta\phi \\ \delta\dot{\phi} \end{bmatrix} \tag{28}$$

从中推导出相应的连续时间系统矩阵为

$$\boldsymbol{F} = \begin{bmatrix} -(\hat{\boldsymbol{T}}_{bu}\hat{\boldsymbol{\omega}}_u^{ib})^\times & \hat{\boldsymbol{T}}_{bu} & (\hat{\boldsymbol{T}}_{bu}\hat{\boldsymbol{\omega}}_u^{ib})^\times & \hat{\boldsymbol{T}}_{bu} \\ 0 & 0 & 0 & 0 \\ 0 & 0 & 0 & \boldsymbol{I} \\ 0 & 0 & \boldsymbol{F}_{\ddot{\phi}\phi} & 0 \end{bmatrix} \tag{29}$$

其中

$$\boldsymbol{F}_{\ddot{\phi}\phi} = \partial(\delta\ddot{\phi})/\partial(\delta\phi)$$

星敏感器的测量值 $\tilde{q}_{bi}$ 和姿态估计 $\hat{q}_{si}$ 用来表达滤波器采用四元数的更新

$$\delta q = \tilde{q}_{bi} \otimes \hat{q}_{si}^{-1} \tag{30}$$

为了在估计器中使用,将其转化为 Gibbs 矢量的形式 $\boldsymbol{a}$。因此,估计器的测量矩阵为

$$\boldsymbol{H} = [\boldsymbol{I} \quad 0 \quad 0 \quad 0] \tag{31}$$

3 可观测性

3.1 理论背景

这一节不仅仅是展示人们熟知的关于可观性矩阵的方程,我们将重点研究它的转换来得出各个系统状态可观测性的结论。

一个观测器或估计器(如卡尔曼滤波器)经常用来确定那些无法或者很难被确定的系统状态。这些状态可能是星敏感器与陀螺仪之间的时变失准。如果采用有效的传感器和系统信息能够确定或区分所有的状态,问题产生了。这将导致被卡尔曼起始定义的可观性问题[4]。

考虑一个系统被定义在一些时间间隔 T 上。起始状态为 $x_0 = x(t_0)$,其中 $t_0 \in T$,在有限时间间隔上 $t_0 \leqslant t \leqslant t_f$, $t \in T$,如果利用这些时间上的一系列测量值 z 能够确定状态 x_0,我们说这一状态是可观的。

接下来,要区分一下完全可观和不完全可观。完全可观指的是,状态变量中的

每个单独状态能够被确定，因此，也能够与其他状态区分开。不完全可观指的是，只有部分状态满足这个条件。其他的状态只能用每个状态的线性组合的形式所确定或者完全不能确定。

考虑一个线性时不变系统有 n 个状态，状态变量为 $x(t)$ ，测量量为 $z(t)$，则

$$\dot{x}(t) = \boldsymbol{F}x(t) \tag{32}$$

$$z(t) = \boldsymbol{H}x(t) \tag{33}$$

状态的解为

$$x(t) = e^{\boldsymbol{F}(t-t_0)}x_0 \tag{34}$$

可用来估计 x_0 的信息归纳如下：

$$\begin{bmatrix} z(t) \\ \dot{z}(t) \\ \ddot{z}(t) \\ \vdots \\ z(t)^{(n-1)} \end{bmatrix} = \begin{bmatrix} \boldsymbol{H} \\ \boldsymbol{HF} \\ \boldsymbol{HF}^2 \\ \vdots \\ \boldsymbol{HF}^{n-1} \end{bmatrix} e^{\boldsymbol{F}(t-t_0)}x_0 \tag{35}$$

$$= \mathcal{O}e^{\boldsymbol{F}(t-t_0)}x_0 \tag{36}$$

$$= \mathcal{O}x(t) \tag{37}$$

决定或观测 x_0（和 $x(t)$ ）的重点是 $\mathcal{O}$，也就是熟知的可观性矩阵。系统是可观的，当且仅当 $Rg(\mathcal{O}) = n$ 。然后，式(36)可以解出 x_0（式(37)解出 $x(t)$ ）。

3.2 星敏感器/陀螺融合的应用

3.2.1 可观性矩阵

利用简化的形式

$$\boldsymbol{T} = \hat{\boldsymbol{T}}_{bu} \tag{38}$$

$$\boldsymbol{\omega} = \hat{\boldsymbol{\omega}}_u^{ib} \tag{39}$$

$$\boldsymbol{M} = \boldsymbol{F}_{\ddot{\phi}\phi} \tag{40}$$

式(28)中的系统矩阵转化为

$$\boldsymbol{F} = \begin{bmatrix} -(\boldsymbol{T\omega})^\times & \boldsymbol{T} & (\boldsymbol{T\omega})^\times & \boldsymbol{T} \\ 0 & 0 & 0 & 0 \\ 0 & 0 & 0 & \boldsymbol{I} \\ 0 & 0 & \boldsymbol{M} & 0 \end{bmatrix} \tag{41}$$

进一步假设 b 坐标系与 u 坐标系之间的变化非常微小，因此，$\boldsymbol{T} \approx \boldsymbol{I}$ ，变化为

$$\boldsymbol{F} = \begin{bmatrix} -\boldsymbol{\omega}^\times & \boldsymbol{I} & \boldsymbol{\omega}^\times & \mathrm{I} \\ 0 & 0 & 0 & 0 \\ 0 & 0 & 0 & \mathrm{I} \\ 0 & 0 & \boldsymbol{M} & 0 \end{bmatrix} \tag{42}$$

利用式(31)的测量矩阵,可以写成

$$
\begin{aligned}
\boldsymbol{HF} &= [-\boldsymbol{\omega}^{\times} \mid \boldsymbol{I} \mid \boldsymbol{\omega}^{\times} \mid \boldsymbol{I}] \\
HF^2 &= [(\boldsymbol{\omega}^{\times})^2 \mid -\boldsymbol{\omega}^{\times} \mid -(\boldsymbol{\omega}^{\times})^2 + \boldsymbol{M} \mid 0] \\
HF^3 &= [-(\boldsymbol{\omega}^{\times})^3 \mid (\boldsymbol{\omega}^{\times})^2 \mid (\boldsymbol{\omega}^{\times})^3 \mid \boldsymbol{M}] \\
HF^4 &= [(\boldsymbol{\omega}^{\times})^4 \mid -(\boldsymbol{\omega}^{\times})^3 \mid -(\boldsymbol{\omega}^{\times})^4 + \boldsymbol{M}^2 \mid 0] \\
HF^5 &= [-(\boldsymbol{\omega}^{\times})^5 \mid (\boldsymbol{\omega}^{\times})^4 \mid (\boldsymbol{\omega}^{\times})^5 \mid \boldsymbol{M}^2] \\
\vdots \quad & \vdots \quad [\ \vdots \mid \vdots \mid \vdots \mid \vdots\ ]
\end{aligned}
\tag{43}
$$

目前为止,可观性分析应该重点放在空间飞行器上,其角速度为

$$
\boldsymbol{\omega} = \begin{bmatrix} 0 \\ \omega \\ 0 \end{bmatrix} \tag{44}
$$

这是一个很好的如地球观测卫星的近似,无论任何任务/载荷相关的操舵。在这一实例中,ω 等价于轨道速度而且是常量。因此,除了 $\boldsymbol{H}$,$\boldsymbol{F}$ 和整个系统都是时不变的。

因此,有

$$
\boldsymbol{M} = \begin{bmatrix} M_1 & 0 & 0 \\ 0 & M_2 & 0 \\ 0 & 0 & M_3 \end{bmatrix} \tag{45}
$$

可观性矩阵可以写成

$$
\begin{bmatrix} \boldsymbol{H} \\ \boldsymbol{HF} \\ \boldsymbol{HF}^2 \\ \boldsymbol{HF}^3 \\ \boldsymbol{HF}^4 \\ \boldsymbol{HF}^5 \end{bmatrix} =
\left[\begin{array}{ccc|ccc|ccc|ccc}
1 & 0 & 0 & 0 & 0 & 0 & 0 & 0 & 0 & 0 & 0 & 0 \\
0 & 1 & 0 & 0 & 0 & 0 & 0 & 0 & 0 & 0 & 0 & 0 \\
0 & 0 & 1 & 0 & 0 & 0 & 0 & 0 & 0 & 0 & 0 & 0 \\
\hline
0 & 0 & -\omega & 1 & 0 & 0 & 0 & 0 & \omega & 1 & 0 & 0 \\
0 & 0 & 0 & 0 & 1 & 0 & 0 & 0 & 0 & 0 & 1 & 0 \\
\omega & 0 & 0 & 0 & 0 & 1 & -\omega & 0 & 0 & 0 & 0 & 1 \\
\hline
-\omega^2 & 0 & 0 & 0 & 0 & -\omega & \omega^2 + M_1 & 0 & 0 & 0 & 0 & 0 \\
0 & 0 & 0 & 0 & 0 & 0 & 0 & M_2 & 0 & 0 & 0 & 0 \\
0 & 0 & -\omega^2 & \omega & 0 & 0 & 0 & 0 & \omega^2 + M_3 & 0 & 0 & 0 \\
\hline
0 & 0 & \omega^3 & -\omega^2 & 0 & 0 & 0 & 0 & -\omega^3 & M_1 & 0 & 0 \\
0 & 0 & 0 & 0 & 0 & 0 & 0 & 0 & 0 & 0 & M_2 & 0 \\
-\omega^3 & 0 & 0 & 0 & 0 & -\omega^2 & \omega^3 & 0 & 0 & 0 & 0 & M_3 \\
\hline
\omega^4 & 0 & 0 & 0 & 0 & \omega^3 & -\omega^4 + M_1^2 & 0 & 0 & 0 & 0 & 0 \\
0 & 0 & 0 & 0 & 0 & 0 & 0 & M_2^2 & 0 & 0 & 0 & 0 \\
0 & 0 & \omega^4 & -\omega^3 & 0 & 0 & 0 & 0 & -\omega^4 + M_3^2 & 0 & 0 & 0 \\
\hline
0 & 0 & -\omega^5 & \omega^4 & 0 & 0 & 0 & 0 & \omega^5 & M_1^2 & 0 & 0 \\
0 & 0 & 0 & 0 & 0 & 0 & 0 & 0 & 0 & 0 & M_2^2 & 0 \\
\omega^5 & 0 & 0 & 0 & 0 & \omega^2 & -\omega^5 & 0 & 0 & 0 & 0 & M_3^2
\end{array}\right]
\tag{45}
$$

这是可观性矩阵上面的部分。对于 $\boldsymbol{HF}^k$ ，$k>5$ 的部分没有列出，考虑到3.2.2节的那些实例，从它们中无法获得额外信息。

3.2.2 可观性矩阵解释

在式(46)中可观性矩阵的前3个标量行说明总是 a_{bs} 可观的。这一结果是由于 a_{bs} 是直接由滤波器的测量给出的(见式(30))。按行展开式(46)：

$$
\begin{aligned}
[\boldsymbol{HF}]_1 - c_{21} &= \delta b_x + \omega\phi_z + \dot{\phi}_x \\
[\boldsymbol{HF}]_2 - c_{22} &= \delta b_y + \dot{\phi}_y \\
[\boldsymbol{HF}]_3 - c_{23} &= \delta b_z + \omega\phi_x + \dot{\phi}_z \\
[\boldsymbol{HF}^2]_1 - c_{31} &= -\omega\delta b_z + (\omega^2 + M_1)\phi_x \\
[\boldsymbol{HF}^2]_2 - c_{32} &= + M_2\phi_y \\
[\boldsymbol{HF}^2]_3 - c_{33} &= \omega\delta b_x + (\omega^2 + M_3)\phi_z \\
[\boldsymbol{HF}^3]_1 - c_{41} &= -\omega^2\delta b_x - \omega^3\phi_z + M_1\dot{\phi}_x \\
[\boldsymbol{HF}^3]_2 - c_{42} &= M_2\dot{\phi}_y \\
[\boldsymbol{HF}^3]_3 - c_{43} &= -\omega^2\delta b_z + \omega^3\phi_x + M_3\dot{\phi}_z \\
[\boldsymbol{HF}^4]_1 - c_{51} &= \omega^3\delta b_z + (-\omega^4 + M_1^2)\phi_x \\
[\boldsymbol{HF}^4]_2 - c_{52} &= M_2^2\phi_y \\
[\boldsymbol{HF}^4]_3 - c_{53} &= -\omega^3\delta b_x + (-\omega^4 + M_3^2)\phi_z \\
[\boldsymbol{HF}^5]_1 - c_{61} &= \omega^4\delta b_x + \omega^5\phi_z + M_1^2\dot{\phi}_x \\
[\boldsymbol{HF}^5]_2 - c_{62} &= M_2^2\dot{\phi}_y \\
[\boldsymbol{HF}^5]_3 - c_{63} &= \omega^4\delta b_z - \omega^5\phi_x + M_3^2\dot{\phi}_z
\end{aligned}
\tag{46}
$$

式中：c_{ij} 是已知的值。它是已知的，因为 a_{bs} 总是可观的并因此能够从式(46)中的矩阵的第一行中计算出来。利用这些公式，目前针对不同的实例，应该对这些估计器的状态分别进行可观性分析。

实例1：时不变星敏感器/陀螺仪失准。

时不变失准导致 $\boldsymbol{M}=0$。删除式(46)中的最后一列矢量，得到

δb_y 完全可观；

δb_x 和 ϕ_z 只是联合可观；

δb_z 和 ϕ_x 只是联合可观；

ϕ_y 不可观。

为了确定时不变失准来消除它对姿态估计的影响，需要进行机动校准。机动校准必须确保失准状态的可观性。

实例2：依轨道频率调谐振荡的星敏感器/陀螺仪失准。

这一实例接近于地球观测飞行器运行时太阳进出视野的周期，因此得到

$\boldsymbol{M} = -\omega^2\boldsymbol{I}$，其中 ω 是轨道频率。因此，有

δb_x、δb_x 和 δb_z 完全可观；

ϕ_y 完全可观；

$\dot{\phi}_y$ 完全可观；

ϕ_z 和 $\dot{\phi}_x$ 只是联合可观；

ϕ_x 和 $\dot{\phi}_z$ 只是联合可观。

滤波器无法估计出每个独立的时变失准。然而，参考文献[9]指出，能够几乎完全排除时变失准对姿态估计的影响。因此，如果研究重点是精确的姿态估计，而不是精确的确定时变失准状态，这是一个有效的方法。

实例 3：2 倍轨道频率调谐振荡的星敏感器/陀螺仪失准。

这一实例更多的是在理论上研究系统状态的可观性。这一实例可以得到 $\boldsymbol{M} = -4\omega^2\boldsymbol{I}$，因此，有

δb_x、δb_y 和 δb_z 完全可观；

ϕ_x、ϕ_y 和 ϕ_z 完全可观；

$\dot{\phi}_x$、$\dot{\phi}_y$ 和 $\dot{\phi}_z$ 完全可观。

4 结论

星敏感器与陀螺仪之间的确定性时变失准主要由轨道周期中的温度变化所引起（如太阳的进出视野）。在传感器融合滤波中，如果不考虑状态扩维，这一失准会显著地降低姿态估计的精度。由此可推导出状态扩维所需的系统动力学方程。针对典型的低点指向地球观测任务，可观性分析显示，通常情况下，失准状态只有在被表示为其他滤波矢量的线性组合时才是可观的。然而，提出的状态扩维能够显著地降低失准对于姿态估计性能的影响[9, 10]。

参考文献

[1] Crassidis, J. L., Junkins, J. L.: Optimal Estimation of Dynamic Systems. Chapman &Hall/CRC, Boca Raton (2004)

[2] Crassidis, J. L., Markley, F. L., Cheng, Y.: Survey of Nonlinear Attitude Estimation Methods. Journal of Guidance, Control and Dynamics 30(1), 12 – 28 (2007)

[3] Iwata, T., Hoshino, H., Yoshizawa, T., Kawahara, T.: Precision Attitude Determination for the Advanced Land Observing Satellite (ALOS): Design, Verification, and On – Orbit Calibration. In: AIAA Guidance, Navigation and Control Conference, Hilton Head, SC, August 20 – 23 (2007), AIAA – 2007 – 6817

[4] Kalman, R. E. : On the General Theory of Control Systems. In: Proceedings IFAC Moscow Congress, vol. 1, pp. 481 - 492. Butterworth Inc. , Washington DC (1960)
[5] Lefferts, E. , Markley, F. , Shuster, M. : Kalman Filtering for Spacecraft Attitude Estimation. Journal of Guidance, Control and Dynamics 5(5), 417 - 429 (1982)
[6] Markley, F. L. : Attitude Error Representations for Kalman Filtering. Journal of Guidance, Control and Dynamics 26(2), 311 - 317 (2003)
[7] Minkler, G. , Minkler, J. : Theory and Application of Kalman Filtering. Magellan Book Company (1993)
[8] Shuster, M. D. : A Survey of Attitude Representations. Journal of the Astronautical Sciences 41 (4), 439 - 517 (1993)
[9] Winkler, S. , Wiedermann, G. , Gockel, W. : Gyro - Stellar Attitude Estimation Considering Measurement Noise Correlation and Time - Variant Relative Sensor Misalignment. In: International Astronautical Congress, Glasgow, Scotland, September 29 - October 3 (2008), IAC - 08 - C1. 7. 4
[10] Winkler, S. ,Wiedermann, G. , Gockel,W. : High - Accuracy On - Board Attitude Estimation for the GMES Sentinel - 2 Satellite: Concept, Design, and First Results. In: AIAA Guidance, Navigation and Control Conference, Honolulu, HI, August 18 - 21 (2008), AIAA -2008 -7482
[11] Wu, Y. - w. A. , Li, R. K. , Robertson, A. D. : Precision Attitude Determination for GOES N Satellite. In: 26th Annual AAS Guidance and Control Conference, Breckenridge, CO, February 5 - 9 (2003), AAS 03 - 002

机动检测算法的性能比较

Performance Comparison of Maneuver Detection Algorithms

Sebastian Bayerl, Georg Herbold, and Lorenzo Pettazzi

摘要:本文比较了机动目标检测的若干算法。算法基于 Kalman 滤波或 IMM 滤波的输入估计。各种算法的性能通过计算 Pareto 前沿(Pareto frontier)分析予以分析比较。Pareto 前沿分析基于状态估计误差的均方根值(rms)以及机动检测时间等不同质量准则。关于 Pareto 前沿分析计算时不同检测器的性能比较有了系统的方法。

1 介绍

在目标跟踪应用中可以利用一个机动检测器完善已有的跟踪滤波器模型。举例来说,如果目标机动不超出滤波器假定模式,恒速跟踪模型能够可靠运行。但如果目标运动非恒速,滤波器将估计出一个具有有偏估计误差的错误目标状态。任意类型的机动都可能导致模型失效。因此如果机动符合机动检测模型,采用机动检测器可给出校正的目标状态估计,且无论目标匀速运动或机动运行都能给出状态估计。本文聚焦于五种机动检测算法的机动检测与状态估计性能的比较:

Sebastian Bayerl

Student at Deggendorf University of Applied Sciences, Edlmairstraße 6+8, 94469 Deggendorf, Germany

e-mail: sebastian. bayerl@ stud. fh-deggendorf. de

Georg Herbold

MBDA/LFK-Lenkflugkörpersysteme GmbH, Landshuter Straße 26, 85716 Unterschleißheim, Germany

e-mail: georg. herbold@ mbda-systems. de

Lorenzo Pettazzi

European Organisation for Astronomical Research in the Southern Hemisphere,

Karl-Schwarzschild-Straße 2, 85748 Garching, Germany

e-mail: lpettazz@ eso. org

(1) χ^2 检测器的开环输入估计;

(2) 显著高斯检测器的开环输入估记;

(3) 闭环输入估计检测器;

(4) 无交互 IMM 检测器;

(5) 交互 IMM 检测器。

本文组织结构如下:第二部分定义机动目标追踪问题;第三部分提供各种解决此问题的算法;第四部分比较算法;第五部分结论。

2 问题公式

用一个线性系统描述目标运动如下:

$$\boldsymbol{x}(k+1)=\boldsymbol{\Phi}(k)\cdot\boldsymbol{x}(k)+\boldsymbol{G}(k)\cdot\boldsymbol{u}(k)+\boldsymbol{q}(k) \tag{1}$$

$$\boldsymbol{y}(k)=\boldsymbol{H}(k)\cdot\boldsymbol{x}(k)+\boldsymbol{n}(k) \tag{2}$$

式中:$\boldsymbol{x}(k)$为目标状态变量;$\boldsymbol{y}(k)$为测量;$\boldsymbol{u}(k)$为未知输入,表示一种机动。假定过程噪声 $\boldsymbol{q}(k)$和测量噪声 $\boldsymbol{n}(k)$为非相关零均值白噪声,方差矩阵为 $\boldsymbol{Q}(k)$和 $\boldsymbol{R}(k)$(已知);$\boldsymbol{H}(k)$为测量矩阵。

机动检测包括两方面任务:

(1) 一方面要检测是否存在机动。机动检测问题格式化为一个二元假设检验问题。

假定 H_1:目标在非机动模式($\boldsymbol{u}(k)=0$)。

假定 H_2:目标在机动模式($\boldsymbol{u}(k)\neq 0$)。

(2) 另一方面状态矢量估计 $\hat{\boldsymbol{x}}$ 需要通过量测矢量 $\boldsymbol{y}(k)$予以校正。为获取准确估计,需估计机动 $\boldsymbol{u}(k)$并用以校准状态估计。

3 检测算法

本文采用基于恒速模型(CV 滤波)的 Kalman 滤波器作为机动检测算法的基础构架。这个 Kalman 滤波器有能力计算出真实目标状态 $\boldsymbol{x}$ 的相关协方差 $\hat{\boldsymbol{P}}$ 的估计 $\hat{\boldsymbol{x}}$ 。模型式(1)中的转移矩阵 $\boldsymbol{\Phi}$ 是无机动的恒速模型。

$$\hat{\boldsymbol{x}}(k+1\mid k)=\boldsymbol{\Phi}(k)\cdot\hat{\boldsymbol{x}}(k\mid k) \tag{3}$$

$$\hat{\boldsymbol{P}}(k+1\mid \boldsymbol{k})=\boldsymbol{\Phi}(k)\cdot\hat{\boldsymbol{P}}(k\mid k)\cdot\boldsymbol{\Phi}(k)^{\mathrm{T}}+\boldsymbol{Q}(k) \tag{4}$$

$$\boldsymbol{v}(k)=\boldsymbol{y}(k)-\boldsymbol{H}(k)\cdot\hat{\boldsymbol{x}}(k+1\mid k) \tag{5}$$

$$\boldsymbol{S}(k)=\boldsymbol{H}(k)\cdot\hat{\boldsymbol{P}}(k+1\mid k)\cdot\boldsymbol{H}(k)^{\mathrm{T}}+\boldsymbol{R}(k) \tag{6}$$

$$\boldsymbol{K}(k)=\hat{\boldsymbol{P}}(k+1\mid k)\cdot\boldsymbol{H}(k)^{\mathrm{T}}\cdot\boldsymbol{S}(k)^{-1} \tag{7}$$

$$\hat{\boldsymbol{x}}(k+1\mid k+1)=\hat{\boldsymbol{x}}(k+1\mid k)+\boldsymbol{K}(k)\cdot\boldsymbol{v}(k) \tag{8}$$

$$\hat{\boldsymbol{P}}(k+1 \mid k+1)=[\boldsymbol{I}-\boldsymbol{K}(k)\cdot\boldsymbol{H}(k)]\cdot\hat{\boldsymbol{P}}(k+1 \mid k) \tag{9}$$

机动 $\boldsymbol{u}$ 可利用更新矢量 $\boldsymbol{v}$ 及其协方差矩阵 $\boldsymbol{S}$ 予以检测估计。

有两种不同途径确立机动检测算法。第一种将机动作为恒速系统的位置输入进行处理。因此,CV 滤波器由输入估计算法进行扩展。确立机动检测器的另外途径是采用包括两种不同运动模型的 IMM 滤波系统:一个是模型建模非机动运动;另一个是建模机动运动。此滤波器系统的结构允许获取目标的机动模式信息。

3.1 输入估计

3.1.1 前言

参考文献[2]提出 Kalman 滤波器的更新矢量 $\boldsymbol{v}$ 是未知输入矢量 $\boldsymbol{u}(k)$ 的线性函数。这可以通过比较两不同滤波器的余数说明。

(1) 非机动模型的错误滤波:

$$\boldsymbol{x}(k+1)=\boldsymbol{\Phi}(k)\cdot\boldsymbol{x}(k)+\boldsymbol{q}(k) \tag{10}$$

(2) 正确的将机动作为输入的假定模型:

$$\boldsymbol{x}^*(k+1)=\boldsymbol{\Phi}(k)\cdot\boldsymbol{x}^*(k)+\boldsymbol{G}(k)\cdot\boldsymbol{u}(k)+\boldsymbol{q}(k) \tag{11}$$

利用错误滤波器的余数,可估计假定滤波器的未知机动。正确的假定滤波器的更新矢量 $\boldsymbol{v}^*$ 是零均值,具有协方差 $\boldsymbol{S}^*$。和假定更新相比较,真实更新 $\boldsymbol{v}$ 对机动有偏。因此,真实更新可以写作 $\boldsymbol{v}^*$ 的函数。

$$\boldsymbol{v}(k)=\boldsymbol{v}^*(k)+\boldsymbol{\Lambda}(k)\cdot\boldsymbol{u}(k) \tag{12}$$

可推论出真实更新是机动的线性测量。$\boldsymbol{\Lambda}(k)$ 为测量矩阵,定义为

$$\boldsymbol{\Lambda}(k)=\boldsymbol{H}(k)\cdot\boldsymbol{G}(k)$$

3.1.2 开环结构

1. 机动估计

为了估计未知机动 $\boldsymbol{u}$ 以及其协方差矩阵 $\hat{\boldsymbol{P}}_u$,采用参考文献[2]所述的递归最小二乘方法的改进方法,即

$$\hat{\boldsymbol{P}}_u(k)=[\hat{\boldsymbol{P}}_u^{*-1}(k-1)+\boldsymbol{\Lambda}^{\mathrm{T}}(k)\cdot\boldsymbol{S}^{-1}(k)\cdot\boldsymbol{\Lambda}^{\mathrm{T}}(k)]^{-1} \tag{13}$$

$$\hat{\boldsymbol{u}}(k)=\hat{\boldsymbol{u}}(k-1)+\Delta\hat{\boldsymbol{u}}(k) \tag{14}$$

$$\Delta\hat{\boldsymbol{u}}(k)=\hat{\boldsymbol{P}}_u(k)\cdot\boldsymbol{\Lambda}^{\mathrm{T}}(k)\cdot\boldsymbol{S}^{-1}(k)\cdot[\boldsymbol{v}(k)-\boldsymbol{\Lambda}(k)\cdot\hat{\boldsymbol{u}}(k-1)] \tag{15}$$

此方法不同于标准递归最小二乘方法。标准最小二乘方法未知输入 $\boldsymbol{u}$ 的估计在每一时间步导致一个更小的协方差矩阵,直到新测量值几乎对估计值无影响为止。为缓解此不良影响将老的协方差矩阵 $\hat{\boldsymbol{P}}_u(k-1)$ 乘一个系数 $\gamma\in[0,1]$ 进行调节,即

$$\hat{\boldsymbol{P}}_u^*(k-1) = \frac{1}{\gamma} \cdot \hat{\boldsymbol{P}}_u(k-1) \tag{16}$$

2. 机动检测

为了检测目标是否在机动模式下，采用机动的统计学显著性检测，如χ^2 检测和高斯检测[6]。

对于χ^2 检测，计算变量 $\varepsilon(k) = \hat{\boldsymbol{u}}(k)^{\mathrm{T}} \cdot \hat{\boldsymbol{P}}_u(k)^{-1} \cdot \hat{\boldsymbol{u}}(k)$ 。在 H_1 假定下，$\varepsilon(k)$ 是χ^2 分布的。有以下简单的检测：

$$\varepsilon(k) > \chi^2(n,\alpha) \Rightarrow H_2\text{，目标是机动模式} \tag{17}$$

$(1-\alpha)$是检测的置信界。如果 $\varepsilon(k)$ 超出门限，说明 H_1 假设在置信区间 $(1-\alpha)$ 被拒绝。n 是估计机动的自由度。

高斯检测与χ^2 检测相似。依据高斯检测，如果一个估计机动的单一$\hat{\boldsymbol{u}}_i$ 是统计显著的，即可说明有显著机动。λ 由标准高斯分布确定。

$$\max\left(\frac{|\hat{\boldsymbol{u}}_i(k)|}{\sqrt{\hat{\boldsymbol{P}}_{u,i,i}(k)}}\right) > \lambda \Rightarrow H_2\text{，目标在机动模式} \tag{18}$$

3. 状态校准

如果已经估计了估计机动并知道其是统计显著的，状态和协方差必须校准。开环结构只校准系统输出，校准的状态估计不反馈回滤波器（图 1）。为了确定机动对状态的影响，创建一个连续时间窗口。矩阵 $\boldsymbol{\Psi}$ 刻画目标状态和机动之间的窗口关系。可以如下计算：

$$\boldsymbol{\Psi}(k) = [\boldsymbol{I} - \boldsymbol{K}(k-1) \cdot \boldsymbol{H}(k-1)] \cdot \boldsymbol{\Phi}(k-1) \cdot \boldsymbol{\Psi}(k) + \boldsymbol{G}(k) \tag{19}$$

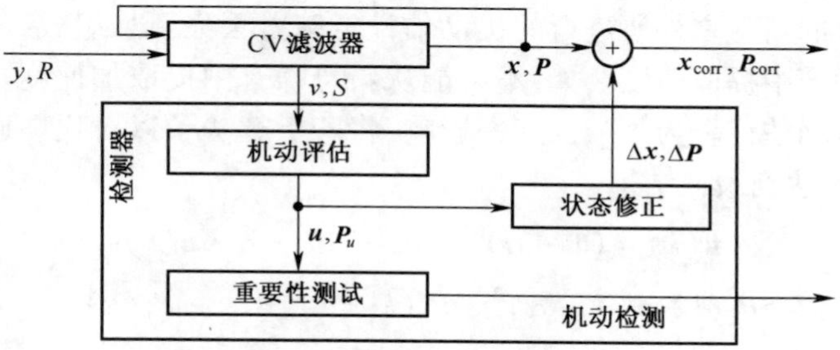

图 1　开环结构机动检测和状态校准

根据参考文献[2]，可依如下方式校正状态估计以及协方差。

$$\begin{aligned}\hat{\boldsymbol{x}}_{\mathrm{corr}}(k|k) &= \hat{\boldsymbol{x}}(k|k) + \Delta\hat{\boldsymbol{x}}(k) \\ &= \hat{\boldsymbol{x}}(k|k) + [\boldsymbol{I} - \boldsymbol{K}(k) \cdot \boldsymbol{H}(k)] \cdot \boldsymbol{\Psi}(k) \cdot \hat{\boldsymbol{u}}(k)\end{aligned} \tag{20}$$

$$\begin{aligned}\hat{\boldsymbol{P}}_{\mathrm{corr}}(k|k) &= \hat{\boldsymbol{P}}(k|k) + \Delta\hat{\boldsymbol{P}}(k) \\ &= \hat{\boldsymbol{P}}(k|k) + [\boldsymbol{I} - \boldsymbol{K}(k) \cdot \boldsymbol{H}(k)] \cdot \boldsymbol{\Psi}(k) \cdot \hat{\boldsymbol{P}}_u(k) \cdot \boldsymbol{\Psi}^{\mathrm{T}}(k) \cdot [\boldsymbol{I} - \boldsymbol{K}(k) \cdot \boldsymbol{H}(k)]^{\mathrm{T}}\end{aligned} \tag{21}$$

3.1.3 闭环结构

开环结构中检测器不分享滤波器估计机动的信息。只在输出端获取校准状态和协方差。

根据参考文献[4],采用闭环结构则最优估计是可能的,此时滤波器的反馈被校准(图2)。

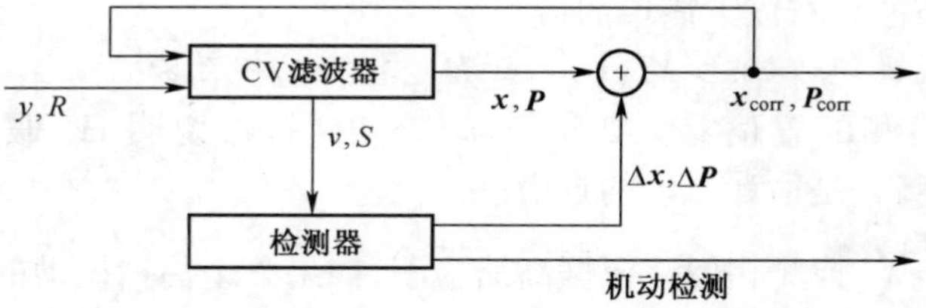

图2 闭环结构机动检测和状态校准

闭环结构不可能实现机动的窗口估计,因为滤波器的状态在每一时间步都被校准。取代一个时间窗口,需采用每一单独测量独立估计机动。

1. 机动估计

在本部分开头说明,余式是机动的一个线性测量。因此机动和协方差可通过参考文献[3]中的最小方差方法估计。

$$\hat{\boldsymbol{u}}(k) = [\Lambda^{\mathrm{T}}(k) \cdot S^{-1}(k) \cdot \Lambda(k)]^{-1} \cdot \Lambda(k)^{\mathrm{T}} \cdot S(k)^{-1} \cdot \boldsymbol{v}(k) \tag{22}$$

$$\hat{P}_u(k) = [\Lambda^{\mathrm{T}}(k) \cdot S^{-1}(k) \cdot \Lambda(k)]^{-1} \tag{23}$$

在无窗口的新息之外所进行的机动估计意味着丢失新息组成二信息。如,不可能从新息噪声中提取速度。如:不可能从新息噪音中提取加速度。这导致一个噪声引起的机动估计。为了减少这一影响,将若干算法予以对比。通过乘滤波系数 $\alpha \in [0,1]$ 达到最佳结果。

$$\hat{\boldsymbol{u}}(k) = (1-\alpha) \cdot \hat{\boldsymbol{u}}(k-1) + \alpha \cdot \hat{\boldsymbol{u}}(k) \tag{24}$$

$$\hat{P}_u(k) = (1-\alpha)^2 \cdot \hat{P}_u(k-1) + \alpha^2 \cdot \hat{P}_u(k) \tag{25}$$

2. 机动检测

机动用一个绝对测试进行检测。这意味着估计加速度的单一成分 $\hat{\boldsymbol{u}}_i$ 应超出某一门限值。此门限值经由 Kalman 滤波器的过程噪声自适应地确定。Δv_{filter} 是过程噪声 Q 的速度噪声,$\mathrm{d}t$ 是从最后一次检测开始的时间区间。

$$\hat{\boldsymbol{u}}_i > u_{\text{threshold}} \quad \rightarrow H_2\text{,目标在机动模式} \tag{26}$$

其中

$$u_{\text{threshold}} = \frac{\Delta v_{\text{filter}}}{\mathrm{d}t}$$

3. 状态校准

如机动已被检测出，滤波器状态和状态协方差就可以被校正。校正过程和开环结构类似。

$$\hat{\boldsymbol{x}}_{\text{corr}}(k \mid k) = \hat{\boldsymbol{x}}(k \mid k) + \Delta\hat{\boldsymbol{x}}(k) \tag{27}$$

$$\hat{\boldsymbol{P}}_{\text{corr}}(k \mid k) = \hat{\boldsymbol{P}}(k \mid k) + \Delta\hat{\boldsymbol{P}}(k) \tag{28}$$

$$\Delta\hat{\boldsymbol{x}}(k) = [\boldsymbol{I} - \boldsymbol{K}(k) \cdot \boldsymbol{H}(k)] \cdot \boldsymbol{G}(k) \cdot \hat{\boldsymbol{u}}(k) \tag{29}$$

$$\Delta\hat{\boldsymbol{P}}(k) = [\boldsymbol{I} - \boldsymbol{K}(k) \cdot \boldsymbol{H}(k)] \cdot \boldsymbol{G}(k)\hat{\boldsymbol{P}}_u(k) \cdot \boldsymbol{G}^{\mathrm{T}}(k) \cdot [\boldsymbol{I} - \boldsymbol{K}(k) \cdot \boldsymbol{H}(k)]^{\mathrm{T}} \tag{30}$$

3.2 IMM 滤波

3.1.2 节和 3.1.3 节所提供的算法都是基于对恒速检测器的建模的滤波器组合[1]，阐述了一个基于不同运动模型的多跟踪滤波，因此命名为交互式多模型滤波器(IMM 滤波器)。本论文的 IMM 算法采用两个不同的滤波器。

(1) 一个滤波器建模描述非机动运动。

(2) 一个滤波器建模描述机动运动。

机动滤波模型能描述多种机动。本文比较中假定机动建模为恒加速运动。一个固定的初始切换概率 $P_{T_{ij}}$ 表示目标状态在下一时刻从模式 i 转移到模式 j 的概率。另外通过滤波器更新其他的条件概率。

(1) 切换概率 $\mu_{i,j}(k)$ 代表从时刻 $k-1$ 的模式 i 转移到时刻 k 的模式 j。

(2) 固定切换概率 $P_{T_{ij}}$ 代表目标在当前时刻 k 从模式 i 转移到下一时刻 $k+1$ 的模式 j。

(3) 状态概率 $\mu_j(k)$ 表示在 k 时刻位于模式 i 的概率。

(4) 预测状态概率 $C_i(k)$ 表示目标在时刻 $k+1$ 将位于模式 i。

3.2.1 更新概率

类似于 χ^2 检测，每一滤波器的统计偏差 χ_i^2 检测如下计算更新：

$$\boldsymbol{\chi}_i^2(k) = \boldsymbol{v}_i^{\mathrm{T}}(k) \cdot \boldsymbol{S}_i^{-1}(k) \cdot \boldsymbol{v}_i(k) \tag{31}$$

从而概率密度可如下获取：

$$\Lambda_i(k) = \frac{\exp(-0.5 \cdot \chi_i^2(k))}{\sqrt{(2\pi)^N \cdot |S_i(k)|}}$$

N 是更新的自由度。最后可如下更新概率：

$$\mu_i(k) = \frac{\Lambda_i(k) \cdot C_i(k)}{C(k)}, \mu_{i,j}(k) = \frac{P_{T_{i,j}} \cdot \mu_i(k)}{C_j(k)} \tag{32}$$

$$C(k) = \sum_{j=1}^{2} \Lambda_j(k) \cdot C_j(k), C_j(k) = \sum_{i=1}^{2} P_{T_{i,j}} \cdot \mu_i(k-1) \tag{33}$$

3.2.2 IMM 交互

容易将所有滤波器反馈的状态和协方差予以混合。这种交互导致滤波器之间的信息交换。

$$\hat{\boldsymbol{x}}_{j-\mathrm{mix}}(k-1 \mid k-1)=\sum_{i=1}^{2}\mu_{ij}(k-1)\cdot\hat{\boldsymbol{x}}_i(k-1 \mid k-1) \tag{34}$$

$$\hat{\boldsymbol{P}}_{j-\mathrm{mix}}(k-1 \mid k-1)=\sum_{i=1}^{2}\mu_{ij}(k-1)\cdot[\hat{\boldsymbol{P}}_i(k-1 \mid k-1)+\hat{D}\boldsymbol{P}_{ij}(k-1)] \tag{35}$$

$$\hat{D}\boldsymbol{P}_{ij}(k-1)=D\boldsymbol{x}_{ij}(k-1)\cdot D\boldsymbol{x}_{ij}^{\mathrm{T}}(k-1) \tag{36}$$

$$D\boldsymbol{x}_{ij}(k-1)=\hat{\boldsymbol{x}}_i(k-1 \mid k-1)-\hat{\boldsymbol{x}}_{j-\mathrm{mix}}(k-1 \mid k-1) \tag{37}$$

3.2.3 机动检测

每个滤波器 i 的状态概率 μ_i 存储有目标机动模式的信息。如果机动滤波器的状态概率超出非机动滤波器,则假设 H_2 正确。这导致一个简单的检验:

$$u_{\mathrm{maneuvering}} > 50\% \quad \rightarrow H_2 \text{ 目标在机动模式} \tag{38}$$

3.2.4 系统输出状态和协方差的组合

代替非机动滤波器状态和协方差的校正的是滤波数据的组合。因此,采用状态和协方差的加权和。更进一步,由于机动滤波器已经估计过机动而不必重复估计。对于 IMM 算法自身这些组合值并不显著,但在系统输出端会被采用。

$$\hat{\boldsymbol{x}}(k \mid k)=\sum_{i=1}^{2}\mu_i(k)\cdot\hat{\boldsymbol{x}}_i(k \mid k) \tag{39}$$

$$\hat{\boldsymbol{P}}(k/k)=\sum_{i=1}^{2}\mu_i(k)\cdot\{\hat{\boldsymbol{P}}_i(k \mid k)+[\hat{\boldsymbol{x}}_i(k \mid k)-\hat{\boldsymbol{x}}(k \mid k)]\cdot[\hat{\boldsymbol{x}}_i(k \mid k)-\hat{\boldsymbol{x}}(k \mid k)]^{\mathrm{T}}\} \tag{40}$$

4 算法比较

4.1 质量准则

定义三个质量评定准则来比较不同算法。

(1) 第一个是延迟时间准则。定义为时间的算术均值。时间是指检测器检测到目标机动开始到检测到目标机动结束的时间区间。

(2) 第二个是错误检测数准则。错误检测是指检测器对机动的错误检测状态,如在目标机动期间检测器漏检测。

(3) 第三个是估计误差准则。这是一个对干扰机动估计和状态校准的噪声影响的测度。为获取估计误差,用计算互相关的方法计算真实机动与若干蒙特卡洛仿真的均值估计的时间差。这一时间差用于将单一蒙特卡洛仿真试验的机动估计移向真实机动。估计误差是指移动后的估计值与真实值之间的误差。用这一时间变量的均方根表达估计误差。要强调的是不需考虑机动起止处的 Δt 。这些做法是为了避免估计延迟影响估计误差计算的精确度。最终将这些时间平均误差通过所有的蒙特卡洛试验进行平均(图 3)。

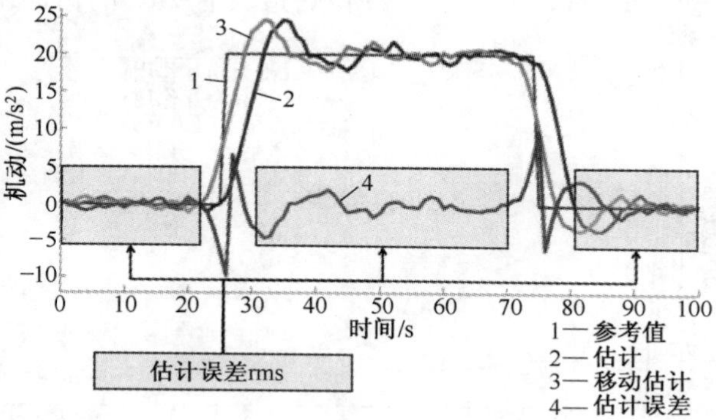

图 3 机动估计中的误差计算

4.2 Pareto 前沿分析

一般难以比较两种以上算法性能,因为各种算法质量在不同质量准则下结果不同。因此,采用[5]所提的 Pareto 前沿分析来比较各种检测算法在平面上的估计误差和轴上的延迟检测。Pareto 前沿分析是一算法所有显著点之间的连接线。如没有其他点有更低检测延迟和更小估计误差则声明一特性点。这意味着在 Pareto 前沿中的一个点都是某一特定情况下固定延迟时间的最佳估计误差。通过计算固定输入参数 $[p_1,\cdots,p_n]$ 的仿真确定一个平面上点。这些输入参数对检测算法的行为有影响。仿真之后,所有质量准则被计算和用于定位点在 Pareto 平面的位置。这个点代表此算法在输入参数 $[p_1,\cdots,p_n]$ 下的行为。为逼近 Pareto 前沿每一输入参数 p_i 选自 $[p_i^{\min},\cdots,p_i^{\max}]$ 。本文中输入估计为基础的检测器输入参数为过程噪声 Q_{CV} 和滤波系数 α/γ 。为逼近 IMM 算法的 Pareto 前沿,每一滤波器 i 的两个过程噪声矩阵 $\boldsymbol{Q}_i$ 和初始切换概率 P_T 是变化的。

4.3 Pareto 前沿分析的比较

首先需要设计一个算法比较方案。在仿真方案中,假设目标在恒定转换机动

发生前以匀速 v 运动。机动中目标加速度定义为 $\boldsymbol{a}(k)=\boldsymbol{\omega}\times\boldsymbol{v}_k$。仿真轨迹持续100s。在25s机动发生,75s结束。雷达以半径 r、方位角 ϕ 和仰角 θ 进行侦测,相应添加雷达噪声。仿真中采用以下参数。

(1) 雷达位置 $\boldsymbol{p}_0=[0m\ \ 0m\ \ 0m]^{\mathrm{T}}$。

(2) 测量误差 $\sigma_r=20\mathrm{m}$,$\sigma_\phi=3.4\mathrm{mrad}$,$\sigma_\theta=1.7\mathrm{mrad}$。

(3) 初始目标位置 $\boldsymbol{p}_0=[-10000\mathrm{m}\ \ 0\mathrm{m}\ \ 1000\mathrm{m}]^{\mathrm{T}}$。

(4) 初始目标速度 $\boldsymbol{v}_0=[250\mathrm{m/s}\ \ 0\mathrm{m/s}\ \ 0\mathrm{m/s}]^{\mathrm{T}}$。

(5) 转弯速率 $\boldsymbol{\omega}=[0\ \ 0\ \ 0.1]^{\mathrm{T}}(1/\mathrm{s})$。

匀速转弯运动的Pareto前沿如图4所示,最大有25%的错误检测。

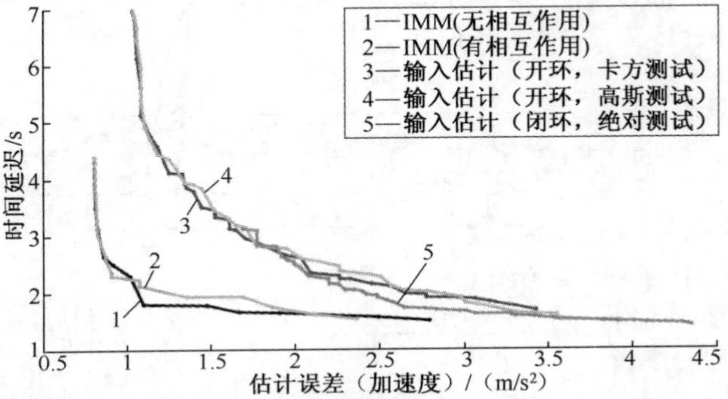

图4 匀速转弯运动的Pareto前沿分析

(1) IMM滤波器的机动检测有最佳性能,在固定机动估计误差时候有最好的检测延迟。滤波器的交互性并不能显著提高检测器的性能。

(2) 有输入估计的机动检测性能次于IMM检测。开环结构的 χ^2 和高斯检测性能接近。

(3) 闭环结构的机动检测性能和开环结构几乎相同。滤波器和检测器之间的信息交换的优势无法体现是基于如下原因:为避免测量噪声反馈到机动估计中,此估计几乎被滤波过程基本消除。闭环估计并未获得一个低噪声估计,因为必要的高强度滤波会导致一个巨大的检测延迟。

4.4 计算时间的比较

本部分对机动检测算法的计算时间予以分析,这也是实际应用中的严格的质量准则。可如下计算计算时间。对每一步机动检测的计算时间进行测量和记录,仿真结束后对所有值在时间域进行平均,在若干蒙特卡洛仿真后再予以平均。图5给出的数据是相对于最长计算时间的比例值(以避免出现绝对数据)。

(1) IMM算法需要最长计算时间。这由于存在两个并行的Kalman滤波器和算法结构的复杂性。无交互的IMM算法比交互的IMM算法快。

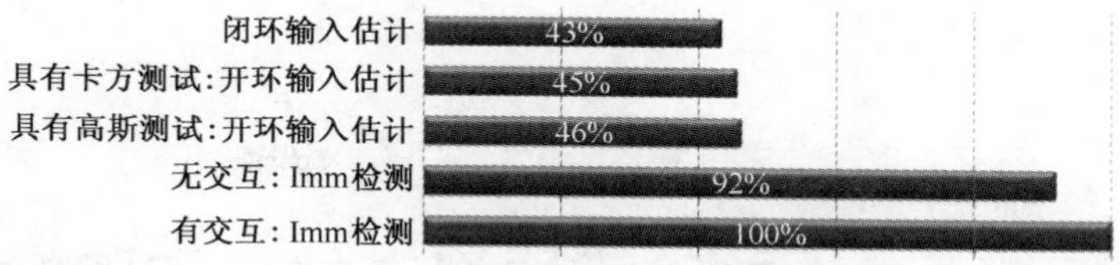

图 5　机动检测算法的相对计算时间

（2）χ^2 检测的开环输入估计计算时间较高斯检测少一些。

（3）开环输入估计计算时间最少。

5　结论

若干机动检测器用于机动检测和目标状态估计。在采用单一 Kalman 滤波器的无机动运动模型中,可用最小方差方法估计和校准状态值。可以在 IMM 算法中针对不同运动模型采用两个 Kalman 滤波器进行状态估计和机动检测,也可以采用对比机动检测器的特殊方案。要注意的是,机动检测器的性能是针对不匹配的假设输入估计和 IMM 算法的机动场景进行评估。采用若干质量准则的不同机动检测算法可以系统地采用 Pareto 前沿分析进行比较。比较结果表明,IMM 滤波在机动检测和估计上性能最优但需要耗费最多的计算时间。

参 考 文 献

[1] Blackman, S., Popoli, R.: Design and Analysis of Modern Tracking Systems. Artech House, Boston(1999).

[2] Bar - Shalom, Y., Rong Li, X., Kirubarajan, T.: Estimation with Applications to Tracking and Navigation: Theory, Algorithms and Software. Wiley, Chichester (2001)

[3] Gillijns, S.: Kalman Filtering Techniques for System Inversion and Dat aassimilation. PhD thesis, Katholieke Universiteit Leuven (2007)

[4] Gillijns, S., De Moor, B.: Unbiased minimum-variance input and state estimation for linear discrete - time systems. Automatica 43, 111 - 116 (2007)

[5] Godfrey, P., Shipley, R., Gryz1, J.: Algorithms and analyses for maximal vector computation. VLDB Journal (August 2006)

[6] Ru, J., Bashi, A., RongLi, X.: Performance comparison of target maneuver onset detection algorithms. In: SPIE Conf. on Signal and Data Processing of Small Targets (2004)

通过随机 H_∞ 滤波的航天器姿态估计和陀螺仪校准

Spacecraft Attitude Estimation and Gyro Calibration via Stochastic H_∞ Filtering

Daniel Choukroun, Lotan Cooper, and Nadav Berman

摘要: 基于陀螺误差、动态漂移和视线测量误差等产生白噪声的矢量测量,开发了一种用于估计航天器姿态四元数和陀螺漂移的滤波器,白噪声的方差参数未知,可以建模为非预期的二阶随机过程。这项研究采取的方法包含通过衰减从未知协方差到估计误差的转换来估计姿态四元数和陀螺漂移,得到的 H_∞ 滤波器涉及一组线性矩阵不等式(差分)的解决方法。就陀螺白噪声而言,通过大量的蒙特卡洛仿真显示该滤波器在大强度范围内的陀螺噪声和视线噪声干扰下,对自身姿态估计具有良好的性能。干扰衰减水平似乎和噪声强度有紧密的联系,实际衰减效果随着噪声水平的增强而提高,理想的无噪声的衰减效果最差,如预期的分析所示。与基于匹配四元数的卡尔曼滤波器相比,H_∞ 滤波器能针对估计误差产生更高的蒙特卡洛标准偏差和更低的蒙特卡洛均值。噪声水平越高,卡尔曼滤波器的优势越不明显时。当仅估计四元数时,相对于标准的四元数卡尔曼滤波器,H_∞ 滤波器的增益可以通过估计四元数独立地计算得到,而估计四元数通常使得增益对估计误差不敏感。在与非匹配卡尔曼滤波器的性能相比时,H_∞ 滤波器的优势将更明显。当噪声协方差过高或过低时,卡尔曼滤波器优于 H_∞ 滤波器,因为它能在宽范围噪声强度内具有基本相同的误差水平。

1 引言

姿态四元数[1] q 是一个重要的航天器姿态参数,四元数的数学建模和滤波已

Daniel Choukroun

Chair of Space Systems Engineering DelftUniversityof Technology 2629, NS, Netherlands

e-mail: D.Choukroun@ TUDelft.NL

LotanCooper · NadavBerman

Mechanical Engineerting Department Ben-Gurion University 84105, Beer-Sheva, Israel

e-mail: {lotanco, nadav} @ bgu.ac.il

被持续研究超过了 40 年[2]。传统的四元数随机估计技术属于卡尔曼滤波范畴，即最优滤波及其他众多沿这一方向而发展的成功的四元数估计方法（如参考文献[3,4]）。最优滤波法的一个固有缺点就是特别依赖模型参数的准确性，特别是估计效果依靠充足的测量和过程噪声方差信息。虽然自适应噪声估计法也许在某些情况下能够表现令人满意的性能[5]，但设计人员希望用一种对参数不是太敏感的方法来规避参数不确定带来的问题，即滤波器能够将估计误差带来的影响削弱到任意转换水平，而不是试图估计参数的不确定性。在这种情况下，该系统满足 L_2 增益在扰动和估计误差表现的特性。这种方法在参考文献[6]得到应用，该文章提出了一种 H_∞ 航天器四元数和陀螺漂移估计方法，该研究观点的要点在于测量和过程噪声信息被建模为确定性函数。

在参考文献[7]研究的基础上，本文提出了一种随机 H_∞ 四元数滤波方法。我们考虑该方法在能够得到单个连续时间的噪声测量矢量信息以及安装在航天器上的三轴陀螺能够提供航天器角速率（包含漂移误差和白噪声）的情形下的应用。我们假设陀螺漂移为零均值的随机游走，且视线测量、陀螺误差、动态漂移的协方差是未知的。设计该滤波器是用来在衰减未知扰动时的四元数和陀螺漂移。出于最近对随机 H_∞ 滤波和非线性系统控制的研究[9,10]，我们遵循一种基于发散理论的方法。

第一步，设计了一种 H_∞ 滤波器，其中陀螺噪声协方差被看成是一个扰动。测量噪声水平是已知的，且假定陀螺漂移为零。滤波效果取决于求解（差分）线性矩阵不等式（DLMI），以便计算不同增益下的滤波时间，DLMI 提供了 L_2 增益特性的充分条件。该滤波器避免了线性化处理过程，且利用了四元数状态空间方程的结构从而使 DLMI 不依赖估计过程，这样的好处就是可以进行离线计算得到视距测量和角速率信息的先验知识。陀螺白噪声协方差和姿态测量噪声协方差都是未知的，都被建模为扰动，由此得到的估计显示与第一个有类似的特征。进行多次蒙特卡洛仿真以验证 H_∞ 滤波器估计四元数的效果，并与卡尔曼滤波器进行性能比较。文中用于四元数估计的滤波器从经典 EKF 演变而来[3]，文中也对四元数及陀螺漂移的 H_∞ 估计进行了讨论分析。

第二部分给出了滤波问题的数学公式；第三部分包括了 H_∞ 估计方法的推导；第四部分提供了四元数—漂移 H_∞ 估计放大推导的理论基础；第五部分展示了蒙特卡洛仿真结果。本文结论在最后一部分进行了陈述。

2 问题介绍

考虑下面 Itô 形式的随机动态系统：

$$\mathrm{d}q_t = \frac{1}{2}\Omega(\omega_t - c_t)q_t\mathrm{d}t - \frac{1}{2}\Xi(q_t)\sigma_\in(t)\mathrm{d}\beta_t ; q(0) \xlongequal{\text{a.e.}} q_0 ; t \in [0,T] \quad (1)$$

$$\mathrm{d}c_t = \boldsymbol{\sigma}_c(t)\,\mathrm{d}\boldsymbol{\nu}_t;c(0) \xlongequal{\text{a. e.}} c_0 \tag{2}$$

$$\mathrm{d}y_t = H_t q_t \mathrm{d}t - \frac{1}{2}\boldsymbol{\Xi}(q_t)\boldsymbol{\sigma}_b(t)\,\mathrm{d}\boldsymbol{\eta}_t \tag{3}$$

q_t 表示姿态四元数；$\boldsymbol{\Omega}_t$ 是测得的角速率 ω_t 的矩阵函数：

$$\boldsymbol{\Omega}_t = \begin{bmatrix} -[\boldsymbol{\omega}\times] & \boldsymbol{\omega} \\ -\boldsymbol{\omega}^{\mathrm{T}} & 0 \end{bmatrix} \tag{4}$$

ω_t 可由安装在航天器载体上的三轴陀螺测得，包含漂移 c_t 以及标准布朗运动 $\boldsymbol{\beta}_t$，对于其无穷小独立增量 $\mathrm{d}\boldsymbol{\beta}_t$ 有 $E\{\mathrm{d}\boldsymbol{\beta}_t\mathrm{d}\boldsymbol{\beta}_t^{\mathrm{T}}\} = I_3\mathrm{d}t$，$\boldsymbol{\sigma}_{\in}(t)$ 表示陀螺输出噪声的方差 $\boldsymbol{\beta}_t$。陀螺漂移被建模为均值为 c_0、协方差为 $\boldsymbol{\sigma}_c(t)$ 的随机游走过程。在式(2)中，v_t 表示与 $\boldsymbol{\beta}_t$ 独立的标准布朗运动。式(1)、式(2)是参考文献[8]推导的四元数随机微分方程的简单扩展，以得到陀螺输出误差里的漂移分量。式(3)是参考文献[5]里的四元数测量方程的连续时间形式，其测量值都全部为0，所以有

$$\mathrm{d}y_t = 0 \tag{5}$$

$\boldsymbol{H}_t$ 为测量矩阵，b_t 和 r_t 分别表示对航天器主体框架轴和参考框架的视线(LOS)测量的估计。所以 $\boldsymbol{H}_t$ 可通过以下式子得到

$$\boldsymbol{s} = \frac{1}{2}(b+r) \tag{6}$$

$$\boldsymbol{d} = \frac{1}{2}(b - r) \tag{7}$$

$$\boldsymbol{H} = \begin{bmatrix} -[\boldsymbol{s}\times] & \boldsymbol{d} \\ -\boldsymbol{d}^{\mathrm{T}} & 0 \end{bmatrix} \tag{8}$$

矩阵 $\boldsymbol{\Xi}$ 在乘性噪声的测量和处理过程中都出现，是四元数 $\boldsymbol{q} = [\boldsymbol{e}^{\mathrm{T}}\boldsymbol{q}]^{\mathrm{T}}$ 的线性矩阵函数：

$$\boldsymbol{\Xi}(\boldsymbol{q}) = \begin{bmatrix} \boldsymbol{q}\boldsymbol{I}_3 - [\boldsymbol{e}\times] \\ \boldsymbol{e}^{\mathrm{T}} \end{bmatrix} \tag{9}$$

其测量噪声被建模为协方差为 $\boldsymbol{\sigma}_b(t)$ 的标准布朗运动 $\boldsymbol{\eta}_t$。

滤波的核心问题在于从未知强度的系统噪声 $\boldsymbol{\sigma}_{\in}(t)$、$\boldsymbol{\sigma}_b(t)$ 和 $\boldsymbol{\sigma}_c(t)$ 的 LOS 测量中估计出四元数 q_t 和陀螺漂移 c_t。滤波问题就通过下面的 H_∞ 方法转化为随机干扰衰减问题。

假设 $\boldsymbol{\sigma}_{\in}(t)$、$\boldsymbol{\sigma}_b(t)$ 和 $\boldsymbol{\sigma}_c(t)$ 是二阶矩有限的随机非预期过程，我们考虑以下公式：

$$\mathrm{d}\hat{q}_t = \frac{1}{2}\Omega(\omega_t - \hat{c}_t)\hat{q}_t\mathrm{d}t + K_q(\hat{q}_t,\hat{c}_t)(\mathrm{d}y_t - \hat{q}_t\mathrm{d}t) \tag{10}$$

$$\mathrm{d}\hat{c}_t = K_c(\hat{q}_t,\hat{c}_t)(\mathrm{d}y_t - \hat{q}_t\mathrm{d}t) \tag{11}$$

$$\hat{q}(0)=\hat{q}_0,\hat{e}(0)=\hat{c}_0 \tag{12}$$

$\tilde{q}_t$ 和 $\tilde{c}_t$ 分别表示四元数和漂移估计误差,即

$$\tilde{q}_t = q_t - \hat{q}_t \tag{13}$$

$$\tilde{c}_t = c_t - \hat{c}_t \tag{14}$$

假定标量 $\gamma > 0$,求解这样一个增益过程 $K(\tilde{q}_t)$,使得满足下面 H_∞ 准则:

$$E\left\{\int_0^T(\|\tilde{q}_t\|^2+\|\tilde{c}_t\|^2)\mathrm{d}t\right\}\leqslant\gamma^2E\left\{\|\tilde{q}_0\|^2+\|\tilde{c}_0\|^2+\int_0^T\|v_t\|^2\mathrm{d}t\right\} \tag{15}$$

上式满足约束条件式(1)~式(3),$v_t=\{\boldsymbol{\sigma}_\epsilon(t),\boldsymbol{\sigma}_b(t),\boldsymbol{\sigma}_c(t)\}$。当式(15)成立,且 $0\leqslant t\leqslant T$,则 L_2 增益性质从 $\{\tilde{q}_0,v_t\}$ 到 $\tilde{q}_0$ 都满足。

3 四元数 $\boldsymbol{H}_\infty$ 估计

3.1 未知强度的过程噪声 $\boldsymbol{\sigma}_\varepsilon$ 衰减

如参考文献[7],我们首先考虑无零偏且强度参数 $\boldsymbol{\sigma}_b$ 已知的简单情形。

(1) 增强随机过程。如参考文献[9],我们定义增强过程如下:

$$\boldsymbol{q}_t^a=\begin{bmatrix}\hat{q}_t\\ \tilde{q}_t\end{bmatrix} \tag{16}$$

对增强过程 $\boldsymbol{q}_t^a$ 进行 SED 展开有

$$\begin{bmatrix}\mathrm{d}\hat{q}_t\\ \mathrm{d}\tilde{q}_t\end{bmatrix}=\begin{bmatrix}\left(\frac{1}{2}\Omega_t-\hat{K}_tH_t\right)\hat{q}_t\\ \left(\frac{1}{2}\Omega_t-\hat{K}_tH_t\right)\tilde{q}_t\end{bmatrix}\mathrm{d}t+\sum_{i=1}^{3}\begin{bmatrix}0_{4\times1}\\ -\frac{1}{2}\boldsymbol{\Xi}_{C_i}\end{bmatrix}\sigma_\varepsilon(t)\mathrm{d}\beta_i+\begin{bmatrix}O_{4\times3}\\ \frac{1}{2}\hat{K}_t\boldsymbol{\Xi}\end{bmatrix}\mathrm{d}\boldsymbol{\eta}_t \tag{17}$$

$\boldsymbol{\Xi}_{C_i},i=1,2,3$ 表示矩阵 $\boldsymbol{\Xi}$ 的列矢量,标量 $\beta_i,i=1,2,3$ 表示布朗运动矢量 β_t 的分量。由于 $\{\hat{q}_t,\hat{q}_t\}$ 是四元数 q 的函数,所以 $\boldsymbol{\Xi}$ 也是增强过程 $\{\hat{q}_t,\tilde{q}_t\}$ 的函数。式(17)可以改写为如下形式:

$$\mathrm{d}\boldsymbol{q}_t^a=F^a\boldsymbol{q}_t^a\mathrm{d}t+\sum_{i=1}^{3}g_2^i(\boldsymbol{q}_t^a)\sigma_\varepsilon(t)\mathrm{d}\beta_i+G(\boldsymbol{q}_t^a)\mathrm{d}\boldsymbol{\eta}_t \tag{18}$$

F^a、$g_2^i(\boldsymbol{q}_t^a)$ 和 $G(\boldsymbol{q}_t^a)$ 的定义可参考式(17)。

(2) Hamilton - Jacobi - Bellman 不等式。根据参考文献[9],当且仅当对于给定正标量 γ,增广系统关于供给率 $S(\sigma_\varepsilon(t),q_t^a)=\gamma^2[\sigma_\varepsilon(t)]^2-||\tilde{q}_t||^2$ 是发散

时,那么,才能实现期望的 L_2 增益特性。因此,我们需要一个非负标量函数 $V(q^a, t)$ 来满足基本的特性[10]:

$$E\{V(q_t^a,t)\} \leqslant E\mid \left\{V(q_s^a,s) + \int_s^t (\gamma^2 \| \boldsymbol{\sigma}_{\in}(\tau) \|^2 - \| \widetilde{q}_\tau \|^2) \mathrm{d}\tau\right\}, \quad \forall 0 \leqslant s \leqslant t \leqslant T \tag{19}$$

$$V(q_0^a,0) \leqslant \gamma^2 \| \widetilde{q}_0 \|^2 \tag{20}$$

上式对所有的 q^a 和 $\boldsymbol{\sigma}_\varepsilon(t)$ 都成立。当满足式(19)时,V 被称作关于供给率 S 的存储函数。式(19)的一个充分条件为

$$E\{\mathrm{d}V(q^a,t)\} \leqslant E\{\gamma^2 \| \boldsymbol{\sigma}_\varepsilon(t) \|^2 - \| \widetilde{q}_t \|^2\}, \forall 0 \leqslant t \leqslant T \tag{21}$$

对所有的 q^a 和 $\boldsymbol{\sigma}_\varepsilon(t)$,$\mathrm{d}V$ 是函数 V 的 Itô 微分。运用 Itô 微分准则[11]对式(21)的两边期望进行展开,可以得到 $V(q^a,t)$ 的 Hamilton-Jacobi-Bellman(HJB)公式形式,如下所示:

$$\frac{\partial V}{\partial t} + \frac{\partial V}{\partial \boldsymbol{q}^{a\mathrm{T}}} F^a \boldsymbol{q}^a + \frac{1}{2}\boldsymbol{\sigma}_b^2 \mathrm{tr}\left\{\boldsymbol{G}\boldsymbol{G}^{\mathrm{T}} \frac{\partial^2 V}{\partial \boldsymbol{q}^a \partial \boldsymbol{q}^{a\mathrm{T}}}\right\} + \frac{1}{2}\boldsymbol{\sigma}_\varepsilon^2(t) \sum_{i=1}^{3} \boldsymbol{g}_2^{i\mathrm{T}} \frac{\partial^2 V}{\partial \boldsymbol{q}^a \partial \boldsymbol{q}^{a\mathrm{T}}} \boldsymbol{g}_2^i \leqslant \gamma^2 [\boldsymbol{\sigma}_\varepsilon(t)]^2 - \| \widetilde{q}_t \|^2 \tag{22}$$

上式对于所有的 $0 \leqslant t \leqslant T$、$q^a$ 和 $\boldsymbol{\sigma}_\varepsilon(t)$ 均成立,其中 $G = G(q^a)$。将式(22)都移项到左边可得

$$\frac{\partial V}{\partial t} + \frac{\partial V}{\partial \boldsymbol{q}^{a\mathrm{T}}} F^a \boldsymbol{q}^a + \frac{1}{2}\boldsymbol{\sigma}_b^2 \mathrm{tr}\left\{GG^{\mathrm{T}} \frac{\partial^2 V}{\partial \boldsymbol{q}^a \partial \boldsymbol{q}^{a\mathrm{T}}}\right\} + \boldsymbol{q}^{a\mathrm{T}} \boldsymbol{L} \boldsymbol{q}^a + \left[\frac{1}{2}\sum_{i=1}^{3} \boldsymbol{g}_2^{i\mathrm{T}} \frac{\partial^2 V}{\partial \boldsymbol{q}^a \partial \boldsymbol{q}^{a\mathrm{T}}} \boldsymbol{g}_2^i - \gamma^2\right] \boldsymbol{\sigma}_{\in}^2(t) \leqslant 0 \tag{23}$$

其中

$$\boldsymbol{L} = \begin{bmatrix} \boldsymbol{O}_4 & \boldsymbol{O}_4 \\ \boldsymbol{O}_4 & \boldsymbol{I}_4 \end{bmatrix} \tag{24}$$

为了对所有的 q^a 和 $\boldsymbol{\sigma}_{\in}(t)$ 有解,那么,式(23)中的随机干扰函数 $\boldsymbol{\sigma}_{\in}(t)$ 的系数必然为负,即可推导出以下条件:

$$\frac{1}{2}\sum_{i=1}^{3} \boldsymbol{g}_2^{i\mathrm{T}} \frac{\partial^2 V}{\partial \boldsymbol{q}^a \partial \boldsymbol{q}^{a\mathrm{T}}} \boldsymbol{g}_2^i - \gamma^2 \leqslant 0 \tag{25}$$

对于给定式(25),任意非零干扰都会导致公式左边值减小,增大系统在某固定供给率下的发散度。所以最坏的情况是存在等于零的干扰,即

$$\boldsymbol{\sigma}_\varepsilon^*(t) = 0 \tag{26}$$

把式(26)代入式(23)可推导得

$$\frac{\partial V}{\partial t} + \frac{\partial V}{\partial \boldsymbol{q}^{a\mathrm{T}}} F \boldsymbol{q}^a + \frac{1}{2}\sigma_b^2 \mathrm{tr}\left\{\boldsymbol{G}\boldsymbol{G}^{\mathrm{T}} \frac{\partial^2 V}{\partial \boldsymbol{q}^a \partial \boldsymbol{q}^{a\mathrm{T}}}\right\} + \boldsymbol{q}^{a\mathrm{T}} \boldsymbol{L} \boldsymbol{q}^a \leqslant 0 \tag{27}$$

针对所有的 $0 \leqslant t \leqslant T$ 和 $\boldsymbol{q}^a$。

(3) 候选存储函数 V。绕开求解函数 V 的复杂偏微分不等式,标准做法是猜测函数 V 的解是参数形式,并为该参数找到充分的条件。我们在这运用经典的二次模型,即假设

$$V(\boldsymbol{q}^a, t) = \boldsymbol{q}^{a\mathrm{T}} P_t \boldsymbol{q}^a \tag{28}$$

我们假设 $\boldsymbol{P}_t$ 为正对称的块对角矩阵,即

$$\boldsymbol{P}_t = \begin{bmatrix} \hat{\boldsymbol{P}}_t & \boldsymbol{O}_4 \\ \boldsymbol{O}_4 & \boldsymbol{P}_t \end{bmatrix} \tag{29}$$

(4) 关于 $\boldsymbol{\sigma}_{\in}(t)$ 的凸性条件。求解 H_∞ 滤波问题的关键在于式(25),在此重新写出,即

$$\frac{1}{2}\sum_{i=1}^{3} \boldsymbol{g}_2^{i\,\mathrm{T}} \frac{\partial^2 V}{\partial \boldsymbol{q}^a \partial \boldsymbol{q}^{a\mathrm{T}}} \boldsymbol{g}_2^i - \boldsymbol{\gamma}^2 \leqslant 0 \tag{30}$$

结合式(28)、式(29)以及矩阵 $\boldsymbol{\Xi}$ 已知的特性有

$$\boldsymbol{\Xi}\boldsymbol{\Xi}^{\mathrm{T}} = \boldsymbol{q}_t^{\mathrm{T}} \boldsymbol{q}_t \boldsymbol{I}_4 - \boldsymbol{q}_t \boldsymbol{q}_t^{\mathrm{T}} \tag{31}$$

对上式不通过四元数归一化约束,推导出

$$\boldsymbol{q}_t^{\mathrm{T}} \left[\frac{1}{4}(\mathrm{tr}\widetilde{\boldsymbol{P}}_t \boldsymbol{I}_4 - \widetilde{\boldsymbol{P}}_t) - \gamma^2 \boldsymbol{I}_4 \right] \boldsymbol{q}_t \leqslant 0 \tag{32}$$

由于对所有的 q_t,式(32)都要满足,所以对于 $\boldsymbol{\gamma}$ 可以推导出以下条件:

$$\frac{1}{4}(\mathrm{tr}\widetilde{\boldsymbol{P}}_t \boldsymbol{I}_4 - \widetilde{\boldsymbol{P}}_t) - \gamma^2 \boldsymbol{I}_4 \leqslant 0 \tag{33}$$

(5) 矩阵 $\boldsymbol{K}$ 和 $\boldsymbol{P}$ 的充分条件。将式(28)、式(29)导入式(27),很容易推导出如下等式:

$$\frac{\partial V}{\partial t} + \frac{\partial V}{\partial \boldsymbol{q}^{a\mathrm{T}}} F^a \boldsymbol{q}^a = [\hat{\boldsymbol{q}}_t^{\mathrm{T}} \quad \widetilde{\boldsymbol{q}}_t^{\mathrm{T}}] \begin{bmatrix} \dfrac{\mathrm{d}\hat{\boldsymbol{P}}_t}{\mathrm{d}t} + \hat{\boldsymbol{F}}_t^{\mathrm{T}} \hat{\boldsymbol{P}}_t + \hat{\boldsymbol{P}}_t \hat{\boldsymbol{F}}_t & \boldsymbol{O}_4 \\ \boldsymbol{O}_4 & \dfrac{\mathrm{d}\widetilde{\boldsymbol{P}}_t}{\mathrm{d}t} + \hat{\boldsymbol{F}}_t^{\mathrm{T}} \widetilde{\boldsymbol{P}}_t + \widetilde{\boldsymbol{P}}_t \hat{\boldsymbol{F}}_t \end{bmatrix} \begin{bmatrix} \hat{\boldsymbol{q}}_t \\ \widetilde{\boldsymbol{q}}_t \end{bmatrix} \tag{34}$$

$\hat{\boldsymbol{F}}_t$ 的定义如下:

$$\hat{\boldsymbol{F}}_t = \frac{1}{2}\boldsymbol{\Omega}_t - \hat{\boldsymbol{K}}_t \boldsymbol{H}_t \tag{35}$$

结合式(31)和式(17)给出的 $\boldsymbol{G}$ 的表达式,进行代数运算可推导出如下等式:

$$\frac{1}{2}\sigma_b^2 \mathrm{tr}\left\{ \boldsymbol{G}\boldsymbol{G}^{\mathrm{T}} \frac{\partial^2 V}{\partial \boldsymbol{q}^a \partial \boldsymbol{q}^{a\mathrm{T}}} \right\} = \boldsymbol{q}_t^{\mathrm{T}} \left\{ \frac{\sigma_b^2}{4} [\mathrm{tr}(\hat{\boldsymbol{K}}_t^{\mathrm{T}} \widetilde{\boldsymbol{P}}_t \hat{\boldsymbol{K}}_t) \boldsymbol{I}_4 - \hat{\boldsymbol{K}}_t^{\mathrm{T}} \widetilde{\boldsymbol{P}}_t \hat{\boldsymbol{K}}_t] \right\} \boldsymbol{q}_t$$

$$=[\hat{\boldsymbol{q}}_t^{\mathrm{T}}\ \tilde{\boldsymbol{q}}_t^{\mathrm{T}}]\begin{bmatrix}\boldsymbol{I}_4\\\boldsymbol{I}_4\end{bmatrix}\left\{\frac{\sigma_b^2}{4}[\mathrm{tr}(\hat{\boldsymbol{K}}^{\mathrm{T}}\tilde{\boldsymbol{P}}_t\hat{\boldsymbol{K}}_t)\boldsymbol{I}_4-\hat{\boldsymbol{K}}_t^{\mathrm{T}}\tilde{\boldsymbol{P}}_t\hat{\boldsymbol{K}}_t]\right\}[\boldsymbol{I}_4\ \boldsymbol{I}_4]\begin{bmatrix}\hat{\boldsymbol{q}}_t\\\tilde{\boldsymbol{q}}_t\end{bmatrix} \tag{36}$$

结合式(34)、式(36),我们能够将式(27)的左手边表示为 q_t^a 的二次形式,则式(27)可改写为如下形式:

$$[\hat{\boldsymbol{q}}_t^{\mathrm{T}}\quad\tilde{\boldsymbol{q}}_t^{\mathrm{T}}]\begin{bmatrix}\frac{\mathrm{d}\tilde{\boldsymbol{P}}_t}{\mathrm{d}t}+\hat{\boldsymbol{F}}_t^{\mathrm{T}}\hat{\boldsymbol{P}}_t+\hat{\boldsymbol{P}}_t\hat{\boldsymbol{F}}_t+\frac{\sigma_b^2}{4}[\mathrm{tr}\hat{\boldsymbol{M}}_t\boldsymbol{I}_4-\hat{\boldsymbol{M}}_t] & \frac{\sigma_b^2}{4}[\mathrm{tr}\hat{\boldsymbol{M}}_t\boldsymbol{I}_4-\hat{\boldsymbol{M}}_t]\\ \frac{\sigma_b^2}{4}[\mathrm{tr}\hat{\boldsymbol{M}}_t\boldsymbol{I}_4-\hat{\boldsymbol{M}}_t] & \frac{\mathrm{d}\tilde{\boldsymbol{P}}_t}{\mathrm{d}t}+\hat{\boldsymbol{F}}_t^{\mathrm{T}}\tilde{\boldsymbol{P}}_t+\tilde{\boldsymbol{P}}_t\hat{\boldsymbol{F}}_t+\frac{\sigma_b^2}{4}[\mathrm{tr}\hat{\boldsymbol{M}}_t\boldsymbol{I}_4-\hat{\boldsymbol{M}}_t]+\boldsymbol{I}_4\end{bmatrix}\begin{bmatrix}\hat{\boldsymbol{q}}_t\\\tilde{\boldsymbol{q}}_t\end{bmatrix}\leqslant 0 \tag{37}$$

对于所有的$(\hat{\boldsymbol{q}}_t,\tilde{\boldsymbol{q}}_t,t)$,$\hat{\boldsymbol{M}}_t=\hat{\boldsymbol{K}}_t^{\mathrm{T}}\tilde{\boldsymbol{P}}_t\hat{\boldsymbol{K}}_t$,不等式(37)可推导为如下的微分矩阵不等式

$$\begin{bmatrix}\frac{\mathrm{d}\hat{\boldsymbol{P}}_t}{\mathrm{d}t}+\boldsymbol{F}^{\mathrm{T}}\hat{\boldsymbol{P}}_t+\hat{\boldsymbol{P}}_t\boldsymbol{F}+\frac{\sigma_b^2}{4}[(\mathrm{tr}\boldsymbol{M})\boldsymbol{I}_4-\boldsymbol{M}] & \frac{\sigma_b^2}{4}[(\mathrm{tr}\boldsymbol{M})\boldsymbol{I}_4-\boldsymbol{M}]\\ \frac{\sigma_b^2}{4}[(\mathrm{tr}\boldsymbol{M})\boldsymbol{I}_4-\boldsymbol{M}] & \frac{\mathrm{d}\tilde{\boldsymbol{P}}_t}{\mathrm{d}t}+\boldsymbol{F}^{\mathrm{T}}\tilde{\boldsymbol{P}}_t+\tilde{\boldsymbol{P}}_t\boldsymbol{F}+\frac{\sigma_b^2}{4}[(\mathrm{tr}\boldsymbol{M})\boldsymbol{I}_4-\boldsymbol{M}]+\boldsymbol{I}_4\end{bmatrix}\leqslant 0 \tag{38}$$

$$\boldsymbol{F}=\frac{1}{2}\boldsymbol{\Omega}_t-\boldsymbol{K}_t\boldsymbol{H}_t \tag{39}$$

对于所有的 $0\leqslant t\leqslant T$,有

$$\boldsymbol{M}=\boldsymbol{K}_t^{\mathrm{T}}\tilde{\boldsymbol{P}}_t\boldsymbol{K}_t \tag{40}$$

在这去掉 $\hat{\bullet}$ 符号为是为了强调增益矩阵 $\boldsymbol{K}_t$ 不是一个估计函数。

3.2 未知强度的过程噪声 $\boldsymbol{\sigma}_\in$ 及测量噪声 $\boldsymbol{\sigma}_b$ 的衰减

在本文中,假设陀螺的白噪声 $\sigma_\in$ 和姿态传感器的测量噪声 σ_b 都是未知的,并且考虑了 H_∞ 估计中的干扰问题。滤波问题如前所述,即通过 H_∞ 方法实现随机干扰的衰减,随机干扰被建模为有限二阶矩的随机非预期过程。为简单起见,且由于现在的情形和之前的情形具有相似性,所以滤波器的设计细节可以省略,但应考虑下面的估计:

$$\mathrm{d}\hat{\boldsymbol{q}}_t=\left[\frac{1}{2}\boldsymbol{\Omega}_t-\hat{\boldsymbol{K}}_t\boldsymbol{H}_t\right]\hat{\boldsymbol{q}}_t\mathrm{d}t \tag{41}$$
$$\hat{\boldsymbol{q}}_t(0)=\hat{\boldsymbol{q}}_0$$

$\hat{\boldsymbol{K}}_t$ 表示 $\boldsymbol{K}(\hat{\boldsymbol{q}}_t)$，$\widetilde{\boldsymbol{q}}_t$ 表示估计误差值，即 $\widetilde{\boldsymbol{q}}_t=\boldsymbol{q}_t-\hat{\boldsymbol{q}}_t$。对于给定标量 $\gamma>0$，我们寻求一个增益 $\{\hat{\boldsymbol{K}}_t, 0\leqslant t\leqslant T\}$，使得满足 H_∞ 准则：

$$E\{\mid \int_0^T \|\widetilde{\boldsymbol{q}}_t\|^2 \mathrm{d}t\} \leqslant \gamma^2 E\{\|\widetilde{\boldsymbol{q}}_0\|^2+\int_0^T \|\boldsymbol{v}_t\|^2 \mathrm{d}t\} \tag{42}$$

式中：$\boldsymbol{v}_t$ 表示允许干扰功能的增强过程，如 $\boldsymbol{v}_t=\{\boldsymbol{\sigma}_\in(t),\boldsymbol{\sigma}_b(t)\}$。如果式(42)成立，也即 L_2 增益特性从 $\{\tilde{\boldsymbol{q}}_0,\boldsymbol{\sigma}_\in(t),\boldsymbol{\sigma}_b(t)\}$ 到 $\tilde{\boldsymbol{q}}_t$ 都能满足，其中 $0\leqslant t\leqslant T$。简单而言，就是所设计的估计器要能够提供姿态估计，且从初始误差、信号处理和测量噪声水平到估计误差都需满足给定的衰减速度。估计器的一个显著特征是不需要知道噪声强度的先验知识，即使在较大动态范围的噪声内仍能够保证衰减，噪声可以是随机或时变的，且假设它们具有二阶特征。

(1) 矩阵 $\boldsymbol{K}$、$\tilde{\boldsymbol{P}}$、$\hat{\boldsymbol{P}}$ 的充分条件。$\boldsymbol{K}$、$\tilde{\boldsymbol{P}}$、$\hat{\boldsymbol{P}}$ 的准确充分条件如下：

$$\frac{\mathrm{d}\hat{\boldsymbol{P}}_t}{\mathrm{d}t}+\boldsymbol{F}_t^{\mathrm{T}}\hat{\boldsymbol{P}}_t+\hat{\boldsymbol{P}}_t\boldsymbol{F}_t\leqslant 0 \tag{43}$$

$$\frac{\mathrm{d}\widetilde{\boldsymbol{P}}_t}{\mathrm{d}t}+\boldsymbol{F}_t^{\mathrm{T}}\widetilde{\boldsymbol{P}}_t+\widetilde{\boldsymbol{P}}_t\boldsymbol{F}_t+\boldsymbol{I}_4\leqslant 0 \tag{44}$$

$$\frac{1}{4}(\mathrm{tr}\widetilde{\boldsymbol{P}}_t\boldsymbol{I}_4-\widetilde{\boldsymbol{P}}_t)-\gamma^2\boldsymbol{I}_4\leqslant 0 \tag{45}$$

$$\frac{1}{4}(\mathrm{tr}\boldsymbol{M}_t\boldsymbol{I}_4-\boldsymbol{M}_t)-\gamma^2\boldsymbol{I}_4\leqslant 0 \tag{46}$$

其中

$$\boldsymbol{F}_t=\frac{1}{2}\boldsymbol{\Omega}_t-\boldsymbol{K}_t\boldsymbol{H}_t \tag{47}$$

$$\boldsymbol{M}_t=\boldsymbol{K}_t^{\mathrm{T}}\widetilde{\boldsymbol{P}}_t\boldsymbol{K}_t \tag{48}$$

为简单起见，假设矩阵 $\hat{\boldsymbol{P}}_t$ 和 $\widetilde{\boldsymbol{P}}_t$ 是相同的，即我们只需找到一个正定矩阵 $\widetilde{\boldsymbol{P}}_t$ 满足式(43)~式(46)。大量的仿真结果表明，这种假设并没有降低滤波估计的性能，而且如果式(44)成立，那么，式(43)也必然成立。该假设成立的充分条件是 $\widetilde{\boldsymbol{P}}_t$ 的形式如下所示：

$$\frac{\mathrm{d}\widetilde{\boldsymbol{P}}_t}{\mathrm{d}t}+\boldsymbol{F}_t^{\mathrm{T}}\widetilde{\boldsymbol{P}}_t+\widetilde{\boldsymbol{P}}_t\boldsymbol{F}_t+\boldsymbol{I}_4\leqslant 0 \tag{49}$$

$$\frac{1}{4}(\mathrm{tr}\widetilde{\boldsymbol{P}}_t\boldsymbol{I}_4-\widetilde{\boldsymbol{P}}_t)-\gamma^2\boldsymbol{I}_4\leqslant 0 \tag{50}$$

$$\frac{1}{4}(\mathrm{tr}\boldsymbol{M}_t\boldsymbol{I}_4-\boldsymbol{M}_t)-\gamma^2\boldsymbol{I}_4\leqslant 0 \tag{51}$$

其中

$$\boldsymbol{F}_t=\frac{1}{2}\boldsymbol{\Omega}_t-\boldsymbol{K}_t\boldsymbol{H}_t \tag{52}$$

$$\boldsymbol{M}_t=\boldsymbol{K}_t^{\mathrm{T}}\widetilde{\boldsymbol{P}}_t\boldsymbol{K}_t \tag{53}$$

由于上述不等式的左边与四元数估计是相独立的,所以滤波器增益 $\boldsymbol{K}_t$ 与 $\hat{\boldsymbol{P}}_t$ 也是相独立的。

(2) 线性矩阵不等式(LMI)的充分条件。由于上述不等式关于 $\widetilde{\boldsymbol{P}}$ 和 $\boldsymbol{K}$ 非线性,所以需要把它们转换成线性矩阵不等式结构。很容易通过标准参数化方法来实现关于 $\widetilde{\boldsymbol{P}}$ 和 $\boldsymbol{K}$ 的双线性关系。设 $\widetilde{\boldsymbol{Y}}_t$ 表示为下面的四维矩阵:

$$\widetilde{\boldsymbol{Y}}_t=\widetilde{\boldsymbol{P}}_t\boldsymbol{K}_t \tag{54}$$

利用式(54)和式(49)推导出

$$\frac{\mathrm{d}\widetilde{\boldsymbol{P}}_t}{\mathrm{d}t}+\frac{1}{2}(\boldsymbol{\Omega}_t^{\mathrm{T}}\widetilde{\boldsymbol{P}}_t+\widetilde{\boldsymbol{P}}_t\boldsymbol{\Omega}_t)-(\boldsymbol{H}_t^{\mathrm{T}}\widetilde{\boldsymbol{Y}}_t^{\mathrm{T}}+\widetilde{\boldsymbol{Y}}_t\boldsymbol{H}_t)+\boldsymbol{I}_4\leqslant 0 \tag{55}$$

为了避免 $\boldsymbol{M}_t$ 二次结构带来的不便,我们找到一个对称正定矩阵 $\boldsymbol{W}_t$ 使得

$$\boldsymbol{M}_t-\boldsymbol{W}_t=\widetilde{\boldsymbol{Y}}_t^{\mathrm{T}}\widetilde{\boldsymbol{P}}_t^{-1}\widetilde{\boldsymbol{Y}}_t-\boldsymbol{W}_t\leqslant 0 \tag{56}$$

注意:如果 $\widetilde{\boldsymbol{P}}_t$ 是正定的,那么 $\widetilde{\boldsymbol{P}}_t^{-1}$ 存在,结合式(56)和式(51)有

$$\frac{1}{4}(\mathrm{tr}\boldsymbol{M}_t\boldsymbol{I}_4-\boldsymbol{M}_t)-\gamma^2\boldsymbol{I}_4\leqslant\left(\frac{1}{4}\mathrm{tr}\boldsymbol{M}_t-\gamma^2\right)\boldsymbol{I}_4\leqslant\left(\frac{1}{4}\mathrm{tr}\boldsymbol{W}_t-\gamma^2\right)\boldsymbol{I}_4\leqslant 0 \tag{57}$$

用下面关于 $\boldsymbol{W}$ 的充分条件代替式(49),即

$$\frac{1}{4}\mathrm{tr}\boldsymbol{W}_t-\gamma^2\leqslant 0 \tag{58}$$

$\boldsymbol{W}$、$\widetilde{\boldsymbol{Y}}$、$\widetilde{\boldsymbol{P}}$ 满足式(56),式(56)可通过 Scure 补定理写为线性矩阵不等式形式:

$$\begin{bmatrix}-\boldsymbol{W}_t & -\widetilde{\boldsymbol{Y}}_t\\ -\widetilde{\boldsymbol{Y}}_t^{\mathrm{T}} & -\widetilde{\boldsymbol{P}}_t\end{bmatrix}\leqslant 0 \tag{59}$$

注意:连续式边界可能使 $\boldsymbol{\gamma}$ 产生更高的可行值,即更差的干扰衰减保证效果。

(3) 连续 H_∞ 滤波器总结。给定 $\hat{q}_0$,选择一个 $\widetilde{P}(0)$ 使得满足式(20),求解 $\widetilde{\boldsymbol{P}}_t=\widetilde{\boldsymbol{P}}_t^{\mathrm{T}}>0\in R^4$, $\widetilde{\boldsymbol{Y}}_t\in R^4$ 和 $\boldsymbol{W}_t=\boldsymbol{W}_t^{\mathrm{T}}>0\in R^4$,则相关的线性矩阵不等式为

$$\frac{\mathrm{d}\widetilde{\boldsymbol{P}}_t}{\mathrm{d}t}+\frac{1}{2}(\boldsymbol{\Omega}_t^{\mathrm{T}}\widetilde{\boldsymbol{P}}_t+\widetilde{\boldsymbol{P}}_t\boldsymbol{\Omega}_t)-(\boldsymbol{H}_t^{\mathrm{T}}\widetilde{\boldsymbol{Y}}_t^{\mathrm{T}}+\widetilde{\boldsymbol{Y}}_t\boldsymbol{H}_t)+\boldsymbol{I}_4\leqslant 0 \tag{60}$$

$$\begin{bmatrix} -\boldsymbol{W}_t & -\widetilde{\boldsymbol{Y}}_t \\ -\widetilde{\boldsymbol{Y}}_t^{\mathrm{T}} & -\widetilde{\boldsymbol{P}}_t \end{bmatrix} \leqslant 0 \tag{61}$$

$$\frac{1}{4}(\mathrm{tr}\widetilde{\boldsymbol{P}}_t \boldsymbol{I}_4 - \widetilde{\boldsymbol{P}}_t) - \gamma^2 \boldsymbol{I}_4 \leqslant 0 \tag{62}$$

$$\frac{1}{4}\mathrm{tr}\boldsymbol{W}_t - \gamma^2 \leqslant 0 \tag{63}$$

对任意的一对矩阵 $(\widetilde{\boldsymbol{Y}}_t, \widetilde{\boldsymbol{P}}_t)$，利用下式求增益 $\boldsymbol{K}_t$：

$$\boldsymbol{K}_t = \widetilde{\boldsymbol{P}}_t^{-1} \widetilde{\boldsymbol{Y}}_t \tag{64}$$

通过下面差分方程来计算估计四元数：

$$\dot{\hat{\boldsymbol{q}}}_t = \left[\frac{1}{2}\boldsymbol{\Omega}_t - \boldsymbol{K}_t \boldsymbol{H}_t\right] \hat{\boldsymbol{q}}_t \tag{65}$$

备注 1：估计方程式(65)并不是为了保存四元数的归一化属性而提出的。其意图在于，一个评估的归一化阶段在评估过程中得到运用，如 $\hat{\boldsymbol{q}}_t(0)$，根据其规范，将 $\hat{\boldsymbol{q}}_t(0)$ 不断分解。

备注 2：经过前些工作成果[12]的启发，微分 LMI(式(60))的离散近似可以通过一个有限微分公式推导出，即

$$\frac{\widetilde{\boldsymbol{P}}_{k+1} - \widetilde{\boldsymbol{P}}_k}{\Delta t} + \frac{1}{2}(\boldsymbol{\Omega}_{k+1}^{\mathrm{T}} \widetilde{\boldsymbol{P}}_{k+1} + \widetilde{\boldsymbol{P}}_{k+1} \boldsymbol{\Omega}_{k+1}) - (\boldsymbol{H}_{k+1}^{\mathrm{T}} \widetilde{\boldsymbol{Y}}_{k+1}^{\mathrm{T}} + \widetilde{\boldsymbol{Y}}_{k+1} \boldsymbol{H}_{k+1}) + \boldsymbol{I}_4 \leqslant 0 \tag{66}$$

式中：Δt 表示时间的增量，$k = 0, 1, \cdots, N = T/\Delta t$。

4 四元数及陀螺漂移 $\boldsymbol{H}_\infty$ 评估

在本节中，将讨论在系统噪声强度未知的假设条件下，评估四元数以及陀螺漂移的问题。

这个四元数漂移系统将受以下 SDE 控制：

$$\begin{bmatrix} \mathrm{d}q_t \\ \mathrm{d}c_t \end{bmatrix} = \begin{bmatrix} \frac{1}{2}\Omega(\omega_t - c_t) q_t \\ O_{3\times 1} \end{bmatrix} \mathrm{d}t + \begin{bmatrix} -\frac{1}{2}\Xi(q_t) & O_{4\times 3} \\ O_3 & I_3 \end{bmatrix} \begin{bmatrix} \sigma_{\in}(t) I_3 & O_3 \\ O_3 & \sigma_c(t) I_3 \end{bmatrix} \begin{bmatrix} \mathrm{d}\beta_t \\ \mathrm{d}v_t \end{bmatrix} \tag{67}$$

式中：β_t、v_t 分别是在未知变量参数 $\sigma_{\in}$、σ_c 下的矢量标准布朗运动。滤波问题可以用公式表示为通过 H_∞ 方法的随机干扰损耗问题，其中所有的强度值 $\sigma_{\in}$、σ_b、σ_c 假设为在时间$[0, T]$内有限二阶的不可预计随机过程。参考如下评估式子：

$$\begin{bmatrix} \mathrm{d}\hat{q}_t \\ \mathrm{d}\hat{c}_t \end{bmatrix} = \begin{bmatrix} \left[\frac{1}{2}\Omega(\omega_t - \hat{c}_t) - \hat{\boldsymbol{K}}_q H_t\right] \\ -\hat{\boldsymbol{K}}_c H_t \end{bmatrix} \hat{q}_t \mathrm{d}t \tag{68}$$

$$\hat{q}_t(0) = \hat{q}_0, \hat{c}_t(0) = \hat{c}_0$$

式中：$\hat{\boldsymbol{K}}_q$ 和 $\hat{\boldsymbol{K}}_c$ 为 $\hat{\boldsymbol{K}}_t$ 的矩阵块，具有适当的维数；$\tilde{q}_t$ 和 $\tilde{c}_t$ 为附加评估误差，如 $\tilde{q}_t = q_t - \hat{q}_t$ 以及 $\tilde{c}_t = c_t - \hat{c}_t$。鉴于在正标量 $\gamma > 0$ 的情况下，我们可以得到一个增益过程 $\{\hat{\boldsymbol{K}}_t, 0 \leqslant t \leqslant T\}$，那么，如下的 H_∞ 标准将可以满足

$$E\left\{\int_0^T \| \bar{q}_t \|^2 \mathrm{d}t\right\} \leqslant \gamma^2 E\left\{ \| \bar{q}_0 \|^2 + \int_0^T [\sigma_\epsilon^2(t) + \sigma_b^2(t) + \sigma_c^2(t)] \mathrm{d}t\right\} \tag{69}$$

当式(69)为真时，则 L_2 的增益属性从 $\{\tilde{q}_0, \sigma_e(t), \sigma_b(t), \sigma_c(t)\}$ 到 $\{\tilde{q}_t, \tilde{c}\}$ 都能满足，其中，$0 \leqslant t \leqslant T$。

附加的过程量 $\{\hat{q}_t, \hat{c}_t, \hat{q}, \hat{c}\}$ 是由下列随机 Itô 微分方程决定的。

$$\begin{bmatrix} \mathrm{d}\hat{q}_t \\ \mathrm{d}\hat{c}_t \\ \mathrm{d}\tilde{q}_t \\ \mathrm{d}\tilde{c}_t \end{bmatrix} = \begin{bmatrix} \frac{1}{2}\Omega_t - \hat{K}_q H_t & -\frac{1}{2}\Xi(\hat{q}_t) & O & O \\ -\hat{K}_c H_t & O & O & O \\ O & O & \frac{1}{2}\Omega_t - \hat{K}_q H_t & -\frac{1}{2}\Xi(\hat{q}_t) \\ O & O & -\hat{K}_c H_t & O \end{bmatrix} \begin{bmatrix} \hat{q}_t \\ \hat{c}_t \\ \tilde{q}_t \\ \tilde{c}_t \end{bmatrix} \mathrm{d}t + \tag{70}$$

$$\begin{bmatrix} O_{4\times3} \\ O_3 \\ -\frac{1}{2}\Xi(\hat{q}_t) \\ O_3 \end{bmatrix} \sigma_c(t)\mathrm{d}\beta_t + \begin{bmatrix} O_{4\times3} \\ O_3 \\ O_{4\times3} \\ I_3 \end{bmatrix} \sigma_c(t)\mathrm{d}v_t + \begin{bmatrix} O_{4\times3} \\ O_{4\times3} \\ \hat{K}_q \frac{1}{2}\Xi(\hat{q}_t) \\ \hat{K}_c \frac{1}{2}\Xi(\hat{q}_t) \end{bmatrix} \sigma_b(t)\mathrm{d}\eta_t$$

如忽略与噪声有关的 β_t、v_t、η_t 及与估计误差有关的 $\tilde{q}$、$\tilde{c}$ 二次项，方程可以化简为如下形式：

$$\mathrm{d}q_t^a = F^a q_t^a \mathrm{d}t + G_1(q_t^a)\sigma_c(t)\mathrm{d}\beta_t + G_2(q_t^a)\sigma_c(t)dv_t + G(q_t^a)\sigma_b(t)\mathrm{d}\eta_t \tag{71}$$

滤波器设计的其余部分是明确的，为了简洁起见予以忽略。

5 数值模拟

考虑到航天器绕着它的质心旋转时其惯性角速度矢量 $\boldsymbol{\omega}^0(t)$ 随着时间变化：

$$\boldsymbol{\omega}^0(t) = [1\ -1\ 1]^{\mathrm{T}} \sin(2\pi t/150)(°)/\mathrm{s} \tag{72}$$

测量的角速度矢量根据下式计算：

$$\boldsymbol{\omega}(t)=\boldsymbol{\omega}^{0}(t)+\boldsymbol{\sigma}_{c}\boldsymbol{\varepsilon}(t) \tag{73}$$

当 $\boldsymbol{\varepsilon}(t)$ 是一个标准的零均值的高斯白噪声时，$E\{\boldsymbol{\varepsilon}(t),\boldsymbol{\varepsilon}(\boldsymbol{\tau})^{\mathrm{T}}\}=I_3\delta(t-\boldsymbol{\tau})$。低阶陀螺仪的典型值将出现在随后的式子中，$\boldsymbol{\sigma}_e\in[10^{-3},10^{-1}](\mathrm{rad}/\sqrt{\mathrm{s}})$。假定连续时间单视距测量量 $b(t)$ 可以通过经典矢量测量模型的计算得到。

$$b(t)=A[q(t)]r(t)+\boldsymbol{\sigma}_b\delta\boldsymbol{b}(t) \tag{74}$$

已知 $\delta\boldsymbol{b}(t)$ 是零均值的高斯白噪声，$E\{\delta\boldsymbol{b}(t)\delta\boldsymbol{b}(\boldsymbol{\tau})^{\mathrm{T}}\}\simeq(\boldsymbol{I}_3-\boldsymbol{b}\boldsymbol{b}^{\mathrm{T}})\delta(t-\boldsymbol{\tau})$ 源于 b 的归一化属性，参考视线质量的历史值 $r(t)$ 是在仿真研究阶段任意选取的。高精度和低精度姿态敏感器的典型值在如下范围内，$\boldsymbol{\sigma}_b\in[10^{-5},10^{-1}](\mathrm{rad})$。陀螺仪和姿态敏感器的采样过程的仿真采样时间是 $\Delta t=0.1\mathrm{s}$。初始四元数的真实值为 $\boldsymbol{q}(0)=[1,1,1,1]^{\mathrm{T}}/\sqrt{4}$。如果没有别的声明，滤波器通常用 $\hat{\boldsymbol{q}}(0)=[0,0,0,1]$ 和 $\tilde{\boldsymbol{P}}(0)=\hat{\boldsymbol{P}}(0)=10\boldsymbol{I}_4$ 来进行初始化，蒙特卡罗模拟(50 次)运行时间从 500~6000s 不等。这显示了角速度矢量动力学在几个时期内的估计形式，直到可以求得一个低地球轨道卫星绕地球公转的典型时间值。为便于比较，参考文献[5]中的四元数卡尔曼滤波器或称为 QKF(里面用到式(73)线性测量模型)，和参考文献[3]中典型的乘法 EKF 或称为 MEKF(里面用到式(74)非线性测量模型)均能实现。新颖的随机 H_∞ 四元数估计方法称为 QHF。

四元数 H_∞ 滤波器，能实现从初始估计误差到后来估计误差的 γ 层面上的衰减，这种性能已在参考文献[7]阐述。

未知的陀螺仪和姿态敏感器的噪声，δ_b 和 δ_e。

接下来，我们总结了四元数 H_∞ 滤波器的性能。它可以把未知的干扰衰减率从未知的 δ_b 和 δ_e 转换到估计误差上。广泛使用的蒙特卡罗仿真被不断运行来计算最终时刻 T 时的实际衰减率 AR(T)。当 T=500s 时，衰减率如下式定义：

$$\frac{E\{\int_0^T\|\tilde{q}(t)\|^2\mathrm{d}t\}}{E\{\|\tilde{q}(0)\|^2+\int_0^T(\sigma_e^2+\sigma_b^2)\mathrm{d}t\}} \tag{75}$$

这里积分数值计算使用时间步长为 $\Delta t=0.1\mathrm{s}$，把计算出来的期望值作为 MC 平均值。表 1 给出了随 $\boldsymbol{\sigma}_e$ 和 $\boldsymbol{\sigma}_b$ 变化的 AR(500s)。同样，最佳的衰减保障程度的 MC 方法，γ_{QHF}^2 可沿着滤波处理过程计算出来。表 1 显示了大约 100s 后达到稳定状态下的各个量的值。H_∞ 滤波器可以实现干扰衰减率从 0.45 下降到 0.06。这种滤波器对于高频段的干扰有更好的衰减效果。对于小的噪声强度 AR(500)是类似的，只是在 $(10^{-2}\sim10^{-1})$ 范围内显现出大的不同。这也暗示了 H_∞ 滤波方法可以应用在有高频段噪声的低精度敏感器上。正如理论上预期的那样，AR(500)均小于相应的衰减保障程度，即 AR(500) $\leqslant\gamma_{\mathrm{QHF}}^2$。然而，两个量之间的差异取决于噪声强度。例如，当 (σ_e,σ_b) 等于 (0.1,0.1) 时，实际的衰减率(0.08)是保证水平的 1/30 。在表中的另一端，在消失噪声的情况下，AR(500)只有保证水平的 1/6 。因此，低噪声强度下滤波器的性能约束更为明显，接近实际性能，而且当 σ_e 和 σ_b 都为 0 时，γ^2_{QHF} 和 AR(500)可以取到最大值。确实，这与之前的分析相吻合，若干扰消失则 H_∞ 滤波器的滤波效果也最差。

表 1　不同 $\{\sigma_e,\sigma_b\}$ 取值下的衰减率 AR(500s,50MC runs)

(四元数误差 $\tilde{q}$ 与干扰强度 $\{\tilde{q}(0),\sigma_\in,\sigma_b\}$ 之比)

$\sigma_e/(\mathrm{rad}/\sqrt{s})$ σ_b/rad	0	10^{-3}	10^{-2}	10^{-1}
0	(2.89) 0.45	(2.89) 0.45	(2.79) 0.44	(2.32) 0.06
10^{-3}	(2.89) 0.45	(2.65) 0.45	(2.60) 0.44	(2.32) 0.07
10^{-2}	(2.78) 0.44	(2.53) 0.43	(2.46) 0.41	(2.31) 0.07
10^{-1}	(2.41) 0.16	(2.40) 0.15	(2.39) 0.15	(2.25) 0.08

图 1(a)描述了 AR(t) 和 γ^2_{QHF} MC 均值随时间的变化，$0 \leqslant t \leqslant 2000$s 。从图看出，$\gamma^2_{QHF}$ 迅速到达在 2.25 附近的稳定状态，而衰减率到达 0.06 的稳定状态则要缓慢得多。

图 1(b)描述了姿态角估计误差 $\delta\phi$ 的 MC-均值和 MC-标准差的包络。虽然在 0.08°附近有幅度为 0.06°的震荡，$\delta\phi$ 显示仍具有良好的滤波性能：在测量噪声为 5°的水平下，QHF 衰减率为 0.02≈1/50。

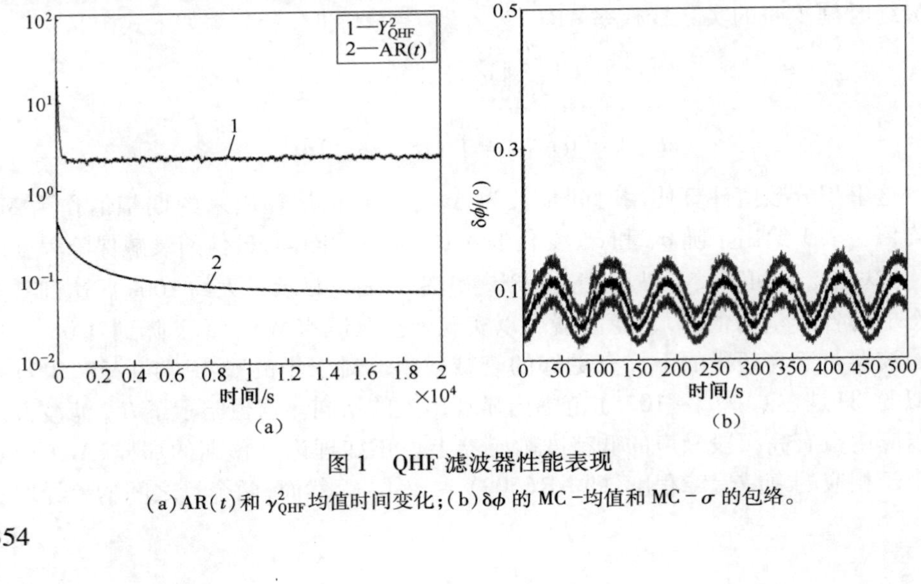

图 1　QHF 滤波器性能表现

(a) AR(t)和 γ^2_{QHF} 均值时间变化；(b) $\delta\phi$ 的 MC-均值和 MC-σ 的包络。

为比较 QHF 与标准四元数乘性扩展卡尔曼滤波器(MKEF)的性能,我们进行了大量的仿真,在 MEKF 中,以 q_t 二次型的测量方程在估计轨迹附近是线性的,MEKF 与真实噪声相匹配。为进行比较,我们考虑这两种滤波器的累积估计误差。表 2 表示单次运行 2000s 时,MEKF 和 QHF 四元数估计误差的均值,另外,也列出了两种滤波器四元数估计误差的标准差。一般来讲,两种滤波器的四元数估计误差的均值相差不大。如果 σ_b 保持不变且 σ_e 增大,误差均值基本不变;但如果 σ_e 不变 σ_b 增大,那么,误差均值将成比例增大。正如预期,MEKF 比 QHF 法的四元数估计误差的标准差更小,因为 MEKF 更接近最小方差估计。增大 σ_e 且保持 σ_b 不变,QHF 的性能(标准差水平)不变,另一方面 MEKF 估计误差的离散性随着 σ_e 增大而成比例增大,当增大 σ_b 且保持 σ_e 不变也一样,通过滤波器的设计过程很容易解释这一性质。

表 2　不同 $\{\sigma_e,\sigma_b\}$ 取值时,单次运行 2000s 下,QHF(右侧)与 MEKF(左侧)的四元数估计误差的均值(和时间标准差)

σ_b/rad σ_e/(rad/$\sqrt{s}$)	10^{-3} MEKF|QHF	10^{-2} MEKF|QHF	10^{-1} MEKF|QHF
10^{-7}	$(1.210^{-5}\|1.410^{-3})$ $310^{-5}\|210^{-5}$	$(1.010^{-4}\|1.410^{-3})$ 0.003|0.003	(0.015|0.080) 0.020|0.017
10^{-5}	$(2.110^{-4}\|1.410^{-3})$ $5.110^{-5}\|1.310^{-5}$	$(9.010^{-4}\|1.410^{-3})$ 0.008|0.007	(0.015|0.080) 0.020|0.016
10^{-4}	$(1.210^{-4}\|1.410^{-3})$ $1.510^{-5}\|1.310^{-5}$	$(2.010^{-3}\|2.110^{-3})$ 0.0001|0.0003	(0.015|0.082) 0.020|0.015
10^{-3}	$(1.210^{-3}\|1.410^{-3})$ $7.910^{-5}\|2.010^{-5}$	$(3.710^{-3}\|1.210^{-2})$ 0.0196|0.0008	(0.015|0.081) 0.020|0.002
10^{-2}	$(1.610^{-3}\|2.010^{-3})$ $1.310^{-5}\|1.210^{-5}$	(0.0120|0.0124) $2.810^{-5}\|1.410^{-4}$	(0.019|0.080) $0.020\|8.410^{-4}$
10^{-1}	$(1.610^{-3}\|1.610^{-2})$ $4.8010^{-5}\|3.3010^{-6}$	(0.0172|0.0192) 0.0001|0.0001	(0.116|0.084) $2.6010^{-3}\|6.8010^{-4}$

在特定的噪声水平下进行了蒙特卡洛仿真,图 2(a)表示在 $(\sigma_e,\sigma_b)=(0.01,0.1)$ 下的 QHF 和 MEKF 加性四元数估计的 MC 标准差。正如预期那样,σ 在 MEKF 下的值(约 2×10^{-3})比在 QHF 下的值(约 2×10^{-2})小很多,这与 MEKF 是接近最小协方差估计方法是一致的。图 2(b)表示在 $(\sigma_e,\sigma_b)=(0.001,0.1)$ 下 MEKF 的 MC 均值随时间的变化。两种滤波器的误差都不含偏差,但 MEKF 滤波器滤波效果更加平滑。此外,我们测试了在真实噪声水平未知情况下的两种滤波器效果,这有可能是陀螺或者其他姿态传感器上未发现的电路板故障所造成的。在情形 A 下,σ_b 设置为真实值的 10 倍,从图 2(c)可以看出,MEKF 滤波器非常缓慢地收敛。另一方面,QHF 滤波器受实际噪声强度影响较小,所以产生的误差均

值与图 2(a)相差不大。此外,在情形 B 下,σ_b 设置为真实值的 1/10,结果 MEKF 滤波器快速收敛到一个误差更大的稳定状态,这与普通卡尔曼滤波器性质一致。QHF 滤波器的效果与情形 A 基本一样,细微的差异归因于 QHF 实现数据是有噪声的事实,且 QHF 性能直接受噪声水平的影响。

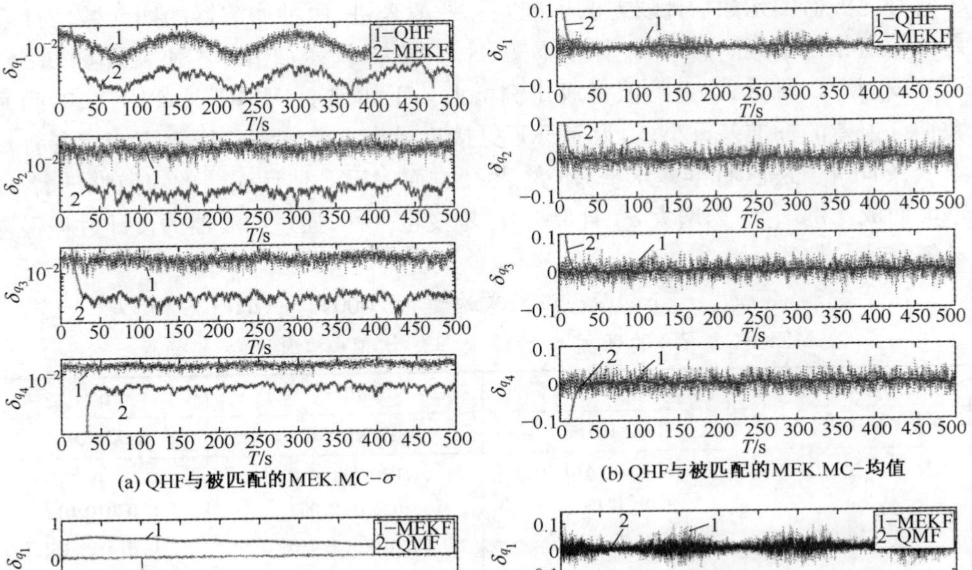

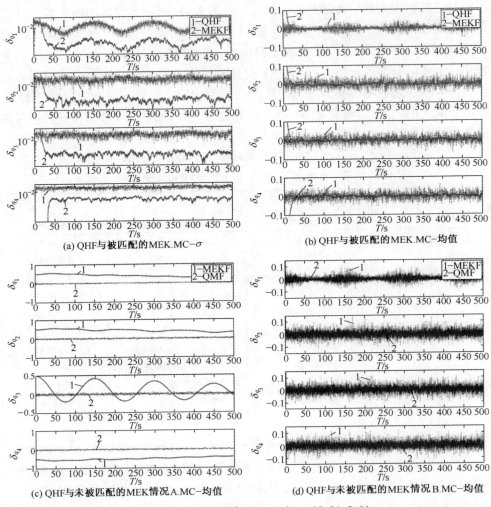

图 2　QHF 与 MEKF 在 $(\sigma_e, \sigma_b) = (0.01, 0.1)$ 下的四元数估计误差

6　结论

在随机 H_∞ 滤波器的框架下,本文设计了一种新的基于陀螺测量和视线测量

(LOS)的四元数姿态估计方法，该方法建立在陀螺及视线测量噪声强度未知的模型之上。本文也讨论分析了四元数和陀螺漂移的 H_∞ 估计，计算了在噪声水平影响衰减时的估计误差。H_∞ 滤波器包含(差分)线性矩阵不等式的解法，且不依赖估计四元数。在陀螺白噪声下运行扩展蒙特卡洛仿真，表明设计的滤波器在姿态估计方面性能良好。滤波器的干扰衰减水平与噪声强度关系不大，这可能是因为滤波器的参数本身就带有很大的噪声。当噪声增大时，实际的噪声和估计误差衰减水平得到了提高，这对于理想无噪声传感器是最小的，这是分析所预期的，也解释了 H_∞ 滤波器这一保守特性。如果与卡尔曼滤波器比较匹配四元数的差异之处，那么 H_∞ 滤波器估计误差的蒙特卡洛标准差更高，但蒙特卡洛均值更小。噪声水平越高，H_∞ 滤波器相对于卡尔曼滤波器的优势越不明显。另外，相对于标准四元数卡尔曼滤波器，H_∞ 滤波器的增益计算可以独立于四元数估计，这使得它对估计误差更加敏感。当与非匹配卡尔曼滤波器比较时，H_∞ 滤波器的性能优势将更加明显。当具有过高或过低的噪声协方差时，卡尔曼滤波器优于 H_∞ 滤波器，它在大范围噪声强度内提供了本质上相同的误差水平。

参 考 文 献

[1] Wertz, J.R. (ed.): Spacecraft Attitude Determination and Control. D. Reidel, Dordrecht(1984)

[2] Crassidis, J., Markley, F.L., Cheng, Y.: Nonlinear Attitude Filtering Methods. Journal of Guidance, Control and Dynamics 30(1), 12 - 28 (2007)

[3] Lefferts, E.J., Markley, F.L., Shuster, M.D.: Kalman Filtering for Spacecraft Attitude Estimation. Journal of Guidance, Control and Dynamics 5, 417 - 429 (1982)

[4] Bar - Itzhack, I.Y., Oshman, Y.: Attitude Determination from Vector Observations: Quaternion Estimation. IEEE Transactions on Aerospace and Electronic Systems AES - 21, 128 - 136 (1985)

[5] Choukroun, D., Oshman, Y., Bar - Itzhack, I.Y.: Novel Quaternion Kalman Filter. IEEE Transactions on Aerospace and Electronic SystemsAC-42(1), 174 - 190 (2006)

[6] Markley, F.L., Berman, N., Shaked, U.: Deterministic EKF - like Estimator for Spacecraft Attitude Estimation. In: Proceedings of the American Control, WA10, Baltimroe, MD(June 1994)

[7] Cooper, L., Choukroun, D., Berman, N.: Spacecraft Attitude Estimation via Stochastic Filtering. In: Proceedings of the AIAA Guidance Navigation and Control Conference, Toronto, CA(August 2010)

[8] Choukroun, D.: On Continuous - Time Ito Stochastic Modeling of the Attitude Quaternion. In: Proceedings of the AAS/F. Landis Markley's Astronautics Symposium, AAS - 2008 - 288, Cambridge, MD (June 2008); Journal of Astronautical Sciences (in Press)

[9] Berman, N., Shaked, U.: H_∞ Filtering for Nonlinear Stochastic Systems. In: Proceedings of the 13 th Mediteranean Conference on Control and Automation, TuA05 - 3, Limassol, Cyprus (June 2005)

[10] Berman, N., Shaked, U.: H_∞-like Control for Nonlinear Stochastic Systems. Systems and Control Letters 55, 247-257 (2006)
[11] Jazwinski, A.H.: Stochastic Processes and Filtering Theory. Academic, NewYork (1970)
[12] Gershon, E., Shaked, U., Yaesh, I.: H_∞ Control and Estimation of State-multiplicative Linear Systems. LNCIS, vol. 318. Springer, Heidelberg (2005)

第四篇　空间应用

Space Applications

用于月球定点着陆的先进光学地形绝对导航

Advanced Optical Terrain Absolute Navigation for Pinpoint Lunar Landing

Marco Mammarella, Marcos Avilés Rodrigálvarez, Andrea Pizzichini, and Ana María Sánchez Montero *

摘要：精准着陆只能通过精确的绝对导航系统来完成。由于其固有的属性，陨石坑是月球地貌中最明显的适合识别的特征之一。光学地形绝对导航（OTAN）系统实现了绝对导航的功能，并且由两部分组成：用于提取地标数据库的离线部分以及进行实时陨石坑识别和轨道确定相关工作的在线部分。本文提出的基于视觉的方法通常使用实时的陨石坑辨识，从而提取从空中拍摄的月球表面图像的相关特征。被检测到的陨石坑与椭圆形相吻合，并将与先前建立的月球陨石坑的数据库相匹配，对二者进行匹配后将允许我们计算出摄像头当前的位置。卡尔曼滤波器使用此信息以及惯性测量单元得到的数据，进而得到该飞行器精确完备的空间状态信息。本文详尽描述了一个基于陨石坑检测辨识的光学地形绝对导航系统的完整构成。

1 引言

下降着陆过程中的最大挑战之一即定点降落（PinPoint Landing，PPL）。假设探测器在一个星球上着陆，当今所能确保的精度即着陆点与目标点之间的距离不小于数十（或者数百）公里的数量级[1]。相比而言，PPL需要精确到一个数百米宽的椭圆范围内，也就是说比现今能达到的水平还要小两三个数量级。

近些年来，人们提出了多种PPL的解决方案：比如说VISINAV（视觉辅助惯性导航系统），但其主要弊端是在寻找地标时图像匹配的存储量需求较高[2]；在参考

Marco Mammarella · Marcos Avilés Rodrigálvarez · Andrea Pizzichini · Ana María Sánchez Montero GMV, Tres Cantos, Spain
e-mail: mmammarella@gmv.com, maaviles@gmv.com, andrea.pizzichini1@gmail.com, amsmontero@gmv.com

文献[3]中,作者使用SIFT(尺度不变特征转换)的特征点来作为地标,从而确定航天器在当前星球上的位置。然而SIFT特征点在光照条件变化时,只能在一个仿射变换中保持不变性。因此,当卫星以及下方图像间的光线情况变化时这些方法的适用性是非常弱的,例如太阳角度不同所导致的变化。参考文献[4]中的方法依靠激光定位检测器以及与地标性星群的匹配。在这个方法中,无论地标的海拔和坡度的最大或是最小值都会被提取出来,并作为从激光定位检测器提供的表面高度图的地标。一个地标与其周边地标的度量距离将会用于其标识,接下来将会进行地表与实际的DEM(数字高程模型)地标的匹配。在这个解决方案中最主要的问题是该系统有以下需求——由激光定位检测器获得的地表图像的分辨率要等于地图的分辨率,才可以进行匹配。

在参考文献[5]中,使用了从轨道以及摄像头图像中的改进的Harris角点检测来提取地标,从轨道图像中获取的地标都被存储在一个数据库中。这两套地标通过星群映射的方法进行匹配,进而提取其绝对位置。该方法最主要的问题在于其需要当前的环境情况(包括已知的和未知的)与之前轨道获得并存储图像时的环境情况保持一致。并且,存储的地标数目以及其联合相关信息将是一个很严重的问题,因为任一图像中要存储的地标数量都是极大的。为了达到实时快速使用数据库的目的,该数据库必须要很缜密地设计和处理。

所有的PPL解决方案都至少具有以下功能:地标提取、地标匹配以及位置估算。本文描述了一套完整的自动月球着陆系统,该系统被设计成可依从于各种解决方案,但仍然需要陨石坑作为地标。

由于其大小规模、圆形特性以及很好的光照不变性特征,陨石坑被很多作者[5]认为是非常优质的地标。陨石坑的形状通常很符合被人们所熟知的几何学形状(椭圆),该形状对于飞行器上摄像头与地表间的测量尺度以及方向的变化都具有良好的不变性。然而,陨石坑的主要缺陷即识别它的方法并不容易,特别是遇到形状不规则以及重叠的陨石坑时。在开发的方法中,这些问题将通过在建立数据库时适当的预滤波方法以及直接舍弃模棱两可的陨石坑的方法而得到有效的限制。

光学地形地标导航(OTAN)是一种被构想来实现完全自主化的PPL的绝对导航系统。它开发了视觉导航技术,用以支持以及纠错惯性测量单元(IMU)连同地面航迹(GT)测量的传输数据。

本文描述了已应用到ESA NEXT-MOON[6]任务中的OTAN系统的完整结构。特别地,在给出了用于月球定点着陆任务场景的先进光学地形绝对导航概述以及阐述光学导航的重要性后,将提供一个完整的OTAN系统描述。

2 任务概述

ESA NEXT - MOON任务[6]是一个测试及应用了OTAN技术的任务场景。一套为 NEXT-MOON 月球着陆任务的典型 GNC 设计应该将下降及着陆轨道考虑为四个方面：轨道，主制动，视觉以及最终下降阶段。四个阶段的综合概述如表 1 所列。

表 1　任务概述

阶段名称	轨道		主制动	视觉	最终下降
	低月球轨道(LLO)	下降轨道			
特征	自由轨道	自由轨道	最大推力	着陆点进入视场(FOV)，推力水平减小	垂直下降
海拔范围(近似的)	100km	100~15km	15~4-3km	4-3km ~15-5m	15-5m 直到着陆

我们可以明显地看出，在 PPL 任务中最重要的阶段是视觉阶段以及最终下降阶段。事实上这种说法只是部分正确，如果在开始几个阶段的导航过分偏离且不断累积的话，这些误差将在最后几个阶段无法被修正和恢复，这是因为质量平衡以及可操作性的限制，以及缺乏一个能够辨识出着陆点的系统[6]，这些限制导致了唯一实现 PPL 的方法是尽可能地限制在每一个阶段的偏差累积量。这里所描述的 OTAN 系统被构建为轨道阶段和主制动阶段提供精确的导航方案，它可以确保在视觉阶段开始时没有超出惯性制导的偏离范围。

3　光学地形绝对导航系统

图 1 展现了可识别陨石坑的光学地形绝对导航系统，其中来源既可以是空间参照的图像，也可以是 DEM。从这些来源中，通过得到的陨石坑地标可以离线提取出坐标以及一些地理特征。最终，得到的地标数据库将会被离线提取，然后在线储存到数据库中以备用。为了实现这些，飞行器需要安装一个摄像头以提供图像信息，需要一个星象跟踪仪以提供姿态信息，并需要一个惯性测量单元提供加速度数据。得到的图像将交由图像坐标提取功能处理，这是一种可以在线提取陨石坑信息的 IP 功能。这种功能可以使用来自导航滤波器中的数据来减少计算时间。数据库具有的规划功能整合姿态信息以及滤波器提供的位置估算数据，从而预测在当前图像中将会看见哪些地标。而地标匹配功能将找到由登陆器得到的图像中的地标以及预期的地标之间的一致性。进而，绝对位置估算功能使用姿态信息、数据库以及匹配好的地标来进行绝对位置估算。接下来，地标整合功能将从已匹配的地标中选择最合适的用以位置计算。计算好的位置与地标整合将被提供给导航滤波器来估算完整的状态矢量。在接下来的章节，OTAN 系统的每一个环节都将被更加详细地描述。

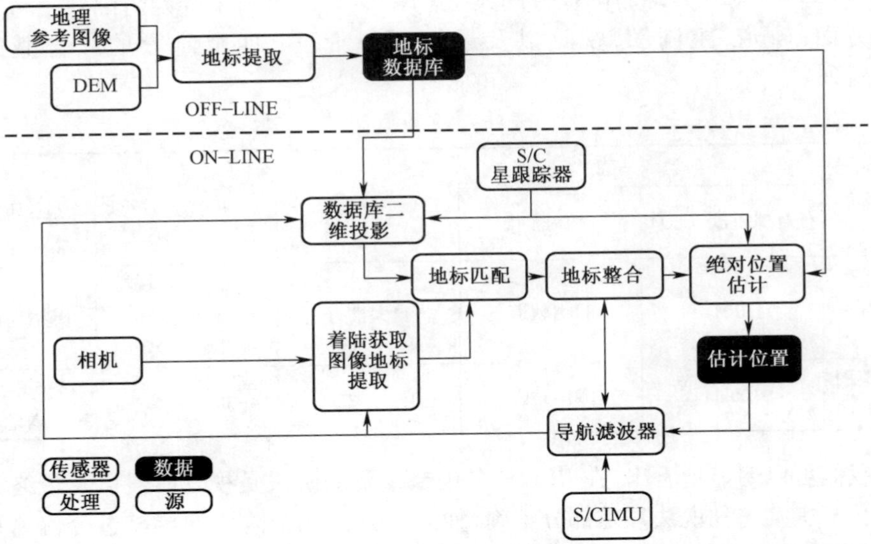

图 1　光学地形绝对导航系统

4　地标数据库的建立

建立可靠的地标数据库是系统中很重要的一个环节，因为飞行器的定位将与该数据库密切相关。然而经过几十年的研究和人力劳动，月球上数百万陨石坑中只有数万被编目记录，主要是那些直径大于 2km 的，因而自动化的陨石坑检测编录技术是十分必要的。这些技术可以使用现有的大量遥感数据，特别是现今可用的精确 3D 数据[7]。

实际上，DEM 中的陨石坑检测技术并不与那些在光学图像中使用的技术有多大不同(将会在下文介绍)。边缘检测功能被替换成为一种高斜坡区域的提取功能，其二进制输出将被提供给特征提取阶段使用。第二步通常使用模板匹配或者投票方案，而不使用那些需要考虑光照效应(不能被使用于高度图中)的方案。

在 DEM 中的陨石坑轮廓可以通过寻找二阶导的零点跳变来标记。完成这一过程后，零点跳变被识别出来且那些超过阈值的将被标记。

特征提取阶段主要任务是对上一阶段处理后的图像进行圆环检测。得到的圆环将会被分为两部分数据：检测到的圆心以及估算出的半径。而在 DEM 图像域中的椭圆拟合及细化的最终步骤是微调预估参数，处理椭圆形陨石坑以及移除之前步骤引入的错误。当光学图像与 DEM 一致时，系统中可加入一个并行分支用来提取一系列新的陨石坑并将其输出与 DEM 的输出进行匹配。图 2 显示了使用了 LRO[7] 的 DEM 以及使用了 PANGU[8] 的 DEM 的可视化结果。

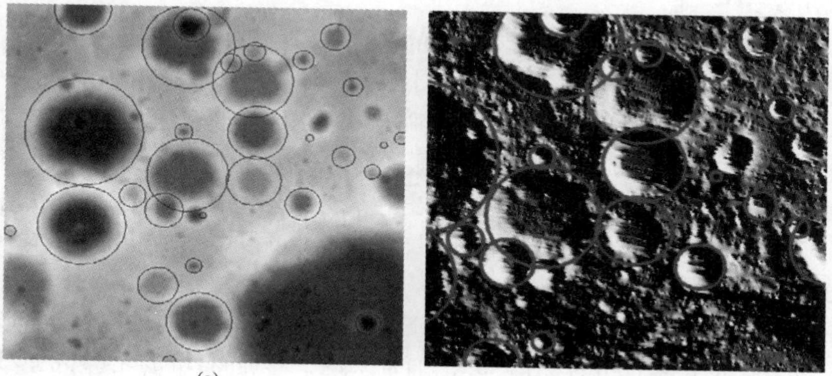

(a) (b)

图 2　LRO DEM[7] 以及被识别的陨石坑(a),使用了 PANGU 的 DEM 计算出的陨石坑(b)

5　通过着陆器得到的图像的地标提取

通过着陆器得到的图像地标提取[9,10]是根据参考文献[1,11]中的方法,并概述为图 3。也就是说,根据算法可分为三个过程:边缘检测(分为轮廓识别以及初步的陨石坑边际选择),边缘分组(包含曲率检测和陨石坑边际耦合)以及椭圆拟合。

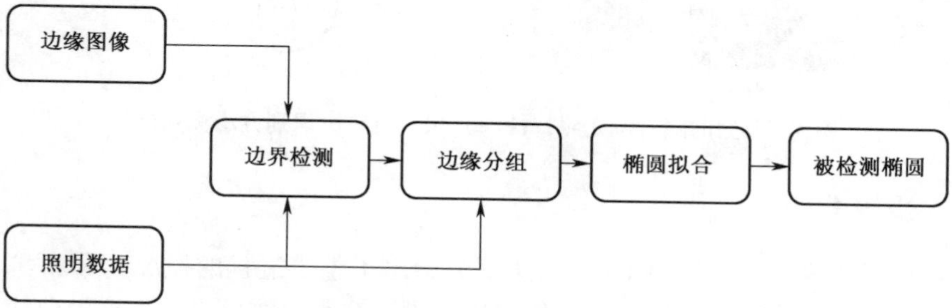

图 3　通过着陆器得到的图像地标提取过程

5.1　边缘检测

边缘检测的第一步是轮廓检测。轮廓检测是一种标准化的图像处理方法[12],可以使得图像中的物体轮廓被识别出来。考虑一个图像的亮度函数参数是两维空间坐标(垂直方向和水平方向),其中的轮廓可以被定义为所提到函数中的局部最大值。这个概念可以在亮度函数的梯度中被量化,只要给出两类信息:

(1) 梯度强度。得到一个普通图像元素(像素)后,梯度强度越高则更可能为物体的边缘。

(2)梯度方向。其提供了边界方向的信息,通常而言是与梯度矢量垂直。

轮廓检测是后续步骤的基础。事实上,这里整个算法都是用于识别陨石坑的形状并将其从其他地形中分别出来。识别出一个物体在此意味着将其轮廓与一个数学化的模型联系起来,比如说一个椭圆。因此,轮廓检测给出了第一组边界,其中陨石坑边缘将从其他地表特征中挑选出来。许多不同的技术在此是可用的,边缘检测中使用了 SOBEL 算子边缘检测器,这是一种可以达到足够精度要求并且没有过分计算负担的算法。

轮廓检测的输出图像是一个二进制图像,其中把识别出的轮廓像素部分设为值"1",非轮廓的像素部分设为值"0"。通常来说,不只陨石坑的轮廓,很多其他的物体(比如山)的轮廓也被该算法识别出来。那么下一步要尽可能地从中分辨出属于陨石坑轮廓的像素,而舍弃其他。由于其固有的几何形状,陨石坑具有很好的光照属性,这可以被用于上面所提到的像素筛选。从图 4 中可以看出,具有最强烈对比的区域即为与光照方向垂直的方向(在图中是水平从左到右)。更多地,考虑陨石坑的轮廓,这种区域通常表现为一段一段的弯曲且很容易被算法识别。初步的陨石坑边界筛选包含在之前由边缘检测器所得到的轮廓评估中,评估方法为根据光照的单位矢量进行梯度矢量(垂直于边缘方向)的评估。

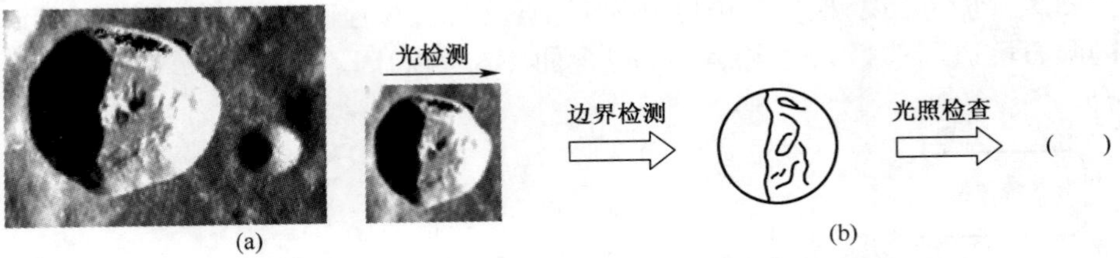

图 4　典型的陨石坑光照特性(a),陨石坑轮廓识别方法概括(b)

5.2　边缘分组

经过了边缘检测阶段(图 4 中右边部分给出了整个过程的概况),陨石坑轮廓的曲线段被定义为陨石坑标示。我们可以发现一个陨石坑可以根据这种曲线段其中的两段进行特征化,一条是照亮部分,另一条是阴影部分(见图 4),两部分同时被取用以用于特定椭圆拟合算法。这样可以大量地将每个像素配上一个从属于整个陨石坑标示的单一标示值。这就是边缘分组过程中所完成的内容,包含了曲率监测和陨石坑边缘处理两个步骤[9,10]。边缘分组的输出将被提供于椭圆拟合的过程。

5.3　椭圆拟合

椭圆拟合是通过着陆器获到图像的地标提取的最后一步。其对上一步(边缘分组)的配对轮廓使用一种椭圆拟合匹配的算法[13]。每一个陨石坑都被匹配为一个椭圆,从而能考虑摄像头的天底角姿态,这使得每个陨石坑在图像中呈现椭圆形而非正圆形。虽然之前已经进行了两步的边缘检测和筛选,但是仍然有一些非陨石坑的边缘被错误地认为是陨石坑特征。特别地,错误的检测将会有很大的负面影响。因此,首先筛选去掉过于怪异的椭圆。然后通过更深入和更精确的检查纠错和去除一些椭圆。过程的最后,每一个陨石坑都具有 5 个参数(也就是椭圆参数):2-D 中心坐标,半轴长度(包括主轴和副轴)以及椭圆方向。陨石坑椭圆的参数表将是通过着陆器得到图像的地标提取的最终输出。图 5 显示了通过 LRO 和 Kaguya 算法在图像中检测到的陨石坑。

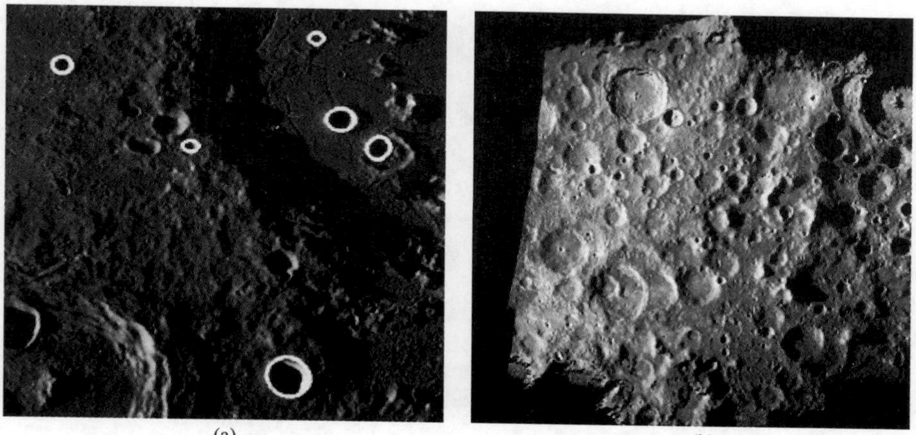

(a) (b)

图 5 通过 LRO 算法检测出的陨石坑(a)以及 Kaguya 算法检测出的陨石坑(b)

6 数据库 2D 投影

数据库的 2D 映射算法使得陨石坑地标数据库映射出一个由假设的摄像头所观察到的陨石分布,并且共享着着陆器的姿态信息和位置估计信息。这个算法的输出是一系列参数的列表,与通过着陆器得到的图像的地标提取过程相似。事实上,如果预估位置和姿态信息足够准确,这个由数据库 2D 映射创设出来的列表可以看成是一个“完美的”通过着陆器得到图像的地标提取过程。

7 地标匹配

一旦通过着陆器得到图像的地标提取的输出以及数据库 2D 投射的输出是可用的,当前的问题则变为一个典型的点匹配问题[14],即有两组不同维度的点需要相互匹配。在这个问题中,四维点匹配(PM)算法可以用来提升解决方案的鲁棒性。这个过程中的四维是指摄像头的二维坐标以及每一个陨石坑的两个半轴长度,作为替换,陨石坑的方向可以用来代替一个半轴的长度。关于点匹配的详细过程可以参见参考文献[14]。

图 6 表示了地标匹配过程中的复杂度。·该图展示了在一个已捕获的 512×512 帧内该算法的分析过程。黑色的椭圆代表陨石坑数据库的映射,红色的椭圆代表从捕获帧中检测到的陨石坑。地标匹配的过程将使用四维点匹配算法使得二者相互联系起来。最终,地标匹配将得到配对好的陨石坑,在该图中,匹配的用蓝色叉和蓝色直线标出。

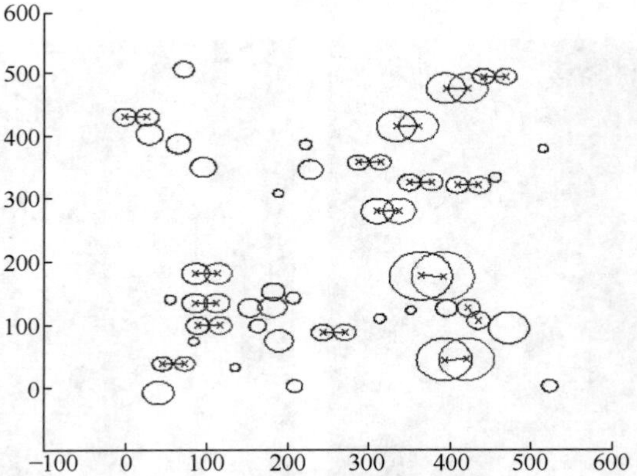

图 6　地标匹配的复杂性

8　地标整合

地标整合功能是一种在绝对位置估算之前的检查机制。由于地标匹配有可能出错,这个功能具有对匹配的纠错能力,或者至少能够提前告知导航滤波器当前的测量有问题。地标整合采用了数据库 2D 映射的数据以及匹配的陨石坑,通过接近性和刚度标准的方法对两组点进行对比。如果一个或者更多的陨石坑被认为是错误的匹配,当陨石坑的数目仍然大于 4 时,则其将会被移除出这个子集。如果数目小于 4 时,则滤波器的协方差矩阵将会被修正,从而向滤波器提供信息并告知实际测量出现了错误。

图 7 显示了地标整合的操作过程。在坐标(450,105)这个点检测出一个错误的匹配,该匹配被地标整合算法发现,且在绝对位置估算的过程中被删除。

9　绝对位置估算

绝对位置估算算法采用陨石坑数据库信息,星体跟踪仪提供的姿态信息和地

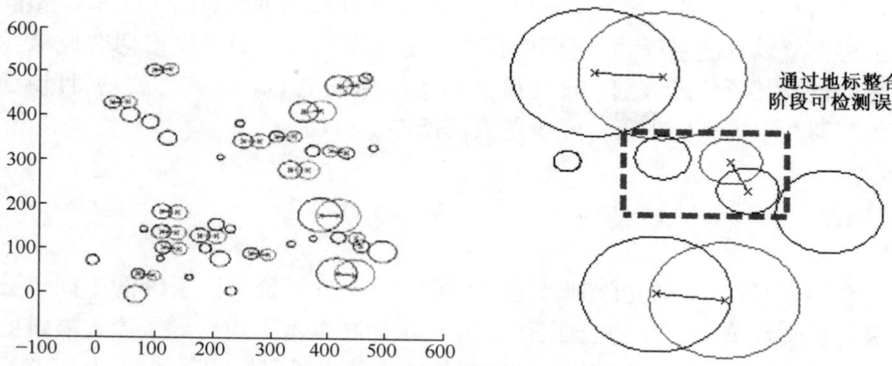

图 7　地标整合操作过程

标整合的输出，用于计算绝对位置估算[15]。地标整合过程为了达到精度要求最少需要提供四个陨石坑数据。这一部分的输出通常是从摄像头到参考坐标系原点间的距离。由于摄像头的位置和方向信息已知，飞行器的位置则可以被计算出来。

10　导航滤波器

导航滤波器包括一整套模型，即月球重力场模型以及 LP165 重力差错模型。该滤波器为一个可以整合工作在不同频率下的不同传感器的线性卡尔曼滤波器。这在不同传感器的测量要被整合并达到一定精确度量级时尤为重要。图 8 是一个导航滤波器的示意图。它需要重力加速度原件以及由 OTAN 系统和 IMU 提供的测量元件。传感器权重逻辑决定每一个传感器可信度等级以及何时才可信。也就是说，其接收地标整合的信息是为了传递以下信息：测量出现了问题，或者当大于 4 个陨石坑被识别出来时协方差矩阵已重新校正。除此之外，当飞行器处在天轨运行过程中，只要加速度处于 IMU 噪声参数的阈值内，加速计就不参与测量。

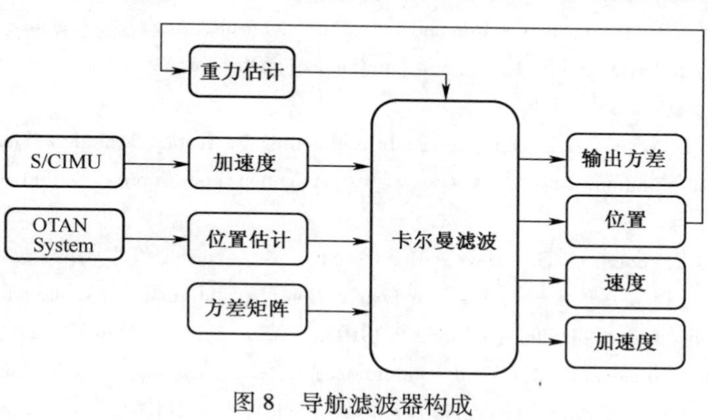

图 8　导航滤波器构成

卡尔曼增益 K_F 是根据参考文献[16]中的公式计算出的,其中的 $\boldsymbol{Q}$ 和 $\boldsymbol{R}$ 矩阵包含状态协方差以及测量噪声。$\boldsymbol{Q}$ 和 $\boldsymbol{R}$ 为时变矩阵并且它们可决定何时应考虑哪个传感器以及其可信的级别。该滤波器的初始化采用了地面航迹测量,且该滤波器必须能够在宇宙空间中近乎完全迷失的条件下启动。

11 总结

本文介绍了 GMV 下的光学地形绝对导航(OTAN)系统。该系统的不同部分已经在简化仿真环境[9,10]下进行了测试,并在预期精度范围内得到了令人鼓舞的成果。特别地,该系统的在线部分在光照条件中表现出了很好的鲁棒性,其姿态测量误差在 0.1°的范围内。由上文分析所得的信息已被应用于终端到终端的导航图仿真,可以发现定点登陆只有在任务的轨道阶段和主制动阶段拥有精确的绝对导航过程才可实现[6]。

在接下来的时间中,计划在 ANTARES 项目中进行更多试验,并与参考文献[5]中的系统进行全面比对。在该项目中,新旧两套系统都会被投放到一个通用架构中,并在两套系统中进行相同的试验以直接对比。期望的目标是将该技术投放到 TRL 4 中。

参考文献

[1] Cheng, Y., Ansar, A.: A Landmark Based Position Estimation for Pinpoint Landing on Mars. In: Proceedings of the 2005 IEEE International Conference on Robotics and Automation (ICRA), Barcelona, Spain, pp. 4470 -4475 (2005)

[2] Trawny, N., Mourikis, A.I., Roumeliotis, S.I.: Coupled Vision and Inertial Navigation for Pin - point Landing. In: NASA Science Technology Conference (2007)

[3] Trawny, N., Mourikis, A.I., Roumeliotis, S.I., Johnson, A.E., Montgomery, J.: Vision - Aided Inertial Navigation for Pin - Point Landing using Observations for Mapped Landmarks. Journal of Fields Robotics (2006)

[4] Hamel, J.F., Neveu, D., Jean, L.: Feature Matching Navigation Techniques for Lidar - Based Planetary Exploration. In: AIAA Guidance, Navigation and Control Conference and Exhibit (2006)

[5] Pham, B.V., Lacroix, S., Devy, M., Drieux, M., Voirin, T.: Landmarks Constellation Matching for Planetary Lander Absolute Localization. In: International Conference on Computer Vision Theory and Applications (VISAPP 2010), Anger, France, May 17 - 21 (2010)

[6] Melloni, S., Mammarella, M., Gil - Fernάndez, J., Colmenarejo, P.: GNC solution for Lunar Pinpoint and Soft Landing. In: Global Lunar Conference, 11th ILEWG Conference on Exploration and Utilisation of the Moon, Beijing, China, May 31 - June 3 (2010)

[7] Lunar Orbital Deta Explorer, http://ode.rsl.wustl.edu/moon/index.aspx

[8] PANGU. Planet and Asteroid Natural scene Generation Utility, University of Dundee, UK, http://spacetech.dundee.ac.uk/research/planetary - lander technology/pangu/projects/pangu - enhancement

[9] Pizzichini, A., Mammarella, M., Colmenarejo - Matellano, P., Melloni, S., Graziano, M., Curti, F.: Inertial Vision Based Navigation Technique For Low Lunar Orbit Position Determination. In: 4th International Conference on Astrodynamics Tools and Techniques (ICATT), Madrid, Spain, May 3 - 6 (2010)

[10] Pizzichini, A., Mammarella, M., Colmenarejo - Matellano, P., Graziano, M., Curti, F.: Known Landmark Navigation for Precise Position Estimation in Lunar Landing Mission. In: Global Lunar Conference, 11th ILEWG Conference on Exploration and Utilisation of the Moon, Beijing, China, May 31 - June 3 (2010)

[11] Cheng, Y., Johnson, A.E., Matthies, L.H., Olson, C.F.: Optical Landmark Detection for Spacecraft Navigation. In: 13th Annual AAS/AIAA Space Flight Mechanics Meeting (2003)

[12] Parker, J.R.: Algorithms for Image Processing and Computer Vision, pp. 23 - 29. John Wiley & Sons, Inc., New York (1997)

[13] Fitzgibbon, A.W., Pilu, M., Fisher, R.B.: Direct Least Squares Fitting of Ellipses. In: International Conference on Pattern Recognition, Vienna (August 1996)

[14] Mammarella, M., Campa, G., Napolitano, M.R., Fravolini, M.L.: Comparison of Point Matching Algorithms for the UAV Aerial Refueling Problem. Journal of Machine Vision and Applications (in press)

[15] Lu, C.P., Hager, G.D., Mjolsness, E.: Fast and Globally Con - vergent Pose Estimation from Video Images. IEEE Transactions on Pattern Analysis and Machine Intelli - gence 22(6), 610 - 622 (2000)

[16] Brison, A.E., Ho, Y.C.: Applied Optimal Control, ch. 2. Hemisphere Publishing Corp., Washington DC (1975)

利用多体软件实现复杂动力学系统 GNC 设计与分析方法

Methodologies to Perform GNC Design and Analyses for Complex Dynamic Systems Using Multibody Software

G. Baldesi, T. Voirin, A. Martinez Barrio, and M. Claeys

摘要：虚拟仿真是目前对空间系统进行设计、验证、操作的关键技术。ESA 正在已有的动力学研究基础上，开发一套多体软件（DCAP）。它面向的对象是具有 30 年历史的空间工业应用。此套软件是一组高效的计算机程序。即使是带有时变参数与空间负载的刚柔性耦合系统，用户也能够对它们进行建模、仿真。只要实现了与其他专用软件（如 NASTRAN, CATIA 或 Matlab/Simulink）的交互接口，它就可以高效地应用于火箭或空间飞行器的大多数关键子系统（如轨迹、结构、配置、机构、空间动力学、GNC 和推进）。本文归纳了两种 GNC 的研究：通用发射器可行性研究与非常规航天器的配置研究。

1 引言

刚体建模在许多 AOCS/GNC 设计中，都是一种有效的方法。然而，在有些特殊的场合，如高分辨率成像卫星、高精度指向型空间望远镜或者发射器，动力学的柔性部分成为 AOCS/GNC 设计的关键，需要在系统的开始时刻建立起专门的动力学模型（可行性状态，或状态 0）。

为解决此问题，ESA/ESTEC 开发了一种内部的方法，旨在提高柔性动力学的建模精度，为 GNC 后续设计打下基础。本文的目的则是解释该方法以及两种实际的应用，即通用发射器与 IXO X 光空间望远镜。本文主要关注在这些框架中的工

G. Baldesi · T. Voirin · A. Martinez Barrio · M. Claeys
ESA/ESTEC, Keplerlaan 1, 2201AZ Noordwijk ZH, The Netherlands
e-mail: Gianluigi.Baldesi@esa.int, Thomas.Voirin@esa.int,
Alvaro.Martinez.Barrio@esa.int, Mathieu.Claeys@esa.int

具与方法，相对地，对结果的讨论则少一些。

2 空间应用的多体动力学

近年来，空间系统的配置正变得越来越复杂。其典型表现在：多个柔性部件的使用（如天线和太阳能电池阵），机构的调度和回复，对高精度指向型系统的需求以及不断增加的任务方案预示着将在空间进行更大结构的装配。这种趋势，也引起了设计方法向多学科方向的转变，特别是在动力学与控制领域[1]。

为了研究通用动力控制系统的性能，有必要建立一套工具，让人们能在短时间内对动力系统的复杂行为和控制交互进行建模。事实上，有些系统需要多体动力学，用以考察不同运动体的特征以及它们在动力学上的交互。这些任务比较复杂，有必要花一些时间来理解、编程和验证它们的动力学行为。

目前有许多开发、实现多体软件的研究工作。它们的目的是减少建模的时间以及分析系统的计算时间。多体软件涉及多体动力学公式的推导，其中系统具有多个运动体由铰链连接且允许它们之间相对运动的特征。机器人、发射器以及飞船都有一些由铰链连接的装置，如太阳能电池阵，它们是这些系统的典型案例。

ESA 用多体软件来研究复杂动力学系统已有很长时间了[2]。因此，有些软件（如 DCAP，Adams 和 Samcef/MECANO）正在应用于不同的研究中[3]。

2.1 DCAP 软件

早期的多体系统动力学建模方法是利用了运动方程。对于开环树型拓扑系统，它的形式为

$$\boldsymbol{F} = \boldsymbol{M}\ddot{\boldsymbol{q}}$$

式中：$\boldsymbol{M}$ 是$(n\times n)$的质量矩阵；$\boldsymbol{q} = [q^1 \quad q^2 \quad \cdots \quad q^n]^{\mathrm{T}}$ 是一个 $n\times 1$ 的代表广义坐标的列矢量；$\boldsymbol{F}$ 是一个列矢量，表示离心力、科氏力和外力的总和。

对于动力学系统的数值仿真，必须求质量矩阵的逆。$(n\times n)$矩阵求逆操作的复杂度是 $O(n^3)$，所以当自由度增加时，矩阵求逆运算的计算量就会太大。因此，研究者们寻找各种避免求逆的方法来提高计算效率。这些研究的结果使得今天的算法复杂度为 $O(n)$。这个术语是说计算量随着计算规模 n 的增长而以线性的方式增长。更多的细节见参考文献[4]。

DCAP 正应用于 ESTEC（ESA）的结构与机械设计中（图 1）。它能够使用复杂度为 $O(n^3)$ 的 Lagrange 方法或用 $O(n)$ 的 Kane 方法进行动力学分析。

ESA 的 Alenia Spazio 进行了主要的开发工作，其最重要的部分是 DCAP 的动力学与控制分析包[5]。DCAP 是一组高效的计算机程序。即使是带有时变参数与空间负载的刚柔耦合系统，也能为航天器分析人员提供设计和动力学与控制性能验证的强有力工具。针对柔性系统，它提供了一个精巧的符号操作预处理器用于

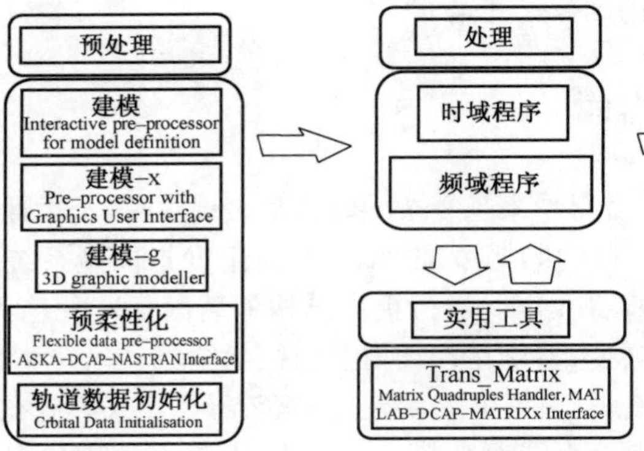

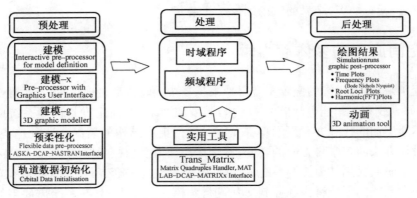

图 1　DCAP 特征概览

代码优化,为每一个特殊问题寻找需要计算的最小方程集。

该方法通过用户自定义环境变量,可以实现对模型的兼容性。同时,还可以为一些动力学库中未包含的特殊控制方法建模,并提供直观的 Matlab/Simulink 界面(图 2)。

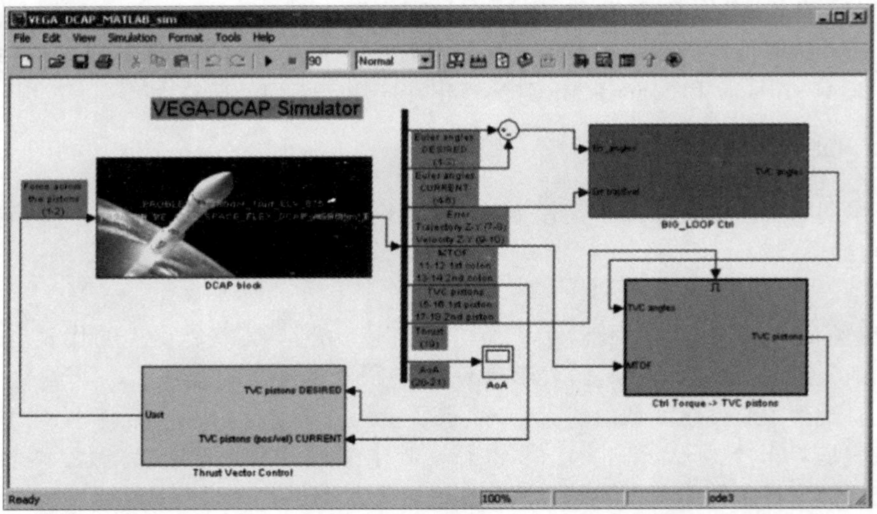

图 2　DCAP 为 Matlab - Simulink 提供的界面(协同仿真)

3　ESA 发射器动力学仿真软件

从 2001 年起,ESA 的结构与机械分会(TEC - MS)就把大量的精力投入发展发射器飞行动力学[6]。而利用多体软件就可以为互联的刚性/柔性体建立动力学模型。每一个组成个体都可能发生较大平动和转动位移,而多体软件可以在系统层面验证它们的性能。具体来说,发射器飞行动力学分析可以验证选定的发射器设计方案是否能够完成目标任务,同时考虑其他系统为它带来的额外输出信息,例如轨迹、结构、机械、气体力学、推进系统、GNC 等等。特别的,软件可以运行非线性动力学仿真,以验证 TVC 角度偏差、常规负载以及各种条件下的稳定性。

基于人们在长时间 R&D 活动中积累起来的多体动力学实际知识,ESA 各种不同的项目中都开发了特殊的飞行动力学工具(VEGA - DCAP 仿真,见图 3)。这些工具不仅能够用于 VEGA 和 CDF LV 在飞行动力学中的研究,也可以为 GSTP3/GSTP4 Ariane 5 TVC、Swarm Support, Galileo IOV&IOF Support 和 IXV support 等进行本地的研究(如阵风响应,起飞,多体负载均衡)。此外,多体软件也在较为困难的领域如耦合负载分析中占据重要的地位[6],因为相比于传统基于步骤的 FEM 方法,它可以提供更为快速、灵活的分析方式。

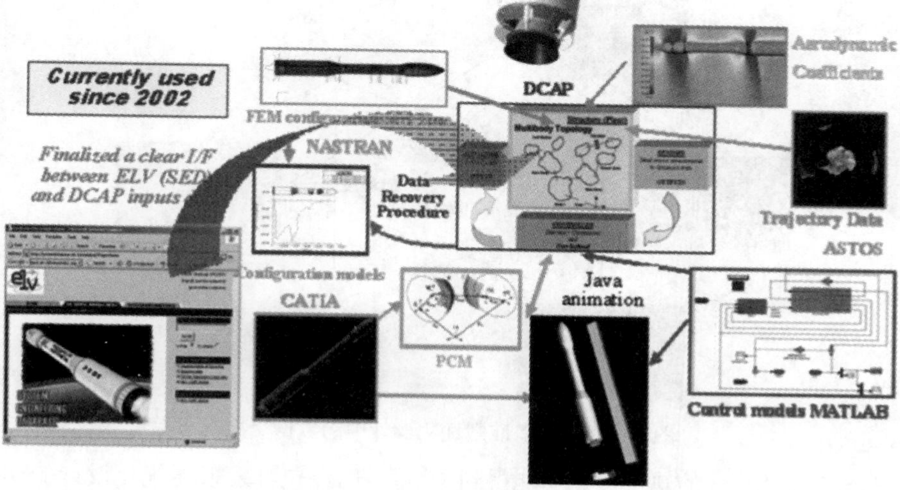

图 3 VGAP - DCAP 仿真概览

3.1 什么使得它独特

总体而言,ESA 发射器飞行动力学仿真(VEGA - DCAP 仿真)具有如下的特点:

(1) 基于多体的(易于建立复杂发射器的动力学模型)[7]。

(2) 可建立时变的柔性或刚性模型[1]。

(3) LV 飞行动力学-控制交互(可直接导入 Matlab)[1]。

(4) 柔性发射器带外部干扰的环境建模[8]。

(5) 易于建立非线性效应的模型(如对准误差、惯性影响、串音干扰、晃动)。

(6) 易于建立动态过渡模型(升降分析、平台与负载分离过程等)[8,9]。

(7) 对于不同软件包的高度兼容性。

3.2 GNC 应用

3.3 常规发射器可行性研究

3.3.1 发射器设计与轨迹优化

一次性发射运载工具的概念设计是由优化轨迹、航空动力学、推进系统、结构以及质量估计等多个工程准则决定的。这些规则往往是相互高度耦合的,需要反复循环几次才可以完成发射器的总体设计。

在轨迹优化方面,ESA 已经开发出一套商业化的轨迹优化软件,称为 ASTOS。ASTOS 里使用的优化方案是基于非线性优化(NLP)方法的(图 4)。

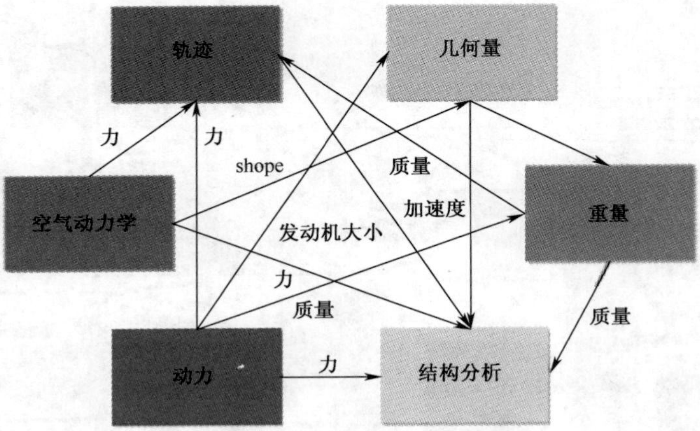

图 4　ASTOS 多准则优化设计中的数据交换

近年来,ASTOS 的轨迹优化功能得到了增强,已经包含发射器优化设计的功能。因此,该工具现已可以用于多准则优化设计(Multidisciplinary Design Optimization, MDO)。它把若干个准则模型连接起来,然后考虑准则间的数据交换与依赖关系。

通过适当的公式化表述,可以将优化问题推导成可用 NLP 求解器求解的优化问题,一次性完成 MDO 设计[10,11]。表述的结果,就是把发射器设计方案扩展成了一套几何模型。模型中有各个设计步骤,其中连接部分的长度和直径是可以优化的参数。步骤之间有不同的直径,可以很简单地配置。MissileDatcom 模块计算航空动力学,而用到的形状信息则来自于几何学模块。独立的带隔板的常规储存箱模型(图 5)被置于几何学模型库中,用于质量估计。

质量估计模型是基于系统中几个最重要组成部分的回归方程的。同时,质量估计也可以被 One - Beam Approximation(OBAX)修正。OBAX 可以实现基于内力与外力以及重力的结构分析,可以计算最小墙壁厚度与估计质量。最后,流体力学模型在 NASA 提供的 CEA 工具帮助下,计算平衡条件下的燃烧状态,并把影响因子加入回归方程中。

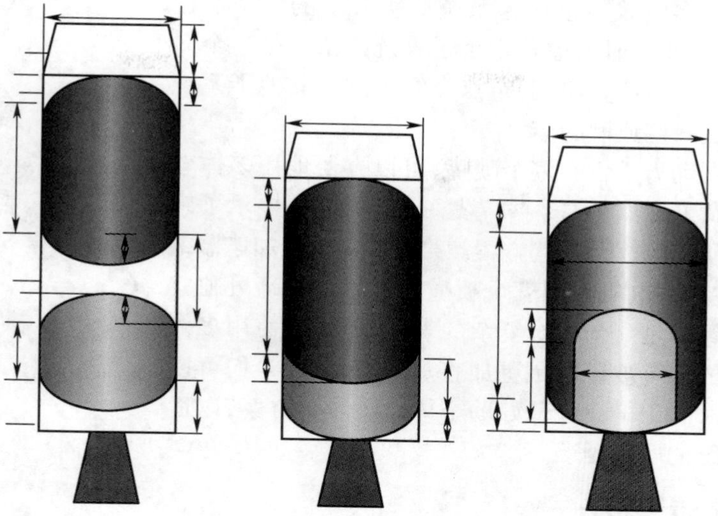

图 5　不同的储存箱模型

ASTOS 工具被用在若干个 ESA 并行设计项目(Concurrent Design Facility)中。它可以为发射器设计提供更符合实际情况的初始方案,从而改进整个设计流程。这个初始方案会用于更详细的子系统设计。如果提供了其他子系统的详细数据,ASTOS 也可变成一个简单的轨迹优化工具。

3.3.2　动力学部分

最近,基于过去成功的试验[12],多体软件也正被用于 ESA 的 CDF 中(图 6)。

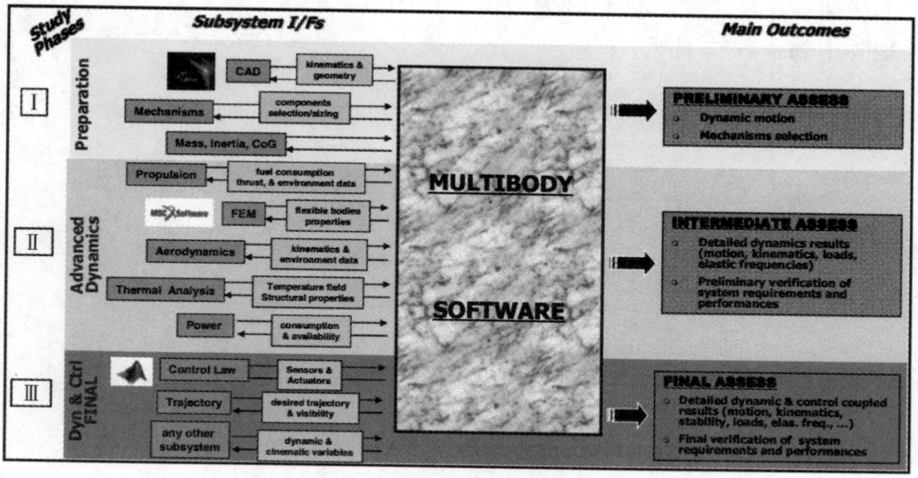

图 6　在 CDF 环境下的多体试验

事实上，自从 CDF 开始为未来的空间任务使用并行设计方法后[13]，多体软件正成为系统层级分析的一个关键工具，因为它能同时考虑若干个子系统。图 6 是一个简单的火箭动力学仿真应用，重点介绍了它与其他子系统的交互以及一些典型的结果。

发射器动力学含有多个喷嘴，可以方便地用多体软件以低负荷的方式仿真。图 7 是一个例子，它展示了未来发射器研究的一个配置方案。第一步由 4 个加速器组成，一个主要的电机控制五个喷嘴。这五个喷嘴可独立倾斜。尽管这是一个相对复杂的表达方式，但使用多体软件工具的系统被证明是更加直观的。因此，人们可以把更多的时间用于设计最好的个体喷嘴设计方案，以适应控制系统的严苛要求。

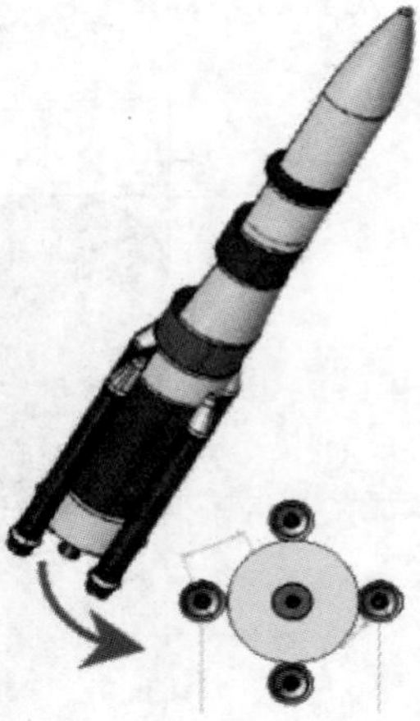
图 7　多喷嘴发射器

3.3.3　GNC 部分

GNC 的第一步是为刚体火箭提出一个精准的线性运动模型。结果如下：

$$\begin{bmatrix} \Delta\dot{\theta} \\ \Delta\ddot{\theta} \\ \Delta\ddot{z} \end{bmatrix} = \begin{bmatrix} 0 & 1 & 0 \\ a_6 & 0 & \dfrac{a_6}{U} \\ -a_1 & U & -a_2 \end{bmatrix} \begin{bmatrix} \Delta\theta \\ \Delta\dot{\theta} \\ \Delta\dot{z} \end{bmatrix} + \begin{bmatrix} 0 & 0 \\ -\dfrac{a_6}{U} & -k_1 \\ a_2 & -a_3 \end{bmatrix} \begin{bmatrix} W \\ \Delta\delta \end{bmatrix}$$

式中：U 为发射器在飞行路径上的速度；$\Delta\theta$ 表示受扰动的倾斜角，如标准轨道的倾角与实际倾角之差。$\Delta\dot{z}$ 表示受扰动的 LV 速度的垂直分量；W 为垂直作用在发射器上的风速；$\Delta\delta$ 是受扰动的 TVC 偏向角，相对于 LV 的水平轴。

矩阵中的系数如下所示：

$$a_1 = \frac{L_\alpha + T_S + T_C - D}{m}$$

$$a_2 = \frac{L_\alpha}{mU}$$

$$a_3 = \frac{T_C}{mU}$$

$$a_6 = \frac{L_\alpha L_{CP2CoG}}{J_{yy}}$$

$$k_1 = \frac{T_C L_{Pivot2Cog}}{J_{yy}}$$

$$L_\alpha = Q \cdot S \cdot CN_\alpha$$

其中：

L_{α} 是推力相对于攻角的导数，Q 是动态压力，S 是航空动力学相对面积，CN_{α} 是航空动力学正规系数（机身坐标轴）对于攻角的导数。

T_S 是不受喷嘴影响的固定推力（应用于无 TVC 的推进器）。

T_C 是推力中可控的部分，受 TVC 影响。

D 是拖力，U 是 LV 的速度。

m 和 J_{yy} 是发射器当前的质量与惯量。

$L_{Pviot2CoG}$ 是喷嘴中心点到 LV 质心的距离。

L_{CP2CoG} 是当前航空动力学压力中心到 LV 质心的距离。

第二步是为飞行过程中不同时段设计一个线性二次调节器，并要考虑时域和频域上的特殊情况。飞行过程中，每十秒需要重新计算一次线性模型。

当每个时间片中，我们得到了不同的控制律，然后以线性插值的方式估计 LQR 增益对最终结果的影响。图 8 展示了这个过程。

最后，用 DCAP 仿真器估计完整的 GNC 系统性能，包括发射器中的弹性节点。为了减少弹性节点的影响，添加了一个低通滤波器。

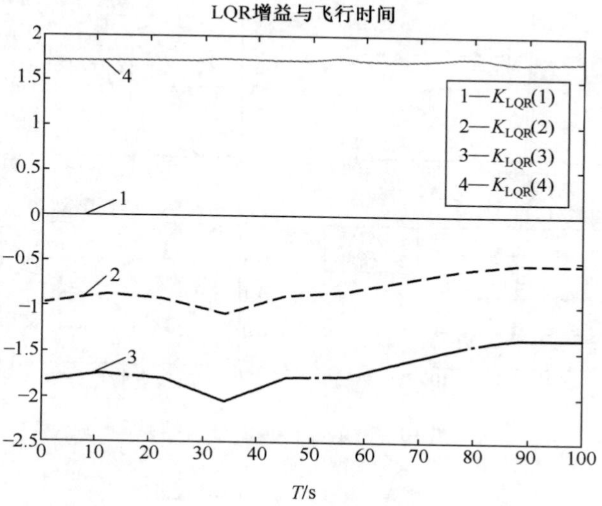

图 8　LQR 增益随时间的变化图

如前文所述，ASTOS 的工具已提供了目标轨道。DCAP 仿真器的整体过程如图 9 所示。

图 10 展示了分析结果，表明发射器是稳定的。目标轨道的跟踪误差为 3.5%。TVC 误差没有超过预定的 6°限制。

需要注意的是，以下展示中没有用到滚动角控制。尽管在飞行过程第一阶段出现了较小的滚动角增益，但它不影响后面的控制律设计环节（图 11）。

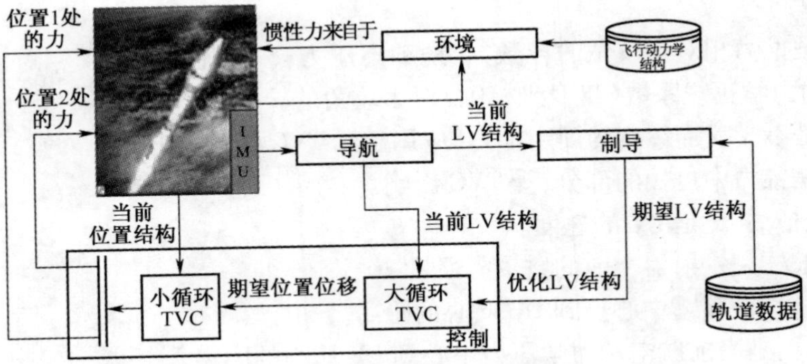

图 9　DCAP 仿真器的流程示意图

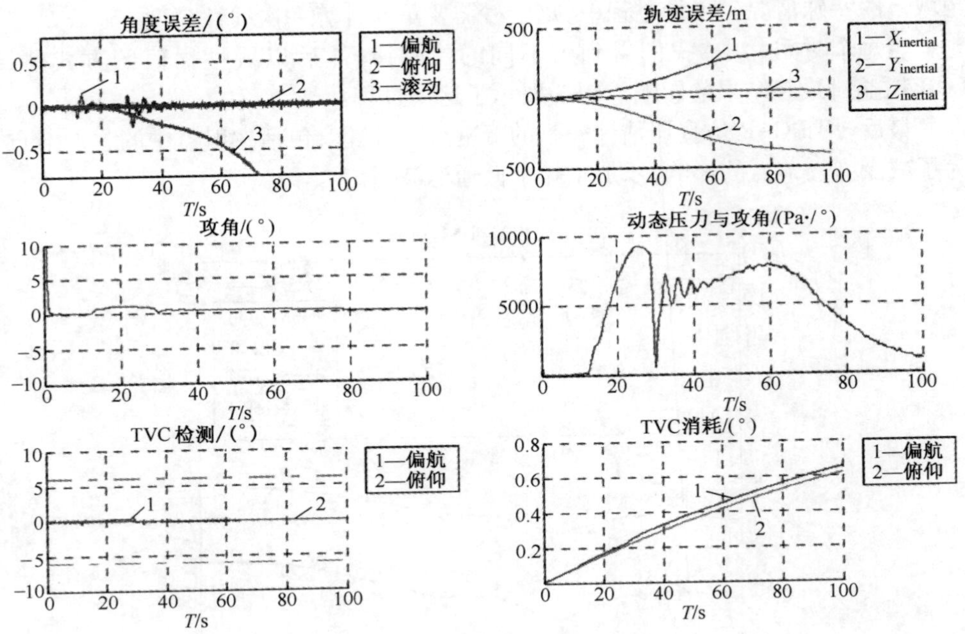

图 10　发射器仿真的分析结果

图 11　IXO 总体配置(分布式),使用 ESA CDF 设计

3.4 非常规的航天器设计

国际 X 射线瞭望台(IXO)是 ESA Cosmic Vision 2015—2025 年的大型计划,由 ESA、NASA 和 JAXA 合作完成。它的主要特点,同时也是本文的关注点,是把望远镜结构从 8m 拓展到 20m 以上。它将在发射器内装配,实现足够大的可操作焦距。IXO 望远镜的特殊要求是需要把它的焦距增加到 10m 左右,同时保证极高的指向精度以及各部分的稳定性。因此,设置方法是一种新的“铰链式臂架”概念,ESA(以及其他机构)正在研究这个新概念。铰接臂的灵活性以及铰链的一些非线性的特点(摩擦、错切、磁滞等等)可以用仿真系统为它们的动力学建模。多体软件的应用,使得对这些耦合系统的动力学/控制系统建模成为可能,其目标在于验证高指向精度与稳定性[14]。

3.5 建模

3.5.1 动力学部分

IXO 航天器(图 12)的动力学行为,是由一系列刚性或柔性的运动体组成的。每一个运动体会有大的平动与转动位移。服务模块与仪器模块被认为是刚体以及机动和被动铰链。另一方面,太阳能电池阵以及铰链式臂架则利用 MSC. NASTRAN 界面,建模为柔性部分。在航天器主体自由空间运动之外,还有并行运动学方法。它用到九个旋转接头,可以使用许多在空间技术中非常著名的模块。

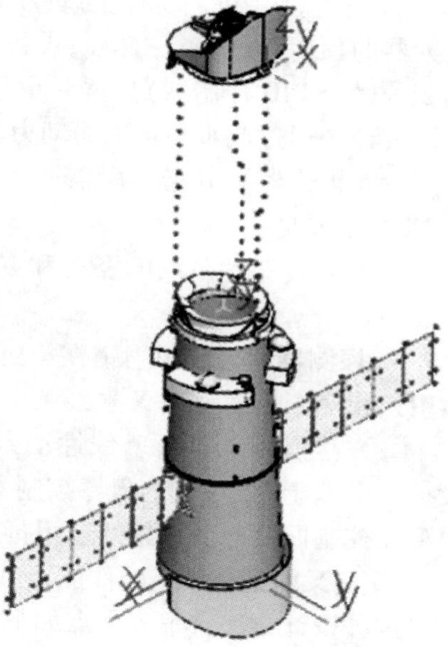
图 12 IXO 多体模型

为了向 ESA 姿轨控制系统(AOCS)和导航、制导与控制系统(GNC)的专家们提供数学模型,我们稍加修改了 IXO 多体模型,包括增加了传感器(加速计、陀螺仪等)、执行器(反应轮、推进器等)以及额外的输出装置(仪器模块的侧向位移、焦距等)。

为了上述目的,最后提出了两个完全分布式条件下的模型:一个是线性的,一个是非线性的。利用大多数多体软件提供的数值线性化功能,很容易得出由四元组(A,B,C,D)描述的线性模型。这个数学模型可以轻松地导入 Matlab/Simulink 环境中。其输入端是执行器和外部推力/力矩扰动,输出端是传感器信号。另一方面,如果加以控制律,可以验证上述假设是否可行。而且，非线性的数学模型也可以从 Matlab/Simulink 环境中产生并导出。它的非线性原因不仅是由于刚度特征、转换事件……也可能出于整个系统的刚体运动。

3.5.2 GNC 部分

IXO 望远镜的尺寸（20 m）符合所需的观测灵活性（85%观察效率）以及高指向精度（侧向轴处 10 arcs APE，1arcs AME），需要非常规的 AOCS 设计，依赖于 5 个大型反动轮（150Nms～0.4Nm）来控制航天器姿态。AOCS 与弹性结构的耦合需要仔细分析，以满足负载所要求的侧向稳定性（0.1mm 侧向位移需求）。

为了评价 IXO 的结构，需要一个该航天器的高保真动力学模型，尤其是由探测器引入的相对于反射镜的运动。因此，使用了基于 DCAP 的线性柔性模型。其主要目的是解决可行性问题并评估 IXO 的 AOCS 模式的表现情况，即“指向与回转模式”（Fine Pointing and Slew Mode - FPS）。

（1）设计方法。

以下是控制律的设计与验证步骤：

① 首先，使用一个简化的动力学模型，即一个悬臂梁连接到刚体，大致可代表航天器的预期 MCI 特征；然后，设计一个简化控制器，验证航天器的指向性能（比例积分微分 PID 控制器）。这一步是强制性的，还未获得动力学模型时开始 AOC 初步设计。通过此步骤可以为动力学建模专家提供 AOC 驱动器的动力学特性（反作用轮及推进器），并指定所需要的表征 AOCS/GNC 性能的动力学模型输出。对于 IXO，主要是：

a. S/C 在镜片节点的姿态和姿态导数。评估指向性和指向稳定性能显然是必要的。

b. 探测器相对于反射镜在望远镜焦点处的 3 轴平移。这是用来表征由检测器引入相对于反射镜的 X 射线图像的模糊化。

② 一旦第一个高保真线性动力学模型已经通过动态建模专家的验证，就可以设计一个基于 H_∞ 形式的鲁棒控制器。在这个阶段使用线性动力学，可以验证 IXO 模型在控制回路各种场景的通用行为。

③ 交叉验证 AOCS 的性能，利用之前的结果产生最后的非线性模型。

这种设计方法有很多优点如下：

① 即使没有定义在通常情况下的全部动力学模型，这在可行性研究开始阶段十分常见，AOCS 专家也可以开始工作。

② 第一轮 AOCS 设计可以预先进行，在那时就可推导有代表性的动力学模型。

③ 当得到线性动力学模型后，可以容易地使用简化模型来进行首次模型合理性论证。

④ 非线性模型可以验证控制器的性能与鲁棒性。

总体设计过程如图 13 所示。

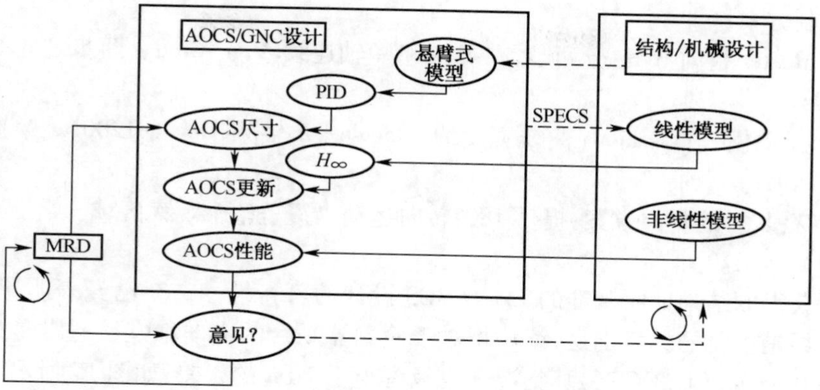

图 13 IXO 的 AOCS/GNC 协同设计流程

(2) AOCS 模式。

IXO 的 FPS 包括四个操作模式,如图 14 所示。

① 惯性指向模式。

② 抖动模式,其瞄准线符合 Lissajous 模式。

③ Raster 模式,望远镜跟随 mosaic 模式。

④ Slew 模式,表示望远镜从第 n 个目标转移至第 $n+1$ 个目标。

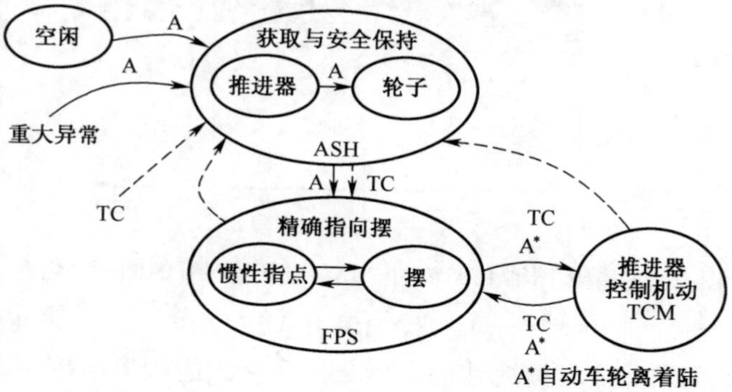

图 14 IXO AOCS 模式

(3) 鲁棒控制器设计。

为 FPS 模式设计了一个基于 H_{infinity} 框架的鲁棒控制器。IXO 科学要求已被转化为参考文献[15,16]中所描述的标准鲁棒控制问题。所生成的控制器覆盖 FPS 的所有模式。在 Slew 模式下,使用反作用轮前馈方案的命令。综合控制器具有较低的带宽,约 1MHz,以避免激发 S/C 弹性模式。并应用标准的鲁棒性能:6 dB 的增益幅度和30°的相位幅度。

依靠如上所述的线性动力学模型,控制器具有三自由度的高保真性能,并拥有以下控制方案:

① Raster 指向方案:分两步,在 Y 轴和 X 轴连续转动 10rad。两步之间的时间为 3000s。

② 抖动模式:Lissajous 曲线宽度约 20arcsec,X 轴频率为 1/1200Hz,Y 轴频率为 1/1800Hz。

③ X,Y,Z 的转向方案:提供 180°转向运动以覆盖整个观察区域。

(4) 结果。

所获得的结果证明基准的 IXO AOCS 设计的可行性。甚至已经表明,某些要求的边界是重要的。特别是,镜片相对于检测器平台的横向稳定性通常是远低于规定的 0.1mm,但 AOCS 最坏情况下也只有小于 1μm 的误差,如图 15 所示。这证明了 AOCS 的设计可以更加灵活(因此也更轻)。应当指出,可以预见到,推进器的推力中有较高的变化率,这在 TCM(例如车轮卸载或轨道控制机动)或 ASH 模式中会用到。今后有关 IXO AOCS 设计的工作将解决这一点,但这不是至关重要的。因为在机动阶段侧向偏差要求不是最关键的。

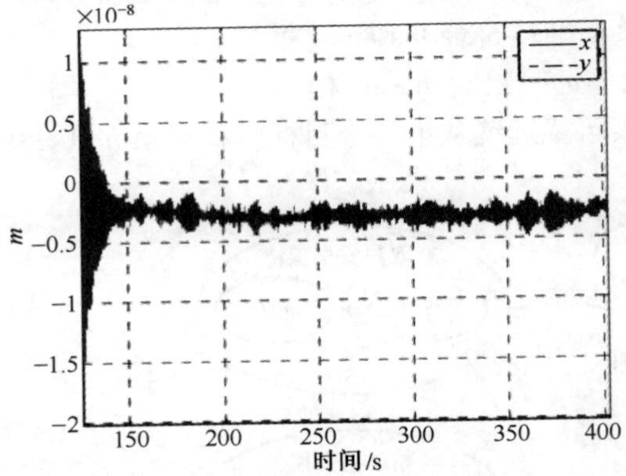

图 15　在绕太阳轴 180°转动中 IXO 最坏情况下的侧向变化率

所有观察模式的整体指向性能都在 10rad APE 要求中。在 AOCS 的任务要求里,抖动模式的需求是最具挑战性的。Lyssajous 模式的频率与控制器带宽是同一数量级的。结果表明,用鲁棒控制器跟踪 Lyssajous 模式是困难,如图 16 所示。约有 10rad 幅度的振荡跟踪误差。如果任务允许,略加放松 Lyssajous 频率就能解决这个问题。

Slew 模式是在轮子未饱和且平均 1000s 稳定时间下进行的(最坏情况在图 17 中给出,为 180°转动)。IXO 的稳定时间已被证明对观测结果有重要影响。它会影响望远镜约 2%左右的可用性。因此,整体望远镜的整体观测效率只能被勉强满足(为 86.6%,而要求为 85%)。

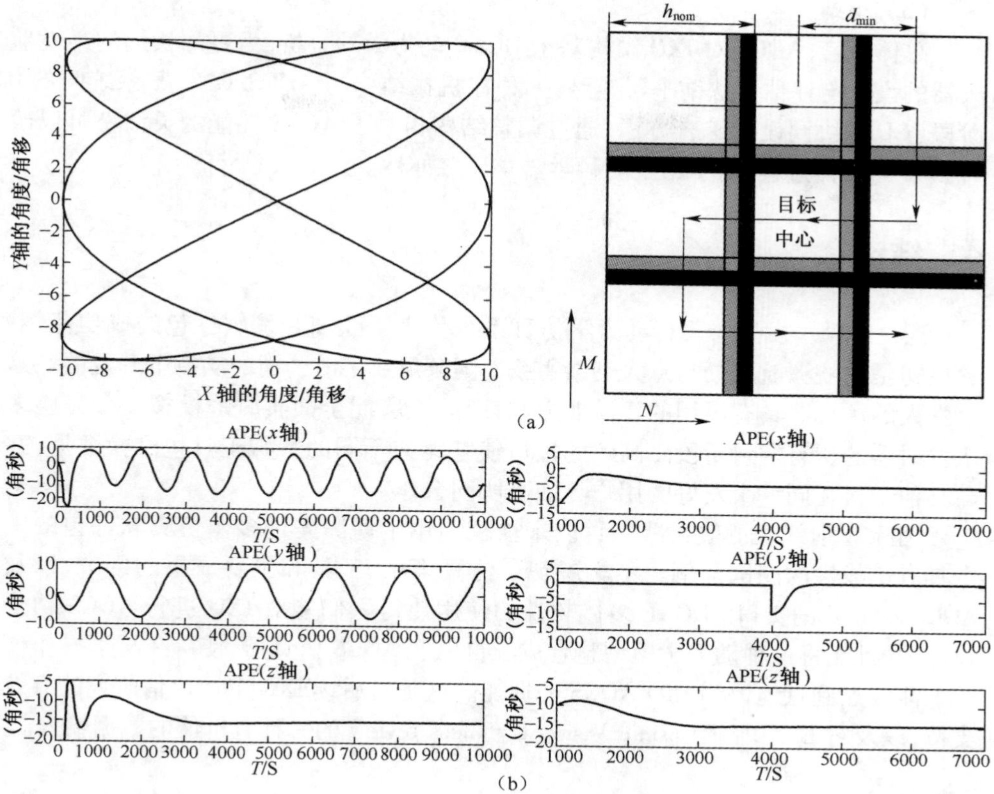

图 16　IXO Lissajous 和 Raster 模式(a),以及指向性能的仿真(b)

最后,最大的灵活性达到接近 75(°)/h,包括稳定时间。实际的机动数据将是科学家们建立望远镜观测计划时的一个重要输入。

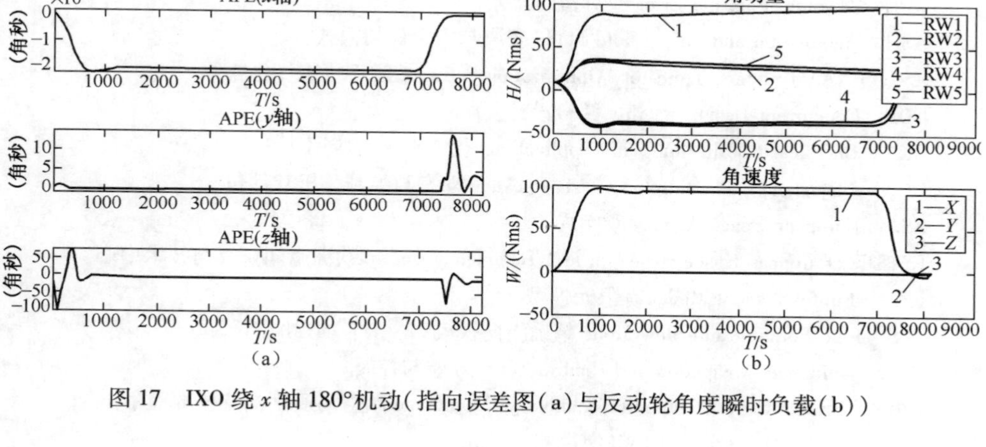

图 17　IXO 绕 x 轴 180°机动(指向误差图(a)与反动轮角度瞬时负载(b))

（5）小结。

总体而言，AOCS 对 IXO 结构基于 DCAP 动力学的分析，为更加长远的柔性航天器的设计与评估方法铺平了道路：一种在机械结构与 AOCS/GNC 子系统间的 0 阶段（CDF）协同设计综合方法，通过调整结构相对于 AOCS 性能的灵活性可以改善 S/C 的设计过程，对于给定的科学需求反之亦然。

4 结论

总之，ESA 发射器飞行动力学仿真系统代表了欧洲开发软件包的成功范例。它最初是在欧洲航天局与意大利泰雷兹·阿莱尼亚宇航公司的支持下开发的。这个强大的仿真器具有通用的建模能力和计算速度，能全面实时地模拟一个完整多级发射器的所有发射阶段。高效的接口使它能与不同的特殊工具包交换数据，并与其他学科在同一个友好的用户界面下协同合作。

国际 X 射线观测航天器一直以来被视为用于评测先进多体仿真软件包的一个具有挑战性的测试范例。本文展现了仿真策略、工具和主要成果的细节，以及 AOCS / GNC 的接口。DCAP 多体软件的使用使得人们能对 IXO 进行 AOCS 初步设计，并且能将这种动力学模型整合成三自由度 AOCS 仿真器，使得在科学操作模式下能够点到点地评测 IXO AOCS 的性能。这是对后续 IXO 工业评估研究的有效支持，以及对 ESA 内部 Cosmic Vision L - Class review 的一种有价值的数据输入。

缩写词

AME　Attitude Measurement Error 姿态测量误差

AOCS　Attitude and Orbit Control Systems 姿态和轨道控制系统

APE　Absolute Pointing Error 绝对指向误差

ASH　Acquisition and Safe - Hold Mode 获取与安全保持模式

ASTOS　Aero - Space Trajectory Optimization Software 航天轨迹优化软件

CDF　Concurrent Design Facility 并行设计实施

CEA　Chemical Equilibrium with Applications 化学平衡与应用

DCAP　Dynamic and Control Analysis Package 动态与控制分析软件包

ESA　European Space Agency 欧空局

ESTEC　European Space Research and Technology Centre 欧洲空间研究与技术中心

FEM　Finite Element Model 有限元模型

FPS　Fine Pointing and Slew Mode 精确指向摆模型

GNC　Guidance, Navigation and Control 制导、导航与控制

GSTP　ESA's General Support Technology Programme 欧空局通用支持技术程序

IMU　Inertial Measurement Unit 惯性测量单元

IOC　Initial Operation Capability 初始操作能力
IOV　In－Orbit Validation 在轨验证
IXO　International X－ray Observatory 国际 X－光观测站
IXV　IntermediateExpermental Vehicle 中间试验车
JAXA　Japan Aerospace Exploration Agency 日本空间探测机构
LQR　Linear Quadratic Regulator 线性二次调节
LV　Launch Vehicle 运载火箭
MDO　Multidisciplinary Design Optimization 多学科设计优化
NASA　National Aeronautics and Space Administration 国家航空航天局
NLP　Nonlinear Programming Solver 非线性规划求解
OBAX　One－Beam Approximation 1 束逼近
PID　Proportional Integrator & Derivative 比例、积分与导数
R&D　Research and Development 研究与开发
S/C　Spacecraft 航天器
TCM　Thrusters Control Mode 推力器控制模式
TEC－ECN　ESA's GNC Section 欧空局 GNC 部门
TEC－MS　ESA's Structures & Mechanisms Division 欧空局结构/机械分支
TVC　Thrust Vector Control 推力器矢量控制

参 考 文 献

[1] Baldesi, G., Sciacovelli, D., Portigliotti, S., Dumontel, M.: DCAP (Dynamics and Control Analysis Package) an effective tool for modeling and simulating of coupled controlled rigid flexible structure in space environment. In: 6th Inter. Conf. Dynamics and Control of Systems and Structures in Space 2004, Riomaggiore, Italy (2004)

[2] ESA Website, Multibody Dynamics, http://www.esa.int/TEC/mechanisms/SEMZX356JGG_0.html

[3] ESA Website, Multibody Analysis Activities, http://www.esa.int/TEC/Mechanisms/SEM4A0GMTGG_0.html

[4] Dumontel, M.L., Portigliotti, S., Venugopal, R.: DCAP: A Tool for Analysis and Simulation of Multi－Body Systems. In: 45th IAF Conference, Oslo (October 1995)

[5] Franco, R., Dumontel, M.L., Portigliotti, S., Venugopal, R.: The Dynamics and Control Analysis Package (DCAP)－A versatile tool for satellite control. ESA Bulletin Nr.87 (August 1996), http://esapub.esrin.esa.it/bulletin/bullet87/franco87.htm

[6] Sciacovelli, D., Kiryenko, S., Baldesi, G., Thirkettle, A., Redondo, R., Resta, P.D.: Vega Prototype 3D Simulation Software with Time Varying structural characteristics. In: 5th Inter. Conference Space Launchers: Missions, Control and Avionics, Madrid, Spain, November 25－27 (2003)

[7] Parin, K., Henkel, E., Majed, A.: Enigma Multibody Loads Analysis: Practical Variational

Coupled Loads Analysis for Launch Vehicle/Payloads. In: JPL Spacecraft and Launch Vehicle Dynamic Environments Workshop (June 2003)

[8] Baldesi, G., Kiryenko, S., Mendoza, M.: Multi - Payload Separation Analysis Using Multibody Software. In: 11th European Conference on Spacecraft Structures, Materials & Mechanical Testing (ECSSMMTT), Toulouse, France (September 2009)

[9] Baldesi, G., Yábar, C., Barbagallo, D.: Complete Lift - Off analysis of a launch vehicle using Multibody Software. In: ECCOMAS Multibody Conference, Warsaw, Poland (August 2009)

[10] Möllmann, C., Wiegand, A., Dalheimer, M., Martinez Barrio, A., Kauffmann, J.: Multidisciplinary Design Optimisation of Expendable Launchers in ASTOS. In: 4th ICATT, ESA/ESAC (2010)

[11] Wiegand, A., Möllman, C., Martinez Barrio, A.: New concurrent design optimisation models of ASTOS. In: 4th International Workshop on System and Concurrent Engineering for Space Applications. SECESA, October 13 - 15 (2010)

[12] Smet, G., Yorck, M., Baldesi, G., Palladino, M.: Multi - body Dynamics Software Tool: Case study on the International X - ray Observatory. In: 13th European Space Mechanisms and Tribology Symposium (ESMATS 2009), Vienna, Austria (September 2009)

[13] CDF ESA Website, Concurrent Design Facility, http://www.esa.int/SPECIALS/CDF

[14] Baldesi, G., Scolamerio, L.: Advanced Multibody Simulation Techniques for Large Deplyable Systems: The IXO Telescope Case. In: 61st International Astronautical Congress 2010, Prague, Czech Republic, September 27 - October 1 (2010)

[15] Stein, G., Doyle, J.C.: Beyond Singular values and Loop Shapes. AIAA Journal of Guidance and Control (January 1991)

[16] Chiang, R.: Integrated Robust Control Design Methodology for an Advanced S/C with Large Flexible Structure. In: Proc. of AIAA Guidance, Navigation and Control Conference and Exhibit, Honolulu, Hawaii, August 18 - 21 (2008), AIAA Paper # 2008 - 701

具有非节流主发动机的月球登陆器的最优制导与控制

Optimal Guidance and Control of Lunar Landers with Non - throttable Main Engine

Thimo Oehlschlägel, Stephan Theil, Hans Krüger, Matthias Knauer, Jan Tietjen, and Christof Büskens

摘要:在月球、行星和小行星等天体上进行自主灵活、安全、精确的着陆对于未来的勘探任务来说仍然是一个巨大的挑战。为了最大化有效负载质量,需要对登陆器的轨迹进行优化。为了实现轨迹可调以及对所有着陆器的干扰的补偿,推力调制是很有必要的。但是所存在的问题是当前没有一个满足高效的、鲁棒的、能够安全着陆在类似月球等星体的可用发动机。阿波罗计划中所使用的技术已经不再适用。大部分计划的登月任务都依赖于多发动机的调制能力——在某些情形中,副发动机推力调制从属于主发动机推力。这需要一大组副发动机来达到所要求的推力调制,并且在此过程中增加了复杂度和失败的可能性。

本文展示了一种用于登陆器计算和控制最优轨迹的不同方式,提供了一种新的计算燃料最优效率的最小化推力调制方法,提出了一种相应的能使预计算最优化轨迹投入使用的跟踪控制方案,并且通过仿真结果对该方法的鲁棒性进行了讨论。

1 引言

在未来,越来越多的探测任务将包含着陆在星体表面的任务。目前登月任务

Thimo Oehlschlägel · Stephan Theil · Hans Krüger

DLR Institute of Space Systems, Robert-Hooke-Str. 7, Bremen, Germany

e-mail: Thimo.Oehlschlaegel@ dlr.de

Matthias Knauer · Jan Tietjen · Christof Büskens

AG Optimierung & Optimale Steuerung, Zentrum für Technomathematik,

Universit¨at Bremen, Germany

e-mail: knauer@ math.uni-bremen.de

以及火星和小行星任务一直在被研究中。这些任务中最关键的阶段是降落和安全着陆到星体表面这个过程。为了实现自主性、安全性和精确的着陆,推力调制是很有必要的。主要原因如下:

(1) 在指定的安全通道内允许燃料最优化降落。

(2) 使得下降时保持低下降速率从而对地面进行检查。

(3) 允许空中悬停。

虽然不是所有的任务都需要空中悬停,但是仍需要推力调制来确保任务完成。在过去的登月软着陆任务中(Surveyor[10],Apollo[7]),使用的是节流的发动机。由于这些发动机不再可用,NASA 在开发[1]一种新的节流发动机用于其 Altair 登陆计划中[3,4]。其他正在研究的登陆器使用两套发动机——首先是由几个大推力发动机构成的主发动机,这些发动机的推力是无法被调制的,用于降低轨道速度;其次是由一系列小的脉冲式发动机构成的可进行全力推力调制的控制发动机。绝大部分任务中,主发动机的数量和控制发动机的数量比例约为 1 : 1[8]。这导致小的脉冲发动机的数量很多,因而增加了复杂性和风险。

鉴于这种情况,人们产生了研究使主发动机和控制发动机数目比更倾向于主发动机的轨迹与控制器可能性的动机。由此,更小的控制发动机数目可以得到减少。最好的情况是经由反应控制系统(RCS)产生的调制,进而消除对控制推进器集的需求。

继续这个主题,本文将首先介绍使用 RCS 以及一系列主发动机的登陆器计算优化轨迹方法,在这里每一对发动机可以在着陆过程中对称地关闭,优化的结果将成为飞行器着陆下降阶段的基准轨道,最小化了燃料的消耗以及来自 RCS 推力调制所引起的额外推力的使用。在下一步骤中,设计了一个按照该轨迹运行的控制器。通过仿真可对这种方法的鲁棒性进行分析。

2 月球着陆器模型

为了计算最佳登月着陆器的动力下降轨迹,需要建立一个对其动态行为进行分析的数学模型。

2.1 坐标系统

建立月球着陆器的运动方程,需要定义两个不同的惯性系。首先,方程的推导基于 $X-Y-Z$ 坐标系。由于下降的最初和最后的位置是相对于目标行星或月亮的,故将得到的运动方程转换为下降区范围 d,高度 h 和侧向 c 坐标,这里的坐标定义在图 1 中进行了表示。该变换假设一个基准球的半径为 r,在这里,位置可以通过球面坐标来描述,球面坐标系的赤道平面等同于 $d-h$ 平面。在 $d-h$ 平面中的偏角被记为 δ,垂直于该平面的偏角被记为 γ。定义侧向以及下降范围作为参考

球面的投影,投影角在这里可被表示为

$$\delta = \frac{d}{r}, \gamma = \frac{c}{r} \tag{1}$$

定义 P_0 为侧向及下降范围均为 0 时的点(图 2),当前点的位置 $\boldsymbol{P}_{xyz} = (x, y, z)^{\mathrm{T}}$ 是 δ、γ 以及 h 的函数,即

$$\boldsymbol{P}_0 = (0, h + r, 0)^{\mathrm{T}}, \boldsymbol{P}_{xyz} = \mathrm{Rot}_z(-\delta)\mathrm{Rot}_x(\gamma)\boldsymbol{P}_0 \tag{2}$$

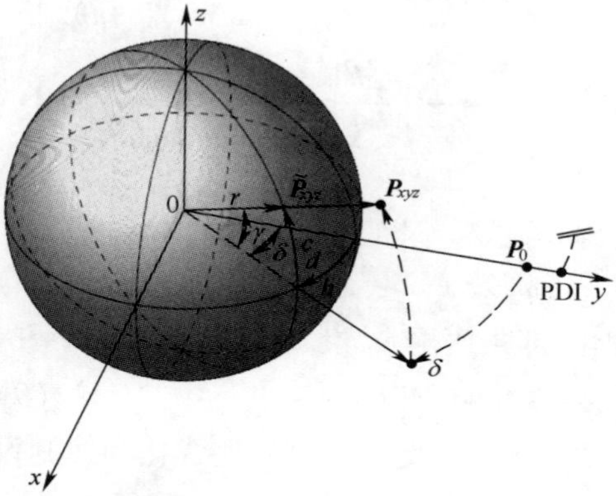

图 1　h, d, c 的坐标定义

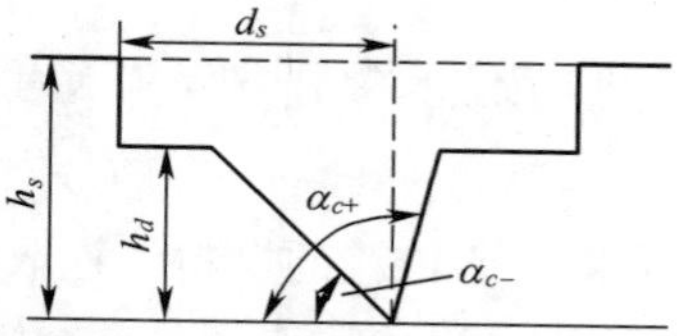

图 2　下降路线的定义

2.2　运动方程

登月舱运动方程的推导是基于惯性系 xyz 轴的,即

$$\ddot{\boldsymbol{P}}_{xyz} = \boldsymbol{g}_{xyz} + \frac{1}{m}\boldsymbol{T}_{xyz} \tag{3}$$

式中:$\boldsymbol{g}_{xyz}$ 代表目标物体由于引力场而引起的加速度;$\boldsymbol{T}_{xyz}$ 为有效推力矢量。为简单起见,引力场对于物体的影响可看成是球对称的

$$\boldsymbol{g}_0 = \left(0, -\frac{M \cdot G}{(r+h)^2}, 0\right)^{\mathrm{T}}, \boldsymbol{g}_{xyz} = \mathrm{Rot}_z(-\delta)\mathrm{Rot}_x(\gamma)\boldsymbol{g}_0 \tag{4}$$

来自主发动机的推力(T_m)和来自 RCS 推进器的推力(T_u, T_s, T_q)组成了整个推力矢量 $\boldsymbol{T} = (-T_m - T_u, -T_s, -T_q)^{\mathrm{T}}$。有效推力

$$\boldsymbol{T}_{xyz} = \mathrm{Rot}_z(\beta - \delta)\mathrm{Rot}_y(\chi)\boldsymbol{T} \tag{5}$$

取决于着陆器的方向,这是由姿态角 β(俯仰角)和 χ(航向角)描述的。在考虑总推力矢量 $\boldsymbol{T}$ 后上式变为

$$\boldsymbol{T}_{xyz} = \begin{pmatrix} T_1 \\ T_2 \\ T_3 \end{pmatrix} = \begin{pmatrix} \cos\left(\beta - \frac{d}{r}\right)((T_m + T_u)\cos\chi + T_q\sin\chi) - \sin\left(\beta - \frac{d}{r}\right)T_s \\ \sin\left(\beta - \frac{d}{r}\right)((T_m + T_u)\cos\chi + T_q\sin\chi) + \cos\left(\beta - \frac{d}{r}\right)T_s \\ -(T_m + T_u)\sin\chi + T_q\cos\chi \end{pmatrix} \tag{6}$$

使用式(2)对时间的二阶导替换式(3)的左边,同时考虑式(1,4,5)使得该方程转变为 dhc 坐标系下的方程,即

$$\begin{pmatrix}\ddot{d}\\ \ddot{h}\\ \ddot{c}\end{pmatrix}=\begin{pmatrix}\dfrac{r}{m(r+h)\cos\dfrac{c}{r}}\left(-T_1\cos\dfrac{d}{r}+T_2\sin\dfrac{d}{r}\right)+2\dot{d}\left(\dfrac{\dot{c}}{r}\cdot\tan\dfrac{c}{r}-\dfrac{\dot{h}}{r+h}\right)\\ \dfrac{1}{m}\left[\left(-T_1\sin\dfrac{d}{r}-T_2\cos\dfrac{d}{r}\right)\cos\dfrac{c}{r}-T_3\sin\dfrac{c}{r}\right]+\left[\left(\dot{d}\cos\dfrac{c}{r}\right)^2+\dot{c}^2\right]\dfrac{r+h}{r^2}-\dfrac{M\cdot G}{(r+h)^2}\\ \dfrac{r}{m(r+h)}\left[\left(T_1\sin\dfrac{d}{r}+T_2\cos\dfrac{d}{r}\right)\sin\dfrac{c}{r}-T_3\cos\dfrac{c}{r}\right]-\dfrac{\dot{d}^2}{r}\sin\dfrac{c}{r}\cos\dfrac{c}{r}-\dfrac{2\dot{c}\dot{h}}{r+h}\end{pmatrix} \tag{7}$$

为了确保俯仰和偏航角连续变化,它们的一阶导数

$$\dot{\beta}=\omega_\beta,\quad \dot{\chi}=\omega_\chi \tag{8}$$

被添加到系统的微分方程从而考虑姿态变化,即角速率 ω_β 与 ω_χ。最后,有

$$\dot{m}=-|T_m|\cdot\sigma_m-(|T_u|+|T_s|+|T_q|)\cdot\sigma_{RCS} \tag{9}$$

描述了推力所依赖的燃料消耗取决于 σ_m 以及 σ_{RCS}。为了实现轨迹优化和控制设计,必须推导出用于表征月球登陆器的动态性能的状态空间。所有该动态系统中由式(7)~式(9)定义的状态变量被整合到一个状态矢量

$$\boldsymbol{x}(t)=(\dot{d},\dot{h},\dot{c},d,h,c,\beta,\chi,m)^{\mathrm{T}} \tag{10}$$

登月舱的运动可以通过平移推进器和旋转推进器来影响,这构成了控制矢量 $\boldsymbol{u}(t)=(T_u,T_s,T_q,\omega_\beta,\omega_\chi)^{\mathrm{T}}$。主发动机的推力 T_m 只可取用预设的值,发动机停止工作的变换时间 $\tau_i(i=1,2,\cdots,k)$ 可以写在一个由自由参数构成的矢量 $\boldsymbol{p}$ 里。由于这些简化,式(7)~式(9)可写为

$$\dot{\boldsymbol{x}}(t)=\boldsymbol{f}(\boldsymbol{x}(t),\boldsymbol{u}(t),\boldsymbol{p},t),\boldsymbol{x}(0)=\boldsymbol{x}_0 \tag{11}$$

3 轨迹优化

3.1 制约因素以及着陆路线

这个任务还需要掌握一些时间终点 $t_f=\tau_k$ 上的终端条件

$$\begin{aligned}\boldsymbol{x}(0)&=(\dot{d}_0,0,0,0,h_0,0,\text{free},0,m_0)^{\mathrm{T}}\\ \boldsymbol{x}(t_f)&=\left(0,\dot{h}_f,0,\text{free},h_f,0,-\frac{\pi}{2},0,\text{free}\right)^{\mathrm{T}}\end{aligned} \tag{12}$$

进一步的状态约束和控制输入被提出,例如:

(1) 主发动机的某子集的最小开关导通时间;

(2) 来自 RCS 推进器的最大辅助推力;

(3) 登陆通路的边界;

(4) 登陆通路的最短时间。

登陆通路被引入是为了确保在最后一个阶段,将一些已规定的时间用于缓慢下降并着陆。登陆通路的参数展示在图 2 中。安全下降范围 d_s 为着陆地点周围的一个区域,并要确保 $h>h_s$。登陆通路的高度 h_c 以及登陆通路角 a_{c^-} 和 a_{c^+} 定义了最后着陆路线的可行域。从进入通路直到达到最终条件的时间受一个下界约束。对于最佳参考轨迹的计算,月球的运动被限制在 $d-h$ 平面内做二维运动。因此假定 $T_q = T_s = \omega_\chi = 0$ 成立。

3.2 最优控制问题

把登月舱从它的初始状态移到其所要到达的最终位置存在着多种方法。最优控制理论提供了特定的方法来寻找轨迹,从而使给出的目标函数 I 最小,这是在给定系统的微分方程 $\boldsymbol{f}$,最初和最终的状态 $\boldsymbol{\omega}$ 和控制约束 $\boldsymbol{g}$ 的前提下:

$$\begin{aligned}&\min_{\boldsymbol{x},\boldsymbol{u},\boldsymbol{p}} I(\boldsymbol{x},\boldsymbol{u},\boldsymbol{p})\\ &\text{s. t.}\quad \dot{\boldsymbol{x}}(t)=\boldsymbol{f}(\boldsymbol{x}(t),\boldsymbol{u}(t),\boldsymbol{p},t)\\ &\qquad \boldsymbol{\omega}(\boldsymbol{x}(0),\boldsymbol{x}(\tau_1),\cdots,\boldsymbol{x}(\tau_k))=0\\ &\qquad \boldsymbol{g}(\boldsymbol{x}(t),\boldsymbol{u}(t),\boldsymbol{p},t)\leqslant 0, t\in[0,t_f]\end{aligned}\tag{13}$$

这里,$\beta(0)$ 的自由初始值也被添加到自由参数矢量 $\boldsymbol{p}$ 中。表 1 给出了一些可能的月球登陆轨迹优化的目标函数。经验证据表明,将这些目标函数进行线性组合将使得结果最好。

表 1 月球着陆轨迹优化的目标函数

燃油消耗	辅助推力	着陆器的旋转	飞行时间
$I_1 = \dfrac{-m(t_f)+m(o)}{m(o)}$	$I_2 = \int_0^{t_f}(T_u - T_{u,\text{ref}})^2\text{d}t$	$I_3 = \int_0^{t_f}\omega_\beta^2\text{d}t$	$I_4 = t_f$

将连续时间轴 $t\in[0,t_f]$ 转换成离散化的时间点 $t\in\{t_1\leqslant t_2\leqslant\cdots\leqslant t_l=t_f\}$,$l\in \text{IN}$,最优控制问题可以得到数值解。控制函数 $u(t)$ 也退化成了离散化的函数 $\boldsymbol{u}^i\approx\boldsymbol{u}(t_i)$,同时离散化的状态变量 $\boldsymbol{x}^i\approx\boldsymbol{x}(t_i)$ 可以直接根据系统差分方程进行计算。将最优控制问题式(13)写成离散化的形式:

$$\begin{aligned}&\min_{\boldsymbol{x}^1,\cdots,\boldsymbol{x}^l,\boldsymbol{u}^l,\cdots,\boldsymbol{u}^l,\boldsymbol{p}} I(\boldsymbol{x}^1,\cdots,\boldsymbol{x}^l,\boldsymbol{u}^l,\cdots,\boldsymbol{u}^l,\boldsymbol{p})\\ &\text{s. t.}\quad \boldsymbol{x}^{i+1}=\boldsymbol{x}^i+(t_{i+1}-t_i)f(\boldsymbol{x}^i,\boldsymbol{u}^i,\boldsymbol{p},\boldsymbol{t}_i), i=1,\cdots,l-1\\ &\qquad \boldsymbol{\omega}(\boldsymbol{x}^1,\cdots,\boldsymbol{x}^l)=0\\ &\qquad \boldsymbol{g}(\boldsymbol{x}^i,\boldsymbol{u}^i,\boldsymbol{p},t_i)\leqslant 0, i=1,2,\cdots,l\end{aligned}\tag{14}$$

其具有一个标准的非线性规划求解问题的形式,可以应用常见的 SQP 求解器求解。软件库 NUDOCCCS[2] 即按照该方法来解决这个最优控制问题。这种大规模问题的特殊结构可以使用稀疏求解器,比如 WORPH[9]。

在最优控制问题中考虑登陆通路的代价约束后,迭代求解器的收敛情况急剧下降。为了规避这种问题,优化过程将按照以下几个步骤进行:

(1) 对登陆通路的分析:在登陆通路内进行下降动作的计算,加入自由的初始速度以得出合理的项值。

(2) 到达下降通路:不断优化轨迹直到到达着陆通路的入口,在通路中最终状态受上一步计算值的限制。

(3) 完成轨迹:通过使用先前的轨迹初始猜测以及通路阶段对轨迹范围的扩大,可以找到一个鲁棒性很强的优化轨迹解决方案。

通过离散化地分开处理主下降阶段以及着陆通路阶段,可以轻松应对通路的限制条件。

(1) 着陆通路内飞行时间的最短值不得低于 60s。

(2) 飞行路径角 $\phi = \arctan\left|\frac{\dot{h}}{\dot{d}\cdot\frac{h+r}{r}}\right|$ 在整个着陆通路的过程中被限制在 $[\alpha_{c^-},\alpha_{c^+}]$。

(3) 安全的下降通路范围可通过计算图 2 中轨迹和通路的重叠面积来得出。

3.3 参考轨迹最优化的结果

为了说明最优化情况下结果的质量,将与参考文献[8]进行比较。初始情况二者被设定为类似的。推进器系统的区别在于参考文献[8]中的登陆器拥有 4 个 500N 推力的推进器,8 个脉冲型的 220N 的推进器以及一个 22N 推力的 RCS 推进器。在这个例子中,我们选择一套拥有 8 个 500N 推力的推进器以及一个 22N 的 RCS 推进器用于推进力微调。假设推进器以对称的方式进行布置,使得他们可以成对关闭,例如可以有 8、6 或者 4 个推进器同时运行。并且,着陆通路使用表 2 中的参数进行定义。有了以上的给定条件后,轨迹最优化提供的解决方案如图 3 所示。在左上角的图中可以看出,下降范围大约在 550km 并且在着陆前一瞬间飞行路径角大约在 90°。左下角的图中显示着陆器在 $d-h$ 平面中的姿态角 β,同样在末端时保持近乎竖直。右上角的图中显示了相应的水平和竖直方向的分速率。在右下角的图中主推力 T_m 在 553s 和 613s 时出现了两个台阶,在这两个时刻分别有一对助推器被关闭。表 2 和图 3 显示了在着陆通路下降时补偿着陆器质量下降的辅助推力 T_u。参考路径的燃料消耗只有初始质量的 45.4%。为了检查鲁棒性,着陆轨迹的初始条件被设定成多样化的,就如参考文献[6]中的 PDI 状态决定的不确定度类似。下降范围变化量被设定在±11km,高度变化量被设定为±700m,水平分速率变化量在±0.6m/s 范围内,竖直分速度变化量在±0.24m/s 范围内,从而得到在所有情况限制条件下的最优解决方案。在以上所有仿真情况中,燃料消耗均在 45.3%到 45.7%的范围内。

表 2　参考着陆通路中的参数

h_s	d_s	h_c	α_{c^-}	α_{c^+}	t_c	h_f
3000m	10000m	1000m	20°	100°	60s	50m

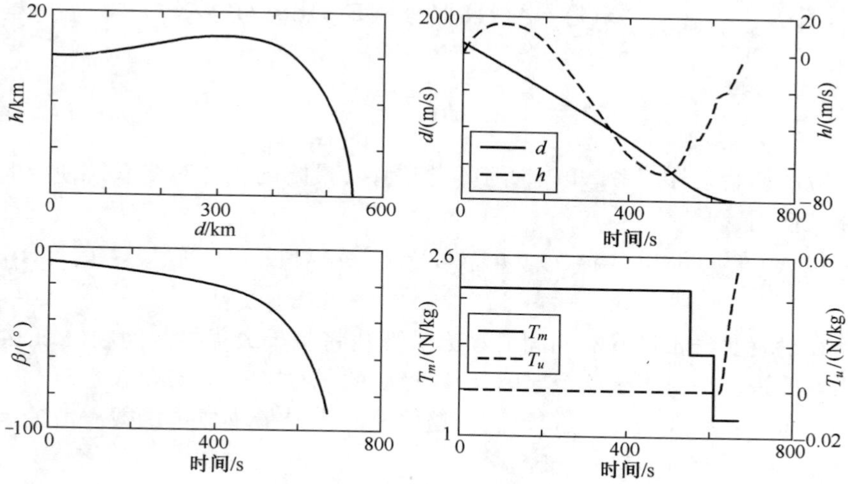

图 3　参考轨迹最优化的结果

4　轨迹控制

登月着陆器(图 4)中的轨迹控制包括前馈控制和反馈控制,通常被称为二自由度方法。为了引导登月舱在着陆期间机动地沿着一条计算的最优轨迹 $\boldsymbol{x}_{\text{ref}}(t)$,相关的控制信号 $\boldsymbol{u}_{\text{ref}}(t)$ 则被用于登陆器的前馈控制。为了确保登月舱遵循最优轨迹,即使存在参数不确定性和初始条件变化导致的错误或是在外部干扰的情况下,尽管事实是最优控制 $\boldsymbol{u}_{\text{ref}}(t)$ 在计算过程中仍然引用了 $T_q = T_s = \omega_\chi = 0$ 的假设,仍然需要一个额外的反馈控制器,故整个控制规律为

$$\boldsymbol{u}(t) = \boldsymbol{u}_{\text{ref}}(t) + \delta\boldsymbol{u}(t)$$

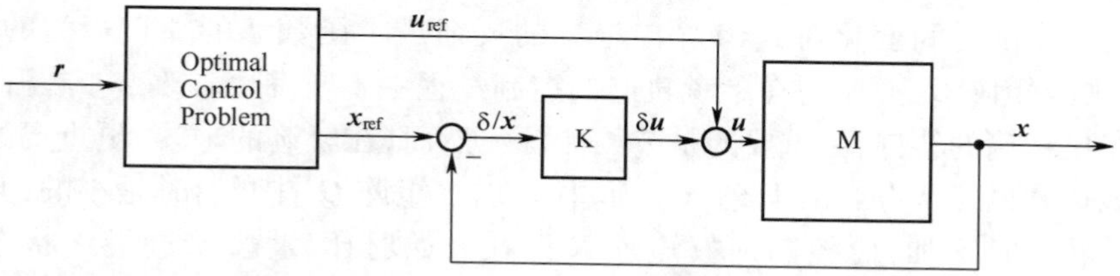

图 4　闭环的二自由度控制方法的结构, M 表示预估器,K 表示反馈控制器

4.1 反馈控制方法

为达到动态反馈控制器的设计目的，月球登陆器的动力学特性被描述为方程(11)所示的非线性状态空间模型。假设状态空间是解析的，并且实际着陆轨迹接近于最优轨迹 $x(t)=x_{\text{ref}}(t)+\delta x(t)$，则式(11)中对的 $x_{\text{ref}}(t)$ 和 $u_{\text{ref}}(t)$ 线性化则变成了

$$\delta\dot{\boldsymbol{x}}(t)=\boldsymbol{A}(t)\delta\boldsymbol{x}(t)+\boldsymbol{B}(t)\delta\boldsymbol{u}(t) \tag{15}$$

其中

$$\boldsymbol{A}(t)=\left.\frac{\partial \boldsymbol{f}}{\partial \boldsymbol{x}}\right|_{\boldsymbol{x}_{\text{ref}},\boldsymbol{u}_{\text{ref}}}\in \mathrm{IR}^{n\times n}\quad \text{and}\quad \boldsymbol{B}(t)=\left.\frac{\partial \boldsymbol{f}}{\partial \boldsymbol{u}}\right|_{\boldsymbol{x}_{\text{ref}},\boldsymbol{u}_{\text{ref}}}\in \mathrm{IR}^{n\times m},t\in[t_0,t_f]$$

以及相应的初始条件。考虑以上提到的控制律，最终的线性时变系统使得时变的控制律被使用，则

$$\delta\boldsymbol{u}(t)=-\boldsymbol{K}(t)\delta\boldsymbol{x}(t)\Rightarrow\boldsymbol{u}(t)=\boldsymbol{u}_{\text{ref}}(t)-\boldsymbol{K}(t)(\boldsymbol{x}(t)-\boldsymbol{x}_{\text{ref}}(t)),t\in[t_0,t_f] \tag{16}$$

登月器在沿着参考轨迹着陆期间的动力学变化将慢于最优控制问题(式(14))离散化版本的采样率。出于这个原因，反馈控制的增益矩阵 $\boldsymbol{K}(t)$ 仅仅在每一个时间点 $t_i,i\in\mathrm{II},\mathrm{II}=\{1,\cdots,l\}$ 进行计算，这些时间点是最小成本函数离散控制的时间点。

$$J(\delta\boldsymbol{x},\delta\boldsymbol{u})=\int_0^{\infty}\delta\boldsymbol{x}(\tau)^{\mathrm{T}}\boldsymbol{Q}(t_i)\delta\boldsymbol{x}(\tau)+\delta\boldsymbol{u}(\tau)^{\mathrm{T}}\boldsymbol{R}(t_i)\delta\boldsymbol{u}(\tau)\mathrm{d}\tau \tag{17}$$

其中，所有的 $i\in\mathrm{II}$。假设底层系统稳定，对于所有的 $i\in\mathrm{II}$，$\boldsymbol{Q}(t_i)\geqslant 0,\boldsymbol{R}(t_i)>0$，解决了最优控制问题的反馈矩阵可以描述为函数

$$\boldsymbol{K}(t_i)=\boldsymbol{R}(t_i)^{-1}\boldsymbol{B}(t_i)^{\mathrm{T}}\boldsymbol{S}(t_i),i\in\mathrm{II} \tag{18}$$

具有唯一稳定解 $\boldsymbol{S}(t_i)$ 的代数 Riccati 方程

$$\boldsymbol{A}(t_i)^{\mathrm{T}}\boldsymbol{S}(t_i)+\boldsymbol{S}(t_i)\boldsymbol{A}(t_i)-\boldsymbol{S}(t_i)\boldsymbol{B}(t_i)\boldsymbol{R}(t_i)^{-1}\boldsymbol{B}(t_i)^{\mathrm{T}}\boldsymbol{S}(t_i)+\boldsymbol{Q}(t_i)=0,i\in\mathrm{II} \tag{19}$$

前提条件是 $A(t_i)-B(t_i)K(t_i),i\in\{1,\cdots,l\}$ 为 Hurwitz 矩阵。为了实现连续时间的控制律，第三部分中的参考控制 U_{ref} 的一个线性插值会被用于 $K(t_i),i\in\{1,2,\cdots,l\}$。

反馈控制的主要目标是一直按照参考轨迹保持到最后一点。出于这个原因，需要有一个随时间变化对式(17)中描述的反馈成本函数 J 的加权行为的影响。因此，加权矩阵 $\boldsymbol{Q}$ 和 $\boldsymbol{R}$ 的在参考轨迹的控制过程中不断发生着改变。在开始时，相比于更精确的轨迹，更重要的是节约能源。然而，在轨迹的末端，更重要的则是精确地达到最终状态。出于这个原因，状态加权矩阵 $\boldsymbol{Q}$ 在开始时是小的，并在接近最终状态时增加，而控制加权矩阵 $\boldsymbol{R}$ 值在开始时比较大，接近最终状态时则变小。

在下降范围内具有很大扰动的情况下，能够按照参照轨迹选择正确的点并且保持最小化的下降范围误差是最好的。为了做到这一点，一个时延被加入计算中从而在时间轴上延后参考轨迹。若是出现负的下降范围误差，着陆器将会以 0 推力飞行直到下降范围到达合适的值；相反地，若是出现了正的下降范围误差，着陆器将会跳过一部分参考轨迹和参考控制直到下降范围到了合适的值为止。

4.2 闭环仿真结果

闭环具有如图 4 所示的结构。其中的预估器 M 由非线性系统给出（式(11)）。为了验证给出的轨迹控制性能并与参考文献[6]中的算法进行比较，进行了很多闭环仿真。为了达到这个目的，初始扰动在 3.3 节定义的范围内按照栅格变化。如图 5 所示，不同的闭环仿真结果取决于不同的初始条件。等高线表示该反馈算法仍然需要额外的消耗来满足最终的约束。如果满足条件 $|\Delta x(t_f)| \leqslant \Delta x_{\max}$，其中

$$\Delta x_{\max} = (1\text{m/s} \quad 1\text{m/s} \quad 1\text{m/s} \quad 100\text{m} \quad 1\text{m} \quad 100\text{m} \quad 10° \quad 180° \quad \text{free})$$

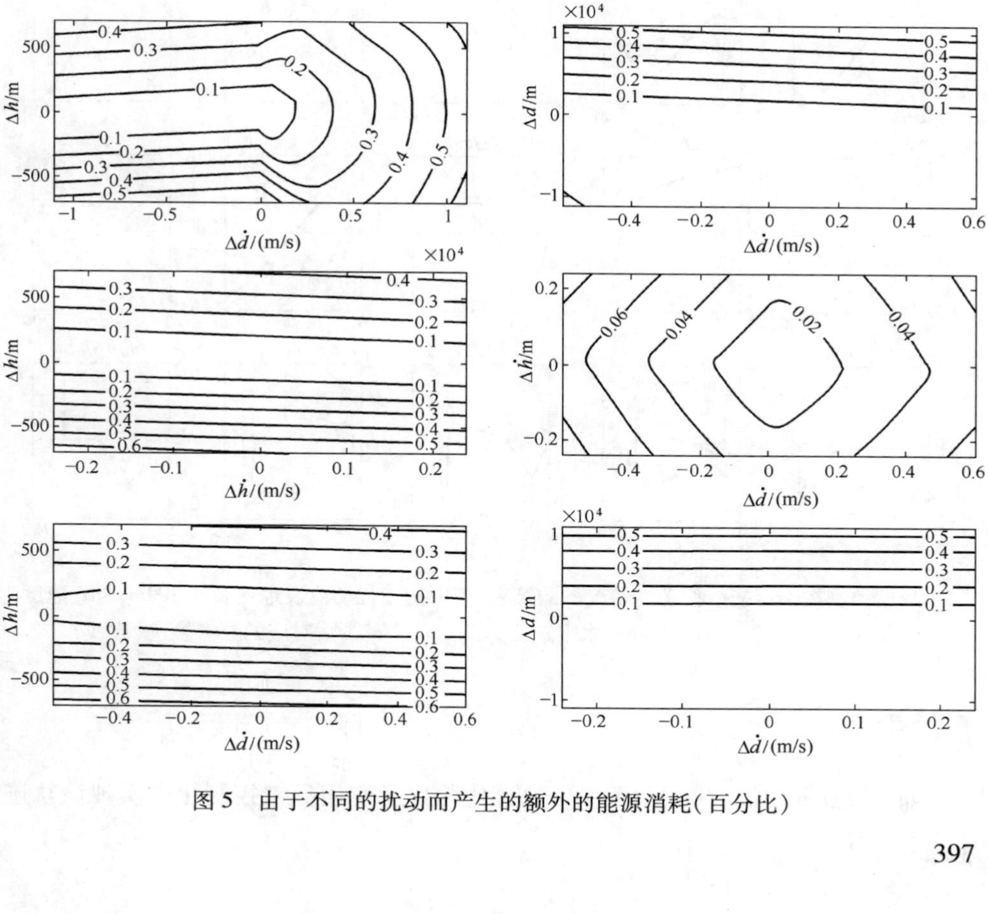

图 5　由于不同的扰动而产生的额外的能源消耗（百分比）

则该着陆被认为是成功的,见参考文献[3,5]。需要注意的是所提供的轨迹控制使得其对于每个给出的初始扰动都能成功着陆。在4.1节中进行描述的下降范围参考点的适用性能够使其适应大的下降范围扰动,并对负扰动值几乎不敏感。

作为一个闭环仿真的详细结果的例子,选择了一组基于较高附加燃料消耗的特定初始扰动。应用反馈控制律(式(16))来控制3.3节中的情况,将初始扰动设定在高度 h 为700m,竖直速度 $\dot{h}$ 为0.24m/s,沿试验航向距离 d 为11km以及水平速度 $\dot{d}$ 为0.6m/s,可以看出该控制器仍然能够在表3提供的误差情况下按照参照路径到达终点。为了达到这个结果,需要增加0.7%的初始燃料。图6展示了控制轨迹(实线)以及来自第四部分的参考轨迹(虚线)。

表3　最终点的误差

$\dot{d}_{err}$	$\dot{h}_{eff}$	$\dot{c}_{err}$	d_{err}	h_{eff}	c_{err}	β_{err}	χ_{err}
0.1421m/s	0.0349m/s	−0.0006m/s	−5.3240m	−0.0635m	0.0070m	−0.0002°	−0.0000°

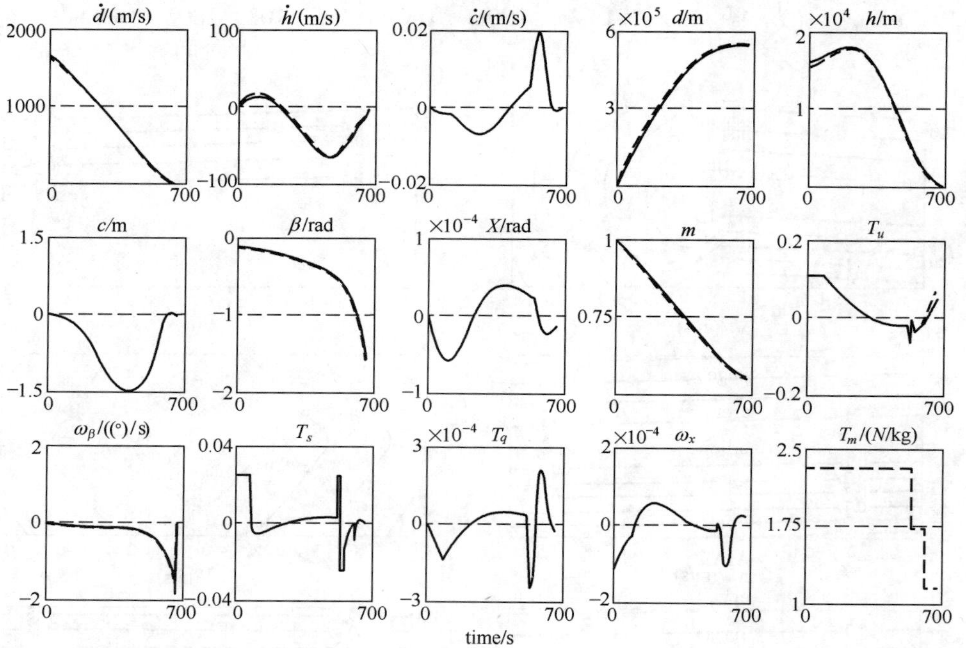

图6　反馈控制在给定初始扰动的情况下的结果,其中初始扰动值设定在高度700m,竖直速度为0.24m/s,下降范围为11000m,水平速度为0.6m/s(实线),对应的参考轨迹(虚线)

5　结论

如仿真所示,所提出的用于参考轨迹优化以及应用反馈控制律来实现该轨迹的方法，是将一个只有有限推力调制能力的着陆器降落于月球表面上的有效方案。结果表明，该技术可以通过解决一个最优控制问题使其具有对于不同初始情况的鲁棒性。此外，证明了所设计的反馈控制律是能够在初始条件存在误差的情况下进行纠错。由于可比性的原因，展现本文所提方法性能的场景与参考文献[8]相似。该方法能源消耗的最坏情况也只有着陆器初始质量的 46.4%，这是由于按照参考轨迹能源消耗的最坏情况是 45.7%，再加上由于反馈控制器所导致的最坏额外能源消耗情况 0.7%。参考文献[8]中的仿真显示出其占初参质量 51.37%的平均能源消耗。从这一点上可以看出，在假设前提下根据本文提供的方法进行登月至少要减少 4.97%的能源消耗。考虑一个初始质量为 1736kg[8] 的登陆器，则本文的方法相比于参考文献[8]少用了 86.2kg 的初始质量。虽然说这些结果非常有前途，但是仍然需要进行一系列更多的步骤来使得这种方法成为一个当今概念有吸引力的替代方案。其中一个步骤就是要将所提方法应用到一个或更多的既定任务中。为了达到这个目标，仍然需要证明其可以工作于初始工作质量变化以及低效率的推进器的情况下。此外，还需考虑着陆器的姿态约束，特别是当其接近最终过程时，在这个过程中着陆点必须在一段时间内保持对危险映射传感器可见。

在接下来解决这个问题的步骤中，一些想法已经存在。首先，当部分主发动机停止工作时反馈控制器应该可以修改设定的时间。然后，可以在不同的初始条件以及参数的情况下，进行多于一条的参考轨迹计算。最后，反馈控制律可以进行优化设计从而保证鲁棒稳定性以及最终效果。

参考文献

[1] Altair lander homepage (2010), http://www.nasa.gov/mission_pages/constellation/news/cece.html

[2] Büskens, C., Maurer, H.: SQP - methods for solving optimal control problems with control and state constraints: adjoint variables, sensitivity analysis and real - time control. Journal of Computational and Applied Mathematics 120, 85 - 108 (2000)

[3] Davies, J.L., Striepe, S.A.: Advances in post2 end - to - end descent and landing simulation for the alhat project. AIAA - 2008 - 6938. American Institute of Aeronautics and Astronautics (2008)

[4] Fisher, J.L., Striepe, S.A.: Post2 end - to - end descent and landing simulation for the autonomous landing and hazard avoidance technology project - aas 07 - 119. In: Lunar and Planetary Institute Science Conference Abstracts. Advances in Astronautical Sciences, vol. 127 (2007)

[5] Houdou, B.: Next Lunar Lander, Phase A Mission Study, Mission Requirements Document. Tech. Rep. NEXT - LL - MRD - ESA(HME) - 0001, ESA (2008)

[6] Melloni, S., Mammarella, M., Gil - Fernández, J., Colmenarejo, P.: GNC Solutions For Next - Moon Lunar Lander Mission. In: Proceedings of the 21st International Symposium on Space Flight Dynamics, Toulouse, France (October 2009)

[7] Multiple. Apollo experience report - mission planning for lunar module descent and ascent. Tech.

Rep. NASA TN D－6846, NASA (1972)
[8] Neveu, D., Hamel, J.F., Christy, J., de Lafontaine, J., Bilodeau, V.: Next lunar lander: Descent & landing gnc analysis, design and simulations. In: Paper AAS 10－065 Guidance and Control Conference, Breckenridge, CO (2010)
[9] Nikolayzik, T., Büskens, C., Gerdts, M.: Nonlinear large－scale Optimization withWorhp. To appear in Proceedings of the 13th AIAA/ISSMO Multidisciplinary Analysis Optimization Conference, AIAA－2010－8108 (2010)
[10] Thurman, S.: Surveyor Spacecraft Automatic Landing System. In: Guidance and control 2004: proceedings of the 27th annual AAS Rocky Mountain Guidance and Control Conference, Breckenridge, Colorado, February 4－8, p. 427. American Astronautical Society (2004)

在轨服务任务中用于单纯角度导航的螺旋接近

Spiraling Approach for Angles - Only Navigation within On - Orbit Servicing Missions

J. Spurmann

摘要：在轨服务任务中，当仅使用基于相机的相对导航时，存在从绝对导航到相对导航转换的问题，这一问题可以通过单纯角度导航解决。为了避免奇异，在单纯角度导航中轨迹剖面经过特殊设计。在此背景下，提出了螺旋接近的概念。该方法源于在长距离编队飞行中产生了轨道偏移以导致偏心/倾角矢量分离。视线测量的好处是实现了一种新的编队几何结构，从而实现新的测量策略。因而，在二维的单纯角度导航中，不必再设计特殊机动以避免奇异。而这在传统的远距离编队飞行和接近策略中是必须的。

1 引言

低地球轨道(LEO)的飞行器自主交会对接，为未来太空探索提供了诸多选择。一方面，日益严重的空间碎片问题可以从该技术获益。通过对接到期的潜在非合作卫星，使其脱离轨道，以避免其在 LEO 与其他航天器发生碰撞事故。另一个应用是校正发射故障。通过对故障卫星的服务，修正轨道的不良因素至期望值，从而增加任务成功率。进一步地，可以考虑对多颗卫星进行编队管理。此外，对接近到期的卫星进行维修或加油也会成为目标。在最严重的情况下，服务卫星还可以完全接管故障卫星的姿态和轨道控制。

由于具备丰富的应用任务场景，在轨服务(OOS)已成为美国、日本、加拿大和德国的太空计划的一部分。DARPA 的轨道快车[1]任务在 2007 年的圆满完成是一个里程碑。它体现了自主交会对接(RVD)的能力，包括维护能力。

J. Spurmann
DLR, German Space Operations Center
DLR Oberpfaffenhofen, D-82230 Wessling, Germany
e-mail: Joern.Spurmann@ dlr.de

进一步地,一些先前提到的在轨服务任务需要捕捉 LEO 上非合作的目标航天器,并使耦合结构脱离轨道。目标航天器没有任何姿态或轨道控制,且没有对接接口或基于视觉的专用导航反射模式可用。

为了满足这些要求,可以借助地面的绝对导航,如利用服务航天器的 GPS 测量数据或者对目标航天器的雷达跟踪测量,这两种方法的精度约为几十米[2]。为了建立一种低成本的航天器以达到高再现性,对相对导航传感器的选择是受约束的。低成本导致低质量,低功耗和低复杂性。雷达或激光雷达系统由于其巨大的质量和能耗而不适用,因而选择可以用于相对导航系统的视觉相机。根据绝对轨道测定的精度,相对导航在几公里的相对范围内开始使用,结束于几百米的相对范围[3]。因而,从绝对导航到相对导航的切换成为了一个难题。

到目前为止,这个问题的解决方法有纯角度导航,亦称为视线(LOS)测量导航[4]。这一方法测量两个航天器之间的相对角度,并应用于卡尔曼滤波器以估计飞行器状态。状态可以包括不同的信息。可以使用不同的坐标系中的绝对位置,或在一个特定的坐标系中的相对位置。此外,还可以包括姿态和其他轨道参数,例如阻力系数。不过只有一部分状态信息可以通过角度导航进行优化[4]。

在较早的利用纯角度导航的任务中,主要考虑沿轨间隔。以所谓的百分之一传感器选择规则为代表,以达到必要的精度[3]。由于估计过程中的奇点,单纯角度导航必须改变飞行剖面,以实现 LOS 测量要求的变化和相对范围估计所要求的精度[5]。CHARI 的硕士论文[6]基于"轨道快车"任务,首次设计了跨平面机动,克服了奇点。然而,混合轨迹是通过他对不同接近轨迹经卡尔曼滤波后相对测距精度的发现而设计,并应用于考虑基本二维方法的机动飞行以增加相对测距精度。

本文的研究工作通过纯角度导航,以螺旋轨迹实现三维接近。由于偏心/倾斜矢量分离[7,8],螺旋式轨迹从一个安全编队飞行椭圆形开始。在一次沿轨道漂移机动后,服务航天器以螺旋轨迹飘向目标。通过机动飞行,单纯角度导航的奇点得以被克服。此外,编队飞行的安全性与初始沿轨飞行的精度无关。通过设计径向和轨道交叉,控制编队飞行的椭圆几何模式。在接近过程中,随着单纯角度导航的精度提高,椭圆可以逐渐收缩。

因此,克服了奇点的单纯角度导航轨迹策略被应用于编队飞行和非合作飞行器的交会对接。

2 随着轨道分离的概念

在探讨细节之前必须指出,本文的公式和绘图是基于 RTN 轨道框架进行设计。在这个框架中,$\boldsymbol{R}$ 即径向单位矢量(向外为正),$\boldsymbol{N}$ 即单位法矢量且与服务航天器角动量平行,$\boldsymbol{T}$ 为切向单位矢量且与 $\boldsymbol{R}$、$\boldsymbol{N}$ 构成右手坐标系(在主要速度方向为正)。

由概念描述开始，导航精度的差距在通过轨道分离驱动的二维接近概念下推导完成。交汇对接或编队飞行中的导航设计，旨在减少导航误差。在相对轨道坐标系下根据 Clohessy - Wiltshire 方程[3]推导圆形轨道的传递误差，在一次轨道推进后两个航天器之间距离的径向分量误差大大增加。以同心轨道为例，误差是

$$\Delta r_T = 3\pi \cdot \Delta r_{R,0}$$

在另一种情况下，轨道偏心略有不同的两个航天器有相同的初始速度，在一次轨道推进后，误差更大：

$$\Delta r_T = 12\pi \cdot \Delta r_{R,0}$$

此外，速度的不确定性造成了最严重的沿轨道不准确性。其中径向差异只占 20%。

$$\Delta r_T = 3 \cdot T \cdot \Delta v_{T,0}$$

因而，仅考虑两个航天器的沿轨间隔及速度误差的影响[3]，导航传感器在测量相对距离时必须达到百分之一的精度以保证安全接近[3]。

考虑到编队在几千米的距离中被单纯沿轨分离，导航是基于绝对轨迹测算完成的。在地面导航中，对服务航天器的 GPS 导航或对目标雷达跟踪能达到几十米的精度[2]。因而，绝对轨道只能用于在几千米远处的调相或远距离编队。而为了减少质量、能耗和复杂度所采用的视觉传感器只能在几百米范围内使用[3]。因而，在几百米到几千米的相对距离内与非合作航天器交互对接时，产生了导航概念的差距。解决此问题的一个方案是单纯角度导航。

3 单纯角度导航

在上述提及的过渡区域内，单纯角度导航可以获取相对距离。这一方法广泛应用于海军应用、轨道确定、目标跟踪、月球和星际光导航和导弹制导等[4]。

目标和服务航天器之间的相对轨迹可以定义为相对距离 r、视线（LOS）方位角 α 和高程 e。角度导航的基本原理是准确地测量 LOS 角（图 1）。目标就像背景星域前的运动星体，通过远程距离相机（FRC）测量。对应范围由几千米内所做的假设得到。得到的测量值，被用来更新传送服务航天器轨迹的卡尔曼滤波器。除了对相对距离的初始猜测，卡尔曼滤波器通过绝对导航获取航天器状态、朝向、误差（陀螺或相机）及噪声，以确定目标航天器的状态矢量[4]。通过滤波器连续迭代更新，测量精度尤其是相对范围将得以优化。

单纯角度导航的主要问题是确保相对距离精度的固有局限[5]。如果服务航天器和目标之间相对运动的几何模式不改变，也就意味着 LOS 测量剖面持续不变，相对距离的测量将无法达到指定精度[6]。

当基于沿轨间隔进行接近时，这个问题必然发生。即使在特定点静止或者沿轨跳跃，也无法实现精确导航[6]。因此，除了几何模式的变化外，运动方向的变化

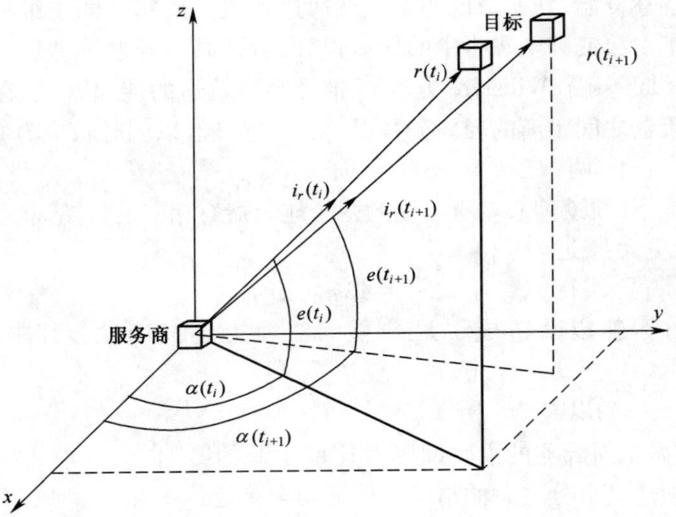

图 1 单纯角度度量的几何示意

也很重要。解决这个问题的一种方法是平面外机动[6]。它实现了相对几何模式的改变。在绝对导航到相对导航的切换过程中,设计特定的轨迹剖面得以提高相对距离精度。在参考文献[6]CHARI 的方法中,包括航迹方向冲击机动目标航天器的方法,与该策略中径向机动和飞行环绕机动方法(图 2)具有相似的优点。当停止在特定点时相对范围内导航误差增加的局限性依然存在。

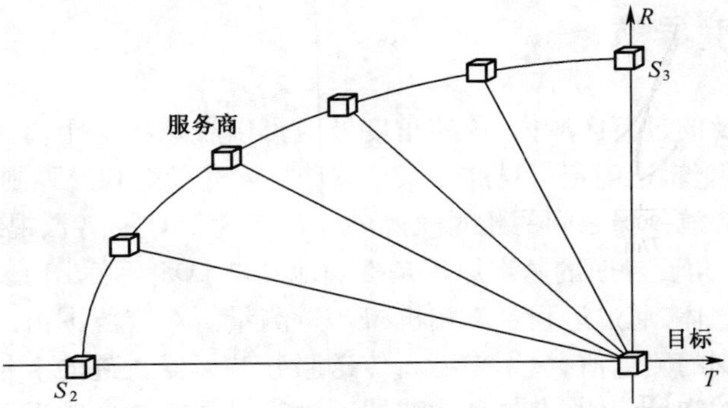

图 2 RTN 坐标系下环绕飞行机动中的单纯角度度量

4 *E*-/*I*-矢量间隔和螺旋接近

e*-/*i-矢量间隔源于同步卫星设计,在 LEO 任务中得以应用[8]。该方法考虑了目标航天器和服务航天器略有差异的偏心和轨道倾角。因此,在应用平行的偏心和倾角矢量时,径向和跨轨道的安全距离须小于

$$\min(a \cdot \delta e, a \cdot \delta t)$$

因而,服务航天器总在一个相对椭圆中飞行,与此同时径向与跨轨道方向与目标航天器一直保持安全间隔。即使沿轨分量完全消失,这种配置也可以保证径向和跨轨道方向的安全间隔。通过基于 GPS 的地面绝对导航或者雷达跟踪数据[2],一方面相对距离矢量的这两种分量可以进一步提高精度,另一方面碰撞风险得以降低。

在沿轨机动中,服务航天器从远距离开始接近目标航天器。轨迹具有螺旋形式,因而被称为螺旋接近(图 3)。

通过机动设计,飞行剖面可以在所有三个维度进行不断改变。因此,单纯角度导航下的奇异问题可以通过引入一个机动来避免,这在开始交会对接时无论如何都要被执行。为了进一步提高相对范围检测精度,在接近目标航天器时采用了平面内和平面外的机动以收缩椭圆(图 3)。

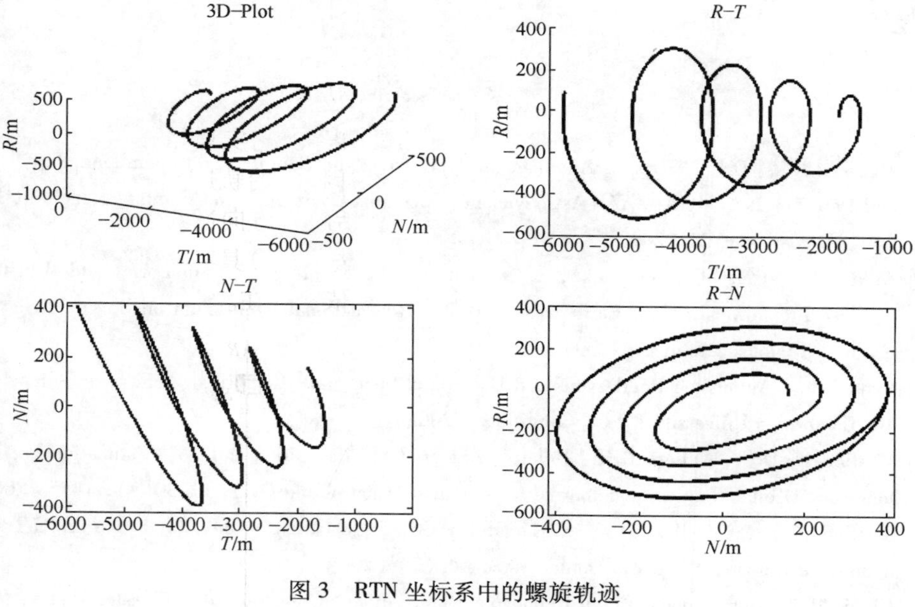

图 3　RTN 坐标系中的螺旋轨迹

5　螺旋接近解决了单纯角度导航的奇异问题

相比单纯沿轨间隔的轨迹剖面需求,***e*** -/***i*** -矢量间隔大大改善了单纯角度导航。为了实现安全远程编队飞行,服务航天器在一个相对椭圆轨道上,与目标航天器保持沿轨间隔。

这种单纯角度导航配置的好处是显而易见的。首先,***e*** -/***i*** -矢量间隔提高了相对距离精度[6]。其次,沿轨间隔改变了飞行剖面,因而接近时的相对距离精度得以保证。为了避免滤波器性能下降,采用径向和跨轨道机动来收缩螺旋以再次提升性能。同时,奇异问题得以解决。

未来将进一步进行相关数值验证。

6 结论

通过 $\boldsymbol{e}$-/$\boldsymbol{i}$-矢量间隔[7,8]和沿轨漂移的应用,显然螺旋接近的概念使得单纯角度导航得以优化[5,6]。根据两个航天器之间连续相对运动的视线度量,导航滤波器得到了一系列良好的观测。之前估计相对位置方法[5]的固有缺陷得以弥补,单纯角度导航中的奇异问题也得以解决。不必另行设计轨迹剖面的机动,因为其已经包含在接近策略中。另外,一个被动式的安全编队在单纯角度测量的有效性之前得以保障。通过在螺旋接近中改变编队几何结构,绝对导航到相对导航之间的过渡得以完成。

参 考 文 献

[1] Mulder, T.A.: Orbital Express Autonomous Rendezvous and Capture flight operations, Part 1 of 2 and Part 2 of 2. In: AIAA/AAS Astrodynamics Specialist Conference and Exhibit, Honolulu, Hawaii, August 18 - 21 (2008)

[2] Aida, S., Patzelt, T., Leushacke, L., Kirschner, M., Kiehling, R.: Monitoring and Mitigation of Close Proximities in Low Earth Orbit. In: 21st International Symposium on Space Flight Dynamics, Toulouse, France (2009)

[3] Fehse, W.: Automated Rendezvous and Docking of Spacecraft. Cambridge Aerospace Series, vol. 16. Cambridge University Press, Cambridge (2003)

[4] Woffinden, D.C., Geller, D.K.: Relative Angles-Only Navigation and Pose Estimation For Autonomous Orbital Rendezvous. Journal of Guidance, Control and Dynamics 30(5), 1455 (2007)

[5] Woffinden, D.C., Geller, D.K.: Observability Criteria for Angles-Only Navigation. IEEE Transactions on Aerospace and Electronic Systems 45(3) (2009)

[6] Chari, R.J.: Autonomous Orbital Rendevous Using Anlges-Only Navigation. Master Thesis, Massachusetts Institute of Technology (2001)

[7] D'Amico, S., Montenbruck, O.: Proximity Operations of Formation-Flying Spacecraft Using an Eccentricity/Inclination Vector Separation. Journal of Guidance, Control and Dynamics 29(3), 554 - 563 (2006)

[8] D'Amico, S.: Autonomous formation flying in low earth orbit. PhD thesis, Technical University of Delft (2010), ISBN 978-90-5335-253-3

内 容 简 介

本书总结了欧洲航空航天协会(CEAS)第一届制导、导航与控制(EuroGNC)会议上发表的科学成果,展示了欧洲和来自世界各地其他地区的科技工作者为制导、导航与控制领域的发展做出的宝贵的贡献。本书是该会议的论文集,所有提交的文章将被分为以下四个领域:大气应用;制导与控制;传感器、数据融合与导航;空间应用。

本书适合从事航天科技的研究人员以及这一领域的研究生参考阅读。